高等院校电气信息类专业“互联网+”创新规划教材

U0194499

模拟电子技术

(第2版)

主　编　张绪光　盛　莉

参　编　徐舫舟　王晓芳　王佐勋

北京大学出版社
PEKING UNIVERSITY PRESS

内 容 简 介

本书是高等院校电气信息类专业“互联网+”创新规划教材。主要内容包括：二极管及其应用电路、晶体管及其放大电路、场效应管及其放大电路、多级放大电路、放大电路的频率响应、集成运算放大器、负反馈放大电路、波形发生和变换电路、功率放大电路以及直流稳压电源等。

本书编写风格新颖、活泼，引例准确、有趣，内容翔实、实用。书中二维码资源集图文、动画和视频于一体，可作为补充内容使用。

本书适合作为本科院校或高职高专电气信息类专业的教材，也可作为其他相关专业的教材，还可供科技人员作为参考书使用。

图书在版编目（CIP）数据

模拟电子技术/张绪光，盛莉主编. —2版. —北京：北京大学出版社，2019.12
高等院校电气信息类专业“互联网+”创新规划教材
ISBN 978-7-301-29371-3

Ⅰ. ①模⋯ Ⅱ. ①张⋯②盛⋯ Ⅲ. ①模拟电路—电子技术—高等学校—教材 Ⅳ. ①TN710

中国版本图书馆 CIP 数据核字（2018）第 037298 号

书　　名	模拟电子技术（第2版） MONI DIANZI JISHU（DI-ER BAN）
著作责任者	张绪光　盛莉　主编
策划编辑	程志强
责任编辑	程志强
数字编辑	刘　蓉
标准书号	ISBN 978-7-301-29371-3
出版发行	北京大学出版社
地　　址	北京市海淀区成府路 205 号　100871
网　　址	http://www.pup.cn　新浪微博：@北京大学出版社
电子信箱	pup_6@163.com
电　　话	邮购部 010-62752015　发行部 010-62750672　编辑部 010-62750667
印 刷 者	三河市博文印刷有限公司
经 销 者	新华书店
	787 毫米×1092 毫米　16 开本　22.25 印张　534 千字
	2010 年 3 月第 1 版
	2019 年 12 月第 2 版　　2022 年 7 月第 2 次印刷
定　　价	58.00 元

第 2 版前言

模拟电子技术是电气信息类专业非常重要的专业技术基础课程，它发展迅速，应用广泛，在电气信息类专业中占有十分重要的地位。

传统的模拟电子技术教材涉及的数学知识和物理知识较多，理论知识抽象，不易掌握，直接影响了学生学习的积极性，制约了学生知识运用能力和创新意识的提高。因此，在不少读者中出现了“望书生畏”的不良现象。

随着移动互联网技术的迅猛发展，移动互联网几乎融入每个人的生活，智能手机的使用已经得到了普及。并且，考虑到对创新型应用人才培养的要求，结合互联网技术的应用，编者组织编写了“互联网+”创新型实用教材——《模拟电子技术（第 2 版）》。

本书力求做到集知识性、先进性、实用性和趣味性于一体，尽可能地避免烦琐而枯燥的公式推导，注重引导和启发读者理解和掌握电路的基本概念、基本理论和基本分析方法，注重培养读者的工程实践应用能力，尽可能地做到好懂易学。在每章中，本书侧重以“教学目标与要求”、“引例”、“特别提示”、“小结”、“知识链接”为主线进行编写，并在必要之处嵌入二维码素材，以供学生随时在线学习和根据需要进行在线测试，从而更好地理解所学知识和检验学习的效果。

本书具有如下主要特点：

- 好懂易学，读者易于学习掌握。
- 引例能够激发读者的学习兴趣。
- 易于教师引导和教学。
- 引入了电子设计自动化 EDA 技术，通过 Multisim 软件仿真模拟现场操作，以模拟的方式实现理论与实践有机融合。
- 根据教学内容的重点和难点，在教材中嵌入了图文、动画、视频等多媒体信息资源，以供读者通过智能手机随时在线学习。
- 根据关键知识点设计出若干套随堂测验题，以供读者在线测试使用。测试系统自动给出测试成绩和标准答案，以检验学习的效果或作为平时成绩评定的依据之一。章后还设置习题，并在书末给出部分习题答案。
- 为便于教师使用，配有完整而系统的教学大纲、教学计划及课件等教辅材料。

本书由齐鲁工业大学（山东省科学院）的张绪光和盛莉担任主编。全书由张绪光在《模拟电子技术》（第 1 版）的基础上结合多年教学实践进行了全面的修订，使教学内容能够满足当前教学的需要；书中二维码素材（包括图文、FLASH 动画、随堂测验题、习题）也由张绪光设计、编辑和完成；盛莉主要负责 Multisim 电路仿真软件简介和第 3 章、第 6 章部分内容的编写以及书中二维码素材中的习题解答的编写和微课视频的录制；徐舫舟主要负责 Multisim 软件仿真举例的编写；王晓芳和王佐勋分别参加了第 5 章、第 8 章和第 4

章、第 10 章的部分内容的编写。

在本书的编写过程中，还得到了许多在教学和科研方面做出突出贡献的老师以及北京大学出版社有关专家的关心和帮助，在此一并表示衷心的感谢！

由于编者水平有限，错误和不妥之处在所难免，恳请使用本书的各位读者批评指正。

编　者

2019 年 6 月

【资源索引】

目　录

第 1 章　二极管及其应用电路 1

1.1　半导体基础知识 2
1.1.1　本征半导体 2
1.1.2　杂质半导体 3
1.2　PN 结 5
1.2.1　PN 结的形成 5
1.2.2　PN 结的单向导电性 6
1.2.3　PN 结的电流方程 7
1.2.4　PN 结的伏安特性 8
1.3　二极管 9
1.3.1　二极管的类型和结构 9
1.3.2　二极管的伏安特性 10
1.3.3　二极管的主要参数 12
1.3.4　特殊二极管 14
1.4　二极管的应用电路 18
1.5　Multisim 应用——二极管电路的测试 21
小结 22
随堂测验题 24
习题 24

第 2 章　晶体管及其放大电路 27

2.1　晶体管 28
2.1.1　晶体管的类型和结构 28
2.1.2　晶体管的电流放大原理 29
2.1.3　晶体管的输入和输出特性曲线 33
2.1.4　晶体管的主要参数 37
2.1.5　光敏晶体管 39
2.2　晶体管放大电路的组成及其主要性能指标 41
2.2.1　放大电路的组成 41
2.2.2　放大电路的主要性能指标 43
2.3　放大电路的工作原理 46
2.3.1　静态工作与静态工作点 46
2.3.2　动态工作与放大原理 47
2.3.3　直流通路与交流通路 48
2.4　放大电路的图解分析法 49
2.4.1　静态图解法 49
2.4.2　动态图解法 52
2.5　放大电路的估算法 56
2.5.1　用估算法求静态工作点 56
2.5.2　放大电路的微变等效电路分析法 56
2.6　静态工作点的稳定 61
2.6.1　温度变化对静态工作点的影响 61
2.6.2　典型的静态工作点稳定电路 63
2.7　共集电极放大电路的分析及其应用 67
2.7.1　静态分析 67
2.7.2　动态分析 67
2.7.3　共集放大电路的应用 69
2.8　共基极放大电路的分析 70
2.9　三种基本放大电路的比较 71
2.10　放大电路应用实例 72
2.10.1　光控照明电路 72
2.10.2　自动灭火的控制电路 73
2.11　Multisim 应用——共射放大电路的研究 73
小结 75
随堂测验题 77
习题 77

第 3 章　场效应管及其放大电路 83

3.1　场效应管 84
3.1.1　结型场效应管 84
3.1.2　绝缘栅型场效应管 88
3.1.3　场效应管的主要参数 94
3.1.4　场效应管与晶体管的比较 96

3.2 场效应管放大电路 97
3.2.1 放大电路的3种接法 97
3.2.2 共源放大电路 98
3.2.3 共漏放大电路 101
3.2.4 场效应管放大电路的特点 103
3.3 场效应管应用实例 103
3.3.1 场效应管的使用注意事项 104
3.3.2 场效应管应用举例 104
3.4 Multisim应用——场效应管放大电路的研究 105
小结 107
随堂测验题 109
习题 109
第1—3章综合测试题 112

第4章 多级放大电路 113

4.1 多级放大电路的级间耦合方式 114
4.2 多级放大电路的分析方法 115
4.3 差分放大电路 118
4.3.1 零点漂移 118
4.3.2 差分放大电路的组成及工作原理 119
4.3.3 典型差分放大电路 121
4.3.4 改进型差分放大电路 128
4.4 放大电路应用实例 129
4.4.1 家电防盗报警器 129
4.4.2 水位自动控制电路 130
4.5 Multisim应用——两级阻容耦合放大电路的研究 131
小结 132
随堂测验题 134
习题 134

第5章 放大电路的频率响应 139

5.1 频率响应概述 140
5.1.1 频率响应的概念 140
5.1.2 *RC*高通、低通电路的频率响应 141
5.2 波特图 143
5.2.1 波特图的概念 143
5.2.2 *RC*高通、低通电路的波特图 144
5.3 晶体管与场效应管的高频等效模型 145
5.3.1 晶体管的高频等效模型 145
5.3.2 场效应管的高频等效模型 148
5.4 单管放大电路的频率响应 149
5.4.1 晶体管共射放大电路的频率响应 149
5.4.2 场效应管共源放大电路的频率响应 155
5.4.3 放大电路频率特性的改善和增益带宽积 156
5.5 多级放大电路的频率响应 157
5.5.1 多级放大电路的幅频特性和相频特性 157
5.5.2 多级放大电路的上限频率和下限频率 158
5.6 应用实例 159
小结 160
随堂测验题 162
习题 162

第6章 集成运算放大器 166

6.1 集成运算放大器简介 167
6.1.1 集成运放的组成 167
6.1.2 集成运放的电压传输特性 168
6.1.3 集成运放的主要性能指标 169
6.1.4 理想集成运放及其分析依据 170
6.2 基本运算电路 171
6.2.1 比例运算电路 171
6.2.2 加法运算电路 174
6.2.3 加减法运算电路 176
6.2.4 积分运算电路 178
6.2.5 微分运算电路 180

6.3 模拟乘法器及其应用 182
6.3.1 模拟乘法器简介 182
6.3.2 模拟乘法器的应用 183
6.4 电压比较器 185
6.4.1 电压比较器概述 185
6.4.2 电压比较器的种类及其特性 186
6.5 有源滤波电路 190
6.5.1 滤波电路简介 190
6.5.2 低通滤波电路 192
6.5.3 高通滤波电路 194
6.5.4 其他滤波电路 195
6.6 集成运放的使用常识 197
6.6.1 集成运放的分类及选用 197
6.6.2 集成运放的使用要点 198
6.7 集成运放应用实例 199
6.7.1 温度－电压变换电路 199
6.7.2 峰值检波电路 200
6.8 Multisim 应用——集成运算放大器的测试 201
小结 201
随堂测验题 205
习题 205

第 7 章 负反馈放大电路 211

7.1 反馈的概念 211
7.1.1 反馈的基本概念 212
7.1.2 反馈的类型 213
7.2 反馈类型的判断方法 213
7.3 集成运算放大电路中的 4 种负反馈组态 218
7.3.1 电压串联负反馈 218
7.3.2 电压并联负反馈 218
7.3.3 电流串联负反馈 219
7.3.4 电流并联负反馈 220
7.4 负反馈对放大电路性能的影响 221
7.4.1 负反馈降低放大倍数 221
7.4.2 负反馈可以提高放大倍数的稳定性 221
7.4.3 负反馈稳定输出电压和输出电流 222
7.4.4 负反馈对输入电阻和输出电阻的影响 222
7.4.5 负反馈减小非线性失真 224
7.4.6 负反馈展宽通频带 225
7.5 负反馈放大电路放大倍数的估算 226
7.5.1 深度负反馈条件下放大电路的特点 226
7.5.2 反馈系数的估算 227
7.5.3 电压放大倍数的估算 229
7.6 负反馈放大电路的应用 233
7.6.1 放大电路中引入负反馈的原则 233
7.6.2 负反馈放大电路中的自激振荡 234
7.7 应用电路实例 236
7.8 Multisim 应用——负反馈放大电路的测试 236
小结 238
随堂测验题 239
习题 239
第 4—7 章综合测试题 244

第 8 章 波形发生和变换电路 245

8.1 正弦波振荡电路 246
8.1.1 正反馈与自激振荡 246
8.1.2 *RC* 正弦波振荡电路 248
8.1.3 *LC* 正弦波振荡电路 252
8.1.4 石英晶体振荡电路 260
8.2 非正弦波发生电路 263
8.2.1 矩形波发生电路 263
8.2.2 三角波发生电路 267
8.2.3 锯齿波发生电路 268
8.3 波形变换电路 271
8.3.1 三角波到锯齿波变换电路 271

8.3.2 三角波到正弦波变换电路....272
8.4 应用实例....274
8.5 Multisim应用——*RC*正弦波振荡器输出频率的测定....274
小结....275
随堂测验题....277
习题....277

第9章 功率放大电路....283

9.1 功率放大电路的特点....283
9.1.1 功率放大电路要有尽可能大的输出功率....284
9.1.2 功率放大电路要有尽可能高的效率....284
9.1.3 功率放大电路的功放管要接近于极限运用状态....284
9.1.4 不能采用微变等效电路法对功率放大电路进行分析....284
9.2 变压器耦合功率放大电路....284
9.2.1 变压器耦合单管功率放大电路....285
9.2.2 变压器耦合乙类推挽功率放大电路....287
9.3 互补对称功率放大电路....288
9.3.1 OTL电路....288
9.3.2 OCL电路....288
9.3.3 互补对称功率放大电路的最大输出功率和效率....293
9.3.4 互补对称功率放大电路中功放管的选择....294
9.4 集成功率放大电路及其应用实例....296
9.5 Multisim应用——OCL功率放大电路的研究....297
小结....299
随堂测验题....300
习题....300

第10章 直流稳压电源....305

10.1 直流稳压电源的组成及其作用....305
10.1.1 直流稳压电源的组成....305
10.1.2 直流稳压电源中各部分的作用....306
10.2 整流电路....306
10.2.1 单相半波整流电路....306
10.2.2 单相桥式整流电路....307
10.3 滤波电路....310
10.3.1 电容滤波电路....310
10.3.2 电感滤波电路....313
10.3.3 复式滤波电路....313
10.4 稳压电路....314
10.4.1 稳压管稳压电路....314
10.4.2 串联反馈型稳压电路....316
10.4.3 串联开关型稳压电路....317
10.5 集成稳压电源....319
10.6 直流稳压电源应用实例....322
10.6.1 三端集成稳压器的扩展用法....322
10.6.2 6～30V、500mA稳压电源电路....323
10.7 Multisim应用——三端稳压器稳压性能的研究....324
一、桥式整流电路....324
二、三端稳压器LM7805....324
小结....326
随堂测验题....327
习题....327
第8—10章综合测试题....330

附录 Multisim电路仿真软件简介....331

部分习题答案....339

第 1 章 二极管及其应用电路

二极管、晶体管和场效应管等均是常用的半导体器件，它们所用的材料都是经过特殊工艺进行加工且导电性能可控的半导体材料。本章将从半导体的基础知识入手，首先介绍半导体的导电特性、PN 结的形成及其特性，然后介绍二极管的结构、特性曲线和主要参数，从而为学习晶体管和场效应管等其他半导体器件及其应用电路打下基础。

本章教学目标与要求

- 熟悉半导体的导电特性。
- 掌握 PN 结的特性。
- 了解二极管的结构，掌握其工作原理、特性曲线及其主要参数。
- 掌握稳压二极管的稳压特性，掌握其主要参数；了解发光二极管、光敏二极管等半导体器件的结构、工作原理及其应用场合。

【引例】

人们经常使用充电器给手机电池充电，如图 1.1(a)所示；当人们走进市区广场、银行、学校和体育场等公共场所时，会在 LED 显示屏上看到各种各样的公益性或商业性的广告，如图 1.1(b)所示；收音机经调谐后就能欣赏到优美动听的电台文艺节目；计算机具有强大的数据运算和处理功能，已经成为人们工作、学习和生活中不可缺少的一部分，如图 1.1(c)所示。所有这些功能的实现均与二极管的作用有关。虽然二极管的结构简单，但其应用却相当广泛，在许多电子产品中均会用到它。

【图文：手机充电器内部电路】

(a) 手机充电器　　(b) LED 显示屏　　(c) 计算机

图 1.1　二极管的应用实例

1.1　半导体基础知识

自然界中的物体按导电能力不同大致可分为导体、绝缘体和半导体三大类。

【视频：导体与绝缘体】

在导体(一般由低价元素构成，如金属导体铝、铜等)中，由于原子最外层电子受原子核的束缚力很小，电子极易挣脱原子核的束缚而成为自由电子，在外电场的作用下定向移动形成电流，导体中自由电子的浓度很高，故其电阻率很低，导电能力很强。在绝缘体(如惰性气体和玻璃、橡胶和塑料等高分子物质)中，原子的最外层电子受原子核的束缚力很强，极难挣脱原子核的束缚而成为自由电子，故其电阻率极高，导电能力极差。而半导体(如硅、锗、大多数的金属氧化物和硫化物等)原子的最外层电子既不像导体原子的最外层电子被束缚得那么松，也不像绝缘体原子的最外层电子被束缚得那么紧，因此其导电能力介于导体和绝缘体之间。

半导体之所以在电子技术中获得了广泛的应用，并不是因为其导电能力介于导体和绝缘体之间，而是因为半导体的导电能力极易受到外部条件的影响，即具有多变特性。例如，当环境温度升高时，某些半导体材料的导电能力明显变化，称为热敏特性。如钴、锰、铜、钛等氧化物随着环境温度的升高，其导电能力显著增强。利用热敏特性可制成热敏电阻。当受到光照时，某些半导体材料的导电能力明显变化，称为光敏特性。如硫化镉、硒化镉等半导体随着光照的增强，其导电能力显著增强。利用光敏特性可制成光敏二极管和光电三极管等。在纯净的半导体中掺入微量的、有用的杂质时，其导电能力显著增强，称为掺杂特性。利用掺杂特性可以制成具有不同用途的半导体器件，如二极管、晶体管和场效应管等。

半导体的这种多变特性，是由半导体的特殊结构所决定的。位于元素周期表中第四主族的硅和锗是最常用的半导体材料，下面以硅材料为例对半导体的导电原理作简单的介绍。

1.1.1　本征半导体

纯净的、具有晶体结构的半导体称为本征半导体。

硅原子最外层有 4 个电子(即价电子)。在提纯杂质硅并按特定的工艺制成晶体后，其原子便由杂乱无章的排列状态变成非常整齐的状态，硅晶体结构示意图如图 1.1.1 所示。其中，每个硅原子与周围相邻的 4 个硅原子相联系，每两个硅原子共用一对价电子，这种结合方式称为共价键。

【视频：本征半导体的两种载流子】

在硅的晶体中，硅原子的价电子受到共价键的束缚，而共价键具有很强的束缚力。在常温或一定的光照下，仅有少量的价电子获得足够的能量后，挣脱共价键的束缚(称为本征激发或热激发)而成为自由电子。值得注意的是，在该自由电子原来的位置上留下了一个空位，称为空穴，如图 1.1.2 所示。由于具有空穴的原子失掉了一个电子带正电，故它又会吸引相邻硅原子的价电子填补该空穴，从而在此邻近原子中又出现新的空穴，这个新的空穴又会被另一个价电子填补，如此不断地进行下去。我们将价电子填补空穴的运动，想象为空穴在运动，空穴的运动方向与填补空穴的价电子运动方向相反。显然，空穴所带的电量与电子所带的电量大小相等，极性相反，即空穴是带正电荷的。自由电子在运动的过程中，也有可能与空穴重新结合，从而使自由电子和空穴同时消失，称为复合。在外电场的作用下，自由电子和空穴均能定向移动而形成电流。其中，自由电子定向移动的方向与外电场的方向相反，而形成的电流称为电子电流；空穴定向移动的方向与外电场的方向相同，而形成的电流称为空穴电流。总的电流等于电子电流和空穴电流之和。

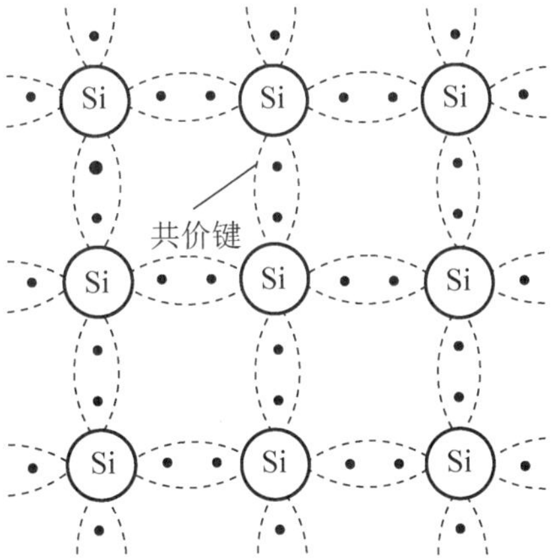

图 1.1.1 硅晶体结构示意图

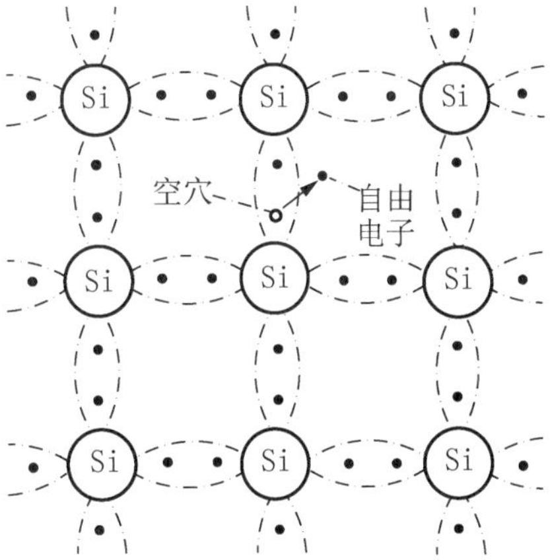

图 1.1.2 硅晶体中自由电子和空穴

在本征半导体中，自由电子和空穴总是成对出现的，即自由电子和空穴的数量相等，且自由电子和空穴不断地产生，又不断地复合。光照越强或环境温度越高，自由电子和空穴的浓度就越高，导电能力就越强。当环境温度一定时，自由电子和空穴的产生率和复合率便达到了动态平衡，自由电子和空穴的浓度便保持不变。因此，在本征半导体中，自由电子和空穴的浓度相等，且是温度的函数，温度越高，自由电子和空穴的浓度就越高，导电能力就越强。可以证明，在一定的范围内，当温度升高时，自由电子和空穴的浓度与温度之间近似地按指数函数规律升高。

能够运载电荷而形成电流的粒子称为载流子。可见，在本征半导体中，存在两种载流子，即自由电子和空穴，且自由电子和空穴均能参与导电；而在金属导体中，只有一种载流子——自由电子参与导电，这也是半导体与金属导体导电的本质区别。

需要指出，在绝对零度(约等于−273.15℃)时，本征半导体中的价电子完全被束缚在共价键中，没有可自由移动的载流子，在外电场的作用下无电流形成。

1.1.2 杂质半导体

由于本征半导体受到热激发时所产生的自由电子和空穴的数量很少，故其导电能力仍然不强。为了提高半导体的导电能力，并使半导体的导电能力具有可控性，可以通过扩散工艺在本征半导体中掺入微量的、有用的杂质，从而形成杂质半导体。根据所掺入杂质元素的不同，可形成两种杂质半导体，即 N 型半导体和 P 型半导体。

1. N 型半导体

在硅晶体中掺入微量的五价元素(如磷)，就形成了 N 型半导体，如图 1.1.3 所示。当磷原子取代硅原子的位置时，它与周围 4 个相邻硅原子以共价键结合。由于磷原子核外有 5 个价电子，还有一个多余电子不被共价键所束缚，在常温下，这个多余电子很容易挣脱磷原子核的束缚而成为自由电子，从而使磷原子成为不能自由移动的正离子。这样，一个磷原子就能提供一个自由电子，从而使自由电子的浓度远大于空穴的浓度，导电能力显著增强。在这种半导体中，所掺入杂质磷原子的浓度越高，自由电子的浓度就越高，自由电子与空穴复合的机会就越大，空穴的浓度就越低。自由电子就成为这种半导体的多数载流子，简称多子；空穴是少数载流子，简称少子。由于这种杂质半导体主要靠自由电子导电，故称为电子型半导体或 N①型半导体。

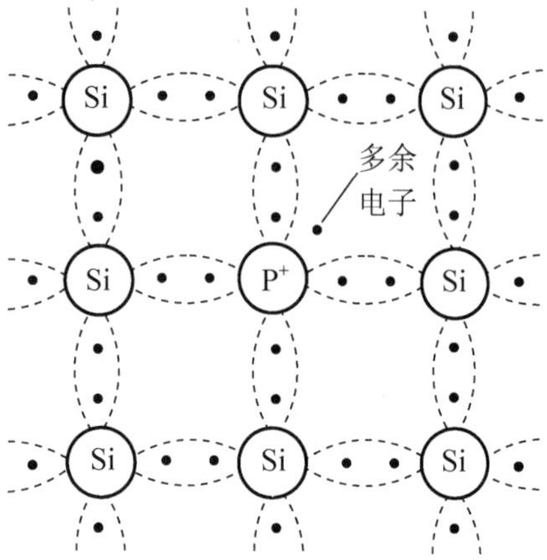

图 1.1.3 在硅晶体中掺入磷元素

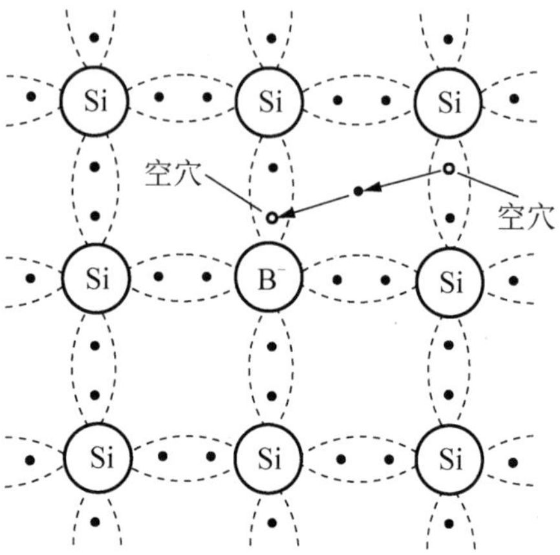

图 1.1.4 在硅晶体中掺入硼元素

2. P 型半导体

在硅晶体中掺入微量的三价元素(如硼)，就形成了 P 型半导体，如图 1.1.4 所示。当硼原子取代硅原子的位置时，由于硼原子核外有 3 个价电子，当它与周围 4 个相邻硅原子以共价键结合时，因缺少一个价电子而留下一个空穴，在常温下，这个留有空穴的硼原子很容易接受邻近硅原子的价电子来填补该空穴，从而使硼原子变成不能自由移动的负离子。同时，在这个邻近硅原子中出现了一个空穴。这样，一个硼原子就能提供一个空穴，从而使空穴的浓度远大于自由电子的浓度，导电能力显著增强。在这种半导体中，所掺入杂质硼原子的浓度越高，空穴的浓度就越高，自由电子与空穴复合的机会就越大，自由电子的浓度就越低。空穴是多子，自由电子是少子。由于这种杂质半导体主要靠空穴导电，故称为空穴型半导体或 P②型半导体。

特别提示

- 在杂质半导体中，多子的浓度基本上取决于所掺杂质原子的浓度，而少子的浓度

① N 是英文 Negative(负)的首个字母，因电子带负电而得此名。

② P 是英文 Positive(正)的首个字母，因空穴带正电而得此名。

很低，且随杂质原子浓度的升高而降低，随温度的升高而升高。

- 在杂质半导体(N 型半导体或 P 型半导体)中，有多子和少子，尽管多子和少子所带的电量不等，但整块杂质半导体对外不显电性，而呈电中性。

1.2 PN 结

单块的杂质半导体(P 型半导体或 N 型半导体)仅仅能够做到提高导电能力，在电路中只起电阻的作用。若将一块 P 型半导体和一块 N 型半导体制作在一起，则在交界面处就会形成 PN 结。PN 结是构成各种半导体器件的基础。为更好地理解半导体器件的工作原理，有必要了解 PN 结的形成过程。

【视频：PN 结形成】

1.2.1 PN 结的形成

物质从浓度高的地方向浓度低的地方的运动称为扩散运动。若将一块 P 型半导体和一块 N 型半导体制作在一起，则在分界面两侧的 P 区和 N 区就会出现多子的扩散运动，如图 1.2.1(a)所示。图中带圆圈的负号表示 P 区中不能移动的杂质负离子，带圆圈的正号表示 N 区中不能移动的杂质正离子。P 区的多子是空穴，少子是自由电子；N 区的多子是自由电子，少子是空穴。为清晰起见，少子在图中并未标出，但少子是存在的。P 区中的空穴浓度高于 N 区的空穴浓度，而 N 区中的自由电子浓度高于 P 区的电子浓度。这样，P 区的多子——空穴向 N 区扩散，并与 N 区中的自由电子复合；而 N 区的多子——自由电子向 P 区扩散，并与 P 区中的空穴复合，使得分界面处的多子的浓度下降。扩散和复合的结果是，在分界面两侧出现了不能移动的正负离子区，称为空间电荷区。N 区出现正离子区，P 区出现负离子区，如图 1.2.1(b)所示。

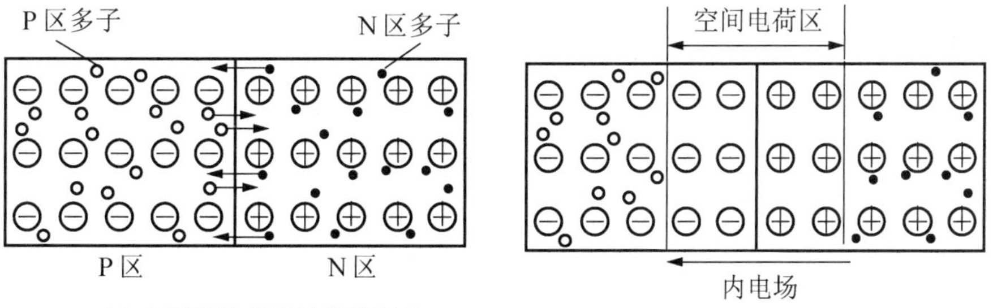

(a) 交界面处多子的扩散运动　　(b) 动态平衡时的PN结

图 1.2.1　PN 结的形成

由空间电荷区形成了电场，由于此电场是由载流子的扩散和复合形成的，而不是外加的，故称为内电场。内电场的方向是从 N 区指向 P 区。显然，内电场对多子的扩散运动起阻碍作用，故空间电荷区又称为阻挡层。但这个内电场能将 N 区中的少子——空穴(包括从 P 区扩散过来的空穴)拉向 P 区，将 P 区中的少子——自由电子(包括从 N 区扩散过来的自由电子)拉向 N 区。载流子在内电场力作用下的这种运动称为漂移运动。

随着扩散运动的不断进行，空间电荷区逐渐变宽，内电场逐渐增强，漂移运动逐渐加强。当扩散运动与漂移运动达到动态平衡时，就建立了一定宽度的空间电荷区，这个一定宽度的空间电荷区称为 PN 结，如图 1.2.1(b)所示。在动态平衡时，由扩散运动而形成的扩散电流和由漂移运动而形成的漂移电流大小相等且方向相反，互相抵消，PN 结中无电流通过。由此可见，PN 结是由多子的扩散运动和少子的漂移运动在达到动态平衡时而形成的一定宽度的空间电荷区。

由于空间电荷区内载流子的数量极少，在讨论 PN 结的导电特性时，常将空间电荷区内载流子的数量忽略不计(空间电荷区内载流子被耗尽了)，而只有不能移动的正负离子，故空间电荷区又称为耗尽层。

【视频：PN 结的单向导电性】

1.2.2　PN 结的单向导电性

若在 PN 结两端所施加的电压极性不同，则 PN 结就会表现出截然不同的导电特性，即呈现单向导电性。

1. PN 结正向偏置

若在 PN 结两端加以电压，且 P 区接电源的正极，N 区接电源的负极，称为给 PN 结外加正向电压，也称为正向偏置，如图 1.2.2 所示。此时，外加电压所形成外电场的方向与内电场的方向相反，对内电场起削弱作用。在外电场的作用下，P 区的空穴和 N 区的自由电子将进入空间电荷区，分别抵消不能移动的负离子和正离子，从而使空间电荷区变窄。这就打破了扩散运动和漂移运动之间的动态平衡，从而使扩散运动占优势。P 区的多子——空穴向 N 区扩散，N 区的多子——自由电子向 P 区扩散，从而形成正向电流(方向为从 P 区指向 N 区)，外加电源不断地提供电荷，使电流得以维持。PN 结正向偏置时，PN 结所呈现的正向电阻很小(理想时，可视为零)，PN 结处于导通状态。

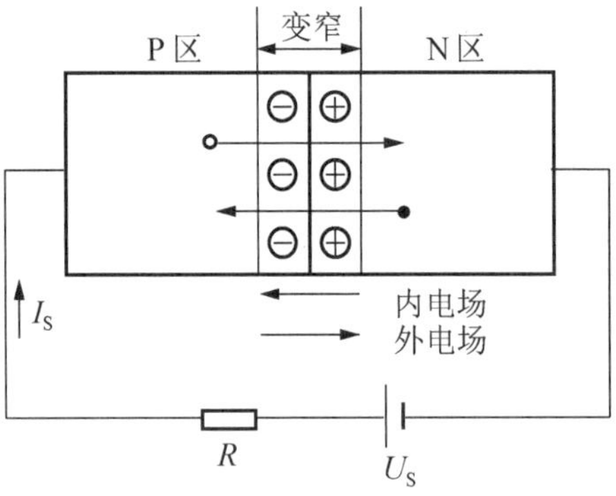

图 1.2.2　PN 结正向偏置

由于 PN 结的正向电阻很小，为防止 PN 结通过过大的正向电流而损坏，在回路中应串联一个限流电阻，如图 1.2.2 所示的电阻 R。

特别提示

- PN 结的正向电流可视为由多子的扩散运动形成的。

2. PN 结反向偏置

若将图 1.2.2 中外加电压的极性反接，即 N 区接电源的正极，P 区接电源的负极，称为给 PN 结外加反向电压，也称为反向偏置，如图 1.2.3 所示。此时，外加电压所形成外电场的方向与内电场的方向相同，对内电场起加强作用。在外电场的作用下，P 区的空穴

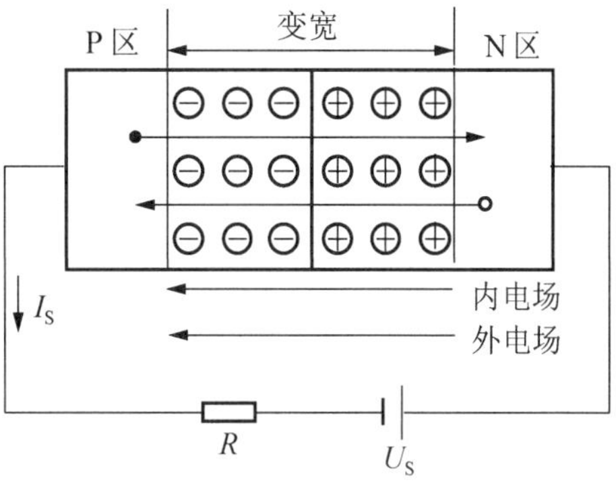

图 1.2.3 PN 结反向偏置

和 N 区的自由电子便远离空间电荷区，从而使空间电荷区变宽。这就打破了扩散运动和漂移运动之间的动态平衡，使漂移运动占优势。N 区的少子——空穴向 P 区漂移，P 区的少子——自由电子向 N 区漂移，从而形成反向电流(方向是从 N 区指向 P 区)。由于少子数量极少，故反向电流极小(理想时，可视为零)，PN 结处于截止状态。PN 结反向偏置时，PN 结所呈现的反向电阻很大(理想时，可视为无穷大)。

PN 结的反向电流又称为反向漏电流。由于当环境温度一定时，在反向电压的一定范围，N 区内少子——空穴几乎能全部漂移到 P 区，P 区内少子——自由电子几乎能全部漂移到 N 区，反向电流基本不变，故反向电流又称为反向饱和电流。

综上所述，PN 结正向偏置时处于导通状态，反向偏置时处于截止状态。因此，PN 结具有单向导电性。

顺便指出，若 PN 结的端电压发生变化，则空间电荷区的宽度也随之发生变化，空间电荷区的电荷将增加或减少，这一现象犹如电容的充放电一样，故可将空间电荷区宽窄的变化等效为电容，称其为势垒电容，用 C_b 表示。利用 PN 结反向偏置时的势垒电容随反向电压的变化而明显变化的特点可以制作压控变容二极管。变容二极管在电调谐电路中应用得较为广泛。若外加到 PN 结上的正向电压发生变化时，扩散区内的非平衡少子[①]的数量将增加或减少，则可将在扩散区内非平衡少子的这种变化等效为电容，称为扩散电容，用 C_d 表示。势垒电容和扩散电容都是非线性的。PN 结的结电容 C_j 等于势垒电容 C_b 与扩散电容 C_d 之和，即

$$C_j=C_b+C_d$$

PN 结的结电容与结面积、介电常数等因素有关。通常，PN 结的结电容很小(结面积小的为 1pF 左右，结面积大的为几 pF～几百 pF)，对低频信号呈现很高的容抗，可将其作用忽略不计，只有当工作频率较高时才考虑结电容的作用。

特别提示

- PN 结的反向电流可视为由少子的漂移运动形成的。
- 当环境温度升高时，少子的浓度升高，反向电流增大，故温度对反向电流的影响很大，这是导致半导体器件温度稳定性差的根本原因。

1.2.3 PN 结的电流方程

若通过 PN 结电流的参考方向为由 P 区指向 N 区，且 PN 结的端电压与通过 PN 结的

① PN 结在动态平衡时，P 区中的少子(自由电子)和 N 区中的少子(空穴)统称为平衡少子。PN 结在正向偏置时，由 P 区扩散到 N 区的空穴和由 N 区扩散到 P 区的自由电子统称为非平衡少子。

电流取关联参考方向，则可以证明，通过 PN 结的电流 i 与其端电压 u 之间的关系为

$$i = I_S(e^{\frac{qu}{kT}} - 1) \tag{1-2-1}$$

上式中，I_S 为通过 PN 结的反向饱和电流，k 为玻耳兹曼常数(8.63×10^{-5} eV/K)，q 为电子的电量(1.6×10^{-19}C)，T 为热力学温度。若令 $U_T = kT/q$，则式(1-2-1)可改写为

$$i = I_S(e^{\frac{u}{U_T}} - 1) \tag{1-2-2}$$

上式中的 U_T 称为温度 T 的电压当量。常温下，即温度 T=300K(27°C)时，$U_T \approx 26$mV。可以利用式(1-2-1)来制作温度传感器(如 AD590 集成温度传感器)，以便对温度进行测控。

1.2.4　PN 结的伏安特性

根据式(1-2-2)所表示的 PN 结的电流方程可知，若 PN 结正向偏置，且 u 较小时，外加正向电压所形成的外电场对内电场尚未起到足够的削弱作用，扩散运动尚不占明显优势，故正向电流极小，$i \approx 0$，可以认为 PN 结仍然截止；若 $u \gg U_T$[①]时，则 $i \approx I_S e^{\frac{u}{U_T}}$，电流 i 随电压 u 的变化按指数规律明显地变化；若 PN 结反向偏置，且 $|u| \gg U_T$ 时，反向电流在足够大反向电压的一定范围内基本不变，反向电流 $i \approx -I_S$。因此，此时的反向电流 I_S 称为反向饱和电流。于是，可以画出如图 1.2.4 所示的 PN 结的伏安特性曲线。其中 $u > 0$ 的部分称为正向特性，$u < 0$ 的部分称为反向特性。

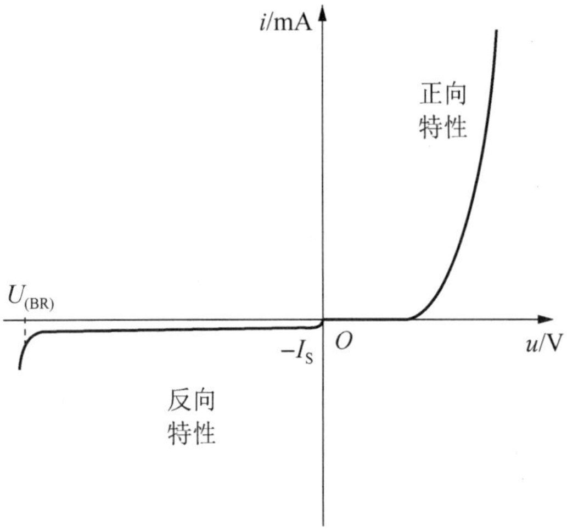

图 1.2.4　PN 结的伏安特性曲线

当反向电压达到一定值 $U_{(BR)}$ 时，反向电流将急剧增加，这种情况称为 PN 结被击穿。PN 结被击穿是由 PN 反向偏置时耗尽层内的共价键被破坏而引起的。根据击穿的机理可分为齐纳击穿和雪崩击穿。若杂质半导体掺杂浓度较高，则由于耗尽层较窄，不大的反向电压即可在耗尽层内形成很强的电场，会将耗尽层内处于共价键中价电子被强行地拉出来，产生电子-空穴对，致使反向电流急剧增大，这种击穿称为齐纳击穿。若杂质半导体掺杂浓度较低，则由于耗尽层较宽，当反向电压较低时，不会发生齐纳击穿。当反向电压较高时，耗尽层内的反向电场会加快少子的漂移速度，从而把耗尽层内处于共价键中的价电子碰撞出来，产生电子-空穴对。新产生的电子和空穴被电场加速后又会碰撞出其他的价电子，从而使耗尽层内的电子-空穴对发生雪崩式的倍增，反向电流急剧增大，这种击穿称为雪崩击穿。

必须强调指出，通常将击穿分为电击穿和热击穿两类。当 PN 结被击穿时，由于通过 PN 的反向电流很大，则会导致 PN 结功耗增大使结温升高，这种击穿称为电击穿。当发生

① 在电子电路中，对于两个同量纲的物理量 X_1 和 X_2，若 $X_1 > (5\sim10)X_2$，则可认为 $X_1 \gg X_2$。

电击穿时，若将反向电压撤去，仍可恢复 PN 结的单相导电性，并不会造成 PN 结的永久性损坏。若功耗过大，使结温超过其允许的最高温度，将会导致 PN 结被烧毁而造成永久性的损坏，这种击穿称为热击穿。所以，必须要极力防止热击穿的情况产生。

特别提示

- 齐纳击穿时，反向击穿电压较低；雪崩击穿时，反向击穿电压较高。

1.3 二 极 管

半导体二极管又称为晶体二极管，简称二极管(Diode)。常见的几种外形如图 1.3.1(a)所示。

【图文：几种实际二极管的外形】

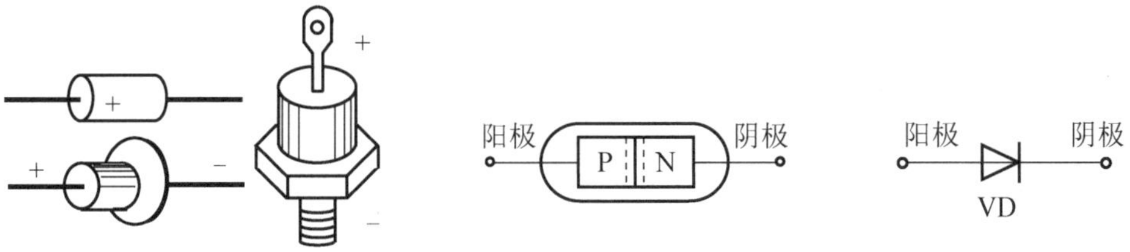

(a) 常见外形　　(b) 构成　　(c) 图形符号及文字符号

图 1.3.1 半导体二极管的常见外形、构成及符号

二极管实质上就是一个 PN 结。因此，二极管也具有单向导电性。它是以 PN 结为管心，两端各引出一个电极，并用管壳封装、加固而成，如图 1.3.1(b)所示。从 P 区引出的电极称为阳极，从 N 区引出的电极称为阴极。二极管的图形符号如图 1.3.1(c)所示。其中，三角形箭头表示二极管正向电流的方向。

【动画：二极管的开关作用】

1.3.1 二极管的类型和结构

根据所用半导体材料的不同，二极管可分为硅管和锗管两类。大功率的整流元件一般均属于硅管。

根据用途的不同，二极管可分为普通管、整流管和开关管等。

根据内部结构的不同，二极管可分为点接触型、面接触型和平面型三类。图 1.3.2(a)所示是点接触型二极管，由一根金属丝与半导体相接触形成一个 PN 结。点接触型二极管多为锗管。由于点接触型二极管的 PN 结结面积很小，不允许通过大电流，且结电容小，故多用于高频信号的检波和小功率的电路中。图 1.3.2(b)所示是面接触型二极管，面接触型二极管多为硅管。由于面接触型二极管的 PN 结结面积大，允许通过大电流，又由于结电容也较大，故多用于低频大电流的整流电路中，一般不能用于高频电路。图 1.3.2(c)所示为平面型二极管，其结面积可大可小，结面积较大的可用于大功率的整流电路中，结面积较小的可作为数字电路中的开关管使用。

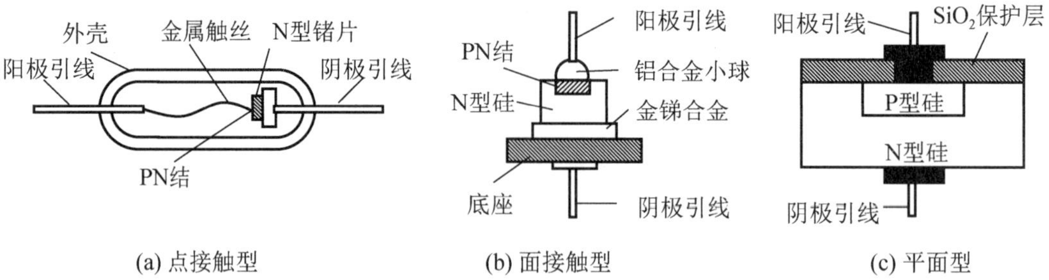

图 1.3.2　二极管按内部结构不同分类

1.3.2　二极管的伏安特性

考虑到二极管在半导体扩散区内所存在的体电阻、引线电阻以及管壳表面漏电阻对电流的影响，二极管的伏安特性与 PN 结的伏安特性是有区别的，表现在外加偏置电压相同的情况下，正向电流要减小，而反向电流要增大。近似分析时，依然可用 PN 结的电流方程来描述二极管的伏安特性。

1. 二极管的伏安特性曲线

二极管的伏安特性曲线是指通过二极管的电流与二极管端电压之间的关系。要正确使用二极管，就要正确理解其伏安特性曲线。可以用实验的方法测试出二极管的伏安特性曲线，如图 1.3.3 所示。

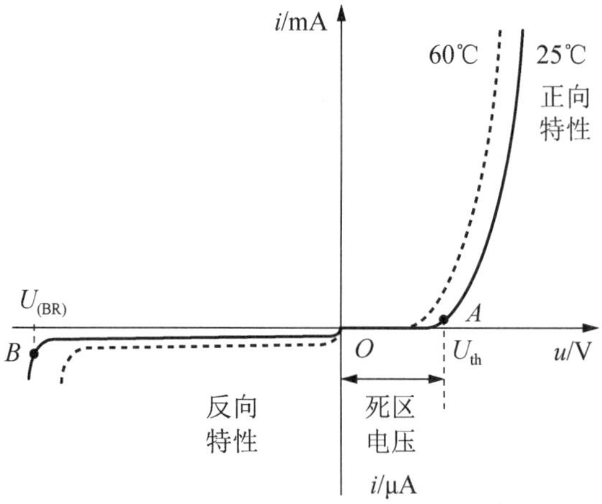

图 1.3.3　二极管的伏安特性曲线

由图 1.3.3 可以看出，伏安特性曲线过原点，说明当二极管的端电压为零时，多子的扩散运动和少子的漂移运动达到动态平衡，扩散电流和漂移电流大小相等、方向相反，相互抵消，故通过二极管的电流为零。

正向特性是指当二极管正向偏置时的伏安特性。从图 1.3.3 中可以看出，当正向电压较低时，通过二极管的正向电流很小，几乎为零(图中的 *OA* 段)，该段曲线所对应的电压称为死区电压(也称为门槛电压、阈值电压或开启电压)，用 U_{th} 表示。硅管的死区电压 U_{th} 约为 0.5V，锗管的死区电压 U_{th} 约为 0.1V。只有当外加正向电压大于死区电压以后，二极管的正向电流才会随外加正向电压的增加而明显增大(近似地按指数规律变化)。在正常情况下，硅管的正向导通电压降为 0.6～0.8V(典型值为 0.7V)，锗管的正向导通电压降为 0.1～0.3V(典型值为 0.2V)。

反向特性是指当二极管反向偏置时的伏安特性。从图 1.3.3 中可以看出，反向电压在一定的数值范围内，反向电流极小，可以认为二极管是不导通的。这是由于反向电流是由少子的漂移运动形成的。反向电流越小，二极管的反向截止性能就越好。通常，硅管的反向电流在几微安以下，而锗管可达数百微安，故硅管的反向电流比锗管小得多，即硅管的反向截止性能比锗管好得多。当反向电压达到一定值(图中 *B* 点所对应的电压 $U_{(BR)}$)时，反向电流会急剧增加，这种情况称为二极管被击穿。二极管被击穿时的反向电压称为反向击穿电压。一旦出现热击穿的情况，将会导致二极管中的 PN 结被烧毁，从而造成二极管永久性损坏。因此，一般不允许出现击穿这种情况。不同型号二极管的反向击穿电压之值差别很大，从几十伏到几千伏不等。

必须强调指出，二极管的特性与环境温度有关。当环境温度升高时，载流子的浓度增大，在二极管端电压相同的情况下，正向电流增加，反向电流也增大，正向特性曲线将左移，反向特性曲线将下移，而反向击穿电压将降低，如图 1.3.3 所示。

2. 二极管折线化(线性化)的伏安特性曲线及其等效电路模型

由于二极管的伏安特性曲线具有非线性，故由二极管所构成的应用电路属于非线性电路。为简化分析，常将二极管的伏安特性曲线进行折线化(即线性化)，在一定的条件下可以将二极管近似地视为线性器件，从而可以用线性电路的分析方法分析含有二极管的非线性电路，折线化后的二极管的伏安特性如图 1.3.4 所示，其中，虚线表示二极管的实际伏安特性，粗实线表示折线化的伏安特性，特性曲线下方是二极管的等效电路模型。

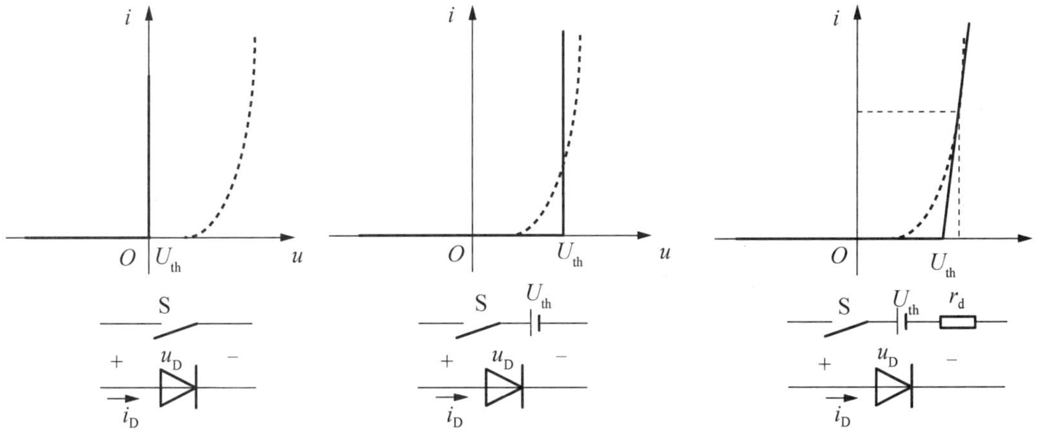

(a) 理想特性　　(b) 正向导通后的恒压特性　　(c) 正向导通后的电阻特性

图 1.3.4　折线化(线性化)二极管的伏安特性曲线

若不计二极管的正向导通电压降和反向电流的大小(此时，$U_{th}=0V$，正向导通电压降 $U_D=U_{th}=0V$ 和反向电流为零)，则此时的二极管称为理想二极管，它的伏安特性如图 1.3.4(a)中粗实线所示。理想二极管在电路中可等效为一个理想开关。在分析含有二极管的电路时，若外加电压远远大于二极管的正向导通电压降，且不计二极管的反向电流时，则为分析简单起见，常将二极管视为理想二极管。

若将二极管的正向导通电压降视为不等于零的常数 U_D (此时，$U_D=U_{th}$)，且不计当二极管端电压 $u<U_D$ 时所通过的电流，则二极管的伏安特性如图 1.3.4(b)所示，其等效电路模型为理想二极管与恒压降 U_{th} 相串联。

若将正向导通后的二极管视为一线性电阻，则二极管的伏安特性如图 1.3.4(c)所示，其等效电路模型为理想二极管、恒压降 U_{th} 和电阻相串联，其中 $r_d=\Delta u/\Delta i$。

由如图 1.3.4 所示折线化后二极管的 3 个伏安特性不难看出，图 1.3.4(c)最接近实际的伏安特性，但其等效电路模型较复杂，图 1.3.4(a)误差最大，故在近似分析中二极管多采用如图(b)所示折线化后的伏安特性所对应的等效电路模型。

特别提示

- 一般来说，硅二极管所允许的结温比锗二极管的高(硅管的最高结温约为 150℃，锗管的约为 90℃)，故大功率的二极管几乎均为硅管。
- 二极管的正向特性曲线不是直线，而是近似为指数曲线，故二极管是一个非线性器件。

1.3.3　二极管的主要参数

要正确使用二极管，除应了解其伏安特性曲线外，还应了解其参数。二极管的参数很多，下面着重介绍二极管的最大整流电流和最高反向工作电压等主要参数，其中，最大整流电流和最高反向工作电压也是二极管的两个极限参数，是正确选择二极管的主要依据。

1. 最大整流电流 I_{FM}

最大整流电流是指二极管允许长期通过最大正向电流的平均值。若通过二极管的电流超过最大整流电流，则因二极管内 PN 结发热过甚导致结温过高，将会烧毁 PN 结。所以，在选用二极管时，应注意通过二极管的工作电流不得超过其最大整流电流。

2. 最高反向工作电压 U_{RM}

最高反向工作电压是指为防止二极管被反向击穿损坏，允许加到二极管上反向电压的峰值(最大值)。为了安全起见，最高反向工作电压一般取为反向击穿电压的 $\frac{1}{2}$ 或 $\frac{2}{3}$ 倍，即 $U_{RM}=\frac{1}{2}U_{(BR)}$ 或 $U_{RM}=\frac{2}{3}U_{(BR)}$。所以，在选用二极管时，应注意加到二极管两端反向电压的峰值不得超过其最高反向工作电压 U_{RM}。

3. 静态电阻 R_D

二极管仅有直流量时所处的状态称为静态，在静态时加到二极管上的直流电压 U_{DQ} 和所通过的直流电流 I_{DQ} 在伏安特性曲线上所对应的点 Q 称为二极管的静态工作点。二极管的静态电阻(又称直流等效电阻)是指静态时加到二极管两端的直流电压 U_{DQ} 与所通过的直流电流 I_{DQ} 之比，用 R_D 表示，即

$$R_D = \frac{U_{DQ}}{I_{DQ}} \tag{1-3-1}$$

二极管的静态电阻如图 1.3.5 所示，显然，静态工作点不同，二极管的静态电阻也不同。静态工作点越高，静态电阻亦越小。

4. 动态电阻 r_d

二极管的动态电阻(又称交流等效电阻)是指二极管在静态工作点附近电压的变化量与电流的变化量之比，用 r_d 表示，即

$$r_d = \frac{\Delta u}{\Delta i} \tag{1-3-2}$$

若加到二极管两端的电压仅在静态工作点的附近作微量的变化，则在静态工作点附近的这一小段曲线可近似为直线(可用过静态工作点处的切线替代)，此时二极管的交流等效电阻 r_d 应等于二极管伏安特性曲线上 Q 点处切线斜率的倒数，如图 1.3.6 所示。对式(1-2-2)求导并取倒数得二极管的动态电阻为

$$r_d \approx \frac{U_T}{I_{DQ}} \tag{1-3-3}$$

常温下，即温度 T=300K 时，由于 U_T=26mV，故式(1-3-3)又可写为

$$r_d \approx \frac{26\text{mV}}{I_{DQ}} \tag{1-3-4}$$

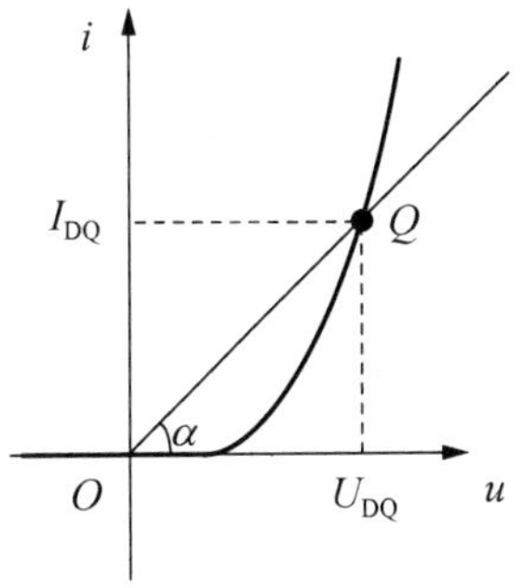

图 1.3.5 二极管的静态电阻

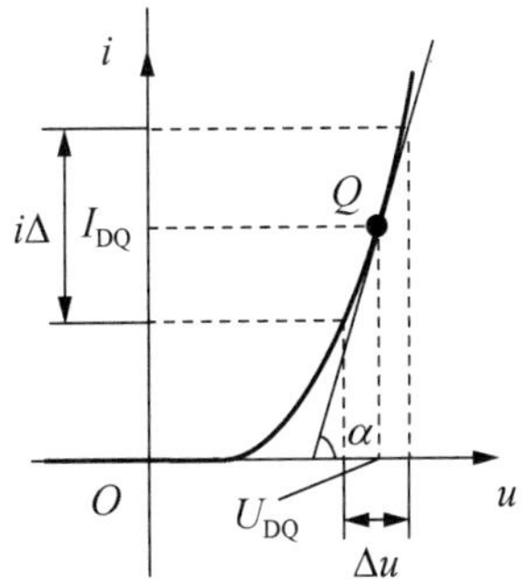

图 1.3.6 二极管的动态电阻

可见，二极管的动态电阻与静态工作点的位置有关，静态工作点越高，即静态电流 I_{DQ} 越大，则二极管的动态电阻越小。

二极管的参数还有最大反向电流和最高工作频率等，它们均可在半导体手册中查到。

应当指出，由于半导体器件参数具有分散性，即使是同一型号的管子，其参数值的差

别也很大，手册中所给出的参数值通常为参数的上限值、下限值或范围，只能作为参考，但具体到某一只二极管，其参数是确定的。

特别提示

- 由于二极管的正向伏安特性近似为指数规律，故二极管的动态电阻通常很小。

1.3.4　特殊二极管

1. 稳压二极管

稳压二极管(简称稳压管)是一种特殊的面接触型硅二极管。其形状与普通二极管差不多，也是由一个 PN 结构成的。其伏安特性曲线和图形符号如图 1.3.7 所示。

【图文：稳压二极管】

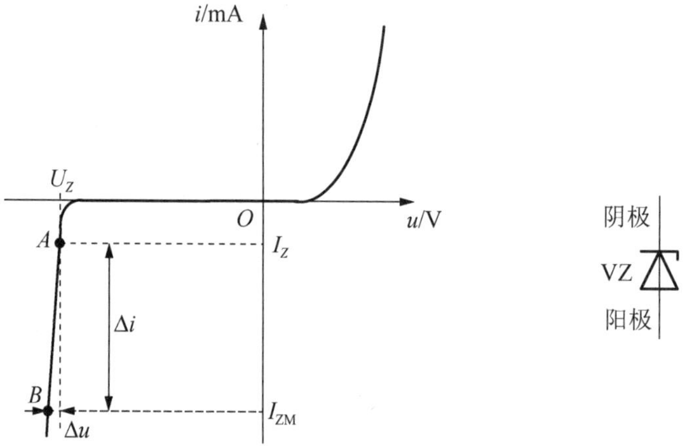

(a) 伏安特性曲线　　(b) 图形符号及文字符号

图 1.3.7　稳压管的伏安特性曲线及其符号

稳压管的正向特性与普通二极管的相似(也近似为指数曲线)。但由于其掺杂重(反向击穿电压较低)、散热条件好，决定了其反向特性的特殊性。当被击穿时，稳压管的反向特性曲线是非常陡直的，几乎与纵轴平行。

如前所述，普通二极管是不允许工作于反向击穿区的，若被反向击穿，则很容易使二极管丧失其单向导电性而导致永久性的损坏。而稳压管则不然，当它被反向击穿时，只要控制反向电流不超过所规定的最大值，就不会导致其过热而损坏，即不会破坏它的单向导电性。由稳压管的伏安特性曲线可以看出，在反向击穿区的 *AB* 段，反向电流的变化范围很大(一般可从几毫安到几十毫安)，而稳压管端电压的变化却很小，如果让稳压管工作于这一区域即可达到稳定电压的目的。由此可见，稳压管的稳压区就是它的反向击穿区(反向伏安特性曲线上的 *AB* 段)。

为了正确使用稳压管，必须了解其参数，主要参数如下。

(1) 稳定电压 U_Z。

稳定电压 U_Z 是指稳压管在规定的工作电流和环境温度条件下的反向击穿电压。由于受到制造工艺的限制，半导体器件的参数具有分散性，即使是同一型号的稳压管其 U_Z 之值差别也很大，手册上只给出同一型号稳压管 U_Z 的大小范围。例如，型号为 2CW56 稳压管的稳定电压 U_Z 为 7～8.8V。但就某一只管子而言，稳定电压 U_Z 具有确定值。

(2) 稳定电流 I_Z。

稳定电流 I_Z 是指稳压管工作于稳压状态时反向电流的参考值，当反向电流小于该值时，稳压效果将变坏，甚至根本达不到稳压的目的，故也常将 I_Z 用 I_{Zmin} 来表示。通常要求稳压管的工作电流不小于 I_Z，以达到较好的稳压效果。

(3) 最大稳定电流 I_{ZM}。

最大稳定电流 I_{ZM} 是指稳压管容许通过的最大工作电流。若稳压管的工作电流超过 I_{ZM}，则稳压管将过热而损坏。

(4) 最大耗散功率 P_{ZM}。

最大耗散功率 P_{ZM} 是指稳压管最大允许的耗散功率。若稳压管的实际耗散功率超过 P_{ZM}，管子将过热而损坏。最大耗散功率 P_{ZM} 等于管子的稳定电压 U_Z 和最大稳定电流 I_{ZM} 之积，即

$$P_{ZM} = U_Z I_{ZM} \tag{1-3-5}$$

对于给定的稳压管，可以根据其最大耗散功率 P_{ZM} 和稳定电压 U_Z 求出最大稳定电流 I_{ZM}。

(5) 动态电阻 r_z。

动态电阻 r_z 是指稳压管工作于稳压区时，稳压管端电压的变化量与对应电流的变化量之比，即

$$r_z = \frac{\Delta U_Z}{\Delta I_Z} \tag{1-3-6}$$

r_z 表示反向击穿区陡峭的程度，是反映稳压管稳压性能好坏的重要参数。r_z 越小，反向击穿区越陡，稳压性能越好。

通常，可以采取与稳压管串联适当阻值限流电阻的措施，以保证通过稳压管的工作电流在最小稳定电流和最大稳定电流之间，从而使稳压管安全地起到稳压的作用。

特别提示

- 稳压管的正常稳压区在其反向击穿区内。
- 为保证稳压管安全地起到稳压作用，要求通过稳压管的工作电流符合 $I_Z \leqslant I_{D_Z} \leqslant I_{ZM}$ 的关系。

【例 1-3-1】 如图 1.3.8 所示电路是一个简单的并联型直流稳压电路。稳压电路的输入电压 U_I=24V，稳压管 VZ 的型号为 2CW58，U_Z=10V，I_Z=5mA，I_{ZM}=23mA，限流电阻 R=500Ω，为保证电路为负载 R_L 提供 10V 的稳定直流电压，试确定负载电阻 R_L 的适用范围。

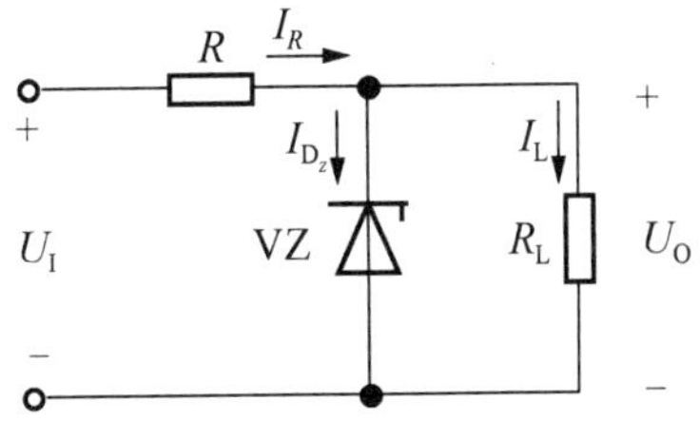

图 1.3.8 例 1-3-1 的图

【解】 为保证电路输出 10V 的稳定直流电压，应使稳压管安全地工作于稳压区。

$$I_R = \frac{U_\mathrm{I} - U_\mathrm{O}}{R} = \frac{24-10}{0.5}\mathrm{mA} = 28\mathrm{mA}$$

根据 KCL 得

$$I_R = I_{\mathrm{D_Z}} + I_\mathrm{L}$$

当稳压管工作于稳压区时，若负载电阻 R_L 最小，则负载电流 I_L 最大。由于 I_R 不变，故由上式可知，稳压管的电流 $I_{\mathrm{D_Z}}$ 最小。此时，应有

$$I_{\mathrm{D_Z}} = I_\mathrm{Z} = I_R - I_\mathrm{L} = I_R - \frac{U_\mathrm{O}}{R_\mathrm{Lmin}} = \left(28 - \frac{10}{R_\mathrm{Lmin}}\right)\mathrm{mA}$$

解得

$$R_\mathrm{Lmin} = 435\Omega$$

若负载电阻 R_L 最大，则负载电流 I_L 最小。由于 I_R 不变，故稳压管的电流最大。此时，应有

$$I'_{\mathrm{D_Z}} = I_\mathrm{ZM} = I_R - I_\mathrm{Lmin} = I_R - \frac{U_\mathrm{O}}{R_\mathrm{Lmax}} = \left(28 - \frac{10}{R_\mathrm{Lmax}}\right)\mathrm{mA}$$

解得

$$R_\mathrm{Lmax} = 2\mathrm{k}\Omega$$

所以，负载电阻 R_L 的适用范围为 435Ω～2kΩ。

对于不在该范围的负载电阻，为使稳压管正常工作，必须重新选择合适的限流电阻。读者可参考本例题，不难选择。

【图文：发光二极管】

【动画：LED 及其应用】

2. 发光二极管

发光二极管(简称 LED[①])，是一种将电能转换成光能的半导体器件。所发出的光可以是不可见光、可见光或激光，广泛应用于显示(如各种电子设备的指示灯和二极管阵列显示屏等)、报警、耦合、检测、控制以及光纤通信等众多领域。下面仅对可见光发光二极管作简单的介绍。

发光二极管所用的材料有磷化镓(GaP)、磷砷化镓(GaAsP)等。通常将发光二极管的管芯用环氧树脂等透明材料封装，并根据用途的不同制成方形、圆形等多种形状和尺寸，如图 1.3.9(a)所示的外形是圆形的发光二极管，图 1.3.9(b)是发光二极管的图形符号。

(a) 外形　　(b) 图形符号

图 1.3.9　发光二极管

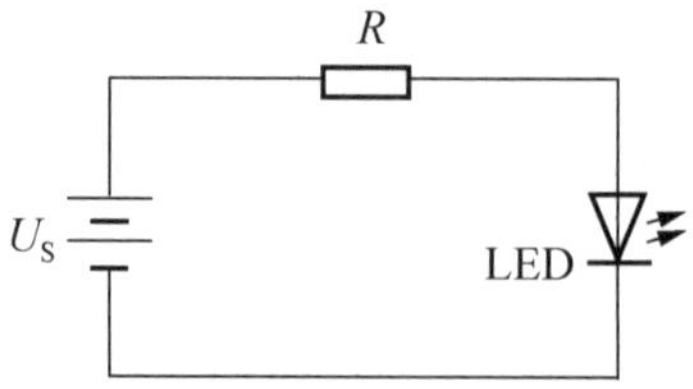

图 1.3.10　发光二极管的使用

① LED 是英文 Light Emitting Diode 的缩写。

与普通二极管一样，发光二极管也具有单向导电性。若发光二极管正向偏置，则有正向电流通过 PN 结，电子和空穴相遇复合时，便向外释放能量。一旦正向电流达到足够大时，发光二极管就发光。电流越大，发光越强。其发光的颜色与所用的材料和浓度有关，发光的颜色有红色、绿色、黄色、橙色等。可见，要使发光二极管发光，首先必须使其正向偏置，其次是正向电流必须达到足够大。

发光二极管的工作电压比普通二极管的要高，通常为 1.5～3V，工作电流为 10mA 左右。

在使用发光二极管时，应特别注意不能超过其最大正向电流(通常串联一个限流电阻以限制其正向电流的大小，如图 1.3.10 所示)和反向击穿电压的极限参数。

【图文：光电二极管】

3. 光敏二极管

光敏二极管是一种利用半导体的光敏特性将光信号变成电信号的半导体器件，其结构与普通二极管差不多，其 PN 结被安装在透明的管壳内，可以直接接受外来光线的照射。其常见的外形、图形符号和伏安特性曲线分别如图 1.3.11 和图 1.3.12 所示。

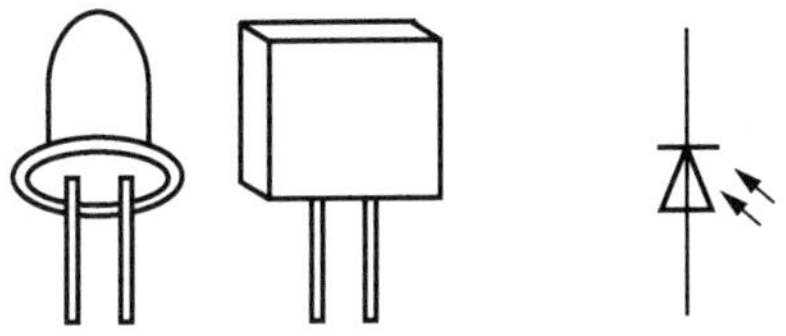
(a) 外形　　(b) 图形符号

图 1.3.11　光敏二极管

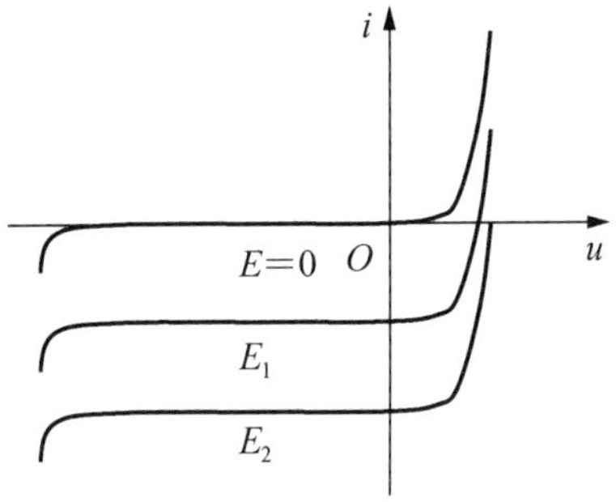

图 1.3.12　光敏二极管的伏安特性曲线

无光照即光的照度 E=0 时，光敏二极管的伏安特性曲线与普通的二极管一样。无光照时的反向电流称为暗电流。暗电流很小，通常小于 0.2μA。

当有光照即光的照度 $E>0$ 时，特性曲线下移。有光照时的反向电流称为光电流。随着照度的增强，少子的浓度增大，光电流增大，并且照度越大，光电流就越大。在一定的反向电压范围内，反向特性曲线可视为一组与横轴的平行线(即第三象限中的伏安特性曲线)。此时，可以认为光电流只受光照度的控制，而与反向电压无关，可将光敏二极管等效为受光照度控制的受控电流源。当反向电流达到一定值(通常为超过几十μA)后，光电流与照度呈正比关系。

在实际电路中，光敏二极管多处于反向工作状态，被广泛地应用于遥控、报警和光电传感器中，电路如图 1.3.13 所示。

另外，当光敏二极管的 PN 结受到光照时，由于吸收了光子的能量便产生了电子-空穴对，在 PN 结内电场的作用下，电子被拉向 N 区，空穴被拉向 P 区，从而在 P 区内积累了大量的过剩空穴，使 P 区带正电；在 N 区内积累了大量的过剩电子，使 N 区带负电。于是，产生了光生电动势，形成了光电池。若与一个阻值一定的电阻构成闭合回路，则在回路中便形成了大小一定

【图文：硅光电池】

的电流(见第四象限中的伏安特性曲线)，电流的方向如图 1.3.14 所示。

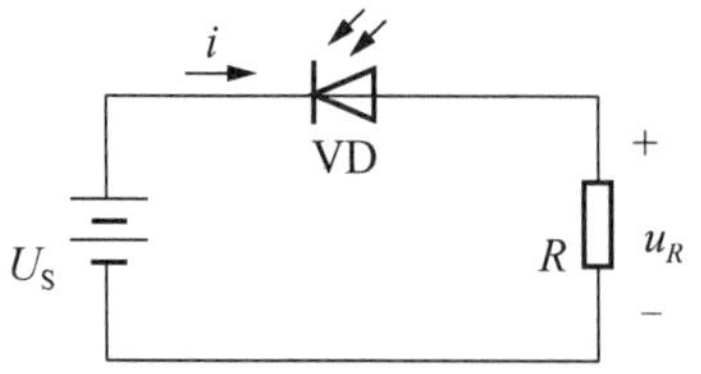

图 1.3.13　光敏二极管反向偏置时的应用

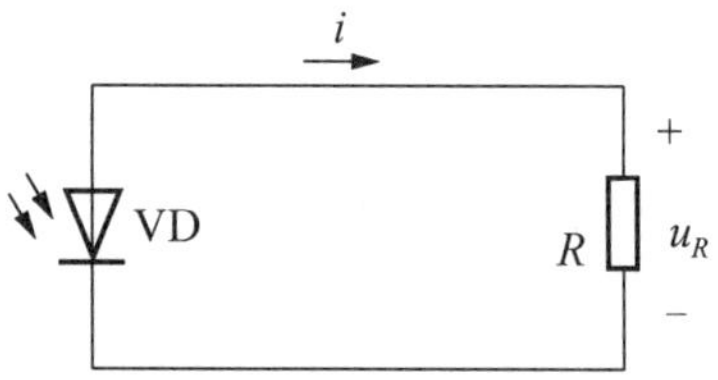

图 1.3.14　光敏二极管形成光电池

1.4　二极管的应用电路

尽管二极管的构成最简单(仅由一个 PN 结构成)，但其应用却十分广泛。利用其单向导电性可以组成整流、检波、限幅、钳位和开关等各种电路。

1. 整流电路

将大小和方向随时间变化的交流电压变成单一方向的、脉动的直流电压的过程称为整流。为手机电池充电的充电器就是通过整流二极管来实现的，其整流原理详见第 10 章。

2. 检波电路

调制的方式通常分为调幅、调频和调相三种。所谓调幅是指载波(高频正弦波)的振幅随调制信号的变化而变化。检波通常称为解调，是调制的逆过程，即从已调波提取调制波的过程。对于调幅波来讲，是从它的振幅变化提取调制信号的过程，即从调幅波的包络中提取调制信号的过程。因此，有时把这种检波称为包络检波。包络检波原理框图和电路分别如图 1.4.1 和图 1.4.2 所示。

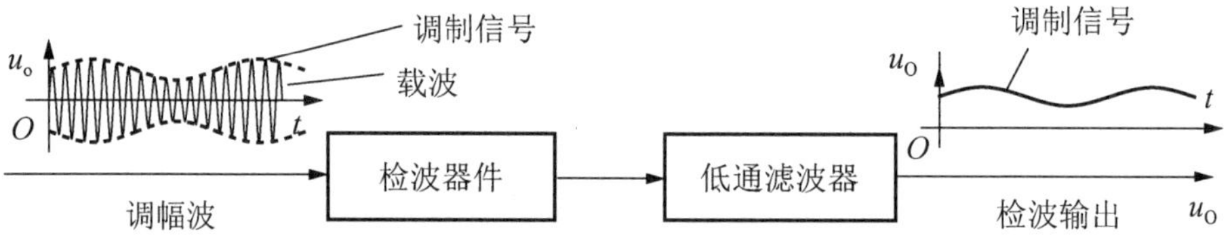

图 1.4.1　包络检波原理框图

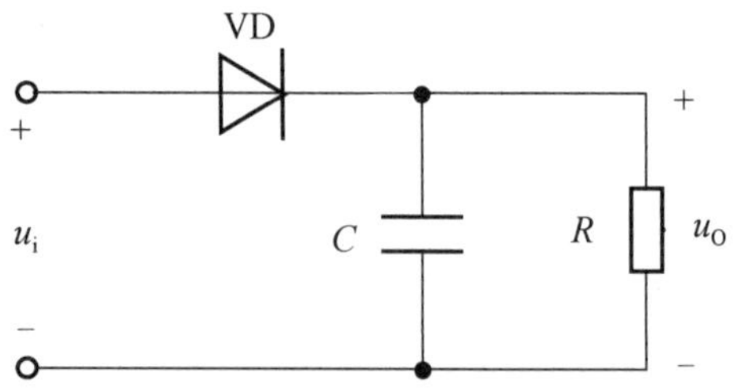

图 1.4.2　包络检波电路

图中的检波器件是一只二极管，此二极管称为检波二极管。由电容器 C 构成一低通滤波器。检波电路中的输入信号为一调幅波，若电容充电速度很快，而放电速度很慢(设计电路时，使电容的充电时间常数远小于放电时间常数)，则利用二极管的单向导电性和电容的充放电原理，在负载两端即可输出上包络线(调制信号)的波形，若除去直流分量，则只有低频的调制信号输出。例如，我们用收音机收听调幅广播时，就是通过由检波二极管所构成的检波电路来完成检波任务的。

3. 限幅电路

将输出电压的幅值限制在一定数值范围之内的电路称为限幅器。它可以削去部分输入波形，以限制输出电压的幅度，因此，限幅器又称为削波器。

【例 1-4-1】 如图 1.4.3(a)所示电路，设输入电压 $u_i = 10\sin\omega t$ V，$U_{S1}=U_{S2}=5$V，VD_1 和 VD_2 均为硅管，其正向导通电压降 $U_D=0.7$V。试画出输出电压 u_o 的波形。

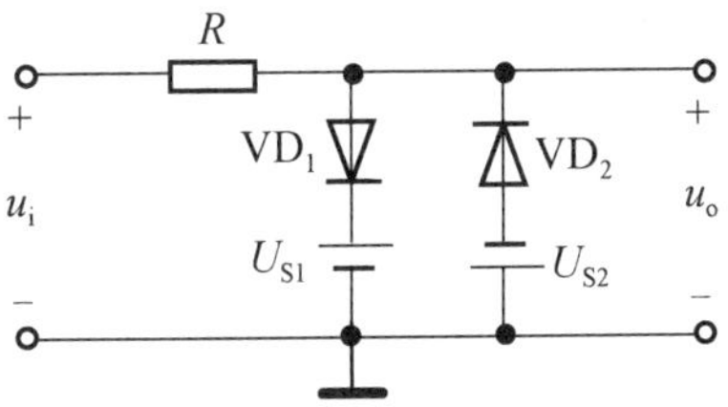

(a) 电路图

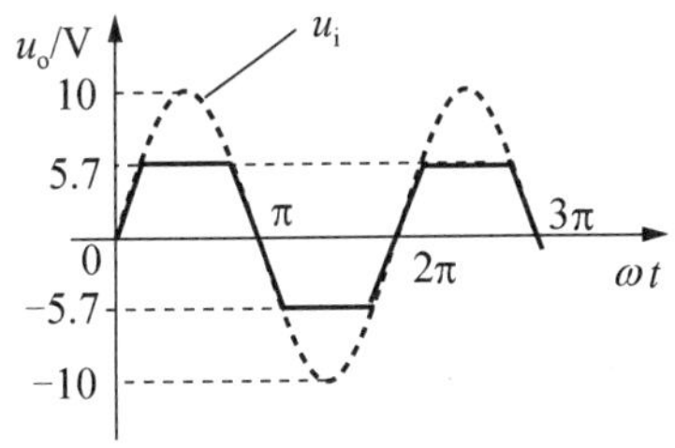

(b) 波形图

图 1.4.3　例 1-4-1 图

【解】 当 $u_i \geqslant 5.7$V 时，VD_1 导通，VD_2 因反向偏置而截止，则有

$$u_o = U_{D1} + U_{S1} = 0.7 + 5 = 5.7\text{V}$$

当 $u_i \leqslant -5.7$V 时，VD_1 因反向偏置而截止，VD_2 导通，则有

$$u_o = -U_{D2} - U_{S2} = -0.7 - 5 = -5.7\text{V}$$

当 $-5.7\text{V}<u_i<5.7\text{V}$ 时，VD_1 和 VD_2 均截止，则有

$$u_o=u_i$$

输出电压 u_o 的波形如图 1.4.3(b)所示。该电路是一个简单的并联双限限幅器。其中，由 R、VD_1 和 U_{S1} 构成了上限限幅器；由 R、VD_2 和 U_{S2} 构成了下限限幅器。若要构成上限限幅电路，则可将 VD_2 所在支路去掉；若要构成下限限幅电路，则可将 VD_1 所在支路去掉，限幅电平的高低可分别由 U_{S1} 和 U_{S2} 进行控制。

4. 钳位电路

钳位电路的作用是将电路中某点的电位钳制在某一数值上。

分析含有二极管电路的关键是首先要判断出二极管的工作状态，即判断二极管是导通的，还是截止的。对于简单的电路，可以用观察法直接判断；对于复杂的电路，可以先将二极管从电路中断开，再求出二极管所在处两端的电位或两端之间的电压，从而判断出将二极管接入电路后的工作状态(若二极管处的阳极和阴极之间的电压大于其死区电压，或阳极电位比阴极电位高出死区电压，则二极管导通，反之截止。)，然后再对电路进行分析和计算。

【例 1-4-2】 如图 1.4.4(a)所示电路，VD 为硅管，其正向导通电压降 $U_D = U_{th} = 0.7$V，

$U_{S1}=9V$，$U_{S2}=12V$，$R_1=3k\Omega$，$R_2=6k\Omega$。试求输出端电压 U_O。

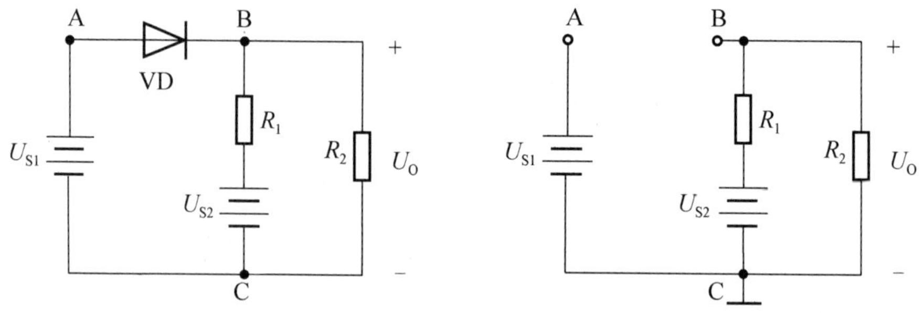

(a) 原电路　　(b) 二极管断开时的电路

图 1.4.4　例 1-4-2 图

【解】 先将二极管从电路中断开，并设 C 点为参考点，即接地，如图 1.4.4(b)所示，则 A 点的电位

$$U_A=U_{S1}=9V$$

B 点的电位

$$U_B=\frac{R_2}{R_1+R_2}U_{S2}=\frac{6}{3+6}\times 12=8V$$

可见，A 点的电位高于 B 点的电位。若将二极管接入电路中，则二极管的阳极电位高于阴极电位，故二极管因正向偏置而导通。

$$U_O=U_{S1}-U_D=(9-0.7)V=8.3V$$

在该电路中，二极管 VD 起钳位的作用，它将 B 点的电位钳制在 8.3V 上。

钳位电路的应用场合很多。例如，电视发射台向外发射的全电视信号在传播的过程中，不可避免地要受到低频信号和脉冲等干扰，且电视信号在经电视接收机内部电路处理的过程中，由于耦合电容的隔直作用会使部分直流分量丢失，从而影响复合同步信号的正确分离。为了在电视显示屏上显示出稳定的图像，电视接收机中的同步分离电路在分离复合同步信号之前，必须先对电视信号进行钳位，以恢复电视信号中的直流分量，从而将电视信号中的同步信号钳制在同一电平上。

【例 1-4-3】如图 1.4.5(a)所示电路，VD_1 和 VD_2 均为理想二极管。试求电压 U_{AB} 和通过二极管 VD_1 的电流 I_{D_1}。

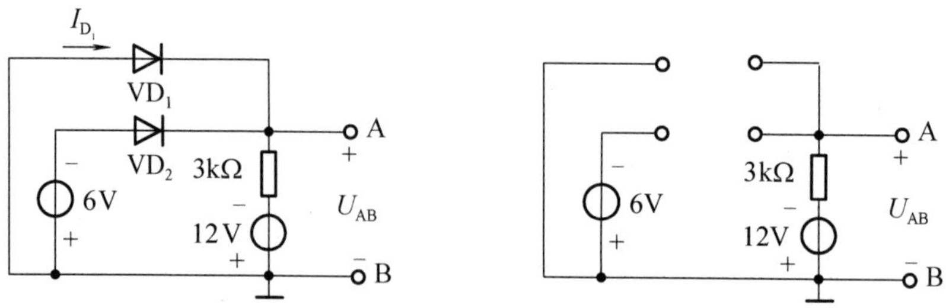

(a)　　(b)

图 1.4.5　例 1-4-3 图

【解】断开二极管，分析二极管阳极和阴极的电位，电路如图 1.4.5(b)所示。

$$U_{1阳}=0\text{V}，U_{2阳}=-6\text{V}，\quad U_{1阴}=U_{2阴}=-12\text{V}$$

VD_1 端电压

$$U_{D_1}=U_{1阳}-U_{1阴}=0-(-12)=12\text{V}$$

VD_2 端电压

$$U_{D_2}=U_{2阳}-U_{2阴}=-6-(-12)=6\text{V}$$

由于 $U_{D_1}>U_{D_2}$，故 VD_1 优先导通，故

$$U_{AB}=0\text{V}$$

所以，VD_1 导通后，VD_1 将 A 点的电位钳制在 0V 上。而 VD_2 实际上处于反向偏置状态，故 VD_2 截止。

因为二极管 VD_1 与 3 kΩ 电阻串联，所以通过二极管 VD_1 和 3 kΩ 电阻的电流相等。对 3 kΩ 电阻，根据欧姆定律得通过二极管 VD_1 的电流

$$I_{D_1}=\frac{12}{3}=4\text{mA}$$

在本例中，VD_1 起钳位作用，VD_2 起隔离作用。

1.5　Multisim 应用——二极管电路的测试

半导体二极管是由 PN 结所构成的一种非线性器件。典型的二极管伏安特性曲线可分为 4 个区：死区、正向导通区、反向截止区、反向击穿区，二极管具有单向导电性、稳压特性，利用这些特性可以构成整流、限幅、钳位、稳压等功能电路。

半导体二极管电路测试仿真电路如图 1.5.1 所示。包括直流电源 *V*1、交流信号源、二极管 D1 和电阻 *R*1。直流电源 *V*1 的电压值为 1V。交流信号的频率为 500Hz，有效值为 10mV。利用二极管的单向导电性，正向导通后其压降基本恒定的特性，通过仿真电路测试，得到仿真数据如表 1.5.1 所示。

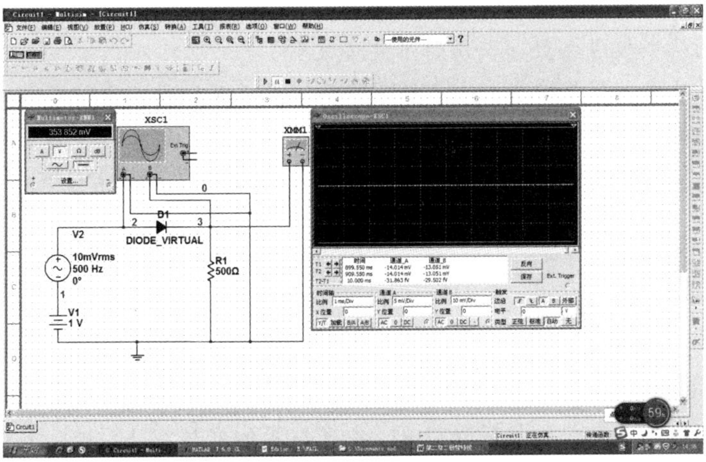

图 1.5.1　二极管仿真电路

表 1.5.1　仿真数据

直流电源 V1/V	交流信号 V2/mV	R1 直流电压表读数 U_R /mV	R1 交流电压表读数 U_r /mV	二极管直流电压 U_D /V	二极管交流电压 U_d/mV
1	10	353.852	13.185	0.646	0.955mV

通过 Multisim 软件仿真，可以得出如下结论：

(1) 二极管具有单向导电性，且二极管的正向导通压降较低，为零点几伏。

(2) 二极管是一种非线性器件。

(3) 若二极管的静态工作点合适，且动态输入信号很小时输出交流电压基本不失真，说明对于小信号而言，可将二极管视为一个很小的线性动态电阻。换言之，当信号很小时，可将二极管视为线性器件。

(4) 静态工作点越高，二极管的动态电阻越低。

小　结

本章的主要内容有：

1. 半导体基础知识

半导体具有热敏特性、光敏特性和掺杂特性。半导体中的两种载流子——自由电子和空穴均能参与导电。在本征半导体中，自由电子和空穴总是成对出现的，数量相等；杂质半导体分为 N 型半导体和 P 型半导体两种，两种载流子的数量不等。在 N 型半导体中，自由电子是多子，空穴是少子，主要靠自由电子导电；在 P 型半导体中，空穴是多子，自由电子是少子，主要靠空穴导电。若将 P 型半导体和 N 型半导体制作在一起，则当扩散运动和漂移运动达到动态平衡时，在分界面处就形成了 PN 结。PN 结的特性是单向导电性。

2. 半导体二极管

二极管实质上就是一个 PN 结，因此二极管特性也是单向导电性。当正向偏置时，其正向特性曲线近似为指数曲线。主要参数有最大整流电流 I_{FM} 和最高反向工作电压 U_{RM}，这也是二极管的两个极限参数，使用时不要超过它们。

稳压二极管、发光二极管和光敏二极管均为特殊二极管，与普通二极管一样，也具有单向导电性。稳压二极管的正常稳压区即为其反向击穿区；当发光二极管通过足够大的正向电流时，便能发光；当光敏二极管反向偏置时，光电流随着光照的增强而明显增大。

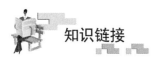

知识链接

电子技术的发展历史回顾

自从电子管特别是半导体管问世以来，电子技术的发展突飞猛进、日新月异，随着电子器件的不断更新，大致经历了以下 4 个发展阶段。

第一代(1906—1950)——电子管时代

英国科学家汤姆逊(J. J. Thomson，1856—1940)在 1895—1897 年间经过反复实验，证明了电子的存在。其后，英国科学家弗莱明(J. A. Fleming)发明了具有单向导电作用的二极电子管。1906 年美国人德福雷斯特(L. De Forest)发明了具有放大作用的三极电子管。电子管的出现大大地推动了无线电技术的发展。1925 年，英国人贝尔德(J. J. Baird)首先发明了电视。1936 年，黑白电视机正式问世。

第二代(1950—1965)——晶体管时代

1947 年 12 月，贝尔实验室的布拉顿(W. H. Brattain)、巴丁(J. Bardeen)和肖克利(W. B. Shockley)发明了半导体晶体管，并于 1948 年公布于世。与电子管相比，它具有体积小、质量轻、耗电少、寿命长等优点，很快就应用于通信、计算机等领域，从而使电子技术正式进入了半导体时代。

第三代(1965—1975)——中小规模集成电路时代

1958 年出现了固体组件——集成电路(IC)，即将电阻、二极管和晶体管以及它们之间的连接导线一起制作在一块半导体硅片上。20 世纪 60 年代初，只限于小规模集成电路(每个硅片上只有几十个元器件)。随着半导体集成技术的发展，集成度(每个硅片所包含的元器件的个数)越来越高，后来又出现了中规模集成电路(每个硅片上有几百个元器件)。

第四代(1975 至今)——大规模和超大规模集成电路时代

到了 20 世纪 70 年代出现了大规模集成电路(每个硅片上有几千只到几万只元器件)，到了 80 年代又出现了超大规模集成电路(每个硅片上有几十万以上个元器件)，电子技术进入了崭新的集成电路时代。

需要指出，以上关于对年代的划分并不是绝对的。另外，每进入一个新的时代，老一代的器件并不是完全地被淘汰了。例如，在超大功率的广播电视发射设备中，大功率的电子管并未完全退出历史舞台，仍有其“用武之地”；在目前的计算机系统中，除了使用大规模和超大规模集成电路外，中小规模集成电路甚至二极管和晶体管等分立元件仍然在继续被使用。

随着电子技术的发展，电子产品的综合性能越来越高。例如，1946 年在美国宾夕法尼亚大学研制成功的世界上第一台电子计算机 ENIAC，共用了 18000 个电子管，重达 30t，功耗为 150kW，占地面积为 170m^2。而现在用集成电路制成同样功能的电子计算机，重量不到 300g，功耗仅 0.5W。例如，2001 年由美国 Intel 公司推出的 Pentium 4(奔腾 4)微处理器，内含 4200 万只晶体管，采用超级流水线、跟踪性指令缓存等一系列新技术来面向网络功能和图像功能，提升了多媒体性能。继 Pentium 4 不久又推出了 Itanium(安腾)，Itanium 是具有超强处理能力的处理器，外部数据总线和地址总线均为 64 位，内含 2.2 亿只晶体管，集成度是 Pentium 4 的 5 倍多。Itanium 在 Pentium 基础上又引入了三级缓存、多个执行部件和多个通道、数量众多的寄存器等多项新技术，在三维图形处理、多任务操作、运算速度等各个方面的性能均得到了提高。

随堂测验题

【测试系统：第 1 章随堂测验题】

说明：本试题分为单项选择题和判断题两部分，答题完毕并提交后，系统将自动给出本次测试成绩以及标准答案。

习 题

【图文：第 1 章习题解答】

1-1 单项选择题

(1) 对于杂质半导体而言，下列说法中错误的是(　　)。

A．多子的数量一定多于少子的数量

B．多子的浓度基本上取决于所掺杂质的浓度

C．若杂质的浓度升高，则少子的浓度将保持不变

(2) PN 反向偏置时，空间电荷区将(　　)。

A．变窄　　B．变宽　　C．基本不变

(3) 当环境温度升高时，PN 结的反向电流将(　　)。

A．增大　　B．减小　　C．不变

(4) PN 结的电流方程为(　　)。

A．$i = I_S e^{\frac{qu}{kT}}$　　B．$i = I_S (e^{\frac{qu}{kT}} - 1)$　　C．$i = I_S (e^{\frac{Tu}{kq}} - 1)$　　D．$i = I_S e^{\frac{Tu}{kq}}$

(5) 下列有关二极管静态电阻和动态电阻说法中正确的是(　　)。

A．静态电阻和动态电阻均随静态电流的增大而减小

B．静态电阻和动态电阻均随静态电流的增大而增大

C．静态电阻随静态电流的增大而增大，而动态电阻随静态电流的增大而减小

D．静态电阻随静态电流的增大而减小，而动态电阻随静态电流的增大而增大

(6) 稳压二极管的正常稳压区处于伏安特性曲线中的(　　)。

A．正向特性的工作区　　B．反向击穿区

C．特性曲线的所有区域

(7) 如图 T1-1 所示电路中，设二极管特性理想，则 U_O 为(　　)。

A．－12V　　B．－9V　　C．－3V

(8) 如图 T1-2 所示电路，稳压二极管 VZ_1 和 VZ_2 的稳定电压分别为 5V 和 7V，其正向压降可忽略不计，则 U_O 应为(　　)。

A．5V　　B．7V　　C．12V　　D．0V

1-2 判断题(正确的请在题后的圆括号内打“√”，错误的打“×”)

(1) 空穴电流是由自由电子填补空位所形成的。　　(　　)

(2) 在本征半导体中掺入五价元素即可形成 N 型半导体。　　(　　)

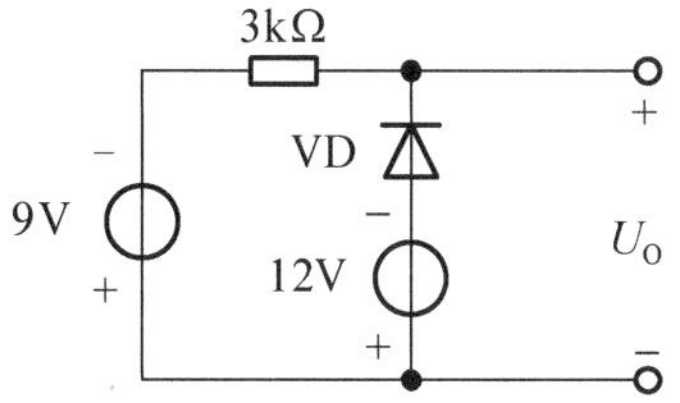

图 T1-1 习题 1-1(7)图

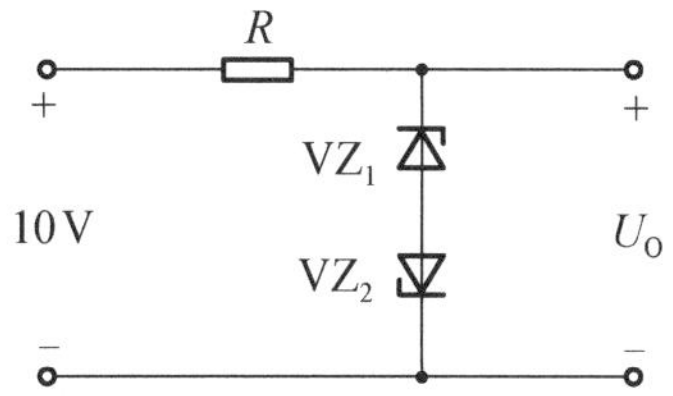

图 T1-2 习题 1-1(8)图

(3) 若将 1.5V 的干电池的正极与普通二极管的阳极相连，负极与阴极相连，则二极管即能正常导通。 ( )

(4) 用万用表的 R×100Ω 挡和 R×1kΩ 挡所测得二极管的正向电阻值相等。 ( )

(5) 在使用任何二极管时，千万注意不能使其反向击穿。 ( )

1-3 电路如图 T1-3 所示，设 $u_i = 5\sin\omega t$ V，且二极管具有理想特性试画出 u_O 的波形。

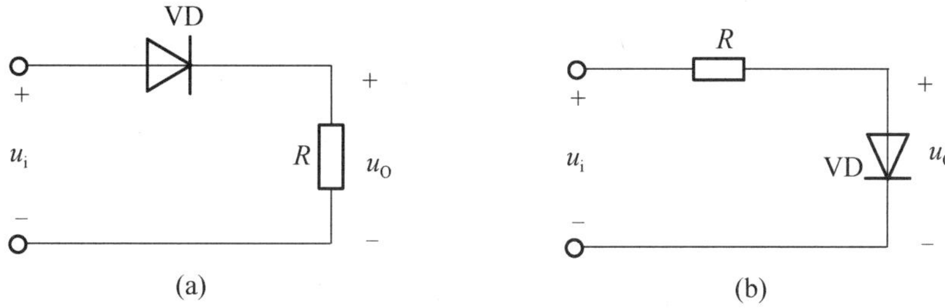

图 T1-3 习题 1-3 的图

1-4 在如图 T1-4 所示的电路中，若 $u_i = 10\sin\omega t$ V，试画出 u_O 的波形(设二极管具有理想特性)。

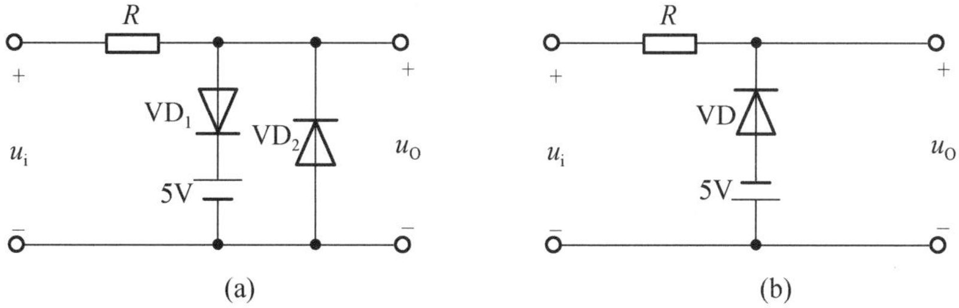

图 T1-4 习题 1-4 的图

1-5 如图 T1-5(a)所示电路，若两个输入电压 u_{I1} 和 u_{I2} 的波形如图 T1-5(b)所示，试画出输出电压 u_O 的波形(设两个二极管均为理想二极管)。

1-6 电路如图 T1-6 所示，设二极管为理想二极管，$R = 3\text{k}\Omega$，$U_{S1} = 6\text{V}$，$U_{S2} = 12\text{V}$。试求：

(1) 输出电压 U_O；(2) 若 $U_{S1} = 12\text{V}$，$U_{S2} = 6\text{V}$，则 $U_O = ?$

1-7 电路如图 T1-7 所示，已知 $U_{S1} = 16\text{V}$，$U_{S2} = 12\text{V}$，$R_1 = 2\text{k}\Omega$，$R_2 = 4\text{k}\Omega$，VD_1 和 VD_2 均可视为理想二极管，试判断 VD_1 和 VD_2 的工作状态，并计算电压 U_O 之值。

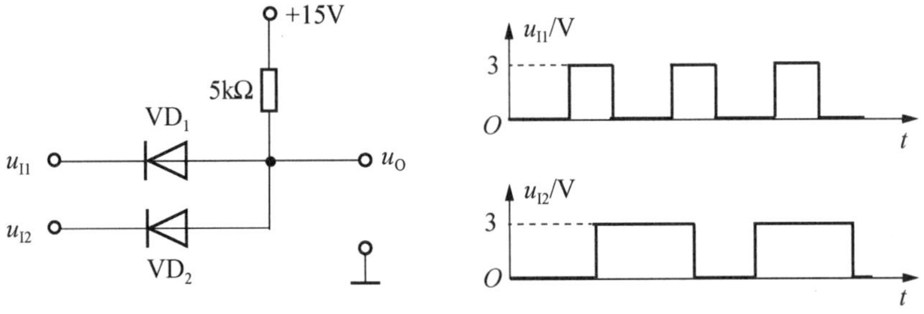

(a)　　　　　　(b)

图 T1-5　习题 1-5 的图

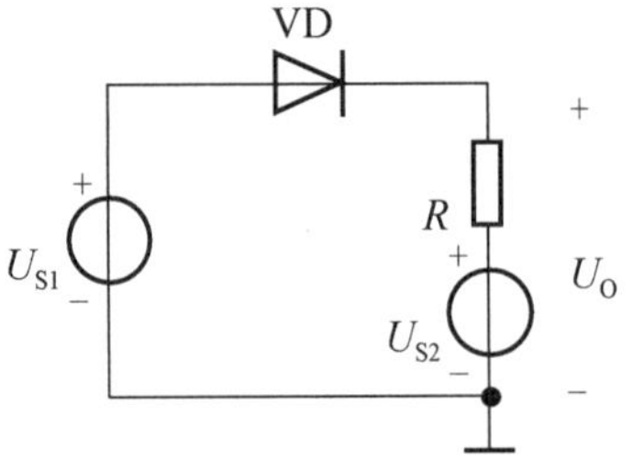

图 T1-6　习题 1-6 的图

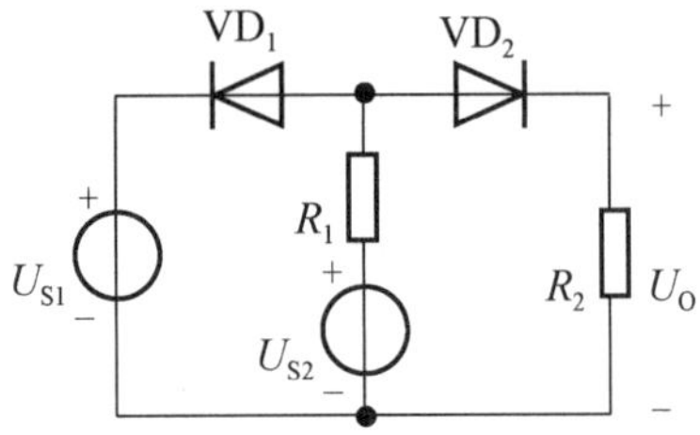

图 T1-7　习题 1-7 的图

1-8 如图 T1-8 所示，稳压管的型号为 2CW59，其 $U_Z = 10V$，$I_Z = 5mA$，$I_{ZM} = 20mA$，$U_I = 24V$，$R = 500\Omega$。

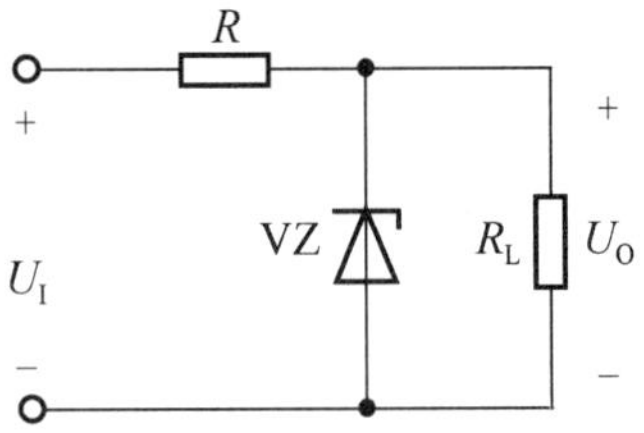

图 T1-8　习题 1-8 的图

(1) 求稳压管的最大耗散功率 P_{ZM}；

(2) 若负载电阻 $R_L = 1k\Omega$，则稳压管能否正常工作？

(3) 若负载电阻 $R_L = 2k\Omega$，则将会出现何种现象？

1-9 若已知条件与习题 1-8 相同，为确保稳压管能够安全地工作于稳压区，试求负载电阻 R_L 的取值范围。

1-10 如图 T1-8 所示，稳压管的型号为 2CW59，其 $U_Z = 10V$，$I_Z = 5mA$，$I_{ZM} = 20mA$，$U_I = 24V$。若负载电阻 $R_L = 2k\Omega$，为确保稳压管正常工作，试求限流电阻 R 的取值范围。

1-11 如图 T1-8 所示稳压管稳压电路中，稳压管的稳定电压 $U_Z = 6V$，稳定电流 $I_Z = 5mA$，最大稳定电流 $I_{ZM} = 25mA$，限流电阻 $R = 1k\Omega$，负载电阻 $R_L = 500\Omega$。

(1) 试求当 U_I 分别为 15V 和 25V 时的输出电压 U_O；

(2) 若 $U_I = 35V$，且负载开路，则会出现何种现象？为什么？

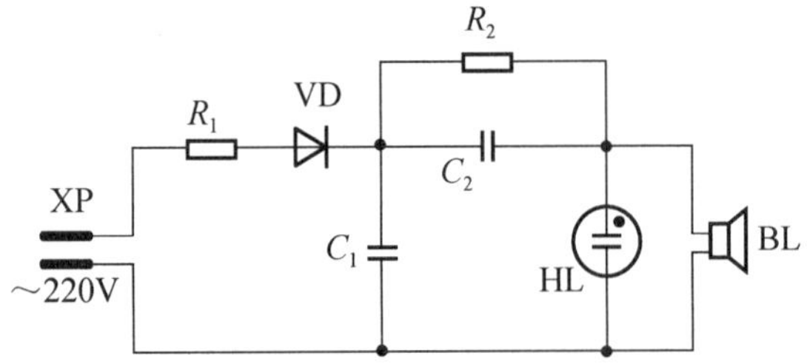

图 T1-9　习题 1-12 的图

1-12 如图 T1-9 所示是一个催眠器的电路原理图。当将插头 XP 插入 220V 交流电源插座时，氖管 HL 交替亮灭，压电陶瓷扬声器发出“嗒、嗒”声响。试说明其工作原理。

第 2 章
晶体管及其放大电路

本章首先介绍晶体管的结构、放大原理及其特性参数，然后讲述由晶体管组成的基本放大电路。主要讲述放大电路的组成及其工作原理，放大电路的基本分析方法，静态和动态参数的计算。阐述温度变化对静态工作点的影响，对典型静态工作点稳定电路的静态和动态情况进行分析。

本章教学目标与要求

- 了解晶体管的结构和工作原理，掌握其特性曲线和主要参数。
- 掌握放大电路的组成及其作用，了解放大电路的工作原理、理解温度变化对静态工作点的影响。
- 熟练掌握放大电路的基本分析方法，静态和动态参数的计算。

【引例】

在教室里上课，坐在后排的同学也能清楚地听到老师的声音，是因为教室里有扩音器，如图 2.1 所示。扩音器是如何放大声音的？收音机、电视机都要将接收到的电台信号进行放大，才能带动扬声器发出声音。那么，收音机是如何将接收到的微弱电台信号进行放大的？电视机是如何将电视台的信号进行放大的？学完本章的内容之后，你将会对放大的概念不再陌生。

图 2.1　多媒体教室

2.1 晶 体 管

【图文：晶体管实物图片】

半导体三极管，又称为晶体三极管，简称三极管或晶体管(Transistor)，是放大电路的核心器件。晶体管的外部特性是通过其特性曲线和参数来体现的。为了更好地理解和掌握其外部特性，必须首先了解晶体管的类型、结构及其内部载流子的运动规律。

2.1.1 晶体管的类型和结构

在同一个半导体基片上采用特定的工艺制作三层掺杂区域，并形成两个 PN 结便构成了晶体管。晶体管的几种常见外形如图 2.1.1 所示。其中，图 2.1.1(a)表示小功率管，图 2.1.1(b)表示中功率管，图 2.1.1(c)表示大功率管。

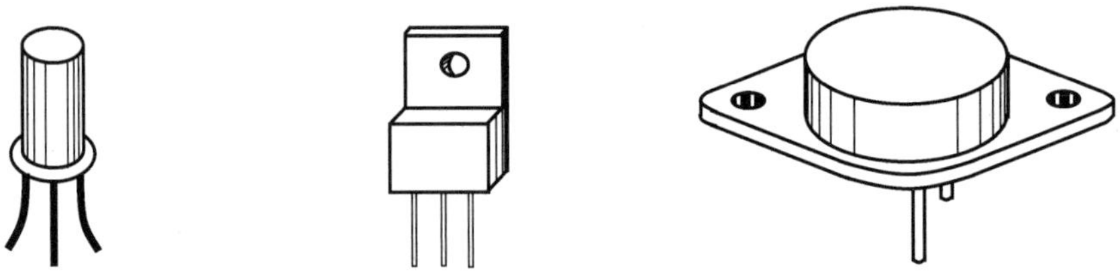

(a) 小功率管　　(b) 中功率管　　(c) 大功率管

图 2.1.1　晶体管的几种常见外形

根据构成管子材料的不同，晶体管可分为硅管和锗管两类；根据管子内部结构的不同，晶体管可分为平面型管和合金型管两类；根据 PN 结构成方式的不同可分为 NPN 型管和 PNP 型管两类，NPN 型管多为硅管，PNP 型管多为锗管。

【视频：晶体管的结构】

晶体管的结构如图 2.1.2 所示，其中，图 2.1.2(a)表示 NPN 型硅晶体管的平面型结构，图 2.1.2(b)表示 PNP 型锗晶体管的合金型结构。硅管的结构多为平面型，锗管的结构均为合金型。

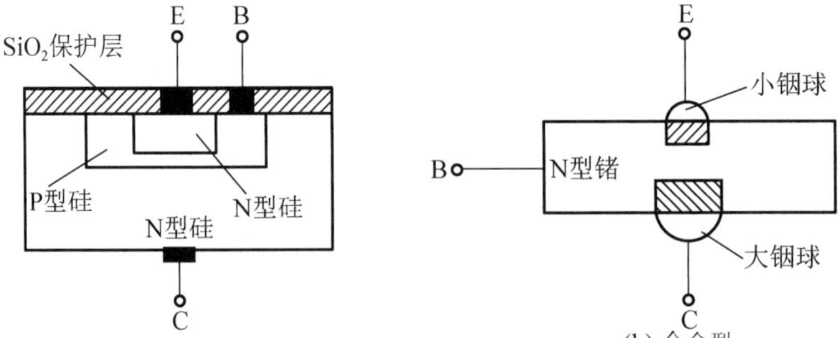

(a) 平面型　　(b) 合金型

图 2.1.2　晶体管的结构

在图 2.1.2(a)中，位于中间的 P 区称为基区；位于上层的 N 区称为发射区；位于下层的 N 区称为集电区。在图 2.1.2(b)中，位于中间的 N 区称为基区；小铟球所在的 P 区称为发射区；大铟球所在的 P 区称为集电区。从发射区、基区和集电区所引出的电极分别称为发射极(用 E 表示)、基极(用 B 表示)和集电极(用 C 表示)。发射区与基区之间所形成的 PN 结称为发射结；集电区与基区之间所形成的 PN 结称为集电结。NPN 型晶体管和 PNP 型晶体管的结构示意图及图形符号分别如图 2.1.3 和图 2.1.4 所示。图形符号上箭头的方向表示当发射结正向偏置时通过发射极正向电流的方向。

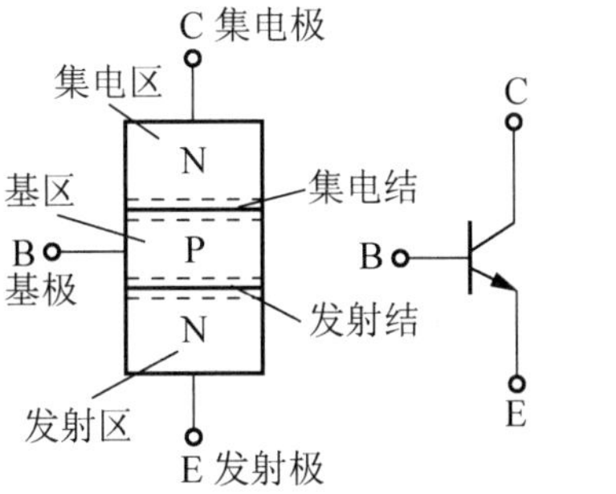

(a) 结构示意图 (b) 图形符号

图 2.1.3 NPN 管结构示意图

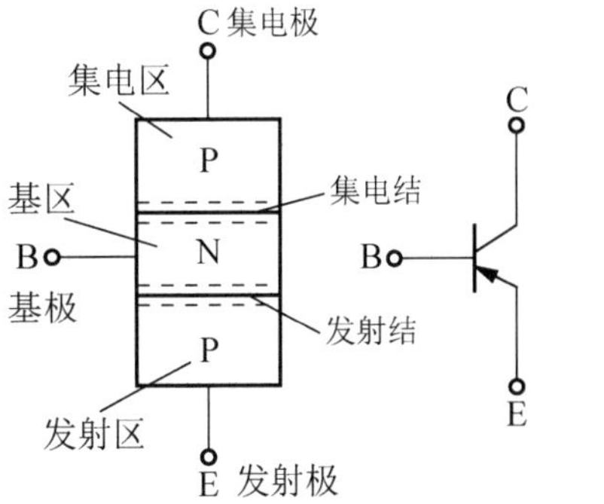

(a) 结构示意图 (b) 图形符号

图 2.1.4 PNP 管结构示意图

无论是 NPN 型管还是 PNP 型管在内部结构上均具有如下两个重要特点：

(1) 虽然发射区和集电区均是同类型的半导体，但发射区掺杂浓度高，与基区的接触面积小(有利于发射区发射载流子)；集电区掺杂浓度低，与基区的接触面积大(有利于集电区收集载流子)。

(2) 基区很薄，且掺杂浓度很低(有利于减少载流子的复合机会)。

晶体管内部结构的这种特殊性为晶体管能够起电流放大作用创造了内部条件，是引起电流放大的内因。

特别提示

- 一般来说，发射极和集电极不能互换使用。
- 晶体管并不是两个 PN 结的简单组合，它不能用两个二极管来简单的代替。

PNP 型晶体管和 NPN 型晶体管的电流放大原理相似，只是将电源的极性接反即可。下面将重点以 NPN 型管为例介绍晶体管的电流放大原理、特性曲线及其主要参数。

2.1.2 晶体管的电流放大原理

在放大电路中，直流量和交流量往往共存于同一个电路中。为便于区分，有必要对电压和电流的文字符号的写法加以说明：用大写字母和大写字母下标表示直流量，用小写字母和小写字母下标表示交流量，用小写字母和大写字母下标表示电压或电流的总量，用大写字母和小写字母下标表示交流量的有效值。以基极电流为例，用 I_B 表示基极直流电流，

用 i_b 表示基极交流电流，用 i_B 表示基极电流的总量 $i_B = I_B + i_b$，用 I_b 表示基极交流电流的有效值，用 Δi_B 表示基极电流总量的变化量等。

要使晶体管能够起电流放大作用，必须要具备两个条件，即内部条件和外部条件。内部条件就是管子本身的内部结构要合理，这是晶体管起电流放大作用的内因；外部条件是发射结正向偏置，集电结反向偏置，这是晶体管起电流放大作用的外因。

如图 2.1.5 所示电路是一个基本放大电路。被放大的输入电压信号 Δu_I 加到晶体管 VT 发射结所在的输入回路；放大后的电压信号 Δu_O 从集电极到发射极所在的输出回路输出。因为发射极是输入回路和输出回路的公共极，所以该电路又称为共发射极放大电路简称共射放大电路或共射电路。

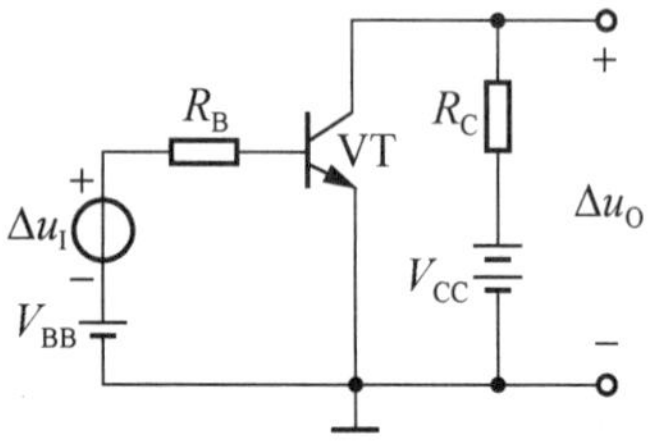

图 2.1.5　基本放大电路

在如图 2.1.5 所示电路中，基极直流电源 V_{BB} 通过基极偏置电阻 R_B 给晶体管 VT 的发射结施加正向电压(又称为正向偏置)；集电极直流电源 V_{CC} 通过集电极直流负载电阻 R_C 给晶体管 VT 的集电结施加反向电压(又称为反向偏置)。为保证发射结正向偏置，集电结反向偏置，要求 $V_{CC} > V_{BB}$。

晶体管的电流放大作用，实际上是一种电流控制作用，即用小的基极电流 i_B 控制大的集电极电流 i_C。为了更好地理解晶体管的电流放大原理，下面将对晶体管内部载流子的运动规律进行简单的介绍。

【视频：晶体管内部载流子的运动规律】

1. 晶体管内部载流子的运动规律

为简单起见，令 $\Delta u_I = 0$，则载流子在晶体管内部的运动情况如图 2.1.6 所示。

(1) 发射区向基区扩散(发射)自由电子，由扩散运动形成发射极电流 I_E。

由于发射结正向偏置，故有利于多子的扩散运动。这样，发射区中的多子—自由电子向基区扩散(发射)，并由电源不断地加以补充。同样，基区的多子—空穴也向发射区扩散，但因为其浓度远低于发射区自由电子的浓度，所以由基区扩散到发射区的空穴数极少(图中未画)，在近似分析时，可忽略不计。可以认为发射极电流 I_E 等于发射区的自由电子向基区扩散而形成的扩散电流 I_{EN}。

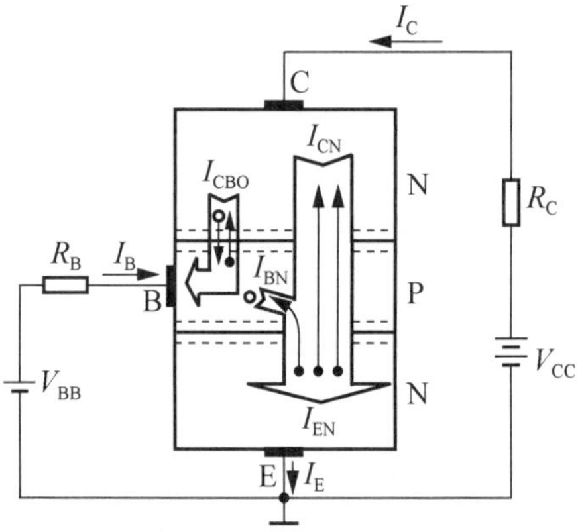

图 2.1.6　晶体管内部载流子的运动规律

(2) 扩散到基区的自由电子与基区中的空穴复合，由复合运动形成基极电流 I_B。

扩散到基区的自由电子便成为基区的非平衡少子，并在基区中形成浓度上的差别，在基区内靠近发射结边缘的浓度最高，靠近集电结边缘的浓度最低。因此，这些自由电子将朝向集电结方向扩散。由于基区很薄，掺杂浓度很低，且集电结又有较强的反向电场，故在扩散的过程中，仅有极少量的自由电子与基区中的空穴复合，绝大多数自由电子均扩散到集电结边缘。被复合掉的空穴又由电源 V_{BB} 的正极不断地加以补充(实际上是自由电子被

基极电源 V_{BB} 的正极拉走)，从而形成很小的复合电流 I_{BN}。基极电流 I_B 近似地等于复合电流 I_{BN}。

(3) 集电区收集自由电子，由漂移运动形成集电极电流 I_C。

由于集电结反向偏置，故有利于少子的漂移运动。在集电结反向电场的作用下，在基区中扩散到集电结边缘的自由电子几乎全部越过集电结而被拉入集电区。同时，集电区和基区中的平衡少子也产生漂移运动形成电流 I_{CBO}。但由于 I_{CBO} 很小，近似分析时，可以忽略不计。被拉入集电区的自由电子又不断地被电源 V_{CC} 的正极拉走，从而形成漂移电流 I_{CN}。若不计 I_{CBO}，则集电极电流 I_C 就近似地等于漂移电流 I_{CN}。

综上所述，在从发射区扩散到基区的自由电子中，仅有很少一部分与基区中的空穴复合，而绝大部分均被集电区所收集。因此，一方面集电极电流比基极电流大得多；另一方面，若 $\Delta u_I \neq 0$，就会引起发射结电压的变化，进而引起基极电流的变化，由基极电流的变化又会引起集电极电流的变化，且基极电流有微小的变化，就会引起集电极电流很大的变化。这就是晶体管的电流放大作用。

电流放大是晶体管的主要作用。在扩音机中，先利用声音传感器(即话筒)将声音非电信号的变化转换成微弱电压信号的变化(即电压的变化量)，再将微弱电压信号的变化转换成晶体管基极电流的变化，利用晶体管的电流放大作用，将基极电流的变化转换为被放大了的集电极电流的变化，再将被放大了的集电极电流的变化通过集电极负载电阻 R_C 转换成电压的变化，从而实现电压放大。最后，利用晶体管进行功率放大，即可从扬声器发出很响的声音。

2. 电流分配关系及电流放大系数

由图 2.1.6 可以看出，若不计从基区扩散到发射区的空穴而形成的扩散电流，则发射极电流 I_E 可分成两部分，一部分为 I_{BN}，另一部分为 I_{CN}，即

$$I_E \approx I_{EN} = I_{BN} + I_{CN} \tag{2-1-1}$$

图 2.1.6 中的 I_{CBO} 是指当发射极断开，集电结反向偏置时，从集电极流向基极的集电结反向饱和电流。通常 I_{CBO} 很小，且与集电结的反向电压的大小基本无关，但对温度却特别敏感，是造成晶体管温度稳定性差的根本原因。若考虑 I_{CBO} 的影响，则集电极电流 I_C 等于 I_{CN} 与 I_{CBO} 之和，即

$$I_C = I_{CN} + I_{CBO} \tag{2-1-2}$$

基极电流

$$I_B \approx I_{BN} - I_{CBO} \tag{2-1-3}$$

根据式(2-1-1)、式(2-1-2)和式(2-1-3)可得

$$I_E = I_B + I_C \tag{2-1-4}$$

式(2-1-4)表明，若以晶体管为闭合面，则 3 个电极的电流 I_E、I_B 和 I_C 之间正好满足 KCL 关系。

电流 I_{CN} 与 I_{BN} 之比称为共射直流电流放大系数，用 $\overline{\beta}$ 表示。根据式(2-1-2)和式(2-1-3)可得

$$\overline{\beta}=\frac{I_{\mathrm{CN}}}{I_{\mathrm{BN}}}=\frac{I_{\mathrm{C}}-I_{\mathrm{CBO}}}{I_{\mathrm{B}}+I_{\mathrm{CBO}}}\approx\frac{I_{\mathrm{C}}}{I_{\mathrm{B}}}$$

整理得

$$I_{\mathrm{C}}=\overline{\beta}I_{\mathrm{B}}+(1+\overline{\beta})I_{\mathrm{CBO}}=\overline{\beta}I_{\mathrm{B}}+I_{\mathrm{CEO}} \qquad (2\text{-}1\text{-}5)$$

上式中的 I_{CEO} 是指当基极断开时，在集电极直流电源 V_{CC} 的作用下，使集电结反向偏置，发射结正向偏置时从集电极流向发射极的电流。

若不计 I_{CBO} 的影响(一般地，只有在讨论温度对晶体管性能的影响时，才考虑 I_{CBO} 的存在)，则

$$I_{\mathrm{C}}\approx\overline{\beta}I_{\mathrm{B}}$$

$$I_{\mathrm{E}}=I_{\mathrm{B}}+I_{\mathrm{C}}\approx(1+\overline{\beta})I_{\mathrm{B}}$$

当集电极与发射极之间的电压 U_{CE} 为常数时，集电极电流的变化量与基极电流的变化量之比，称为共射交流电流放大系数，用 β 表示，即

$$\beta=\left.\frac{\Delta i_{\mathrm{C}}}{\Delta i_{\mathrm{B}}}\right|_{U_{\mathrm{CE}}=\text{常数}} \qquad (2\text{-}1\text{-}6)$$

一般来说，在一定的范围内，$\overline{\beta}$ 和 β 的数值非常接近。因此，在近似分析时，通常不对 $\overline{\beta}$ 和 β 加以严格区分，即认为 $\beta\approx\overline{\beta}$。在选用晶体管时，一般取 β 为几十至一百多倍的管子为好。因为 β 太小，电流控制能力(即电流放大能力)差；β 太大又会带来管子的性能不够稳定。

以上介绍了 NPN 型晶体管的工作原理。PNP 型晶体管的工作原理与 NPN 型晶体管的相似。所不同的是，发射区扩散到基区的多子是空穴。另外，为保证发射结正向偏置，集电结反向偏置，基极直流电源和集电极直流电源的极性必须反接，以确保 NPN 型晶体管的 u_{BE} 和 u_{CE} 均为正值，PNP 型晶体管的 u_{BE} 和 u_{CE} 均为负值。在放大状态时，PNP 型晶体管与 NPN 型晶体管 3 个电极电流的实际方向也不相同，如图 2.1.7 所示。其中，NPN 型晶体管各极电流的实际方向为从晶体管的基极和集电极流进，从发射极流出；PNP 型晶体管各极电流的实际方向为从晶体管的发射极流进，从基极和集电极流出。

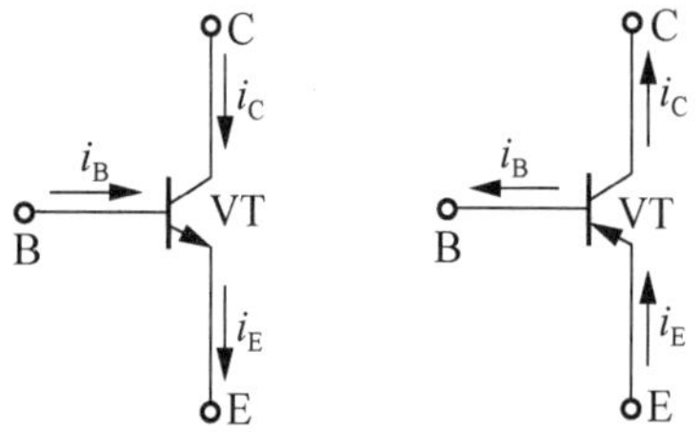

(a) NPN型管　　(b) PNP型管

图 2.1.7　NPN 型管和 PNP 型管各极电流的实际方向

特别提示

- 一般来说，在对放大电路进行分析时，不管是 NPN 型管还是 PNP 型管，各电极电流的参考方向均规定为从晶体管的基极和集电极流进，从发射极流出。当然，各电极电流的参考方向也可规定为从发射极流进，从基极和集电极流出。
- 对一个放大电路而言，被放大的信号是一个变化量(变化的电压或变化的电流)。

- 放大的实质是对功率的放大，只具有电流放大或只具有电压放大或既有电流放大又有电压放大均叫放大。

2.1.3 晶体管的输入和输出特性曲线

为了正确使用晶体管，需要正确理解其输入和输出特性曲线。晶体管的输入和输出特性曲线是表示晶体管各极电流和各极间电压之间的关系曲线，可以通过实验加以测绘。实用中，通常用晶体管特性图示仪加以显示，如图 2.1.8 所示。

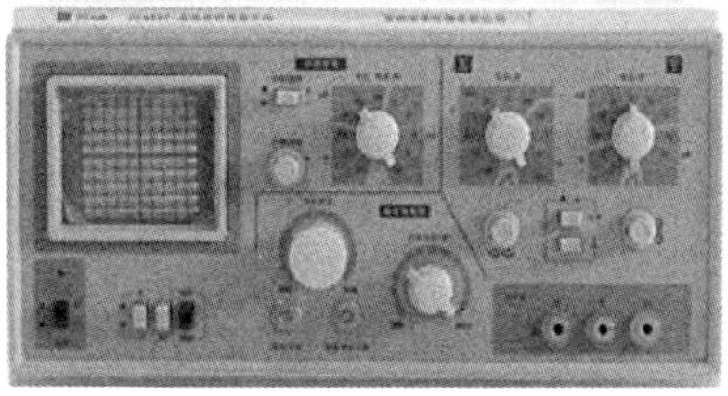

图 2.1.8 晶体管特性图示仪

1. 输入特性曲线

输入特性是指当集-射极电压 U_{CE} 为常数时，基极电流 i_B 和基-射极电压 u_{BE} 之间的函数关系，即

$$i_B = f(u_{BE})\big|_{U_{CE}=\text{常数}}$$

由于一个确定的 U_{CE} 就对应一条输入特性曲线，故晶体管的输入特性曲线实际上是一曲线簇，如图 2.1.9(a)所示。

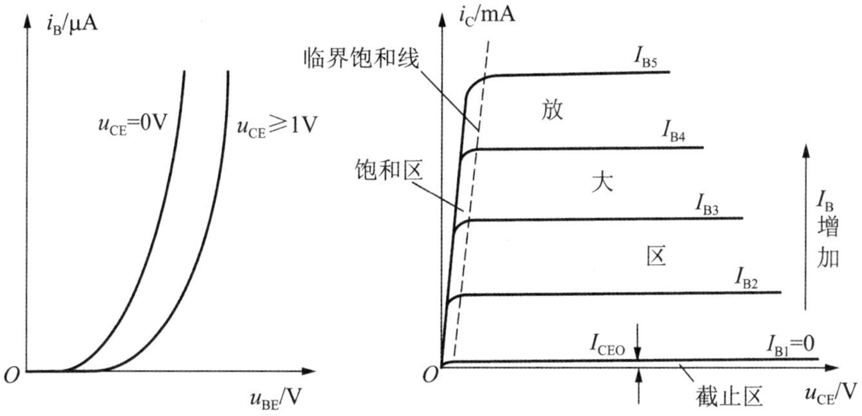

(a) 晶体管的输入特性曲线　　(b) 晶体管的输出特性曲线

图 2.1.9 晶体管的输入和输出特性曲线

由图 2.1.9(a)可见，当 U_{CE}=0 时的输入特性曲线，即图 2.1.9(a)中所标注的 U_{CE}=0 的那条曲线与二极管的正向伏安特性曲线相似。这是因为当 U_{CE}=0 时，即将集电极和发射极之间短路，晶体管相当于两个相并联的 PN 结。

随着 U_{CE} 的增加，曲线右移。这是因为随着 U_{CE} 的增加，基区内的自由电子进入到集电区的数量增多，与基区内空穴的复合机会减小，表现为当 u_{BE} 一定时，i_B 减小。对于确定的 u_{BE}，当 U_{CE} 增加到一定值(如 U_{CE}=1V)时，集电结已反向偏置，集电结的反向电场几乎能将在基区内扩散到集电结边缘的自由电子全部拉入集电区而形成集电极电流 i_C。故当 U_{CE} 再增加时，基极电流 i_B 将基本保持不变。因此，可将 U_{CE}≥1V 后的所有输入特性曲线视为是重合的。所以，实际中可以用 U_{CE}=1V 时的输入特性曲线来代表 U_{CE}>1V 时的所有输入特性曲线。

由图 2.1.9(a)不难看出，与二极管的伏安特性曲线一样，晶体管的输入特性曲线也有死区。硅管的死区电压约为 0.5V；锗管的死区电压约为 0.1V。在晶体管正常工作时，NPN 型硅管的发射结电压 u_{BE}=0.6～0.8V；PNP 型锗管的发射结电压 u_{BE}=−(0.1～0.3)V。

2. 输出特性曲线

输出特性是指当基极电流 i_B 为常数 I_B 时，集电极电流 i_C 和集-射极电压 u_{CE} 之间的函数关系，即

$$i_C = f(u_{CE})\big|_{i_B=I_B=\text{常数}}$$

由于一个确定的 I_B 就对应一条输出特性曲线，故晶体管的输出特性曲线实际上也是一曲线簇，如图 2.1.9(b)所示。

可以看出，对于每一条输出特性曲线的起始段，随着 u_{CE} 的增加 i_C 明显增大。这是因为随着 u_{CE} 的增加，集电结从基区拉走自由电子(非平衡少子)的能力逐渐增强的缘故。当 u_{CE} 增加到一定值(如 1V)时，集电结反向电场增强到几乎能将在基区内扩散到集电结边缘的自由电子全部拉入集电区，形成集电极电流。故当 U_{CE} 再增加时，集电极电流 i_C 几乎不再增大，输出特性曲线几乎与横轴平行，即 i_C 几乎只取决于 i_B，而与 u_{CE} 无关。

晶体管的输出特性曲线有 3 个工作区，如图 2.1.9(b)所示，这 3 个工作区对应着晶体管的 3 个工作状态，下面结合如图 2.1.10 所示的共射放大电路进行介绍。

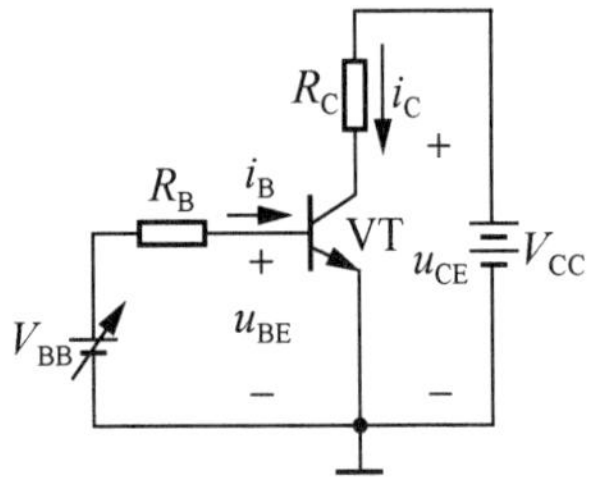

图 2.1.10 共射放大电路

1) 放大区

输出特性曲线近于平直的区域就是放大区。晶体管工作于放大区的外部条件是，发射结正向偏置，集电结反向偏置。在正常工作的情况下，对于 NPN 型硅管，u_{BE}=0.6～0.8V；对于 PNP 型锗管，u_{BE}=−0.1～−0.3V；u_{CE}>u_{BE}，即 u_{BC}<0。晶体管只有工作于放大区，才具有电流放大作用。此时，i_C 几乎只受 I_B 的控制而与 u_{CE} 无关，$i_C=\beta I_B$，$\Delta i_C=\beta\Delta I_B$。理想状态下，当 I_B 变化相同的数值时，输出特性曲线是与横轴平行且间距相等的直线簇，即β为常数。

2) 饱和区

当晶体管工作于放大区时，由图 2.1.10 可知，$u_{CE}=V_{CC}-i_CR_C=V_{CC}-\beta I_BR_C$。当 I_B 增加时，u_{CE} 降低。当 I_B 增加到使 $u_{CE}=u_{BE}$，即 u_{BC}=0 时，晶体管处于临界饱和或临界放大状态，临界饱和线为如图 2.1.9(b)所示的虚线。

临界饱和时，集电极临界饱和电流

$$I_{CS} = \frac{V_{CC} - U_{CES}}{R_C} \tag{2-1-7}$$

其中，$U_{CES} = U_{BE}$ 为集-射极临界饱和电压降。对于 NPN 型硅管，U_{CES} 的典型值为 0.7V，PNP 型锗管 U_{CES} 的典型值为−0.2V。

在临界饱和时，晶体管仍具有电流放大作用，即 $i_C=\beta I_B$ 和$\Delta i_C=\beta\Delta I_B$ 的关系依然成立。

基极临界饱和电流

$$I_{BS}=\frac{I_{CS}}{\beta}=\frac{V_{CC}-U_{CES}}{\beta R_C} \tag{2-1-8}$$

当 I_B 继续增加时，将使 $u_{CE}<u_{BE}$，即 $u_{BC}>0$，晶体管处于饱和工作状态。晶体管工作于饱和区时，集电极电流 i_C 随着 I_B 的增大不再成比例的增大，而是增大得很少，甚至不再增大，即 $i_C=\beta I_B$ 和 $\Delta i_C=\beta\Delta I_B$ 的关系不再成立。进入饱和区后

$$i_B>I_{BS} \tag{2-1-9}$$

故晶体管工作于饱和区时，发射结和集电结均处于正向偏置状态，i_B 越大，饱和的程度越深。NPN 型硅管的典型饱和管压降 $U'_{CES}\approx 0.3V$ (PNP 型锗管的典型饱和管压降 $U'_{CES}\approx -0.1V$)。若将 U'_{CES} 忽略不计，则集电极 C 和发射极 E 之间相当于短路。

另外，可以根据式(2-1-9)是否成立来判断管子是否工作于饱和区。

3) 截止区

当 $I_B=0$ 时的那条输出特性曲线以下的区域是截止区。晶体管工作于截止区时，$i_C\leqslant I_{CEO}\approx 0$，$u_{CE}\approx V_{CC}$，集电极 C 和发射极 E 之间相当于开路。由于晶体管有死区电压，故只要当 u_{BE} 小于死区电压就算截止。但在实际应用中，为使晶体管可靠地截止，通常使发射结反向偏置，集电结也反向偏置，此时 $u_{BE}<0$，$u_{CE}>u_{BE}$(即 $u_{BC}<0$)。

特别提示

- 在模拟电路中，晶体管多工作在放大状态，而作为放大器件使用。
- 若用基极电流控制晶体管使其在截止状态和饱和状态之间转换，则可将晶体管的集电极和发射极之间视为受基极电流控制的电子开关，多用于数字电路中。
- 晶体管的集电极和发射极之间还可作为受基极电流控制的可变电阻。当基极电流从零逐渐增大时，集电极和发射极之间的等效电阻将从无穷大逐渐减小为零。

【例 2-1-1】 在如图 2.1.11 所示的电路中，若 $V_{CC}=12V$，$R_B=5k\Omega$，$R_C=1k\Omega$，$U_{BE}=0.7V$，$\beta=50$。试分别分析当 $V_{BB}=-1V$、1V 和 3V 时晶体管的工作状态。

【解】 由式(2-1-7)可得，集电极临界饱和电流

$$I_{CS}=\frac{V_{CC}-U_{CES}}{R_C}=\frac{12-0.7}{1}mA=11.3mA$$

由式(2-1-8)可得，基极临界饱和电流

$$I_{BS}=\frac{I_{CS}}{\beta}=\frac{11.3}{50}mA=226\mu A$$

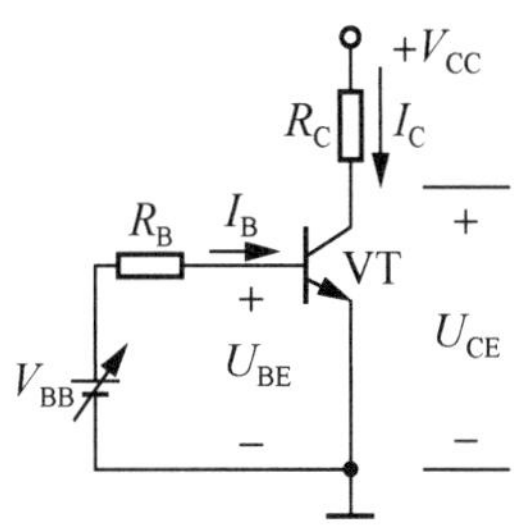

图 2.1.11 例 2-1-1 的图

(1) 当 $V_{BB}=-1V$ 时，发射结和集电结均反向偏置，故晶体管处于截止状态。

(2) 当 $V_{BB}=1V$ 时，因为基极电流

$$I_B=\frac{V_{BB}-U_{BE}}{R_B}=\frac{1-0.7}{5}mA=60\ \mu A<I_{BS}$$

所以 VT 处于放大状态。

(3) 当 V_{BB}=3V 时，因为基极电流

$$I_B = \frac{V_{BB} - U_{BE}}{R_B} = \frac{3-0.7}{5}\text{mA} = 460\ \mu\text{A} > I_{BS}$$

所以 VT 处于深度饱和状态。

当发射结正向偏置，且 u_{BE} 大于死区电压时，晶体管不是工作于放大状态就是工作于饱和状态，除了用上述方法(电流判断法)判断外，还可以用如下的电压判断法进行判断，方法是：先假设晶体管工作于放大状态，求出集-射极电压 U_{CE}，然后，判断集电结的偏置情况。若集电结反向偏置(即$|u_{CE}|>|u_{BE}|$)，则晶体管处于放大状态；若集电结正向偏置(即$|u_{CE}|<|u_{BE}|$)，则晶体管处于饱和状态(若$|u_{CE}|=|u_{BE}|$，则晶体管处于临界饱和状态)。

【例 2-1-2】在如图 2.1.11 所示的电路中，试用电压判断法判断当 V_{BB}=3V 时晶体管的工作状态。

【解】设晶体管工作于放大状态。基极电流

$$I_B = \frac{V_{BB} - U_{BE}}{R_B} = \frac{3-0.7}{5}\text{mA} = 460\ \mu\text{A}$$

集电极电流

$$I_C = \beta I_B = 50 \times 0.46\text{mA} = 23\text{mA}$$

集电极与发射极之间的电压

$$U_{CE} = V_{CC} - I_C R_C = 12 - 23 \times 1 = -11\text{V}$$

所以

$$U_{CE} < U_{BE}$$

因发射结和集电结均正向偏置，故晶体管 VT 处于饱和状态。

【例 2-1-3】 经测得某放大电路中晶体管 VT_1 的 3 个引脚 F_1 、 F_2 和 F_3 的直流电位分别为 6V、2V 和 1.3V；晶体管 VT_2 的 3 个引脚 F_1' 、F_2' 和 F_3' 的直流电位分别为 6V、3V 和 6.2V。试分别指出晶体管各引脚的名称以及管子的类型(NPN 型或 PNP 型、硅管或锗管)。

分析思路：

既然两只管子均能起电流放大作用，则这两只管子就满足发射结正向偏置，集电结反向偏置的外部条件，即对于 NPN 型管，3 个电极的直流电位之间的关系为

$$U_E < U_B < U_C$$

对于 PNP 型管，3 个电极的直流电位之间的关系为

$$U_C < U_B < U_E$$

因此，不管是 NPN 型管还是 PNP 型管，基极电位值总是 3 个电极的中间值。据此可以首先判断出基极来。

再确定管子的发射极。与基极间电压的绝对值为 0.7 或 0.2V 的电极为发射极，则剩下的电极即为集电极。

最后判断管子的类型。若基极电位高于发射极的电位，则为 NPN 型管；反之，则为 PNP 型管。若基-射极电压的绝对值为 0.7V，则为硅管；若为 0.2V，则为锗管。

【解】 根据上述思路可得判断结果为

VT_1 管：F_1、F_2 和 F_3 分别为集电极、基极和发射极；是 NPN 型硅管。

VT_2 管：F_1'、F_2' 和 F_3' 分别为基极、集电极和发射极；是 PNP 型锗管。

2.1.4 晶体管的主要参数

要正确使用晶体管，除应理解晶体管的伏安特性曲线外，还应了解晶体管的参数。晶体管的参数很多，可以在半导体手册中查到。下面着重介绍晶体管的几个主要参数。

1. 共射电流放大系数

共射电流放大系数包括共射直流(静态)电流放大系数和共射交流(动态)电流放大系数。共射直流(静态)电流放大系数 $\overline{\beta}$ 的定义已在前面讲过。在半导体手册中，$\overline{\beta}$ 常用 h_{FE} 表示。若将集电结反向饱和电流 I_{CBO} 忽略不计，则共射直流电流放大系数 $\overline{\beta}$ 约等于集电极直流电流 I_C 和基极直流电流 I_B 之比，即

$$\overline{\beta} \approx \frac{I_C}{I_B}$$

共射交流(动态)电流放大系数是指当集-射极之间的电压 u_{CE} 为常数时，集电极电流的变化量与基极电流的变化量之比，用 β 表示，即

$$\beta = \left.\frac{\Delta i_C}{\Delta i_B}\right|_{u_{CE}=U_{CE}=\text{常数}}$$

在半导体手册中，β 常用 h_{fe} 表示。β 值与输出特性曲线的位置有关，当集电极电流过小或过大时，β 值均将明显减小。所以，通常晶体管的 β 值不是常数，即晶体管是一个非线性器件。只有在放大区的中间区域才有较大的 β 值，且在该区域内的 β 值变化很小，近似分析时，可以认为 β 值为常数。若已给出晶体管的输出特性曲线，则可以从晶体管的输出特性曲线上直接求出 β。

由于受到制造工艺的限制，半导体器件的参数具有分散性，即使是同一型号的晶体管，β 值也存在很大的差别。通常晶体管的 β 值为 20～200。

需要指出，随着半导体制作工艺的不断改进，晶体管的质量越来越高，反向饱和电流 I_{CBO} 越来越小，电流放大系数 β 越来越大，目前 β 能达到 300 甚至更大。

2. 极间反向电流

极间反向电流包括集电结反向饱和电流 I_{CBO} 和集电极到发射极的穿透电流 I_{CEO}。I_{CBO} 的物理意义是，当发射极断开，集电结反向偏置时，从集电极流向基极的集电结反向饱和电流，如图 2.1.12 所示。

I_{CEO} 的物理意义是，当基极断开时，在集电极电源 V_{CC} 的作用下，使集电结反向偏置，发射结正向偏置时从集电极流向发射极的电流，如图 2.1.13 所示。由于 I_{CEO} 好像从集电极穿透晶体管到达发射极，故称为穿透电流。

I_{CEO} 与 I_{CBO} 之间的关系可由式(2-1-5)得出，即

$$I_{CEO} = (1+\beta)I_{CBO}$$

在使用时，应选择 I_{CBO} 小的管子。I_{CBO} 越小，管子的热稳定性越好。小功率锗管的 I_{CBO}

约为几微安到几十微安，小功率硅管的 I_{CBO} 在 1μA 以下。由于硅管的 I_{CBO} 比锗管的小得多，故硅管的热稳定性比锗管的好。

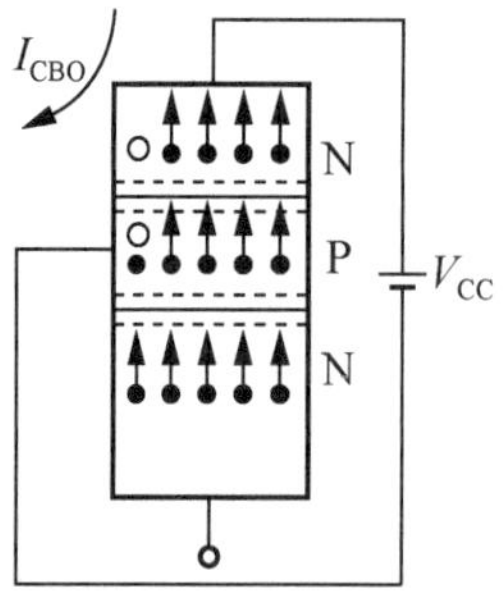

图 2.1.12　I_{CBO} 的电路

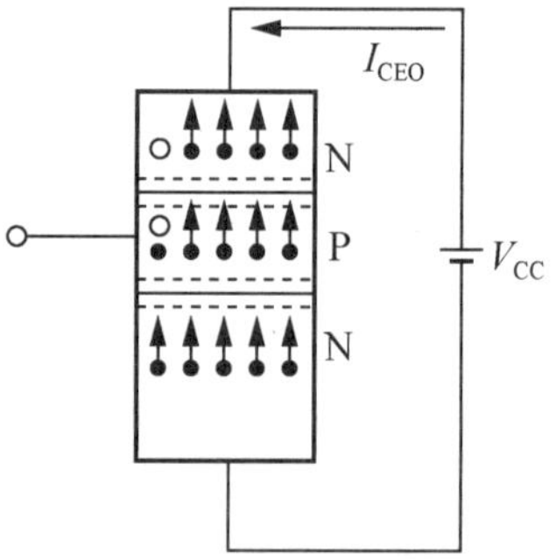

图 2.1.13　I_{CEO} 的电路

3. 集电极最大允许电流 I_{CM}

如前所述，当集电极电流 i_C 过大时将造成电流放大系数 β 值的明显下降。当电流放大系数 β 值下降到所规定值(通常为正常值的三分之二)时所对应集电极电流称为集电极最大允许电流，用 I_{CM} 表示。因此，若集电极工作电流超过集电极最大允许电流 I_{CM}，则不一定造成管子的损坏，但却会使 β 值明显下降。

4. 集电极最大耗散功率 P_{CM}

当集电极电流通过集电结时会在集电结上产生热量而使结温升高。若结温过高，则会导致晶体管的性能变坏甚至被烧毁。晶体管集电结所允许的最大功率损耗称为集电极最大耗散功率，用 P_{CM} 表示。对一只给定的晶体管而言，若环境温度和散热条件一定，则 P_{CM} 是常数，即

$$P_{CM} = u_{CE} i_C = \text{常数}$$

在输出特性曲线坐标平面上表示双曲线中的一支，称为等功耗线，如图 2.1.14 所示。

集电极最大耗散功率 P_{CM} 与测试条件有关。当环境温度一定时，同一只管子，若加装了散热片，则 P_{CM} 将增大。

5. 集-射极反向击穿电压 $U_{(BR)CEO}$

当基极开路时，集电极与发射极之间的反向击穿电压称为集-射极反向击穿电压，用 $U_{(BR)CEO}$ 表示。在实际应用中，集-射极电压 u_{CE} 必须低于 $U_{(BR)CEO}$，否则晶体管的集电结将被击穿。

以上介绍了晶体管的主要参数。其中，集电极最大允许电流 I_{CM}、集电极最大耗散功率 P_{CM} 和集-射极反向击穿电压 $U_{(BR)CEO}$ 这 3 个参数称为晶体管的极限参数，是正确选择晶体管的主要依据，在使用时要求不要超过它们，即要求 $i_C<I_{CM}$，$u_{CE}<U_{(BR)CEO}$，$u_{CE}i_C<P_{CM}$。由以上 3 个关系在输出特性曲线坐标平面上构成了晶体管的安全工作区域，即图 2.1.14 中 I_{CM} 以下、$U_{(BR)CEO}$ 以左和等功耗线左下方所限定的区域称为安全工作区。图 2.1.14 中等功耗线右上方的区域称为过损耗区。

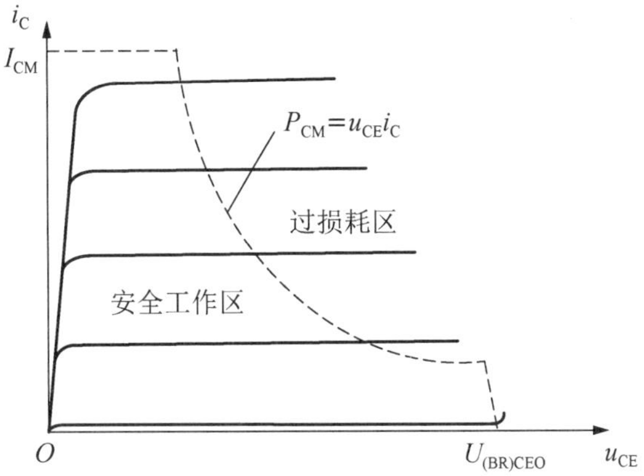

图 2.1.14　晶体管的安全工作区

特别提示

- 在选择晶体管时，应选择β较大和 I_{CBO} 较小的管子。
- 因晶体管的输入特性曲线不是直线，晶体管的电流放大系数β也不是常数。故晶体管是一种非线性器件。
- 在使用晶体管时，应确保管子工作在安全工作区内。

2.1.5　光敏晶体管

【图文：光电晶体管实物图片】

光敏晶体管与普通的晶体管非常相似，也有两个 PN 结，其结构示意图如图 2.1.15(a)所示。图 2.1.15(b)为其图形符号，图 2.1.15(c)为其外形，大多数光敏晶体管只有集电极 C 和发射极 E 两个引脚，少数光电三极管有基极引脚，用作温度补偿。图 2.1.15(d)为其基本电路。

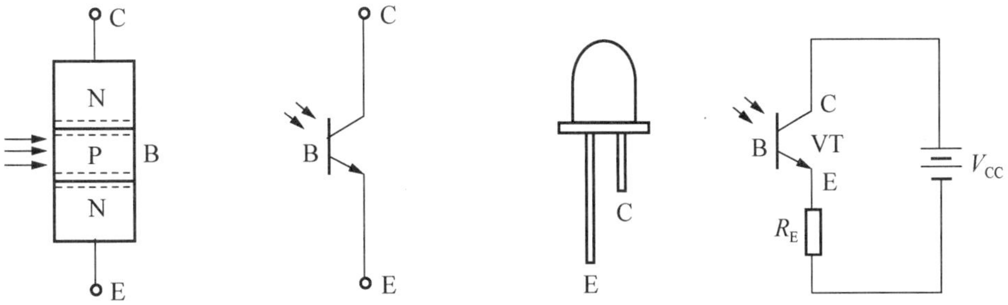

(a) 结构示意图　(b) 图形符号　(c) 外形　(d) 基本电路

图 2.1.15　光敏晶体管的结构示意图、图形符号、外形和基本电路

无光照时的集电极电流 I_{CEO} 称为暗电流；有光照时集电极电流 I_{CEO} 称为光电流。在如图 2.1.15(d)所示的电路中，集电极直流电源 V_{CC} 通过发射极电阻 R_E 使光敏晶体管的发射结正向偏置，集电结反向偏置，光敏晶体管工作于放大状态。当光线照射在集电结时，在集电结的附近将激发出电子-空穴对形成 I_{CBO}，所产生的光电流 $I_C=I_{CEO}=(1+\beta)I_{CBO}$。显然，光照越强，$I_{CBO}$ 越大，光电流就越大。当集射极电压 u_{CE} 足够大时，光电流几乎只取决于光的照度，而与 u_{CE} 无关。光敏晶体管的输出特性曲线与普通晶体管的相似，只不过是将控制量——基极电流 I_B 用光的照度 E 来替代，如图 2.1.16 所示。

可见，与普通晶体管用基极电流的大小来控制集电极电流的大小不同，光敏晶体管用入射光线的照度来控制集电极电流的大小。由于光敏晶体管具有电流放大作用，故光敏晶体管比光敏二极管具有更高的灵敏度。

图 2.1.17 为光控开关电路。无光照时，光敏晶体管 VT_1 和晶体管 VT_2 均截止，继电器 K 处于释放状态，被控电路断开。有光照时，VT_1 和 VT_2 均导通，继电器 K 吸合，接通被控电路。图中的二极管 VD 对晶体管 VT_2 起保护作用。由于当晶体管 VT_2 由导通变为截止时，将在继电器吸引线圈上产生很高的自感电动势，自感电动势的极性为上负下正，二极管因承受正向电压而导通，从而将吸引线圈所储存的磁场能在很短时间内被释放掉，消耗在由继电器和二极管所构成的回路电阻上，以防止 VT_2 在由导通变为截止时被瞬时高压①击穿损坏。由于在晶体管截止后，在继电器和二极管所构成的回路中形成电流，故称此二极管 VD_2 为“续流二极管”。

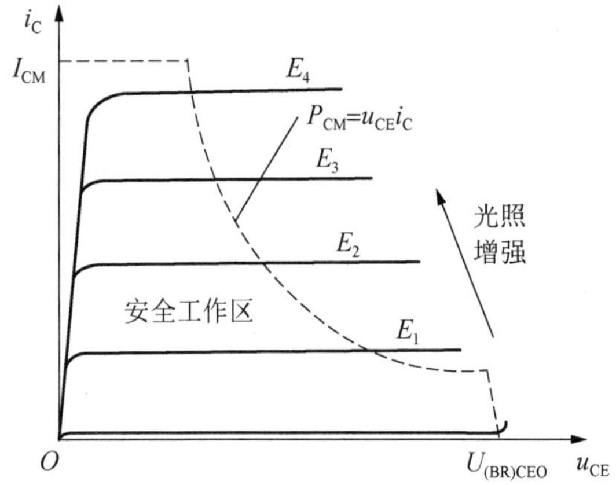

图 2.1.16　光敏晶体管的输出特性曲线

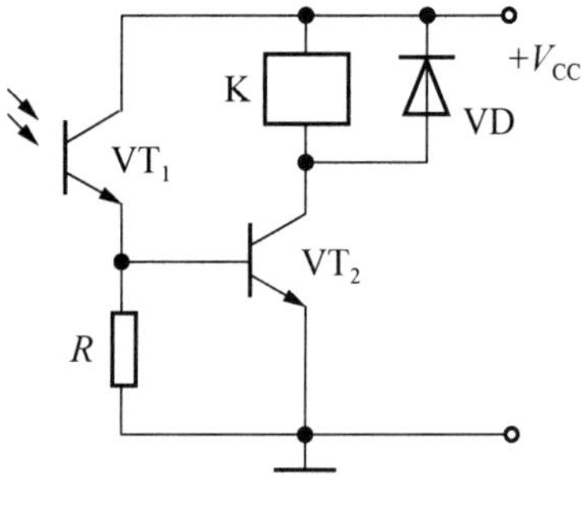

图 2.1.17　光控开关电路

特别提示

- 光敏二极管和光敏晶体管各有特点，若要求线性好、工作频率高时，则宜选用光敏二极管；若要求灵敏度高时，则宜选用光敏晶体管。

① 晶体管 VT_2 的集-射电压等于吸引线圈的自感电压与电源电压之和。

2.2 晶体管放大电路的组成及其主要性能指标

所谓放大，就是通过放大电路将微弱的电信号不失真地放大到所需要的数值。从表面上看，放大电路是把输入信号放大了，但放大的实质只是进行能量的控制或转换。因此放大电路中必须有进行能量控制的有源器件，如晶体管、场效应管等，并有提供能量的直流电源。放大电路只是将小能量的输入信号，通过晶体管的控制作用，将直流电源的直流电能转换成为大能量的信号输出给负载而已，晶体管本身并不能凭空地产生能量。例如，扩音器就是一种最简单的放大电路，它可将讲话人的声音放大成较强的声音，扬声器所输出声音的能量是由直流电源通过晶体管的控制作用转换而来的。所以，从能量转换的角度来看，放大电路实质上是一个小交流电能的输入信号经晶体管的控制作用将直流电源的直流电能转换成较大交流电能输出信号的能量转换器。

2.2.1 放大电路的组成

【视频：放大电路的组成】

放大电路的作用是将微弱的信号进行放大。为了使放大电路不失真地放大信号，在组成放大电路时必须遵循以下几项原则。

(1) 必须有为放大管提供能量的直流电源。

(2) 保证晶体管工作在放大区；场效应管工作在恒流区。

(3) 动态信号能够作用于放大管的输入回路。对于晶体管能产生Δu_{BE}或Δi_B(或Δi_E)，对于场效应管能产生Δu_{GS}。

(4) 负载上能够获得放大了的动态信号。

(5) 对实用放大电路应实现共地、无断路或短路。

在用晶体管组成放大电路时，因为晶体管有 3 个电极，按照晶体管哪个电极作为输入和输出回路公共端的不同，有 3 种基本接法，也称为三种基本组态，即共发射极电路、共集电极电路和共基极电路。下面以共射电路为例进行分析。

如图 2.2.1 所示是基本共射放大电路的组成原理图。图中，放大管 VT 是 NPN 型晶体管，它是放大电路的核心器件，VT 的作用是进行电流放大。V_{BB}是基极直流电源，V_{BB}的作用是使晶体管的发射结处于正向偏置状态，同时与 R_B 共同为晶体管的基极提供合适的静态工作电流。集电极直流电源 V_{CC} 的作用是使晶体管的集电结处于反向偏置状态，同时充当放大电路的能源。集电极负载电阻 R_C 是将晶体管的电流放大作用转换为电压的形式。在电子电路中，起连接作用的电容称为耦合电容。通过电容连接的电路，称为阻容耦合电路。C_1 为输入耦合电容，C_1 的作用是隔直通交，一方面隔断交流信号源与放大电路之间的直流联系；另一方面为待放大的交流信号提供交流通路。C_2 为输出耦合电容，C_2 同样起着隔直通交的作用，一方面隔断负载与放大电路之间的直流联系，另一方面为已放大的交流信号提供交流通路，使交流信号有效地作用到负载上。耦合电容的容量应足够大，一般为几微法[拉]到几十微法[拉]，使其在输入信号的频率范围内的容抗很小，可视为短路。通常采用电解电容(极性电容)作为耦合电容。在使用电解电容时，应注意两点：一是电容的极性不能接反，正极应接电路中的高电位，负极应接低电位；二是加到电容的端电压不要超出其耐压值，否则电容将被击穿而损坏。

在如图 2.2.1 所示的基本共射放大电路中，用了两组直流电源，这既不实用也不方便，因而在实际应用中，常将 V_{BB} 用 V_{CC} 来代替。另外，为了简化电路，通常在电路中将输入、输出和直流电源的公共端作为电路的参考点，也称为接“地”，用符号“⊥”表示。这样，输入电压、输出电压和电源就实现了“共地”，从而有效地防止了干扰。由于有了“地”，故 V_{CC} 也就不必用直流电源的图形符号画出，而只标出其电位的极性和数值即可。简化后的电路如图 2.2.2 所示。

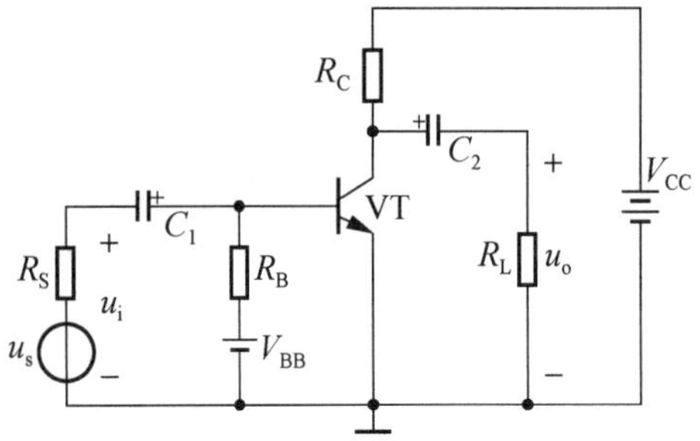

图 2.2.1　基本共射放大电路

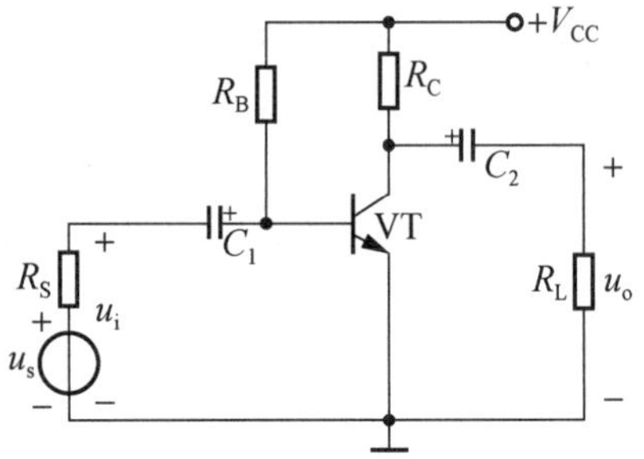

图 2.2.2　单管共射放大电路

特别提示

- 若为 PNP 型晶体管，则直流电源的极性必须反接，才能满足晶体管的放大条件。
- 放大电路的输出端都接有负载，如扬声器、继电器、测量仪表等，或者接有下一级放大电路。这些负载，一般可用一个等效电阻来代替，如图 2.2.1 中的 R_L。

【例 2-2-1】 如图 2.2.3 所示电路能否对输入信号不失真地进行放大，并简述理由。

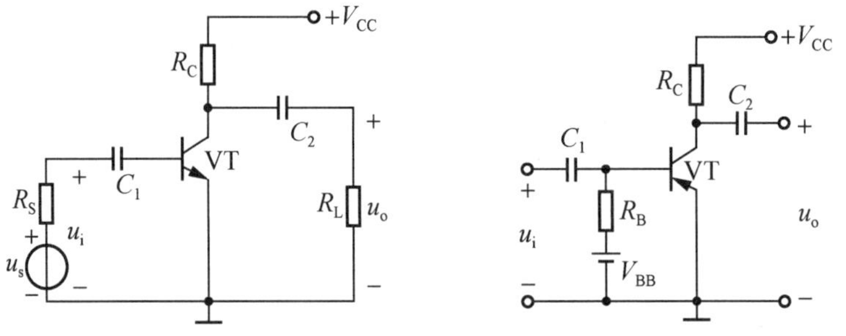

(a)　　(b)

图 2.2.3　例 2-2-1 的图

【解】(a) 无放大作用。发射结无正向偏置，不满足发射结正向偏置的外部条件。

(b) 无放大作用。晶体管的发射结反向偏置，集电结正向偏置，不满足发射结正向偏置和集电结反向偏置的外部条件。

2.2.2 放大电路的主要性能指标

任何一个放大电路都可以用如图 2.2.4 所示的方框图来表示。放大电路中的放大器件可以是晶体管，也可以是场效应管或集成运放等，它们统称为有源器件。另外，还有电阻、电容等无源元件以及为放大电路提供静态值的直流电源。放大电路的输入端 A、B 接信号源，即放大对象，输出端接负载 R_L。

为了测试放大电路的性能指标，一般是在放大电路的输入端加上一个正弦测试电压信号，正弦电压信号可以用相量 $\dot{U}_s$ 表示，如图 2.2.5 所示。

【图文：正弦电压测试信号】

图 2.2.4　放大电路的方框图

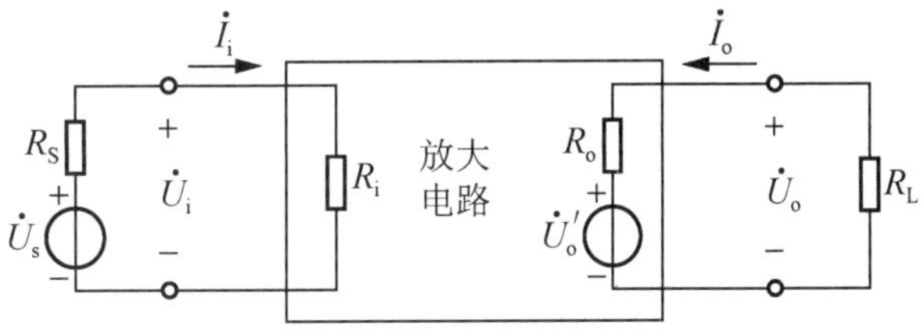

图 2.2.5　放大电路测试电路

在 $\dot{U}_s$ 的作用下，放大电路得到输入电压 $\dot{U}_i$，同时产生输入电流 $\dot{I}_i$，经放大电路放大后，在输出端得到输出电压 $\dot{U}_o$ 和输出电流 $\dot{I}_o$，R_L 为负载电阻。通过测试可知，即使在信号源 $\dot{U}_s$ 和负载电阻 R_L 相同的条件下，不同放大电路的输入电流 $\dot{I}_i$、输出电压 $\dot{U}_o$ 和输出电流 $\dot{I}_o$ 也不相同，说明不同放大电路的放大能力不同。此外，对于同一个放大电路，在输入信号 $\dot{U}_i$ 的幅值一定的前提下，当改变信号源的频率时，输出电压和输出电流也会发生变化，表明放大电路对低频信号和高频信号也具有不同的放大能力。本章只讨论在中频段内工作的放大电路。为了反映放大电路的动态性能，特引入以下几项主要指标。

1. 放大倍数

放大倍数是用来衡量放大电路放大能力的技术指标，其值为输出的变化量与输入的变化量的比值，放大倍数又称为增益。放大倍数越大，则放大电路的放大能力越强。放大倍数分为电压放大倍数和电流放大倍数等。

电压放大倍数是指输出电压的变化量与输入电压的变化量之比，即

$$A_u = \frac{\Delta u_O}{\Delta u_I}$$

若输入信号为正弦量，则电压放大倍数也可用相量形式来表示，即

$$\dot{A}_u = \frac{\dot{U}_o}{\dot{U}_i} \tag{2-2-1}$$

电流放大倍数是指输出电流的变化量与输入电流的变化量之比，即

$$A_i = \frac{\Delta i_O}{\Delta i_I}$$

若输入信号为正弦量，则电流放大倍数也可用相量形式来表示，即

$$\dot{A}_i = \frac{\dot{I}_o}{\dot{I}_i} \tag{2-2-2}$$

若不考虑输出电压与输入电压的相位关系，只求电压放大倍数的数值时，可由下式求得

$$|A_u| = \frac{U_{om}}{U_{im}} = \frac{U_o}{U_i} \tag{2-2-3}$$

电压对电流的放大倍数也称为互阻放大倍数，是指输出电压的变化量与输入电流的变化量之比，可表示为

$$A_r = \frac{\Delta u_O}{\Delta i_I}$$

若输入信号为正弦量，同样可用相量来表示，即

$$\dot{A}_r = \frac{\dot{U}_o}{\dot{I}_i} \tag{2-2-4}$$

电流对电压的放大倍数也称为互导放大倍数，是指输出电流的变化量与输入电压的变化量之比，可表示为

$$A_g = \frac{\Delta i_O}{\Delta u_I}$$

若输入信号为正弦量，同样可用相量来表示，即

$$\dot{A}_g = \frac{\dot{I}_o}{\dot{U}_i} \tag{2-2-5}$$

2. 输入电阻

放大电路的输入电阻是指从放大电路的输入端看进去的等效电阻，用 R_i 表示。R_i 定义为输入电压的变化量与输入电流的变化量之比，即

$$R_i = \frac{\Delta u_I}{\Delta i_I}$$

若输入信号为正弦量，则

$$R_i = \frac{\dot{U}_i}{\dot{I}_i} \tag{2-2-6}$$

输入电阻越大，放大电路从信号源索取的电流越小，信号源内阻上的电压损失越小，输入电压越大，放大电路的输出电压也越大。因此对于电压放大电路来说，为了得到大的输出电压，希望输入电阻越大越好。但如果要使输入电流大一些，则应使输入电阻小一些。

3. 输出电阻

任何一个放大电路对于负载或下一级放大电路来说，都可以等效成一个有内阻的电压源。电压源的内阻，就是放大电路的输出电阻，也即从放大电路的输出端看进去的戴维宁等效电阻，用 R_o 表示。R_o 定义为输出端开路电压的变化量与短路电流的变化量的比值，即

$$R_o = \frac{\Delta u_{oc}}{\Delta I_{sc}}$$

若输入信号为正弦量，则

$$R_o = \frac{\dot{U}_{oc}}{\dot{I}_{sc}}$$

R_o 也可定义为：当输出端开路，且使输入信号 $\dot{U}_s = 0$ 时，外加的输出端电压 $\dot{U}_o$ 与输出端电流 $\dot{I}_o$ 的比值，即

$$R_o = \left.\frac{\dot{U}_o}{\dot{I}_o}\right|_{\dot{U}_S=0, R_L\to\infty} \tag{2-2-7}$$

也可以通过实验的方法测量出输出电阻，根据 $U_o = \frac{R_L}{R_o + R_L}U'_o$ 可以得出，输出电阻

$$R_o = \left(\frac{U'_o}{U_o} - 1\right)R_L \tag{2-2-8}$$

式(2-2-8)中的 U'_o 为放大电路的开路电压，U_o 为带载后的输出电压。

输出电阻是衡量放大电路带负载能力的指标。对电压放大电路而言，输出电阻越小，负载获得的电压越大，放大电路带负载的能力越强。所谓放大电路的带负载能力是指当负载电阻变化时，放大电路输出恒定电压的能力。对于电压放大电路希望输出电阻越小越好。

特别提示

- 输出电阻不应包含负载电阻 R_L，输入电阻不应包含信号源的内阻 R_S。
- 求输出电阻时，应将交流电压信号源短路，但要保留其内阻。
- 输入电阻 R_i 和输出电阻 R_o 均指放大电路在中频段内的交流(动态)等效电阻。
- 在中频范围内，电压放大倍数、电流放大倍数、输入电阻和输出电阻也可以分别表示为 $A_u = \frac{u_o}{u_i}$、$A_i = \frac{i_o}{i_i}$、$R_i = \frac{u_i}{i_i}$ 和 $R_o = \left.\frac{u_o}{i_o}\right|_{u_S=0, R_L\to\infty}$。

4. 通频带

通频带是用于衡量放大电路对不同频率信号放大能力的性能指标。在放大电路中，由于电容、电感以及半导体器件结电容等电抗元件的存在，使得当输入信号的频率较低或较高时，放大倍数的数值均要降低并产生附加相移，从而使输出信号产生失真[①]。一般而言，放大电路只适用于放大一定频率范围内的信号。放大电路放大倍数的数值与频率之间的关系称为幅频特性。图 2.2.6 所示为某放大电路放大倍数的幅频特性曲线，图中的 $\dot{A}_m$ 为中频放大倍数。

当信号的频率下降到一定程度时，放大倍数的数值将明显下降，使放大倍数的数值下降到等于 $|\dot{A}_m|/\sqrt{2}$ 时的频率 f_L 称为下限截止频率。当信号的频率上升到一定程度时，放大倍数的数值也将明显下降，使放大倍数的数值下降到等于 $|\dot{A}_m|/\sqrt{2}$ 时的频率 f_H 称为上限截

① 由于此种失真是由线性电抗元件的频率特性引起的，故称为线性失真，也称频率失真。

止频率。$f<f_L$ 的部分称为低频段；$f>f_H$ 的部分称为高频段；$f_L<f<f_H$ 的频率范围称为中频段，也称放大电路的通频带宽度或简称通频带，用 BW 表示。

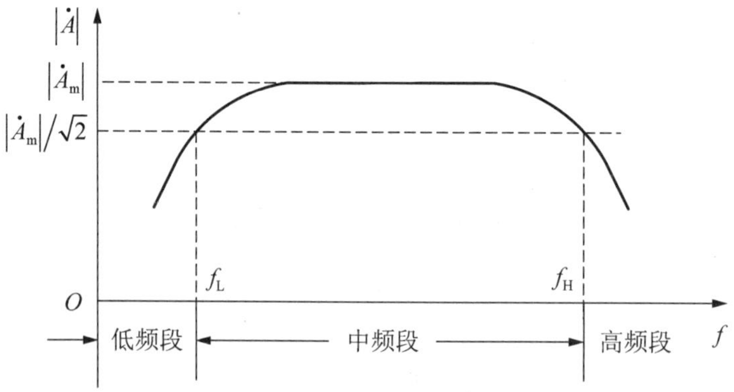

图 2.2.6　放大倍数的幅频特性

$$BW = f_H - f_L \tag{2-2-9}$$

通频带越宽，表明放大电路对不同频率信号的适应能力越强。当频率 $f \to 0$ 或 $f \to \infty$ 时，放大倍数的数值将趋近于零。通常要求通频带要与被放大的信号频率范围相适应，既不能过宽，也不能过窄。若通频带窄于被放大的信号频率范围，则将产生失真。例如，对于扩音机，若其通频带窄于音频范围(20Hz～20kHz)，则将丢失部分频率的有用信号，经放大后的音频信号将产生失真。

2.3　放大电路的工作原理

本节仍以共射放大电路为例阐述放大电路的工作原理。由放大电路的组成原理图 2.2.2 可知，放大电路中既有直流电源又有交流信号源，即电路中各电压和电流都是由直流和交流两部分叠加而成的。直流部分是为正常放大而设置的，交流部分是放大的对象。为便于分析，通常将直流和交流分开进行讨论，也即对放大电路分别进行静态分析和动态分析，分析的一般原则是先进行静态分析，然后再进行动态分析。

2.3.1　静态工作与静态工作点

当交流输入信号 $u_i = 0$ 时，电路所处的状态称为静态。此时，电路中只有直流电源，在直流电源的作用下，会产生出直流电压和直流电流，称为静态值。静态时的 U_{BEQ}、I_{BQ} 和 U_{CEQ}、I_{CQ} 的数值可以分别在晶体管的输入特性曲线和输出特性曲线上确定一点。因此，静态时的 U_{BEQ}、I_{BQ}、U_{CEQ} 和 I_{CQ} 的数值称为静态工作点，用 Q 表示。

为了使放大电路不失真地放大信号，必须设置合适的静态工作点。如果静态工作点设置得过高或过低，都会使放大电路产生非线性失真。所谓静态工作点合适，是指静态时晶体管各电极电压和电流都有合适的值，也即将静态工作点设置在放大区域，这样当交流输入信号输入后，晶体管就可进行放大了。

2.3.2 动态工作与放大原理

当交流输入信号$u_i \neq 0$时，电路所处的状态称为动态。以图 2.2.2 所示的单管共射放大电路(令$R_L \to \infty$)为例，设输入信号为u_i，波形如图 2.3.1(a)所示。当交流信号u_i输入后，晶体管的发射结电压在直流分量的基础上，叠加了一个交流分量u_{be}，发射结总电压为$u_{BE} = U_{BEQ} + u_{be}$，波形如图 2.3.1(b)所示。因晶体管发射结处于正向偏置状态，故当发射结电压发生变化时，即引起基极电流的变化，使得基极电流也在静态直流分量的基础上，产生一个交流分量i_b，基极总电流为$i_B = I_{BQ} + i_b$，波形如图 2.3.1(c)所示。因为晶体管已处于放大状态，具有电流放大作用，基极电流的变化会引起集电极电流的较大变化，使得集电极电流同样在静态直流分量的基础上，再叠加一个交流分量，集电极总电流为$i_C = I_{CQ} + i_c$，波形如图 2.3.1(d)所示。集电极电流的变化会引起集电极电阻R_C两端电压的变化，进而引起管压降u_{CE}的变化，u_{CE}也在静态直流分量的基础上叠加了一个交流分量，总电压$u_{CE} = U_{CEQ} + u_{ce}$，波形如图 2.3.1(e)所示。$u_{CE}$的交流分量即为交流输出电压$u_o$，波形如图 2.3.1(f)所示。

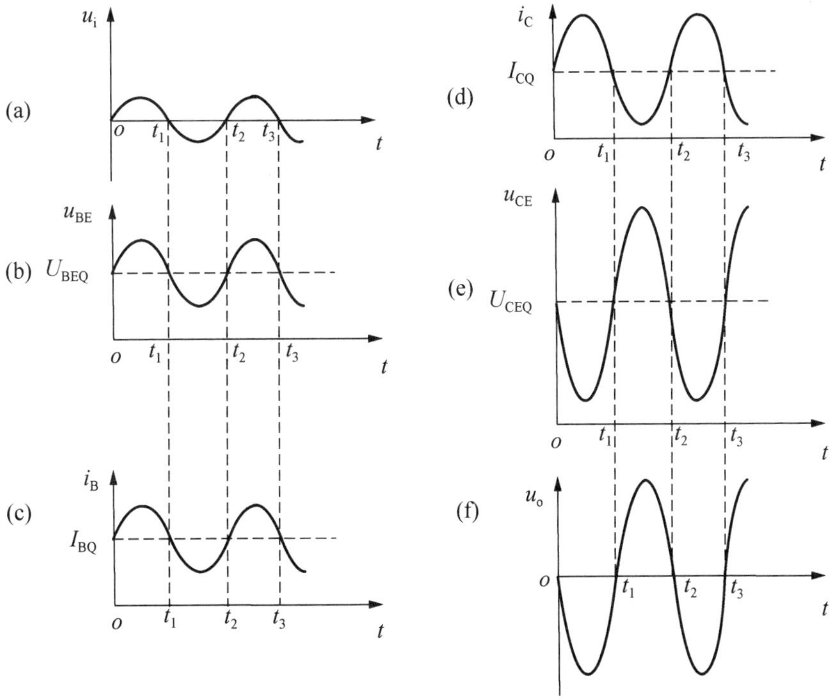

图 2.3.1 放大电路的波形图

从以上分析知，交流信号是被驮载在静态直流之上的，因此，放大电路只有静态工作点合适，使得交流信号在整个周期的变化过程中，晶体管始终处在放大区，才能将交流信号不失真地进行放大。

特别提示

- 为保证电路不失真地放大信号，电路处在静态时，必须设置合适的静态工作点。
- 静态工作点合适是指不仅静态时，静态工作点要处在晶体管的放大区，而且要使交流信号在整个变化过程中，都能处在放大区。

2.3.3　直流通路与交流通路

在放大电路中，直流量与交流量是共存的。直流量是直流电源作用的结果，交流量是输入交流信号作用的结果，通常是将两者区分开来分别进行讨论的。为便于分析，应分别画出相应的电路图，即直流通路和交流通路。所谓直流通路，就是仅在直流电源的作用下形成的电流通路，也称静态电路；所谓交流通路，就是仅在交流输入信号的作用下形成的电流通路，也称动态电路。直流通路用于讨论静态工作点，交流通路用于研究动态参数。下面分别介绍直流通路与交流通路的画法。

直流通路的画图原则：

(1) 电容可视为开路。根据电容元件的容抗表达式 $X_C=\dfrac{1}{\omega C}$ 可知，电容对直流信号的容抗为无穷大，不允许直流信号通过，也即相当于开路。

(2) 无电阻的电感线圈可视为短路。根据电感元件的感抗表达式 $X_L=\omega L$ 可知，电感对直流信号的感抗为零，当忽略线圈的电阻时，对直流信号相当于短路。

(3) 将交流信号源置零。交流电压源可视为短路，交流电流源可视为开路，但应保留其内阻。

根据以上原则，可以画出如图 2.3.2(a)所示共射电路的直流通路，如图 2.3.2(b)所示。

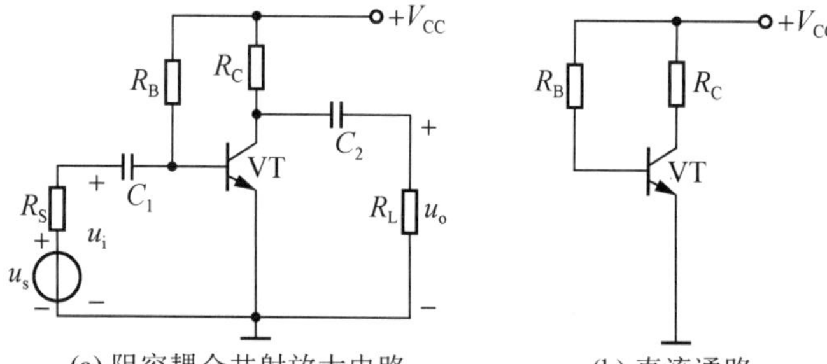

(a) 阻容耦合共射放大电路　　(b) 直流通路

图 2.3.2　共射放大电路及其直流通路

交流通路的画图原则：

(1) 对于容量较大的电容元件(如耦合电容和旁路电容)可视为短路。根据电容元件的容抗表达式 $X_C=\dfrac{1}{\omega C}$ 可知，对于交流信号来说，当信号源的频率和电容的容量足够大时，电容的容抗非常小，可以视为短路；若有电感，则应保持不变。

(2) 将直流电源置零。直流电压源可视为短路，直流电流源可视为开路，如有内阻应保留。

根据以上原则，可以画出如图 2.3.2(a)所示阻容耦合共射放大电路的交流通路，如图 2.3.3 所示。

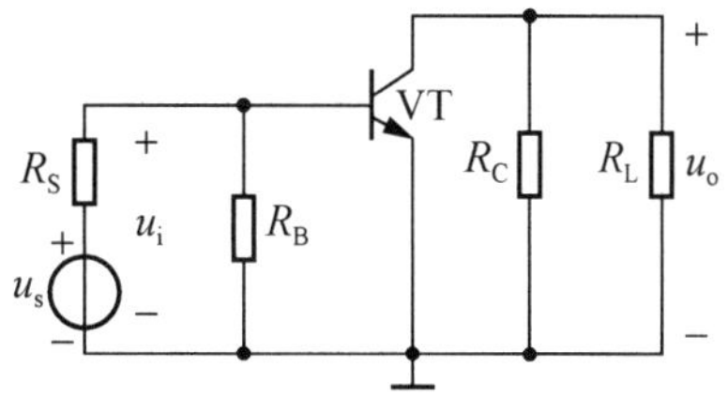

图 2.3.3　交流通路

特别提示

- 画直流通路时，在将电容开路，电感和交流信号源短路后，一定要保持电路的原有结构不变。
- 画交流通路时，在将电容和直流电源短路后，也一定要保持电路的原有结构不变。
- 画交流通路时，只有交流信号源的频率在中频段或高频段时，才可将较大容量的电容视为短路。

2.4　放大电路的图解分析法

图解分析法简称为图解法。所谓图解法就是利用晶体管的输入和输出特性曲线，用作图的方法对放大电路进行定量分析的方法。对放大电路进行定量分析时，要本着先静态后动态的原则。本节仍以图 2.2.2 共射电路为例进行分析。

2.4.1　静态图解法

如前所述，要使放大电路不失真地放大交流信号，必须设置合适的静态工作点。因此，对放大电路进行静态分析，目的就是确定静态工作点，并分析电路参数对静态工作点的影响。求解静态工作点的方法通常有两种，即图解法和估算法。

1. 用图解法求静态工作点

求解静态工作点，实际上就是求电路处在静态时，基极电流 I_{BQ}、发射结电压 U_{BEQ}、集电极电流 I_{CQ} 和集射极电压 U_{CEQ} 这 4 个物理量。为此，首先画出图 2.2.2 的直流通路，如图 2.4.1 所示。用图解法求静态工作点可分为以下几步。

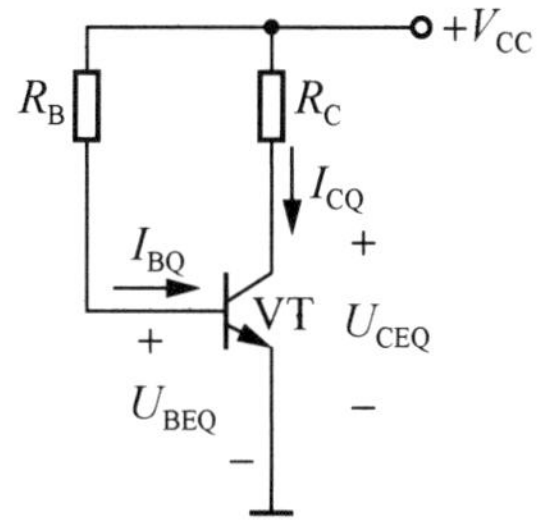

图 2.4.1　共射电路的直流通路

1) 确定 I_{BQ} 与 U_{BEQ} 的值

当电路处在静态时，由图 2.4.1 所示的直流通路知，i_B 与 u_{BE} 的关系在晶体管内部要符合输入特性曲线的关系，在外部要符合基尔霍夫电压定律，也即要满足下列关系式

$$u_{BE} = V_{CC} - i_B R_B \tag{2-4-1}$$

式(2-4-1)称为输入回路直流负载线方程。

显然，要使 i_B 与 u_{BE} 的值同时符合输入特性曲线与直流负载线的关系，必须由这两条曲线的交点共同确定，确定方法如下：

首先作出晶体管的输入特性曲线，再根据输入回路直流负载线方程，取两点，M 点(V_{CC}，0)和 N 点(0，V_{CC}/R_B)，在输入特性曲线坐标系中找到这两点，连接起来即为输入回路直流负载线。输入特性曲线与直流负载线的交点即为静态工作点 Q，由该点的坐标值即可求得静态值 I_{BQ} 与 U_{BEQ}，如图 2.4.2 所示。

2) 确定 I_{CQ} 与 U_{CEQ} 的值

由如图 2.4.1 所示的直流通路知，i_C 与 u_{CE} 的关系在晶体管内部要符合输出特性曲线的关系，在外部要符合基尔霍夫电压定律所确定的关系式，即

$$u_{CE}=V_{CC}-i_C R_C \tag{2-4-2}$$

式(2-4-2)称为输出回路直流负载线方程。

同样，要使 i_C 与 u_{CE} 的值同时符合输出特性曲线与直流负载线的关系，应由这两条曲线的交点共同确定，确定方法如下：

首先作出晶体管的输出特性曲线，再根据输出回路直流负载线方程，取两点，A 点(V_{CC}，0)和 B 点(0，V_{CC}/R_C)，在输出特性曲线坐标中找到这两点，连接起来即为输出回路直流负载线。显然，直流负载线的斜率为 $-1/R_C$。与 I_{BQ} 相对应的那条输出特性曲线与直流负载线的交点即为静态工作点 Q，由该点的坐标值即可求得静态值 I_{CQ} 与 U_{CEQ}，如图 2.4.3 所示。

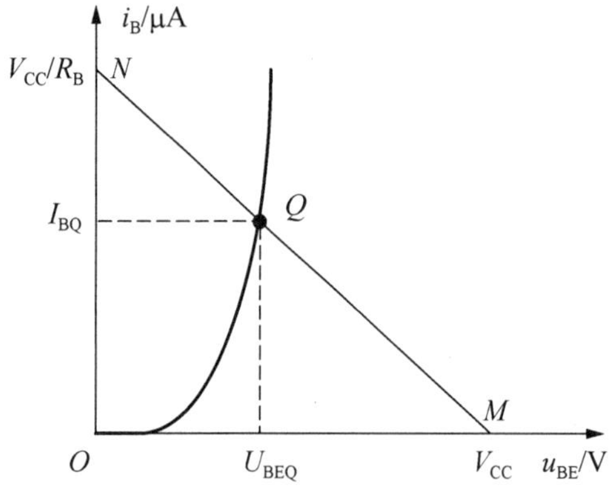

图 2.4.2　求解 I_{BQ} 和 U_{BEQ}

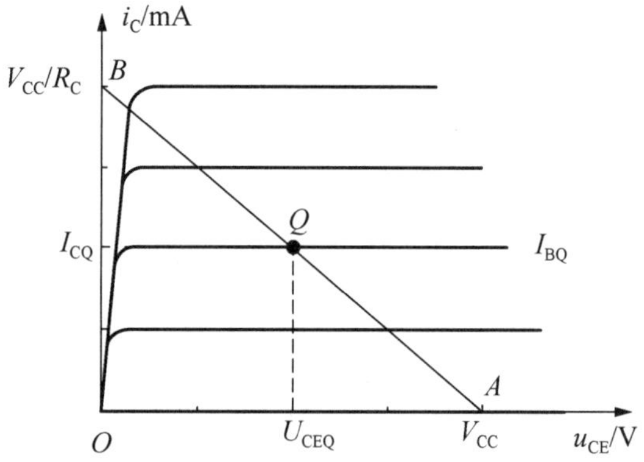

图 2.4.3　求解 I_{CQ} 和 U_{CEQ}

在实际应用中，为简化分析，通常是先用估算法求出 I_{BQ}，然后再从输出特性曲线上求出 Q 点。所以输出回路直流负载线相对重要，直流负载线一般是指输出回路直流负载线。

【例 2-4-1】 在如图 2.4.4(a)所示的单管共射放大电路中，已知 V_{CC}=12V，R_B=285kΩ，R_C=3kΩ，R_L=3kΩ，晶体管的输出特性曲线如图 2.4.4(b)所示。试用图解法求静态工作点。

【解】 (1) 由图 2.4.1 可求得

$$I_{BQ}=\frac{V_{CC}-U_{BEQ}}{R_B}=\frac{12-0.7}{285\times10^3}\approx 40\ \mu A$$

再作直流负载线 AB。A 和 B 点的坐标分别为 A 点(12V，0)，B 点(0，4mA)，如图 2.4.4(b)所示。

直流负载线与 $I_{BQ}=40\ \mu A$ 的一条输出特性曲线的交点就是静态工作点 Q。由 Q 点的坐标知，$I_{CQ}=2\ mA$，$U_{CEQ}=6\ V$。

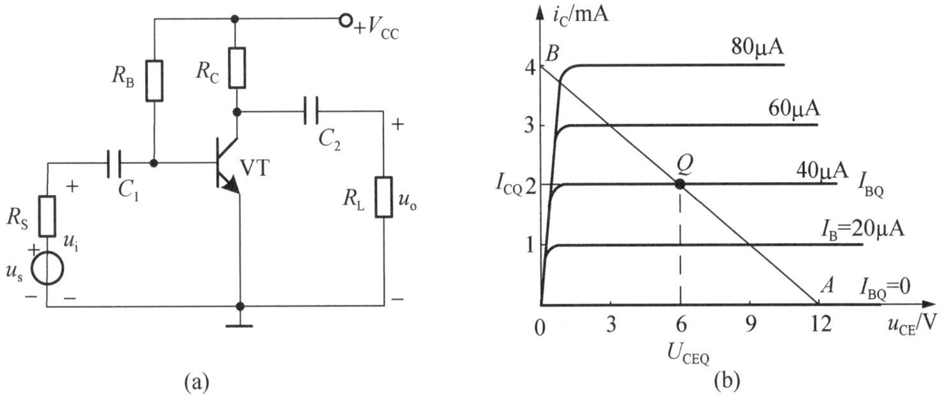

图 2.4.4 例 2-4-1 的图

2. 电路参数对静态工作点的影响

放大电路的静态工作点主要取决于电路参数，因此，当电路参数发生变化时，会引起静态工作点的变化。

1) R_B的影响

若V_{CC}和R_C一定，则当R_B增大时，静态工作点将沿直流负载线向下移动。因为当R_B增大时，I_{BQ}将减小至I'_{BQ}，而V_{CC}和R_C不变，直流负载线不变，静态工作点沿直流负载线向下移动至Q_1点，如图 2.4.5(a)所示。反之，当R_B减小时，I_{BQ}相应增大，静态工作点将沿直流负载线向上移动。

2) R_C的影响

若V_{CC}和R_B一定，则当R_C增大时，静态工作点将沿与I_{BQ}相对应的那条输出特性曲线向左下方移动。因为当R_C增大时，直流负载线的斜率变小，直流负载线变平坦，而V_{CC}和R_B不变，所以I_{BQ}不变，静态工作点沿与I_{BQ}相对应的那条输出特性曲线向左移动至Q_2点，如图 2.4.5(b)所示。反之，当R_C减小时，直流负载线变陡，静态工作点将沿与I_{BQ}相对应的那条输出特性曲线向右移动。

3) V_{CC}的影响

若R_B和R_C一定，则当V_{CC}减小时，静态工作点向左下方移动。因为当V_{CC}减小时，I_{BQ}减小。A点(V_{CC}，0)，左移至A'点。B点(0，V_{CC}/R_C)下移至B'点。而R_C不变，直流负载线的斜率不变。所以直流负载线向左下方平移，而I_{BQ}也在减小，使Q点向左下方移动至Q_3点，如图 2.4.5(c)所示。反之，当V_{CC}增大时，静态工作点将向右上方移动。

4) β的影响

若V_{CC}、R_B和R_C一定，则当β值增大时，静态工作点将向饱和区移动。因为当β值增大时，输出特性曲线的间距将增大，其他参数不变，直流负载线与I_{BQ}均不变，静态工作点沿直流负载线向上移动至Q_4点，如图 2.4.5(d)所示。

综上所述，基极偏置电阻R_B、集电极直流负载电阻R_C、直流电源电压V_{CC}以及晶体管电流放大系数β等参数均对放大电路的静态工作点的位置产生影响。在调整放大电路的静态工作点时，调节R_B最为方便。所以，通常总是首先通过调节R_B来调整静态工作点的。

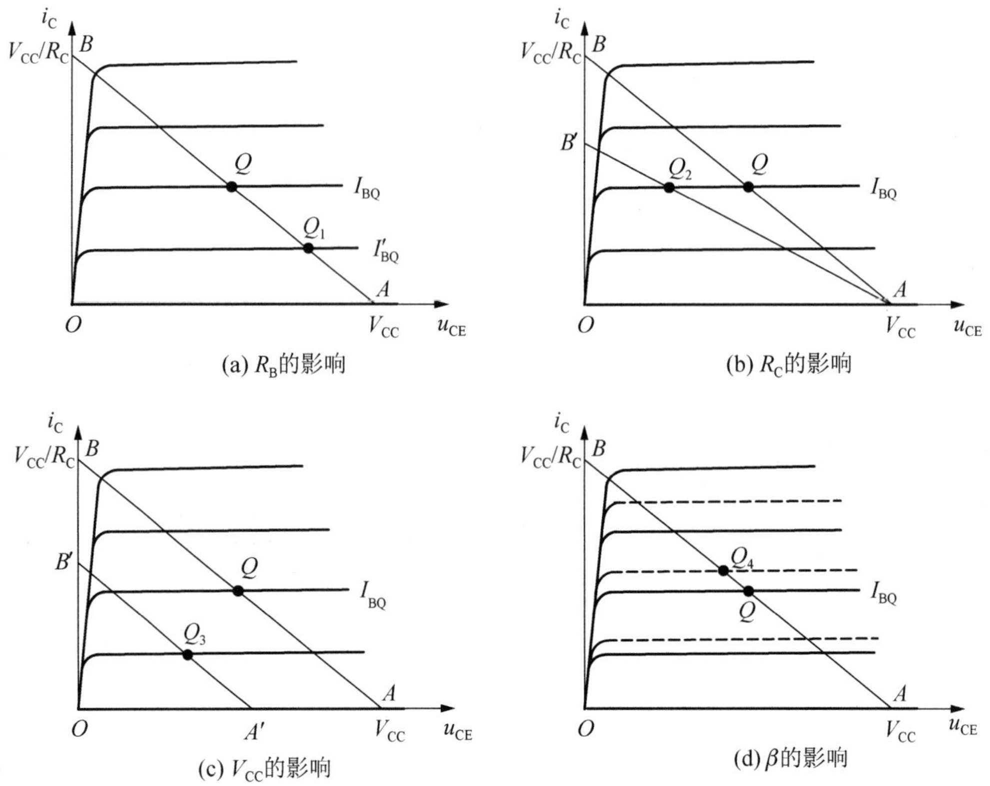

(a) R_B的影响

(b) R_C的影响

(c) V_{CC}的影响

(d) β的影响

图 2.4.5　电路参数对静态工作点的影响

2.4.2　动态图解法

用图解法对放大电路进行动态分析，就是在静态分析的基础上，用作图的方法来分析各个电压和电流交流分量之间的关系，并求出电压放大倍数。

1. 用图解法确定电压放大倍数

动态图解法可按以下几步进行分析。

1) 根据静态图解法求出电路的静态工作点

2) 根据 u_i 的波形作出 u_{BE} 的波形

由共射放大电路的交流通路图知，对于交流输入信号，由于输入耦合电容 C_1 可视为短路，u_{BE} 的交流分量 u_{be} 应等于交流输入电压 u_i，即 $u_{BE}=U_{BEQ}+u_{be}=U_{BEQ}+u_i$，由此可画出 u_{BE} 的波形，如图 2.4.6(a)所示。

3) 根据 u_{BE} 的波形作出 i_B 的波形

因为 i_B 与 u_{BE} 的关系符合输入特性曲线的关系，可以根据 u_{BE} 的波形利用描点连线的方法作出 i_B 的波形，如图 2.4.6(a)所示。

4) 作交流负载线

当放大电路处在静态时，i_C 与 u_{CE} 的关系在外部应符合直流负载线的关系，但对于动态交流信号来说，由于输出耦合电容 C_2 可视为短路，负载电阻 R_L 与集电极电阻 R_C 并联，所以 i_C 与 u_{CE} 应符合交流负载线的关系。不难看出，交流负载线有两个特点，一是交流负载线必过静态工作点，当输入信号过零时即回到静态；二是交流负载线的斜率为 $-1/R'_L$，其中 $R'_L = R_C // R_L$，称为交流等效负载电阻。根据这两个特点，即可作出放大电路的交流负载线。方法是：先在输出特性曲线坐标上取两点 A 点(V_{CC}，0)和 D 点(0，V_{CC}/R'_L)作辅助线 AD，再过静态工作点作 EF 平行于 AD，则直线 EF 即为交流负载线，如图 2.4.6(b)所示。由于 $R'_L \leqslant R_L$，故交流负载比直流负载线陡峭。当 $R_L \to \infty$，即负载开路时，交流负载线与直流负载线重合。

【图文：交流负载线的特点】

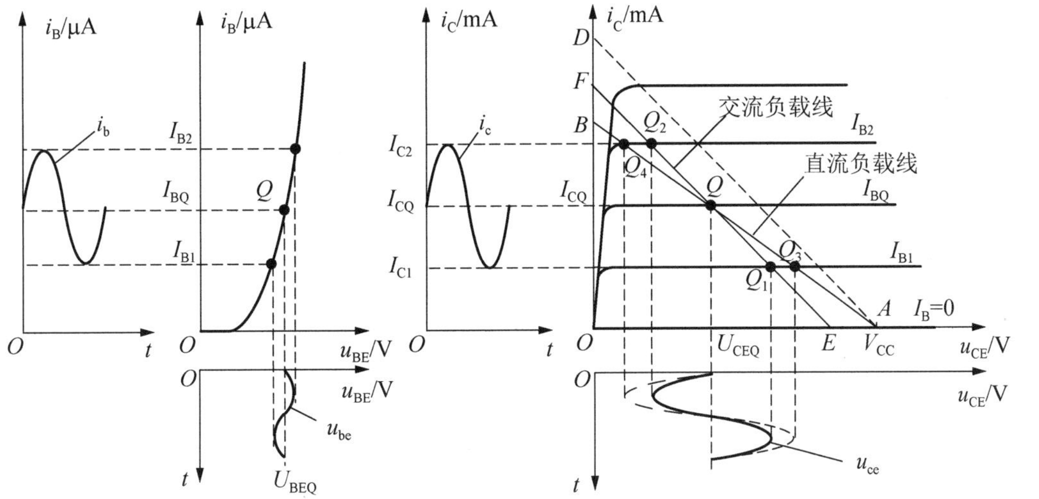

(a) 输入回路的图解分析　　　　(b) 输出回路的图解分析

图 2.4.6　放大电路的动态图解分析

5) 根据 i_B 的波形作出 i_C 与 u_{CE} 的波形

若当输入信号变化使得 i_B 在 $I_{B1} \sim I_{B2}$ 之间变化时，则当输出端带负载时，工作点将沿交流负载线在 Q_1 与 Q_2 点之间变化，据此，利用描点连线的方法可画出 i_C 与 u_{CE} 的波形。如果输出端不带负载，工作点将沿直流负载线在 Q_3 与 Q_4 点之间变化，同样可利用描点连线法画出 i_C 与 u_{CE} 的波形。如图 2.4.6(b)中虚线所示。

6) 确定电压放大倍数

由于输出耦合电容 C_2 对交流信号相当于短路，故 u_{CE} 的交流分量即为输出电压 u_o。根据输出电压 u_o 的波形图，可以求得其最大值或有效值。在已知输入电压 u_i 时，即可根据式 (2-2-3)求得电压放大倍数。

图 2.4.6(b)中 u_{CE} 的交流分量(即输出电压 u_o)波形有两个，其中实线波形是输出端带负载时输出电压 u_o 的波形，虚线波形是输出端不带负载时输出电压 u_o 的波形。不难看出，输出端带负载后，电压放大倍数减小了。另外，由图解法可以看出，输出电压与输入电压相位相反。

特别提示

- 对于单管共发射极放大电路，输出电压与输入电压相位相反。
- 放大电路输出端接负载后，电压放大倍数将降低。

【视频: 波形失真分析】

2. 波形的非线性失真分析

当放大电路处在静态时，必须要设置合适的静态工作点，如果静态工作点设置得不合适，将会使放大电路产生失真。若静态工作点设置得过低，则在输入信号的负半周靠近负峰值的某段时间内，晶体管基极与发射极之间的电压总量 u_{BE} 将低于其死区电压，晶体管将截止。因此，晶体管的基极电流 i_b 的底部将产生失真。不难理解，集电极电流 i_c 也将产生底部失真。由于共射电路的反相作用，将导致输出电压 u_o 产生顶部失真。由于这种失真是将静态工作点设置到靠近截止区使晶体管的截止而产生的，故称为截止失真，如图 2.4.7 所示。要消除截止失真，应将静态工作点适当抬高。可以减小 R_B 和增大 V_{CC}，使 I_{BQ} 增大，从而使 I_{CQ} 增大。

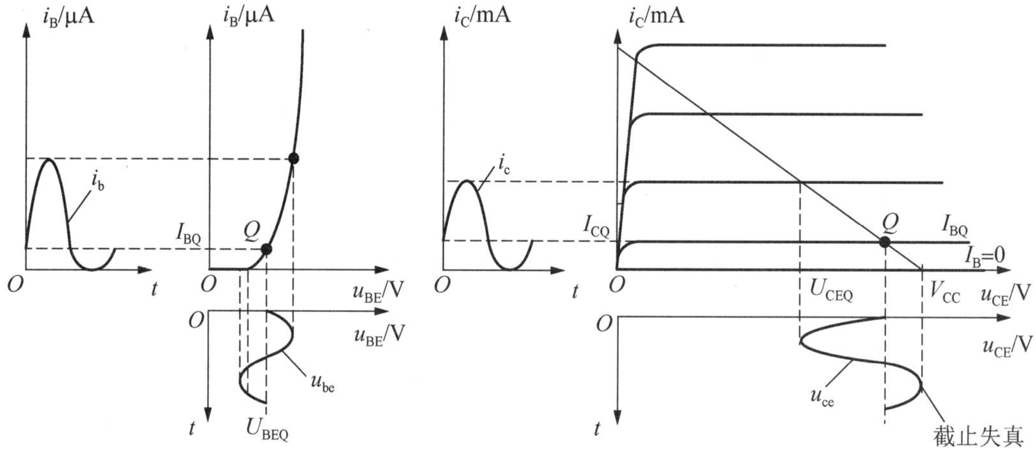

图 2.4.7 放大电路的截止失真

若静态工作点设置得过高，则在输入信号的正半周靠近正峰值的某段时间内，晶体管进入饱和区。此时，虽然基极电流 i_b 不失真，但集电极电流 i_c 产生顶部失真。由于共射电路的反相作用，将导致输出电压 u_o 产生底部失真。这种失真是由于将静态工作点设置到靠近饱和区使晶体管的饱和而产生的，故称为饱和失真，如图 2.4.8 所示。要消除饱和失真，应将静态工作点适当降低。可以增大 R_B，以减小基极电流 I_{BQ}，从而减小集电极电流 I_{CQ}；也可以减小 R_C，使交流负载线的变陡，以增大管压降 U_{CEQ}；也可以更换一只 β 较小的晶体管，使在同样大的 I_{BQ} 情况下所产生的 I_{CQ} 减小。

另外，当输入信号过大时，也会使晶体管进入截止区或饱和区，使放大电路产生截止失真或饱和失真。

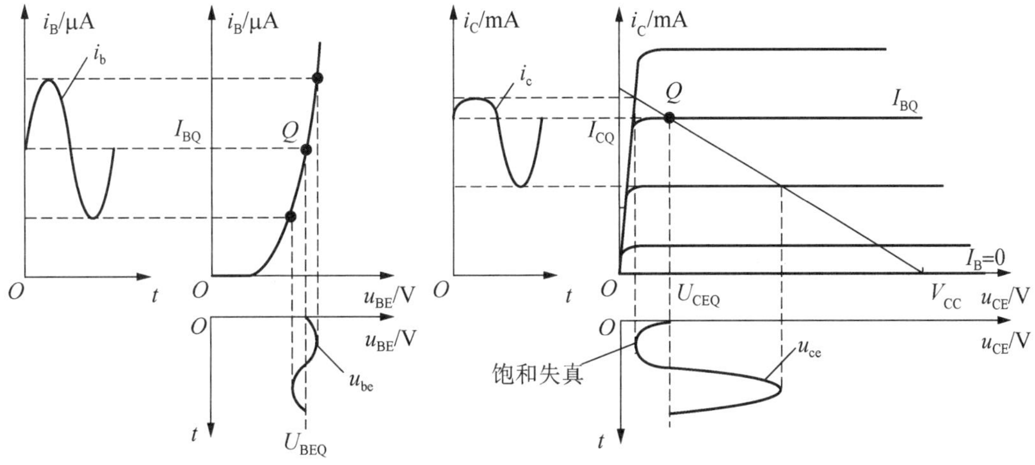

图 2.4.8 放大电路的饱和失真

截止失真和饱和失真属于非线性失真的极端情况。即使晶体管工作于放大区，放大电路也将产生非线性失真。不过，若静态工作点设置得合适，则非线性失真非常小，可以忽略不计。一般来说，静态工作点应设置在放大区内交流负载线的中点附近较为合适。

若将晶体管的特性曲线理想化，即将放大区内的非线性忽略不计，则可以用图解法估算出放大电路的最大不失真输出电压。如图 2.4.9 所示，AB 为直流负载线，Q 为静态工作点，U_{CES} 为晶体管的饱和管压降。只要在线性放大区内取 $(U_{CEQ}-U_{CES})$ 和 $(V_{CC}-U_{CEQ})$ 中较小值再除以 $\sqrt{2}$ 即可得出最大不失真输出电压的有效值，即

$$U_{om}=\frac{1}{\sqrt{2}}\min[(U_{CEQ}-U_{CES}),(V_{CC}-U_{CEQ})]$$

若 $(U_{CEQ}-U_{CES})$ 和 $(V_{CC}-U_{CEQ})$ 相等，即静态工作点位于线性放大区内直流负载线的中点位置，则最大不失真输出电压的有效值达到最大值，即

$$U_{om}=\frac{V_{CC}-U_{CES}}{2\sqrt{2}}$$

需要指出，图解法的优点是能够形象而直观地反映出放大电路放大输入信号的物理过程，其缺点是需准确地测试出晶体管的特性曲线，要做到这一点需要相当大的工作量。另外，晶体管的特性曲线只反映信号频率较低时电压和电流的关系。当输入信号频率较高时，由于晶体管结电容的影响，致使晶体管的特性曲线也要发生变化。所以，图解法通常用于工作频率不太高的场合，多用于分析静态工作点的位置、最大不失真输出电压以及波形失真等场合。

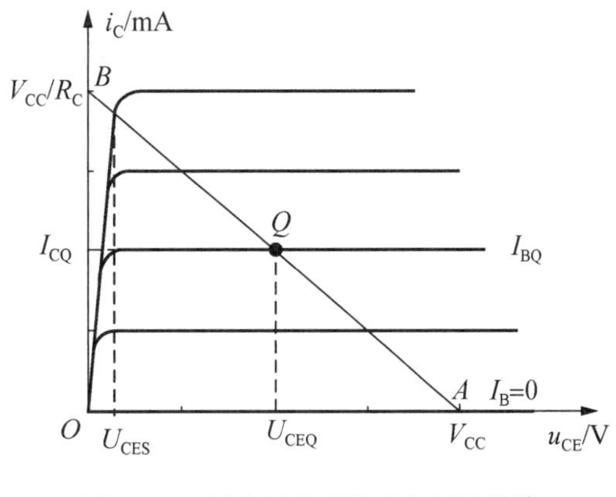

图 2.4.9 最大不失真输出电压的估算

2.5 放大电路的估算法

放大电路的估算法仍然要分静态和动态两种情况进行分析。对于静态而言，就是如何用估算法求静态工作点。对于动态，则是如何用估算法求解动态参数。

2.5.1 用估算法求静态工作点

用估算法求静态工作点，就是先画出放大电路的直流通路，在直流通路中根据电路原理中所讲的电路分析方法，求出静态基极电流 I_{BQ}、发射结电压 U_{BEQ}、集电极电流 I_{CQ} 和集射极电压 U_{CEQ} 这四个物理量。下面仍以图 2.2.2 为例介绍估算法求静态工作点的方法。

首先画出图 2.2.2 所示放大电路的直流通路如图 2.4.1 所示，各电压和电流的参考方向已标出。通常将 U_{BEQ} 作为已知量，硅管为 0.6～0.8V，一般取 0.7V；锗管为 0.1～0.3V，一般取 0.2V(当 $U_{BEQ} \ll V_{CC}$ 时，可将 U_{BEQ} 忽略不计)。因此只需求 I_{BQ}、I_{CQ} 和 U_{CEQ} 这 3 个物理量。

在基极直流通路中，根据基尔霍夫电压定律，可以求出共射放大电路的基极电流

$$I_{BQ} = \frac{V_{CC} - U_{BEQ}}{R_B} \approx \frac{V_{CC}}{R_B} \tag{2-5-1}$$

由晶体管基极电流与集电极电流之间的关系，可求得静态集电极电流 I_{CQ}

$$I_{CQ} \approx \beta I_{BQ} \tag{2-5-2}$$

然后，在如图 2.4.1 所示的集电极直流通路中，根据基尔霍夫电压定律，可以求得静态时的 U_{CEQ}

$$U_{CEQ} = V_{CC} - I_{CQ}R_C \tag{2-5-3}$$

【例 2-5-1】如图 2.2.2 所示单管共射放大电路中，已知 V_{CC}=24V，R_B=330kΩ，R_C=2kΩ，晶体管为 NPN 型硅管，电流放大系数 β=60。试用估算法求解静态工作点。

【解】 因为晶体管为 NPN 型硅管，可取 $U_{BEQ} = 0.7\text{V}$，静态工作点为

$$I_{BQ} = \frac{V_{CC} - U_{BEQ}}{R_B} = \frac{24 - 0.7}{370 \times 10^3} \approx 63\ \mu\text{A}$$

$$I_{CQ} = \beta I_{BQ} = 60 \times 63 \times 10^{-6} = 3.8\text{mA}$$

$$U_{CEQ} = V_{CC} - I_{CQ}R_C = 24 - 3.8 \times 10^{-3} \times 2 \times 10^3 = 16.4\text{V}$$

2.5.2 放大电路的微变等效电路分析法

所谓微变等效电路法，就是当输入信号很小时，将晶体管这个非线性器件视为线性器件，从而用线性电路的分析方法对放大电路进行动态分析计算。

1. 晶体管的简化 *h* 参数等效电路

由晶体管的输入、输出特性曲线知，晶体管是非线性器件，但当放大电路输入信号较小时，可将晶体管的输入、输出特性曲线局部折线化(即线性化)，如图 2.5.1 所示。

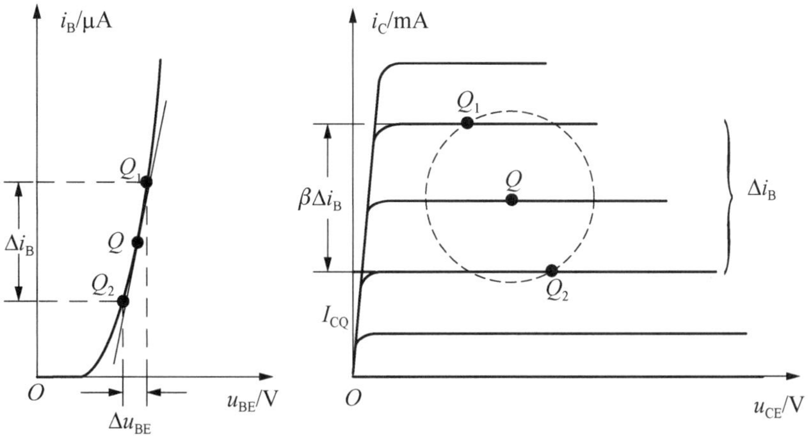

(a) 求解r_{be}　　　　(b) 求解Δi_C

图 2.5.1　r_{be}与受控电流源的物理意义

当输入信号变化时，使放大电路的工作点在静态工作点 Q 附近发生变化，在 Q_1～Q_2 范围内，输入特性曲线基本上是一条直线，可以近似地用过静态工作点 Q 处的切线来代替，如图 2.5.1(a)所示。即 Δi_B 与 Δu_{BE} 呈正比，因此晶体管 u_{be} 与 i_b 之间的关系可以用一个线性电阻 r_{be} 来等效代替，即

$$r_{be}=\frac{\Delta u_{BE}}{\Delta i_B}=\frac{u_{be}}{i_b} \tag{2-5-4}$$

r_{be} 称为晶体管的输入电阻，它是一个动态电阻，其值近似等于静态工作点 Q 处切线斜率的倒数，可以得出

$$r_{be}\approx r_{bb'}+(1+\beta)\frac{26(\text{mV})}{I_{EQ}(\text{mA})}\text{ 或 }r_{be}\approx r_{bb'}+\beta\frac{26(\text{mV})}{I_{CQ}(\text{mA})} \tag{2-5-5}$$

【图文：晶体管输入电阻 r_{be} 公式的推导】

式中，$r_{bb'}$ 为晶体管基区的体电阻，如图 2.5.2 所示。图中的 r_e 和 r_c 分别为发射区和集电区的体电阻，$r_{b'e'}$ 和 $r_{b'c'}$ 分别为发射结和集电结的等效电阻。由于发射区掺杂浓度高，故载流子的浓度高，发射区的体电阻 r_e 很小，所以在近似分析时常将发射区的体电阻 r_e 忽略不计。对于小功率管，$r_{bb'}$ 多在几十欧～几百欧，可以在半导体手册中查到。

I_{EQ} 是发射极电流的静态值，单位为 mA。

由式(2-5-5)可见，静态工作点设置得越高，r_{be} 越小。

从晶体管的输出特性曲线图 2.5.1(b)来看，在静态工作点 Q 附近一个微小的范围内，一方面，特性曲线基本上是水平的，即 i_C 仅受 i_B 控制，与 u_{CE} 无关；另一方面，当输入信号变化使得基极电流 i_B 变化相同数值时，相应的输出特性曲线平行移动相同的距离，工作点在 Q_1 与 Q_2 之间这个小范围内变化时，输出特性曲线是一组近似等距的

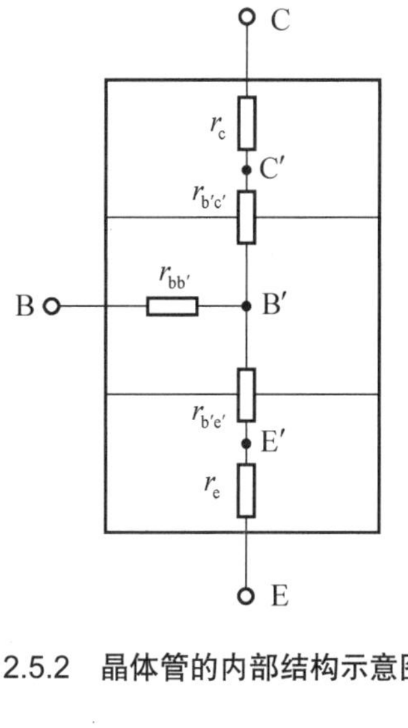

图 2.5.2　晶体管的内部结构示意图

平行直线。此时，β 可视为常数，有

$$\Delta i_C = \beta \Delta i_B \tag{2-5-6}$$

通过以上分析，可以画出晶体管的简化 h 参数等效电路如图 2.5.3 所示。在这个等效电路中，忽略了 u_{CE} 对 i_C 的影响，也没有考虑 u_{CE} 对输入特性的影响，所以称为简化 h 参数等效电路。

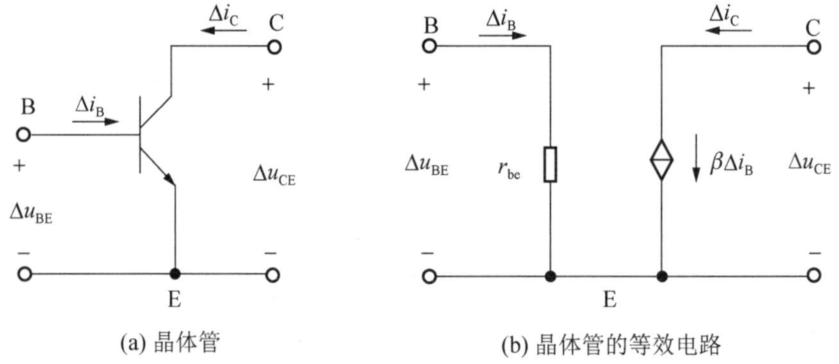

图 2.5.3　晶体管的简化 h 参数等效电路

2. 放大电路的微变等效电路

用微变等效电路法进行动态分析，目的是求解放大电路的几个主要动态参数，如电压放大倍数 $\dot{A}_u$、输入电阻 R_i、输出电阻 R_o 等。在求解这些参数时，首先要画出放大电路的微变等效电路，在微变等效电路中求解动态参数。

微变等效电路可按下述方法来画。首先画出交流通路，然后用晶体管的简化 h 参数等效电路替代在交流通路上的晶体管。

3. 用微变等效电路法分析基本放大电路

下面用微变等效电路法对基本共射放大电路进行分析计算。将共射放大电路重新画出如图 2.5.4(a)所示。首先画出其微变等效电路如图 2.5.4(b)所示。

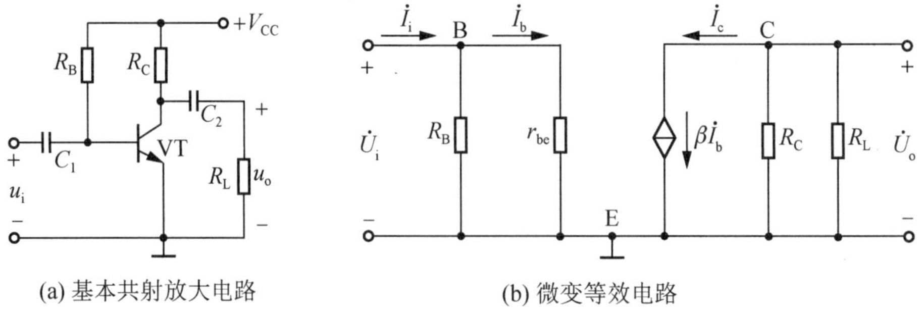

图 2.5.4　基本共射放大电路

1) 求电压放大倍数 $\dot{A}_u$

由图 2.5.4(b)可以求得

$$\dot{U}_i = \dot{I}_b r_{be}$$

$$\dot{U}_o = -\dot{I}_c R'_L = -\beta \dot{I}_b R'_L$$

式中，$R'_L = R_C // R_L$。

所以电压放大倍数

$$\dot{A}_u = \frac{\dot{U}_o}{\dot{U}_i} = -\beta \frac{R'_L}{r_{be}} \tag{2-5-7}$$

负号说明输出电压与输入电压相位相反。当输出端不带负载时，电压放大倍数为

$$\dot{A}_u = -\beta \frac{R_C}{r_{be}} \tag{2-5-8}$$

将式(2-5-7)与式(2-5-8)进行比较可知，当放大电路带负载后，电压放大倍数将降低。

2) 求输入电阻 R_i

如前所述，输入电阻 R_i 是从放大电路的输入端看进去的等效电阻，可以求得

$$\dot{U}_i = \dot{I}_i (R_B // r_{be})$$

所以，基本共射放大电路的输入电阻为

$$R_i = \frac{\dot{U}_i}{\dot{I}_i} = R_B // r_{be} \tag{2-5-9}$$

实用中，$R_B \gg r_{be}$，因此，基本共射放大电路的输入电阻近似等于 r_{be}，一般为几百欧到几千欧。

3) 求输出电阻 R_o

放大电路的输出电阻 R_o 是从放大电路输出端看进去的等效电阻。此时，应断开负载电阻 R_L，并将交流信号源 $\dot{U}_s$ 短路，保留其内阻。显然，基本共射放大电路的输出电阻为

$$R_o = R_C \tag{2-5-10}$$

基本共射放大电路的输出电阻约为几千欧。

特别提示

- 微变等效电路法适用于小信号电路的动态分析，当交流输入信号较大时，应使用图解法。
- 在对放大电路进行分析计算时，一定要遵循“先静态后动态”的原则。因为只有静态工作点合适，分析动态参数才有意义。
- 共射电路的输出电阻均约为 R_C。

【例 2-5-2】在如图 2.5.4(a)所示电路中，已知 V_{CC}=12V，R_B=310kΩ，R_C=3kΩ，R_L=3kΩ，晶体管导通时的 $U_{BEQ} = 0.7V$，基区体电阻 $r_{bb'} = 300\Omega$，电流放大系数 β=50，试求解：

(1) 静态工作点；

(2) $\dot{A}_u$、R_i 和 R_o。

【解】 (1) 用估算法，根据式(2-5-1)、式(2-5-2)和式(2-5-3)可求得 Q 点

$$I_{BQ}=\frac{V_{CC}-U_{BEQ}}{R_B}=\frac{12-0.7}{310\times10^3}\approx36.5\mu A$$

$$I_{CQ}=\beta I_{BQ}=50\times36.5\times10^{-6}\approx1.8mA$$

$$U_{CEQ}=V_{CC}-I_{CQ}R_C=12-1.8\times10^{-3}\times3\times10^3=6.6V$$

(2) 根据式(2-5-5)求出 r_{be}，取 $I_{EQ}\approx I_{CQ}=1.8mA$，可得

$$r_{be}\approx r_{bb'}+(1+\beta)\frac{26(mV)}{I_{EQ}}=300+(1+50)\frac{26}{1.8}\approx1k\Omega$$

$$R_L'=R_C/\!/R_L=\left(\frac{3\times3}{3+3}\right)k\Omega=1.5k\Omega$$

根据式(2-5-7)、式(2-5-9)和式(2-5-10)可得

$$\dot{A}_u=-\beta\frac{R_L'}{r_{be}}=-50\times\frac{1.5}{1}=-75$$

$$R_i\approx r_{be}=1k\Omega$$

$$R_o=R_C=3k\Omega$$

【例 2-5-3】 在如图 2.5.5(a)所示的放大电路中，已知 V_{CC}=12V，R_B=370kΩ，R_C=2kΩ，R_E=2kΩ，R_L=3kΩ，电流放大系数 β=80，$r_{be}=1k\Omega$，晶体管导通时的 $U_{BEQ}=0.7V$，试求：

(1) 静态工作点；

(2) $\dot{A}_u$、R_i 和 R_o。

【解】 (1) 用估算法求静态工作点。

首先画出直流通路，如图 2.5.5(b)所示。

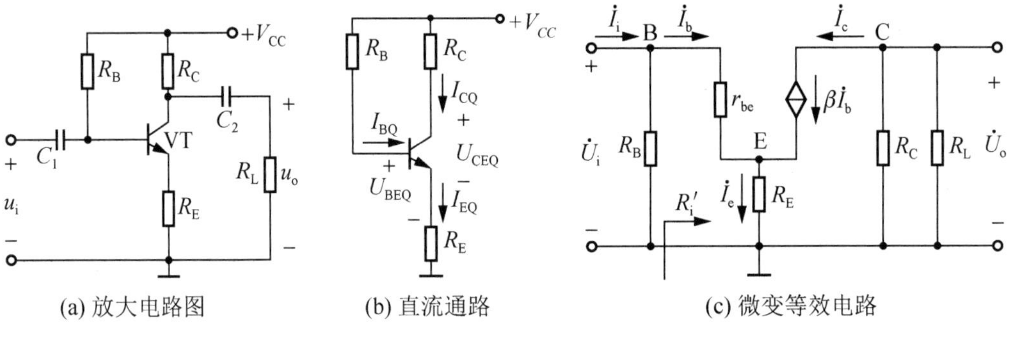

(a) 放大电路图　　(b) 直流通路　　(c) 微变等效电路

图 2.5.5　例 2-5-3 的图

由直流通路可以列出下列关系式

$$V_{CC}=I_{BQ}R_B+U_{BEQ}+I_{EQ}R_E$$

而 $I_{EQ}=(1+\beta)I_{BQ}$，所以可得

$$I_{BQ}=\frac{V_{CC}-U_{BEQ}}{R_B+(1+\beta)R_E}=\left(\frac{12-0.7}{370+81\times2}\right)mA\approx21\mu A$$

$$I_{CQ}=\beta I_{BQ}=80\times21\times10^{-6}\approx1.68mA$$

$$U_{CEQ}=V_{CC}-I_{CQ}(R_C+R_E)=12-1.68\times10^{-3}\times4\times10^3\approx5.28V$$

(2) 画出微变等效电路如图 2.5.5(c)所示。由图 2.5.5(c)可得

$$\dot{U}_{\rm i} = \dot{I}_{\rm b}[r_{\rm be} + (1+\beta)R_{\rm E}]$$

$$\dot{U}_{\rm o} = -\dot{I}_{\rm C}R'_{\rm L} = -\beta\dot{I}_{\rm b}R'_{\rm L}$$

由此可求得电压放大倍数

$$\dot{A}_u = \frac{\dot{U}_{\rm o}}{\dot{U}_{\rm i}} = -\frac{\beta R'_{\rm L}}{r_{\rm be} + (1+\beta)R_{\rm E}} = -\frac{80\times1.2\times10^3}{1\times10^3 + 81\times2\times10^3} = -58.9$$

$$R'_{\rm L} = R_{\rm C}//R_{\rm L} = \left(\frac{2\times3}{2+3}\right){\rm k\Omega} = 1.2{\rm k\Omega}$$

求放大电路的输入电阻时，可先求出 $R'_{\rm i}$

$$R'_{\rm i} = \frac{\dot{U}_{\rm i}}{\dot{I}_{\rm b}} = r_{\rm be} + (1+\beta)R_{\rm E}$$

放大电路的输入电阻为

$$R_{\rm i} = R_{\rm B}//R'_{\rm i} = R_{\rm B}//[r_{\rm be} + (1+\beta)R_{\rm E}] = 370//[1+(1+80)\times2] \approx 113{\rm k\Omega}$$

放大电路的输出电阻为

$$R_{\rm o} = R_{\rm C} = 2{\rm k\Omega}$$

从本例可以看出，由于发射极电流为基极电流的 $(1+\beta)$ 倍，故发射极回路的电阻 $R_{\rm E}$ 等效到基极回路时，其电阻将增大到原来的 $(1+\beta)$ 倍，即为 $(1+\beta)R_{\rm E}$。

2.6 静态工作点的稳定

从前面的分析可以看出，放大电路的静态工作点是否合适，直接关系到放大电路能否不失真地进行放大，而且还影响着放大电路的动态参数，因此一定要设置合适的静态工作点。但是由于放大电路中的放大器件晶体管是由半导体材料制成的，其导电性能极易受外界因素的影响，如环境温度的变化、电源电压的波动、元件的老化等都会引起晶体管参数的变化，从而造成静态工作点的不稳定，有时甚至使电路无法正常工作。实际上，在引起静态工作点不稳定的诸多因素中，温度变化对静态工作点的影响是最主要的。

2.6.1 温度变化对静态工作点的影响

【视频：温度对Q点的影响】

当温度变化时，晶体管的发射结电压 $U_{\rm BE}$ 及其他特性参数 $I_{\rm CEO}$、β 将随之变化，从而引起静态工作点的变化，主要影响如下。

1. 温度变化对 $U_{\rm BE}$ 的影响

与二极管的伏安特性曲线相类似，当环境温度升高时，载流子的浓度将增大，若保持基极电流 $i_{\rm B}$ 不变，则发射结电压 $u_{\rm BE}$ 将下降，表明正向特性曲线将左移。可以证明，在室温附近，温度每升高 1℃，$u_{\rm BE}$ 约下降 2～2.5mV。

在如图 2.2.2 所示的基本共射放大电路中，由于 $I_{\rm BQ} = (V_{\rm CC} - U_{\rm BEQ})/R_{\rm B}$，$U_{\rm BE}$ 的减小会使 $I_{\rm BQ}$ 增大，$I_{\rm CQ}$ 也将增大，静态工作点上移。例如，图 2.6.1 分别表示晶体管在环境温度

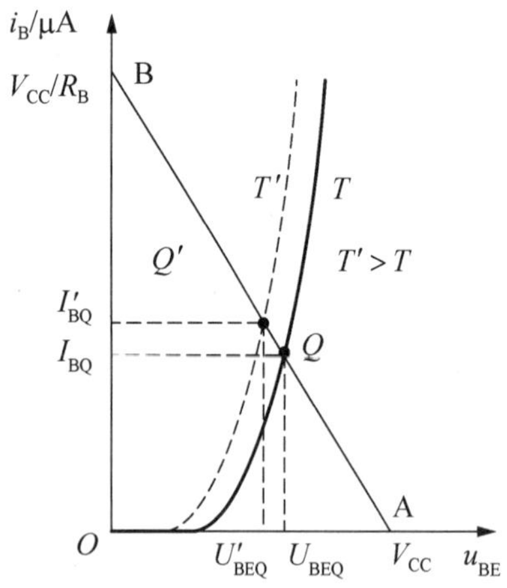

图 2.6.1　温度变化对 U_{BE} 的影响

为 T 和 T' ($T'>T$)时的输入特性曲线，AB 为输入回路负载线。由图可见，温度为 T' 时的 U'_{BEQ} 要小于温度为 T 时的 U_{BEQ}，且温度为 T' 时的 I'_{BQ} 要大于温度为 T 时的 I_{BQ}。

2. 温度变化对 I_{CEO} 的影响

如前所述，I_{CBO} 对温度特别敏感，而穿透电流 I_{CEO} 对温度更为敏感。由于 I_{CBO} 是由少子的漂移运动形成的，当环境温度升高时，少子的浓度增大，故 I_{CBO} 随着环境温度的升高而增大。可以证明，在室温附近，温度每升高 10℃，I_{CBO} 约增大一倍，而穿透电流 $I_{CEO}=(1+\beta)I_{CBO}$ 上升更多，在 I_B 不变的情况下，将引起集电极电流 I_C 增大，使静态工作点上移。

3. 温度变化对 β 的影响

当环境温度升高时，一方面，当 I_B 一定时，i_C 增大，输出特性曲线向上平移；另一方面，当 I_B 变化相同数值时，两条特性曲线之间的距离变大，说明温度升高时，晶体管的 β 值将增大。实验表明，温度每升高 1℃，β 将增大 0.1%左右，最高可增大到 2%。所以，β 值的增大同样会在 I_B 不变的情况下，引起集电极电流 I_C 增大，使静态工作点上移。

综上所述，根据温度升高时对晶体管参数的影响和式(2-1-5)可知，最终将导致集电极电流的增大，从而使静态工作点向饱和区方向移动，甚至引起放大电路产生饱和失真，如图 2.6.2 所示。反之，当温度降低时，将导致集电极电流的减小，从而使静态工作点向截止方向移动，甚至引起放大电路产生截止失真。所以，不仅要设置合适的静态工作点，而且还要想办法使静态工作点稳定。

要稳定静态工作点，首先，要精选晶体管，选择温度稳定性好的，即穿透电流小的管子。硅管的穿透电流较锗管的小，所以同等条件下，应优先选硅管。但无论怎么精选管子，都不能杜绝温度变化对晶体管参数的影响，只是尽量减小而已。其次，要在电路中采取温度补偿或直流负反馈等措施，以便当温度变化时，使基极电流朝着与集电极电流相反的方向变化。用于产生基极直流电流(简称偏流)的电路称为偏置电路。前面所分析的如图 2.2.2 所示的基本共射电路，由于基极直流电流 $I_{BQ}=(V_{CC}-U_{BEQ})/R_B\approx V_{CC}/R_B$(固定)，故称为固定式偏置电路。当温度变化时，电路不能自动调节使静态工作点稳定。因此，必须对电路进行改进。在实际应用中，通常采用下面能够自动稳定静态工作点的电路。

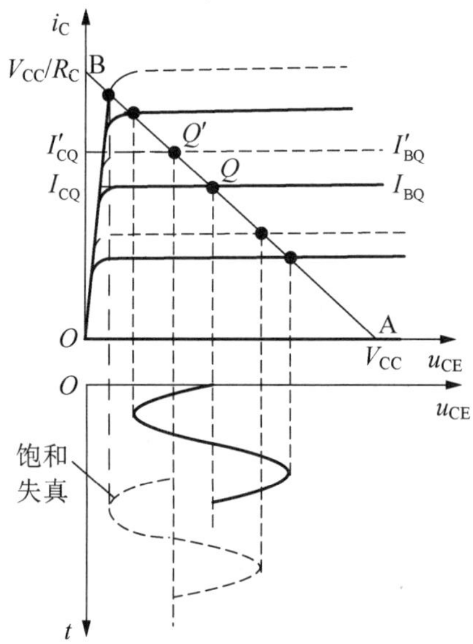

图 2.6.2　温度变化对静态工作点的影响

2.6.2 典型的静态工作点稳定电路

典型的静态工作点稳定电路的组成如图 2.6.3(a)所示。其直流通路如图 2.6.3(b)所示。

与基本共射放大电路相比，电路中增加了 R_{B2}、R_E、C_E 这 3 个元件。各元件的作用是，R_{B2} 与 R_{B1} 组成分压式偏置电路，为晶体管基极电位提供合适的静态值。R_E 为发射极电阻，构成直流负反馈电路，当温度变化时其两端的电压发生变化，从而起调节作用稳定静态工作点。C_E 为发射极旁路电容，其作用是提高电压放大倍数，这在后面动态分析时将会看到。C_E 的取值一般为几十微法到几百微法。

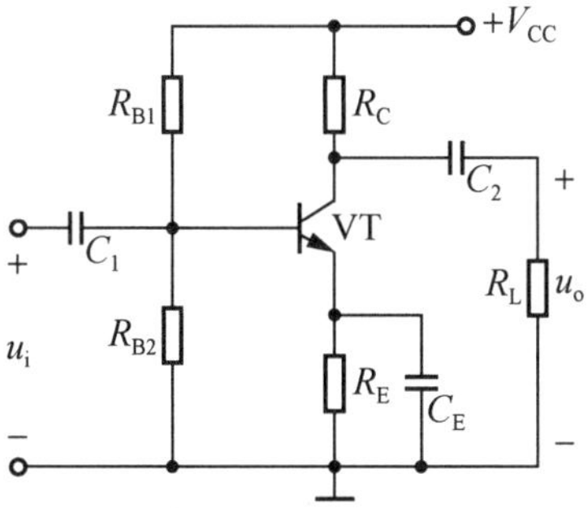

(a) 静态工作点稳定电路

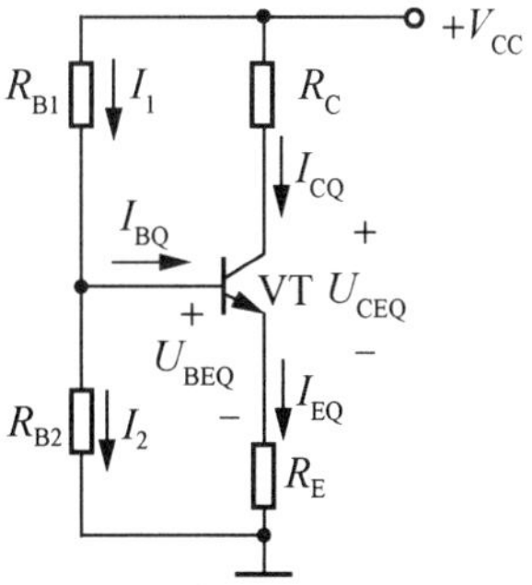

(b) 直流通路

图 2.6.3 典型的静态工作点稳定电路

要使放大电路能够稳定静态工作点，电路必须具备以下两个条件，一是 $I_2 \gg I_{BQ}$，一般应使 $I_2 \geqslant (5\sim10)I_{BQ}$；二是晶体管基极电位 $U_B \gg U_{BEQ}$，一般应使 $U_{BQ} \geqslant (5\sim10)U_{BEQ}$，(通常 U_B 取：硅管 3～5V，锗管 1～3V)。

1. 稳定静态工作点的原理

在如图 2.6.3(b)所示的直流通路中，因为 $I_2 \gg I_{BQ}$，因此求基极电位时，可将 I_{BQ} 忽略不计，认为 $I_1 \approx I_2$，即基极电位

$$U_{BQ} \approx \frac{R_{B2}}{R_{B1}+R_{B2}} \cdot V_{CC} \tag{2-6-1}$$

式(2-6-1)说明，基极电位 U_{BQ} 只取决于分压电阻 R_{B1} 和 R_{B2} 对 V_{CC} 的分压，而与环境温度无关。即当温度变化时，基极电位 U_{BQ} 基本不变。

稳定静态工作点的原理。当环境温度升高时，集电极电流 I_{CQ} 增大，发射极电流 I_{EQ} 也将相应增大，使晶体管的发射极电位 $U_{EQ}=I_{EQ}R_E$ 升高，发射结电压 $U_{BEQ}=U_{BQ}-I_{EQ}R_E$ 降低，由晶体管的输入特性曲线知，当 U_{BE} 减小时，基极电流 I_{BQ} 将减小，于是 I_{CQ} 也随之减小，结果使静态工作点稳定。上述过程可表示如下：

$$T\uparrow \rightarrow I_{CQ}(I_{EQ})\uparrow \rightarrow U_{EQ}(U_{EQ}=I_{EQ}R_E)\uparrow \rightarrow U_{BEQ}(U_{BEQ}=U_{BQ}-U_{EQ})\downarrow \rightarrow I_{BQ}\downarrow$$
$$I_{CQ}\downarrow \leftarrow$$

当环境温度降低时，也能使静态工作点 Q 得到稳定，但稳定过程与上述正好相反。

上述稳定过程是通过集电极直流电流在发射极电阻 R_E 上所产生的直流负反馈的作用

进行调节的，故该电路又称为分压式直流电流负反馈偏置电路，简称分压式偏置电路。从理论上讲，R_E 越大，电路的静态工作点 Q 越稳定。但是 R_E 增大后，对于一定的集电极电流 I_C，其功率损耗也会增大，同时，R_E 的增大使 U_{CE} 减小，使静态工作点靠近饱和区，将导致晶体管的工作范围变窄。因此 R_E 不宜取得太大，在小电流工作状态下，R_E 的取值一般为几百欧到几千欧，当电流较大时，R_E 为几欧到几十欧。

2. 静态工作点的估算

若满足 $I_2 \gg I_{BQ}$ 的条件(通常情况下，该条件均是满足的)，则由如图 2.6.3(b)所示的直流通路可以求得

基极电位

$$U_{BQ} \approx \frac{R_{B2}}{R_{B1}+R_{B2}} \cdot V_{CC} \tag{2-6-2}$$

发射极电流

$$I_{EQ} = \frac{U_{BQ}-U_{BEQ}}{R_E} \tag{2-6-3}$$

集电极电流

$$I_{CQ} \approx I_{EQ} \tag{2-6-4}$$

基极电流

$$I_{BQ} = \frac{I_{EQ}}{1+\beta} \tag{2-6-5}$$

集电极与发射极之间的电压

$$U_{CEQ} \approx V_{CC} - I_{CQ}(R_C + R_E) \tag{2-6-6}$$

也可以利用戴维宁定理计算如图 2.6.3(a)所示电路的静态工作点。利用戴维宁定理，将如图 2.6.3(b)所示的直流通路变换成如图 2.6.4 所示的等效电路。其中

$$V_{BB} = \frac{R_{B2}}{R_{B1}+R_{B2}} \cdot V_{CC}$$

$$R_B = R_{B1}//R_{B2}$$

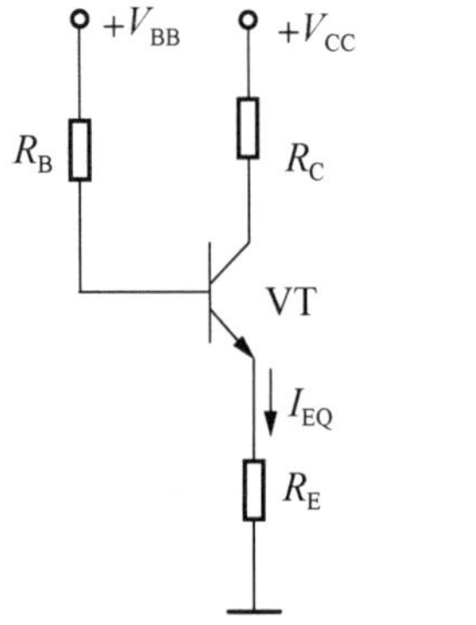

图 2.6.4　图 2.6.3(b)的等效电路

由输入回路的 KVL 方程

$$V_{BB} = I_{BQ}R_B + U_{BEQ} + I_{EQ}R_E$$

可得

$$I_{EQ} = \frac{V_{BB}-U_{BEQ}}{\dfrac{R_B}{1+\beta}+R_E}$$

若满足 $R_E \gg \dfrac{R_B}{1+\beta}$，即 $(1+\beta)R_E \gg R_B$ 的条件，I_{EQ} 表达式与式(2-6-3)相同。通常可用 $(1+\beta)R_E$ 和 R_B 的大小关系来判断 $I_2 \gg I_{BQ}$ 的条件是否满足。

3. 动态参数的估算

先画出如图 2.6.3(a)所示电路的微变等效电路，如图 2.6.5 所示。

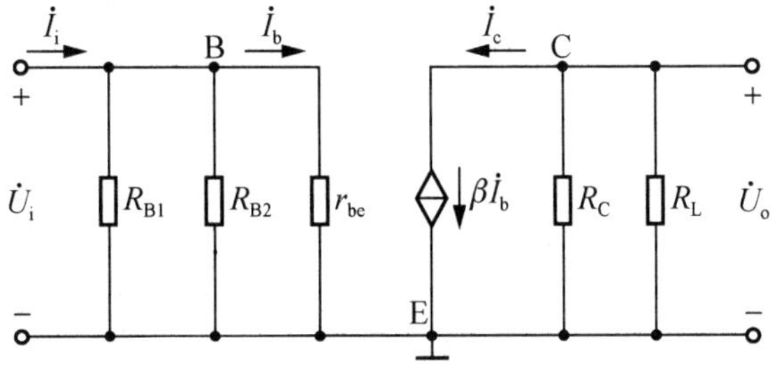

图 2.6.5 图 2.6.3(a)电路的微变等效电路

由微变等效电路图不难看出，其电压放大倍数与基本共射电路完全相同，即

$$\dot{A}_u = \frac{\dot{U}_o}{\dot{U}_i} = -\beta\frac{R'_L}{r_{be}} \tag{2-6-7}$$

式中，$R'_L = R_C // R_L$。

放大电路的输入电阻为

$$R_i = \frac{\dot{U}_i}{\dot{I}_i} = R_{B1} // R_{B2} // r_{be} \approx r_{be} \tag{2-6-8}$$

放大电路的输出电阻为

$$R_o = R_C \tag{2-6-9}$$

如果将发射极旁路电容 C_E 去掉，则如图 2.6.3(a)所示放大电路的微变等效电路将变为如图 2.6.6 所示的电路。

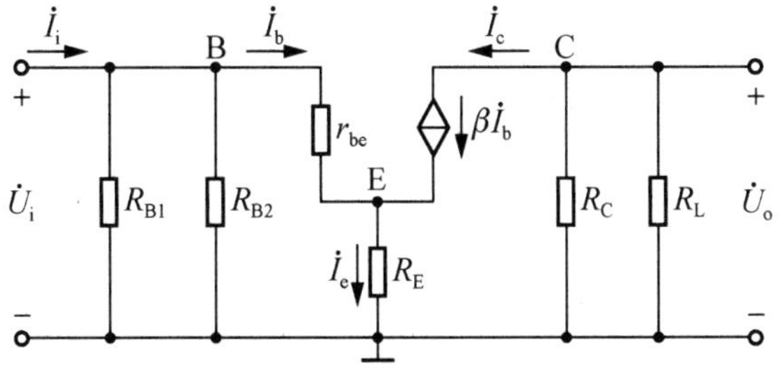

图 2.6.6 图 2.6.3(a)无旁路电容的微变等效电路

由图 2.6.6 可知

$$\dot{U}_i = \dot{I}_b r_{be} + \dot{I}_e R_E = \dot{I}_b r_{be} + \dot{I}_b (1+\beta) R_E$$

$$\dot{U}_o = -\beta \dot{I}_b (R_C // R_L)$$

电压放大倍数、输入电阻和输出电阻分别为

$$\dot{A}_u = \frac{\dot{U}_o}{\dot{U}_i} = -\frac{\beta R'_L}{r_{be} + (1+\beta)R_E} \quad (R'_L = R_C // R_L) \tag{2-6-10}$$

$$R_i = \frac{\dot{U}_i}{\dot{I}_i} = R_{B1} // R_{B2} // [r_{be} + (1+\beta)R_E] \tag{2-6-11}$$

$$R_o = R_C \tag{2-6-12}$$

由此可见，去掉旁路电容后，将使电压放大倍数大为降低。之所以使电压放大倍数大为降低，是因为去掉旁路电容后，R_E 两端有电压降，从而使 u_{be} 下降。

特别提示

- 稳定静态工作点除了用上面所介绍的电路之外，还可以在电路中外加温度补偿元件，如二极管、稳压管等。

【例 2-6-1】如图 2.6.3(a)所示，已知 V_{CC}=20V，R_{B1}=120kΩ，R_{B2}=40kΩ，R_C=2kΩ，R_E=1kΩ，R_L=2kΩ，β=100，$r_{bb'} = 300\Omega$，静态时 U_{BEQ}=0.7V，试求：

(1) 静态工作点；

(2) $\dot{A}_u$、R_i、R_o；

(3) 若将 C_E 去掉，画出等效电路图，并求电压放大倍数 $\dot{A}_u$。

【解】 (1) 由式(2-6-2)、式(2-6-3)、式(2-6-4)、式(2-6-5)和式(2-6-6)可以求得

$$U_{BQ} \approx \frac{R_{B2}}{R_{B1}+R_{B2}} \cdot V_{CC} = \frac{40\times10^3}{120\times10^3+40\times10^3}\times20 = 5\text{V}$$

$$I_{CQ} \approx I_{EQ} = \frac{U_{BQ}-U_{BEQ}}{R_E} = \frac{5-0.7}{1\times10^3} = 4.3\text{mA}$$

$$I_{BQ} = \frac{I_{EQ}}{1+\beta} = \frac{4.3\times10^{-3}}{1+100} \approx 42.6\mu\text{A}$$

$$U_{CEQ} \approx V_{CC} - I_{CQ}(R_C+R_E) = 20-4.3\times10^{-3}\times(2+1)\times10^3 \approx 7.1\text{V}$$

(2) 晶体管的输入电阻

$$r_{be} \approx 300+(1+\beta)\frac{26}{I_{EQ}} = 300+101\times\frac{26}{4.3} \approx 910.7\Omega$$

由式(2-6-7)、式(2-6-8)和式(2-6-9)可以求得

电压放大倍数

$$\dot{A}_u = -\beta\frac{R'_L}{r_{be}} = -100\times\frac{1\times10^3}{910.7} \approx -109.8$$

其中

$$R'_L = R_C // R_L = \left(\frac{2\times2}{2+2}\right)\text{k}\Omega = 1\text{k}\Omega$$

输入电阻

$$R_i = R_{B1}//R_{B2}//r_{be} \approx r_{be} = 1\text{k}\Omega$$

输出电阻

$$R_o = R_C = 2\text{k}\Omega$$

(3) 若将 C_E 去掉，微变等效电路图如图 2.6.5 所示，由式(2-6-10)得

$$\dot{A}_u = -\frac{\beta R'_L}{r_{be}+(1+\beta)R_E} = -\frac{100\times1\times10^3}{910.7+101\times1\times10^3} \approx -0.98$$

由计算结果可以看出，去掉 C_E 后，电压放大倍数大大降低。之所以造成电压放大倍数降低，是因为当发射极电流的交流分量 i_e 流过 R_E 时，也会产生交流电压降，使 u_{be} 减小，i_c 减小，从而使电压放大倍数减小。

实际上，为既能达到稳定静态工作点的目的也能达到使电压放大倍数不至于降低的目的，通常均应在发射极上接旁路电容 C_E。

2.7 共集电极放大电路的分析及其应用

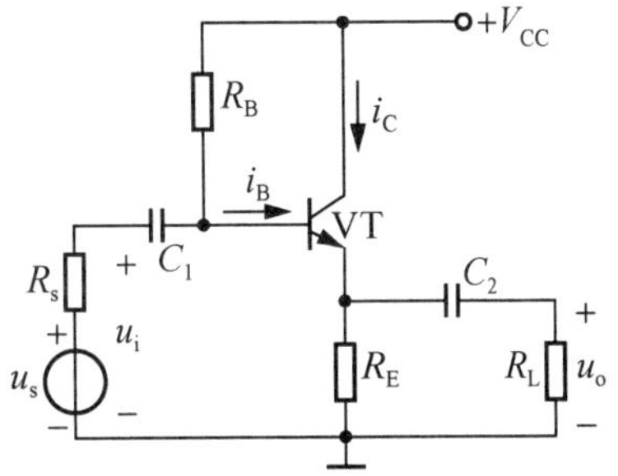

图 2.7.1 共集放大电路

如前所述，用晶体管构成放大电路时，有 3 种基本接法，即共射电路、共集电路和共基电路。上面主要对共射电路进行了分析。本节将以如图 2.7.1 所示电路为例，对共集电路进行讨论。

对于交流信号，当将直流电源 V_{BB} 和 V_{CC} 视为短路后，输入回路与输出回路的公共端为集电极，故该电路称为共集电极放大电路，简称共集放大电路或共集电路。

共集电路与共射电路的不同之处是，改集电极输出为发射极输出，故共集电路又称射极输出器。

2.7.1 静态分析

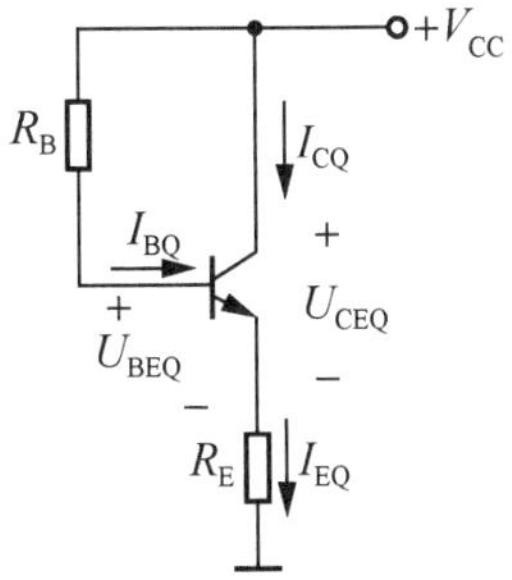

图 2.7.2 共集放大电路的直流通路

首先画出共集放大电路的直流通路如图 2.7.2 所示。由直流通路可得

$$I_{BQ}=\frac{V_{CC}-U_{BEQ}}{R_B+(1+\beta)R_E} \tag{2-7-1}$$

$$I_{CQ}\approx I_{EQ}=(1+\beta)I_{BQ} \tag{2-7-2}$$

$$U_{CEQ}=V_{CC}-I_{EQ}R_E \tag{2-7-3}$$

2.7.2 动态分析

首先画出共集电路的微变等效电路如图 2.7.3 所示。

1. 电压放大倍数

由微变等效电路，可得电压放大倍数

$$\dot{A}_u=\frac{\dot{U}_o}{\dot{U}_i}=\frac{\dot{I}_eR_L'}{\dot{I}_br_{be}+\dot{I}_eR_L'}=\frac{(1+\beta)R_L'}{r_{be}+(1+\beta)R_L'} \tag{2-7-4}$$

式中，$R_L'=R_E//R_L$

当输出端不带负载时，电压放大倍数

$$\dot{A}_u=\frac{\dot{U}_o}{\dot{U}_i}=\frac{\dot{I}_eR_E}{\dot{I}_br_{be}+\dot{I}_eR_E}=\frac{(1+\beta)R_E}{r_{be}+(1+\beta)R_E} \tag{2-7-5}$$

式(2-7-5)表明，共集放大电路输出电压与输入电压同相位。又由于通常 $\beta \gg 1$，$(1+\beta)R_E \gg r_{be}$，故 $\dot{A}_u \approx 1$，即共集放大电路无电压放大作用，其电压放大倍数约等于 1。由于输出电压 $u_o \approx u_i$，且输出电压与输入电压的相位相同，故共集电路又称射极跟随器。

2. 输入电阻

由图 2.7.3 不难求出，共集电路的输入电阻

$$R_i = R_B \mathbin{/\!/} R_i' = R_B \mathbin{/\!/} [r_{be} + (1+\beta)R_L'] \tag{2-7-6}$$

由式(2-7-6)看出，共集电路的输入电阻较基本共射电路的输入电阻高。

3. 输出电阻

求输出电阻时，可用除源法，即令输入信号源 $\dot{U}_s = 0$，在输出端外加一电压 $\dot{U}_o$，在此电压下，所产生的电流为 $\dot{I}_o$，如图 2.7.4 所示。于是可以求得

$$\dot{I}_b = \frac{\dot{U}_o}{r_{be} + R_s'}$$

其中，$R_s' = R_B \mathbin{/\!/} R_S$

$$\dot{I}_{R_E} = \frac{\dot{U}_o}{R_E}$$

$$\dot{I}_o = \dot{I}_b + \beta \dot{I}_b + \dot{I}_{R_E} = (1+\beta)\dot{I}_b + \dot{I}_{R_E}$$

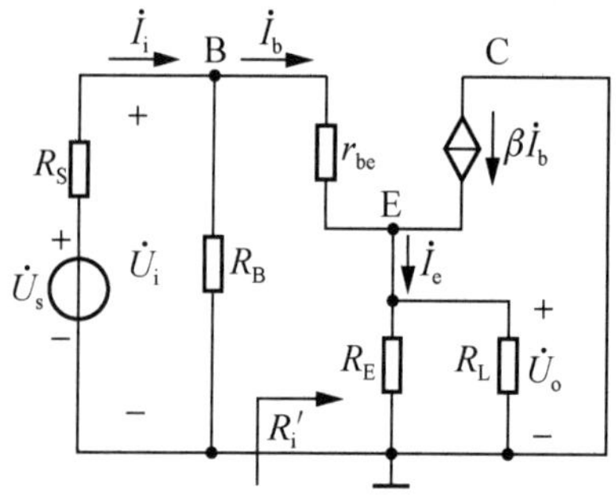

图 2.7.3　共集电路的微变等效电路

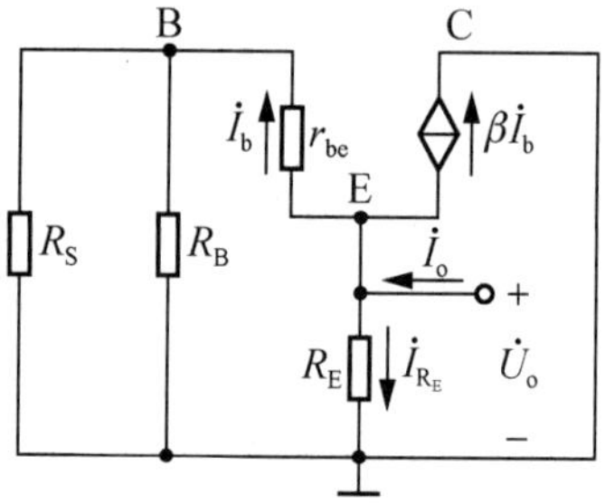

图 2.7.4　求输出电阻的电路

据此可以求得放大电路的输出电阻为

$$R_o = \left.\frac{\dot{U}_o}{\dot{I}_o}\right|_{\dot{U}_s=0} = \frac{\dot{U}_o}{\dfrac{\dot{U}_o}{R_E} + (1+\beta)\dfrac{\dot{U}_o}{r_{be} + R_s'}} = \frac{1}{\dfrac{1}{R_E} + (1+\beta)\dfrac{1}{r_{be} + R_s'}} = R_E \mathbin{/\!/} \frac{r_{be} + R_s'}{1+\beta} \tag{2-7-7}$$

通常情况下，$R_E \gg (r_{be} + R_s')/(1+\beta)$，故有

$$R_o = R_E \mathbin{/\!/} \frac{r_{be} + R_s'}{1+\beta} \approx \frac{r_{be} + R_s'}{1+\beta} \approx \frac{r_{be} + R_s'}{\beta} \tag{2-7-8}$$

由式(2-7-7)看出，共集放大电路的输出电阻较共射电路低得多。另外，应注意，由于基极电流为发射极电流的 $1/(1+\beta)$ 倍，故基极回路中的电阻($r_{be} + R_s'$)等效到发射极回路时，其电阻将减小到原来的 $1/(1+\beta)$ 倍，即为 $(r_{be} + R_s')/(1+\beta)$。

2.7.3 共集放大电路的应用

由以上分析不难看出，共集放大电路具有输入电阻高，输出电阻低，输出电压与输入电压同相位，无电压放大作用，但有电流放大作用的特点。因此，在多级放大电路中，射极输出器常被用作输入级、中间级或输出级。

1. 用作输入级

在多级放大电路中，第一级的输入电阻即为整个放大电路的输入电阻，将共集放大电路作为输入级时，由于它的输入电阻高，从而提高了整个放大电路的输入电阻，因此放大电路从信号源取用的电流很小，减轻了信号源的负担，这对高内阻的信号源更有意义。另外，由于放大电路的输入电阻高，与信号源的内阻分压时，分到放大电路输入端的电压就大，使交流电压得到有效的传输。例如用在测量仪器中，可以提高测量的精度。

2. 用作中间级

在多级放大电路中，后一级的输入电阻即是前一级的负载电阻，而前一级是后一级的信号源。将共集放大电路作为中间级时，由于它的输入电阻很高，就相当于前一级的等效负载电阻提高了，从而使前一级的电压放大倍数得以提高；同时共集放大电路又是后一级的信号源，由于它的输出电阻小，使后一级分到的输入电压增大，接收信号能力增强，从而提高了整个放大电路的电压放大倍数。实际上，共集放大电路用作中间级时，起到了变换阻抗的作用。

3. 用作输出级

当共集放大电路用作输出级时，由于它的输出电阻低，则当负载接入后，负载增大或减小时，输出电压的变化相对较小，因此说它带负载的能力较强，从而提高了多级放大电路带负载的能力。

【例 2-7-1】 如图 2.7.1 所示，已知 V_{CC}=15V，R_B=200kΩ，R_S=200Ω，R_E=3kΩ，R_L=3kΩ，晶体管的β=80，r_{be}=1kΩ，静态时 U_{BEQ}=0.7V，试求：

(1) 静态工作点；

(2) $\dot{A}_u$、R_i、R_o。

【解】 (1) 由式(2-7-1)、式(2-7-2)和式(2-7-3)得

$$I_{BQ}=\frac{V_{CC}-U_{BEQ}}{R_B+(1+\beta)R_E}=\frac{15-0.7}{200\times10^3+81\times3\times10^3}\approx32.3\mu A$$

$$I_{EQ}=(1+\beta)I_{BQ}=(1+80)\times32.3\times10^{-6}\approx2.62mA$$

$$U_{CEQ}=V_{CC}-I_{EQ}R_E=15-2.62\times10^{-3}\times3\times10^3\approx7.14V$$

(2) 由式(2-7-4)可得，电压放大倍数为

$$\dot{A}_u=\frac{(1+\beta)(R_E//R_L)}{r_{be}+(1+\beta)(R_E//R_L)}=\frac{(1+80)\times\left(\dfrac{3\times3}{3+3}\right)\times10^3}{1000+(1+80)\times\left(\dfrac{3\times3}{3+3}\right)\times10^3}\approx0.992$$

由式(2-7-6)可得，输入电阻为

$$R_i = R_B // [r_{be} + (1+\beta)(R_E // R_L)] \approx 76k\Omega$$

由式(2-7-7)可得，输出电阻为

$$R_o = R_E // \frac{r_{be} + R'_S}{1+\beta} \approx \frac{r_{be} + R_S}{1+\beta} = \frac{1000+200}{1+80} \approx 14.8\Omega$$

2.8　共基极放大电路的分析

如图 2.8.1 所示是基本共基极放大电路的电路原理图。图中的 V_{BB} 和 V_{CC} 是为满足晶体管放大的外部条件而设置的。V_{BB} 的作用是使晶体管的发射结处于正向偏置状态，同时与 R_E 共同为晶体管的发射极提供合适的静态工作电流。集电极直流电源 V_{CC} 的作用是使晶体管的集电结处于反向偏置状态，同时充当放大电路的能源，提供集电极电流和输出电流。对于交流信号，当将直流电源 V_{BB} 和 V_{CC} 视为短路后，输入回路与输出回路的公共端为基极，故该电路称为共基极放大电路，简称共基放大电路或称共基电路。

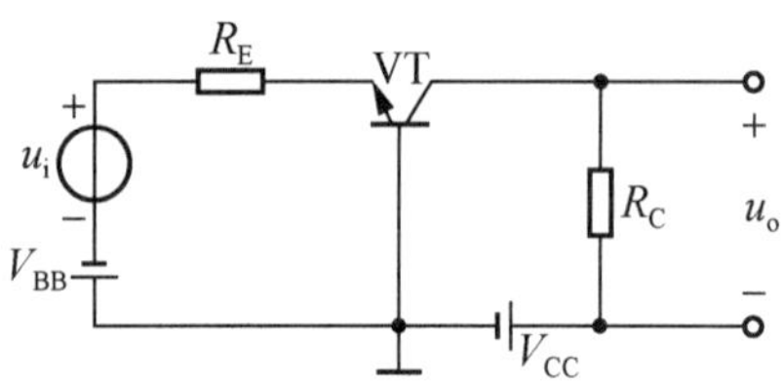

图 2.8.1　共基放大电路

对共基放大电路进行分析时，同样要分静态和动态两种情况进行分析。首先进行静态分析。共基电路的直流通路如图 2.8.2 所示。在图 2.8.2 中，对于输入回路，根据基尔霍夫电压定律，可得

$$I_{EQ}R_E + U_{BEQ} = V_{BB}$$

由此可得发射极电流

$$I_{EQ} = \frac{V_{BB} - U_{BEQ}}{R_E} \tag{2-8-1}$$

$$I_{BQ} = \frac{I_{EQ}}{1+\beta} \tag{2-8-2}$$

$$U_{CEQ} = U_{CQ} - U_{EQ} = V_{CC} - I_{CQ}R_C + U_{BEQ} \tag{2-8-3}$$

进行动态分析时，首先画出微变等效电路如图 2.8.3 所示。

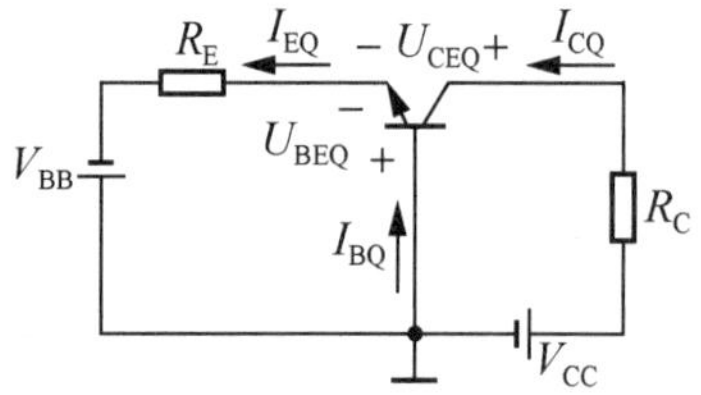

图 2.8.2　共基放大电路的直流通路

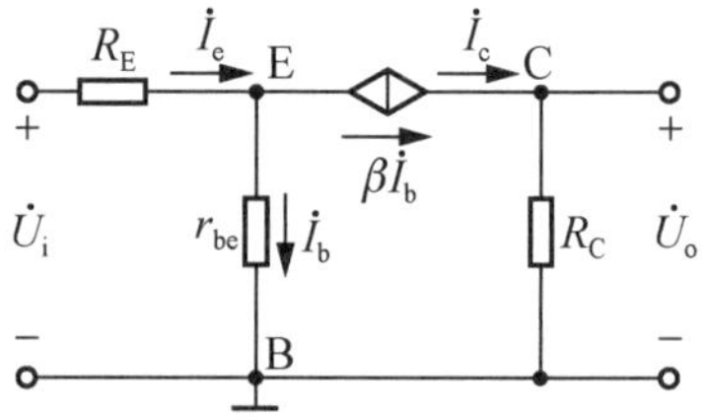

图 2.8.3　共基电路的微变等效电路

由图 2.8.3 可得共基放大电路的动态参数电压放大倍数 $\dot{A}_u$、输入电阻 R_i 和输出电阻 R_o。

$$\dot{A}_u = \frac{\dot{U}_o}{\dot{U}_i} = \frac{\dot{I}_c R_C}{\dot{I}_e R_E + \dot{I}_b r_{be}} = \frac{\beta R_C}{r_{be} + (1+\beta) R_E} \tag{2-8-4}$$

$$R_i = \frac{\dot{U}_i}{\dot{I}_i} = \frac{\dot{U}_i}{\dot{I}_e} = \frac{\dot{I}_e R_E + \dot{I}_b r_{be}}{\dot{I}_e} = R_E + \frac{r_{be}}{1+\beta} \tag{2-8-5}$$

$$R_o = R_C \tag{2-8-6}$$

由电压放大倍数的表达式看出，共基放大电路输出电压与输入电压相位相同，且具有一定的电压放大能力。输入电阻较小，是 3 种基本放大电路中输入电阻最小的电路。共基放大电路的输出电阻与共射电路的输出电阻相当。由于共基放大电路的输入电流是射极电流 i_E，而输出电流是集电极电流 i_C，因而共基放大电路没有电流放大能力。共基放大电路的最大优点是高频特性好，频带较宽，可用于宽频带放大电路。

【例 2-8-1】 如图 2.8.1 所示，已知 V_{BB}=6V，V_{CC}=18V，R_E=1kΩ，R_C=3kΩ，晶体管的 β=50，r_{be}=1kΩ，静态时 U_{BEQ}=0.7V，试求：

(1) 静态工作点；

(2) $\dot{A}_u$、R_i、R_o。

【解】 (1) 由式(2-8-1)、式(2-8-2)和式(2-8-3)可知静态工作点为

$$I_{EQ} = \frac{V_{BB} - U_{BEQ}}{R_E} = \frac{6-0.7}{1000} = 5.3\text{mA}$$

$$I_{BQ} = \frac{I_{EQ}}{1+\beta} = \frac{5.3\times 10^3}{1+50} \approx 0.1\text{mA}$$

$$U_{CEQ} = U_{CQ} - U_{EQ} = V_{CC} - I_{CQ}R_C + U_{BEQ} = 18 - 5.3\times 10^{-3}\times 3\times 10^3 + 0.7 \approx 2.8\text{V}$$

(2) 由式(2-8-4)、式(2-8-5)、式(2-8-6)知

$$\dot{A}_u = \frac{\beta R_C}{r_{be} + (1+\beta)R_E} = \frac{50\times 3\times 10^3}{1000+(1+50)\times 1000} \approx 2.9$$

$$R_i = R_E + \frac{r_{be}}{1+\beta} = 1000 + \frac{1000}{1+50} \approx 1.02\ \text{k}\Omega$$

$$R_o = R_C = 3\ \text{k}\Omega$$

2.9 三种基本放大电路的比较

共发射极放大电路是以发射极为输入回路、输出回路公共端的放大电路，即一种在晶体管的基极施加输入信号，从集电极取出信号的电路。如图 2.9.1 所示的阻容耦合共射放大电路，既有电压放大能力也有电流放大能力，电流放大系数 $\beta = i_c / i_b$，通常为 100 左右；电压放大倍数通常为几十到几百倍。输出电压与输入电压相位相反。输入电阻较低；输出电阻较高。

【视频：晶体管放大电路三种组态的判断】

共集电极放大电路与共射极放大电路一样输入信号仍然由基极输入，但输出信号由发射极取出，负载电阻接到发射极上，集电极通过直流电源交流接地，集电极是输入与输出回路的公共端，如图 2.9.2 所示。共集电极放大电路只有电流放大能力，而没有电压放大

能力，电压放大倍数 $A_u = u_o / u_i \approx 1$，但仍有功率放大能力；输出电压与输入电压相位相同。在三种基本放大电路中，共集放大电路的输入电阻最高，而输出电阻最低，一般为几欧到几十欧。

如图 2.9.3 所示的共基极放大电路。输入信号由发射极输入，输出信号从集电极取出，基极作为输入和输出回路的公共端。

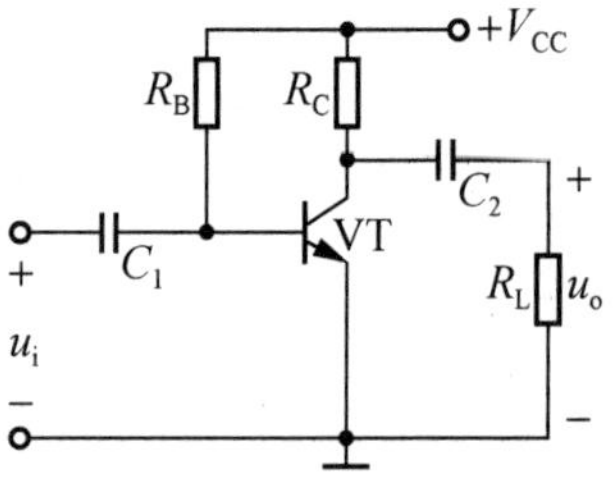

图 2.9.1 共射放大电路

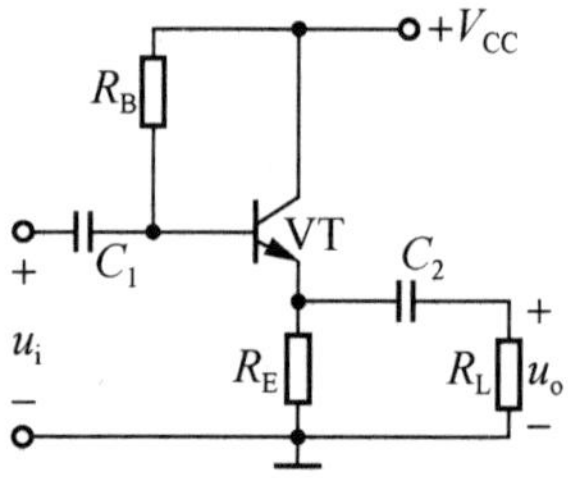

图 2.9.2 共集放大电路

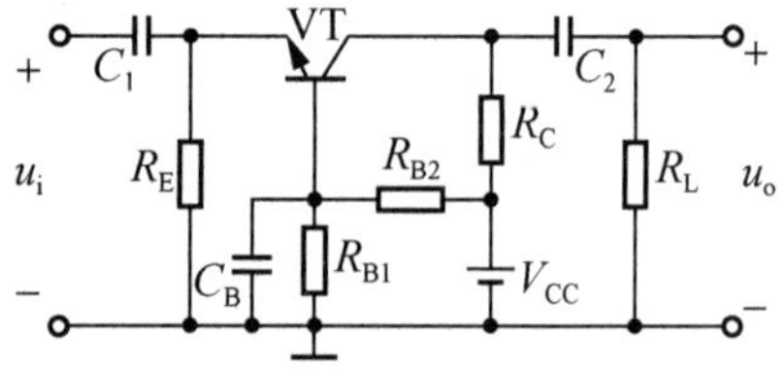

图 2.9.3 共基放大电路

共基放大电路有电压放大能力，但没有电流放大能力，电流放大倍数 $\alpha = i_c / i_e \approx 1$，但仍有功率放大能力；电压放大能力与共射电路相当。共基放大电路输出电压与输入电压相位相同。在晶体管组成的 3 种基本放大电路中，共基放大电路的输入电阻最低，输出电阻与共射电路相当。共基电路适合于宽频带的放大电路。

2.10 放大电路应用实例

在实际应用中，放大电路的应用非常广泛。下面介绍两种简单的实用电路。

2.10.1 光控照明电路

图 2.10.1 是一种光控照明电路原理图。220V 交流电压经灯泡 EL 及桥式整流后，输出脉动直流电压，作为正向偏压加在晶闸管 SCR 及 R_1 支路上。白天，由于光线较亮，光敏二极管 VD 呈现低阻状态，使晶体管 VT 截止。其发射极无电流输出，晶闸管因无触发电流不能导通。此时通过灯泡的电流较小不能发光。夜晚，亮度较弱时，光敏二极管 VD 呈现高阻状态，使晶体管 VT 进入导通放大状态，使晶闸管触发导通。此时通过灯泡的电流较大使其发光。

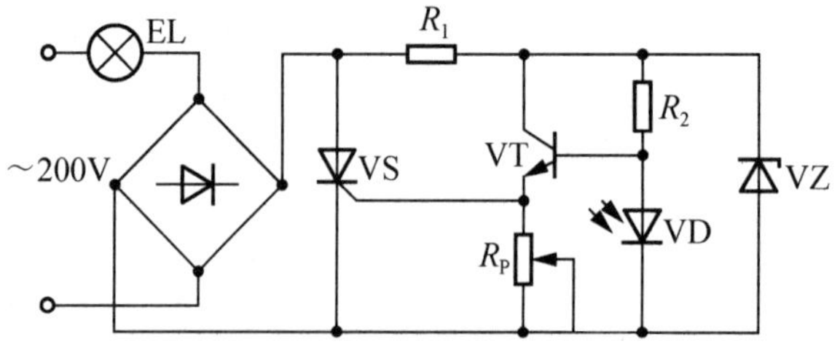

图 2.10.1 光控照明电路

2.10.2 自动灭火的控制电路

如图 2.10.2 所示是一个自动灭火的自动控制电路。图中 S 是双金属复片式开关，当火焰烧烤到双金属复片时，复片趋于伸直状态使得开关接通。M 是带动小风扇叶片旋转的电动机，小风扇对准火焰吹风时，火焰熄灭。

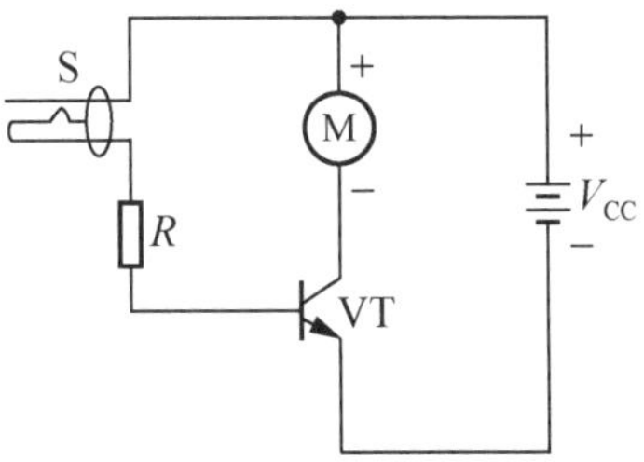

图 2.10.2 自动灭火电路

2.11 Multisim 应用——共射放大电路的研究

本节以 NPN 型单晶体管组成的基本共射放大电路为例，对放大电路进行静态和动态分析。

晶体管采用 2N2222A。当静态工作点合适，并且加入合适幅值的正弦信号时，可以得到基本无失真的输出，如图 2.11.1 所示。

测量 $R_1 = 370\text{k}\Omega$ 时的 U_{CEQ} 和 $\dot{A}_u$，同时从示波器上显示输出波形并读出输出波形峰值，如图 2.11.1 所示。由于信号幅值很小，为 1mV，输出电压不失真，可以从万用表直流电压档读出静态管压降 U_{CEQ}。

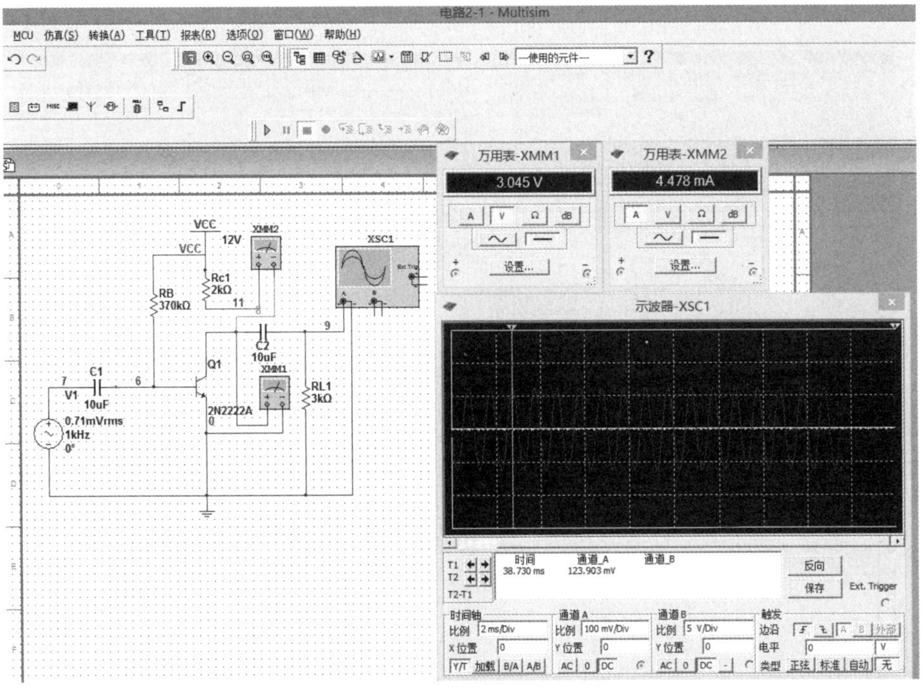

图 2.11.1 $R_B = 370\text{k}\Omega$ 单管共射放大电路

改变 R_B 的值，测量 $R_B = 600\text{k}\Omega$ 和 $700\text{k}\Omega$ 时的 U_{CEQ} 和 $\dot{A}_u$，同时从示波器上显示输出波形并读出输出波形峰值，如图 2.11.2 和图 2.11.3 所示。

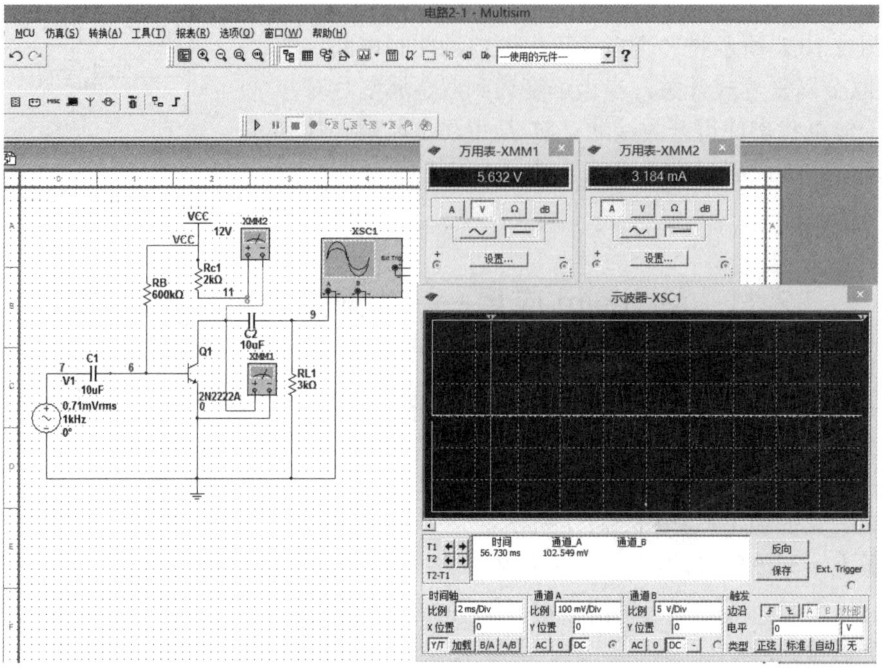

图 2.11.2　$R_B = 600\text{k}\Omega$ 单管共射放大电路

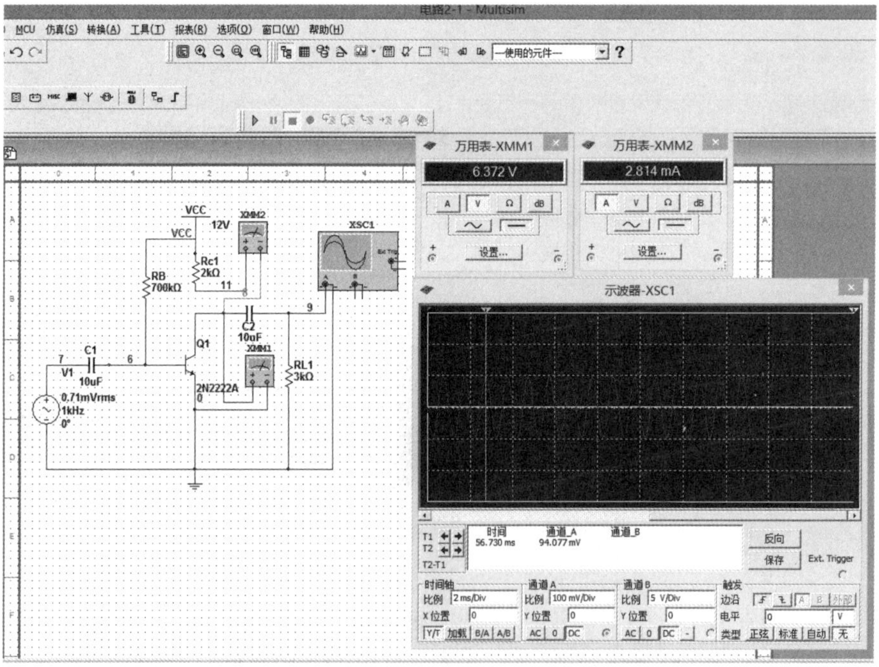

图 2.11.3　$R_B = 700\text{k}\Omega$ 单管共射放大电路

改变 R_B 值的大小，取 $R_B = 370\text{k}\Omega$ 、600kΩ 和 700kΩ 仿真结果如表 2.11.1 所示。从仿真数据可以发现随着 R_B 的增大，I_{CQ} 减小，U_{CEQ} 增大，$|\dot{A}_u|$ 减小。

表 2.11.1　仿真数据

基极偏置电阻 R_B / kΩ	直流电压表读数 U_{CEQ} /V	信号源峰值 U_{im} /mV	示波器显示波形峰值 U_{om} /mV	I_{CQ} /mA	$\|\dot{A}_u\|$
370	3.045	1	123.903	4.478	124
600	5.632	1	102.549	3.184	103
700	6.372	1	94.077	2.814	94

如图 2.11.1 所示电路中，若 $r_{bb'} \ll (1+\beta)\dfrac{U_T}{I_{EQ}}$，则电压放大倍数

$$\dot{A}_u = -\frac{\dot{U}_o}{\dot{U}_i} = -\frac{\beta R'_L}{r_{be}} \approx -\frac{\beta(R_{C1} /\!/ R_{L1})}{r_{bb'} + \beta\dfrac{U_T}{I_{CQ}}} \approx -\frac{I_{CQ}(R_{C1} /\!/ R_{L1})}{U_T}$$

仿真结果表明，$\dot{A}_u$ 与电路中电阻值和温度有关，并且与 I_{CQ} 近似呈正比。因此，调节电阻 R_B 来改变 I_{CQ}，是改变阻容耦合共射放大电路电压放大倍数最有效的方法。

小　结

本章主要介绍了以下内容：

1. 晶体管

晶体管是电流控制型器件，用基极电流 i_B(或发射极电流 i_E)来控制集电极电流 i_C，其控制能力用电流放大系数来衡量。晶体管的主要作用是电流放大。晶体管的特性曲线有输入特性曲线和输出特性曲线，表明晶体管各电极电流和极间电压之间的关系。根据不同的外部条件可使晶体管工作于放大状态、截止状态和饱和状态，在输出特性曲线上对应于放大区、截止区和饱和区。在电路中，也可以将晶体管的集电极和发射极之间视为受基极电流控制的可变电阻。当基极电流从零逐渐增大时，集电极和发射极之间的等效电阻将从无穷大逐渐减小为零。晶体管有三个极限参数，即最大集电极电流 I_{CM}、集电极最大耗散功率 P_{CM} 和集-射极反向击穿电压 $U_{(BR)CEO}$，由该三个极限参数确定了晶体管的安全工作区。

2. 放大电路的组成原则

直流通路必须保证晶体管有合适的静态工作点；交流通路必须保证输入信号能够作用于放大电路的输入回路，并且能够使放大后的交流信号传送到放大电路的输出端。

3. 分析放大电路的原则

分析放大电路的原则是“先静态”，“后动态”。静态分析主要是确定静态工作点，动态分析一是确定动态指标 $\dot{A}_u$ 、R_i 和 R_o，二是分析输出电压波形。

4. 分析放大电路的方法

分析放大电路的方法有图解法、估算法或微变等效电路法。图解法就是利用晶体管的

输入、输出特性曲线用作图的方法求解电路的静态工作点 Q，并分析电路参数对静态工作点的影响，动态图解分析主要是根据输入电压的波形画出输出电压的波形，从而分析静态工作点 Q 对输出电压波形失真情况的影响。图解法直观、形象，但较麻烦。估算法主要用于静态工作点的估算。它是根据直流通路图，运用直流电路的分析方法求解静态工作点，较图解法简单，应重点掌握。微变等效电路法是当输入信号较小时，将晶体管等效成线性元件，从而用线性电路的分析方法进行分析计算，只适用于小信号的情况。

5. 晶体管的基本放大电路

晶体管的基本放大电路有共射、共集和共基三种。共射放大电路输出电压与输入电压反相位，既有电流放大作用又有电压放大作用。共集放大电路输出电压与输入电压同相位，只能放大电流而不能放大电压信号，因它输入电阻高、输出电阻低，常被用作多级放大电路的输入级、中间级或输出级。共基放大电路适用于宽频带电路。

知识链接

电子管及其放大电路

目前多数电子仪器设备中的放大电路，无论是分立元件还是集成放大电路，所用的放大器件大都是半导体器件，但放大电路之初所用的放大器件是电子管，称为电子管放大电路。大家所熟知的世界上第一台计算机所用的即是电子管放大电路。虽然电子管具有体积大、功耗多的缺点，但是其工作的稳定性是半导体器件所望尘莫及的。且由于制作工艺水平的限制，使半导体器件还存在稳定性较差、功率不够大及参数分散性较大(同一型号的管子性能参数差别较大)等弱点，以至于尚不能完全取代电子管，电子管放大电路尚未完全退出历史舞台，如广播电视发射设备中的放大电路。

电子管通常有二极电子管、三极电子管、五极电子管和束射四级管等。

二极电子管的主要结构是在高度真空的玻璃管壳内装有两个金属电极，阴极和阳极。二极电子管与晶体二极管一样，也具有单向导电性，可用于整流电路中。

三极电子管的主要结构是在高度真空的玻璃管壳内装有 3 个金属电极，阴极、阳极和栅极。三极电子管的阴极相当于晶体管的发射极，阳极相当于集电极，栅极相当于基极。三极电子管主要用于放大电路中，可组成单管放大电路，也可以组成阻容耦合、变压器耦合或直接耦合等形式的多级放大电路。三极电子管极间电容较大，放大系数较小。

五极电子管的构造是在三极电子管的基础上，又增加了两个栅极，是具有阴极、阳极和三个栅极的电子管。五极电子管与三极电子管相比，不仅极间电容大为减小，且放大倍数大为提高。五极电子管可用于中频及高频电压放大电路中。

束射四级管在结构上和五极电子管不同之处是，少了一个栅极，另装置了一对和阴极相连的聚束板。束射四级管允许通过的电流较大，并且有较大的输出功率，常用于放大电路的最后一级作为功率放大电路。

随堂测验题

【测试系统：第 2 章随堂测验题】

说明：本试题为单项选择题，答题完毕并提交后，系统将自动给出本次测试成绩以及标准答案。

习　题

【图文：第 2 章习题解答】

2-1 单项选择题

(1) 晶体管工作于放大状态的外部条件是(　　)

A．发射结正向偏置，集电结反向偏置

B．发射结和集电结均正向偏置

C．发射结和集电结均反向偏置

(2) 当晶体管工作于放大状态时，若基极电流从小逐渐增大，则集电极和发射极之间的等效电阻将(　　)。

A．增大　　B．减小　　C．基本不变　　D．无法确定

(3) 对于工作于放大状态的晶体管而言，当环境温度从 20°C 升高到 70°C 时，若保持基极电流不变，则发射结电压将(　　)。

A．增大　　B．减小　　C．不变

(4) 如图 T2-1 所示，当测量集电极电压 U_{CE} 时，发现它的值接近电源电压，此时晶体管处于(　　)状态。

A．截止状态　　B．饱和状态　　C．放大状态

(5) 在图 T2-1 中，设 V_{CC}=12V，晶体管的饱和管压降 U_{CES}=0.5V。当 R_B 开路时，集电极电压 U_{CE} 应约为(　　)。

A．0V　　B．0.5V　　C．12V

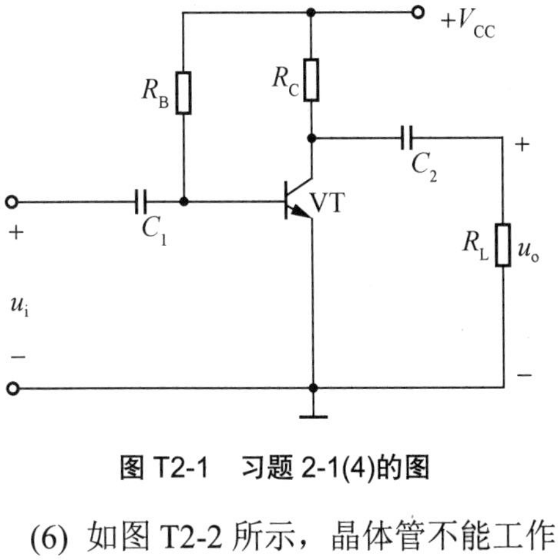

图 T2-1　习题 2-1(4)的图

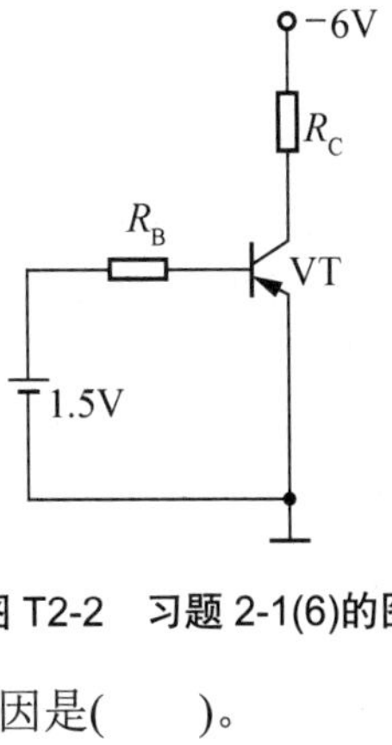

图 T2-2　习题 2-1(6)的图

(6) 如图 T2-2 所示，晶体管不能工作在放大状态的原因是(　　)。

A．发射结正偏　　B．集电结正偏　　C．发射结反偏

(7) 用晶体管组成单管放大电路，已知该放大电路输出电压与输入电压反相位，既能放大电流又能放大电压，则该电路是(　　)。

A．共基电路　　B．共集电路　　C．共射电路

(8) 在静态工作点稳定的共射放大电路中，若基区体电阻 $r_{bb'}=0$，当更换晶体管使 β 由 50 改为 100 时，则电路的电压放大倍数 $|\dot{A}_u|$ (　　)。

A．约为原来的 2 倍　　B．约为原来的 $\frac{1}{2}$

C．保持不变　　D．约为原来的 4 倍

(9) 由 NPN 型晶体管构成的基本共射放大电路，其输出电压波形出现了底部失真，说明(　　)。

A．静态工作点太高，应减小 R_B　　B．静态工作点太低，应减小 R_B

C．静态工作点太高，应增大 R_B　　D．静态工作点太低，应增大 R_B

(10) 测得某交流放大电路的输出端开路电压的有效值 U_o=4V，当接上负载电阻 R_L=6kΩ时，输出电压下降为 U'_o=3V，则交流放大电路的输出电阻 R_o 是(　　)。

A．6kΩ　　B．4kΩ　　C．2kΩ　　D．1kΩ

2-2 判断题(正确的请在每小题后的圆括号内打“√”，错误的打“×”)

(1) 在某电路中，有一只 NPN 型晶体管，经测得 3 个电极的电位分别为：U_E=−6.6V，U_B=−6V，U_C=−3V，则该晶体管工作于放大状态。　(　　)

(2) 当晶体管工作于饱和区时，由于集电结正向偏置，故集电区的多子向基区扩散，基区的多子向集电区扩散，从而形成了集电极电流。　(　　)

(3) 由于当晶体管的发射结电压 u_{BE} 变化时，集电极电流也发生变化，故晶体管是电压控制型器件。　(　　)

(4) 交流放大电路不需要外加直流电源，电路也能正常工作。　(　　)

(5) 画交流通路时，可将直流电源视为短路，所以当电路处在动态时，直流电源不再工作。　(　　)

(6) 共集放大电路既能放大电流，也能放大电压。　(　　)

(7) 要使放大电路得到最大不失真输出电压，静态工作点应选在位于放大区内的交流负载线的中点上。　(　　)

(8) 在基本共射放大电路中，电路所带的负载电阻越大，输出电压就越大。　(　　)

(9) 放大电路的失真都是由于静态工作点设置不合适引起的。　(　　)

(10) 只有电路既放大电压又放大电流才称为放大。　(　　)

2-3 有两只晶体管，其中一只的 $\beta=100$，$I_{CEO}=200\mu A$；另一只的 $\beta=60$，$I_{CEO}=10\mu A$，其他参数相同。则应选择哪只晶体管为好？试说明理由。

2-4 在如图 T2-3 所示电路中，晶体管的电流放大系数 $\beta=100$，R_{B1}=500kΩ，R_{B2}=50kΩ，R_C=3kΩ，V_{BB1}=5V，V_{BB2}=1.5V，V_{CC}=12V，发射结的正向导通电压降 u_{BE} 忽略不计，试分别判断当开关合至 a、b 和 c 时晶体管的工作状态。

2-5 试判断如图 T2-4 所示各电路是否可能具有电流放大作用？并说明理由。

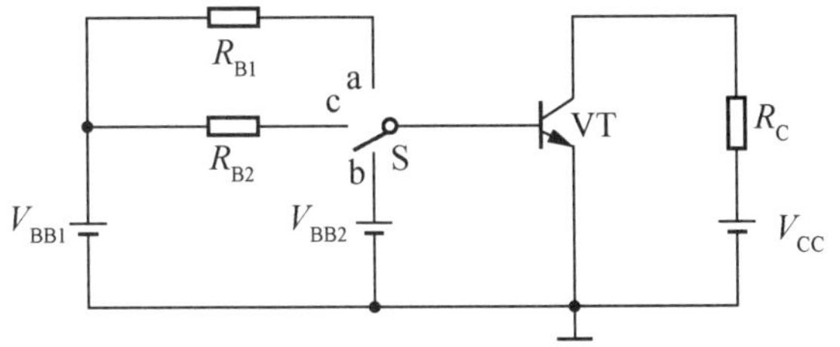

图 T2-3　习题 2-4 的图

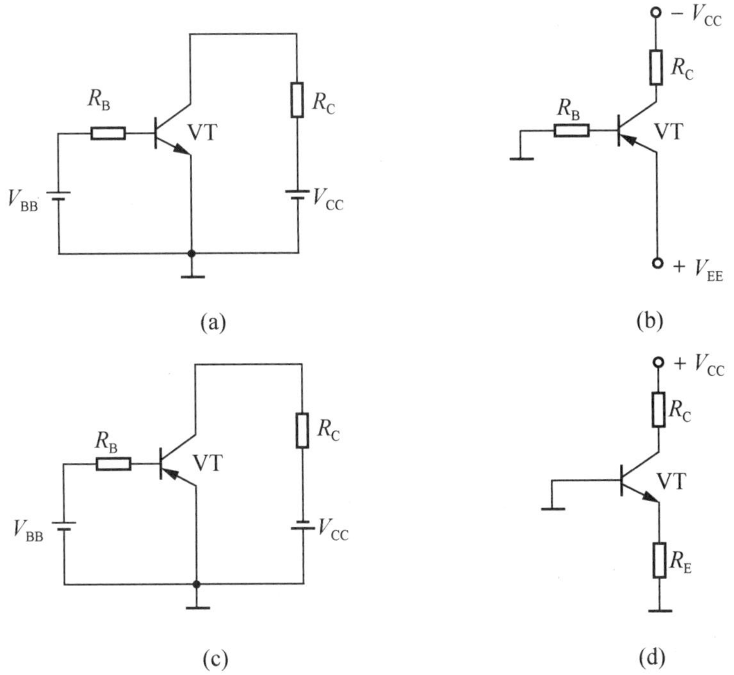

图 T2-4　习题 2-5 的图

2-6 在放大电路中，经测得两只晶体管的①、②和③这 3 个电极电位 U_1、U_2 和 U_3 之值分别如下：

(1) U_1=3.3V、U_2=2.6V、U_3=12V

(2) U_1=3V、U_2=3.2V、U_3=12V

试分别判断各管是 NPN 型管还是 PNP 型管，是硅管还是锗管，并确定各晶体管的各电极名称。

2-7 试画出图 T2-5(a)和图 T2-5(b)的直流通路和交流通路(设所有电容容量足够大，变压器一次线圈的等效电阻很小，可以忽略不计)。

2-8 如图 T2-6 所示，晶体管的输出特性及交、直流负载线如图 T2-6(b)所示。若将发射结正向导通管压降忽略不计，试求：

(1) 电源电压 V_{CC}、电阻 R_B、R_C 各为多少？

(2) 若输入电压 $u_i = 20\sin 314t$ mV，基极电流 i_B 的变化范围是 20～60μA，电压放大倍数 $|A_u|$ 和输出电压 u_o 分别是多少？

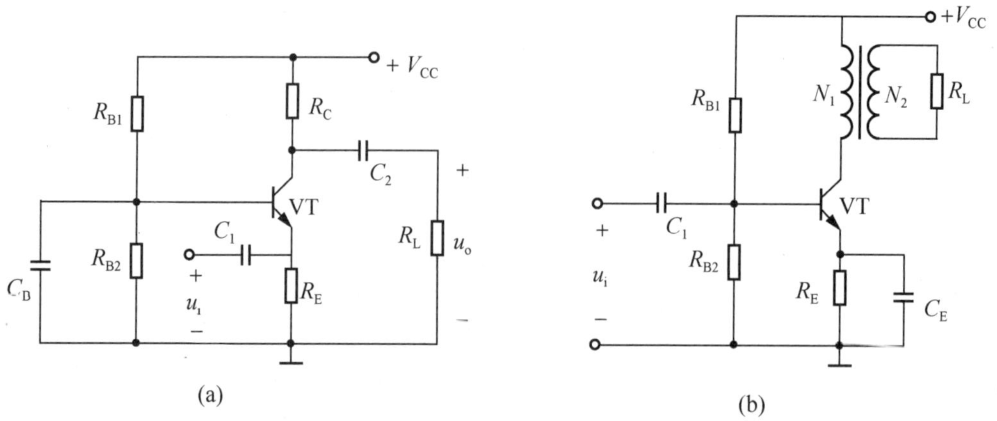

图 T2-5　习题 2-7 的图

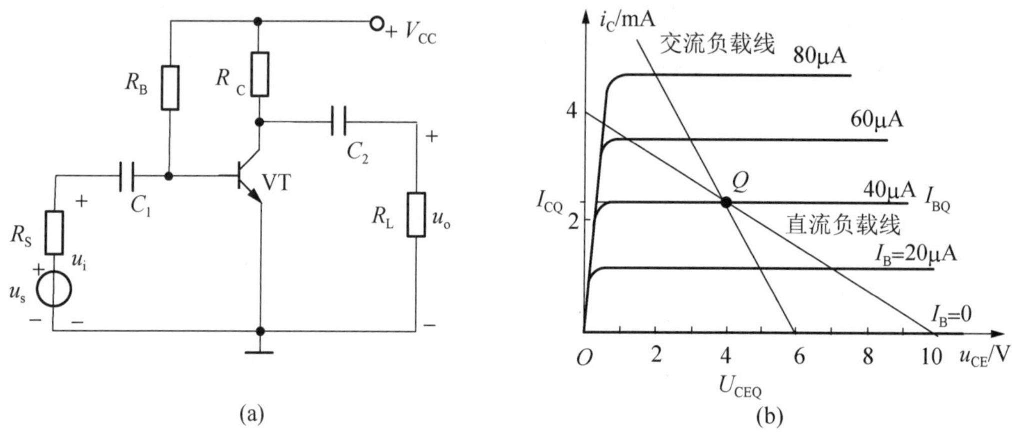

图 T2-6　习题 2-8 的图

2-9 在图 T2-6(a)中，已知 $V_{CC}=12V$，$R_B=225k\Omega$，$R_C=3k\Omega$，$R_L=3k\Omega$，晶体管的 β=50，基区体电阻 $r_{bb'}=300\Omega$，静态时的 $U_{BEQ}=0.7V$。试求：

(1) 静态工作点；

(2) 分别求 $R_L=3k\Omega$ 和 $R_L\to\infty$ 时的电压放大倍数 $\dot{A}_u$；

(3) 放大电路的输入电阻 R_i 和输出电阻 R_o；

(4) 若 $U_i=15$ mV, $R_S=160\ \Omega$，则 U_s 为多少？

2-10 上题中，若保持其他参数不变，(1)仅调 R_B 使 U_{CEQ}=6V，求 R_B 的值；(2)若调 R_B 使 I_{CQ}=4 mA，求 R_B 的值。

2-11 如图 T2-7 所示，是一种利用温度变化时，二极管的反向电流会发生相应变化来稳定静态工作点的电路，试说明其稳定静态工作点的原理。

2-12 如图 T2-8 所示，已知 V_{CC}=12V，R_{B1}=15kΩ，R_{B2}=5kΩ，R_C=5kΩ，R_E=2.3kΩ，R_L=5 kΩ，β=50，基区体电阻 $r_{bb'}=200\Omega$，静态时 U_{BEQ}=0.7V，试求：

(1) 估算静态工作点；

(2) 画出电路的微变等效电路，并求 $\dot{A}_u$、R_i、R_o；

(3) 若将 C_E 去掉，画出微变等效电路图，并求 $\dot{A}_u$、R_i、R_o。

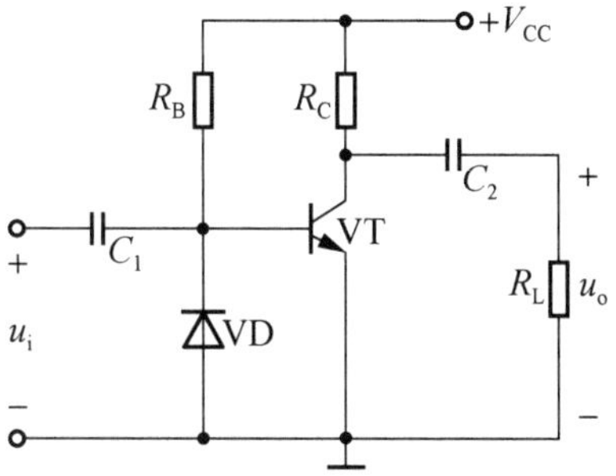

图 T2-7　习题 2-11 图

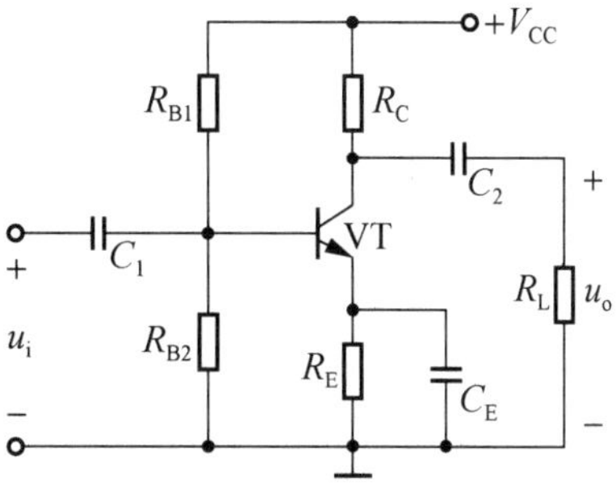

图 T2-8　习题 2-12 图

2-13 在图 T2-9 中，已知 V_{CC}=10V，R_B=200kΩ， R_E=5.4kΩ，R_L=5.4 kΩ，β=40，$r_{be}=1.4\text{k}\Omega$，信号源内阻 R_S=200Ω，静态时 U_{BEQ}=0.7V，试求：

(1) 估算静态工作点；

(2) 画出电路的微变等效电路，并求 $\dot{A}_u$、R_i、R_o。

2-14 在图 T2-10 中，若变压器绕组匝数 N_1=200 匝，N_2=100 匝，晶体管的β=50，$r_{be}=1.1\text{k}\Omega$，负载电阻 R_L=4kΩ，求电压放大倍数 $\dot{A}_u$。

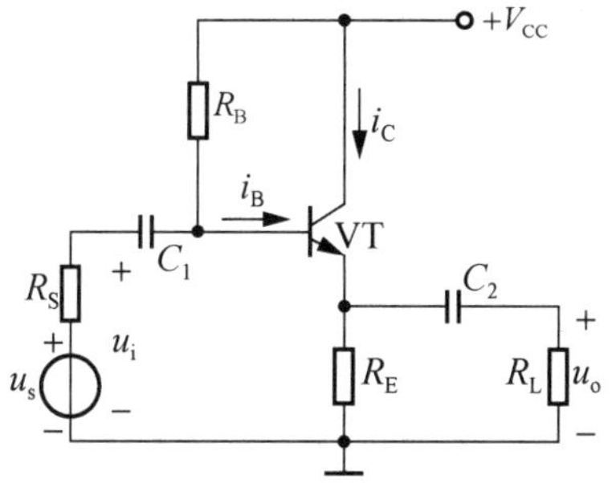

图 T2-9　习题 2-13 图

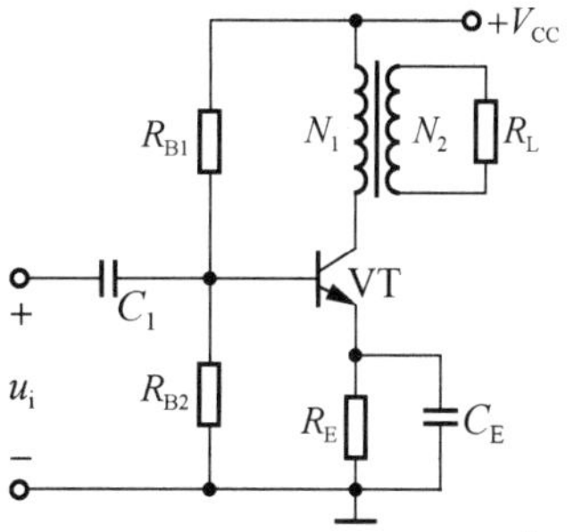

图 T2-10 习题 2-14 的图

2-15 如图 T2-11 所示，已知 V_{CC}=12V，R_B=300kΩ，R_C=5kΩ，R_E=5kΩ，晶体管的β=50，$r_{be}=1.2\text{k}\Omega$，静态时 U_{BEQ}=0.7V，试求：

(1) 估算电路的静态工作点；

(2) 画出电路的微变等效电路；

(3) 若 $u_i = 20\sin 314t$ mv，则输出电压 u_{o1}、u_{o2} 各为多少？

2-16 如图 T2-12 所示，已知 V_{CC}=15V，R_{B1}=20kΩ，R_{B2}=5kΩ，R_C=5kΩ，R_E=2kΩ，R_L=5kΩ，R_F=300Ω，晶体管的β=100，$r_{be}=1\text{k}\Omega$，静态时 U_{BEQ}=0.7V，试求：

(1) 估算电路的静态工作点；

(2) 画出电路的微变等效电路；

(3) 求 $\dot{A}_u$、R_i、R_o；

(4) C_E 的作用是什么？

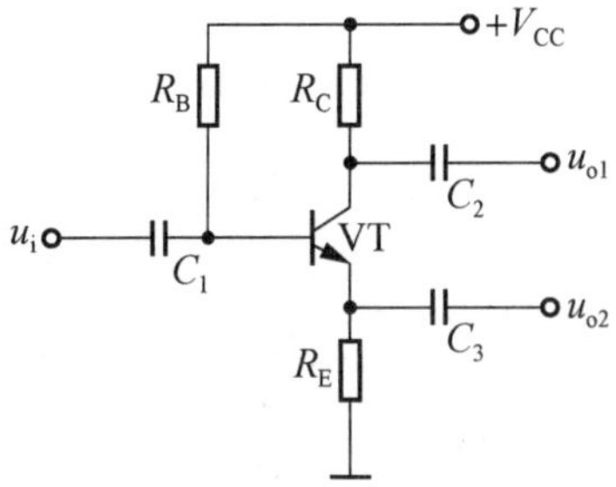

图 T2-11　习题 2-15 的图

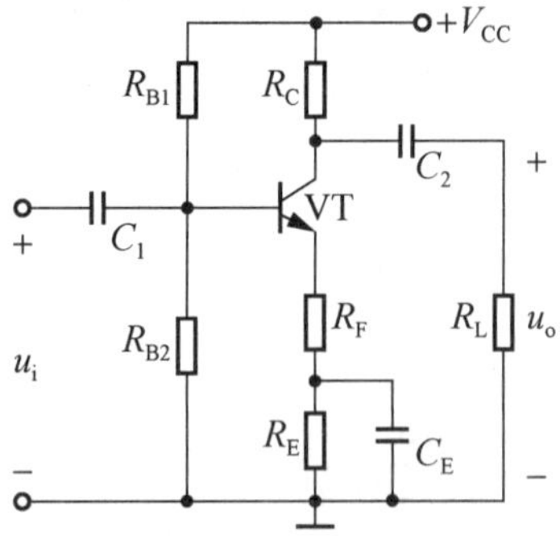

图 T2-12　习题 2-16 的图

2-17 如图 T2-13 所示是一自动关灯的控制电路。图中 KA 是直流继电器。当按下按钮 SB 后，灯 EL 点亮，经过一定时间后自动熄灭。试说明其工作原理。

2-18 如图 T2-14 所示阻容耦合共基放大电路。试求：

(1) 画出电路的直流通路图和微变等效电路图；

(2) 若已知晶体管的 $\beta=60, r_{be}=1\text{k}\Omega$，$R_E$=2 kΩ，$R_C$= R_L=4 kΩ，求出电压放大倍数 $\dot{A}_u$；输入电阻 R_i 和输出电阻 R_o。

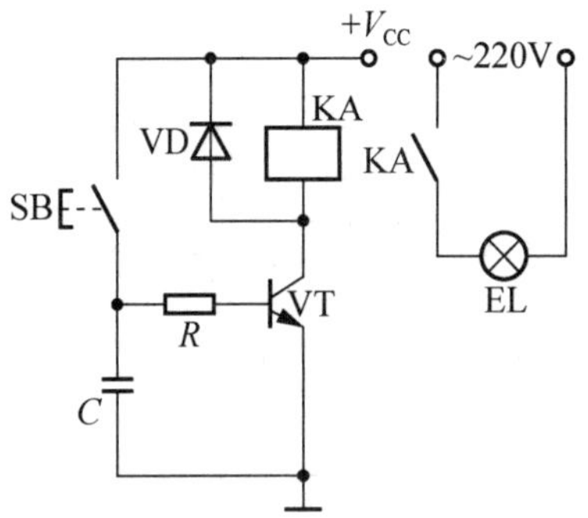

图 T2-13　习题 2-17 的图

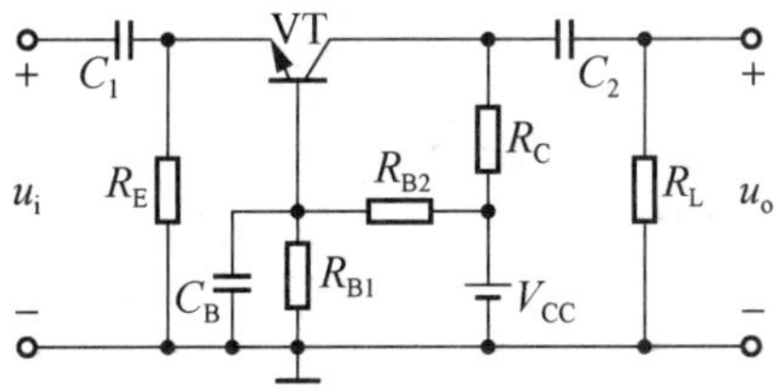

图 T2-14　习题 2-18 的图

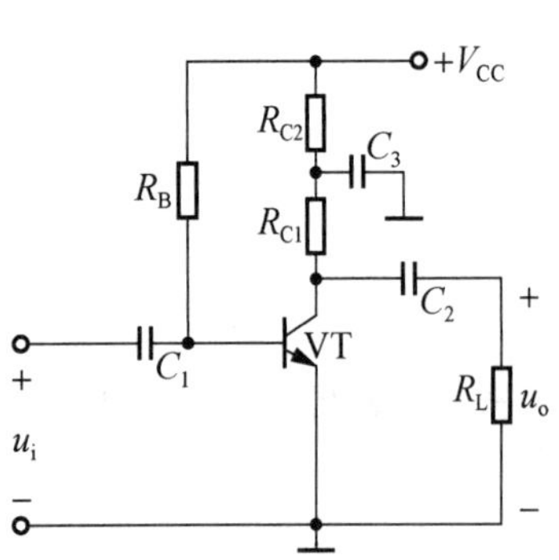

图 T2-15　习题 2-19 的图

2-19 如图 T2-15 所示，电容 C_1、C_2、C_3 的容量足够大，对交流信号可视为短路。试求：

(1) 写出静态电流 I_{BQ}、I_{CQ} 和 U_{CEQ} 的表达式；

(2) 写出电压放大倍数 $\dot{A}_u$ 输入电阻 R_i 和输出电阻 R_o 的表达式；

(3) 若将电容 C_3 开路，对电路的静态和动态分别产生什么影响？

第 3 章

场效应管及其放大电路

场效应晶体管(FET①)简称为场效应管，与晶体管一样也是常用的半导体器件，与晶体管不同的是场效应管是电压控制型器件。本章首先介绍场效应管的类型、结构和主要参数，然后分析由场效应管构成的放大电路的工作原理、特点以及应用。

本章教学目标与要求

- 熟悉场效应管的结构特点以及分类。
- 掌握场效应管的基本工作原理及其主要参数。
- 了解场效应管放大电路的构成及其三种接法。
- 掌握场效应管放大电路的工作原理、特点及其应用场合。

【引例】

通过对晶体管电路的学习，我们知道晶体管电路应用十分广泛，但由于晶体管是电流控制型器件，存在相对较大的输入电流，由此制作的集成电路功耗相对较大，不利于超大规模集成电路的制造。场效应管的外特性与晶体管有许多相似之处，但是相对晶体管而言，它有较为突出的优点使其成为制造超大规模集成电路的主要器件，尤其是场效应管的低噪声特性在电视机高频头电路(如图 3.1 所示)和微波低噪声放大电路(如图 3.2 所示)中得到广泛应用。通过本章的学习，我们可以了解场效应管的原理和特点，并通过分析，了解场效应管如何成为广泛应用的半导体器件。

图 3.1　卫星电视高频头

图 3.2　微波低噪声放大器

① FET 是英文 Field Effect Transistor(场效应晶体管)的缩写。

3.1 场 效 应 管

【图文：场效应管实物图】

场效应管是利用输入电压的电场效应来控制输出电流大小的一种半导体器件，并由此而得名。晶体管有两种极性的载流子，即多数载流子和极性相反的少数载流子参与导电，故称为双极型晶体管；而场效应管只有一种极性的载流子即多数载流子参与导电，故称为单极型晶体管。场效应管与晶体管具有许多相似的特点，如体积小、质量轻、寿命长等，除此之外，相比晶体管，场效应管还具有输入电阻高(可高达 $10^9 \sim 10^{14}\Omega$)、噪声低、热稳定好、抗辐射能力强和耗电省等优点。因此，场效应管发展很快，而且已获得广泛的应用。

根据结构的不同，可将场效应管分为结型和绝缘栅型两类。结型场效应管(JFET①)按沟道半导体材料的不同又分为 N 沟道和 P 沟道两种。绝缘栅型场效应管(IGFET②)因栅极与其他电极之间完全绝缘而得名。绝缘栅型场效应管，简称 MOS③管。MOS 管比结型场效应管性能更好，且制造工艺简单、易于集成化、耗电省，故应用更为广泛。

3.1.1 结型场效应管

【视频：结型场效应管】

1. 结型场效应管的结构与分类

结型场效应管分为 N 沟道结型场效应管和 P 沟道结型场效应管两种。N 沟道结型场效应管是在同一块 N 型硅片的两侧分别制作掺杂浓度较高的 P 型区(用 P^+表示)。将两个 P 区的引出线连在一起作为一个电极，称为栅极 G，在 N 型硅片的两端各引出一个电极，分别称为源极 S 和漏极 D。P 区和 N 区交界面形成耗尽层，源极和漏极之间的非耗尽层成为电流的通道，称为导电沟道。N 沟道结型场效应管的结构示意图和符号如图 3.1.1 所示。

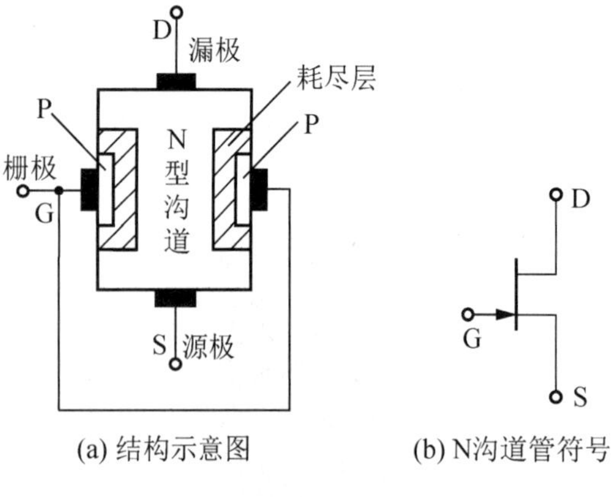

(a) 结构示意图　　(b) N沟道管符号

图 3.1.1 N 沟道结型场效应管结构图和符号

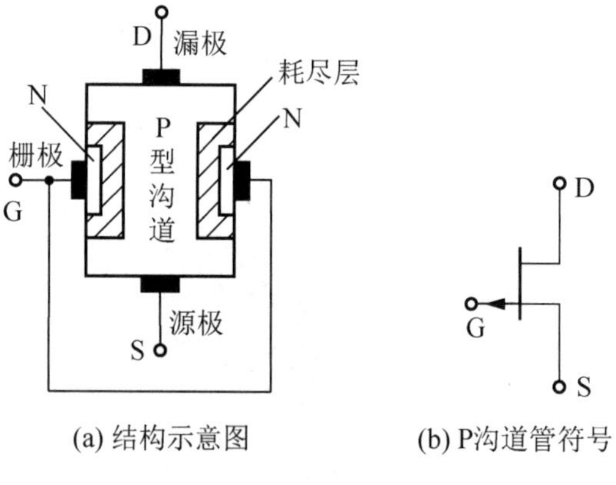

(a) 结构示意图　　(b) P沟道管符号

图 3.1.2 P 沟道结型场效应管结构图和符号

---

① JFET 是英文 Junction-Type Field Effect Transistor(结型场效应管)的缩写。

② IGFET 是英文 Insulated Gate Field Effect Transistor(绝缘栅型场效应管)的缩写。

③ MOS 是英文 Metal-Oxide-Semiconductor(金属-氧化物-半导体)的缩写。

P 沟道结型场效应管结构和 N 沟道结型场效应管结构类似，是在 P 型硅片两侧分别制作掺杂浓度较高的 N 型区(用 N^+表示)，其结构示意图和符号如图 3.1.2 所示。

2. 结型场效应管的基本工作原理

N 沟道和 P 沟道结型场效应管的工作原理基本相同，只是偏置电压的极性和载流子的类型不同。下面以 N 沟道结型场效应管为例分析其工作原理。

N 沟道结型场效应管工作时，需要在栅-源极间加上负电压($u_{GS} \leqslant 0$)，即栅-源间的 PN 结反向偏置，栅极电流几乎为零，栅-源电压对沟道电流有控制作用，同时又使场效应管呈现很高的输入电阻。在漏-源之间加正向电压使 N 沟道中的多数载流子——自由电子在电场作用下由源极向漏极作漂移运动，形成漏极电流 i_D。漏极电流 i_D 的大小受栅-源电压 u_{GS} 的控制和漏-源电压 u_{DS} 的影响，故分析 N 沟道结型场效应管的工作原理就是讨论栅-源电压 u_{GS} 和漏-源电压 u_{DS} 对漏极电流 i_D 的控制作用和影响。

1) 栅-源电压 u_{GS} 对沟道的控制作用

为了便于讨论，先假设漏-源电压 $u_{DS}=0$。若 $u_{GS}=0$，则耗尽层很窄，导电沟道很宽，其电阻较小，如图 3.1.3(a)所示。当 $u_{GS}<0$ 且 $|u_{GS}|$ 增大，耗尽层变宽，沟道被压缩，沟道电阻增大，如图 3.1.3(b)所示。当 $|u_{GS}|$ 增大到某一数值 $U_{GS(off)}$ 时，两边的耗尽层将在沟道中间合拢，整个沟道被耗尽层完全夹断，沟道电阻趋于无穷大。由于耗尽层没有载流子，此时即便加上漏-源电压也不会产生漏极电流，如图 3.1.3(c)所示。使导电沟道刚刚消失时的栅-源电压值 $U_{GS(off)}$ 称为夹断电压。

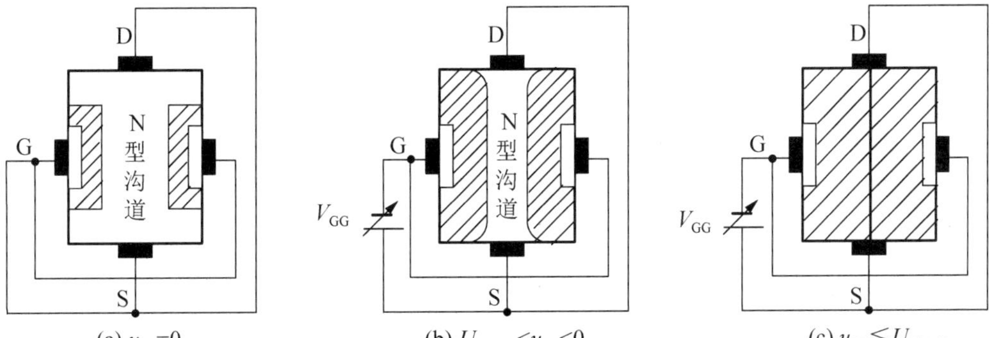

图 3.1.3 $u_{DS}=0$ 时 u_{GS} 对导电沟道的控制作用

上述分析表明，改变栅-源电压 u_{GS} 的大小可以有效地控制沟道电阻的大小。当 $|u_{GS}|$ 增大时，沟道电阻增大；当 $|u_{GS}|$ 减小时，沟道电阻减小。

2) 漏-源电压 u_{DS} 对漏极电流 i_D 的影响

假设 u_{GS} 为 $U_{GS(off)}<u_{GS} \leqslant 0$ 中的某个值，且保持不变。若 $u_{DS}=0$，此时存在一定宽度的沟道，但是漏-源电压为零，沟道中的多子不会作定向移动，则漏极电流 $i_D=0$。

若 $u_{DS}>0$ 且较小时，沟道中的多子由源极向漏极作定向移动，形成漏极电流 i_D，由于导电沟道有一定的电阻，使得在沟道内沿从漏极到源极方向上的各点对源极电位递减，从而使沟道中各点与栅极间的电压不再相等。靠近漏极端的耗尽层比靠近源极端的耗尽层宽，即耗尽层上下不再均匀，如图 3.1.4(a)所示。

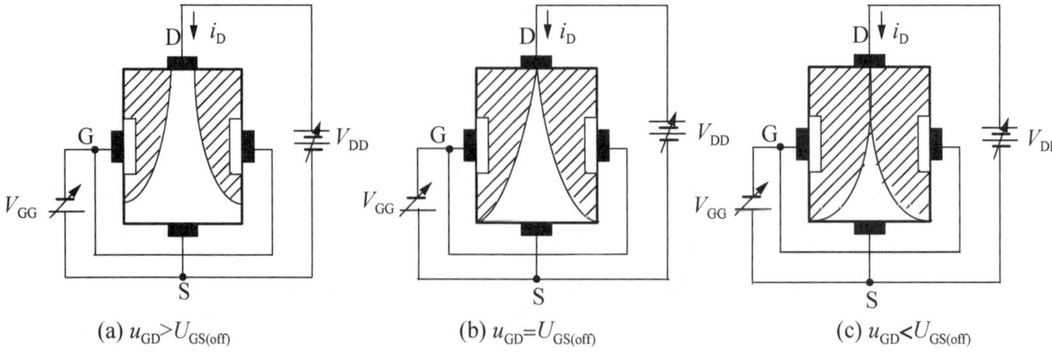

图 3.1.4　$u_{DS}>0$ 时 u_{DS} 对导电沟道的影响

由于栅-漏电压 $u_{GD}=u_{GS}-u_{DS}$，所以当 u_{DS} 逐渐增大时，u_{GD} 逐渐减小，则靠近漏极端的耗尽层随之变宽，导电沟道会随之变窄。但是，只要栅-漏间没有被夹断($u_{GD}>U_{GS(off)}$，即 $u_{DS}<u_{GS}-U_{GS(off)}$)，可以认为沟道电阻仍然取决于栅-源电压 u_{GS}，只要 u_{GS} 一定，沟道的等效电阻基本不变，漏极电流 i_D 仍然随 u_{DS} 增大而近似线性增大。

若 u_{DS} 继续增大，当 $u_{GD}=U_{GS(off)}$(即 $u_{DS}=u_{GS}-U_{GS(off)}$)时，靠近漏极端的耗尽层会刚好合拢，出现夹断区，如图 3.1.4(b)所示，这种状态称为预夹断。靠近漏极端的耗尽层刚好合拢时的漏-源电压称为预夹断电压，预夹断电压方程为 $u_{DS}=u_{GS}-U_{GS(off)}$。

若 u_{DS} 再继续增大，当 $u_{GD}<U_{GS(off)}$(即 $u_{DS}>u_{GS}-U_{GS(off)}$)时，耗尽层将从漏极合拢部分沿沟道方向延伸，即夹断区随 u_{DS} 增大而加长，如图 3.1.4(c)所示。此时，自由电子从源极向漏极的定向移动所受阻力增大，导致漏极电流 i_D 减小；同时，随着 u_{DS} 的增大，使栅漏之间的电场增强，必然导致漏极电流 i_D 增大。但由于耗尽层电阻比沟道电阻大得多，u_{DS} 增大的电压几乎全部降在夹断区，用于克服夹断区对 i_D 形成的阻力，所以，两种变化趋势相抵消，从外部看，i_D 表现出恒流特性。

综合上述两种情况看，栅源电压可以控制导电沟道的宽窄，漏源电压使沟道变得不均匀。但当 u_{DS} 为常量时，对应确定的 u_{GS} 就有确定的 i_D，即可以通过改变 u_{GS} 来控制 i_D 的大小。因此，场效应管称为电压控制型器件。

综上分析，结型场效应管的漏极电流 i_D 受 u_{GS} 和 u_{DS} 的双重控制，总结如下：

(1) 当 $u_{GD}=u_{GS}-u_{DS}>U_{GS(off)}$，即 $u_{DS}<u_{GS}-U_{GS(off)}$ 时，漏-源间沟道未夹断，对应不同的 u_{GS}，漏-源间可等效为不同阻值的电阻。

(2) 当 $u_{GD}=U_{GS(off)}$，即 $u_{DS}=u_{GS}-U_{GS(off)}$ 时，漏-源间沟道预夹断。

(3) 当 $u_{GD}<U_{GS(off)}$，即 $u_{DS}>u_{GS}-U_{GS(off)}$ 时，i_D 几乎与 u_{DS} 无关，仅由 u_{GS} 决定。此时，i_D 表现出恒流特性，可以把 i_D 近似成 u_{GS} 控制的电流源。

3. 结型场效应管的特性曲线

由于结型场效应管的栅极输入电流 $i_G\approx 0$，因此很少应用其输入特性曲线，最常用的特性曲线有输出特性曲线和转移特性曲线。

1) 输出特性曲线

结型场效应管的输出特性是指在栅-源电压 u_{GS} 为常量时，漏极电流 i_D 随漏-源电压 u_{DS} 变化的关系，即

$$i_D = f(u_{DS})\big|_{u_{GS}=常数} \tag{3-1-1}$$

输出特性曲线如图 3.1.5(a)所示。由图可以看出，对应一个 u_{GS} 就有一条输出曲线，因此输出特性为一簇曲线。结型场效应管的输出特性曲线可分为 4 个区域，即可变电阻区、恒流区、夹断区和击穿区。

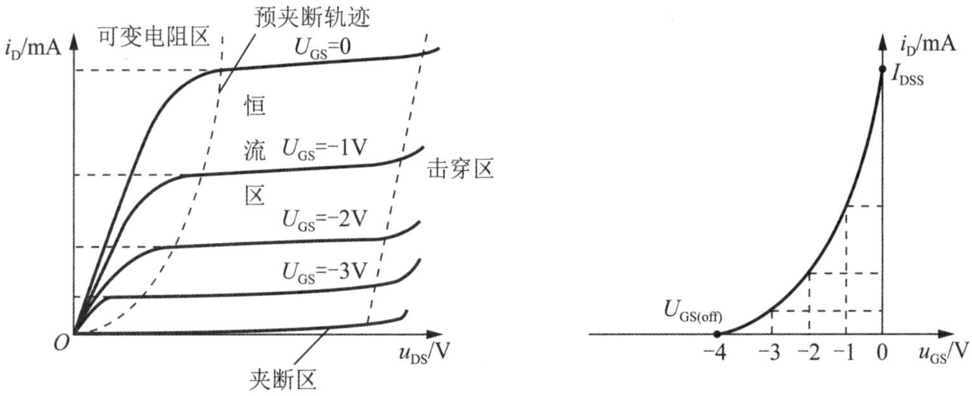

(a) 输出特性曲线　　(b) 转移特性曲线

图 3.1.5　N 沟道结型场效应管的特性曲线

(1) 可变电阻区：图 3.1.5(a)中左侧虚线为预夹断轨迹，它是由各条曲线上满足 $u_{GD}=U_{GS(off)}$，即满足预夹断轨迹电压方程 $u_{DS}=u_{GS}-U_{GS(off)}$ 条件的点连接而成。预夹断轨迹左侧区域称为可变电阻区(又称为非饱和区)，该区域中，$u_{GD}=u_{GS}-u_{DS}>U_{GS(off)}$，即 $u_{DS}<u_{GS}-U_{GS(off)}$，每条曲线近似为斜率不同的直线。直线斜率的倒数为漏-源间的等效电阻，其阻值大小可以通过改变 u_{GS} 来实现。

(2) 恒流区：图 3.1.5(a)中预夹断轨迹右侧的平坦区域为恒流区。当 $u_{GD}<u_{GS(off)}$，即 $u_{DS}>u_{GS}-U_{GS(off)}$ 时，各条曲线近似一组与横轴的平行线。在该区域内，当 u_{DS} 增大时，i_D 变化不再明显，趋向恒定值；而随着 u_{GS} 的增大，i_D 近似呈线性增大，表现出场效应管电压控制电流的放大作用。由于该区域中 i_D 与 u_{GS} 之间近似呈线性关系，所以又称为线性放大区，也称为饱和区。与晶体管用 β 来描述动态情况下基极电流对集电极电流的控制作用类似，场效应管在此区域可用 g_m 来描述动态时栅源电压对漏极电流的控制作用，g_m 称为低频跨导。

$$g_m = \frac{\Delta i_D}{\Delta u_{GS}}\bigg|_{u_{DS}=常数} \tag{3-1-2}$$

(3) 夹断区：当 $u_{GS}<U_{GS(off)}$ 时，导电沟道被夹断，$i_D\approx 0$，如图 3.1.5(a)中靠近横轴的

区域，称为夹断区。在夹断区，场效应管呈现很大电阻，该区域类似晶体管的截止区。

(4) 击穿区：指图 3.1.5(a)中右侧虚线的右侧区域。当 u_{DS} 增大到一定程度时，漏极电流骤然增大，管子将被击穿。这种击穿是由于栅-漏间的耗尽层被破坏而造成的。若栅-漏击穿电压为 $U_{(BR)GD}$，则漏-源击穿电压 $u_{(BR)DS}=u_{GS}-U_{(BR)GD}$，故当 $u_{DS}>u_{(BR)DS}$ 时，场效应管就进入击穿区。

2) 转移特性曲线

转移特性是指在漏-源电压 u_{DS} 为常量时，漏极电流 i_D 随栅-源电压 u_{GS} 变化的关系，其函数关系为

$$i_D=f(u_{GS})\big|_{u_{DS}=\text{常数}} \tag{3-1-3}$$

在输出特性曲线的恒流区中作横轴的垂线，读出垂线与各曲线交点的坐标值，建立 i_D 和 u_{GS} 的坐标系，连接各点所得的曲线就是转移特性曲线，如图 3.1.5(b)所示。其中 I_{DSS} 是指当 $u_{GS}=0$，漏-源之间加正向电压 u_{DS}，并出现预夹断时的漏极电流，称为漏极饱和电流。

场效应管的转移特性曲线也是一簇曲线。当场效应管工作在恒流区时，i_D 受 u_{DS} 影响很小，输出特性曲线近似为横轴的一组平行线，所以可以用一条转移特性曲线近似地代替恒流区的所有曲线。

在工程计算中，与恒流区相对应的转移特性可近似表示为

$$i_D=I_{DSS}\left(1-\frac{u_{GS}}{U_{GS(off)}}\right)^2 \tag{3-1-4}$$

但当管子工作在可变电阻区时，对于不同的 u_{DS}，转移特性曲线将有很大差别。

特别提示

- 实际应用中，不允许场效应管工作在击穿区。
- P 沟道结型场效应管的工作原理与 N 沟道管类似，应保证结型场效应管栅-源间的耗尽层加反向电压，即应使 $u_{GS}\geqslant 0$。

3.1.2　绝缘栅型场效应管

在结型场效应管中，栅极与沟道间的 PN 结反向偏置，故输入电阻很大，但 PN 结反偏时，总存在一定的反向电流，这就限制了输入电阻的进一步提高。绝缘栅型场效应管就是在栅极与漏极、栅极与源极间都采用绝缘层隔开，其输入电阻可得到提高，比结型场效应管大得多，绝缘栅型场效应管也因此得名。绝缘栅型场效应管，简称 MOS 管(金属-氧化物-半导体)是由于栅极采用金属铝，绝缘层采用 SiO_2 氧化物而得名。

根据管子导电沟道的类型不同，MOS 管可分为N沟道 MOS 管和 P 沟道 MOS 管；根据管子是否具有原始导电沟道，MOS 管又有增强型和耗尽型之分。这样 MOS 管就有 N 沟道增强型 MOS 管、P 沟道增强型 MOS 管、N 沟道耗尽型 MOS 管和 P 沟道耗尽型 MOS 管四种类型。下面重点以 N 沟道 MOS 管为例介绍绝缘栅型场效应管结构及工作原理。

1. N沟道增强型MOS管

【视频：N沟道增强型MOS管】

1) N沟道增强型MOS管的结构

图3.1.6(a)是N沟道增强型MOS管的结构示意图，图3.1.6(b)为其图形符号。以低掺杂浓度的P型硅片为衬底，利用扩散工艺在其上制作两个高掺杂浓度的N型区(用N^+表示)，分别称为源区和漏区，并在P型硅片表面之上覆盖一层很薄的SiO_2绝缘层。在源区和漏区之间的SiO_2绝缘层表面之上，利用蒸铝工艺制作一层金属铝片，并引出一个电极，称为栅极(用G表示)。同时，从源区和漏区也各向外引出一个电极，分别称为源极(用S表示)和漏极(用D表示)。可见，栅-源极之间的电阻(即MOS管的输入电阻)很高(可高达$10^{14}\Omega$)，栅极几乎没有电流通过。通常，将源极和衬底连接在一起使用。

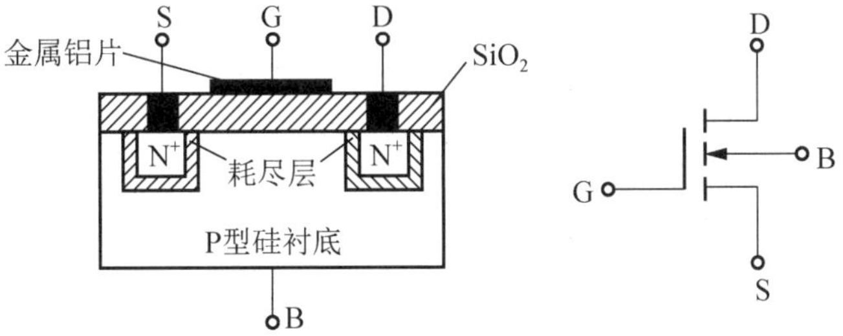

(a) 结构　　(b) 图形符号

图3.1.6　N沟道增强型MOS管的结构及其图形符号

栅极和衬底之间形成了一个栅极电容。利用MOS管具有一定的栅极电容和具有极高的输入电阻(一旦栅极电容储有电荷，便不易丢失)的特点就发展起来了动态MOS电路。计算机内存中的随机存取存储器(简称RAM)就属于这类电路，只要不掉电，它就能记住信息而经久不忘。

【图文：计算机内存条】

2) 工作原理

首先介绍导电沟道的形成以及栅-源极电压u_{GS}对漏极电流i_D的控制作用。

当栅-源极电压u_{GS}=0时，漏极和源极之间相当于相串联的两个背靠背的PN结，此时，无论漏-源极之间电压的大小和极性如何，两个PN结中总有一个反向偏置，故漏极电流i_D几乎为零。

【视频：N沟道MOS管的工作原理】

当在栅-源极之间加正向电压，即$u_{GS}>0$，而漏-源极之间的电压u_{DS}=0时，如图3.1.7(a)所示。栅极金属铝片上将聚集正电荷，并建立垂直于P型硅衬底的电场。一方面靠近SiO_2绝缘层的P型硅衬底内空穴由于受到电场力的作用被向下排斥，另一方面电子受到电场力的作用被吸引到P型硅衬底与SiO_2绝缘层之间，并与空穴复合。其结果是在P型硅衬底与SiO_2绝缘层之间形成不能移动的负离子区，即耗尽层。当u_{GS}增加到一定值时，部分电子将会出现在耗尽层与SiO_2绝缘层之间，从而形成N型薄层，如图3.1.7(b)所示。显然，N型薄层与源区和漏区的类型相同，从而构成了从漏极到源极之间的导电沟道。因为该沟道的类型为N型，所以称为N沟道，又因为N型薄层的类型与P型衬底相反，所以又称为反型层。使导电沟道刚刚形成的栅-源极电压称为开启电压，

用 $U_{GS(th)}$表示。显然，u_{GS}越大，反型层越宽，导电沟道的电阻就越小。

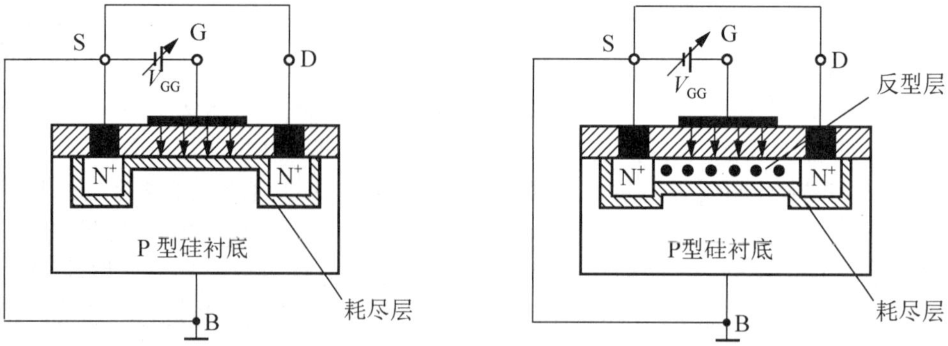

(a) 耗尽层的形成　　　　(b) u_{GS}对导电沟道的控制

图 3.1.7　u_{DS}=0 时 u_{GS} 对导电沟道的控制

当导电沟道形成后，并保持 $u_{GS}>U_{GS(th)}$中的某值不变，即保持导电沟道的宽度不变，若在漏-源极之间加正向电压，即 $u_{DS}>0$，则源区中的电子在电场力的作用下将沿着导电沟道漂移到漏区，从而形成漏极电流 i_D，其方向如图 3.1.8 所示。值得注意的是，由于 u_{DS}的存在，使得在沟道内从漏极到源极方向的各点对源极的电位逐点降低，即栅极与从漏极到源极方向各点间的电压逐渐升高，从而造成在沟道内反型层沿从漏极到源极方向逐渐变宽，如图 3.1.8(a)所示(为简单起见，图中省去了耗尽层部分)。随着 u_{DS}的增加，漏极附近反型层越来越窄。当 u_{DS}增加到使 $u_{GD}=u_{GS}-u_{DS}=U_{GS(th)}$，即 $u_{DS}=u_{GS}-U_{GS(th)}$时，在沟道内靠近漏极一侧的反型层刚好消失，如图 3.1.8(b)所示，这种状态称为预夹断。在沟道内靠近漏极一侧的反型层刚好消失时的漏-源极电压称为预夹断电压，预夹断电压方程为 $u_{DS}=u_{GS}-U_{GS(th)}$。当 u_{DS}继续增加时，夹断区将延长，如图 3.1.8(c)所示。

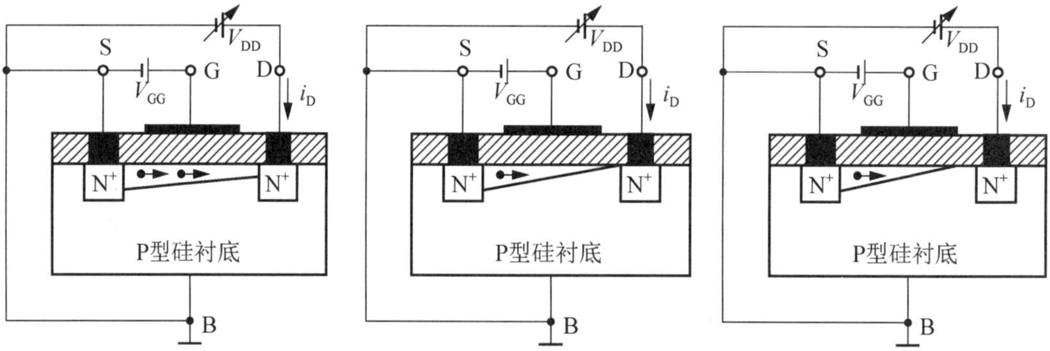

(a) 预夹断前　　　　(b) 预夹断时　　　　(c) 预夹断后

图 3.1.8　导电沟道形成后并保持 u_{GS} 不变时 u_{DS} 对沟道的影响

若 $u_{GS}>U_{GS(th)}$，则在预夹断之前[$u_{GD}>U_{GS(th)}$，即 $u_{DS}<u_{GS}-U_{GS(th)}$]，可以认为沟道电阻基本上只取决于 u_{GS}，且随着 u_{GS}的增加而减小。若 u_{GS}一定，则沟道电阻近似不变，i_D随着 u_{DS}的增加而近似地线性增大。而在预夹断后[$u_{GD}<U_{GS(th)}$，即 $u_{DS}>u_{GS}-U_{GS(th)}$]，由于夹断区的等效电阻很大，当 u_{DS}增加时，u_{DS}的增量部分几乎全部降落在夹断区上，故随着

u_{DS} 的增加 i_D 几乎保持不变，而与 u_{DS} 无关，表现出恒流特性。

3) 特性曲线和电流方程

N 沟道增强型 MOS 管的输出特性和转移特性曲线分别如图 3.1.9(a)和(b)所示。与结型场效应管一样，其输出特性曲线也有 4 个区域，即恒流区、可变电阻区、夹断区和击穿区(图中未标出)，如图所示。预夹断轨迹所对应的电压方程为 $u_{DS}=u_{GS}-U_{GS(th)}$。N 沟道增强型 MOS 管工作于可变电阻区的外部条件为 $u_{GS}>U_{GS(th)}$，$u_{DS}<u_{GS}-U_{GS(th)}$；工作于恒流区的外部条件为 $u_{GS}>U_{GS(th)}$，$u_{DS}>u_{GS}-U_{GS(th)}$；工作于夹断区的外部条件为 $u_{GS}<U_{GS(th)}$。

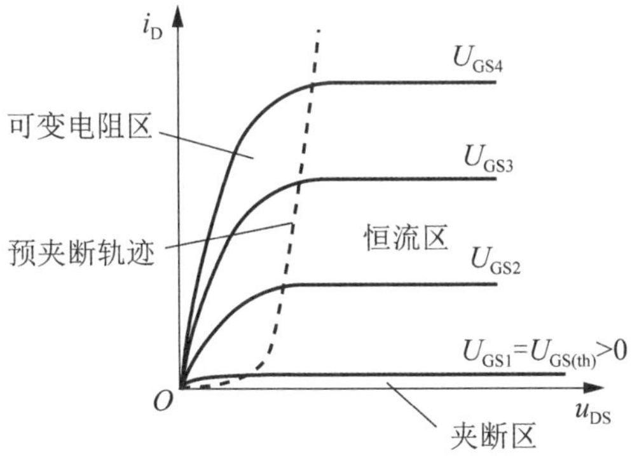

(a) 输出特性曲线

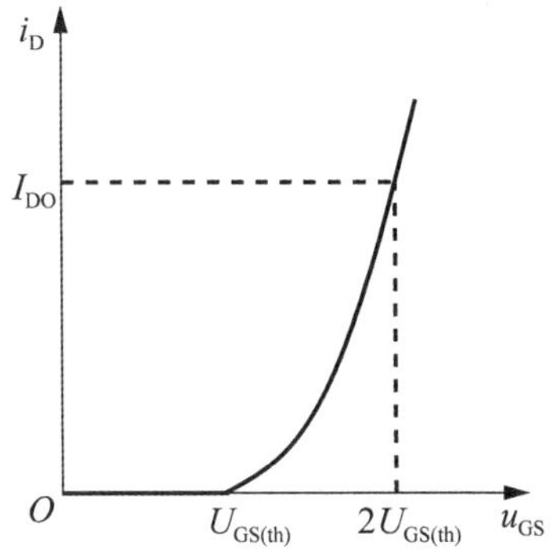

(b) 转移特性曲线

图 3.1.9　N 沟道增强型 MOS 管的特性曲线

可以得出，在恒流区内，转移特性曲线所对应的电流方程为

$$i_D=I_{DO}\left(\frac{u_{GS}}{U_{GS(th)}}-1\right)^2 \tag{3-1-5}$$

其中，I_{DO} 为当 $u_{GS}=2U_{GS(th)}$ 时的漏极电流。

2. N 沟道耗尽型 MOS 管

N 沟道增强型 MOS 管无原始导电沟道，即当 $u_{GS}=0$ 时，即使漏-源极电压 $u_{DS}>0$，也不能形成漏极电流 i_D。若在制造 MOS 管时，在 SiO_2 绝缘层内掺入大量的正离子，则可形成原始的导电沟道，即当 $u_{GS}=0$，$u_{DS}>0$ 时，$i_D\neq0$。这种具有原始导电沟道的 MOS 管称为 N 沟道耗尽型 MOS 管。图 3.1.10(a)是其结构示意图，图 3.1.10(b)为其图形符号。

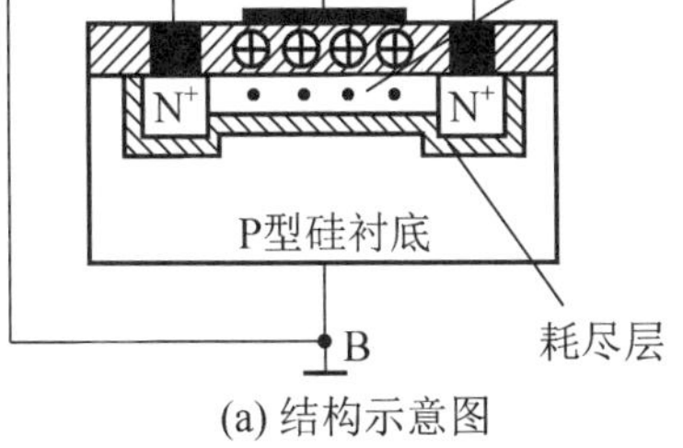

(a) 结构示意图

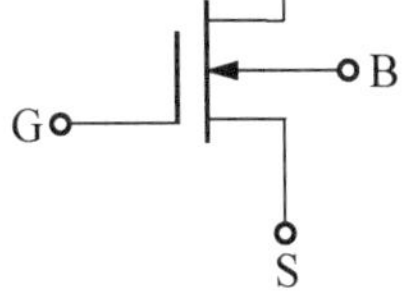

(b) 图形符号

图 3.1.10　N 沟道耗尽型 MOS 管的结构示意图及其图形符号

由于在 SiO_2 绝缘层内掺有大量的正离子，故在 SiO_2 绝缘层内产生了电场。由于这个电场不是外加的，故称为内电场。在内电场的作用下，P 型衬底内的电子由于受到电场力的作用而被吸引到 SiO_2 绝缘层的表层，形成反型层，从而构成了导电沟道，这就是原始的导电沟道。所以，当栅-源极电压 $u_{GS}=0$，漏-源极电压 $u_{DS}>0$ 时，就能形成漏极电流 i_D；当栅-源极电压 $u_{GS}>0$ 时，外加电场与内电场的方向相同，内电场被加强，使导电沟道变宽，沟道电阻变小。若 u_{DS} 一定，则漏极电流 i_D 变大；当栅-源极电压 $u_{GS}<0$ 时，外加电场与内电场的方向相反，内电场被削弱，使导电沟道变窄，沟道电阻变大。若 u_{DS} 一定，则漏极电流 i_D 变小。当栅-源极电压 u_{GS} 达到某一负值时，导电沟道消失。使导电沟道刚刚消失时的栅-源极电压 u_{GS} 称为夹断电压，用 $U_{GS(off)}$表示。N 沟道耗尽型 MOS 管的输出特性和转移特性曲线分别如图 3.1.11(a)和(b)所示。

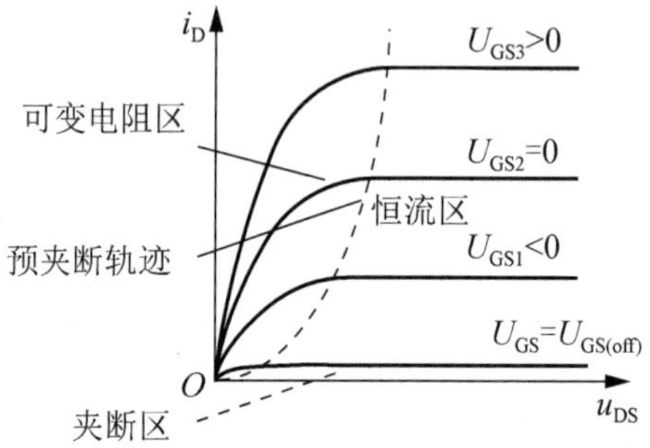

(a) 输出特性曲线

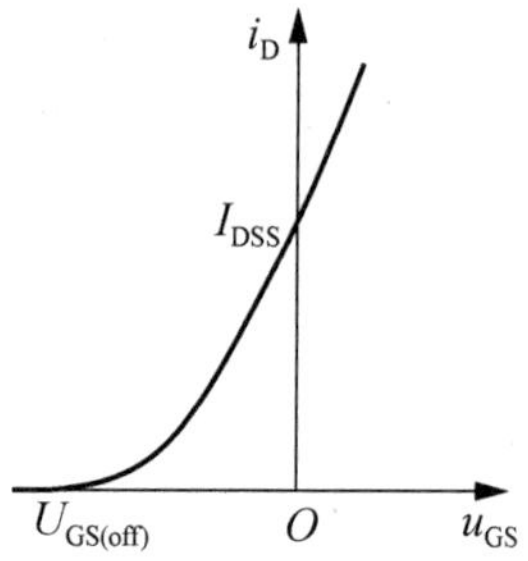

(a) 转移特性曲线

图 3.1.11　N 沟道耗尽型 MOS 管的特性曲线

可见，N 沟道耗尽型 MOS 管的使用条件要比 N 沟道增强型 MOS 管的宽松，栅-源极在电压 u_{GS} 为正值、负值或零的一定范围内均能实现对漏极电流 i_D 的控制作用，但一般使 MOS 管工作在负栅-源极电压状态，即 $U_{GS(off)}<u_{GS}<0$，以确保管子的工作安全；对于 N 沟道增强型 MOS 管而言，只有在栅-源极电压 u_{GS} 为正值时，才能实现栅-源极电压 u_{GS} 对漏极电流 i_D 的控制作用。

在恒流区内，转移特性曲线所对应的电流方程与 N 沟道结型场效应管相同，即与式 (3-1-4)相同。

3. P 沟道 MOS 管

与 N 沟道 MOS 管相对应，P 沟道 MOS 管也有增强型和耗尽型两种。P 沟道增强型 MOS 管和 P 沟道耗尽型 MOS 管的结构示意图和图形符号分别如图 3.1.12 和图 3.1.13 所示。其工作原理与 N 沟道 MOS 管的基本相同。所不同的是，外加电源极性应与 N 沟道相反。漏极电流 i_D 的方向也与 N 沟道 MOS 管的相反；P 沟道增强型 MOS 管的开启电压 $U_{GS(th)}$为负值，当栅-源极电压 $u_{GS}<U_{GS(th)}$时管子才导通；P 沟道耗尽型 MOS 管的夹断电压 $U_{GS(off)}$为正值，在栅-源极电压 u_{GS} 为正值、负值或零的一定范围内均能实现对漏极电流 i_D 的控制作用，但一般应使管子工作在正栅-源极电压状态，即 $0<u_{GS}<U_{GS(off)}$，以确保管子的工作安全。

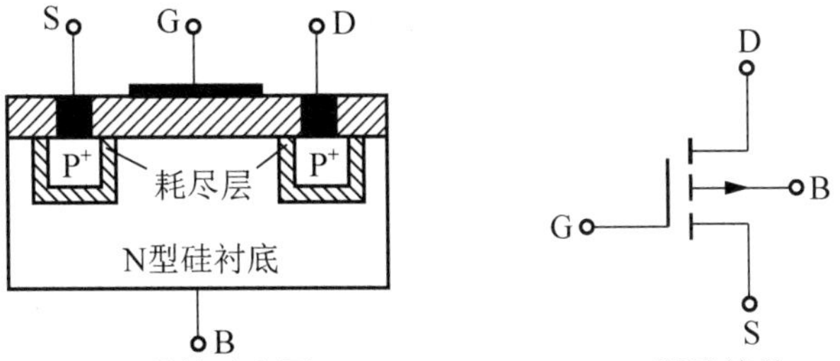

(a) 结构示意图　　(b) 图形符号

图 3.1.12　P 沟道增强型 MOS 管的结构示意图及其图形符号

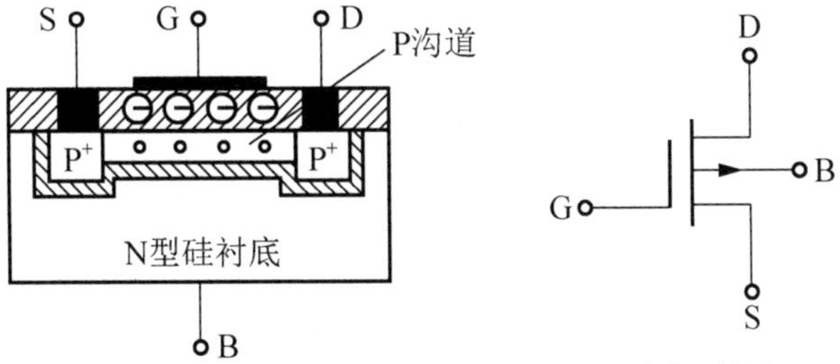

(a) 结构示意图　　(b) 图形符号

图 3.1.13　P 沟道耗尽型 MOS 管的结构示意图及其图形符号

特别提示

- 增强型和耗尽型 MOS 管的区别在于有无原始导电沟道，无原始导电沟道的是增强型管，有原始导电沟道的是耗尽型管。
- 在图形符号中，增强型 MOS 管的沟道用断续线表示，意为无原始导电沟道；耗尽型 MOS 管的沟道用实线表示，意为有原始导电沟道。衬底上箭头的方向表示由衬底与源区之间、衬底与漏区之间 PN 结的正方向，同时也表示导电沟道的类型，箭头向里表示 N 沟道，箭头向外表示 P 沟道。
- 在使用 MOS 管时，要根据管子的类型来决定偏置电压的极性，并注意漏极电流的实际方向。所有 N 沟道管均应在漏-源极间加正向电压(正电压)，电流的实际方向均为从漏极流进从源极流出；所有 P 沟道管均应在漏-源极间加反向电压(负电压)，电流的实际方向均为从源极流进从漏极流出。
- 一般地，在对场效应管放大电路进行分析时，栅-源电压的参考方向均规定为从栅极指向源极，电流的参考方向规定为从漏极流进从源极流出。

为便于学习和记忆，特将场效应管的图形符号、特性曲线及工作于恒流区的外部条件进行总结，如表 3-1-1 所示。

表 3-1-1　场效应管的图形符号、特性曲线及放大条件

名称		图形符号	转移特性曲线	输出特性曲线	工作于恒流区条件
结型场效应管	N 沟道	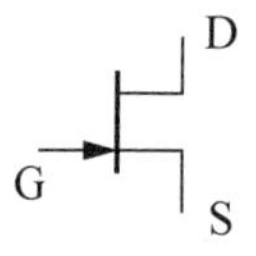	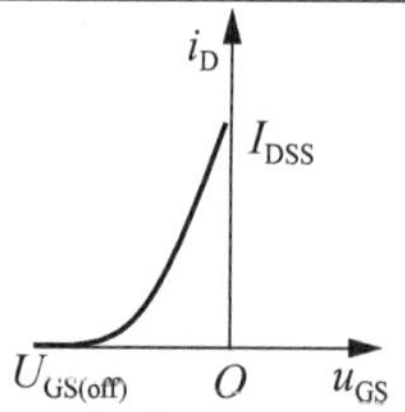	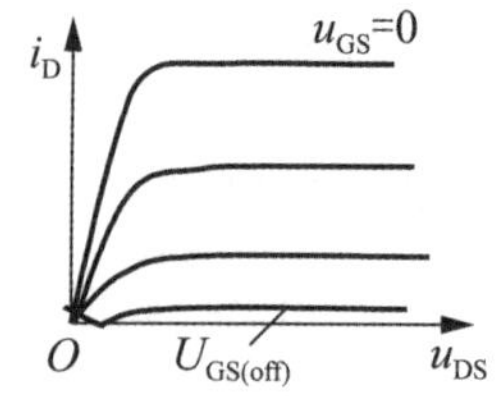	$U_{GS(off)}<u_{GS}<0$ $u_{DS}>u_{GS}-U_{GS(off)}$
	P 沟道	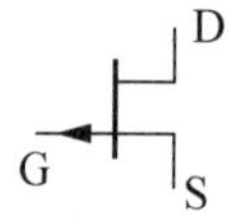	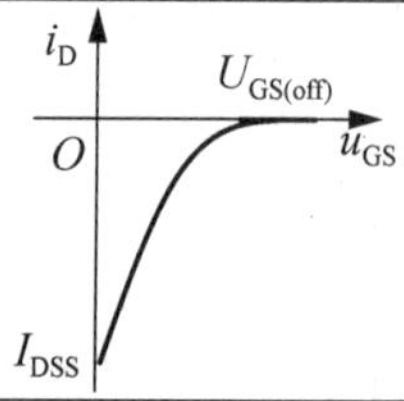	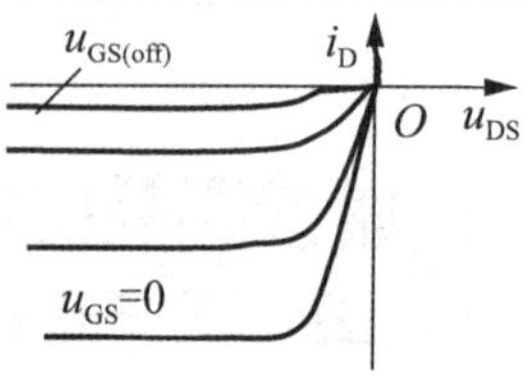	$0<u_{GS}<U_{GS(off)}$ $u_{DS}<u_{GS}-U_{GS(off)}$
绝缘栅型场效应管	N 沟道增强型	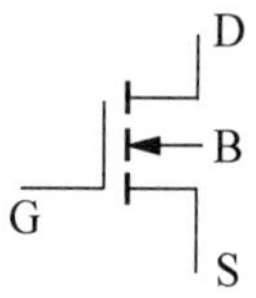	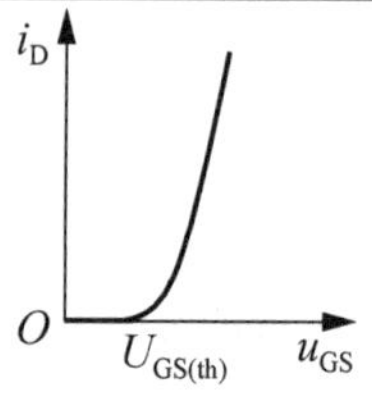	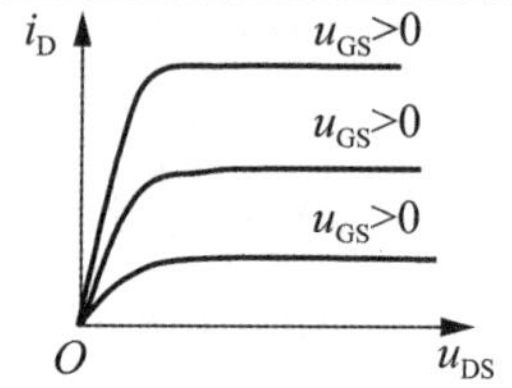	$u_{GS}>U_{GS(th)}$ $u_{DS}>u_{GS}-U_{GS(th)}$
	N 沟道耗尽型	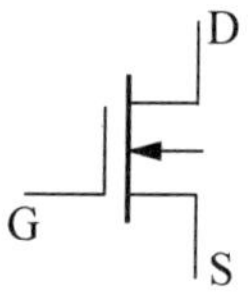	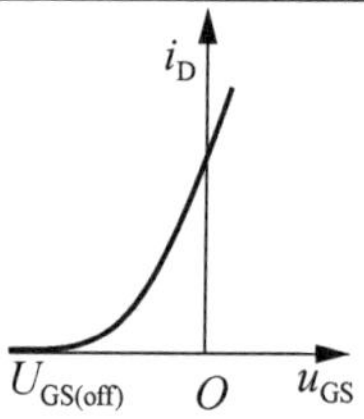	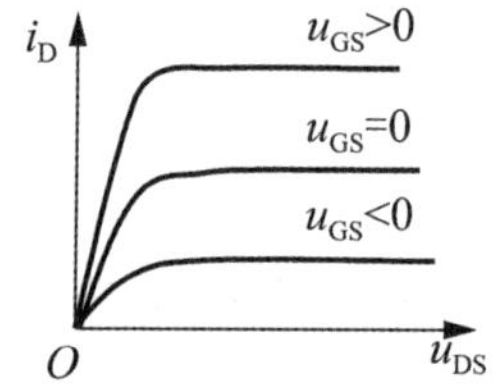	$u_{GS}>U_{GS(off)}$ $u_{DS}>u_{GS}-U_{GS(off)}$
	P 沟道增强型	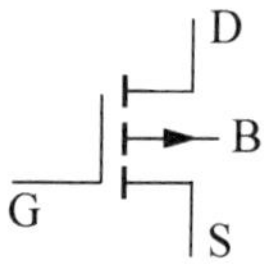	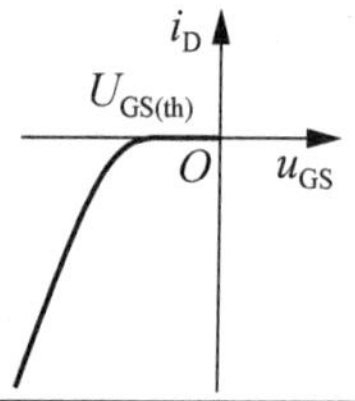	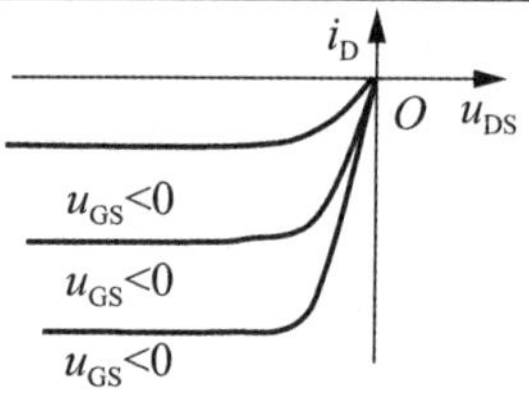	$u_{GS}<U_{GS(th)}$ $u_{DS}<u_{GS}-U_{GS(th)}$
	P 沟道耗尽型	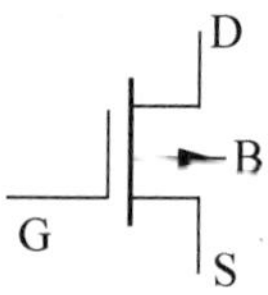	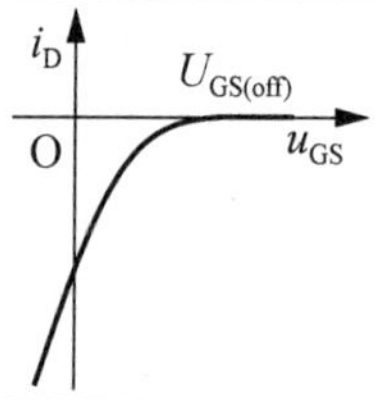	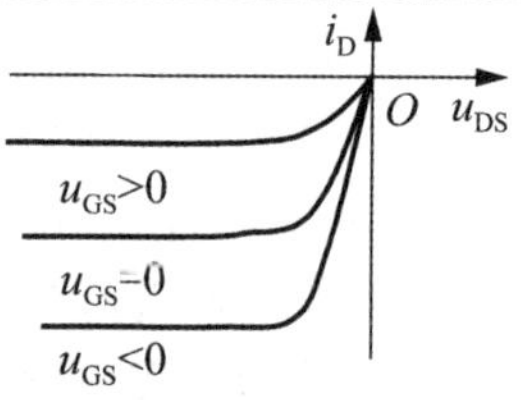	$u_{GS}<U_{GS(off)}$ $u_{DS}<u_{GS}-U_{GS(off)}$

3.1.3　场效应管的主要参数

正确使用场效应管，除应理解场效应管的特性曲线外，还应了解场效应管的参数。场效应管的参数很多，并可以在半导体手册中查到。

1. 直流参数

1) 开启电压 $U_{GS(th)}$

开启电压 $U_{GS(th)}$是增强型 MOS 管的参数，手册上所给出的值指当 u_{DS} 为常量时，使漏-源间刚刚导通的栅-源电压。

2) 夹断电压 $U_{GS(off)}$

夹断电压 $U_{GS(off)}$是结型场效应管和耗尽型 MOS 管的参数，手册上所给出的值指在漏-源极电压 u_{DS} 为常数的条件下，漏极电流 i_D 达到所规定的微小电流(如 5μA)时所对应的栅-源极电压 u_{GS}。

3) 漏极饱和电流 I_{DSS}

对于结型场效应管和耗尽型 MOS 管而言，在 U_{GS}=0 的条件下，产生预夹断时的漏极电流称为漏极饱和电流。

2. 交流参数

1) 低频跨导 g_m

当场效应管工作于恒流区，且漏-源极电压 U_{DS} 为常数时，漏极电流 i_D 的变化量与栅-源极电压 u_{GS} 的变化量之比称为低频跨导。即

$$g_m = \left.\frac{\Delta i_D}{\Delta u_{GS}}\right|_{U_{DS}=\text{常数}} \tag{3-1-6}$$

其单位为西[门子](S)。低频跨导是衡量场效应管栅-源极电压 u_{GS} 对漏极电流 i_D 控制能力(即电流放大能力)强弱的参数。g_m 越大，控制能力越强；g_m 越小，控制能力越弱。在恒流区内，g_m 等于转移特性曲线上某点切线的斜率，可由式(3-1-5)和式(3-1-6)通过求导求得。由于场效应管的转移特性曲线并不是一条直线，故漏极电流 i_D 越大，低频跨导 g_m 也就越大。

2) 极间电容

场效应管的 3 个极之间均存在电容。一般地，栅-源极电容 C_{gs} 和栅-漏极电容 C_{gd} 约为(1～3)pF，漏-源极电容 C_{ds} 约为(0.1～1)pF。

3. 极限参数

1) 栅-源极击穿电压 $U_{(BR)GS}$

对结型场效应管而言，指耗尽层被击穿时的栅-源极击穿电压；对 MOS 管而言，指 SiO_2 绝缘层被击穿时的栅-源极电压。

2) 漏-源极击穿电压 $U_{(BR)DS}$

漏-源极击穿电压是指漏极和源极之间允许加的最高电压。若漏-源极工作电压超过 $U_{(BR)DS}$，则耗尽层被击穿，漏极电流将剧增，管子将被损坏。

3) 漏极最大允许电流 I_{DM}

漏极最大允许电流是指场效应管在正常工作的情况下所允许通过的最大漏极电流。

4) 最大耗散功率 P_{DM}

最大耗散功率是指在规定的散热条件下，场效应管所允许损耗功率的最大值。

$U_{(BR)DS}$、I_{DM} 和 P_{DM} 是场效应管的极限参数，场效应管在工作时，要求 u_{DS}、i_D 和 P_D

分别不要超过它们。由 $U_{(BR)DS}$、I_{DM} 和 P_{DM} 在输出特性坐标平面上所限定的工作区域称为场效应管的安全工作区。

4. 噪声系数 N_F

设 P_{si} 和 P_{so} 分别为信号的输入功率和输出功率，P_{ni} 和 P_{no} 分别为噪声的输入功率和输出功率。信号的输入功率与输出功率之比和噪声的输入功率与输出功率之比的比值称为噪声系数，用 N_F 表示，即

$$N_F = \frac{P_{si}/P_{so}}{P_{ni}/P_{no}}$$

要求噪声系数 N_F 越小越好。

另外，由于 MOS 管栅极与衬底之间通过很薄的 SiO_2 绝缘层相互绝缘，栅极与衬底之间就形成一个很小的电容，且管子具有极高的输入电阻，使得在栅极上感应出的电荷极不易通过该电阻泄放掉，同时又可产生很高的电压以至于将 SiO_2 绝缘层击穿而造成管子的永久性损坏(目前，有很多 MOS 管在制造时已在栅极和衬底间并联一个二极管，以限制由感应电荷所产生的电压的大小，防止绝缘层被击穿而造成管子的永久性损坏)。为此，在存放时和使用前应避免栅极悬空(通常将三极短接)；在管子的工作电路中，应给管子的栅-源极间提供一个直流通路；在焊接时应使电烙铁良好接地。

特别提示

- 因场效应管的转移特性曲线不是直线，其低频跨导 g_m 不是常数。故场效应管与晶体管一样，也是一种非线性器件。

3.1.4　场效应管与晶体管的比较

场效应管和晶体管都具有 3 个电极，场效应管的栅极、源极和漏极分别对应晶体管基极、发射极和集电极，而且其作用也非常相似。

场效应管特别是 MOS 管具有极高的输入电阻，故对于要求输入电阻高的电路宜选用场效应管。

场效应管只有一种极性的载流子——多子参与导电，而晶体管是两种极性的载流子——多子和少子均参与导电，故场效应管比晶体管的温度稳定性好、抗辐射能力强。在环境条件变化无常的恶劣环境中使用时宜选用场效应管。

场效应管和晶体管都具有电流放大作用，但场效应管的电流控制能力远不如晶体管。所以，在要求高放大倍数的电路中，宜选用晶体管。

从场效应管和晶体管的内部结构上可以看出，场效应管的源极和漏极可以互换使用，互换后管子的特性与互换前的差不多；若将晶体管的发射极和集电极互换后，则其特性差异很大，故晶体管的发射极和集电极一般不能互换使用。

预夹断时场效应管所对应的漏-源极电压 u_{DS} 随着 u_{GS} 的增加而增大，且 u_{GS} 越大，预夹断时的 u_{DS} 也越大；而晶体管在临界饱和时的集-射极电压 u_{CE} 也随着 u_{BE} 的增加而增大，

但因 u_{BE} 变化很小，故 u_{CE} 也变化很小，可以认为基本不变。

场效应管的噪声系数比晶体管的噪声系数小。故对于低噪声的放大电路，特别是输入级应优先考虑选用场效应管。

为便于学习和合理选用放大管，现将场效应管和晶体管的比较结果列成表格，如表 3-1-2 所示。

表 3-1-2　场效应管与晶体管的比较

比较项目 \ 管子名称	场效应管(包括结型和绝缘栅型)	晶体管
参与导电的载流子	只有一种极性的载流子，即多子	两种极性的载流子，即多子和少子
控制方式	电压控制型	电流控制型
导电类型	N 沟道型和 P 沟道型	NPN 型和 PNP 型
控制能力(即放大能力)	较弱[g_m 较小，g_m=(1～5)mS]	较强(β 较大，β=20～200)
输入电阻	很高(10^7～10^{14})	较低(10^2～10^4)
功耗	很低	较高
热稳定性	好	差
抗辐射能力	强	弱
噪声系数	小	大
制造工艺	简单、成本低	较复杂
集成化	容易	较难
对应电极	栅极←→基极　源极←→发射极　漏极←→集电极	

3.2　场效应管放大电路

由于场效应管的输入电阻较晶体管的输入电阻大得多，故在一些要求具有高输入电阻的多级放大电路中，常用场效应管放大电路作输入级。

3.2.1　放大电路的 3 种接法

场效应管的栅极(G)、源极(S)和漏极(D)分别与晶体管的基极(B)、发射极(E)和集电极(C)相互对应。场效应管放大电路也有 3 种基本接法，即共源电路、共栅电路和共漏电路，分别与晶体管的共射电路、共基电路和共集电路相对应。以 N 沟道结型场效应管为例，3 种接法的交流通路如图 3.2.1 所示。

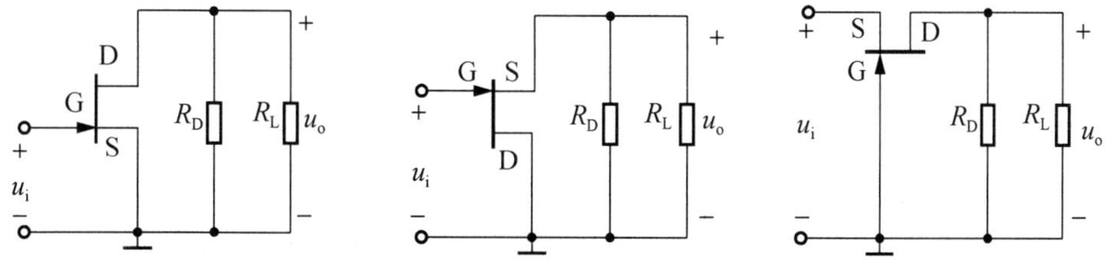

(a) 共源电路　(b) 共漏电路　(c) 共栅电路

图 3.2.1　N 沟道结型场效应管的 3 种基本接法

下面对共源电路和共漏电路进行分析。由于共栅电路很少采用，所以对共栅电路不予讨论。

3.2.2　共源放大电路

在用场效应管组成共源放大电路时，常采用下面介绍的自给偏压电路和分压式偏置电路。

1. 自给偏压电路

自给偏压电路的组成如图 3.2.2 所示。电路中的 VT 是 N 沟道耗尽型 MOS 管，其栅源电压 u_{GS} 为正、为负、为零的一定范围内都能正常工作，但一般应使其工作在负栅压状态。直流电源 V_{DD} 在源极电阻 R_S 上的分压可为场效应管提供负栅压。漏极电阻 R_D 的作用与共射放大电路中 R_C 的作用相同，将漏极电流 i_D 的变化转换成电压 u_{DS} 的变化，从而实现电压放大。R_D 的阻值一般为几十千欧。栅极电阻 R_G 用以构成栅源之间的直流通路，其阻值一般为 200 千欧到 10 兆欧，若 R_G 太小，会影响放大电路的输入电阻。C_S 为旁路电容，其作用与晶体管放大电路中射极旁路电容 C_E 的作用相同。即静态时稳定静态工作点，动态时使电压放大倍数不会降低。C_1、C_2 为输入、输出耦合电容。

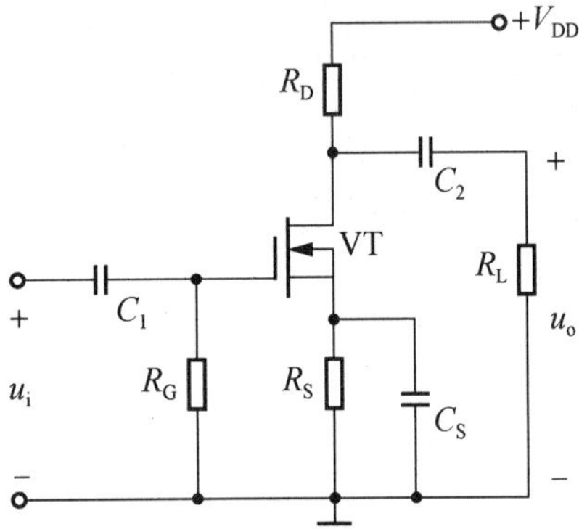

图 3.2.2　自给偏压共源放大电路

与晶体管放大电路一样，电路处在静态时，必须设置合适的静态工作点，电路才能正常工作。场效应管放大电路中的静态工作点是指静态时的栅源电压 U_{GS}、漏极电流 I_D 和漏源之间的电压 U_{DS}。可用图解法和估算法求静态工作点，本节以估算法为例进行求解。先画出直流通路如图 3.2.3 所示。

在图 3.2.3 中，由于栅极电流为零，所以栅源之间的电压为

$$U_{GSQ}=U_{GQ}-U_{SQ}=0-I_{SQ}R_S=-I_{DQ}R_S \tag{3-2-1}$$

与场效应管的电流方程

$$I_{DQ}=I_{DSS}\left(1-\frac{U_{GSQ}}{U_{GS(Off)}}\right)^2 \tag{3-2-2}$$

联立求解，即可求得静态时的 U_{GSQ} 和 I_{DQ}。静态时的漏源电压 U_{DSQ} 为

$$U_{DSQ}=V_{DD}-I_{DQ}(R_D+R_S) \tag{3-2-3}$$

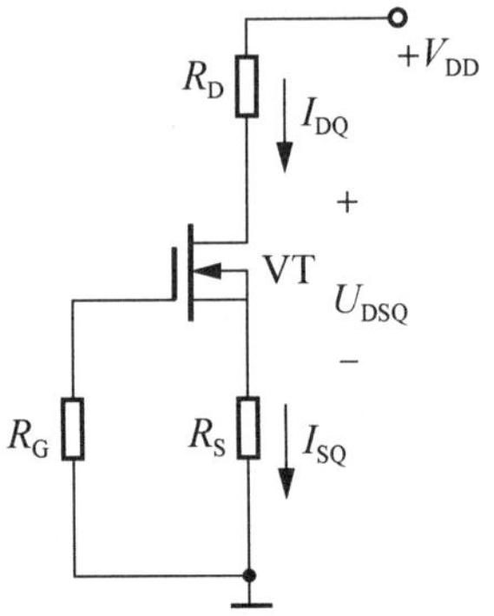

图 3.2.3　自给偏压电路的直流通路

特别提示

- 在自给偏压共源放大电路中，场效应管 VT 只能是结型管或耗尽型 MOS 管，不能是增强型 MOS 管。

2. 分压式偏置电路

分压式偏置电路的组成如图 3.2.4 所示。图中场效应管 VT 为 N 沟道增强型 MOS 管。要使 N 沟道增强型 MOS 管工作在恒流区，栅源之间的电压 U_{GS} 应大于开启电压 $U_{GS(th)}$，漏源之间应加正向电压，且数值应足够大。为求解静态工作点，先画出直流通路如图 3.2.5 所示。

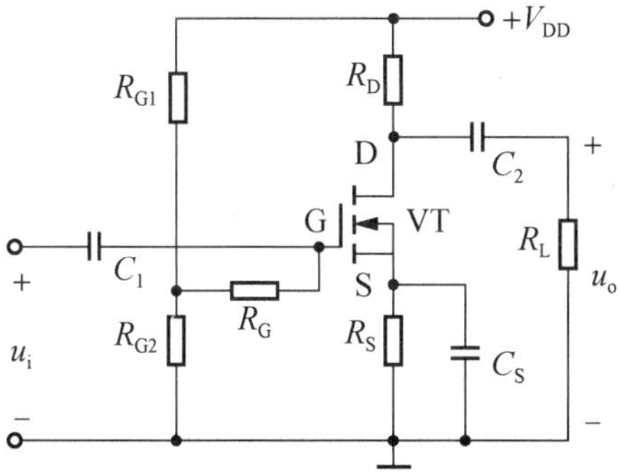

图 3.2.4 分压式偏置电路

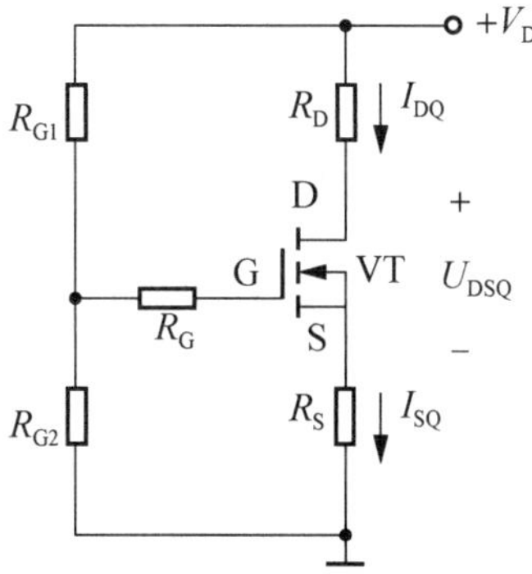

图 3.2.5 图 3.2.4 的直流通路

1) 静态工作点

在图 3.2.5 中，由于栅极电流为零，所以栅极电位 U_G 为

$$U_{GQ}=\frac{R_{G2}}{R_{G1}+R_{G2}}V_{DD}$$

栅源之间的电压 U_{GSQ} 为

$$U_{GSQ}=U_{GQ}-U_{SQ}=\frac{R_{G2}}{R_{G1}+R_{G2}}V_{DD}-I_{DQ}R_S \tag{3-2-4}$$

与场效应管的电流方程

$$I_{DQ}=I_{DO}\left(\frac{U_{GSQ}}{U_{GS(th)}}-1\right)^2 \tag{3-2-5}$$

联立求解，即可求得静态时的 U_{GSQ} 和 I_{DQ}。静态时的漏源电压 U_{DSQ} 为

$$U_{DSQ}=V_{DD}-I_{DQ}(R_D+R_S) \tag{3-2-6}$$

2) 动态分析

与分析晶体管放大电路一样，进行动态分析时，也有图解法和微变等效电路法两种分析方法。这里只介绍动态时的微变等效电路法。

由于场效应管栅源之间的电阻很大，因此在近似分析时，可以将栅源间视为开路。对于输出回路当场效应管工作在恒流区时，漏极动态电流 i_d 几乎仅仅取决于栅源电压 u_{gs}，所以可将输出回路等效成一个电压控制的电流源。因此，与晶体管一样，在低频小信号时，可以将场效应管用小信号等效电路表示，如图 3.2.6 所示。

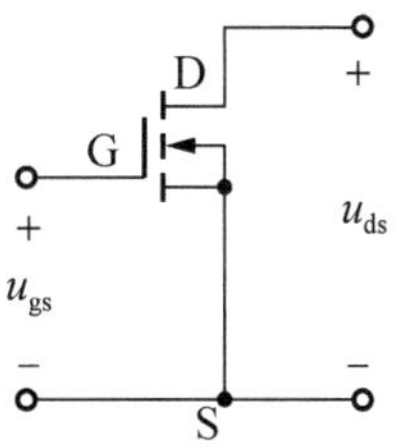

(a) 场效应管

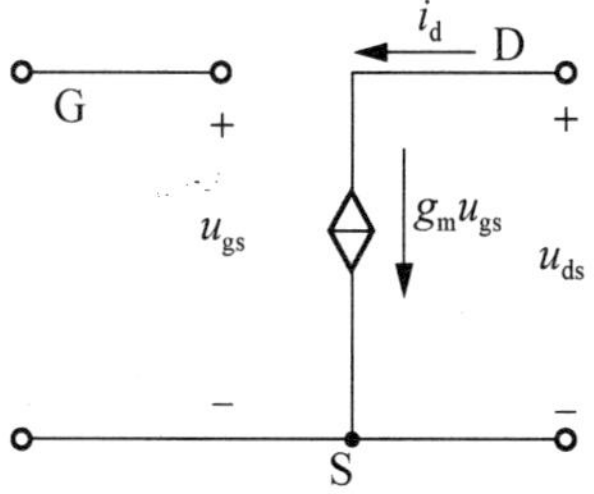

(b) 等效电路

图 3.2.6 场效应管的低频小信号等效电路

特别提示

- 在分析场效应管的动态参数时，场效应管均可采用如图 3.2.6(b)所示的等效电路。
- 分压式偏置电路中的场效应管可以是任意类型的。

画出场效应管放大电路的交流通路后，再将电路中的场效应管用其微变等效电路替代，进而得到场效应管放大电路的微变等效电路。如图 3.2.4 所示的分压式偏置电路的微变等效电路如图 3.2.7 所示。

由图 3.2.7 可以得出

$$\dot{U}_{i}=\dot{U}_{gs} \tag{3-2-7}$$

$$\dot{U}_{o}=-\dot{I}_{d}(R_{D}//R_{L})=-g_{m}\dot{U}_{gs}(R_{D}//R_{L}) \tag{3-2-8}$$

由此可得电压放大倍数为

$$\dot{A}_{u}=\frac{\dot{U}_{o}}{\dot{U}_{i}}=\frac{-g_{m}\dot{U}_{gs}(R_{D}//R_{L})}{\dot{U}_{i}}=-g_{m}(R_{D}//R_{L}) \tag{3-2-9}$$

不难看出，放大电路的输入电阻为

$$R_{i}=R_{G}+R_{G1}//R_{G2} \tag{3-2-10}$$

放大电路的输出电阻为

$$R_{o}=R_{D} \tag{3-2-11}$$

【例 3-2-1】 由增强型 NMOS 构成的放大电路如图 3.2.8 所示，已知：R_{G1}=150kΩ，R_{G2}=160kΩ，R_{G}=2MΩ，R_{D}=R_{L}=10kΩ，R_{S}=10kΩ，R_{F}=1kΩ，V_{DD}=18V，g_{m}=1mS；$U_{GS(th)}=4V$；$I_{DO}=10mA$。求：

(1) 静态时的 I_{DQ}、U_{DSQ} 和 U_{GSQ}；

(2) 画出微变等效电路图；

(3) 电路的输入电阻 R_{i}、输出电阻 R_{o} 和电压放大倍数 $\dot{A}_{u}$。

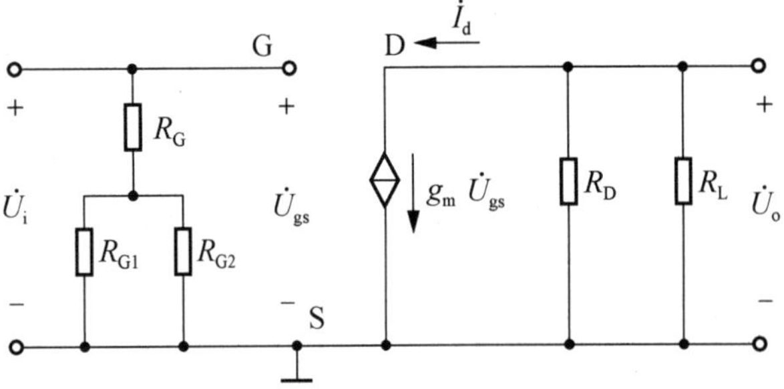

图 3.2.7　分压式电路的微变等效电路

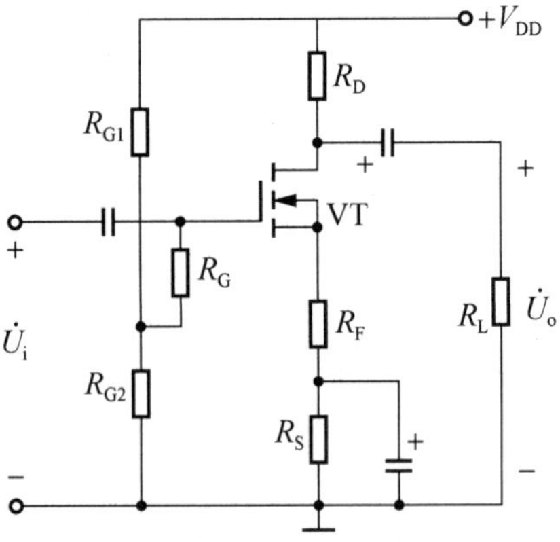

图 3.2.8　例 3-2-1 图

【解】

(1) 静态时的 I_{DQ}、U_{DSQ} 和 U_{GSQ} 分别为

$$U_{GSQ}=\frac{R_{G2}}{R_{G1}+R_{G2}}V_{DD}-I_{DQ}(R_S+R_F)$$

$$=\frac{160}{150+160}\times 18-I_{DQ}(10+1)=9.2-11I_{DQ}$$

$$U_{DSQ}=V_{DD}-I_{DQ}(R_S+R_F+R_D)=18-21I_{DQ}$$

$$I_{DQ}=I_{DO}\left(\frac{U_{GSQ}}{U_{GS(th)}}-1\right)^2$$

联立以上 3 个方程所组成的方程组，可以解得

$$I_{DQ}=0.4\text{mA}$$

$$U_{GSQ}=4.8\text{V}$$

$$U_{DSQ}=9.6\text{V}$$

(2) 微变等效电路如图 3.2.9 所示。

(3) 放大电路的输入、输出电阻和电压放大倍数分别为

$$R_i=R_G+R_{G1}//R_{G2}=2+\frac{150\times 160}{150+160}\times 10^{-3}\approx 2.1\text{M}\Omega$$

$$R_o=R_D=10\text{k}\Omega$$

$$\dot{A}_u=\frac{\dot{U}_o}{\dot{U}_i}=-\frac{g_m\dot{U}_{gs}(R_D//R_L)}{\dot{U}_{gs}+g_m\dot{U}_{gs}R_F}=-\frac{g_m(R_D//R_L)}{1+g_mR_F}=-2.5$$

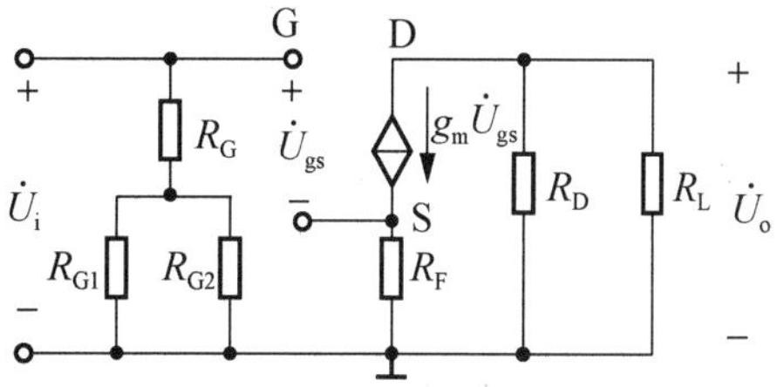

图 3.2.9 例 3-2-1 微变等效电路图

由本例可以看出，与晶体管共射放大电路相比，场效应管共源放大电路的输入电阻较高，但它的电压放大倍数较共射电路小得多。因此，一般在要求输入电阻很高时才采用共源放大电路。

3.2.3 共漏放大电路

共漏放大电路又称为源极输出器。采用分压式偏置电路的共漏放大电路如图 3.2.10 所示。其静态分析方法与 3.2.2 小节的类似，所以不再重复。共漏放大电路的微变等效电路如图 3.2.11 所示。

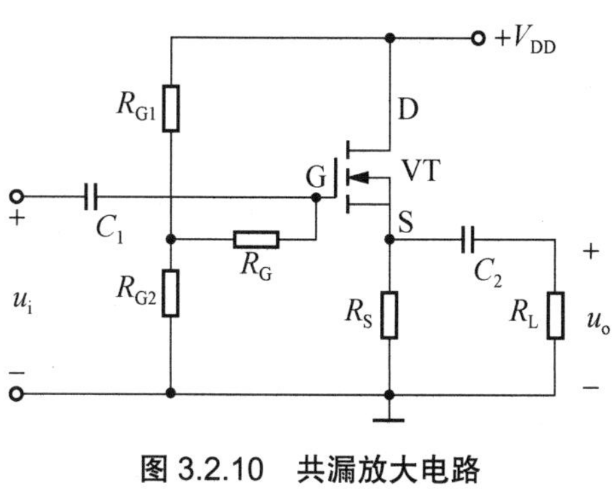

图 3.2.10 共漏放大电路

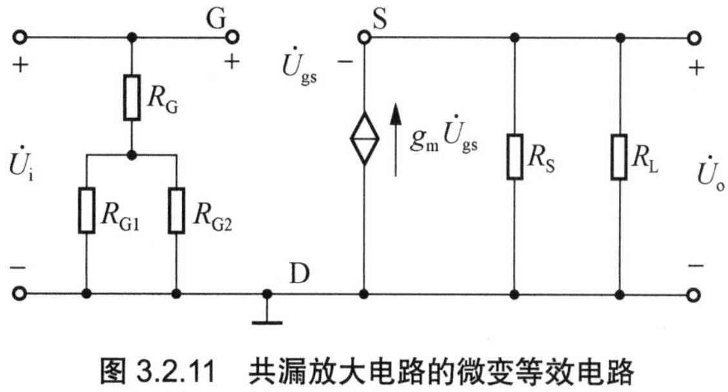

图 3.2.11 共漏放大电路的微变等效电路

由图 3.2.11 微变等效电路可知

$$\dot{U}_{\rm i}=\dot{U}_{\rm gs}+\dot{U}_{\rm o}=\dot{U}_{\rm gs}+g_{\rm m}\dot{U}_{\rm gs}(R_{\rm S}//R_{\rm L})=(1+g_{\rm m}R_{\rm L}')\dot{U}_{\rm gs} \tag{3-2-12}$$

$$\dot{U}_{\rm o}=g_{\rm m}\dot{U}_{\rm gs}(R_{\rm S}//R_{\rm L})=g_{\rm m}\dot{U}_{\rm gs}R_{\rm L}'$$

由此可得电压放大倍数为

$$\dot{A}_u=\frac{\dot{U}_{\rm o}}{\dot{U}_{\rm i}}=\frac{g_{\rm m}R_{\rm L}'}{1+g_{\rm m}R_{\rm L}'} \tag{3-2-13}$$

式中 $R_{\rm L}'=R_{\rm S}//R_{\rm L}$

由此可见，共漏放大电路的电压放大倍数小于 1，无电压放大能力。输出电压与输入电压同相位，故共漏电路又称源极跟随器。

由微变等效电路知，共源放大电路的输入电阻为

$$R_{\rm i}=R_{\rm G}+R_{\rm G1}//R_{\rm G2} \tag{3-2-14}$$

求输出电阻时，用除源法，令输入电压 $\dot{U}_{\rm i}=0$，并断开负载电阻 $R_{\rm L}$，在输出端外加一电压 $\dot{U}_{\rm o}$，在此电压下产生电流 $\dot{I}_{\rm o}$，如图 3.2.12 所示。

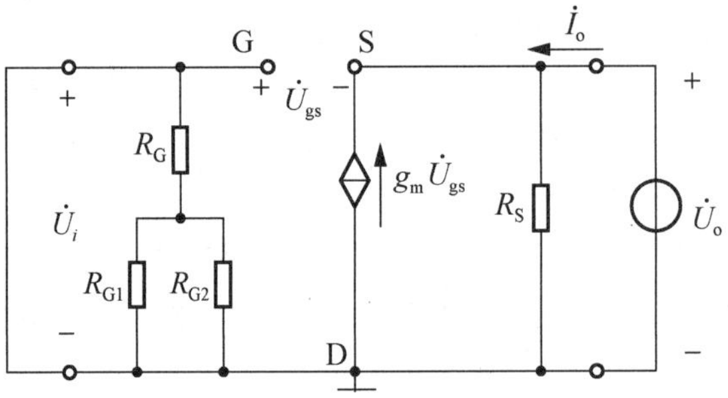

图 3.2.12　求输出电阻的电路

由图 3.2.12 可得

$$\dot{U}_{\rm gs}=-\dot{U}_{\rm o}$$

$$\dot{I}_{\rm o}=\frac{\dot{U}_{\rm o}}{R_{\rm S}}-g_{\rm m}\dot{U}_{\rm gs}=\frac{\dot{U}_{\rm o}}{R_{\rm S}}+g_{\rm m}\dot{U}_{\rm o}=\left(\frac{1}{R_{\rm S}}+g_{\rm m}\right)\dot{U}_{\rm o}$$

输出电阻为

$$R_{\rm o}=\frac{\dot{U}_{\rm o}}{\dot{I}_{\rm o}}=\frac{1}{\dfrac{1}{R_{\rm S}}+g_{\rm m}}=R_{\rm S}//\frac{1}{g_{\rm m}}=\frac{R_{\rm S}}{1+g_{\rm m}R_{\rm S}} \tag{3-2-15}$$

通过比较(3-2-15)和(3-2-11)两式可知，共漏电路的输出电阻较共源电路小得多。

【例 3-2-2】 如图 3.2.10 所示，已知：$R_{\rm G1}$=6MΩ，$R_{\rm G2}$=3MΩ，$R_{\rm G}$=2MΩ，$R_{\rm D}$=$R_{\rm L}$=5kΩ，$R_{\rm S}$=2kΩ，$V_{\rm DD}$=15V，$g_{\rm m}$=1.5mS。试求电路的输入电阻 $R_{\rm i}$、输出电阻 $R_{\rm o}$ 和电压放大倍数 $\dot{A}_u$。

【解】 由式(3-2-14)知，放大电路的输入电阻为

$$R_{\rm i}=R_{\rm G}+R_{\rm G1}//R_{\rm G2}=2+\frac{6\times3}{6+3}=4{\rm M\Omega}$$

由式(3-2-15)知，放大电路的输出电阻为

$$R_o = R_S // \frac{1}{g_m} = \frac{R_S}{1+g_m R_S} = \frac{2\times10^3}{1+1.5\times10^{-3}\times2\times10^3} = 500\Omega$$

由式(3-2-13)知，放大电路的电压放大倍数为

$$\dot{A}_u = \frac{\dot{U}_o}{\dot{U}_i} = \frac{g_m R_L'}{1+g_m R_L'} = \frac{1.5\times10^{-3}\times\left(\frac{2\times5}{2+5}\right)\times10^3}{1+1.5\times10^{-3}\times\left(\frac{2\times5}{2+5}\right)\times10^3} \approx 0.68$$

通过以上分析知，共漏放大电路与晶体管的共集放大电路类似，具有输入电阻高，输出电阻低，电压放大倍数小于 1，且输出电压与输入电压同相位的特点。

特别提示

- 由场效应管组成的放大电路与晶体管组成的放大电路相比，具有输入电阻高、温度稳定性好且便于集成化等特点。所以场效应管放大电路被广泛应用于各种电子电路中。
- 画场效应管放大电路的微变等效电路时，注意栅源之间是开路的。

3.2.4 场效应管放大电路的特点

场效应管与晶体管相比，最突出的优点是可以组成高输入电阻的放大电路，此外，由于它还有噪声低、温度稳定性好、抗辐射能力强等优点，而且便于集成化，所以被广泛应用于各种电子电路中，尤其是超大规模的集成电路中。

场效应管的放大能力比晶体管差，晶体管组成的共射放大电路电压放大倍数的数值可达百倍以上，而场效应管组成的对应的共源放大电路的电压放大倍数的数值只有几到十几。另外，由于场效应管栅-源之间的等效电容只有几皮法到十几皮法，而栅-源电阻又很大，若有感应电荷则不易释放，从而形成高电压，以至于将栅-源间的绝缘层击穿，造成管子永久损坏。因此，使用时应注意保护。目前很多场效应管在制作时已在栅-源之间并联一个二极管以限制栅-源电压的幅值，防止击穿。

3.3 场效应管应用实例

由于场效应管的优点突出，它被广泛应用于多种电路中。例如，具有高输入阻抗的场效应管常用于多级放大电路的输入级；如图 3.3.1 所示的音调放大成品电路板中就是采用场效应管 K246 作为输入级。场效应管的非线性也可用作可变电阻；其压控特性则可以方便地用作恒流源或者电子开关；如图 3.3.2 所示的轻触开关就是采用 CMOS 工艺制作的电子开关。

图 3.3.1　音调放大成品板

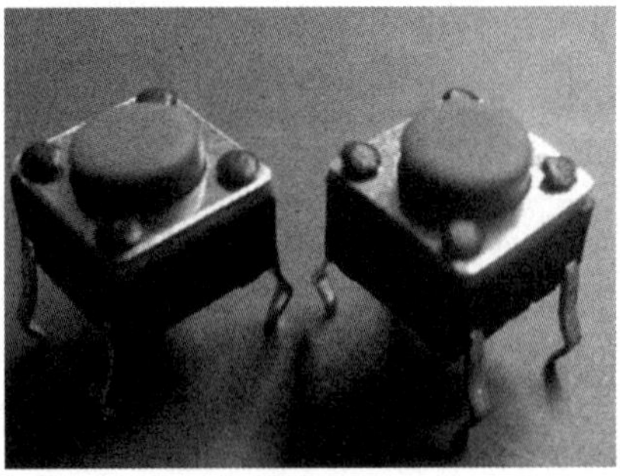

图 3.3.2　轻触开关

3.3.1　场效应管的使用注意事项

使用场效应管时应注意以下事项：

(1) 使用场效应管之前，必须首先搞清楚场效应管的类型及它的电极，必要时应通过仪表进行测试。

(2) 在线路设计中，应根据电路的需要选择场效应管的类型及参数，使用时不允许超过场效应管的耗散功率、最大漏-源电流和击穿电压等极限值。

(3) 各类场效应管在使用时，都要按要求接入偏置电路，并注意偏置电压的极性。

(4) 对于绝缘栅型场效应管(MOS 管)，因为栅极处于绝缘状态，其上的感应电荷很不容易放掉，当积累到一定程度时可产生很高的电压，容易将管子内部的 SiO_2 膜击穿，所以在使用这种类型的场效应管时应注意以下几个问题：

① 运输和储藏中必须将引出脚短路或采用金属屏蔽包装，以防外来感应电势将栅极击穿。

② 要求测试仪器、工作台有良好的接地。

③ 焊接用的电烙铁外壳要接地，或者利用烙铁断电后的余热焊接。焊接绝缘栅型场效应管的顺序是：先焊源-栅极，后焊漏极。

④ 要采取防静电措施。

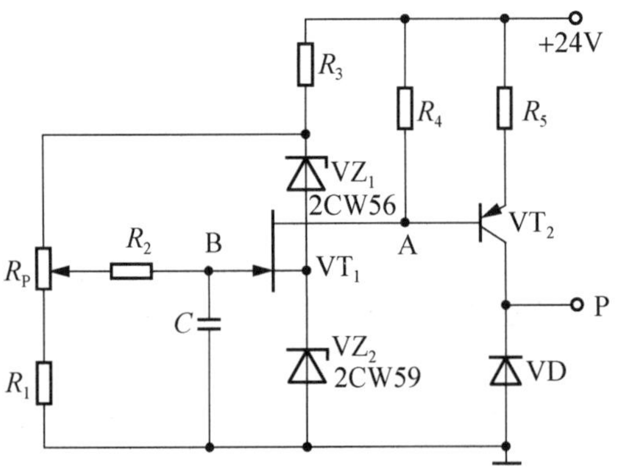

图 3.3.3　场效应管延时电路

(5) 场效应管属于电压控制器件，有极高的输入阻抗，为保持管子的高输入特性，焊接后应对电路板进行清洗。

(6) 在安装场效应管时，要尽量避开发热元件，对于功率型场效应管，要有良好的散热条件，必要时应加装散热器，以保证其能在高负荷条件下可靠地工作。

3.3.2　场效应管应用举例

如图 3.3.3 所示电路为场效应管构成的延时电路。接通+24V 电源时，场效应管 VT_1 处于夹断状态，A 点电压为 24V，VT_2 处于截止状态，P 点输出电压为 0V。与此同时，经 VZ_1 和 VZ_2 稳压约 18V 的电压经过电位器 R_P、电阻 R_2 对电容器 C 进行充电，B 点电压随电容器充电而增大，当 B 点电压增大到场效应管 VT_1 的夹断电压后，场效应管由夹断状态进入放大状态，A 点电压逐渐下降，使 VT_2 也由截止状态进入放大状态，VT_2 发射极与集电极之间电压逐渐下降，最后 P 点电压由 0V 逐渐上升到 19V 左右。

电路中调整电位器 R_P 可以改变电容器的充电时间，滑标向上为缩短电容器的充电时间，向下为延长电容器的充电时间。除此之外，改变电阻 R_2 的值也可以改变电容器的充电时间，即改变 VT_1 和 VT_2 由截止到放大状态的时间。

3.4 Multisim 应用——场效应管放大电路的研究

本节以 N 沟道增强型 MOS 管组成的基本共源放大电路为例，对放大电路进行静态和动态分析。共源放大电路如图 3.4.1 所示，该电路为分压式偏置电路，其中 MOS 场效应管型号为 2N7000。

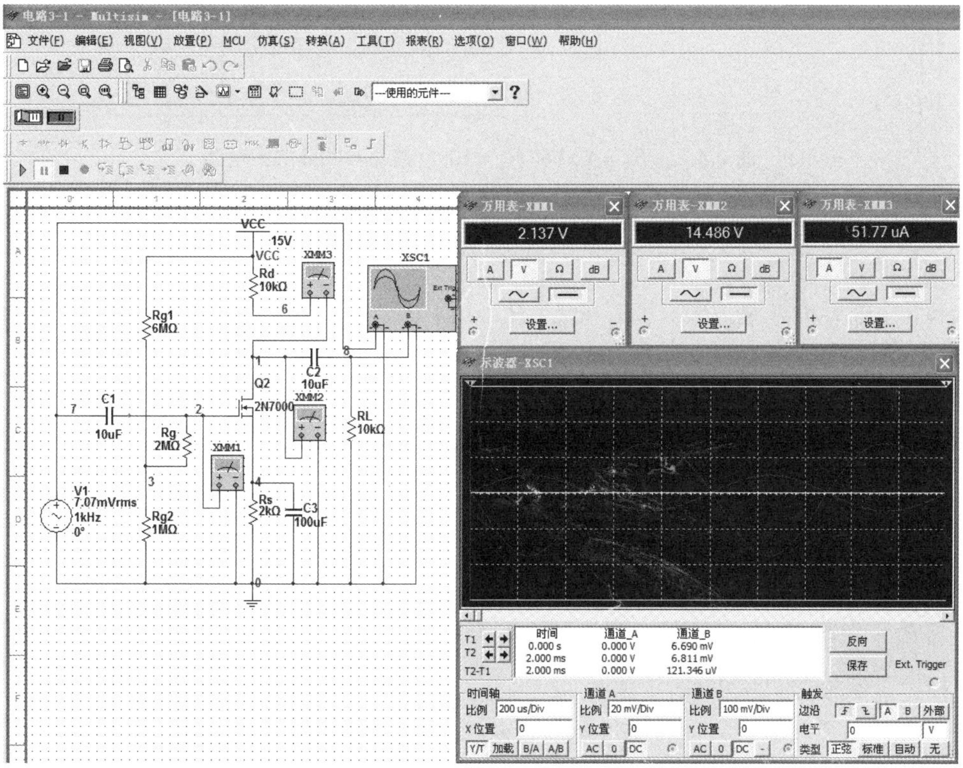

图 3.4.1　$R_S = 2k\Omega$ 和 $R_D = 10k\Omega$ 的基本共源放大电路

通过仿真电路，改变 R_S 值的大小，分别取 $R_S = 2k\Omega$ 和 $1k\Omega$，分别如图 3.4.1 和图 3.4.2 所示。由仿真得到的结果如表 3-4-1 所示。

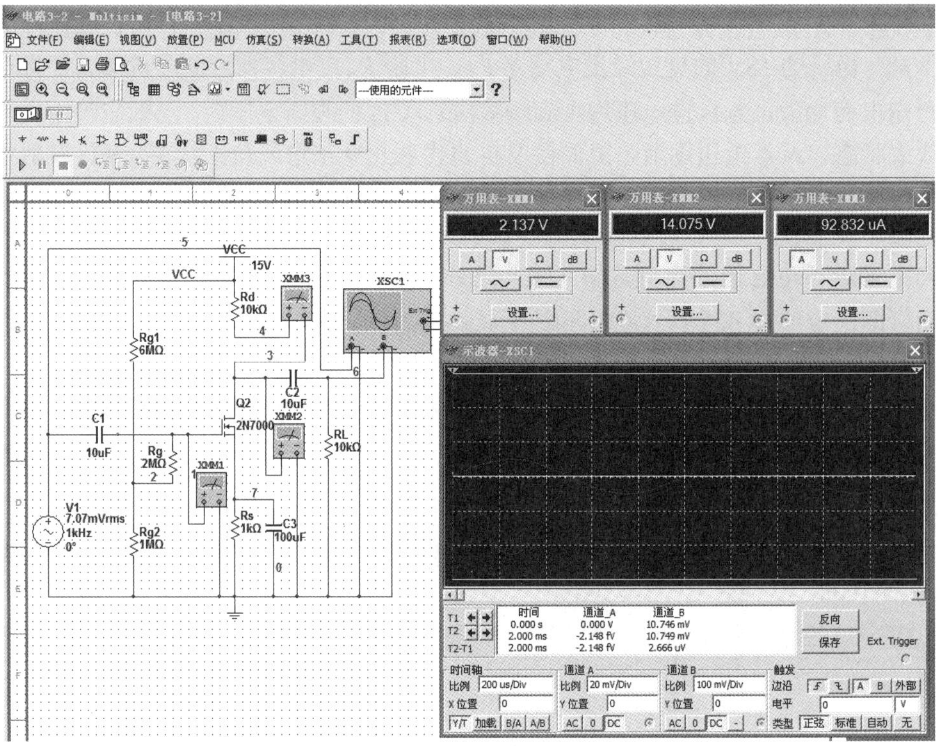

图 3.4.2　$R_S = 1\text{k}\Omega$ 和 $R_D = 10\text{k}\Omega$ 的基本共源放大电路

表 3-4-1　改变 R_S 值的仿真数据

输入电压峰值 U_{im} / mV	R_{G1} / MΩ	R_{G2} / MΩ	R_S / kΩ	R_D / kΩ	U_{GSQ} /V	U_{DSQ} /V	漏极电流 I_{DQ} /μA	输出电压 U_{om} /mV	电压放大倍数 $\dot{A}_u$
10	6	1	2	10	2.137	14.486	51.77	−173.544	−17.4
10	6	1	1	10	2.137	14.075	92.832	−240.159	−24

从仿真数据可见，当负载一定时，随着 R_S 的增大，I_{DQ} 减小。这是由于场效应管是非线性器件，随着 I_{DQ} 的减小，场效应管的电流控制能力变差，低频跨导减小，从而导致电压放大倍数 $|\dot{A}_u|$ 减小。

当 R_S 一定时，改变 R_D 值的大小，取 $R_D = 10\text{k}\Omega$ 和 $8\text{k}\Omega$，如图 3.4.1 和图 3.4.3 所示。由仿真得到的结果如表 3-4-2 所示。

表 3-4-2　改变 R_D 值的仿真数据

输入电压峰值 U_{im} / mV	R_{G1} / MΩ	R_{G2} / MΩ	R_S / kΩ	R_D / kΩ	U_{GSQ} /V	U_{DSQ} /V	漏极电流 I_{DQ} /μA	输出电压 U_{om} /mV	电压放大倍数 $\dot{A}_u$
10	6	1	2	10	2.137	14.486	51.77	−173.544	−17.4
10	6	1	2	8	2.137	14.571	54.315	−167.210	−16.7

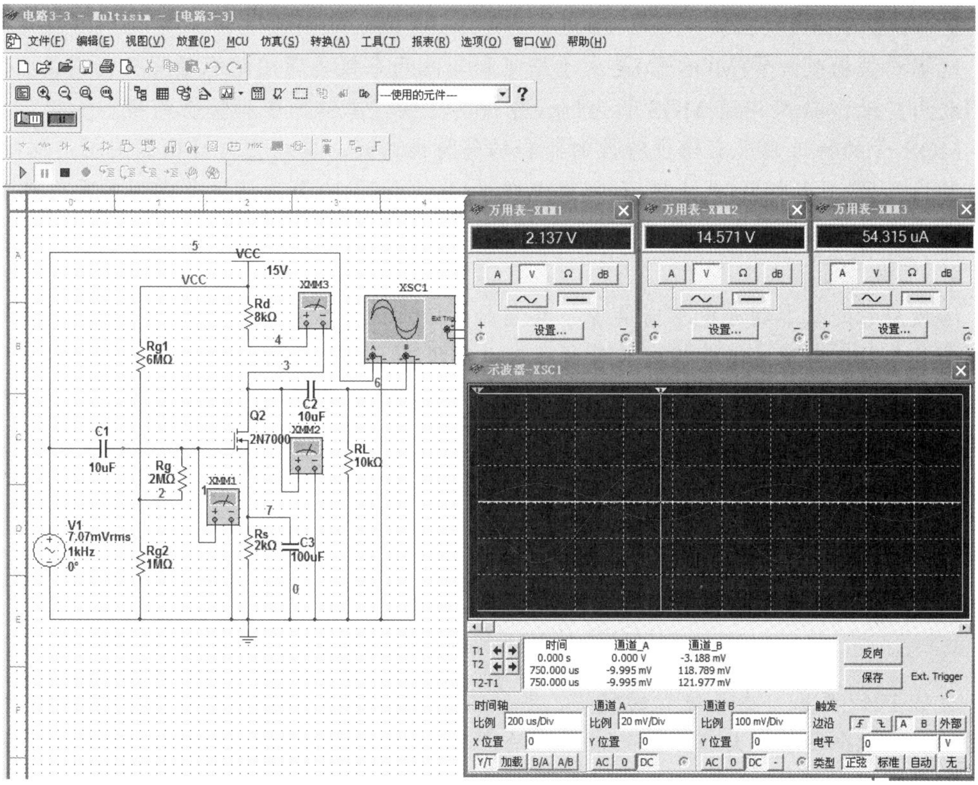

图 3.4.3　$R_S = 2k\Omega$ 和 $R_D = 8k\Omega$ 的基本共源放大电路

由仿真数据可见，随着 R_D 的减小，电压放大倍数 $|\dot{A}_u|$ 减小。这是因为电压放大倍数 $|\dot{A}_u| = g_m R'_L = g_m (R_D // R_L)$ 的缘故。

小　结

场效应管是电压控制型器件，被广泛应用于电子电路尤其是超大规模集成电路中。本章的主要内容有：

1. 场效应管的分类

场效应管根据结构的不同，分为结型和绝缘栅型两类。结型场效应管按沟道半导体材料的不同分为 N 沟道和 P 沟道两种。绝缘栅型场效应管(MOS 管)根据管子导电沟道的类型不同，可分为N沟道 MOS 管和 P 沟道 MOS 管；根据管子是否具有原始导电沟道，MOS 管又有增强型和耗尽型之分。

2. 结型场效应管

结型场效应管是由在同一块 N 型(P 型)硅片的两侧分别制作掺杂浓度较高的 P 型(N 型)区，形成两个对称的 PN 结而得名。以 N 沟道结型场效应管为例，分析其结构特点、工作原理和特性曲线，其输出特性曲线有恒流区、夹断区和可变电阻区三个工作区。

3. 绝缘栅型场效应管

绝缘栅型场效应管(MOS 管)是由于栅极和其他两个极之间用绝缘层隔开而得名，目前应用最为广泛。以 N 沟道 MOS 管为例，分析其结构、工作原理和特性曲线。

MOS 管的特性曲线有输出特性曲线和转移特性曲线。其输出特性曲线有恒流区(线性区或称饱和区)、夹断区(截止区)和可变电阻区(非饱和区)三个工作区。学习时要注意掌握其主要参数。

4. 场效应管放大电路

场效应管的基本放大电路有共源、共漏和共栅三种组态，分别对应于晶体管的共射、共集和共基放大电路。由于场效应管的输入电阻很高，故场效应管的放大电路通常作为多级放大电路的输入级。因共栅放大电路应用最少，所以以共源和共漏放大电路为例进行电路组成、静态和动态分析。

知识链接

CMOS 场效应管的发展趋势

自从 1947 年第一支晶体管的发明，半导体集成电路在 20 世纪的后三十年有了一个极大的发展。这个发展极大地推动了世界性的产业革命和人类社会的进步。今天在我们每个人的日常生活中，互联网、手机的普及以及计算机在各个领域的大量应用，已经使我们进入了信息时代。在这中间起决定性作用的是在硅晶片上工作的 CMOS 场效应管的发明，它的制造工艺的不断发展以及以它为基础的超大规模集成电路的设计手段的不断改进。

1. 半导体的光刻工艺

虽然已经证明现代半导体光刻工艺可以使人们随器件按比例缩小而制造超大规模集成电路(ULSI)，但是，用今天的光刻工艺来制造在纳米范围的 CMOS 场效应管是一个非常重要的待解决问题。经典的光学光刻工艺的精确度由于运用了改进的数字快门镜头和较短波长的激光源已经超过了理论预测的很多倍。现在，最先进的用于大规模制造集成电路的光刻设备是用波长为 193nm 的激光源。一些光刻精确度的改进技术，例如可控相位变化技术等，已使我们有能力让图形的精确度在 100nm 的这个范围内。这个技术运用的是光学的干涉原理到硅晶片上的图形变化比较大的区域。因此，它不是几何图形独立的，可控相位变化技术不能用于整个芯片中所有器件的制造。对于小于 100nm 的范围，经典的光学光刻技术只能用在精度要求不高的地方，而精度要求高的地方，我们必须用 X 射线光刻或电子束光刻技术。对于小于 100nm 的 CMOS 工艺，为了获得高精度的 MOS 管的图形，X 射线光刻技术的应用是非常重要的。这个技术应用的主要问题是掩膜版的制造。相对于 X 射线光刻技术，在小于 100nm 的应用范围，另一个有效的光刻技术是用极端紫外光 (EUV)。这个技术用的是一个 13nm 波长的反射光。在近几年的科研领域，纳米结构的图形光刻是用电子束光刻技术。它的光刻精确度是在 10nm 的范围。对于电子束光刻技术，它的最大挑战是怎样把它与一般的光刻技术结合起来加以应用。

2. 三维立体集成技术

相对于两维平面集成电路，三维立体集成技术已被人们提出，它主要有两个优点：(1)减小了器件之间的连线长度；(2)由于整个芯片尺寸的减小而导致可靠性的提高，进而降低了芯片的造价。三维立体集成技术相对于将来的CMOS工艺是非常具有吸引力的，特别是在系统芯片(SoC)的应用上。运用三维立体集成技术，对于不同的集成电路，人们能够先把它们分别制造，然后再把它们连接起来。三维立体集成技术的主要困难在于：不同电路层的对准与绝缘问题。

3. 低介电常数的绝缘介质和超导传输的技术问题

对于不同器件的连接，人们采用化学机械抛光技术(CMP)使铜线代替铝线。用铜线代替铝线，优点是降低了连线的分布电阻，却使连线的可靠性变坏。同时，铜连线不能充分地消除整个连线的时间滞后，因为这个滞后是分布电阻和电容的乘积。为了降低连线分布电容，金属连线层的低介电常数绝缘介质的研究是非常重要的。目前已经有许多低介电常数的绝缘介质被研究。为了减小连线电阻，高温超导是一个最理想的选择。但依据它的研究现状，短时间内把它应用到CMOS场效应管工艺还是有很多困难。

4. MOS场效应管新制造工艺的发展方向

为了更进一步减小CMOS场效应管的尺寸以满足现代信息社会的要求，人们需要一些新的制造工艺以克服由于器件尺寸减小而带来的挑战，这包括材料科学的发展和制造设备的革新。在CMOS场效应管新制造工艺的发展方向的挑战主要集中在以下方面：如何控制工艺的变化；如何改进生产率；如何平衡各种工艺的革新和研究与开发的投资。总之，根据人们的预测，半导体工业根据CMOS场效应管按比例缩小原理，可以保持它的发展一直到2020年以达到管子的最小沟道长度在10至15nm这个范围。

由于CMOS场效应管在现代信息社会的重要性，它的工艺发展是一个非常广范的讨论题目，而且它的发展还会像以前一样继续带来科学与工程的变革。

随堂测验题

【测试系统：第3章随堂测验题】

说明：本试题分为单项选择题和判断题两部分，答题完毕并提交后，系统将自动给出本次测试成绩以及标准答案。

习　题

【图文：第3章习题解答】

3-1 单项选择题

(1) 某场效应管的 $I_{DSS}=6\text{mA}$，而 I_{DQ} 自漏极流出，大小为8mA，则该管是(　　)。

A．P沟道结型　　B．N沟道结型

C．耗尽型PMOS管　　D．耗尽型NMOS管

(2) 对于N沟道MOS管而言，若漏极电流 i_D 从2 mA增加到5 mA，则其低频跨导将(　　)。

A．增大　　B．减小　　C．基本不变　　D．无法确定

(3) N 沟道增强型 MOS 管工作于恒流区的外部条件是(　　)。

A. $u_{GS} < U_{GS(th)}$，$u_{DS} < u_{GS} - U_{GS(th)}$　　B. $u_{GS} < U_{GS(th)}$，$u_{DS} > u_{GS} - U_{GS(th)}$

C. $u_{GS} > U_{GS(th)}$，$u_{DS} < u_{GS} - U_{GS(th)}$　　D. $u_{GS} > U_{GS(th)}$，$u_{DS} > u_{GS} - U_{GS(th)}$

(4) 若 $u_{GS} = 0$，$u_{GS(0ff)} = -4V$，则当 $u_{DS} = 5V$ 时，N 沟道耗尽型 MOS 管将工作于(　　)。

A. 可变电阻区　　B. 恒流区　　C. 夹断区

(5) 在图 T3-1 所示的各图中，表示 N 沟道耗尽型 MOS 管转移特性的为图(　　)。

A. (a)　　B. (b)　　C. (c)　　D. (d)

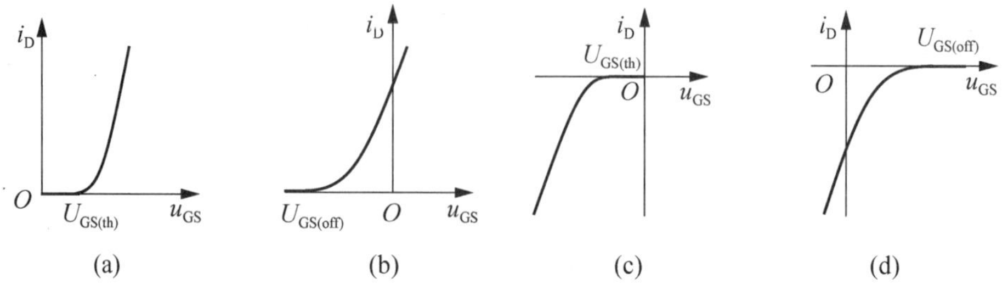

图 T3-1　习题 3-1-5 的图

3-2 判断题(正确的请在题后的圆括号内打“√”，错误的打“×”)

(1) 工作于恒流区的N沟道增强型MOS管在 $u_{GS} > u_{GS(th)}$ 后的栅极和源极之间的等效电阻将明显减小。(　　)

(2) 耗尽型 MOS 管的使用条件较增强型 MOS 管的宽松，u_{GS} 在大于零、小于零或等于零的一定范围内均可使管子工作于恒流区。(　　)

(3) 当场效应管的漏极电流 I_D 从 3mA 增至 3.5mA 时，其跨导将减小。(　　)

(4) 场效应管用于放大时，工作在特性曲线的可变电阻区。(　　)

(5) 场效应管是通过改变栅极电压来改变漏极电流的，故场效应管是一个电压控制的电流源。(　　)

3-3 若某 MOS 管的 $I_{DSS} = 2mA$，$U_{GS(off)} = -5V$。

(1) 指出该 MOS 管的名称(N 沟道增强型 MOS 管、P 沟道增强型 MOS 管、N 沟道耗尽型 MOS 管、P 沟道耗尽型 MOS 管);

(2) 画出其转移特性曲线和输出特性曲线，并大致标出其三个工作区。

3-4 电路如图 T3-2 所示，已知 VT 管的 $I_{DSS} = 2mA$，$U_{GS(off)} = -4V$，试判断该场效应管的工作状态。

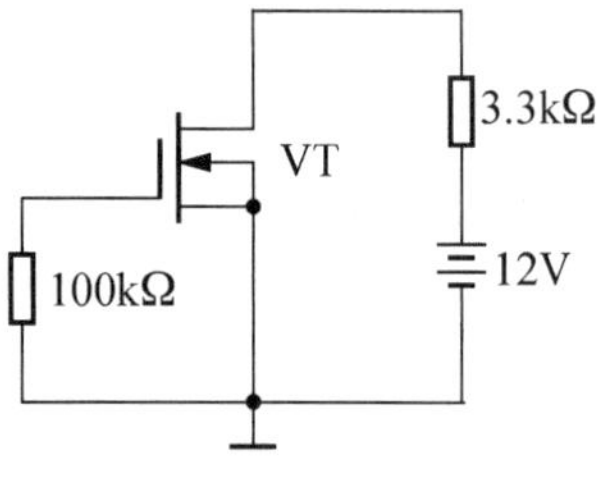

图 T3-2　习题 3-4 的图

3-5 已知某场效应管管的输出特性曲线如图 T3-3 所示，试分析指出该管子的名称(N 沟道增强型 MOS 管、P 沟道增强型 MOS 管、N 沟道耗尽型 MOS 管、P 沟道耗尽型 MOS 管)。

3-6 某 MOS 管的转移特性曲线如图 T3-4 所示，其漏极电流 i_D 的方向是它的参考方向，试问：(1)该管是耗尽型还是增强型？(2)是 N 沟道还是 P 沟道？(3)从转移特性上可求出该 MOS

管的夹断电压 $U_{GS(off)}$还是开启电压 $U_{GS(th)}$？其值是多少？

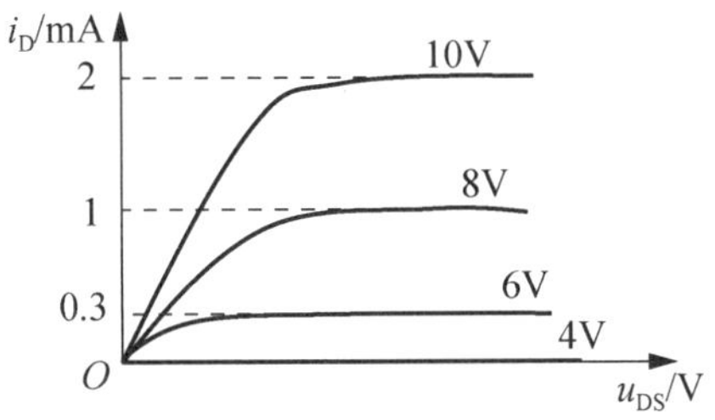

图 T3-3 习题 3-5 的图

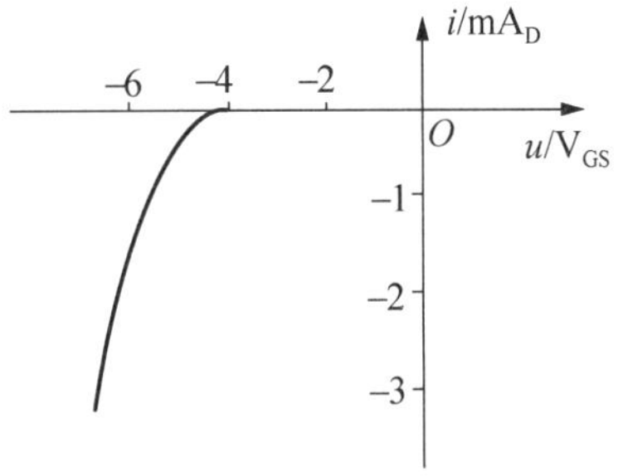

图 T3-4 习题 3-6 的图

3-7 试分析图 T3-5 所示各电路能否进行正常放大，并说明如何改正才能实现正常放大。

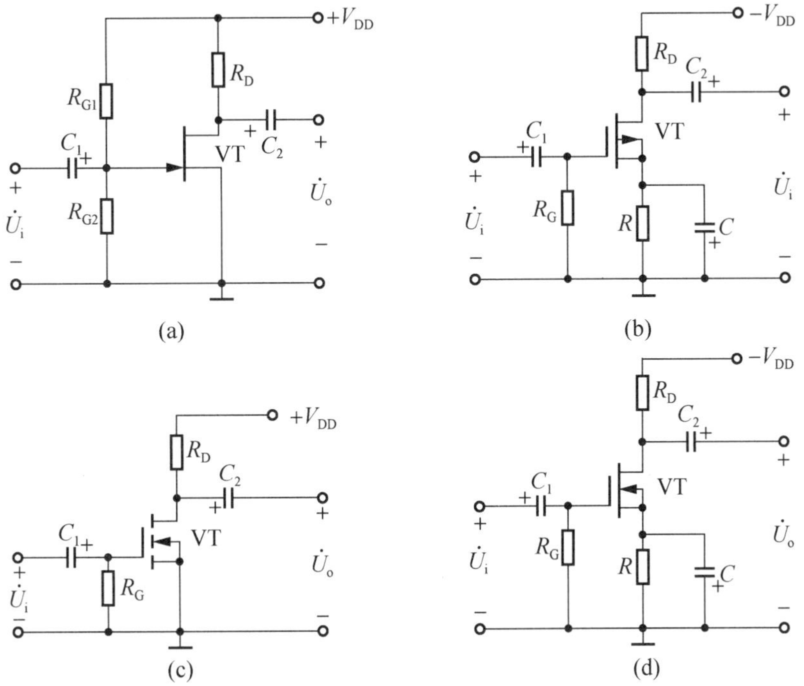

图 T3-5 习题 3-7 的图

3-8 如图 T3-6 所示场效应管放大电路中夹断电压 $U_{GS(off)} = -1V$，$I_{DSS} = 0.5mA$。试求其静态工作点并写出输入电阻 R_i、输出电阻 R_o 和电压放大倍数 $\dot{A}_u$ 的表达式。

3-9 由结型场效应管组成的放大电路如图 T3-7 所示，夹断电压 $U_{GS(off)=}$-5V，$I_{DSS} = 4mA$。试求：(1)静态工作点；

(2) 输入电阻 R_i、输出电阻 R_o 和电压放大倍数 $\dot{A}_u$。[提示：低频跨导 g_m 为转移特性曲线上静态工作点 Q 处的导数。]

3-10 电路如图 T3-8 所示，场效应管的 $g_m = 2mS$，电路中各电容对交流均可视为短路。试求该电路的电压增益 $\dot{A}_u$、输入电阻 R_i 和输出电阻 R_o。

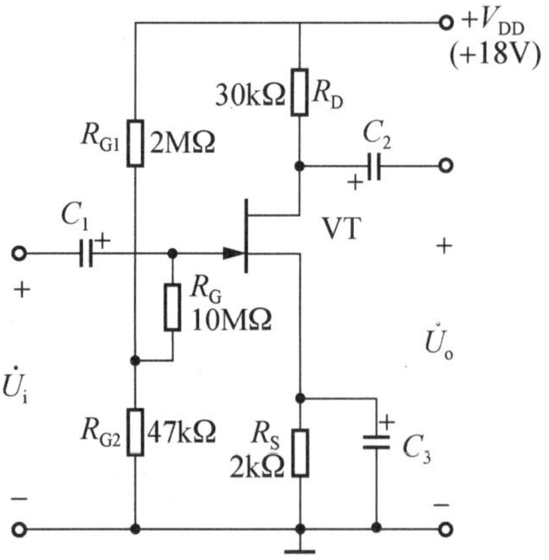

图 T3-6　习题 3-8 的图

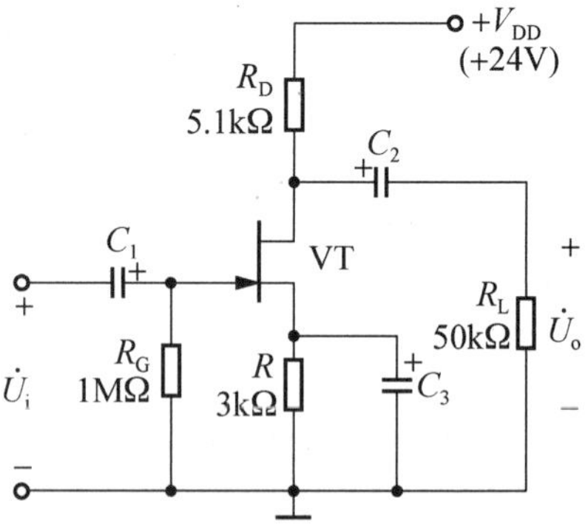

图 T3-7　习题 3-9 的图

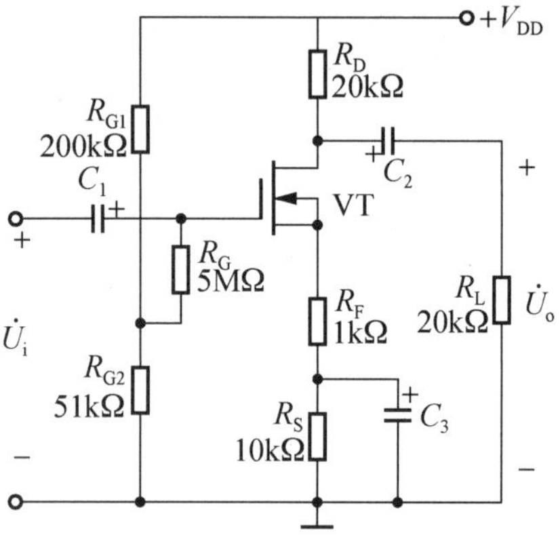

图 T3-8　习题 3-10 的图

第 1—3 章综合测试题

说明：本试题为单项选择题和判断题两部分，答题完毕并提交后，系统将自动给出本次测试成绩以及标准答案。

【测试系统：第 1-3 章测试题】

第 4 章 多级放大电路

在前两章中，我们学习了由单管组成的基本放大电路，其电压增益一般只有几十倍，而实际应用中，常要对放大电路的综合性能指标提出要求，如要有很高的电压放大倍数、很高的输入电阻和很低的输出电阻等，仅靠前面介绍的单级放大电路往往达不到要求，这时就要把若干具有不同特点的单级放大电路连接起来，组成所谓的多级放大电路。本章首先介绍多级放大电路的级间耦合方式及分析方法，并重点讨论差分放大电路。

本章教学目标与要求

- 了解多级放大电路的级间耦合方式，掌握多级放大电路的分析方法。
- 熟练掌握基本差分放大电路的组成、工作原理和输入、输出方式。
- 掌握典型差分放大电路结构特点，了解改进型差分放大电路的组成及其工作原理。

【引例】

在用毫伏表(如图 4.1 所示)测量毫伏数量级的电压时，指针能够偏转；扩音机(如图 4.2 所示的手持扩音机)能够将声音信号放大到足够的强度并能够带动扬声器发声。那么，指针如何能够偏转，微弱信号如何能够推动扬声器发声，这些都不是一个单级放大电路所能完成的。通过本章的学习，我们将会对多级放大有更进一步的了解。

图 4.1　毫伏表

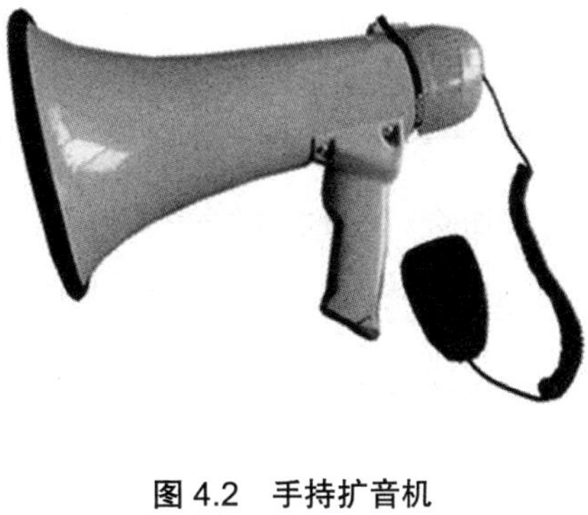

图 4.2　手持扩音机

4.1　多级放大电路的级间耦合方式

在组成多级放大电路时，首先要解决的问题是级与级之间如何连接，也就是多级放大电路的级间耦合问题。多级放大电路的级间耦合方式通常有直接耦合、阻容耦合、变压器耦合和光电耦合等。

1. 直接耦合

直接耦合放大电路如图 4.1.1 所示。直接耦合放大电路的特点是，前后级之间无须附加元件，用导线直接连接，这样，既能放大变化较快的、频率较高的交流信号，也能放大变化缓慢的、频率较低的交流信号或称直流信号，同时便于制作集成电路。但直接耦合电路前级与后级之间存在直流通路，使得各级之间的静态工作点相互影响，分析、设计和调试都比较麻烦。

2. 阻容耦合

阻容耦合放大电路如图 4.1.2 所示。前级的输出端通过电容 C_2 和后级的输入端连接，C_2 称为耦合电容。耦合电容的取值一般比较大，通常为几微法到几十微法。阻容耦合放大电路的特点是：静态时，电容 C_2 可视为开路，从而使各级的静态工作点互不影响，各自独立，便于分析、设计和调试；动态时，对要放大的交流信号，电容 C_2 可视为短路，交流信号可以畅通流过，使交流信号得到有效的传输。但是，由于阻容耦合放大电路的低频特性差，故不能放大直流或变化缓慢的信号。因为当信号频率较低时，电容的容抗较大，电容两端的电压增大，低频交流信号损失过多，不能得到有效传输。此外，阻容耦合电路中的电容值比较大，不便于制作集成电路。

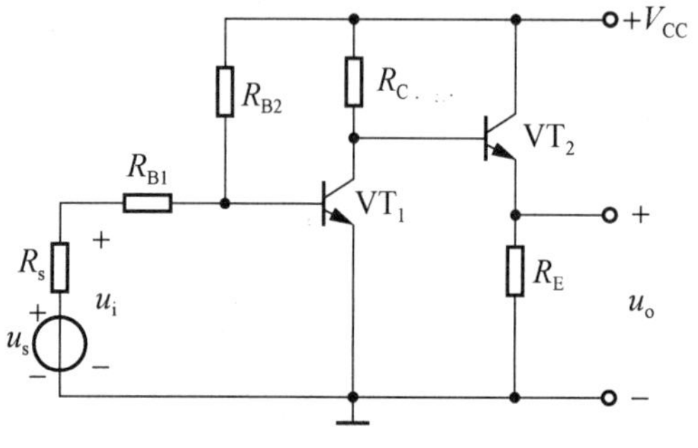

图 4.1.1　直接耦合放大电路

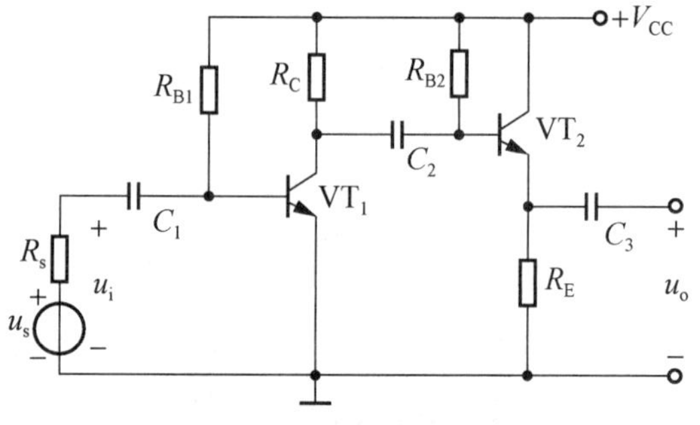

图 4.1.2　阻容耦合放大电路

3. 变压器耦合

变压器耦合放大电路如图 4.1.3 所示。变压器耦合方式的特点是：静态时，变压器绕组可视为短路，使各级的静态工作点互不影响，各自独立，便于调试；动态时，能使交流信号畅通传输，同时，由于变压器具有阻抗变换作用，可以使放大电路与负载之间或者使放大电路级与级之间进行阻抗匹配，以得到最佳的放大效果。但变压器耦合方式的低频特性较差，只能放大交流信号，不能放大直流或变化缓慢的信号。另外，变压器体积大、笨重，也不易实现集成化。因此，变压器耦合方式一般只用于集成功率放大电路无法满足需要的分立元件功率放大电路中。

4. 光电耦合

光电耦合放大电路如图 4.1.4 所示。图中的方框表示光电耦合器，方框内的 LED 为发光二极管，VT_1 为光敏晶体管。当电路处在静态时，由直流电源 V_{BB} 和 V_{CC} 分别为二极管和晶体管提供合适的静态电压、电流值。当有动态信号输入时，引起发光二极管 LED 的电流发生变化，LED 发出光的强弱随即发生变化，从而使光敏晶体管 VT_1 的集电极电流作线性变化，通过发射极电阻 R_2 将电流的变化转化成电压信号传输到下一级。图中采用 V_{BB} 和 V_{CC} 两个直流电源分别供电，是为了远距离传输信号时，增强抗干扰的能力。

【图文：光电耦合器图片】

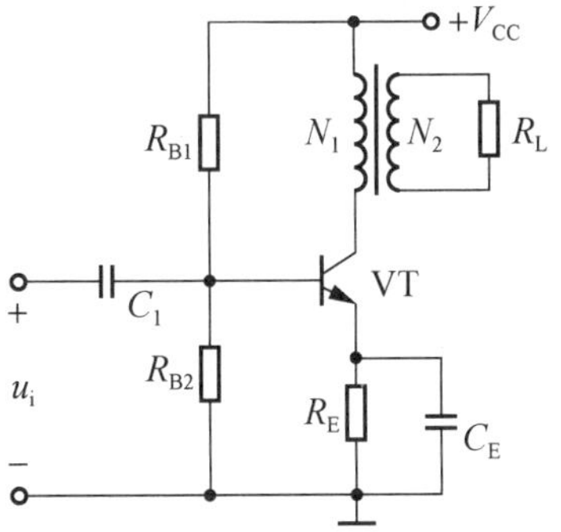

图 4.1.3 变压器耦合放大电路

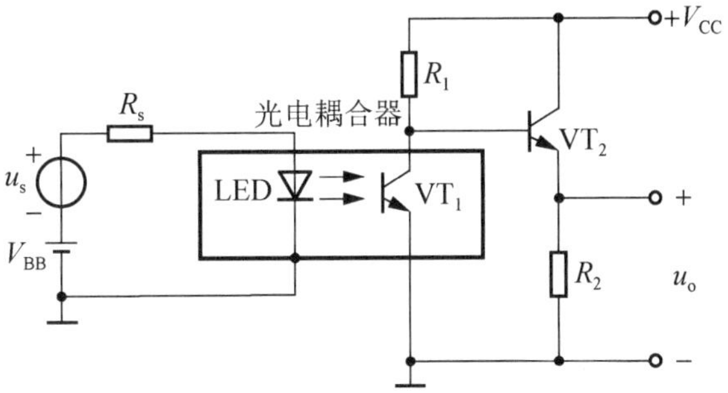

图 4.1.4 光电耦合放大电路

光电耦合放大电路的特点是，以光为媒介实现电信号的传输，输入端与输出端没有直接的电的联系，因此能有效地抗干扰，除噪声，而且具有响应快、寿命长等特点；信号在进行传输放大时，无损耗，也不会引起信号失真。所以这种耦合方式得到了越来越广泛的应用。但是，由于光电耦合器的传输比①的数值比晶体管的电流放大系数 β 小得多(只有 0.1～1.5)，使得电压放大倍数较低。

4.2 多级放大电路的分析方法

多级放大电路也是交、直流并存的电路，因此分析多级放大电路时，仍然要遵循“先静态”“后动态”的原则。

进行静态分析时，对于阻容耦合和变压器耦合放大电路，由于各级的静态工作点彼此独立，所以按照前面所讲的单级放大电路计算静态工作点的方法进行计算即可。对于直接

① 当光敏晶体管的 C-E 间电压一定时，i_C 的变化量与发光二极管电流 i_D 的变化量之比称为传输比，用 CTR 表示，即 $CTR = \left.\dfrac{\Delta i_C}{\Delta i_D}\right|_{\Delta u_{CE}=0}$

耦合的多级放大电路，由于各级的静态工作点是相互联系的，所以计算时要综合考虑前后级电压、电流之间的关系，在此不作讨论。对于光电耦合多级放大电路，静态时，交流信号为零，只要根据直流电路的分析计算方法求解即可。

一个 n 级放大电路的交流等效电路可用如图 4.2.1 所示的方框图表示。对多级放大电路进行动态分析时，应先画出各级放大电路的交流微变等效电路，然后根据不同的耦合方式将各级正确的连接起来，即为整个放大电路的交流微变等效电路。根据交流微变等效电路，求出电压放大倍数及输入、输出电阻。

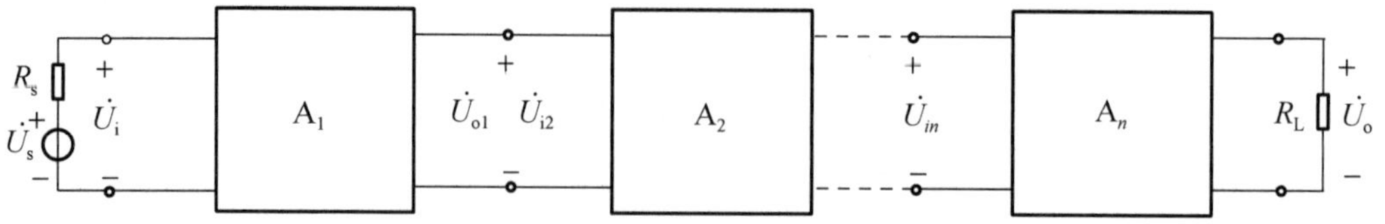

图 4.2.1　多级放大电路的方框图

由如图 4.2.1 所示方框图可知，多级放大电路前级的输出电压即为后级的输入电压，即 $\dot{U}_{o1}=\dot{U}_{i2}$、$\dot{U}_{o2}=\dot{U}_{i3}$、…、$\dot{U}_{o(n-1)}=\dot{U}_{in}$，所以，多级放大电路的电压放大倍数

$$\dot{A}_u=\frac{\dot{U}_{o1}}{\dot{U}_i}\cdot\frac{\dot{U}_{o2}}{\dot{U}_{i2}}\cdots\frac{\dot{U}_o}{\dot{U}_{in}}=\dot{A}_{u1}\cdot\dot{A}_{u2}\cdots\dot{A}_{un}$$

即

$$\dot{A}_u=\dot{A}_{u1}\cdot\dot{A}_{u2}\cdot\dot{A}_{u3}\cdots\dot{A}_{un} \tag{4-2-1}$$

式(4-2-1)表明，多级放大电路的电压放大倍数等于各级放大电路电压放大倍数之积。除第 n 级外，每级的电压放大倍数均为以后级输入电阻作为负载电阻的电压放大倍数。

多级放大电路的输入电阻就是第一级放大电路的输入电阻。多级放大电路的输出电阻就是最后一级放大电路的输出电阻。

特别提示

- 计算各级电压放大倍数时，必须考虑后级对前级的影响，即应将后级的输入电阻作为前级的负载电阻。
- 当共集放大电路作输入级时，它的输入电阻与第二级的输入电阻有关。
- 当共集放大电路作输出级时，它的输出电阻与前一级的输出电阻有关。

【例 4-2-1】 如图 4.2.2 所示，已知晶体管的 $\beta_1=\beta_2=100$，$r_{be1}=r_{be2}=1k\Omega$，晶体管导通时 $U_{BE1Q}=U_{BE2Q}=0.7V$。

试求：(1) 求各级静态工作点；

(2) 电压放大倍数 $\dot{A}_u$、R_i、R_o。

【解】 (1) 画出电路的直流通路如图 4.2.3 所示。静态工作点为

$$U_{B1Q}=\frac{V_{CC}R_{12}}{R_{12}+R_{B1}}=\frac{12\times20\times10^3}{(20+55)\times10^3}=3.2V$$

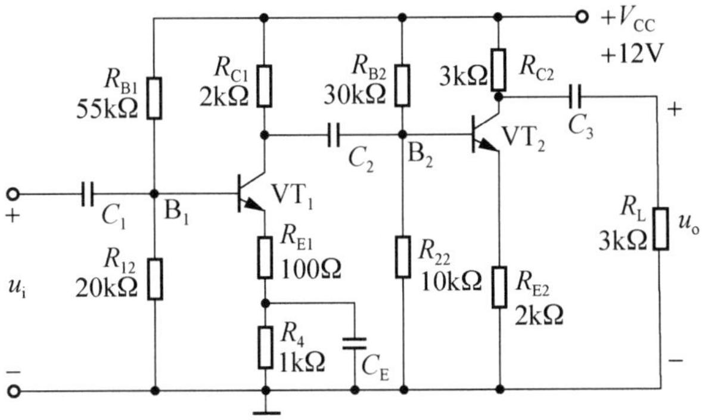

图 4.2.2 例 4-2-1 的图

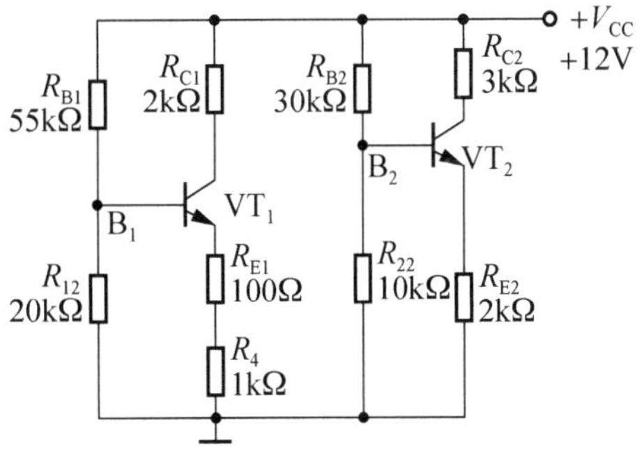

图 4.2.3 例 4-2-1 的静态电路

$$I_{C1Q} \approx I_{E1Q} = \frac{U_{B1Q} - U_{BE1Q}}{R_{E1} + R_4} = \frac{3.2 - 0.7}{1000 + 100} = 2.3\text{mA}$$

$$I_{B1Q} = \frac{I_{E1Q}}{1 + \beta_1} = \frac{2.3 \times 10^{-3}}{1 + 100} = 22.8\mu\text{A}$$

$$U_{CE1Q} \approx V_{CC} - I_{C1Q}(R_{C1} + R_{E1} + R_4) = 12 - 2.3 \times 10^{-3} \times (2 + 1 + 0.1) \times 10^3 = 4.9\text{V}$$

$$U_{B2Q} = \frac{V_{CC} R_{22}}{R_{22} + R_{B2}} = \frac{12 \times 10 \times 10^3}{(30 + 10) \times 10^3} = 3\text{V}$$

$$I_{C2Q} \approx I_{E2Q} = \frac{U_{B2Q} - U_{BE1Q}}{R_{E2}} = \frac{3 - 0.7}{2000} = 1.2\ \text{mA}$$

$$I_{B2Q} = \frac{I_{E2Q}}{1 + \beta_2} = \frac{1.2 \times 10^{-3}}{1 + 100} \approx 12\mu\text{A}$$

$$U_{CE2Q} \approx V_{CC} - I_{C2Q}(R_{C2} + R_{E2}) = 12 - 1.2 \times 10^{-3} \times (3 + 2) \times 10^3 = 6\text{V}$$

(2) 微变等效电路如图 4.2.4 所示。

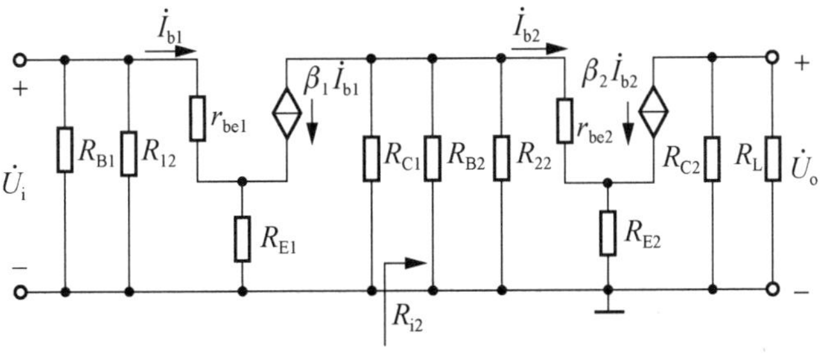

图 4.2.4 例 4-2-1 的微变等效电路图

第二级的输入电阻为

$$R_{i2} = R_{B2} \,//\, R_{22} \,//\, [r_{be2} + (1 + \beta_2) R_{E2}] = 30 \,//\, 10 \,//\, [1 + (1 + 100) \times 2] \approx 7.5\text{k}\Omega$$

电压放大倍数为

$$\dot{A}_{u1} = -\frac{\beta_1 (R_{C1} \,//\, R_{i2})}{r_{be1} + (1 + \beta_1) R_{E1}} \approx -\frac{100 \times (2 \,//\, 10)}{1 + 100 \times 0.1} \approx -15.2$$

$$\dot{A}_{u2} = -\frac{\beta_2(R_{C2}//R_L)}{r_{be2}+(1+\beta_2)R_{E2}} \approx -\frac{100\times(3//3)}{1+100\times 2} \approx -0.75$$

$$\dot{A}_u = \dot{A}_{u1}\dot{A}_{u2} = (-15.1)\times(-0.75)\approx 11.4$$

放大电路的输入电阻为

$$R_i = R_{B1} // R_{12} // [r_{be1}+(1+\beta_1)R_{E1}] = 55 // 20 // [1+(1+100)\times 0.1] \approx 6.3\text{k}\Omega$$

放大电路的输出电阻为

$$R_o = R_{C2} = 3\text{k}\Omega$$

4.3　差分放大电路

【图文：热电偶】

在实际应用中，除需要放大交流信号外，经常还需要放大直流信号或者说变化缓慢的信号，如空调及冰箱中的恒温控制，工业上压力及流量的自动控制等。经温度传感器(如热电偶和 AD590 等)和压力传感器等所检测回来的信号都是变化缓慢的信号，而这些信号往往又是很微弱的信号，需要进行放大后才能驱动执行元件动作，以对温度或压力进行自动调节。对变化缓慢的信号进行放大时，如前所述，可以采用直接耦合放大电路。但是直接耦合放大电路除了静态工作点相互影响之外，还有一个更为严重的问题，就是存在零点漂移现象。

4.3.1　零点漂移

放大电路的输入电压 u_I 为零时，输出电压偏离初始值出现缓慢变化的现象，称为零点漂移，简称零漂。零点漂移现象可由实验测出，将直接耦合放大电路的输入端短路，即输入信号 u_I 为零，用灵敏度较高的电压表测量输出电压 u_O，测出的输出电压 u_O 的波形如图 4.3.1 所示。

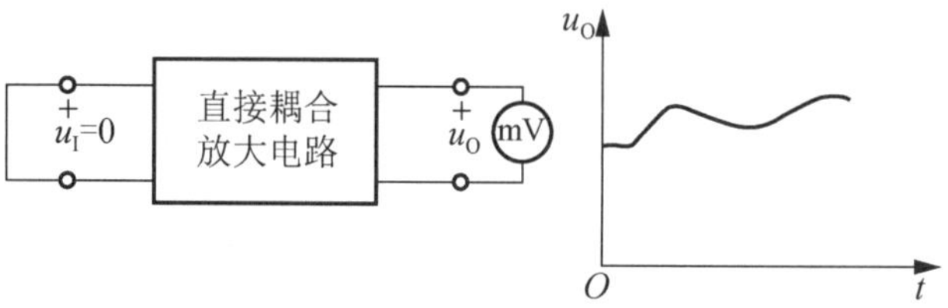

图 4.3.1　零点漂移现象的测试

产生零点漂移的主要原因是电源电压的波动、元件老化引起的电路参数的变化、温度变化引起的晶体管参数的变化等。在诸多原因中，由温度变化所引起的半导体器件参数的变化是产生零点漂移的主要原因，所以零点漂移又称为温度漂移或简称温漂。

在多级直接耦合放大电路中，第一级的漂移影响最为严重，因为是直接耦合，第一级的漂移被逐级放大，以至于在输出端很难区分是有用信号，还是漂移信号，导致放大电路不能正常工作。因此，要采取一定的措施主要抑制第一级放大电路的零点漂移。通常，克服零点漂移最有效的方法是在多级放大电路的第一级采用差分放大电路。

4.3.2 差分放大电路的组成及工作原理

1. 基本差分放大电路的组成

基本差分放大电路的组成如图 4.3.2 所示。基本差分放大电路由两个单管共射放大电路对接而成，电路结构对称，理想情况下，两管的特性参数及对应电阻元件的参数值都相同，因而它们的静态工作点也必然相同。输入信号u_{I1}和u_{I2}由两管的基极输入，输出电压u_O则取自两管的集电极之间。由于电路有两个输入端，两个输出端，故又称为双端输入—双端输出的差分放大电路。

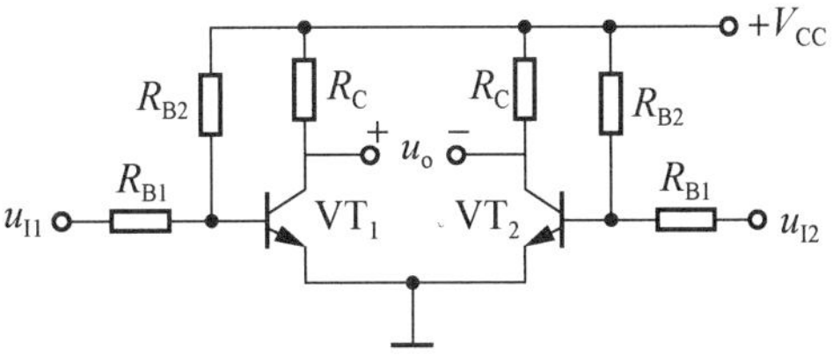

图 4.3.2 基本差分放大电路

【视频: 差分放大电路零漂抑制原理】

2. 零点漂移的抑制

当输入信号为零时，即$u_{I1}=u_{I2}=0$，由于电路参数相同，结构对称，故两管的集电极电流相等，即$I_{CQ1}=I_{CQ2}$，两管的集电极电位相同，即$U_{CQ1}=U_{CQ2}$，输出电压$U_O=U_{CQ1}-U_{CQ2}=0$。

当温度发生变化时，尽管两管的集电极电位变化，但由于两边电路完全对称，理想情况下，两管参数变化是相同的，故两管集电极电流的变化量是相同的，即$\Delta i_{C1}=\Delta i_{C2}$，各管的集电极电位的变化也相同，即$\Delta u_{C1}=\Delta u_{C2}$，输出电压

$$u_O=(U_{CQ1}+\Delta u_{C1})-(U_{CQ2}+\Delta u_{C2})=0。$$

可见，对基本差分放大电路而言，虽然温度变化会引起各管集电极电位的变化，但由于采用双端输出，电路参数相同，结构对称，故由温度变化而引起的输出变化量相互抵消，从而抑制了零点漂移。

特别提示

- 图 4.3.2 基本差分放大电路是根据电路的对称性，从两个集电极输出信号，抑制零点漂移，但是，单管的零点漂移并没有抑制，当信号从单端输出时，仍存在严重的零点漂移。

3. 差分放大电路的输入信号与电压放大倍数

1) 共模输入与共模电压放大倍数

在差分放大电路的两个输入端输入一对大小相等、极性相同的信号，即$u_{I1}=u_{I2}$(称为共模信号)，称为共模输入。共模信号用u_{Ic}①表示，即$u_{Ic}=u_{I1}=u_{I2}$。共模输入时的电路如图 4.3.3 所示。

当差分放大电路输入共模信号时，由于电路对称，参数相同，由共模信号所产生的集

① 下标 c 是 common 的首字母。

电极电位的变化量相等，即 $\Delta u_{C1}=\Delta u_{C2}$，两管的集电极对地电压相等，即 $u_{C1}=u_{C2}$，差分放大电路的共模输出电压

$$u_{Oc}=u_{C1}-u_{C2}=(U_{CQ1}+\Delta u_{C1})-(U_{CQ2}+\Delta u_{C1})=0\ 。$$

差分放大电路对共模信号的电压放大倍数称为共模电压放大倍数，用 A_c 表示，即

$$A_c=\frac{u_{Oc}}{u_{Ic}} \tag{4-3-1}$$

共模信号一般为干扰信号。另外，若把差分放大电路输出的漂移电压折合到输入端，则可以将零点漂移视为由共模信号产生的。因此，抑制了共模信号也就等于抑制了零漂。希望对共模信号的放大能力越小越好。共模放大倍数越小，抑制干扰信号和零点漂移的能力越强。显然，当电路结构完全对称时，若采用双端输出，则差分放大电路的共模电压放大倍数 A_c=0 。

2) 差模输入与差模电压放大倍数

在差分放大电路的两个输入端输入一对大小相等、极性相反的信号，即 $u_{I1}=-u_{I2}$ (称为差模信号)，称为差模输入。差模信号等于差分放大电路两个输入端的输入电压之差，用 u_{Id} ① 表示。差模输入时的电路如图 4.3.4 所示。

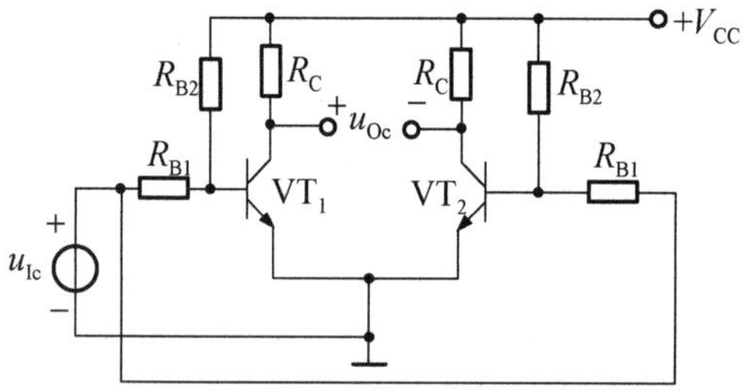

图 4.3.3　差分放大电路共模输入

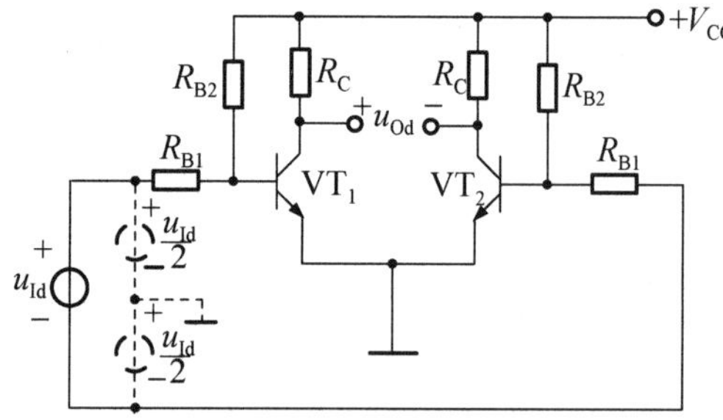

图 4.3.4　差分放大电路差模输入

当在差分放大电路的两个输入端输入差模信号 u_{Id} 时，由于电路结构和参数具有对称性，故 u_{Id} 经分压后，加在 VT$_1$ 管一边的电压为 $+u_{Id}/2$，加在 VT$_2$ 管一边的电压为 $-u_{Id}/2$，是差模信号的一对差模分量，即当在差分放大电路的两个输入端输入差模信号 u_{Id} 时，相当于在差分放大电路的两个输入端输入了一对大小相等、极性相反的信号。由于这两个电压大小相等、极性相反，故两管的集电极对地电压的变化量大小相等、极性相反，即 $\Delta u_{C1}=-\Delta u_{C2}$，差分放大电路的差模输出电压 $u_{Od}=u_{C1}-u_{C2}=(U_{CQ1}+\Delta u_{C1})-(U_{CQ2}-\Delta u_{C1})=2\Delta u_{C1}$。由此可见，差分电路对差模信号具有一定的放大能力。

差分放大电路对差模信号的放大倍数称为差模电压放大倍数，用 A_d 表示，即

$$A_d=\frac{u_{Od}}{u_{Id}}=\frac{u_{Od}}{u_{I1}-u_{I2}} \tag{4-3-2}$$

差模输出电压

$$u_{Od}=A_d(u_{I1}-u_{I2}) \tag{4-3-3}$$

① 下标 d 是 diferential 的首字母。

差模信号是要放大的有用信号，希望对差模信号的放大能力越大越好。由式(4-3-3)可知，只有当差分放大电路的两个输入端之间的电压差别(即变化量不等于零)时，输出电压才有变动(即变化量不等于零)，因此差分放大电路也称差动放大电路。

3) 比较输入

在差分放大电路的两个输入端输入任意大小和极性的两个信号，既非共模又非差模，称为比较输入。这种输入方式常作为比较放大来运用，在自动控制系统中最为常见。为了便于分析和计算，通常将这种比较信号分解成一对大小相等而极性相同的共模分量和一对大小相等而极性相反的差模分量。例如，有两个输入信号分别为$u_{I1}=16\text{mV}$和$u_{I2}=20\text{mV}$。可以写成$u_{I1}=18\text{mV}-2\text{mV}$，$u_{I2}=18\text{mV}+2\text{mV}$，这样就可以认为18mV是输入信号的共模分量，即共模信号$u_{Ic}=u_{I1}=u_{I2}=18\text{mV}$，$u_{Ic}$=(16mV+20mV)/2=18mV；而+2V和–2V则为差模分量，差模信号$u_{Id}=+2\text{mV}-(-2\text{mV})=4\text{mV}$，即$u_{Id1}=u_{Id}/2=2\text{mV}$，$u_{Id2}=-u_{Id}/2=-2\text{mV}$。所以，可表达为

$$u_{I1}=u_{Ic}+u_{Id1}$$
$$u_{I2}=u_{Ic}+u_{Id2}$$

特别提示

- 比较输入时，差模信号等于两比较信号之差，共模信号等于两比较信号之平均值。

4. 共模抑制比

如上所述，对差分放大电路而言，差模信号是有用的信号，要求有较大的电压放大倍数；而共模信号则是一些干扰信号或由零点漂移等效的信号，因而要求对共模信号的放大倍数越小越好。为了衡量差分放大电路对差模信号的放大能力和对共模信号的抑制能力，通常把差分放大电路的差模电压放大倍数A_d与共模电压放大倍数A_c之比的绝对值称为共模抑制比，用K_{CMR}表示，即

$$K_{CMR}=\left|\frac{A_d}{A_c}\right| \tag{4-3-4}$$

显然，K_{CMR}越大越好。在电路完全对称的情况下，双端输出时，$A_c=0$，$K_{CMR}\to\infty$。但在实际应用中，电路不可能做到完全对称，所以K_{CMR}不可能为无穷大，只能使其尽可能大。

4.3.3 典型差分放大电路

在基本差分放大电路中，虽然由温度变化而引起各管集电极的电位变化，但由于采用双端输出形式，且电路参数具有对称性，使得由温度变化而引起的输出变化量相互抵消，从而抑制了零点漂移。但是，在实际应用中，两管的特性参数不可能完全相同，电路结构也不可能完全对称，所以抑制零点漂移的效果并不十分理想。为此，要抑制零点漂移应从两方面入手：一是尽量做到电路理想对称，并采用双端输出形式；二是尽量减少每只管子

集电极的漂移电压。要减少每只管子集电极的漂移电压，可以采用静态工作点稳定电路。可以想象，若静态工作点稳定了，每只管子集电极的漂移电压也就减小了，也就有效地抑制了零点漂移。因此，稳定静态工作点是抑制零点漂移的基本措施。但是，仔细研究静态工作点稳定过程，不难发现，静态工作点稳定电路是通过集电极电流的微小变化在发射极电阻 R_E 上产生电压的变化，从而使基极电流朝着与集电极电流相反方向的变化而达到稳定静态工作点的目的的。正是由于集电极电流的这种微小变化，引起集电极电位的变化。若采用直接耦合多级放大电路，则集电极电位的变化会被后级电路逐级放大，从而产生较大的漂移电压输出。故即使采用静态工作点稳定电路，零漂也不可避免。所以采用静态工作点稳定电路只能减小零漂，但不能完全抑制零漂。

1. 典型差分放大电路的组成

典型差分放大电路如图 4.3.5 所示。该电路也称为长尾式差分放大电路，与基本差分放大电路相比，典型差分放大电路增加了发射极电阻 R_E 和负直流电源 $-V_{EE}$。发射极电阻 R_E 的作用是形成直流负反馈，以稳定电路的静态工作点，进一步减少集电极电流由于温度所带来的变化，从而一定程度上抑制每只管子的零点漂移。显然，R_E 越大，对静态工作点的稳定越有利，抑漂的效果越好。但是，在 V_{CC} 一定时，R_E 过大，会抬高发射极静态电位，使集电极静态电流过小，从而使静态工作点不合适。为此，增加了直流电源 $-V_{EE}$ 以补偿 R_E 两端的电压降，从而获得合适的静态工作点。

2. 静态分析

由于电路结构和参数对称，两管所构成电路的静态工作点相同，故只需计算一只管子的静态值即可。图 4.3.6 是图 4.3.5 的单管直流等效通路。其中，根据电压等效的观点，差分管 VT_1 和 VT_2 的公共发射极电阻 R_E 等效到单管放大电路上去后，将增大到 $2R_E$。

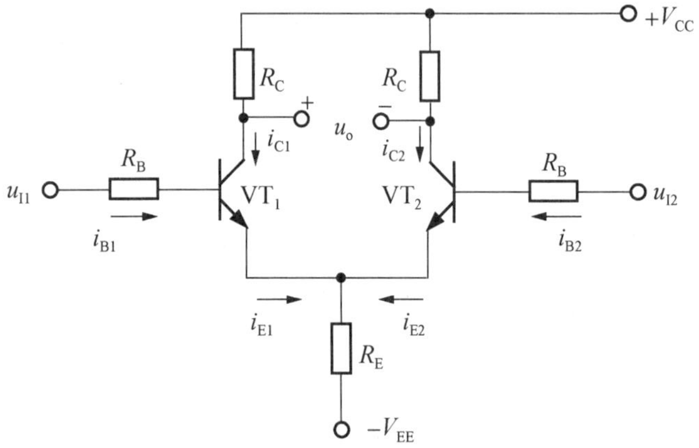

图 4.3.5　典型差分放大电路

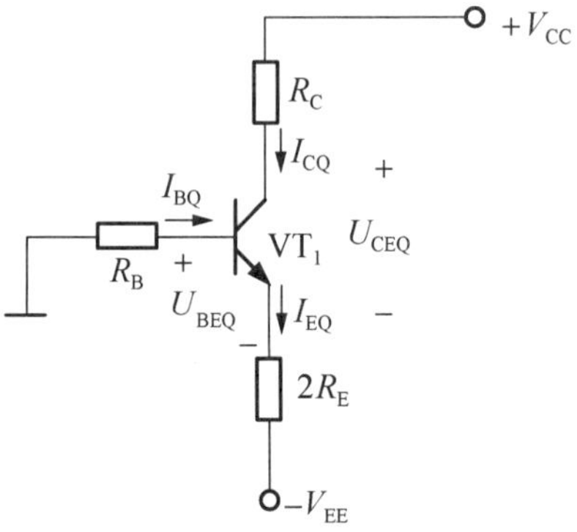

4.3.6　典型差分电路的单管直流通路

设 $I_{BQ1}=I_{BQ2}=I_{BQ}$，$I_{CQ1}=I_{CQ2}=I_{CQ}$，$U_{CEQ1}=U_{CEQ2}=U_{CEQ}$，$\beta_1=\beta_2=\beta$。

由晶体管的基极回路可得

$$I_{BQ}R_B+U_{BEQ}+2I_{EQ}R_E=V_{EE} \tag{4-3-5}$$

在式(4-3-5)中，前两项通常很小，可以忽略不计。当忽略前两项时，即 $U_E \approx 0$，$V_{EE} \approx 2I_{EQ}R_E$，于是

$$I_{CQ} \approx I_{EQ} \approx \frac{V_{EE}}{2R_E} \tag{4-3-6}$$

$$I_{BQ} = \frac{I_{EQ}}{1+\beta} \tag{4-3-7}$$

$$U_{CEQ} = V_{CC} - I_{CQ}R_C - U_E \approx V_{CC} - \frac{V_{EE}}{2R_E}R_C \tag{4-3-8}$$

静态时，由于两个管子参数的对称性，集电极电位相等，输入为零时，输出也为零。当温度变化时，将引起两管集电极电流呈等量同向变化。因为采用双端输出，所以输出电压总为零，即该电路对零点漂移具有抑制作用。

3. 动态分析

在通常情况下，差分放大电路均是带有负载工作的。带有负载电阻 R_L 的典型差分放大电路如图 4.3.7 所示，其静态工作情况与如图 4.3.5 所示不带负载电阻 R_L 的典型差分放大电路完全相同(R_L 上无直流电流，相当于开路)。

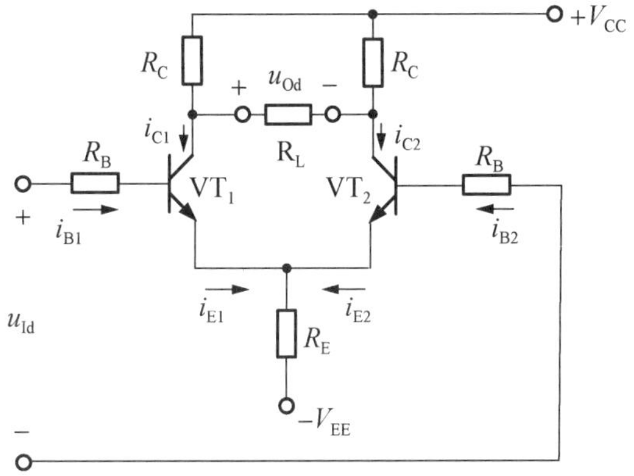

图 4.3.7 带负载的典型差分放大电路

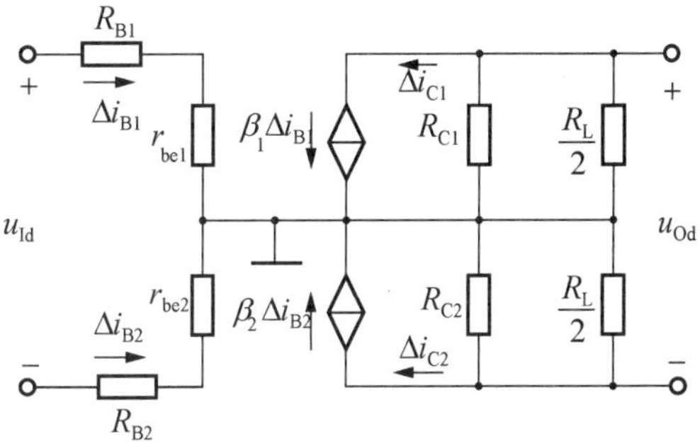

图 4.3.8 典型差分放大电路的微变等效电路

1) 对共模信号的动态分析

当共模输入时，由于电路结构对称，集电极电位的变化总是相等的，又由于采用了双端输出，故共模输出电压和共模电压放大倍数均为零。

2) 对差模信号的动态分析

当输入差模信号 u_{Id} 时，由于电路结构和参数的对称性，故 u_{Id} 经分压后，加在 VT_1 管一边的电压为 $+u_{Id}/2$，加在 VT_2 管一边的电压为 $-u_{Id}/2$，是一对大小相等而极性相反的差模分量，故 i_{E1} 和 i_{E2} 一增一减，因此通过发射极电阻 R_E 的电流总量保持不变，所以 R_E 对差模信号相当于短路。

由于 R_E 对差模信号可视为短路，另外，当输入差模信号时，一管的集电极电位升高，另一管的集电极电位降低，而且升高与降低的数值相等，可以认为 R_L 中点处的电位为零，即相当于交流接“地”，所以每管各带一半的负载，由此可画出如图 4.3.7 所示带负载的典

型差分放大电路的微变等效电路如图 4.3.8 所示。其中，Δi_{B1} 和 Δi_{B2} 分别表示由差模输入电压 u_{Id} 所引起的两管的基极电流的变化量。

对于差模信号而言，$\Delta i_{B2}=-\Delta i_{B1}=-\Delta i_B$，$\Delta i_{C2}=\beta_2\Delta i_{B2}=-\Delta i_{C1}=-\beta_1\Delta i_{B1}=-\beta\Delta i_B$。

由微变等效电路可知

$$u_{Id}=u_{I1}-u_{I2}=2\Delta i_B(R_B+r_{be})$$

$$u_{Od}=-2\Delta i_C\left(R_C//\frac{R_L}{2}\right)=-2\beta\Delta i_B R_L'$$

由此可得，差模电压放大倍数为

$$A_d=\frac{u_{Od}}{u_{Id}}=-\frac{\beta\left(R_C//\dfrac{R_L}{2}\right)}{R_B+r_{be}}=-\frac{\beta R_L'}{R_B+r_{be}} \tag{4-3-9}$$

式中，$R_L'=R_C//\left(R_L/2\right)$。

由此可见，尽管差分放大电路采用了两只晶体管，但其电压放大能力只相当于单管共射放大电路。因此，差分放大电路是以牺牲一只管子的放大倍数为代价换来了抑制零漂的效果。

从两管的输入端向里看，差分放大电路的差模输入电阻为

$$R_i=2(R_B+r_{be}) \tag{4-3-10}$$

双端输出时，输出电阻为

$$R_o=2R_C \tag{4-3-11}$$

【例 4-3-1】 如图 4.3.7 所示。已知 R_B＝1kΩ，R_C＝10kΩ，R_L＝5.1kΩ，V_{CC}＝12V，V_{EE}＝6V；晶体管的β＝100，r_{be}＝2kΩ。试求：

(1) 为使 VT_1 管和 VT_2 管的发射极静态电流均为 0.5mA，R_E 的取值应为多少？VT_1 管和 VT_2 管的管压降 U_{CEQ} 等于多少？

(2) 计算 A_d、R_i 和 R_o。

【解】 (1) 由式(4-3-6)得

$$R_E\approx\frac{V_{EE}}{2I_{EQ}}=\frac{6}{2\times0.5}\text{k}\Omega\approx6\text{k}\Omega$$

由式(4-3-8)得

$$U_{CEQ}=V_{CC}-I_{CQ}R_C=\left(12-0.5\times10\right)\text{V}=7\text{V}$$

(2) 由式(4-3-9)、式(4-3-10)和式(4-3-11)得

$$A_d=-\frac{\beta\left(R_C//\dfrac{R_L}{2}\right)}{R_B+r_{be}}=-\frac{100\times\dfrac{10\times2.55}{10+2.55}}{1+2}\approx-68$$

$$R_i=2(R_B+r_{be})=2\times(1+2)\text{k}\Omega=6\text{k}\Omega$$

$$R_o=2R_C=2\times10\text{k}\Omega=20\text{k}\Omega$$

4. 差分放大电路的 4 种输入输出方式

在如图 4.3.7 所示典型差分放大电路中，输入和输出均未接地，抗干扰能力差，称为双端输入—双端输出电路。根据输入和输出的接地情况，差分放大电路有双端输入和单端

输入之分，从输出端看，差分放大电路有双端输出和单端输出之分。因此差分放大电路的输入、输出端可以有 4 种不同的接法，即双端输入—双端输出、双端输入—单端输出、单端输入—双端输出、单端输入—单端输出。前面已讨论过双端输入—双端输入的电路分析，现对其余 3 种输入—输出方式的电路进行分析。

1) 双端输入—单端输出电路

双端输入—单端输出电路如图 4.3.9 所示，其中，R_L 接在 VT_1 的集电极和地之间。该电路的输入回路对称，输出回路不对称。下面先进行静态分析。

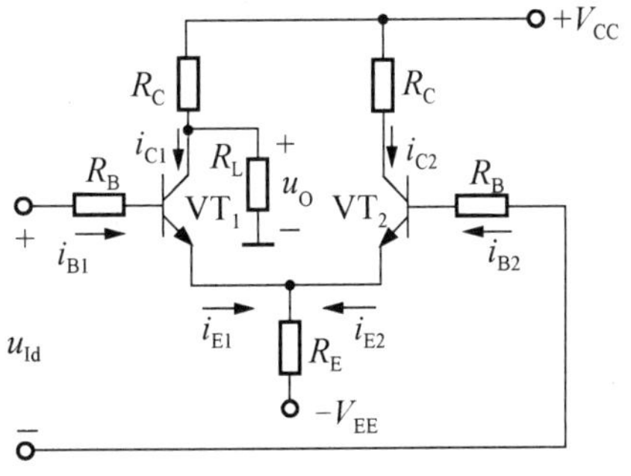

图 4.3.9 双端输入—单端输出电路

双端输入—单端输出电路的直流通路如图 4.3.10 所示，图中的 V'_{CC} 和 R'_{C1} 可以根据戴维宁定理等效求得，其表达式分别为

$$V'_{CC}=\frac{R_L}{R_{C1}+R_L}V_{CC}$$

和

$$R'_{C1}=R_{C1}//R_L$$

在直流通路中，$I_{BQ1}=I_{BQ2}=I_{BQ}$，$I_{CQ1}=I_{CQ2}=I_{CQ}$，$I_{EQ1}=I_{EQ2}=I_{EQ}$。由式(4-3-6)、式(4-3-7)和式(4-3-8)不难求出静态时的 I_{CQ}、I_{BQ}、U_{CEQ1} 和 U_{CEQ2}。

当差模输入时，双端输入—单端输出电路的微变等效电路如图 4.3.11 所示。其中 $u_{Id}=2\Delta i_B(R_B+r_{be})$，$u_{Od}=-\Delta i_C(R_C//R_L)=-\beta\Delta i_B(R_C//R_L)$。

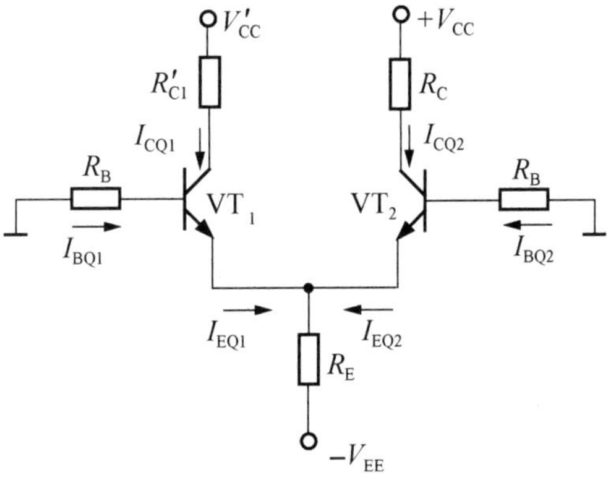

图 4.3.10 双端输入—单端输出直流通路

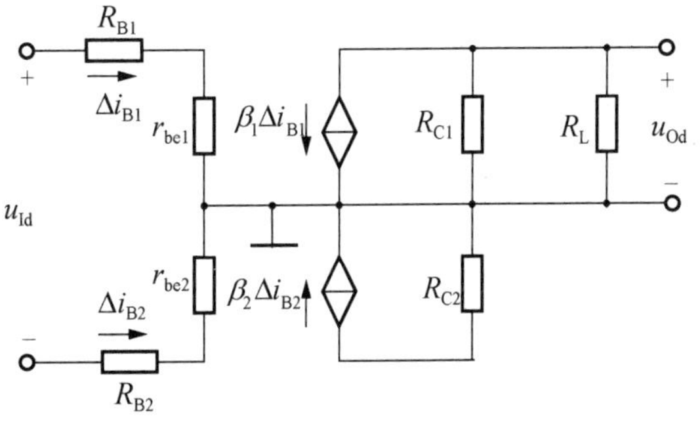

图 4.3.11 双端输入—单端输出电路的微变等效电路

差模电压放大倍数为

$$A_d=\frac{u_{Od}}{u_{Id}}=-\frac{\beta(R_C//R_L)}{2(R_B+r_{be})}=-\frac{1}{2}\frac{\beta R'_L}{R_B+r_{be}} \tag{4-3-12}$$

式(4-3-12)中的 $R'_L=R_C//R_L$。

当信号从 VT_2 管的集电极输出，则差模电压放大倍数为

$$A_d=\frac{u_{Od}}{u_{Id}}=\frac{u_{Od}}{u_{I1}-u_{I2}}=\frac{1}{2}\frac{\beta R'_L}{R_B+r_{be}} \tag{4-3-13}$$

由于双端输入—单端输出电路与双端输入—双端输出电路相比，其输入回路并没有变化，故其差模输入电阻 R_i 仍为 $2(R_B + r_{be})$，但其输出电阻为双端输出的一半，即 $R_o = R_C$。

由式(4-3-12)和式(4-3-13)可见，当信号从 VT_1 管的集电极输出时，则差模输出电压与差模输入电压相位相反，称为反相输出；当信号从 VT_2 管的集电极输出时，则差模输出电压与差模输入电压相位相同，称为同相输出。

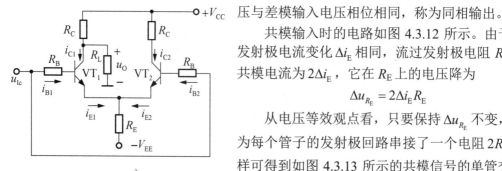

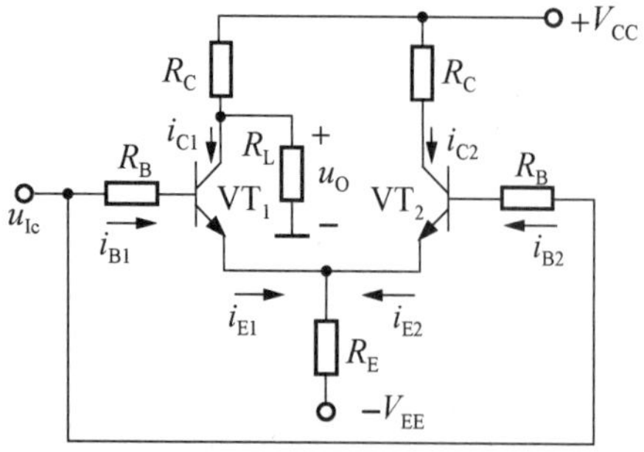

图 4.3.12　共模输入—单端输出电路

共模输入时的电路如图 4.3.12 所示。由于两管发射极电流变化 Δi_E 相同，流过发射极电阻 R_E 上的共模电流为 $2\Delta i_E$，它在 R_E 上的电压降为

$$\Delta u_{R_E} = 2\Delta i_E R_E$$

从电压等效观点看，只要保持 Δu_{R_E} 不变，可认为每个管子的发射极回路串接了一个电阻 $2R_E$，这样可得到如图 4.3.13 所示的共模信号的单管交流通路，微变等效电路如图 4.3.14 所示。

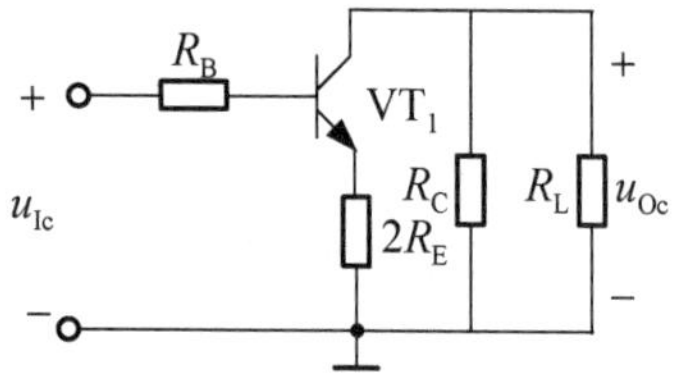

图 4.3.13　共模信号单管交流通路

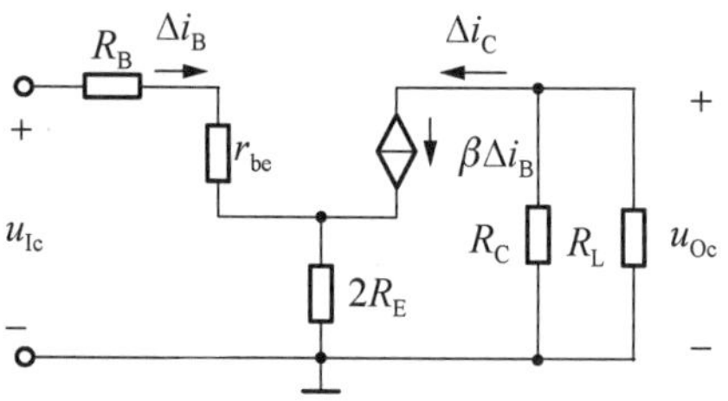

图 4.3.14　单管共模微变等效电路

其共模电压放大倍数为

$$A_c = \frac{u_{Oc}}{u_{Ic}} = -\frac{\beta(R_C \mathbin{//} R_L)}{R_B + r_{be} + 2(1+\beta)R_E} \tag{4-3-14}$$

一般情况下，$2(1+\beta)R_E \gg R_B + r_{be}$，$(1+\beta) \approx \beta$，因此，可简化为

$$A_c \approx -\frac{R_C \mathbin{//} R_L}{2R_E} \tag{4-3-15}$$

双端输入—单端输出电路的共模抑制比为

$$K_{CMR} = \left|\frac{A_d}{A_c}\right| = \frac{R_B + r_{be} + 2(1+\beta)R_E}{2(R_B + r_{be})} \tag{4-3-16}$$

由式(4-3-15)和式(4-3-16)可见，若采用单端输出方式，则共模电压放大倍数 A_c 和共模抑制比与发射极电阻 R_E 的大小有关，R_E 越大，A_c 越小，K_{CMR} 越大，抑制零漂的效果越好。所以，从抑制零漂的角度来看，R_E 的取值越大越好。

特别提示

- 在对差分电路进行动态分析时，对共模信号，通过 R_E 的电流为 $2\Delta i_E$；对差模信号，通过 R_E 的电流为零，R_E 相当于短路。

2) 单端输入—双端输出电路

所谓单端输入—双端输出，是指将输入端中一端接地，信号加在另一个输入端和地之间，从两管的集电极之间接入负载，如图 4.3.15 所示。

可以将单端输入的信号进行等效，分解成一对大小相等而极性相同的共模分量和一对大小相等而极性相反的差模分量，如图 4.3.16 所示。可以看出，VT_1 得到的输入信号仍是 u_I，而 VT_2 对地的信号仍是零。这样分解后，电路又可以按照前面的方式分析计算。

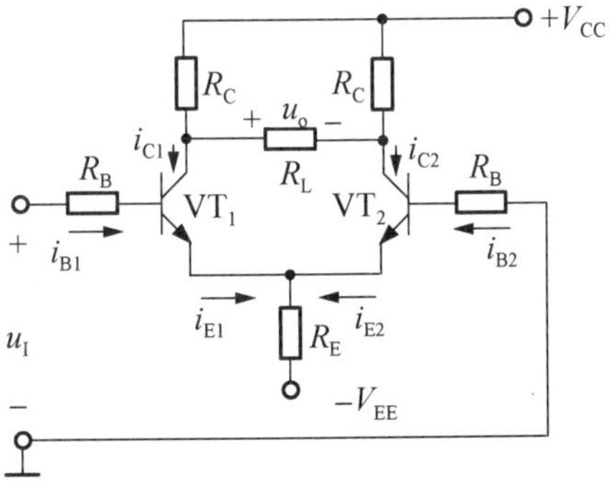

图 4.3.15　单端输入—双端输出电路

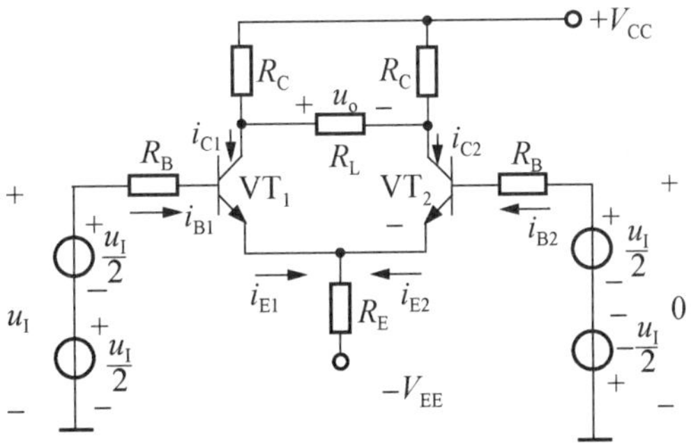

图 4.3.16　输入信号等效变换

共模信号为

$$u_{Ic} = +\frac{u_I}{2}$$

差模信号为

$$u_{Id} = u_{Id1} - u_{Id2} = +\frac{u_I}{2} - \left(-\frac{u_I}{2}\right) = u_I$$

由于采用双端输出，故放大电路对共模信号没有放大能力，在理论上为零，因此输出端只有差模输出，没有共模输出。其差模电压放大倍数、输入电阻和输出电阻与双端输入—双端输出电路相同，即分别与式(4-3-9)、式(4-3-10)和式(4-3-11)相同。由于电路对于差模信号来讲是通过发射极相连接的方式将 VT_1 管的发射极电流传递到 VT_2 管的发射极的，故通常将这种电路称为射极耦合电路。

3) 单端输入—单端输出电路

单端输入—单端输出电路如图 4.3.17 所示(设信号从 VT_1 管的基极输入，从 VT_1 管的集电极输出)。对于单端输出电路常将不输出信号的一边电路的 R_C 去掉。差模电压放大倍数与双端输入—单端输出电路相同，即与式(4-3-13)相同。输入电阻与双端输入电路相同，即与式(4-3-10)相同，输出电阻为双端输出的一半，即 $R_o = R_C$。共模电压放大倍数和共模抑制比分别与式(4-3-14)和式(4-3-16)相同。

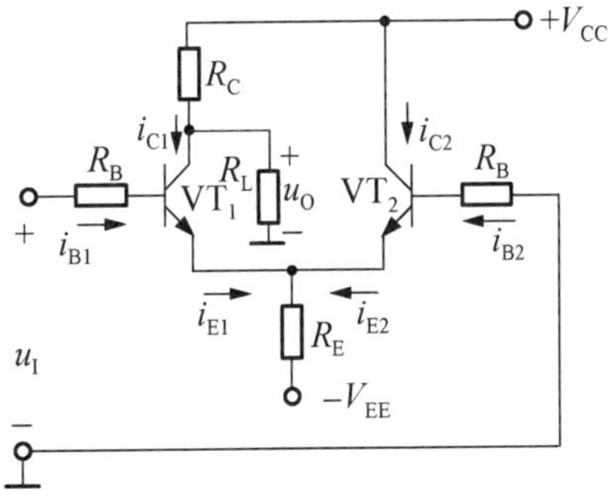

图 4.3.17　单端输入—单端输出电路

综上所述，可得 4 种接法的动态参数的特点如下：

(1) 差模输入电阻均为 $2(R_B + r_{be})$，与输入方式无关；

(2) 差模电压放大倍数 A_d、共模电压放大倍数 A_c 和输出电阻 R_o 均与输出方式有关。双端输出时只有差模输出无共模输出；单端输出时既有差模输出又有共模输出。

(3) 单端输入时，在差模输入的同时伴随着共模输入。若输入信号为 u_I，则差模输入电压 $u_{Id}=u_I$，共模输入电压 $u_{Ic}=u_I/2$。

为便于学习和记忆，将差分放大电路的 4 种不同接法时的特点进行总结，如表 4-3-1 所示。

表 4-3-1　四种差分放大电路的比较

电路接法	双入—双出	双入—单出	单入—双出	单入—单出
共模放大倍数 A_c	0	$\pm\frac{\beta(R_C//R_L)}{R_B+r_{be}+2(1+\beta)R_E}$	0	$\pm\frac{\beta(R_C//R_L)}{R_B+r_{be}+2(1+\beta)R_E}$
差模放大倍数 A_d	$\pm\frac{\beta\left(R_C//\frac{R_L}{2}\right)}{R_B+r_{be}}$	$\pm\frac{1}{2}\frac{\beta(R_C//R_L)}{R_B+r_{be}}$	$\pm\frac{\beta\left(R_C//\frac{R_L}{2}\right)}{R_B+r_{be}}$	$\pm\frac{1}{2}\frac{\beta(R_C//R_L)}{R_B+r_{be}}$
差模输入电阻 R_i	$2(R_B+r_{be})$	$2(R_B+r_{be})$	$2(R_B+r_{be})$	$2(R_B+r_{be})$
差模输出电阻 R_o	$2R_C$	R_C	$2R_C$	R_C

特别提示

- 在单端输出的差分放大电路中，R_E 的增大是有限的，共模电压放大倍数不为零，仍存在零点漂移现象。

4.3.4　改进型差分放大电路

通过上面的分析可以知道，在典型差分放大电路中，发射极电阻 R_E 越大，抑漂效果越好。但是，R_E 的增大是有限的，原因有两个，一是为保证放大电路具有合适的静态工作点，R_E 越大，直流负电源电压值 V_{EE} 就越大，而采用过高电压的电源是不现实的；二是在集成电路中难于制作大电阻。为此，可以用恒流源来代替 R_E，因为恒流源交流等效电阻很大，且直流电阻不太大。改进后的电路如图 4.3.18 所示。图中 R_P 是调零电位器，当电路结构不完全对称时，通过调节 R_P 的阻值使静态时的 u_O 为零。R_P 的阻值一般较小，在几十欧到几百欧之间。

图 4.3.18 所示的恒流源实际上就是一个由晶体管构成的单管放大电路，即为典型静态工作点稳定电路。当晶体管 VT_3 工作在放大状态时，其输出特性的放大区呈现恒流的特性，即晶体管 VT_3 的集电极电流 i_C 仅受基极电流 i_B 控制，与 u_{CE} 基本无关，当集电极电压有一个较大的变化量 Δu_{CE} 时，集电极电流 i_C 基本不变。此时晶体管 C—E 之间的等效电阻 $r_{ce}=\left.\frac{\Delta u_{CE}}{\Delta i_C}\right|_{i_B=I_{BQ}}$ (即静态工作点处切线斜率的倒数)很大。因此用恒流源来代替发射极电阻

R_E，既解决了只用较低的电源电压就能为放大电路提供合适的静态工作点的问题，又解决了利用等效动态大电阻来有效抑制零点漂移的问题。因此，在集成运放中常采用这种电路。若电路参数理想对称，则 R_p 触点应位于中点。若 $r_{ce} \to \infty$，则对照式(4-3-15)和式(4-3-16)可知，单端输出时的共模电压放大倍数 $A_c \approx 0$，共模抑制比 $K_{CMR} \to \infty$，即单端输出时将无共模输出，从而完全地抑制了共模信号，也就完全地抑制了零漂。

实用中，常将图 4.3.18 画成如图 4.3.19 所示的简化电路。至于对改进型差分放大电路的静态分析和动态分析，不难进行，读者可自行进行分析和计算。

为进一步提高差分放大电路的输入电阻可采用由场效应管构成的差分放大电路，如图 4.3.20 所示，其输入电阻可达到无穷大，可作为高输入电阻的多级放大电路的输入极。由场效应管构成的差分放大电路也有 4 种接法，分析方法与由晶体管构成的差分放大电路相同，不再赘述。

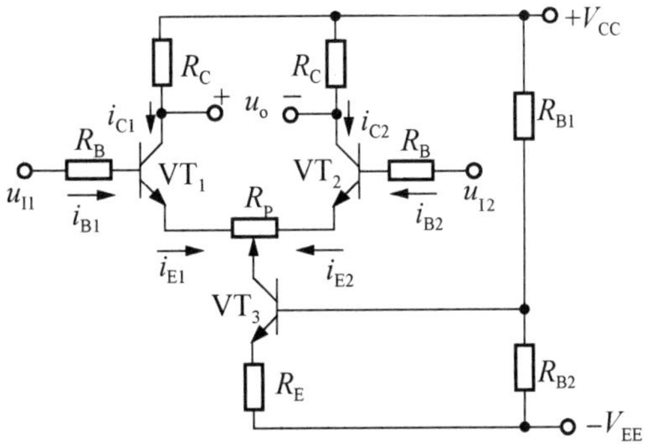

图 4.3.18 改进型差分放大电路

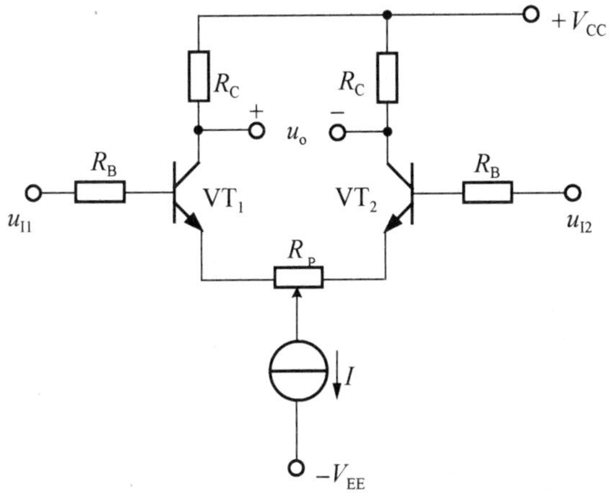

图 4.3.19 改进型差分放大电路的简化电路

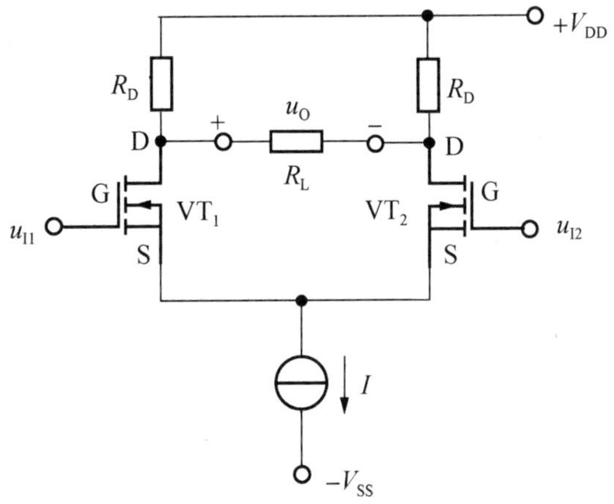

图 4.3.20 场效应管差分放大电路

4.4 放大电路应用实例

在实际应用中，放大电路的应用非常广泛。下面介绍两种简单的实用电路。

4.4.1 家电防盗报警器

如图 4.4.1 所示是一种家电防盗报警器电路。SCR、R_1 和 AN 组成可控硅触发开关电路；IC、R_2、VT_1、VT_2 和 BL 组成模拟警笛声电路。平时，按钮 SB 受到家用电器的压迫，使其两常闭触点断开，SCR 无触发信号而阻断，报警器不工作。当家用电器被搬起时，AN 两触点自动闭合，SCR 的触发端经 R_1 从电源正极获得触发信号，SCR 导通，音响集成电路 IC 通电工作，其输出端输出的警笛声电信号经 VT_1、VT_2 功率放大，推动扬声器发出响亮的报警声。直到按下开关 S，报警声才解除。

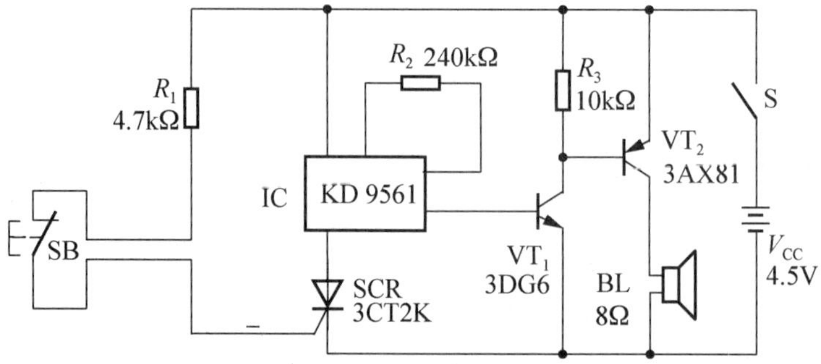

图 4.4.1　报警器电路

4.4.2　水位自动控制电路

水位自动控制电路如图 4.4.2 所示。由水位传感电极控制电路、电动机(小离心水泵用)和电源等组成。当水箱缺水时，水位低于 B 点，水位传感电极 A-B、B-C 之间由于没有被水淹没而开路，VT_1、VT_2 处于截止状态。继电器 K 线圈中无电流，继电器呈释放状态，继电器衔铁 F 与常闭触点 D 接触，接通水泵电源 V_{B2} 小离心水泵电动机启动，向储水箱供水。当水位上升至 A 点时，水位传感电极 A-B 之间被水淹没，产生基极偏置电流使得 VT_1、VT_2 导通放大，继电器吸合，常闭触点断开，小离心水泵停止供水。此时，继电器衔铁 F 与常开触点 E 接触，水泵电源 V_{B2} 通过已接通的 F-E 与 C-B 之间能微弱导电的水，继续产生维持 VT_1、VT_2 导通所需的偏置电流，使继电器吸合。直到水位降至 B 点以下时，C-B 之间开路，VT_1、VT_2 截止，继电器释放，常闭触点接通，小离心水泵开始供水。如此周而复始，完成水位的自动控制。

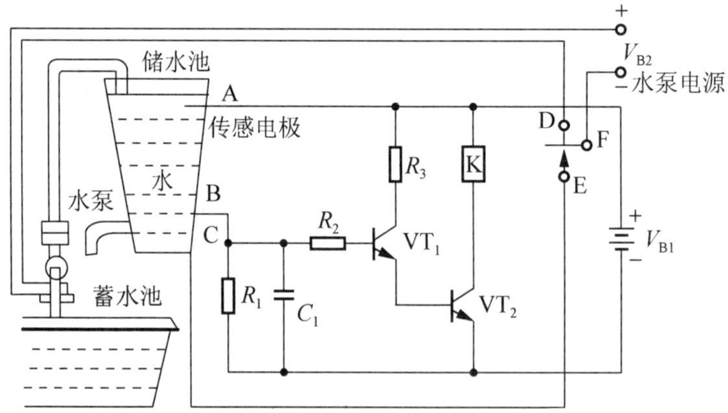

图 4.4.2　水位自动控制电路

4.5　Multisim 应用——两级阻容耦合放大电路的研究

阻容耦合是多级放大的级间连接方式。图 4.5.1 所示电路为两级阻容耦合放大电路，第一级和第二级均为共射放大电路。通过对两级直接耦合放大电路的调试，掌握多级放大电路静态工作点的调整与测试放大，同时掌握两级放大电路放大倍数的测量方法和计算方法，进一步掌握两级放大电路的工作原理。

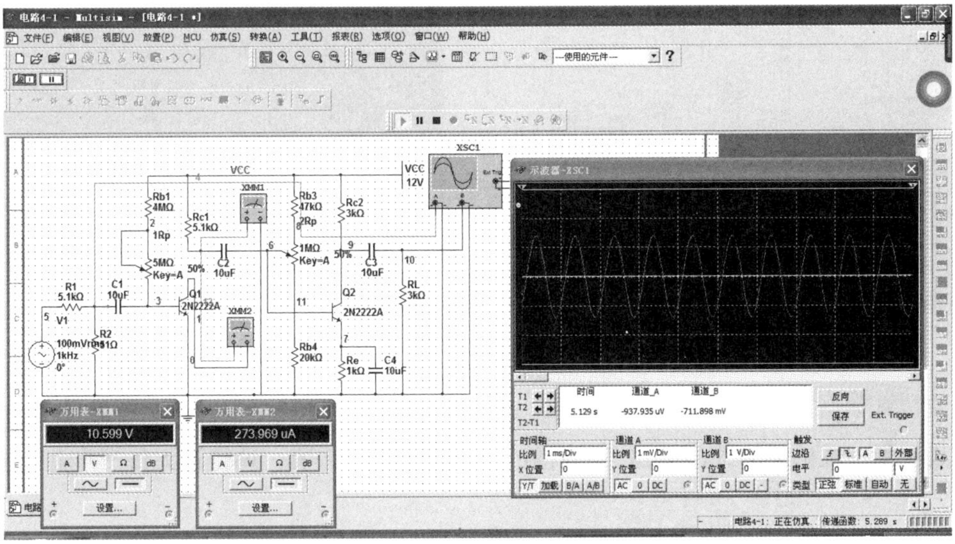

图 4.5.1　$1R_P = 2.5\text{M}\Omega$ 的两级阻容耦合放大电路

晶体管采用 2N2222A。当静态工作点合适，并且加入合适幅值的正弦信号时，可以得到基本无失真的输出，如图 4.5.1 所示。

先调整第二级放大电路的静态工作点，使电路产生最大不失真输出电压，再调整第一级的静态工作点，直到输出电压不失真为止。可以从万用表直流电流和直流电压档读出 $1R_P = 2.5\text{M}\Omega$ 时的静态工作点 I_{CQ1} 和 U_{CEQ1}，如图 4.5.1 所示，同时从示波器上显示输出波形并测量输入电压和输出电压的有效值，计算电压放大倍数 $|\dot{A}_u|$。

改变 $1R_P$ 的值，测量 $1R_P = 4\text{M}\Omega$ 时的静态工作点 I_{CQ1} 和 U_{CEQ1}，同时从示波器上显示输出波形如图 4.5.2 所示，并测量输入电压和输出电压的有效值，计算电压放大倍数 $|\dot{A}_u|$，如表 4-5-1 所示。

表 4-5-1　仿真结果

信号源电压有效值 U_s/mV	$1R_P$/MΩ	$2R_P$/kΩ	I_{CQ1}/μA	直流电压表读数 U_{CEQ1}/V	输入电压有效值/μV	输出电压有效值/V	$\lvert\dot{A}_u\rvert$
100	2.5	500	273.969	10.579	987	1.169	1184
100	4.0	500	217.796	10.885	988	0.947	959

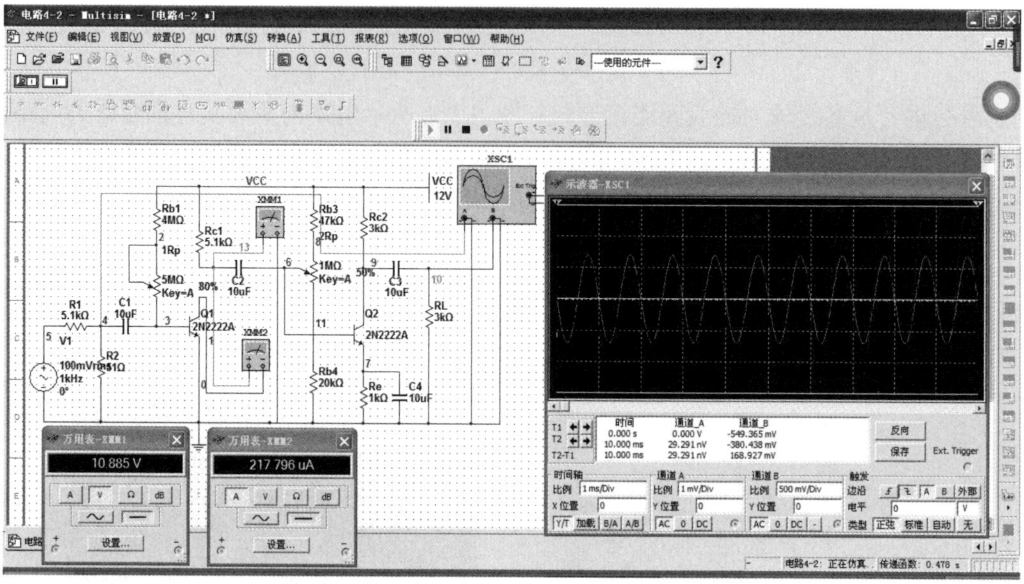

图 4.5.2　$1R_{\mathrm{P}}=4\mathrm{M}\Omega$ 的两级阻容耦合放大电路

由仿真数据可见，随着$1R_{\mathrm{P}}$的增大，I_{CQ1}减小，U_{CEQ1}增大，$|\dot{A}_u|$减小。这是由晶体管的非线性所造成的。另外，当$1R_{\mathrm{P}}$当跳得过小将产生饱和失真，调得过大将产生截止失真。

小　　结

本章主要介绍了以下内容：

1. 多级放大电路有 4 种耦合方式，分别是直接耦合、阻容耦合、变压器耦合和光电耦合。简要介绍了各种耦合方式的优缺点。

2. 多级放大电路的分析方法与前面解决单管放大电路的相似，要进行静态和动态两种分析，静态分析时，画出直流通路，直接耦合多级放大电路的静态工作点相互影响，而阻容耦合多级放大电路的静态工作点相互独立；动态分析时，画出放大电路的交流微变等效电路，求解电压放大倍数、输入电阻和输出电阻。多级放大电路的电压放大倍数等于各级电压放大倍数的乘积，即

$$\dot{A}_u=\dot{A}_{u1}\cdot\dot{A}_{u2}\cdot\dot{A}_{u3}\cdots\dot{A}_{un}$$

输入电阻等于第一级放大电路的输入电阻；输出电阻为最后一级放大电路的输出电阻。

3. 在集成电路中，大多采用直接耦合放大电路，但由于存在零点漂移，即当输入信号为零时，输出信号偏离原来的初始值，出现波动，特别是第一级的漂移信号能够被逐级放大。因此，必须抑制第一级的零点漂移。

4. 抑制零点漂移最为有效的电路结构是差分放大电路，其电路结构对称，利用对称性抵消零点漂移，为进一步抑制零点漂移，本文在基本差分放大电路的基础上介绍了典型差分放大电路以及改进型差分放大电路。差分放大电路对共模信号具有较强的抑制能力，

而对差模信号具有一定的放大能力。对共模信号的抑制能力和对差模信号的放大能力用共模抑制比衡量，即

$$K_{CMR}=\left|\frac{A_d}{A_c}\right|$$

共模抑制比越大越好。

5. 差分放大电路具有 4 种输入—输出方式，分别是双端输入—双端输出、双端输入—单端输出、单端输入—双端输出、单端输入—单端输出。4 种接法的动态参数的特点如下：

(1) 差模输入电阻均为 $2(R_B+r_{be})$，与输入方式无关；

(2) 差模电压放大倍数 A_d、共模电压放大倍数 A_c 和输出电阻 R_o 均与输出方式有关。双端输出时只有差模输出无共模输出；单端输出时既有差模输出又有共模输出。

(3) 单端输入时，在差模输入的同时伴随着共模输入。若输入信号为 u_I，则差模输入电压 $u_{Id}=u_I$，共模输入电压 $u_{Ic}=u_I/2$。

知识链接

仪表放大器

仪表放大器是由多级放大电路构成，由于其本身所具有的低漂移、低功耗、高共模抑制比、宽电源供电范围及小体积等一系列优点，在数据采集系统、电桥、热电偶及温度传感器的放大电路中得到了广泛的应用，它既能对单端信号又能对差分信号进行放大。在使用仪表放大器的数据采集系统中，一般需要实现对多路信号进行数据采集，这主要是通过多路开关来实现对多路信号的切换。

实际应用中，针对不同的测量对象可以分别选择单端信号或差分信号的输入方式来实现对信号的获取，一般市场上所有的多路信号采集系统基本上都具备这种功能。对于差分输入存在差分干扰的情况，必须考虑设计差分滤波器。差分滤波器必须满足差分输入差分输出，具有高的共模抑制比及低输出阻抗。差分仪表放大器具有对差分信号进行放大，对共模信号加以抑制的功能，但是并非所有差分信号输出的场合可以直接使用仪表放大器作为前置信号放大级，具体来说必须考虑到共模信号的大小、差分信号的大小、放大倍数的选择、输入信号的频率范围等因素，同时针对输入信号的具体情况可以选择单端信号输入方式或者差分信号输入方式。

目前，仪器仪表技术已朝着网络化、虚拟化的方向发展，随着各种现场总线及总线接口标准的实施，这种趋势的发展速度将越来越快，而作为其最底层的传感器/执行器本身的智能化是构成这种技术的基础。由于仪表放大器本身所具有的优越性，使其在传感器信号处理中得到了广泛的应用，它将有效地减小传感器信号处理电路所占用的空间，对于构成嵌入式智能传感器有着十分重要的意义。

【测试系统：第 4 章随堂测验题】

随堂测验题

说明：本试题分为单项选择题和判断题两部分，答题完毕并提交后，系统将自动给出本次测试成绩以及标准答案。

习　　题

【图文：第 4 章习题解答】

4-1 单项选择题

(1) 在两级放大电路中，已知 $|A_{u1}|=50$，$|A_{u2}|=25$，则其总电压放大倍数 $|A_u|$ 等于(　　)。

A．2　　B．25　　C．1250

(2) 选用差分放大电路的主要原因是(　　)。

A．克服零点漂移　　B．提高输入电阻

C．稳定放大倍数

(3) 差分放大电路的差模信号是两个输入端信号的(　　)，共模信号是两个输入端信号的(　　)。

A．差　　B．和　　C．平均值

(4) 用恒流源取代典型差分放大电路中的发射极电阻 R_E，是为了(　　)。

A．增大差模电压放大倍数　　B．增强抑制共模信号的能力

C．增大差模输入电阻

(5) 直接耦合放大电路存在零点漂移的主要原因是(　　)。

A．电源电压不稳定　　B．晶体管参数受温度影响

C．电路参数的变化

(6) 集成放大电路采用直接耦合方式的原因是_______。

A．便于设计　　B．放大交流信号

C．不易制作大容量电容

(7) 共模抑制比是为了全面衡量差分放大电路放大差模信号和抑制共模信号的能力，当共模抑制比越高时，下面说法正确的是(　　)。

A．差分放大电路分辨差模信号能力越强，受共模信号影响越小

B．差分放大电路分辨差模信号能力越弱，受共模信号影响越小

C．差分放大电路分辨差模信号能力越强，受共模信号影响越大

D．差分放大电路分辨差模信号能力越弱，受共模信号影响越大

4-2 判断题(正确的请在每小题后的圆括号内打“√”，错误的打“×”)

(1) 在直接耦合多级放大电路中，减小每一级的零点漂移都具有同等的意义。(　　)

(2) 阻容耦合多级放大电路只能放大交流信号，不能放大直流信号或缓慢变化的信号。(　　)

(3) 现测得两个共射放大电路空载时的电压放大倍数均为 –100，将它们连成两级放大电路，其电压放大倍数应为 10000。　(　　)

(4) 阻容耦合多级放大电路各级的静态工作点 Q 点相互独立。　(　　)

(5) 直接耦合多级放大电路各级的静态工作点 Q 点相互影响。　(　　)

(6) 只有直接耦合放大电路中晶体管的参数才随温度而变化。　(　　)

(7) 在典型差分放大电路中，发射极电阻 R_E 主要作用是进一步抑制零点漂移。　(　　)

(8) 由于电路结构对称，在理想情况下，双端输出可以很好地抑制零点漂移。　(　　)

4-3 如图 T4-1 所示，电路参数理想对称，晶体管的β均为 80，$r_{be}=1\text{k}\Omega$，R_B=20kΩ，R_C=10kΩ，R_p=200Ω，电路静态工作点合适。试求 R_p 在中点时的差模电压放大倍数 A_d、输入电阻 R_i 和输出电阻 R_o。

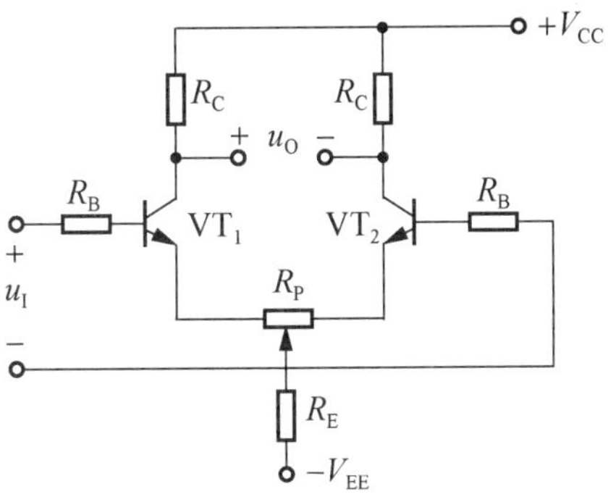

图 T4-1　习题 4-3 图

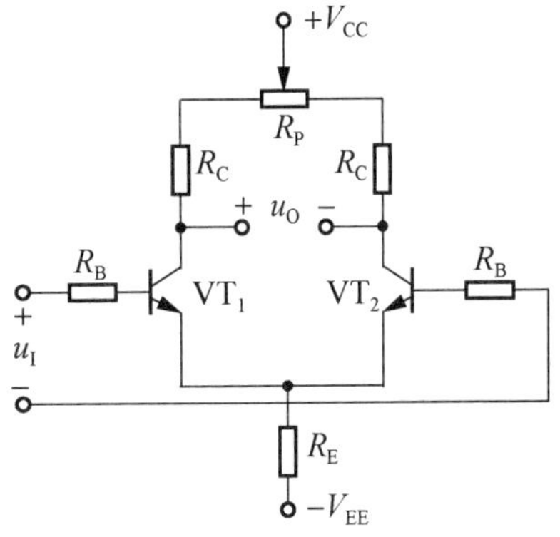

图 T4-2　习题 4-4 图

4-4 如图 T4-2 所示，电路参数理想对称，电路具有合适的静态工作点，晶体管的β均为 80，$r_{be}=1\text{k}\Omega$，R_B=20kΩ，R_C=10kΩ，R_p=200Ω。试求 R_p 在中点时的差模电压放大倍数 A_d、输入电阻 R_i 和输出电阻 R_o。

4-5 电路如图 T4-3 所示，两晶体管的参数理想对称，$\beta=50$，$r_{be}=5.1\text{k}\Omega$，$R_B=100\Omega$，$R_C=20\text{k}\Omega$，$R_E=R_L=10\text{k}\Omega$，$V_{CC}=15\text{V}$，$V_{EE}=6\text{V}$。

(1) 求静态时晶体管 VT$_1$ 和 VT$_2$ 的集电极电流和集电极电位；

(2) 求共模电压放大倍数 A_c 和差模电压放大倍数 A_d；

(3) 求共模抑制比 K_{CMR}。

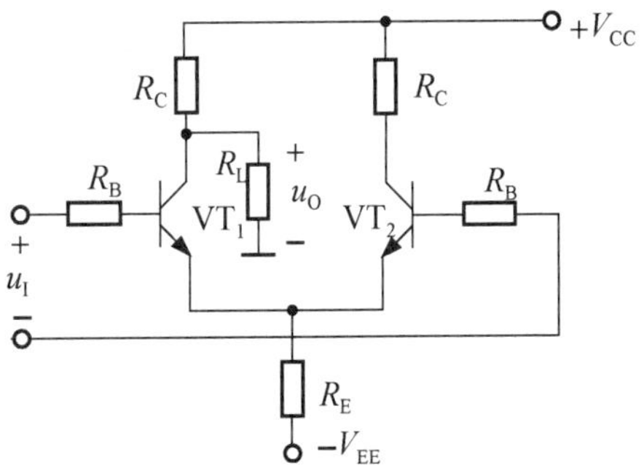

图 T4-3　习题 4-5 图

4-6 如图 T4-4 所示，电路参数理想对称，场效应管 VT$_1$、VT$_2$ 的低频跨导 g_m 均为 4mS，R_D=10 kΩ，R_L=10kΩ。试求电路的差模电压放大倍数 A_d、输入电阻 R_i 和输出电阻 R_o。

4-7 电路如图 T4-5 所示，两晶体管的参数理想对称，电流放大系数β为 50，$r_{be}=1\text{k}\Omega$，静态时 $U_{BEQ}\approx 0.7\text{V}$，$R_{E3}=10\text{k}\Omega$，$R_{C2}=R=2\text{k}\Omega$，$R_L=3\text{k}\Omega$，$V_{CC}=12\text{V}$，$V_{EE}=6\text{V}$，稳压管 VZ 的稳定电压 $U_Z=3.7\text{V}$。

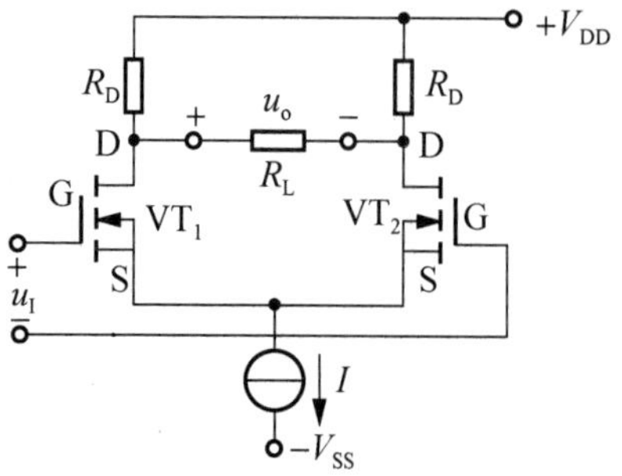

图 T4-4　习题 4-6 图

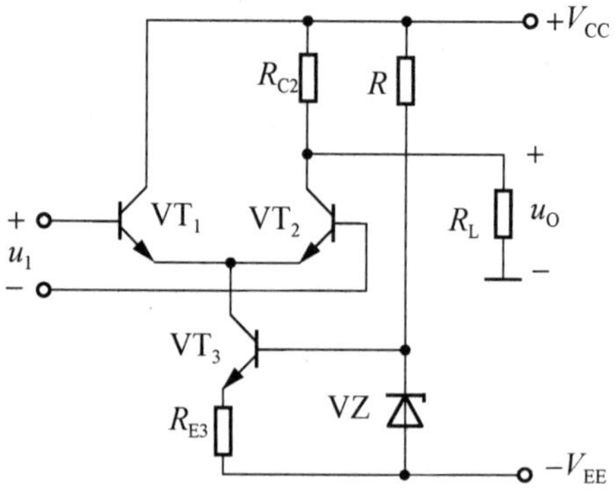

图 T4-5　习题 4-7 图

(1) 求 VT_1 管和 VT_2 管集电极静态电流和集电极静态电位；

(2) 求共模电压放大倍数 A_c 和差模电压放大倍数 A_d；

(3) 若将 VT_3 管去掉，而将 R_{E3} 直接接到 VT_1 管和 VT_2 管的发射极上，则共模电压放大倍数 A_c' 为多少？

4-8 如图 T4-6 所示电路，是“一断即响”的防盗电路。使用时，将防盗线 L(很细的金属漆包线)缠绕在防盗物上。合上电源开关 S，当窃贼无意中弄断报警线 L 时，扬声器即会发出“嘟……”的报警声来。试说明其工作原理。

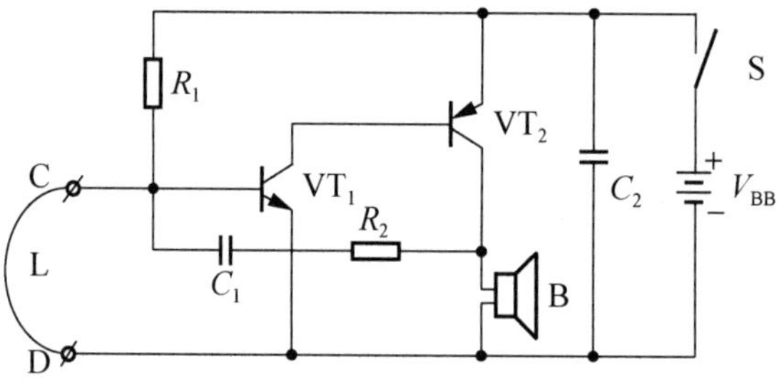

图 T4-6　习题 4-8 图

4-9 两级放大电路及各元件参数如图 T4-7 所示。晶体管 VT_1 的 $\beta_1 = 60$，$r_{be1} = 2.86\text{k}\Omega$，晶体管 VT_2 的 $\beta_2 = 120$，$r_{be2} = 2.61\text{k}\Omega$。求电压放大倍数 $\dot{A}_u$、R_i、R_o。

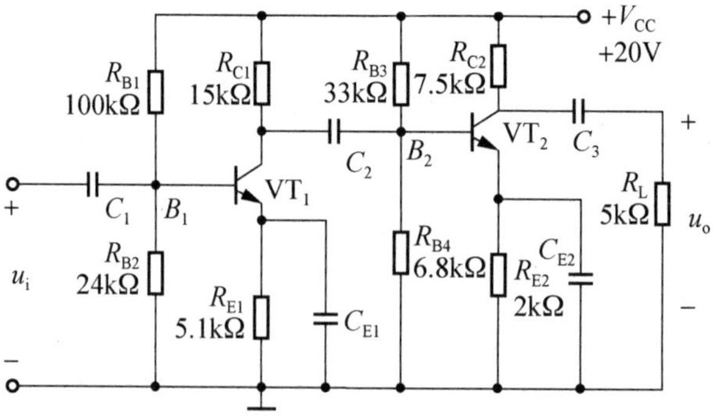

图 T4-7　习题 4-9 图

4-10 在如图 T4-8 所示的电路中，若晶体管的电流放大系数 $\beta=100$，输入电阻 $r_{be}=1\text{k}\Omega$，场效应管的低频跨导 $g_m=5\text{mS}$，静态 Q 点合适。

(1) 试指出由 VT_1 和 VT_2 分别构成了哪种接法的基本放大电路；

(2) 分别画出放大电路的直流通路和微变等效电路；

(3) 求解放大电路的电压放大倍数 $\dot{A}_u$、输入电阻 R_i 和输出电阻 R_o。

4-11 图 T4-9 所示是两级放大电路，已知晶体管的 $\beta_1=\beta_2=40$，$U_{BE1}=U_{BE2}=0.65\text{V}$。求各级静态工作点、电压放大倍数、输入电阻和输出电阻。

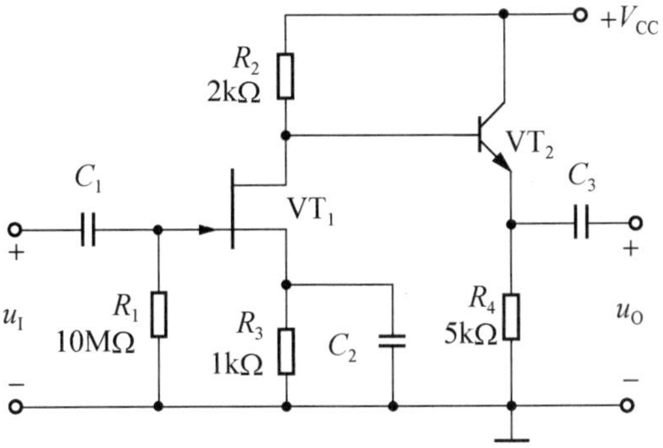

图 T4-8　习题 4-10 图

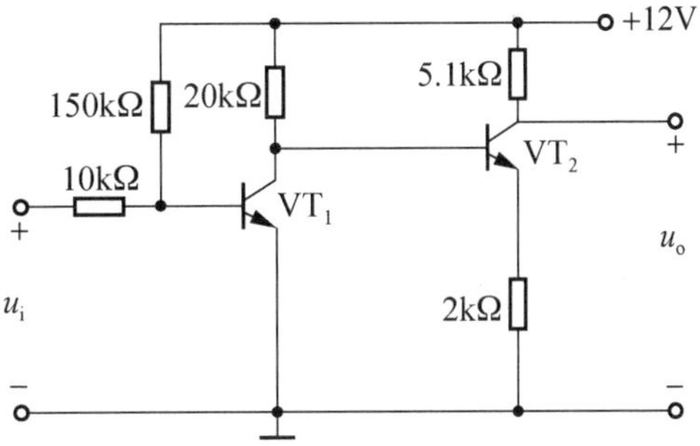

图 T4-9　习题 4-11 图

4-12 在如图 T4-10 所示的放大电路中，若晶体管的电流放大系数 β 均为 50，输入电阻 r_{be} 均为 $1.2\text{k}\Omega$，静态导通电压降 U_{BEQ} 均为 0.7V，电源电压 $+V_{CC}=+12\text{V}$，各电阻值如图中所标注。

(1) 试指出由 VT_1 管和 VT_2 管分别构成了哪种组态的基本放大电路；

(2) 试求 VT_1 管集电极静态电流 I_{CQ1} 和静态管压降 U_{CEQ1}；

(3) 画出放大电路的微变等效电路，并求电压放大倍数 $\dot{A}_u$。

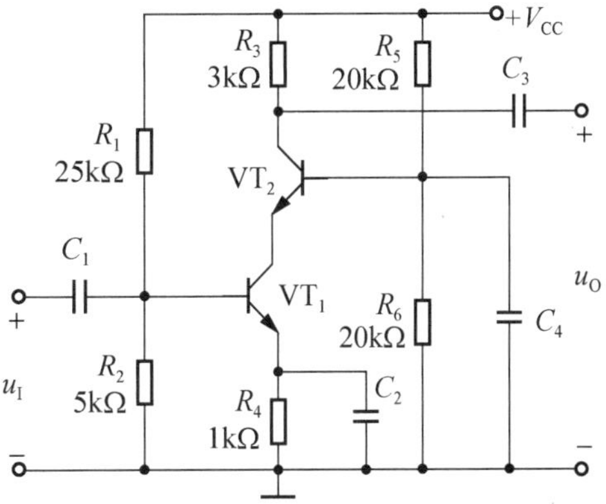

图 T4-10　习题 4-12 图

4-13 两级放大电路如图 T4-11 所示，已知晶体管 $\beta_1=\beta_2=50$，$r_{be1}=1.6\text{k}\Omega$，$r_{be2}=1.3\text{k}\Omega$，各电容的数值都足够大，对中频交流信号而言，均可视为短路。

(1) 试说明由 VT_1 管和 VT_2 管各组成什么组态电路(指共射、共集或共基电路)？

(2) 画出微变等效电路；

(3) 求放大电路的输入电阻 R_i 和输出电阻 R_o；

(4) 求电压放大倍数 $\dot{A}_u=\dfrac{\dot{U}_o}{\dot{U}_i}=?$

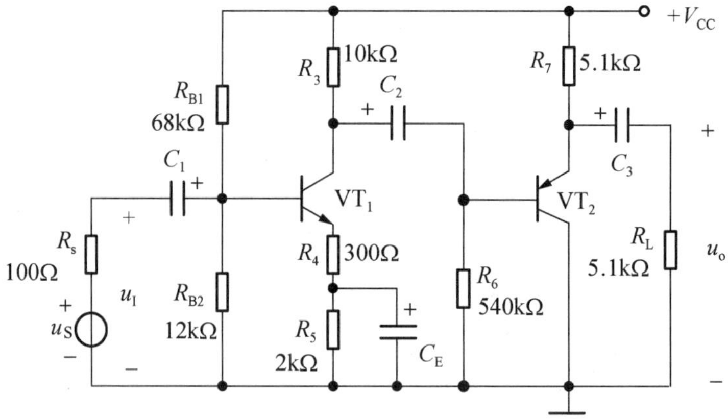

图 T4-11　习题 4-13 图

4-14 电路如图 T4-12 所示，VT_1～VT_5 的电流放大系数均为 β，输入电阻均为 r_{be}，试写出 $\dot{A}_u$、R_i 和 R_o 的表达式。

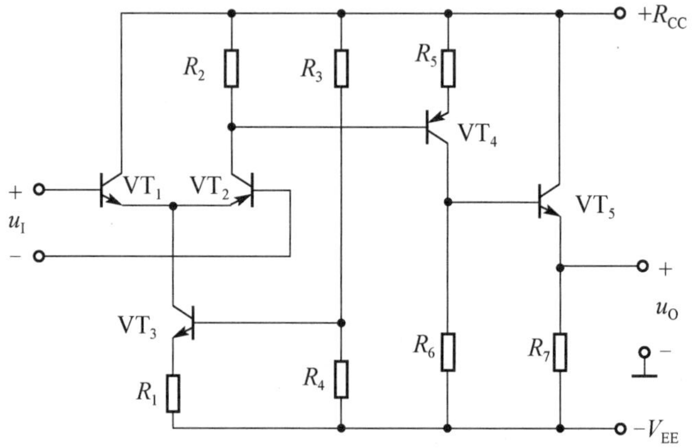

图 T4-12　习题 4-14 图

第 5 章 放大电路的频率响应

频率响应是反映放大电路对不同频率输入信号适应能力的一项技术指标。本章首先介绍频率响应和波特图的基本概念，然后介绍晶体管和场效应管的高频等效模型，在此基础上分析晶体管共射放大电路和场效应管共源放大电路的频率响应及波特图，最后简要介绍多级放大电路的频率响应。

本章教学目标与要求

- 掌握频率响应和波特图的基本概念。
- 掌握高通、低通电路及晶体管共射放大电路频率响应的分析方法和波特图的画法。
- 理解晶体管和场效应管的高频等效模型。
- 了解场效应管共源放大电路和多级放大电路的频率响应。

【引例】

人们通常利用音响设备来播放音乐，如图 5.1 所示。音响设备音质不同，其播放效果是不一样的。经常听音乐的人都知道，音质较好的音响设备播放的音乐音色比较丰富，给人一种震撼感；而音质较差的音响设备播放的音乐比较单调乏味，缺乏震撼力。反映一个音响系统音质优劣的技术指标很多，其中比较关键的一项是作为其心脏的音频放大电路的频率响应。

图 5.1　音响设备

5.1　频率响应概述

前面章节分析放大电路时，没有考虑放大器件(晶体管和场效应管)极间电容的影响，而在高频信号作用下，放大管的极间电容的影响是必须考虑的。此外，实际的放大电路中通常还存在耦合电容、旁路电容等，受这些电抗元件的影响，放大电路输入不同频率的信号时，其放大倍数也不同。例如，放大电路中的耦合电容对信号构成高通电路，当信号频率足够高时，容抗很小，可看成短路，对电路的影响可不考虑；而当信号的频率低到一定程度时，电容的容抗增大，对信号有分压作用，会导致放大电路的放大倍数的数值减小并产生超前相移。而放大器件的极间电容正好相反，对信号构成低通电路，当信号频率足够低时，容抗很大，可看成开路，可不考虑其对电路的影响；而当信号的频率高到一定程度时，电容的容抗减小，对信号有分流作用，会导致放大电路的放大倍数的数值减小并产生滞后相移。

5.1.1　频率响应的概念

由于放大器件的极间电容或电路中其他电抗元件的存在，放大电路的放大倍数通常是其输入信号频率的函数，这种函数关系称为频率响应或频率特性。数学上，电压放大倍数 $\dot{A}_u$ 可表示为

$$\dot{A}_u = A_u(\omega)\underline{/\phi(\omega)} \tag{5-1-1}$$

上式中，$A_u(\omega)=\left|\dot{A}_u\right|$，反映放大倍数的幅值与频率的函数关系，称为幅频特性；$\varphi(\omega)$ 反映放大倍数的相位与频率的函数关系，称为相频特性。

根据电压放大倍数表达式，以频率为横坐标，放大倍数的幅值(或相角)为纵坐标，可绘制放大电路的频率特性曲线。图 5.1.1 是一种典型的单管共射放大电路的幅频特性和相频特性曲线。由图可以看出，在中频区，电压放大倍数的幅值 A_{um} 基本不变，相角 φ 为 -180°；当频率由中频区逐渐下降或上升时，电压放大倍数的幅值也逐渐下降，并产生超前或滞后的相移。通常把放大倍数下降到中频区放大倍数 A_{um} 的 $1/\sqrt{2}$ (即 0.707)倍时对应的频率 f_L 和 f_H 分别称为下限截止频率(或称下限频率)和上限截止频率(或称上限频率)，两者之间的频率范围称为通频带 BW，即

$$BW = f_H - f_L \tag{5-1-2}$$

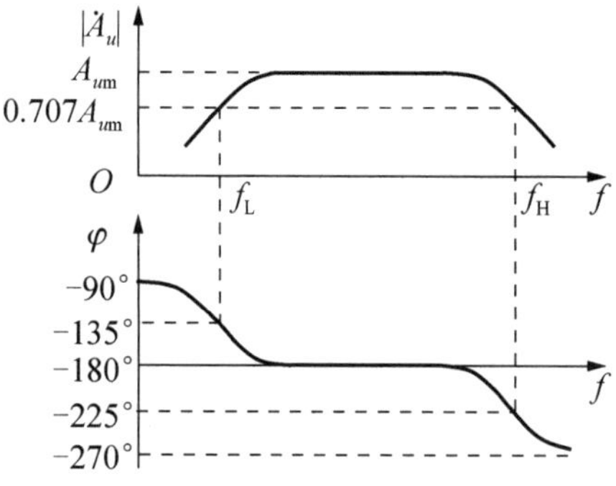

图 5.1.1　单管共射放大电路的频率响应

通频带也称为带宽，是放大电路的重要技术指标，通频带越宽，表明放大电路对信号频率的适应能力越强。以音响设备中的音频放大器为例。从理论上讲，根据音频范围，放大器的频率范围为 20Hz～20kHz 就足够了。但是，对于低于 20Hz 的低频，人耳虽听不到，却能带给人一种震撼感；而 20kHz 以上的谐波又能够体现各种乐器丰富的音色个性。因

此，对放大器的频带进行扩展，将有利于实现高保真目标。一般来说，音频放大器的通频带越宽，其档次也越高。

为了进一步说明放大电路频率响应的基本概念，这里分析简单的无源 RC 高通、低通电路的频率响应。

5.1.2　RC 高通、低通电路的频率响应

1. 高通电路

如图 5.1.2(a)所示为 RC 高通电路，设输入信号的角频率为 ω，输出电压 $\dot{U}_o$ 和输入电压 $\dot{U}_i$ 的比为 $\dot{A}_u$，则

$$\dot{A}_u=\frac{\dot{U}_o}{\dot{U}_i}=\frac{R}{R+\dfrac{1}{j\omega C}}=\frac{1}{1+\dfrac{1}{j\omega RC}}$$

回路时间常数 $\tau_L=RC$，令 $f_L=\dfrac{1}{2\pi\tau_L}=\dfrac{1}{2\pi RC}$，则

$$\dot{A}_u=\frac{1}{1+\dfrac{1}{j\omega\tau_L}}=\frac{1}{1-j\dfrac{f_L}{f}} \tag{5-1-3}$$

将 $\dot{A}_u$ 用其模和相角表示，得

$$\left|\dot{A}_u\right|=\frac{1}{\sqrt{1+\left(\dfrac{f_L}{f}\right)^2}} \tag{5-1-4a}$$

$$\varphi=\arctan\left(\frac{f_L}{f}\right) \tag{5-1-4b}$$

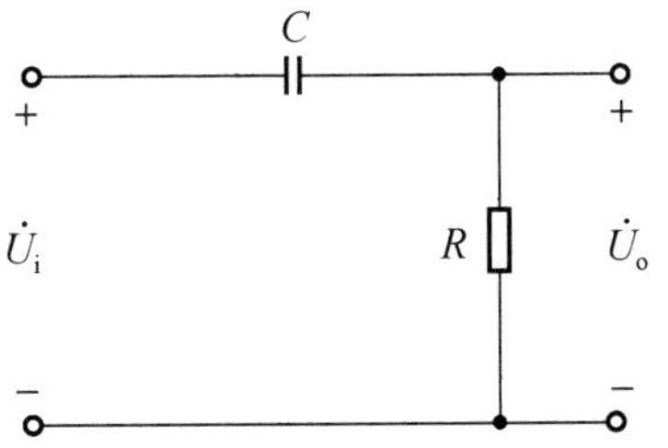

(a) 电路

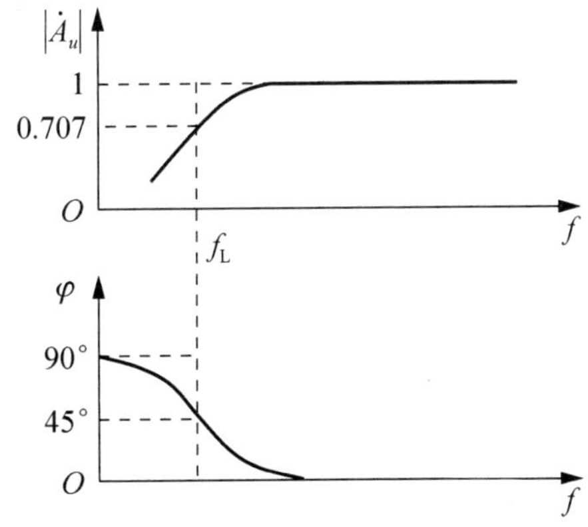

(b) 幅频特性和相频特性

图 5.1.2　RC 高通电路及其频率响应

由上面两式可知，当 $f \gg f_L$ 时，$|\dot{A}_u| \approx 1$，$\varphi \approx 0°$；当 $f = f_L$ 时，$|\dot{A}_u| = \dfrac{1}{\sqrt{2}}$，$\varphi \approx 45°$；当 $f \ll f_L$ 时，$|\dot{A}_u| \approx \dfrac{f}{f_L}$；当 $f \to 0$ 时，$|\dot{A}_u| \to 0$，$\varphi \to 90°$。

根据式(5-1-4a)、式(5-1-4b)可画出 RC 高通电路的幅频特性和相频特性曲线，如图 5.1.2(b)所示，其中，f_L 为高通电路的下限频率，其值决定于时间常数 τ_L。

从图 5.1.2(b)可以看出，对于 $f < f_L$ 的低频信号，$|\dot{A}_u| < 1$，即 $\dot{U}_o$ 小于 $\dot{U}_i$，且频率越低，$|\dot{A}_u|$ 越小，相移越大；只有对于 $f \gg f_L$ 高频信号，$|\dot{A}_u| \approx 1$，相移近似为零，即 $\dot{U}_o \approx \dot{U}_i$。因而可以说明，图 5.1.2(a)所示的 RC 电路只能通过高频信号，而抑制低频信号通过，即具有高通特性。

2. 低通电路

图 5.1.3(a)所示为 RC 低通电路，其输出电压 $\dot{U}_o$ 和输入电压 $\dot{U}_i$ 之比为

$$\dot{A}_u = \frac{\dot{U}_o}{\dot{U}_i} = \frac{\dfrac{1}{j\omega C}}{R + \dfrac{1}{j\omega C}} = \frac{1}{1 + j\omega RC}$$

回路时间常数 $\tau_H = RC$，令 $f_H = \dfrac{1}{2\pi\tau_H} = \dfrac{1}{2\pi RC}$，则

$$\dot{A}_u = \frac{1}{1 + j\omega\tau_H} = \frac{1}{1 + j\dfrac{f}{f_H}} \tag{5-1-5}$$

将 $\dot{A}_u$ 用其模和相角表示，得

$$\begin{cases} |\dot{A}_u| = \dfrac{1}{\sqrt{1 + \left(\dfrac{f}{f_H}\right)^2}} & \text{(5-1-6a)} \\ \varphi = -\arctan\left(\dfrac{f}{f_H}\right) & \text{(5-1-6b)} \end{cases}$$

由以上两式可知，当 $f \ll f_H$ 时，$|\dot{A}_u| \approx 1$，$\varphi \approx 0°$；当 $f = f_H$ 时，$|\dot{A}_u| = \dfrac{1}{\sqrt{2}}$，$\varphi \approx -45°$；当 $f \gg f_H$ 时，$|\dot{A}_u| \approx \dfrac{f_H}{f}$，且当 $f \to \infty$ 时，$|\dot{A}_u| \to 0$，$\varphi \to -90°$。

根据式(5-1-6a)、式(5-1-6b)可画出 RC 低通电路的幅频特性和相频特性曲线，如图 5.1.3(b)所示，其中，f_H 为低通电路的上限频率，其值决定于时间常数 τ_H。

从图 5.1.3(b)可以看出，对于 $f > f_H$ 时的低频信号，$|\dot{A}_u| < 1$，即 $\dot{U}_o$ 小于 $\dot{U}_i$，且频率越高，$|\dot{A}_u|$ 越小，相移越大；只有对于 $f \ll f_H$ 高频信号，$|\dot{A}_u| \approx 1$，相移近似为零，即 $\dot{U}_o$ 约等于 $\dot{U}_i$。因而可以说明，图 5.1.3(a)所示的 RC 电路只能通过低频信号，而抑制高频信号通过，

即具有低通特性。

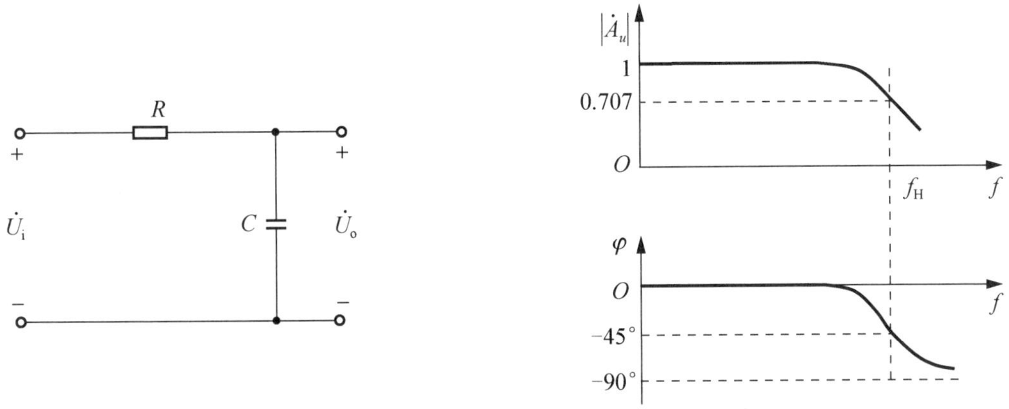

(a) 电路　　　　(b) 幅频特性和相频特性

图 5.1.3　*RC* 低通电路及其频率响应

特别提示

- 放大电路的频率特性的实质是放大电路对正弦输入信号的稳态响应。
- 如果放大电路的通频带不够宽，而输入信号又包含多次谐波时，输出波形将产生频率失真。
- 放大电路的放大倍数和带宽通常是相互制约的，即增益越大，带宽越小，反之亦然。

5.2 波 特 图

研究放大电路的频率响应时，输入信号的频率范围通常从几 Hz 到上百兆 Hz，甚至更宽；而放大电路的放大倍数范围也往往从几倍到上百万倍，为了在同一坐标系中表示如此宽的变化范围，工程上通常采用波特图绘制频率特性曲线。

5.2.1 波特图的概念

波特图是采用对数坐标绘制的频率特性曲线，又称对数频率特性。波特图包括对数幅频特性和对数相频特性，它们的横轴均按 $\lg\omega$(或 $\lg f$)刻度，每十倍频程的距离相等；幅频特性的纵轴按 $20\lg|\dot{A}_u|$ 线性刻度，单位为分贝(dB)，而相频特性的纵轴仍采用 φ 等分刻度。

波特图在工程实际中应用较广，它具备一般的频率特性曲线所不具备的优点：

(1) 拓宽视野。由于横轴采用对数坐标，故可以在较小的坐标范围内表示较宽频率范围的频率特性。

(2) 方便作图，对于多级放大电路尤其如此。因多级放大电路的放大倍数是各级放大倍数的乘积，故画对数幅频特性时，只需将各级放大电路的对数幅频特性进行叠加。但因多级放大电路的总相移是各级相移之和，故对数相频特性的纵轴不采用对数刻度。

下面以 5.1.2 节介绍的 *RC* 高通、低通电路为例，介绍波特图的画法。

5.2.2　*RC* 高通、低通电路的波特图

将式(5-1-4a)两边取对数，可得 *RC* 高通电路的对数幅频特性，即

$$20\lg\left|\dot{A}_u\right| = 20\lg\frac{1}{\sqrt{1+\left(\frac{f_L}{f}\right)^2}} = -20\lg\sqrt{1+\left(\frac{f_L}{f}\right)^2} \tag{5-2-1}$$

由上式可知，当 $f \gg f_L$ 时，$20\lg\left|\dot{A}_u\right| \approx 0$；当 $f = f_L$ 时，$20\lg\left|\dot{A}_u\right| = -3\text{dB}$；当 $f \ll f_L$ 时，$20\lg\left|\dot{A}_u\right| \approx 20\lg\frac{f}{f_L}$，即 f 每减小 10 倍，放大倍数下降 20dB。

根据式(5-2-1)和式(5-1-4b)可画出 *RC* 高通电路的对数幅频特性和对数相频特性曲线，如图 5.2.1 中的虚线所示。

将式(5-1-6a)两边取对数，可得 *RC* 低通电路的对数幅频特性，即

$$20\lg\left|\dot{A}_u\right| = 20\lg\frac{1}{\sqrt{1+\left(\frac{f}{f_H}\right)^2}} = -20\lg\sqrt{1+\left(\frac{f}{f_H}\right)^2} \tag{5-2-2}$$

由上式可知，当 $f \ll f_H$ 时，$20\lg\left|\dot{A}_u\right| \approx 0$；当 $f = f_H$ 时，$20\lg\left|\dot{A}_u\right| = -3\text{dB}$；当 $f \gg f_H$ 时，$20\lg\left|\dot{A}_u\right| \approx -20\lg\frac{f}{f_H}$，即 f 每增加 10 倍，放大倍数下降 20dB。

根据式(5-2-2)和式(5-1-6b)和可画出 *RC* 低通电路的对数幅频特性和对数相频特性曲线，如图 5.2.2 中的虚线所示。

在电路近似分析中，为了简化，通常将波特图中的曲线用折线近似，称为近似的波特图。*RC* 高通(低通)电路的对数幅频特性可用以 f_L (f_H)为拐点的两段直线构成的折线近似表示。对高通电路，当 $f < f_L$ 时，用斜率为 20dB/十倍频的直线近似；当 $f > f_L$ 时，用零分贝线近似，如图 5.2.1 中的实线所示。对低通电路，当 $f < f_H$ 时，用零分贝线近似；当 $f > f_H$ 时，用斜率为 –20 dB/十倍频的直线近似，如图 5.2.2 中的实线所示。

可以得出，高通和低通电路的对数幅频特性由于折线近似而产生的最大误差均为 3dB，分别发生在 $f = f_L$ 和 $f = f_H$ 处。

RC 高通(低通)电路的对数相频特性可用以 $0.1f_L$、$10f_L$ ($0.1f_H$、$10f_H$)为拐点的三段直线构成的折线近似表示。对高通电路，当 $f < 0.1f_L$ 时，用 $\varphi = 90°$ 的直线近似；当 $f > 10f_L$ 时，用 $\varphi = 0°$ 的直线近似；当 $0.1f_L < f < 10f_L$ 时，用斜率为 –45°/十倍频的直线近似，在 $f = f_L$ 处，$\varphi = 45°$，如图 5.2.1 中的实线所示。对低通电路，当 $f < 0.1f_H$ 时，用 $\varphi = 0°$ 的直线近似；当 $f > 10f_H$ 时，用 $\varphi = -90°$ 的直线近似；当 $0.1f_H < f < 10f_H$ 时，用斜率为 –45°/十倍频的直线近似，在 $f = f_H$ 处，$\varphi = -45°$，如图 5.2.2 中的实线所示。

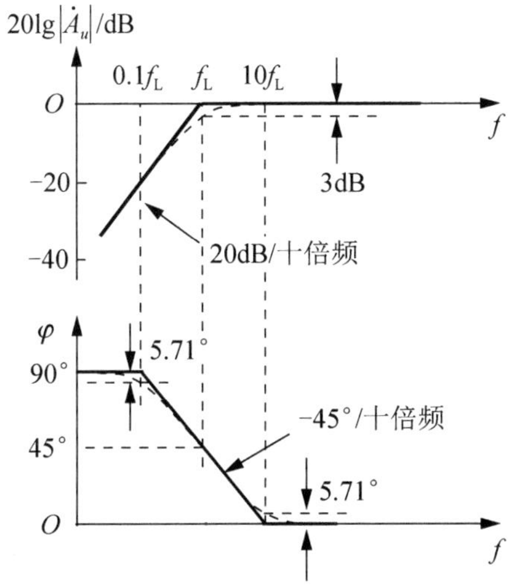

图 5.2.1　高通电路波特图

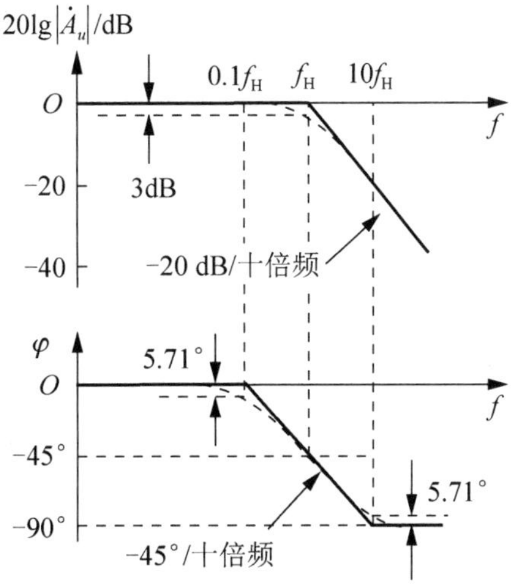

图 5.2.2　低通电路波特图

可以得出，*RC* 高通和低通电路的对数相频特性由于折线近似而产生的最大误差均为 ±5.71°，高通电路发生在 $f=0.1f_L$ 和 $f=10f_L$ 处，低通电路发生在 $f=0.1f_H$ 和 $f=10f_H$ 处。

特别提示

- 波特图的横轴虽然采用对数刻度，但习惯上标出的仍是 ω(或 f)的值，不是 $\lg\omega$(或 $\lg f$)的值。

5.3　晶体管与场效应管的高频等效模型

第 2 章和第 3 章曾介绍过晶体管和场效应管的 h 参数微变等效模型，该模型是在信号频率较低的条件下得出的，属低频等效模型。若用于高频信号，则必须考虑管子的极间电容，这样，等效模型的参数将是频率的函数且都是复数，给分析带来不便。本节介绍一种适合于高频信号分析的常用模型——混合 π 模型。

5.3.1　晶体管的高频等效模型

从晶体管的物理结构出发，将晶体管内部发射结和集电结电容考虑在内，可得到适合高频应用的物理模型，即混合 π 模型。由于低频时晶体管的混合 π 模型与 h 参数等效模型具有一致性，所以常常利用 h 参数容易获得的特点，通过 h 参数计算混合 π 模型中的一些参数。

1. 完整的混合 π 模型

考虑管子极间电容时，晶体管的结构示意图如图 5.3.1(a)所示。图中，$C_{b'c}$ (C_{μ})为集电结等效电容，$C_{b'e}$ (C_{π})为发射结等效电容。由晶体管的结构示意图可得晶体管的混合 π 模型，如图 5.3.1(b)所示。

混合 π 模型中的受控电流源体现了发射结电压 $\dot{U}_{b'e}$ 对受控电流的控制作用。g_m 称为跨导，表示 $\dot{U}_{b'e}$ 为单位电压时，在受控电流源中引起的电流的大小。

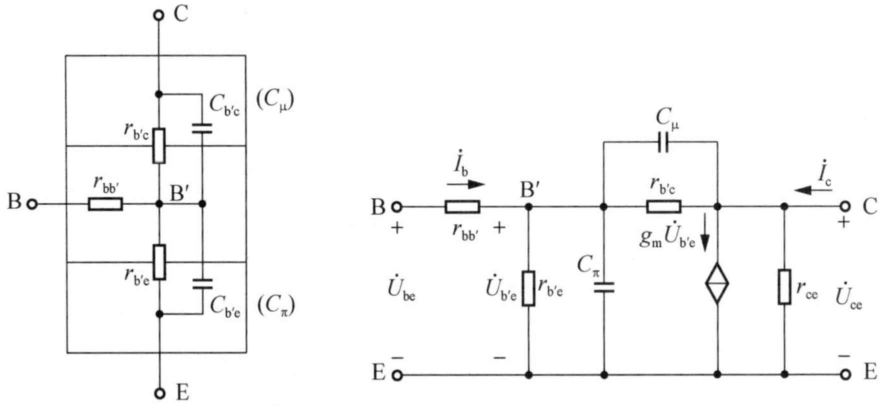

(a) 结构示意图　　　　　　(b) 混合π模型

图 5.3.1　晶体管结构示意图和混合 π 模型

2. 简化的混合 π 模型

图 5.3.1(b)所示的混合 π 模型中，$r_{b'c}$ 通常很大，远大于 C_{μ} 的容抗，而 r_{ce} 一般也远大于负载电阻，因此这两个电阻可视为开路。

【图文：密勒定理】

此外，因 C_{μ} 跨接在 B′-C 之间，使电路分析变得复杂，为了简单起见，可利用密勒定理将 C_{μ} 等效到 B′-E 之间和 C-E 之间，即单向化。设 $\dot{K}=\dfrac{\dot{U}_{ce}}{\dot{U}_{b'e}}$，根据密勒定理，$C_{\mu}$ 折合到 B′-E 之间的电容为

$$C'_{\mu}=(1-\dot{K})C_{\mu}=(1+|\dot{K}|)C_{\mu} \tag{5-3-1}$$

因此，折合后 B′-E 之间的总电容为

$$C'_{\pi}=C_{\pi}+(1+|\dot{K}|)C_{\mu} \tag{5-3-2}$$

同样由密勒定理，可得出 C_{μ} 折合到 C-E 之间的电容为

$$C''_{\mu}=\frac{\dot{K}-1}{\dot{K}}C_{\mu} \tag{5-3-3}$$

如前所述，可得到单向化的混合 π 模型，如图 5.3.2(a)所示。因为在一般情况下，C''_{μ} 比 C'_{π} 小得多，且 C''_{μ} 的容抗比集电极等效负载 R'_L 大得多，故可将输出回路的 C''_{μ} 分流作用忽略，即将 C''_{μ} 视为开路，由此得到更为简化的混合 π 模型，如图 5.3.2(b)所示。

在单向化的混合 π 模型中，输入和输出回路不再直接发生联系，给放大电路的频率响应分析带来很大的方便。

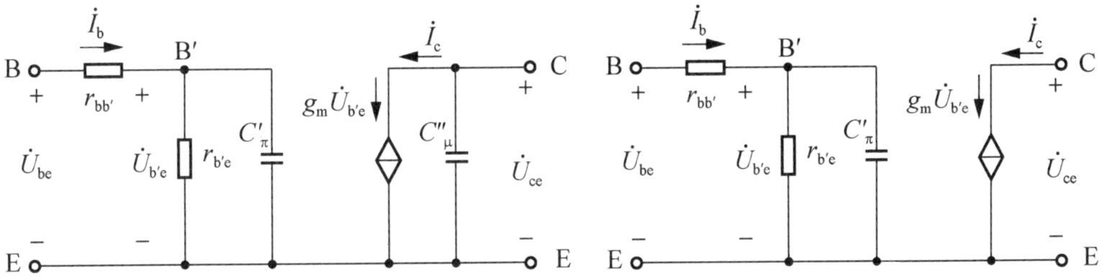

(a) 单向化的混合π模型 (b) 忽略C''_μ的混合π模型

图 5.3.2 晶体管混合π模型的简化

3. 混合π模型的主要参数

低频时，由于晶体管的极间电容可以忽略，因此图 5.3.2(b)所示的混合π模型中电容C'_π可视为开路，此时的混合π模型如图 5.3.3 所示，和图 5.3.4 所示的 h 参数等效模型基本一致，因此可通过 h 参数计算混合π模型中除电容外的其他参数。

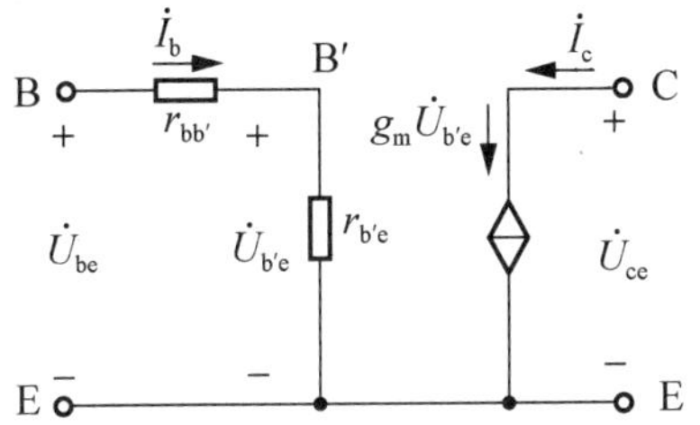

图 5.3.3 不考虑极间电容的混合π模型

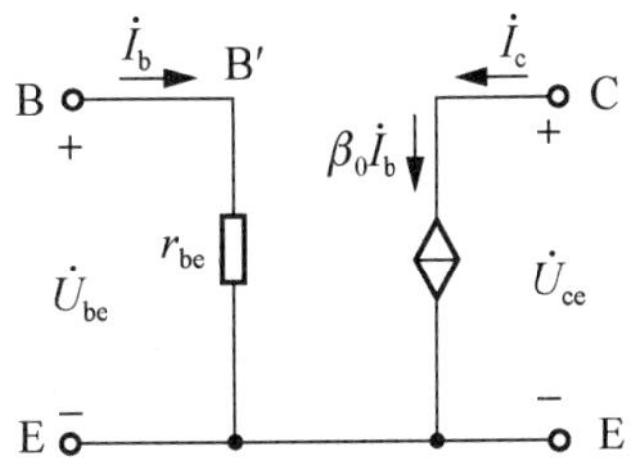

图 5.3.4 简化的 h 参数等效模型

对比图 5.3.3 和图 5.3.4 可得

$$r_{bb'}+r_{b'e}=r_{be}=r_{bb'}+(1+\beta_0)\frac{U_T}{I_{EQ}}$$

所以有

$$r_{b'e}=(1+\beta_0)\frac{U_T}{I_{EQ}} \tag{5-3-4}$$

$$r_{bb'}=r_{be}-r_{b'e} \tag{5-3-5}$$

通过对比两图还可得

$$g_m\dot{U}_{b'e}=g_m\dot{I}_b r_{b'e}=\beta_0\dot{I}_b$$

所以有

$$g_m=\frac{\beta_0}{r_{b'e}}=\frac{\beta_0}{(1+\beta_0)\frac{U_T}{I_{EQ}}}\approx\frac{I_{EQ}}{U_T} \tag{5-3-6}$$

上面各式中的β_0为晶体管的中频或低频段的共射电流放大系数。由 h 模型参数和式 (5-3-4)、式(5-3-6)可得出混合π模型中的$r_{b'e}$和g_m；$r_{bb'}$的值一般可以从半导体器件手册中查到，也可以由式(5-3-5)计算得出。模型中电容C_μ的值可从手册上查到；电容C_π的值

虽不能直接从手册上查，但可通过手册给出的特征频率 f_T 来估算，估算公式为

$$C_\pi \approx \frac{\beta_0}{2\pi r_{b'e} f_T} - C_\mu \tag{5-3-7}$$

特别提示

- C_{ob} 是晶体管为共基接法且发射极开路时集电结的结电容，在半导体手册中可查出 C_{ob} 的值，因 C_μ 的值与 C_{ob} 的值近似，故估算时可用 C_{ob} 的值代替 C_μ 的值。
- 由于晶体管结电容的分流作用，使得当输入信号的频率较高时电流放大系数 β 将下降，当共射电流放大系数 β 下降到中频时 $\beta_0/\sqrt{2}$ 时所对应的频率称为共射截止频率 f_β，$f_\beta \approx \dfrac{1}{2\pi r_{b'e}(C_\pi + C_\mu)}$；当电流放大系数 β 下降到 1 时所对应的频率称为特征频率 f_T，特征频率 f_T 与共射截止频率 f_β 之间的关系为：$f_T \approx \beta_0 f_\beta$；当共基电流放大系数 α 下降到中频时 $\alpha_0/\sqrt{2}$ 时所对应的频率称为共基截止频率 f_α，$f_\alpha = (1+\beta_0) f_\beta$。由于共基截止频率 f_α 远高于共射截止频率 f_β，故共基电路可作为宽频带放大电路。f_β、f_T 和 f_α 三者之间的关系为 $f_\beta < f_T < f_\alpha$。

5.3.2　场效应管的高频等效模型

场效应管在高频应用时必须考虑其极间电容，与晶体管类似，可由其物理结构得出其高频等效模型——混合 π 模型，如图 5.3.5 所示。

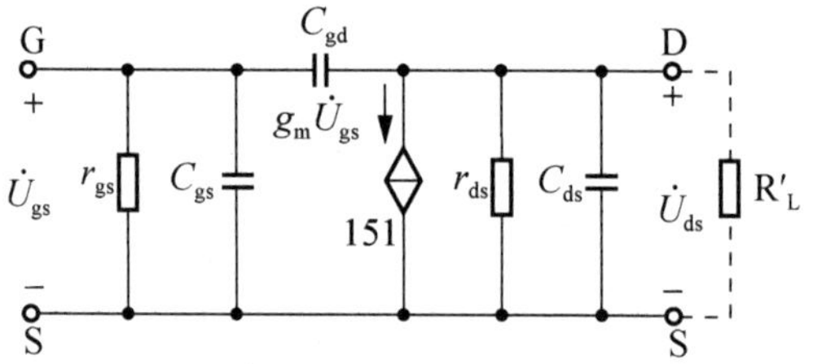

图 5.3.5　场效应管的混合 π 模型

在图 5.3.5 所示的混合 π 模型中，r_{gs} 和 r_{ds} 一般比外部电阻大得多，因此，近似分析时可以视为开路。对于跨接在 G-D 间的电容 C_{gd}，也可将其折合成两个电容，分别接在 G-S 之间和 D-S 之间。设 $\dot{K} = -g_m R_L'$，则折合后 G-S 间的总电容为

$$C_{gs}' = C_{gs} + (1 + |\dot{K}|)\ C_{gd} \tag{5-3-8}$$

折合后 D-S 间的总电容为

$$C_{ds}' = C_{ds} + \frac{\dot{K} - 1}{\dot{K}} C_{gd} \tag{5-3-9}$$

由以上分析可得场效应管单向化的混合 π 模型，如图 5.3.6(a)所示。与晶体管的混合 π

模型中的 C''_μ 类似，可将输出回路的 C'_{ds} 忽略，由此得到更为简化的混合 π 模型，如图 5.3.6(b)所示。

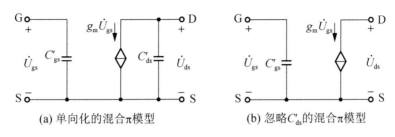

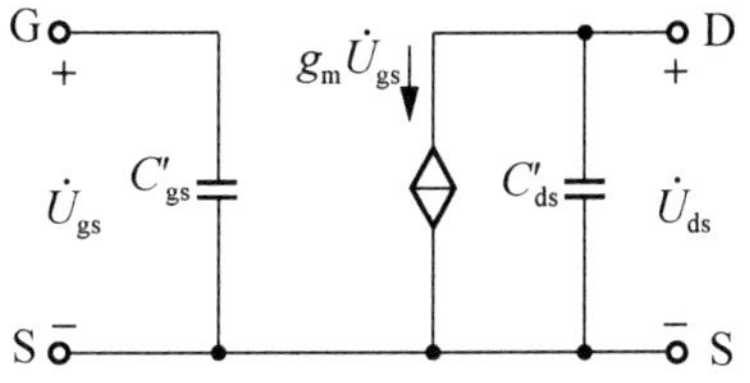

(a) 单向化的混合π模型　　(b) 忽略C'_{ds}的混合π模型

图 5.3.6　场效应管混合 π 模型的简化

5.4　单管放大电路的频率响应

本节利用晶体管和场效应管的混合 π 模型，分析单管共射和单管共源放大电路的频率响应。

5.4.1　晶体管共射放大电路的频率响应

在图 5.4.1(a)所示的阻容耦合单管共射放大电路中，虚线右边的 C_2 和 R_L 可看成是下一级输入端的耦合电容和输入电阻，因此在分析本级的频率响应时，可暂不把它们考虑在内。将图中的晶体管用图 5.3.2(b)所示的混合 π 模型代替，可以画出放大电路的交流微变等效电路，如图 5.4.1(b)所示。下面从该等效电路出发，分析放大电路的频率响应。

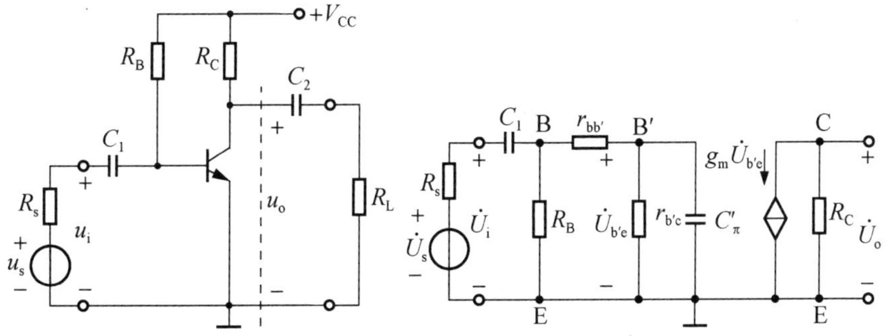

(a) 放大电路　　(b) 交流等效电路

图 5.4.1　单管共射放大电路及其交流等效电路

因为耦合电容和极间电容对电路的影响和输入信号频率有关，为简单起见，将输入信号归到中频、高频、低频三个频段，先分析各个频段的频率响应(电压放大倍数)，然后将它们综合起来，组成放大电路完整的频率响应。

1. 中频段电压放大倍数

如图 5.4.1(b)中，当输入为中频信号时，管子极间电容 C'_π 的容抗要比与其并联的其他电阻大得多，故可视为开路；而耦合电容 C_1 的容抗要比与其串联的其他电阻小得多，可视为短路。于是得到如图 5.4.2 所示的中频等效电路。

电路的输入电阻为

$$R_i = R_B // r_{be} = R_B // (r_{bb'} + r_{b'e})$$

中频电压放大倍数为

$$\dot{A}_{usm} = \frac{\dot{U}_o}{\dot{U}_s} = \frac{\dot{U}_i}{\dot{U}_s} \cdot \frac{\dot{U}_{b'e}}{\dot{U}_i} \cdot \frac{\dot{U}_o}{\dot{U}_{b'e}}$$

因为 $\dot{U}_i = \frac{R_i}{R_s + R_i}\dot{U}_s$，$\dot{U}_{b'e} = \frac{r_{b'e}}{r_{be}}\dot{U}_i$，$\dot{U}_o = -g_m\dot{U}_{b'e}R_C$，所以

$$\dot{A}_{usm} = -\frac{R_i}{R_s + R_i} \cdot \frac{r_{b'e}}{r_{be}} g_m R_C \tag{5-4-1}$$

将 $g_m = \frac{\beta_0}{r_{b'e}}$ 代入上式，可得中频电压放大倍数为

$$\dot{A}_{usm} = -\frac{R_i}{R_s + R_i} \cdot \frac{\beta_0}{r_{be}} R_C \tag{5-4-2}$$

2. 低频段电压放大倍数

图 5.4.1(b)中，当输入为低频信号时，耦合电容 C_1 的容抗较大，具有分压作用，不能视为短路；而管子极间电容 C'_π 的容抗远大于与其并联的其他电阻，故视为开路。于是得到图 5.4.3 所示的低频等效电路，由图可见，电路的输入电阻为 $R_i = R_B // r_{be}$，R_i 与 C_1 组成 RC 高通电路。

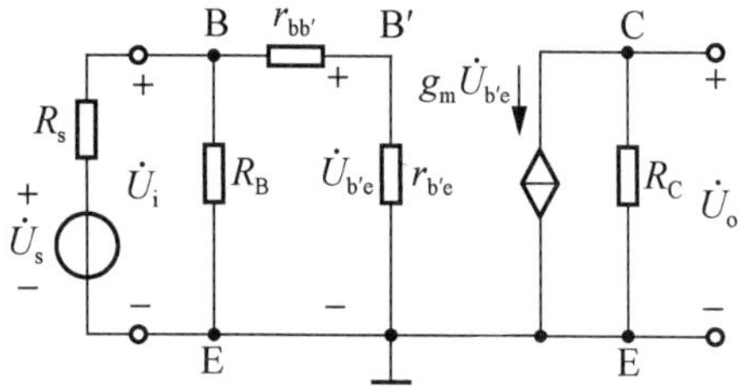

图 5.4.2　中频等效电路

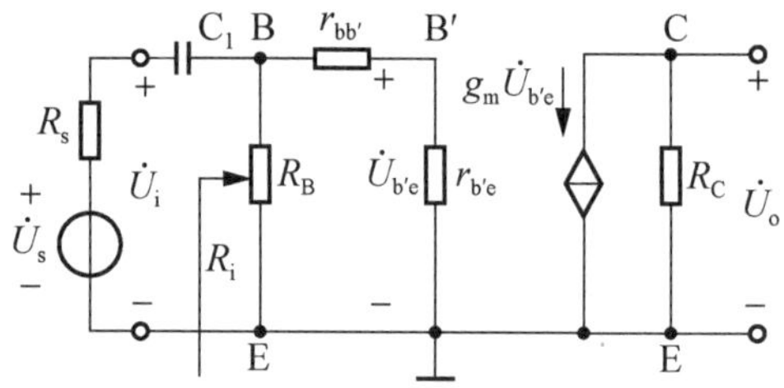

图 5.4.3　低频等效电路

低频电压放大倍数为

$$\dot{A}_{usl} = \frac{\dot{U}_o}{\dot{U}_s} = \frac{\dot{U}_{b'e}}{\dot{U}_s} \cdot \frac{\dot{U}_o}{\dot{U}_{b'e}}$$

因为 $\dot{U}_{b'e} = \frac{R_i}{R_s + R_i + \frac{1}{j\omega C_1}} \cdot \frac{r_{b'e}}{r_{be}}\dot{U}_s$，$\dot{U}_o = -g_m\dot{U}_{b'e}R_C$，所以

$$\dot{A}_{usl} = \frac{\dot{U}_o}{\dot{U}_s} = -\frac{R_i}{R_s + R_i + \frac{1}{j\omega C_1}} \cdot \frac{r_{b'e}}{r_{be}} g_m R_C$$

上式的分子分母同除以 $(R_s + R_i)$，可得

$$\dot{A}_{usl}=\frac{\dot{U}_o}{\dot{U}_s}=-\frac{R_i}{R_s+R_i}\cdot\frac{r_{b'e}}{r_{be}}g_m R_C\frac{1}{1+\dfrac{1}{j\omega\left(R_s+R_i\right)C_1}}$$

将式(5-4-1)代入上式，且令 $f_L=\dfrac{1}{2\pi\left(R_s+R_i\right)C_1}$，得

$$\dot{A}_{usl}=\dot{A}_{usm}\frac{1}{1-j\dfrac{f_L}{f}} \tag{5-4-3}$$

上式中，f_L 为放大电路的下限频率，其值取决于 C_1 所在回路的时间常数 $\left(R_s+R_i\right)C_1$。

由式(5-4-3)可得低频对数幅频特性和对数相频特性表达式为

$$\begin{cases}20\lg\left|\dot{A}_{usl}\right|=20\lg\left|\dot{A}_{usm}\right|-20\lg\sqrt{1+\left(\dfrac{f_L}{f}\right)^2} & \text{(5-4-4a)}\\ \varphi=-180°+\left(90°-\arctan\dfrac{f}{f_L}\right)=-90°-\arctan\dfrac{f}{f_L} & \text{(5-4-4b)}\end{cases}$$

由式(5-4-4a)、式(5-4-4b)可以看出，因耦合电容的影响，放大电路的增益下降，并产生超前相移，当 $f=f_L$ 时，增益下降 3 分贝，相位超前 45°。

3. 高频段电压放大倍数

在图 5.4.1(b)中，当输入为高频信号时，耦合电容 C_1 的容抗要比与其串联的其他电阻小得多，可视为短路；但极间电容 C'_π 的容抗较小，具有分流作用，因此不可忽略。于是得到图 5.4.4 所示的高频等效电路。为了简化分析，利用戴维宁定理将 C'_π 左侧的电路进行等效，又可得到简化的等效电路，如图 5.4.5 所示，其中，R' 与 C'_π 组成 RC 低通电路。

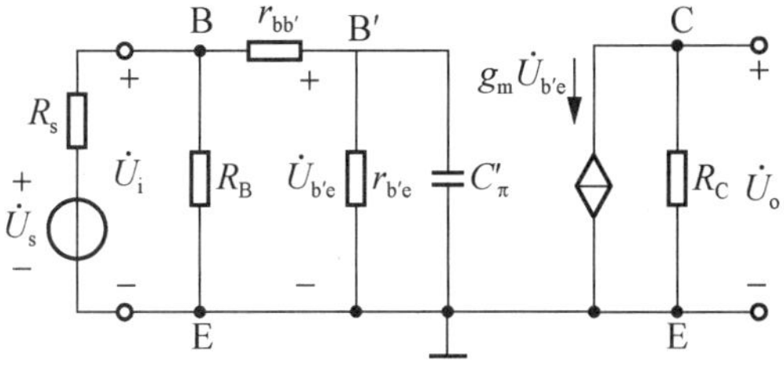

图 5.4.4　高频等效电路

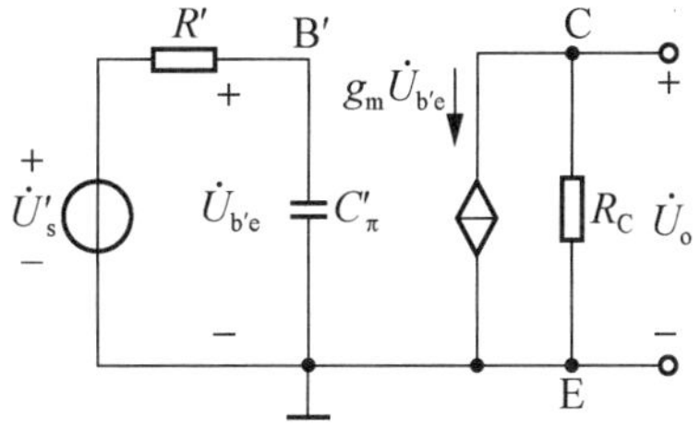

图 5.4.5　简化后的高频等效电路

图中，$\dot{U}'_s$、R' 的表达式分别为

$$\dot{U}'_s=\frac{R_i}{R_i+R_s}\cdot\frac{r_{b'e}}{r_{be}}\dot{U}_s$$

$$R'=r_{b'e}//\left[r_{bb'}+(R_s//R_B)\right]$$

高频电压放大倍数为

$$\dot{A}_{ush}=\frac{\dot{U}_o}{\dot{U}_s}=\frac{\dot{U}'_s}{\dot{U}_s}\cdot\frac{\dot{U}_{b'e}}{\dot{U}'_s}\cdot\frac{\dot{U}_o}{\dot{U}'_{b'e}}$$

因为$\dot{U}_{b'e}=\dfrac{\dfrac{1}{j\omega C'_{\pi}}}{R'+\dfrac{1}{j\omega C'_{\pi}}}\dot{U}'_{s}$，$\dot{U}_{o}=-g_{m}\dot{U}_{b'e}R_{C}$，所以

$$\dot{A}_{ush}=-\frac{R_{i}}{R_{s}+R_{i}}\cdot\frac{r_{b'e}}{r_{be}}g_{m}R_{C}\frac{\dfrac{1}{j\omega R'C'_{\pi}}}{1+\dfrac{1}{j\omega R'C'_{\pi}}}$$

将式(5-4-1)代入上式，且令$f_{H}=\dfrac{1}{2\pi R'C'_{\pi}}$，得

$$\dot{A}_{ush}=\dot{A}_{usm}\frac{1}{1+j\dfrac{f}{f_{H}}} \tag{5-4-5}$$

上式中，f_{H}为放大电路的上限频率，其值取决于C'_{π}所在回路的时间常数$R'C'_{\pi}$。

由式(5-4-5)可得高频对数幅频特性和对数相频特性表达为

$$\begin{cases}20\lg\left|\dot{A}_{ush}\right|=20\lg\left|\dot{A}_{usm}\right|-20\lg\sqrt{1+\left(\dfrac{f}{f_{H}}\right)^{2}} & (5\text{-}4\text{-}6a)\\ \varphi=-180^{\circ}-\arctan\dfrac{f}{f_{H}} & (5\text{-}4\text{-}6b)\end{cases}$$

由式(5-4-6a)、式(5-4-6b)可以看出，因极间电容的影响，放大电路的增益下降，并产生滞后相移，当$f=f_{H}$时，增益下降 3 分贝，相位滞后45°。

4. 完整的频率响应

将中频、低频、高频电压放大倍数表达式综合起来，可得到单管共射放大电路全部频率范围内的电压放大倍数的近似表达式，即

$$\dot{A}_{us}\approx\dot{A}_{usm}\frac{1}{\left(1-j\dfrac{f_{L}}{f}\right)\left(1+j\dfrac{f}{f_{H}}\right)} \tag{5-4-7}$$

分析上式可知，当$f_{L}\ll f\ll f_{H}$时，$\dfrac{f_{L}}{f}\to 0$，$\dfrac{f}{f_{H}}\to 0$，$\dot{A}_{us}\approx\dot{A}_{usm}$；当$f\to f_{L}$时，必有$f\ll f_{H}$，$\dfrac{f}{f_{H}}\to 0$，$\dot{A}_{us}\approx\dot{A}_{usl}$；当$f\to f_{H}$时，必有$f\gg f_{L}$，$\dfrac{f_{L}}{f}\to 0$，$\dot{A}_{us}\approx\dot{A}_{ush}$。

由上面分析，按照 5.2.2 节介绍的近似波特图的画法，可画出单管共射放大电路完整的波特图。步骤如下：

(1) 由电路参数计算$\dot{A}_{usm}$、f_{L}、f_{H}。

(2) 画幅频特性。在$f_{L}<f<f_{H}$频段，作高度为$20\lg\left|\dot{A}_{usm}\right|$的水平直线；在$f<f_{L}$频段，作斜率为 20dB/十倍频的直线；在$f>f_{H}$的频段，作斜率为−20dB/十倍频的直线。以上三条直线构成的折线即放大电路的对数幅频特性，如图 5.4.6 所示。

(3) 画相频特性。在 $f<0.1f_L$ 频段，作 $\varphi=-90°$ 的水平直线；在 $0.1f_L<f<10f_L$ 频段，作斜率为 $-45°$/十倍频的直线；在 $10f_L<f<0.1f_H$ 频段，作 $\varphi=-180°$ 的水平直线；在 $0.1f_H<f<10f_H$ 频段，作斜率为 $-45°$/十倍频的直线；在 $f>10f_H$ 的频段，作 $\varphi=-270°$ 的水平直线。以上五条直线构成的折线即放大电路的对数相频特性，如图 5.4.6 所示。

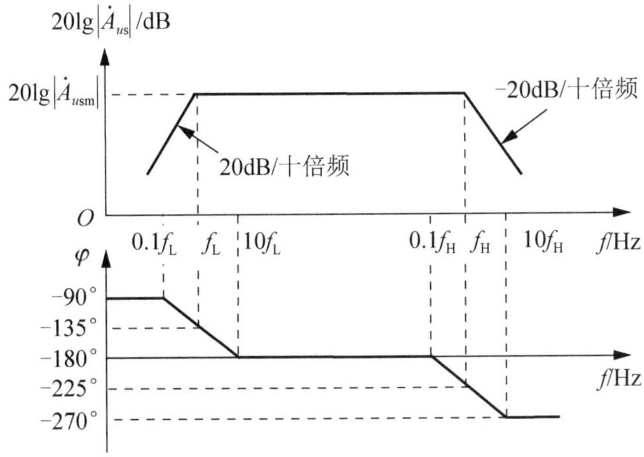

图 5.4.6 单管共射放大电路的波特图

特别提示

- 截止频率 f_H 和 f_L 是放大电路的增益下降3dB时的频率,故称它们为3dB截止频率。
- 因为中频等效电路不含电抗元件，所以中频电压放大倍数是实数，与利用简化的 h 参数等效模型的分析结果一致。
- 直接耦合放大电路不通过耦合电容实现极间连接，在低频段电压放大倍数不会下降，也会不产生相移，因此下限截止频率 $f_L=0$。

【例 5-4-1】 图 5.4.7(a)所示的放大电路中，已知：$V_{CC}=+12V$；晶体管的 $f_T=50MHz$，$C_{b'c}=4pF$，β_0=100，$r_{bb'}=100\Omega$，$U_{BEQ}=0.7V$。求中频电压放大倍数 $\dot{A}_{usm}$、上限频率 f_H、下限频率 f_L，并画出 $\dot{A}_{us}$ 的波特图。

【解】(1) 求解静态工作点

$$I_{BQ}=\frac{V_{CC}-U_{BEQ}}{R_B}=\frac{12-0.7}{500}\text{mA=22.6μA}$$

$$I_{EQ}=(1+\beta_0)I_{BQ}=(1+100)\times22.6\times10^{-6}\text{A}=2.28\text{mA}$$

(2) 求 $\dot{A}_{usm}$

$$r_{b'e}=(1+\beta_0)\frac{U_T}{I_{EQ}}=(1+100)\times\frac{26\times10^{-3}}{2.28\times10^{-3}}\Omega=1.15\text{k}\Omega$$

$$r_{be}=r_{bb'}+r_{b'e}=0.1\text{k}\Omega+1.15\text{k}\Omega=1.25\text{k}\Omega$$

$$R_i = R_B // r_{be} = \frac{500 \times 1.25}{500 + 1.25} k\Omega = 1.25k\Omega$$

$$g_m = \frac{I_{EQ}}{U_T} = \frac{2.28 \times 10^{-3}}{26 \times 10^{-3}} S = 87.69mS$$

$$\dot{A}_{usm} = \frac{\dot{U}_o}{\dot{U}_s} = -\frac{R_i}{R_i + R_s} \frac{r_{b'e}}{r_{be}} g_m R_C = -\frac{1.25}{1.25+1} \times \frac{1.15}{1.25} \times 87.69 \times 5 \approx -224$$

$$20\lg\left|\dot{A}_{usm}\right| = (20\lg 222)dB \approx 47dB$$

(3) 求 f_H 和 f_L

$$C_\pi = \frac{\beta_0}{2\pi r_{b'e} f_T} - C_\mu = \left(\frac{100}{2 \times 3.14 \times 1.15 \times 10^3 \times 50 \times 10^6} - 4 \times 10^{-12}\right) F = 273pF$$

$$\dot{K} = \frac{\dot{U}_{ce}}{\dot{U}_{b'e}} = -g_m R_C = -87.69 \times 5 = -438.45$$

$$C'_\pi = C_\pi + \left(1 + \left|\dot{K}\right|\right) C_\mu = \left[273 \times 10^{-12} + (1 + 438.45) \times 4 \times 10^{-12}\right] F = 2031pF$$

$$R' = r_{b'e} // \left[r_{bb'} + (R_s // R_B)\right] \approx r_{b'e} // (r_{bb'} + R_s) = \frac{1.15 \times 1.1}{1.15 + 1.1} k\Omega \approx 562\Omega$$

$$f_H = \frac{1}{2\pi R' C'_\pi} = \frac{1}{2 \times 3.14 \times 562 \times 2031 \times 10^{-12}} Hz = 139kHz$$

$$f_L = \frac{1}{2\pi (R_s + R_i) C} = \frac{1}{2 \times 3.14 \times (1 + 1.25) \times 10^3 \times 5 \times 10^{-6}} Hz = 14Hz$$

(4) 画 $\dot{A}_{us}$ 的波特图

根据上述计算结果，画出 $\dot{A}_{us}$ 的折线化的对数幅频特性和对数相频特性如图 5.4.7(b)所示。

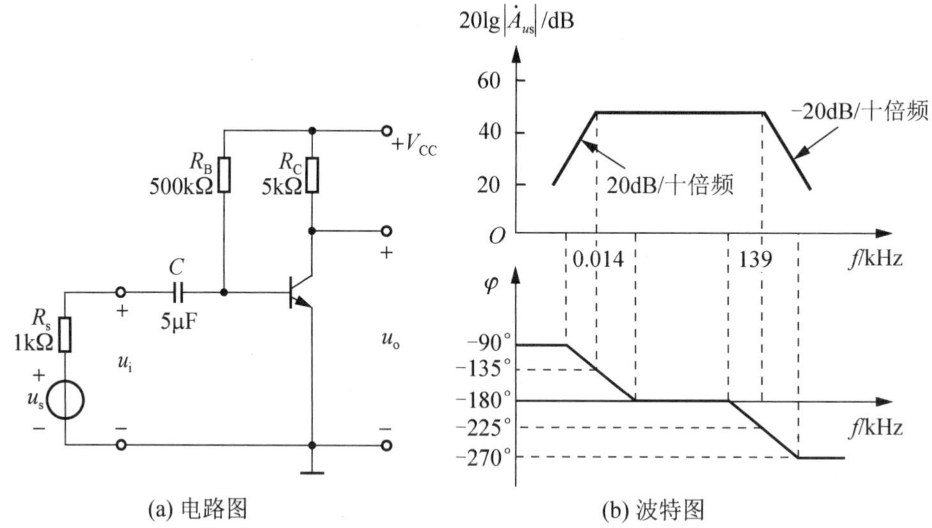

图 5.4.7　例 5-4-1 的电路图与波特图

5.4.2 场效应管共源放大电路的频率响应

图 5.4.8(a)所示为场效应管共源放大电路，将其中的场效应管用图 5.3.6(b)所示的混合 π 模型代替，画出放大电路的交流等效电路，如图 5.4.8(b)所示。

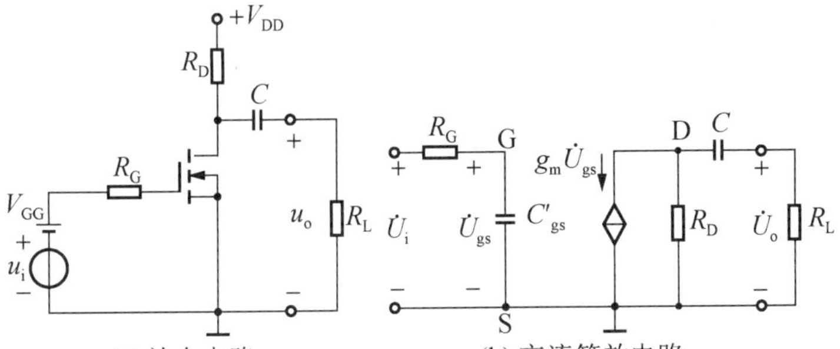

(a) 放大电路　　(b) 交流等效电路

图 5.4.8 单管共源放大电路及其交流等效电路

由图 5.4.8(b)所示的交流等效电路，按照 5.4.1 节所述方法也可得到场效应管共源放大电路全部频率范围内的电压放大倍数的近似表达式，即

$$\dot{A}_u \approx \dot{A}_{um}\frac{1}{\left(1-\mathrm{j}\dfrac{f_L}{f}\right)\left(1+\mathrm{j}\dfrac{f}{f_H}\right)} \tag{5-4-8}$$

上式中，$\dot{A}_{um}$ 为中频电压放大倍数，f_L 为下限频率，f_H 为上限频率，它们的确定方法和共射放大电路类似。

当输入为中频信号时，C'_{gs} 可视为开路，C 可视为短路，因此可得中频电压放大倍数

$$\dot{A}_{um}=\frac{\dot{U}_o}{\dot{U}_i}=\frac{-g_m\dot{U}_{gs}(R_D//R_L)}{\dot{U}_{gs}}=-g_mR'_L \tag{5-4-9}$$

当输入为低频信号时，C'_{gs} 可视为开路，但必须考虑 C 的影响，其所在回路的时间常数 $\tau=(R_D+R_L)C$，因此下限频率为

$$f_L=\frac{1}{2\pi(R_D+R_L)C} \tag{5-4-10}$$

当输入为高频信号时，C 可视为短路，但必须考虑 C'_{gs} 的影响，其所在回路的时间常数 $\tau=R_GC'_{gs}$，因此上限频率为

$$f_H=\frac{1}{2\pi R_GC'_{gs}} \tag{5-4-11}$$

由式(5-4-8)可以画出 $\dot{A}_u$ 的波特图，其形状与单管共射放大电路的波特图类似。

特别提示

- 放大电路上限频率 f_H 和下限频率 f_L 的数值分别取决于极间电容和耦合电容所在回路的时间常数。

【例 5-4-2】 在图 5.4.8(a)所示的放大电路中，已知：$R_G = 2\text{M}\Omega$，$R_D = R_L = 10\text{k}\Omega$，$C = 10\mu\text{F}$；场效应管的 $C_{gs} = C_{gd} = 4\text{pF}$，$g_m = 4\text{mS}$。求中频电压放大倍数 $\dot{A}_{um}$、上限频率 f_H、下限频率 f_L，并画出 $\dot{A}_u$ 的波特图。

【解】(1) 上限频率

$$R_L' = R_D // R_L = \frac{10 \times 10}{10 + 10}\text{k}\Omega = 5\text{k}\Omega$$

$$\dot{K} = -g_m R_L' = -4 \times 10^{-3} \times 5 \times 10^3 = -20$$

$$C_{gs}' = C_{gs} + \left(1 + |\dot{K}|\right) C_{gd} = \left[4 + (1 + 20) \times 4\right]\text{pF} = 88\text{pF}$$

$$f_H = \frac{1}{2\pi R_G C_{gs}'} = \frac{1}{2 \times 3.14 \times 2 \times 10^6 \times 88 \times 10^{-12}} = 904.7\text{Hz}$$

(2) 下限频率

$$f_L = \frac{1}{2\pi (R_D + R_L) C} = \frac{1}{2 \times 3.14 \times (10 + 10) \times 10^3 \times 10 \times 10^{-6}} = 0.8\text{Hz}$$

(3) 中频电压放大倍数

$$\dot{A}_{um} = -g_m R_L' = -4 \times 10^{-3} \times 5 \times 10^3 = -20$$

$$20\lg|\dot{A}_{um}| = 20 \times \lg 20 \approx 26\text{dB}$$

(4) $\dot{A}_u$ 的波特图

根据上述计算结果，画出 $\dot{A}_u$ 的折线化的对数幅频特性和对数相频特性如图 5.4.9 所示。

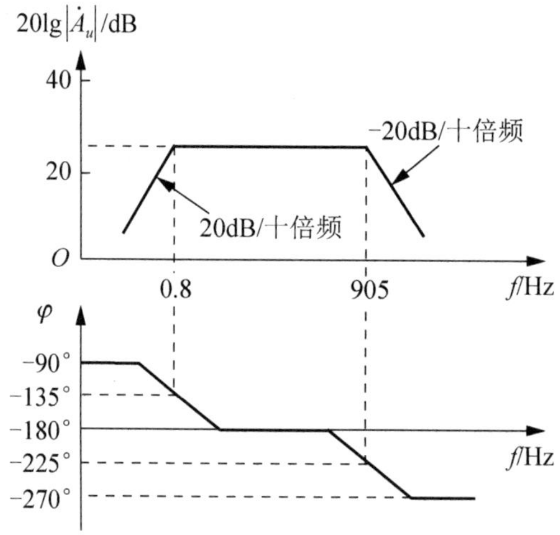

图 5.4.9 例 5-4-2 的波特图

5.4.3 放大电路频率特性的改善和增益带宽积

如前所述，放大电路的截止频率与 RC 回路的时间常数呈反比。为改善单级阻容耦合放大电路的低频特性，即降低下限频率 f_L，应同时增大耦合电容和回路电阻，以增大时间常数，从而降低下限频率。由于回路电阻与中频增益有关，故一般只能增大耦合电容。然而这种改善是很有限的。因此在信号频率很低的应用场合，应考虑采用直接耦合方式。

为改善单级放大电路的高频特性，即提高上限频率 f_H，应同时减小 B′−E (或 G−S) 之间的等效电容 C'_π (或 C'_{gs})和回路电阻，以减小时间常数，从而提高上限频率。在晶体管选定的情况下，根据 $\dot{K}=-g_m R'_L$，对比式(5-3-1)和式(5-4-1)可知，若减小等效电容 C'_π 和回路电阻，则中频增益 $|\dot{A}_{usm}|$ 必然下降，因此形成了高频特性的改善与增益降低之间的矛盾。解决的办法是设立一个综合指标来衡量，称为增益带宽积。在多数情况下，$f_H \gg f_L$，放大电路的带宽 $BW = f_H - f_L \approx f_H$。

根据式 $\dot{A}_{usm}=-\dfrac{R_i}{R_s+R_i}\cdot\dfrac{r_{b'e}}{r_{be}}g_m R'_L$、$f_H=\dfrac{1}{2\pi R'C'_\pi}$、$R'=r_{b'e}//(r_{bb'}+R_s//R_B)$ 得

$$|\dot{A}_{usm}BW|=\frac{R_i}{R_s+R_i}\cdot\frac{r_{b'e}}{r_{be}}g_m R'_L\cdot\frac{1}{2\pi[r_{b'e}//(r_{bb'}+R_s//R_B]C'_\pi} \tag{5-4-12}$$

若 $R_B \gg r_{be}$，则 $R_i \approx r_{be}$；若 $R_B \gg R_s$，则 $R_s//R_B \approx R_s$；若 $(1+g_m R'_L)C_\mu \gg C_\pi$，且 $(1+g_m R'_L) \gg 1$，则 $C'_\pi = C_\pi+(1+g_m R'_L)C_\mu \approx g_m R'_L C_\mu$。将这些关系代入式(5-4-12)，并整理化简得

$$|\dot{A}_{usm}BW| \approx \frac{1}{2\pi[r_{b'e}//(r_{bb'}+R_s)]C_\mu} \tag{5-4-13}$$

通过类似的分析可得图 5.4.8(a)所示场效应管共源放大电路的增益带宽积

$$|\dot{A}_{um}BW| \approx \frac{1}{2\pi R_G C_{gd}} \tag{5-4-14}$$

由式(5-4-13)和式(5-4-14)可见，在放大管选定后，增益带宽积 $|\dot{A}_{usm}BW|$ 基本上为常数，即增益增大多少倍，带宽就减小多少倍，此结论具有普遍性。

综上所述，为改善放大电路的高频特性，展宽通频带，除应选用 $r_{bb'}$、C_π、C_μ 均小的高频管外，还要尽量减小 C'_π 所在回路的等效电阻，必要时可考虑采用共基电路；对场效应管放大电路，应选用 C_{gd} 小的场效应管，并减小 R_G。

5.5　多级放大电路的频率响应

5.5.1　多级放大电路的幅频特性和相频特性

设 n 级放大电路的各级电压放大倍数分别为 $\dot{A}_{u1}$，$\dot{A}_{u2}$，…，$\dot{A}_{un}$，则电路总的电压放大倍数为

$$\dot{A}_u = \dot{A}_{u1}\cdot\dot{A}_{u2}\cdot\ \cdots\ \cdot\dot{A}_{un} \tag{5-5-1}$$

对数幅频特性和对数相频特性分别为

$$\begin{cases} 20\lg|\dot{A}_u| = 20\lg|\dot{A}_{u1}| + 20\lg|\dot{A}_{u2}| + \cdots + 20\lg|\dot{A}_{un}| = \sum\limits_{k=1}^{n} 20\lg|\dot{A}_{uk}| & \text{(5-5-2a)} \\ \varphi = \varphi_1 + \varphi_2 + \cdots + \varphi_n = \sum\limits_{k=1}^{n}\varphi_k & \text{(5-5-2b)} \end{cases}$$

由式(5-5-2a)、式(5-5-2b)可知，多级放大电路的对数增益等于各级对数增益的代数和；

其总的相移也等于其各级相移的代数和。因此绘制多级放大电路的对数幅频特性和对数相频特性时，只要将各级的对数增益和相移在同一横坐标下分别相加即可。

以两级放大电路为例，设组成两级放大电路的各级完全相同，将单级放大电路的对数幅频特性与对数相频特性每一点的纵坐标增大一倍，即可得到两级放大电路的对数幅频特性和对数相频特性，如图 5.5.1 所示。

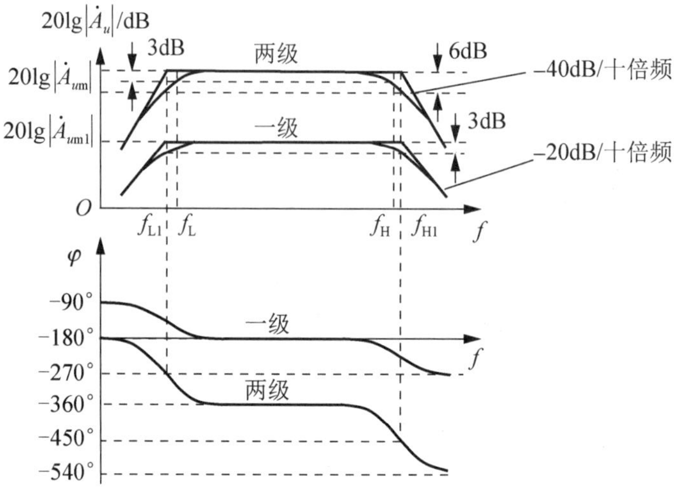

图 5.5.1　两级放大电路的波特图

5.5.2　多级放大电路的上限频率和下限频率

图 5.5.1 中，单级放大电路在其下限频率 f_{L1} 和上限频率 f_{H1} 处，对数幅频特性下降 3dB，经过叠加后，两级放大电路的对数幅频特性在 f_{L1} 和 f_{H1} 处下降 6dB。而两级放大电路在其本身的下限频率 f_L 和上限频率 f_H 处，对数幅频特性下降 3dB。因此，f_L、f_H 和 f_{L1}、f_{H1} 相比，有 $f_L > f_{L1}$，$f_H < f_{H1}$。事实上，对于任一多级放大电路，其上限、下限频率与其各级的上限、下限频率之间有一定的近似关系。

设一个 n 级放大电路的上限频率为 f_H，下限频率为 f_L，组成它的各级放大电路的上限频率分别为 f_{H1}，f_{H2}，…，f_{Hn}，下限频率分别为 f_{L1}，f_{L2}，…，f_{Ln}。可以证明，它们之间的近似关系为

$$\frac{1}{f_H}=1.1\sqrt{\frac{1}{f_{H1}^2}+\frac{1}{f_{H2}^2}+\cdots+\frac{1}{f_{Hn}^2}} \tag{5-5-3}$$

$$f_L=1.1\sqrt{f_{L1}^2+f_{L2}^2+\cdots+f_{Ln}^2} \tag{5-5-4}$$

式(5-5-3)和式(5-5-4)中，“1.1”为修正系数。分析以上两式可知，对于一个多级放大电路，其下限频率一定大于其各级电路的下限频率，其上限频率一定小于其各级电路的上限频率，所以其通频带比各级电路的通频带都要窄。在估算时，如果多级放大电路的某一级的上限频率 f_{Hk} 比其他各级的上限频率都小得多，可近似认为 $f_H=f_{Hk}$；如果某一级的下限频率 f_{Lk} 比其他各级的下限频率都大得多，可近似认为 $f_L=f_{Lk}$。

5.6 应用实例

下面介绍一种驻极体传声器前置放大器的频率响应。

驻极体传声器是一种利用驻极体材料制造的将声信号转变为电信号的新型电声换能器。它具有电声性能较好、抗振能力强、价格低、容易小型化等优点，因此被广泛应用于手机、电话机、MP3/MP4、数码相机、摄像机、语音识别系统等。图 5.6.1 所示是某品牌手机及其电容传声器。

驻极体传声器包含前置放大器，其作用主要有两个：一方面是将电容头的高输出阻抗转换为低输出阻抗；另一方面是对电容传声头输出的信号进行预放大。如此相对应，小型前置放大器的电路主要包括两部分，其中一部分是由场效应管组成的阻抗变换电路，另一部分就是下面将要分析的前置放大电路，如图 5.6.2 所示。图中，C_3为耦合电容；运放采用是美国美信公司的麦克风前置放大电路 MAX4456，5 脚 SC70 封装，低成本，微功耗。下面简要分析该电路的频率响应。

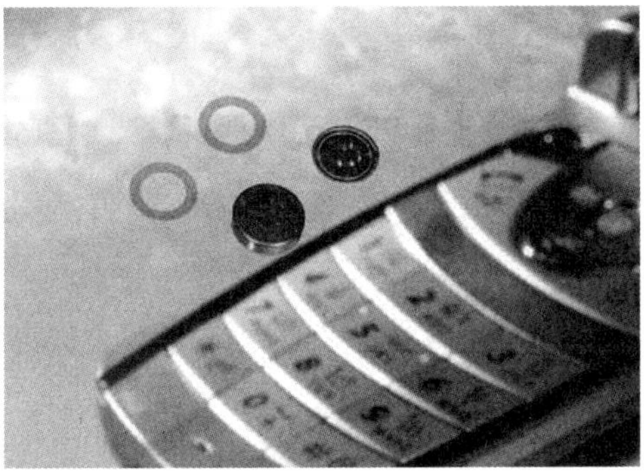

图 5.6.1　手机及其电容传声器

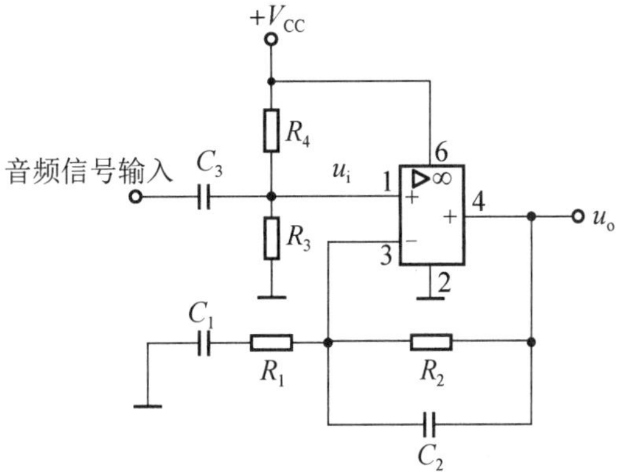

图 5.6.2　传声器前置放大电路

(1) 频率特性表达式。根据“虚短”和“虚断”的概念，可得放大电路的电压放大倍数表达式为

$$\dot{A}_u=\frac{\dot{U}_o}{\dot{U}_i}=1+\frac{\dfrac{R_2}{1+j\omega R_2C_2}}{R_1+\dfrac{1}{j\omega C_1}} \tag{5-6-1}$$

将上式分子分母同乘以 $j\omega C_1$，可得

$$\dot{A}_u=1+\frac{j\omega R_2C_1}{(1+j\omega R_2C_2)(1+j\omega R_1C_1)} \tag{5-6-2}$$

由式(5-6-1)可以看出，当 $\omega\to\infty$ 时，$\dot{A}_u\to 1$；由式(5-6-2)可以看出，当 $\omega\to 0$ 时，$\dot{A}_u\to 1$。

(2) 中频电压放大倍数。在语音信号的频段(20Hz～20kHz)内，选择合适的 R_2、C_2 值，使$1+j\omega R_2C_2\approx 1$，若$1+j\omega R_1C_1\approx j\omega R_1C_1$，由式(5-6-2)可得

$$\dot{A}_u \approx 1+\frac{R_2}{R_1} \tag{5-6-3}$$

若 $R_2 \geqslant 10R_1$，则

$$\dot{A}_u \approx \frac{R_2}{R_1}$$

(3) 高频电压放大倍数及上限截止频率估算。当信号频率较高，且 $R_2 \geqslant 10R_1$ 时，由式(5-6-2)可得

$$\dot{A}_u \approx \frac{R_2}{R_1}\frac{1}{1+\mathrm{j}\omega R_2 C_2} \tag{5-6-4}$$

由上式可得电路的上限截止频率为

$$f_{\mathrm{H}} = \frac{1}{2\pi R_2 C_2} \tag{5-6-5}$$

(4) 低频电压放大倍数及下限截止频率估算。当信号频率较低，且 $R_2 \geqslant 10R_1$ 时，若 $1+\mathrm{j}\omega R_2 C_2 \approx 1$，由式(5-6-2)可得

$$\dot{A}_u \approx \frac{R_2}{R_1}\frac{1}{1-\dfrac{\mathrm{j}}{\omega R_1 C_1}} \tag{5-6-6}$$

由上式可得电路的下限截止频率为

$$f_{\mathrm{L}} = \frac{1}{2\pi R_1 C_1} \tag{5-6-7}$$

(5) 由上述计算结果，可画出电压放大倍数的幅频特性如图 5.6.3 所示。

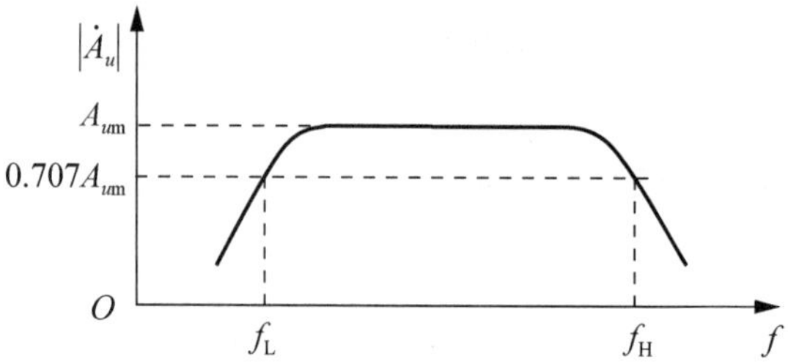

图 5.6.3　传声器前置放大电路幅频特性

小　　结

本章在介绍频率响应基本概念、晶体管和场效应管的高频等效模型此基础上，重点阐述了放大电路频率响应的分析方法。

(1) 频率响应体现了放大电路的电压放大倍数和输入信号频率之间的关系，包括幅频特性和相频特性。波特图是采用对数坐标绘制的频率特性曲线，不仅能拓宽频率和增益的显示范围，还能方便作图。

(2) 晶体管和场效应管的混合π模型是考虑管子极间电容的高频等效模型。低频时，

管子的混合π模型和 h 参数等效模型基本一致，因此可通过 h 参数计算混合π模型中除电阻外的其他参数。

(3) 利用放大管的混合π模型可以分析放大电路的频率响应，即电压放大倍数。由于放大器件本身的极间电容对信号构成低通电路，使得高频段的电压放大倍数下降并产生滞后相移；由于电路中的耦合电容对信号构成高通电路，使得低频段的电压放大倍数下降并产生超前相移。放大电路的上限频率 f_H 和下限频率 f_L 的数值分别取决于极间电容和耦合电容所在回路的时间常数。

(4) 多级放大电路的波特图可通过其各级电路的波特图的叠加得到。多级放大电路的下限频率一定大于其各级电路的下限频率，上限频率一定小于其各级电路的上限频率，通频带比其各级电路的通频带都要窄。

知识链接

频率失真与谐波失真

在实际应用中，电子电路所处理的信号，如语音信号、电视信号等都不是简单的单一频率信号，而是具有一定频带宽度的信号。当这些信号通过放大电路时，如果放大电路的带宽不够宽，信号中必有部分频率分量不在通频带内，对于这些频率分量，不仅幅度放大会随频率不同而不同，并且产生的相移也会随频率不同而不同，这样，放大电路的输出波形势必产生失真。通常称放大电路对不同频率分量的幅度放大不同而引起的失真为幅度失真，称放大电路对不同频率分量产生的相移不同而引起的失真为相位失真，这种两种失真统称为频率失真。

一般来说，放大电路的频带越宽，产生的频率失真越小，但是放大电路频带过宽，又会造成噪声电平升高，生产成本也要增加。因此，为了将信号的频率失真控制在容许的程度内，在设计放大电路时，应正确估计信号的有效带宽，以使放大电路带宽与信号带宽相匹配。

由于组成放大电路的放大器件都具有非线性特性，所以实际应用中的放大器通常不是理想放大器。由于放大电路不够理想，其输出信号中，除了包含放大了的输入频率成分之外，还会新添一些原信号的 2 倍频、3 倍频、4 倍频……，甚至更高倍的谐波成分，致使输出波形和输入波形相比产生失真，这种失真通常称为谐波失真。

谐波失真通常用非线性失真系数来衡量。非线性失真系数是新增加的谐波分量的均方根与原来信号有效值的百分比。例如，一个放大电路在输出幅值为 10V、频率为 1kHz 的信号的同时，又输出幅值为 1V、频率为 2kHz 的新的谐波分量，这时，输出就有 10%的二次谐波失真。随着电子技术的不断进步，放大电路的谐波失真可以做得越来越小。在目前情况下，即使增益较高、输出功率较大的非线性电路，非线性失真系数也可做到不超过 0.01%。

频率失真和谐波失真相比，虽然从现象上看，同样表现为输出信号产生畸变，即输出信号不能如实反映输入信号的波形，但二者在实质上是不同的，主要体现在以下两个方面：

(1) 产生的原因不同。频率失真是由于放大电路的通频带不够宽，由电路中的线性电抗元件(如耦合电容、旁路电容、管子的极间电容等)对不同频率信号的响应不同而产生的，属线性失真；而非线性失真是由电路中元件的非线性(如晶体管、场效应管的特性曲线的非线性)引起的，属非线性失真。

(2) 产生的结果不同。频率失真只会使各频率分量信号的比例关系和时间关系发生变化，或过滤掉某些频率分量，不会产生新的频率分量；而非线性失真，会将正弦波变为非正弦波，输出中不仅包含输入信号的频率成分，即基波，而且还产生许多新的谐波成分。

【测试系统：第 5 章随堂测验题】

随堂测验题

说明：本试题为单项选择题，答题完毕并提交后，系统将自动给出本次测试成绩以及标准答案。

【图文：第 5 章习题解答】

习　　题

5-1 单项选择题

1．放大电路在高频信号作用时放大倍数下降的原因是(　　)，而在低频信号作用时放大倍数下降的原因是(　　)。

A．放大电路中耦合电容和旁路电容的存在

B．放大器件的非线性

C．放大器件极间电容和分布电容的存在

D．放大电路的静态工作点不合适

2．当信号频率等于放大电路的上限频率 f_{H} 或下限频率 f_{L} 时，放大倍数的值约下降到中频时的(　　)倍。

A．0.7　　B．0.4　　C．0.3

3．对于单管共射放大电路，当 $f = f_{\mathrm{L}}$ 时，$\dot{U}_{\mathrm{o}}$ 与 $\dot{U}_{\mathrm{i}}$ 之间的相位差(相移)为(　　)。

A．+45°　　B．−90°　　C．−135°

4．对于单管共射放大电路，当 $f = f_{\mathrm{H}}$ 时，$\dot{U}_{\mathrm{o}}$ 与 $\dot{U}_{\mathrm{i}}$ 的之间相位差(相移)为(　　)。

A．−45°　　B．−135°　　C．−225°

5．多级放大电路的上限频率一定(　　)其各级电路的上限频率；多级放大电路的下限频率一定(　　)其各级电路的下限频率。

A．大于　　B．小于　　C．等于

5-2 已知某电路的波特图如图 T5-1 所示，试写出电压放大倍数 $\dot{A}_{us}$ 的表达式。

5-3 已知某电路的幅频特性如图 T5-2 所示，试问：

(1) 该电路的耦合方式是什么？

(2) 该电路由几级放大电路组成？

(3) 当 $f = 10^4\,\text{Hz}$ 时，附加相移为多少？当 $f = 10^5\,\text{Hz}$ 时，附加相移又约为多少？

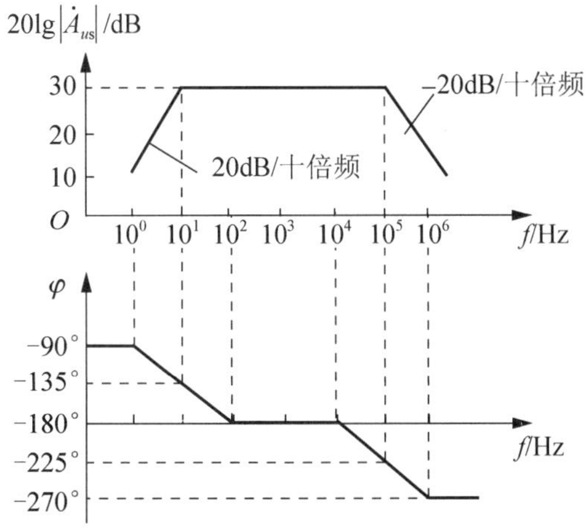

图 T5-1　习题 5-2 的图

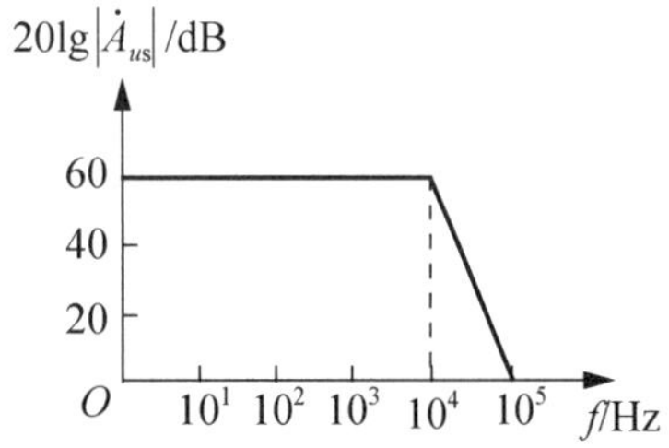

图 T5-2　习题 5-3 的图

5-4 测得一个单管放大电路的频率特性为 f=5、10、20、30 和 40kHz 时，电压放大倍数均为 100，而当 f = 500kHz 时，电压放大倍数降为 10，试问上限频率为多大？

5-5 图 T5-3 所示的放大电路中，已知晶体管的 $C_{b'c} = 4\text{pF}$，$\beta_0 = 50$，$f_T = 150\text{MHz}$，$r_{bb'} = 300\Omega$，$U_{BEQ} = 0.6\text{V}$。电路参数 $R_s = R_C = 2\text{k}\Omega$，$R_B = 220\text{k}\Omega$，$R_L = 10\text{k}\Omega$，$C_1 = 0.1\mu\text{F}$，$V_{CC} = +5\text{V}$。试估算中频电压放大倍数 $\dot{A}_{usm}$、上限频率 f_H、下限频率 f_L 和通频带 BW，并画出 $\dot{A}_{us}$ 的波特图。(设电容 C_2 的容量足够大，可暂不考虑其对频率特性的影响。)

5-6 图 T5-4 所示的放大电路中，已知：晶体管的 $C_{ob} = 5\text{pF}$，$\beta_0 = 50$，截止频率 $f_\beta = 0.5\text{MHz}$，$r_{bb'} = 100\Omega$，$U_{BEQ} = 0.7\text{V}$；$V_{CC} = 15\text{V}$。求中频电压放大倍数 $\dot{A}_{usm}$、上限频率 f_H、下限频率 f_L，并画出 $\dot{A}_{us}$ 的波特图。

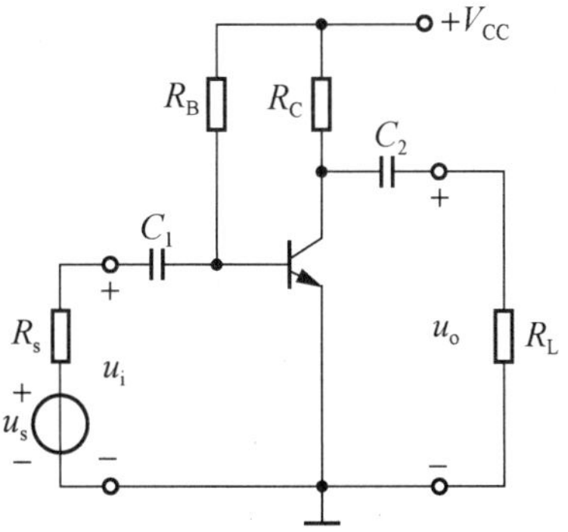

图 T5-3　习题 5-5 的图

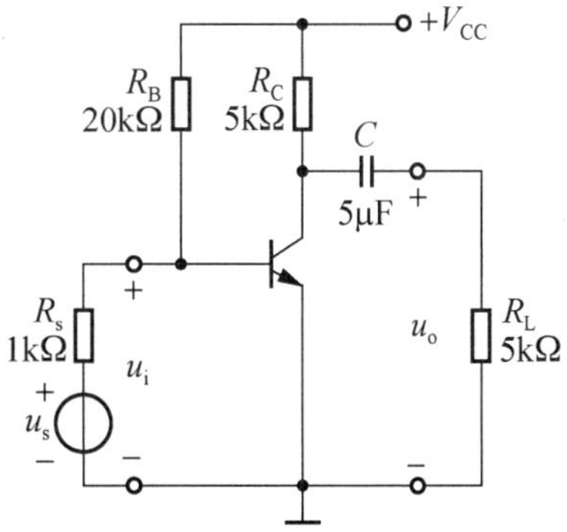

图 T5-4　习题 5-6 的图

5-7 某放大电路的增益函数为

$$\dot{A}_{us} = -\frac{10^8\,\text{j}f}{(\text{j}f + 20)(\text{j}f + 10^6)}$$

(1) 求中频电压放大倍数 $\dot{A}_{usm}$、上限频率 f_H、下限频率 f_L；

(2) 画出 $\dot{A}_{us}$ 的波特图。

5-8 某放大电路如图 T5-5(a)所示，已知晶体管的 $\beta_0=50$，$r_{bb'}=100\Omega$，$r_{b'e}=2.6\text{k}\Omega$，$C_{b'e}=60\text{pF}$，$C_{b'c}=4\text{pF}$，$R_L$ 开路，其幅频特性如图 T5-5(b)所示。计算 R_C、C、f_H 的值。

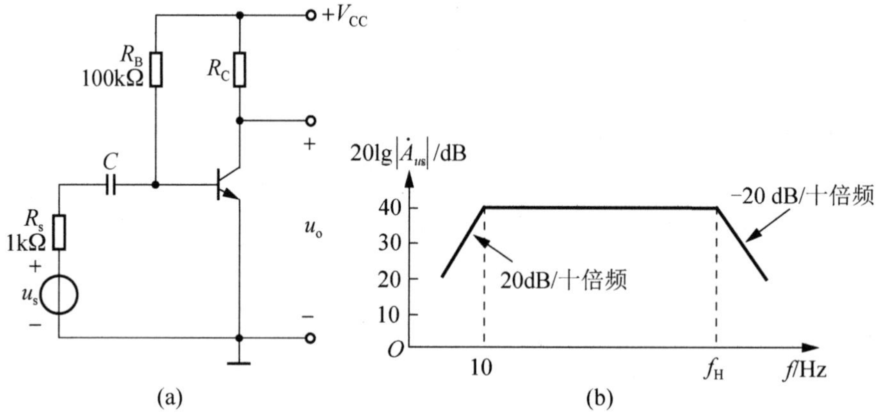

图 T5-5　习题 5-8 的图

5-9 图 T5-6 所示的放大电路中，已知晶体管的 $\beta_0=60$，$U_{BEQ}=0.7\text{V}$，$r_{bb'}=100\Omega$，$r_{b'e}=0.82\text{k}\Omega$，$C_{b'c}=4\text{pF}$，$f_T=300\text{MHz}$；$V_{CC}=+12\text{V}$。

(1) 画出电路的高频小信号等效电路，并计算上限频率 f_H；

(2) 如果晶体管的集电极电阻 R_C 或者负载电阻 R_L 的阻值增加，将对电路的动态参数带来什么影响？

(3) 仅通过调整电路的静态工作点，就能改善电路的高频响应吗？

5-10 某放大电路如图 T5-7 所示，已知 $C_{gs}=C_{gd}=5\text{pF}$，$g_m=5\text{mS}$。试求下限频率 f_L、上限频率 f_H，并写出电压放大倍数 $\dot{A}_{us}$ 的表达式。

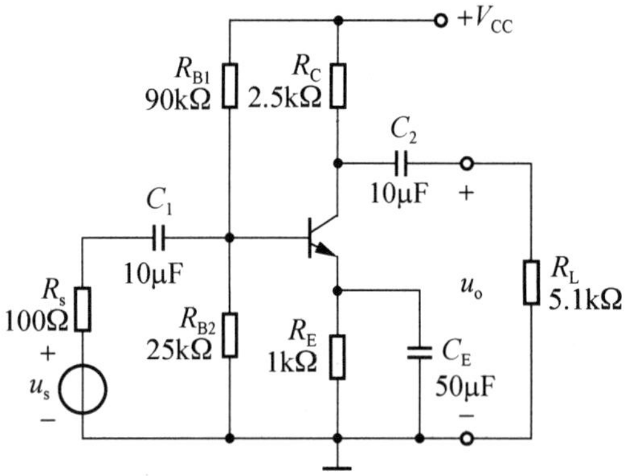

图 T5-6　习题 5-9 的图

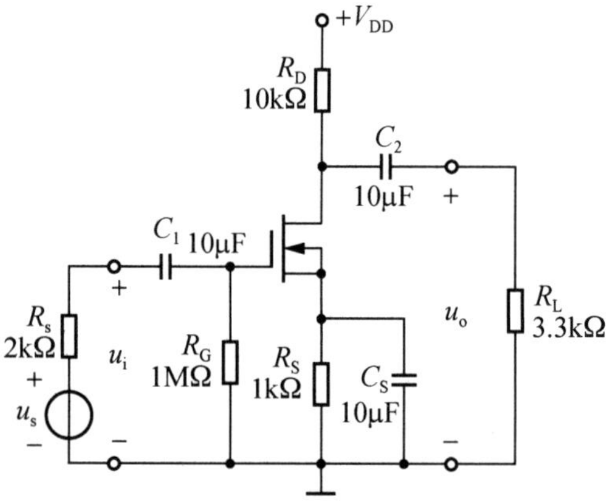

图 T5-7　习题 5-10 的图

5-11 已知一个两级放大电路的各级电压放大倍数分别为

$$\dot{A}_{u1}=\frac{-25\mathrm{j}f}{\left(1+\mathrm{j}\dfrac{f}{4}\right)\left(1+\mathrm{j}\dfrac{f}{10^5}\right)}$$

$$\dot{A}_{u2}=\frac{-2\mathrm{j}f}{\left(1+\mathrm{j}\dfrac{f}{50}\right)\left(1+\mathrm{j}\dfrac{f}{10^5}\right)}$$

(1) 写出该放大电路的电压放大倍数 $\dot{A}_u$ 的表达式；

(2) 求出该放大电路的上限频率 f_H 和下限频率 f_L；

(3) 画出 $\dot{A}_u$ 的波特图。

5-12 若两级放大电路中各级的波特图均如图 T5-1 所示，试画出整个电路的波特图。

5-13 已知两级共射放大电路的电压放大倍数

$$\dot{A}_u=\frac{200\mathrm{j}f}{\left(1+\mathrm{j}\dfrac{f}{5}\right)\left(1+\mathrm{j}\dfrac{f}{10^4}\right)\left(1+\mathrm{j}\dfrac{f}{2.5\times10^5}\right)}$$

(1) 试求下限频率 f_L、上限频率 f_H 和中频电压放大倍数 A_{um}；

(2) 画出波特图。

5-14 电路如图 T5-8 所示，试定性分析下列问题，并简述理由。

(1) 哪个电容决定电路的下限频率？

(2) 若 VT_1 和 VT_2 静态时发射极电流相等，$r_{bb'}$ 和 C'_π 相等，则哪一级的上限频率低？

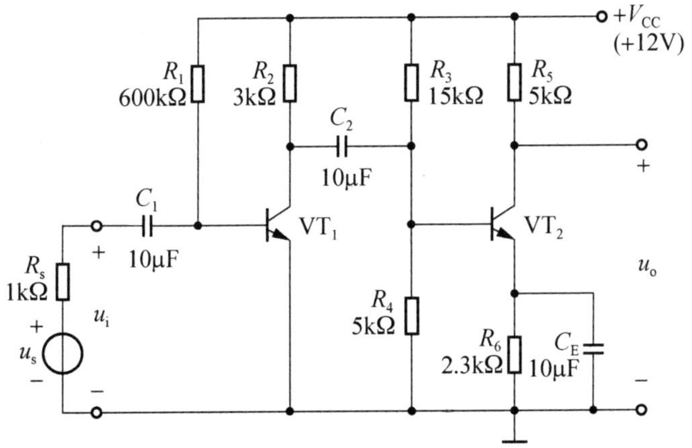

图 T5-8 习题 5-14 的图

第6章
集成运算放大器

本章首先介绍集成运算放大器的基本组成、电压传输特性和主要的性能指标。其次介绍集成运算放大器的理想化条件以及分析依据，进而重点讨论集成运算放大器的模拟信号运算电路的分析方法，包括比例、加法、减法、积分和微分等运算电路；信号处理电路的分析方法，包括电压比较器和滤波电路。最后介绍集成运算放大器的实际使用相关知识。

本章教学目标与要求

- 了解集成运算放大器的基本组成及主要性能指标。
- 理解集成运算放大器的电压传输特性，理解理想集成运算放大器的基本分析方法。
- 理解基本运算电路(比例、加减、微分和积分运算电路)的工作原理，并掌握其分析方法。
- 理解模拟乘法器的工作原理和应用场合。
- 理解电压比较器的工作原理和应用场合。
- 了解集成运算放大器的使用要点。

【引例】

世界上第一台电子计算机(ENIAC)的体积非常庞大，占据了 167m^2 的大厅。如今的手提计算机可以用手提，手掌计算机可以放在手心里。如图 6.1 所示的笔记本计算机，其功能强大，性能优越，而体积之所以可以这么小，正是因为有了集成电路(又称为固体器件)，在小小的主板上集成了大量的电路芯片。其实目前大多数电子仪器设备中都离不开集成电路。如由 AD590(图 6.2)组成的测温电路，将温度信号转换成电流信号，电流信号再经过转换、运算、放大并以电压形式输出，用电压表显示温度。如图 6.3 所示的温度传感测定仪就是利用 AD590 作为测温元件制成的体积小、精度高、噪声小等优点的测定仪。在这里，集成运算放大器同样起了重要的作用。实际上集成运算放大器已经成为模拟电子电路中最重要的器件之一。通过本章的学习，我们可以对集成运放的应用有一个基本的认识。

图 6.1　笔记本电脑及主板

图 6.2　AD590 温度传感器

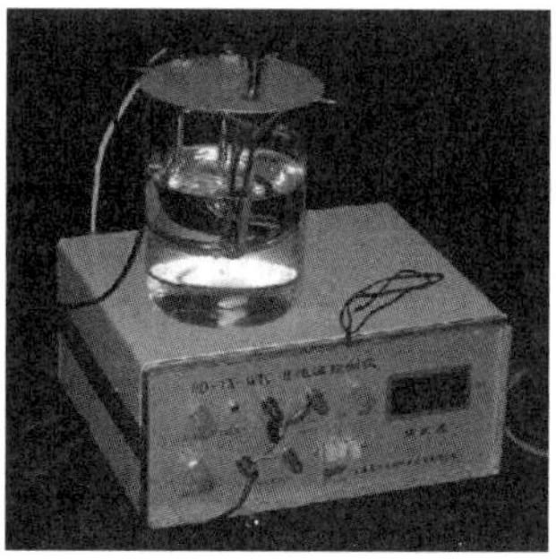

图 6.3　温度传感测定仪

6.1　集成运算放大器简介

集成运算放大器(简称集成运放)是一种具有高放大倍数、高输入电阻和低输出电阻的多级直接耦合放大电路。运算放大器自 20 世纪 40 年代开始出现，主要用于模拟计算机中，进行线性和非线性计算。集成运放具有体积小、质量轻、性能好、功耗低、可靠性高等优点，自 20 世纪 60 年代第一个集成运放问世以来，迅速得到了广泛应用，应用范围也超出了模拟计算机的界限，在信号运算、处理、测量及波形产生和变换等方面得到了广泛应用。

【图文：集成运放】

【视频：集成运放的组成】

6.1.1　集成运放的组成

集成运放由输入级、中间级、输出级和偏置电路四个部分组成，如图 6.1.1 所示。

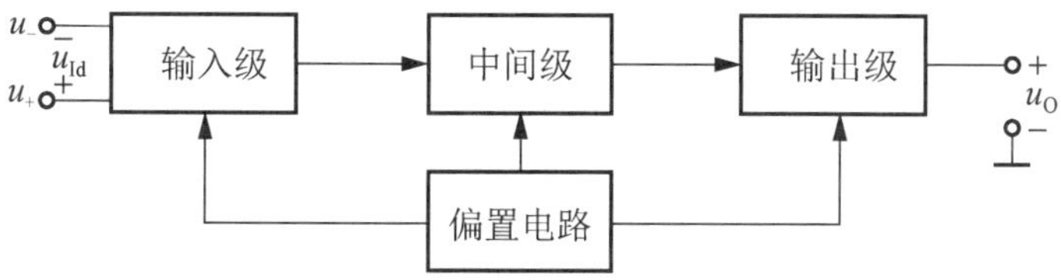

图 6.1.1　集成运放的组成框图

输入级：也称前置级，是集成运放质量的关键。其输入电阻高，共模抑制比高，零点漂移小，一般由差分放大电路构成。

中间级：也称主放大级，主要为集成运放提供电压放大倍数，一般由共射放大电路组成，其放大倍数很高，可达几万倍甚至几十万倍。

输出级：也称末级或功率级，一般由射极输出器或互补对称放大电路①组成。要求输出足够大的电压和电流，且输出电阻小，带负载能力强。

偏置电路：一般由恒流源电路组成，为集成运放各级放大电路提供合适而且稳定的静态工作点。集成运放采用电流源电路为各级提供合适的静态工作电流，从而确定合适的静态工作点。

6.1.2　集成运放的电压传输特性

集成运放具有两个输入端和一个输出端。两个输入端分别为同相输入端和反相输入端，其图形符号和等效电路模型分别如图 6.1.2(a)和图 6.1.2(b)所示。同相输入端(用“+”号表示)是指集成运放的输入电压与输出电压之间的相位是同相的；反相输入端(用“−”号表示)是指集成运放的输入电压与输出电压之间的相位是反相的。A_{uo} 表示在没有外界反馈电路时的差模电压放大倍数，称为集成运放的开环电压放大倍数。u_+ 和 u_- 分别表示同相输入端和反相输入端对地的电压(即电位)。r_i 为集成运放的差模输入电阻，r_o 为输出电阻。从电路符号外部看，可以认为集成运放是一个具有两个输入端和一个输出端、具有高差模放大倍数、高输入电阻、低输出电阻和高共模抑制比的差分放大电路。

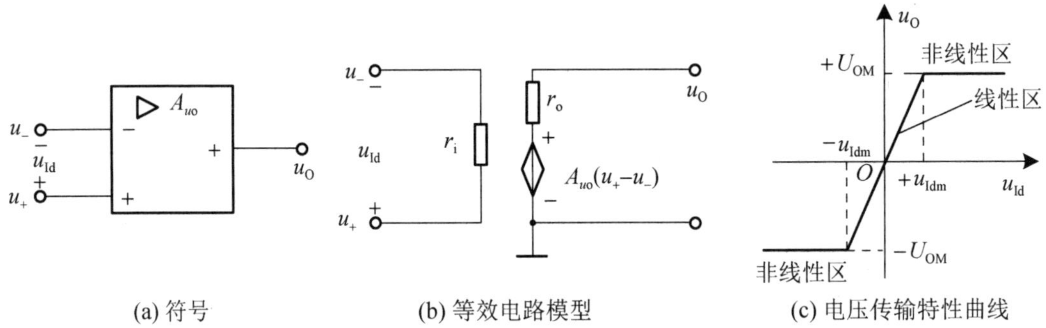

图 6.1.2　集成运放的符号、等效电路模型和电压传输特性

集成运放的输出电压 u_O 与差模输入电压 u_{Id} 之间的关系称为集成运放的电压传输特性。图 6.1.2(c)为集成运放的电压传输特性曲线。由图示曲线可以看出，传输特性曲线分为线性区(线性放大区域)和非线性区(饱和区域)两部分。

当集成运放工作在线性区时，u_O 与 u_{Id} 之间呈线性关系

$$u_O = A_{uo}(u_+ - u_-) = A_{uo}u_{Id} \tag{6-1-1}$$

其中，$u_{Id} = u_+ - u_-$ 称为差模输入电压。线性区的开环电压放大倍数 A_{uo} 即为曲线的斜率。

① 互补对称放大电路，即所谓的直接耦合 OCL 功率放大电路，将在第 9 章的功率放大电路中作详细地介绍。

当集成运放工作在非线性区时，输出电压只有两种情况。由图 6.1.2(c)可看出，当 $u_{Id} > +U_{Idm}$ 时，输出将达到正饱和值($+U_{OM}$)；当 $u_{Id} < -U_{Idm}$ 时，输出将达到负饱和值($-U_{OM}$)(U_{OM} 比 V_{CC} 略小)。

6.1.3 集成运放的主要性能指标

集成运放的性能是由其参数决定的。为了合理、正确地使用集成运放，必须了解集成运放的参数，集成运放的参数有很多，下面介绍其主要参数。

1. 开环电压放大倍数 A_{uo}

在没有引入反馈时，电路的差模电压放大倍数称为开环电压放大倍数，即

$$A_{uo} = \frac{u_O}{u_+ - u_-} = \frac{u_O}{u_{Id}} \tag{6-1-2}$$

开环放大倍数越大，所构成的集成运放电路越稳定，运算精度也越高。A_{uo} 一般为 $10^4 \sim 10^7$ 。

2. 差模输入电阻 r_i

r_i 是指集成运放在输入差模信号时的输入电阻，输入电阻越大，集成运放从信号源索取的电流越小，信号源内阻耗能越小，故输入电阻越大越好。

3. 输出电阻 r_o

r_o 是指集成运放在开环工作时，从输出端对地向集成运放看进去的戴维宁等效电阻。输出电阻反映了运放的带负载能力，其值越小，运放的带负载能力越强。

4. 共模抑制比 K_{CMR}

集成运放开环差模放大倍数与开环共模放大倍数之比称为集成运放的共模抑制比，常用分贝表示。K_{CMR} 是衡量集成运放放大差模信号和抑制共模信号能力的指标，K_{CMR} 越大越好，一般大于 80dB。

5. 输入失调电压 U_{IO}

理想情况下，当集成运放的输入电压为零(即 $u_+ = u_- = 0$)时，输出电压 $u_O = 0$ 。实际的集成运放由于元件参数不完全对称，当输入为零时，$u_O \neq 0$ 。要使 $u_O = 0$ ，需要在输入端加上补偿电压，这个补偿电压就称为输入失调电压，U_{IO} 一般为几毫伏。显然 U_{IO} 越小越好。

6. 输入失调电流 I_{IO}

输入电压为零时，流入放大器两个输入端的静态基极电流之差，称为输入失调电流，即 $I_{IO} = |I_{B1} - I_{B2}|$ 。I_{IO} 一般为微安级，其值越小越好。

7. 输入偏置电流 I_{IB}

输入电压为零时，流入放大器两个输入端的静态基极电流的平均值，称为输入偏置电流，即 $I_{IB} = \frac{1}{2}(I_{B1} + I_{B2})$ 。I_{IB} 一般为微安级，其值越小越好。

8. 最大输出电压 U_{OM}

U_{OM} 是指能使输出电压和输入电压保持不失真关系的最大输出电压。例如，F007 集成运放的最大输出电压 $U_{OM} \approx \pm 13V$。

9. 最大共模抑制输入电压 U_{ICM}

集成运放具有对共模信号的抑制性能，但该性能是在规定的共模输入电压范围内才具备。如果共模输入电压超出这个范围，放大器的共模抑制性能就会下降，甚至造成器件损坏。因此，实际使用时，要特别注意输入信号中共模信号部分的大小。

6.1.4　理想集成运放及其分析依据

在分析集成运放的各种应用电路时，通常将集成运放的等效电路模型加以理想化，理想集成运放应具备如下几个主要条件：

(1) 开环电压放大倍数趋近于无穷大，即 $A_{uo} \to \infty$。

(2) 差模输入电阻趋近于无穷大，即 $r_i \to \infty$。

(3) 输出电阻趋近于零，即 $r_o \to 0$。

(4) 共模抑制比趋近于无穷大，即 $K_{CMR} \to \infty$。

实际集成运放的特性很接近理想化的条件，把实际电路当作理想电路来分析对整个结果影响不大，能够满足工程要求。理想集成运放图形符号如图 6.1.3(a)所示，其中的“∞”表示开环电压放大倍数 $A_{uo} \to \infty$。

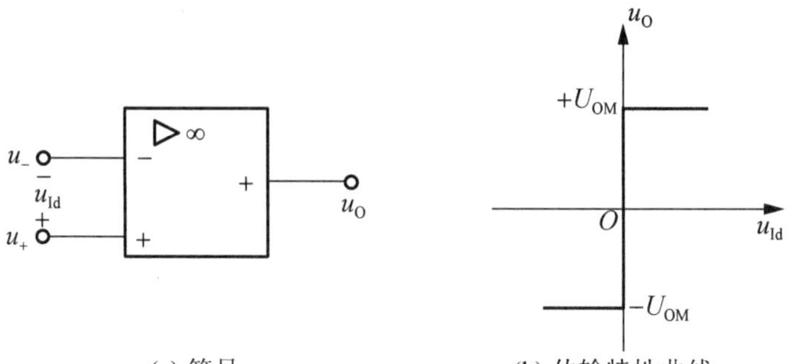

(a) 符号　　(b) 传输特性曲线

图 6.1.3　理想集成运放的符号和电压传输特性

【视频：“虚短”和“虚断”】

理想集成运放的电压传输特性曲线如图 6.1.3(b)所示。由理想集成运放构成线性电路时，具有以下两个主要特点：

(1)“虚短”。由于理想集成运放开环电压放大倍数趋近于无穷大，而输出电压又是一个有限值，所以有 $u_{Id} = u_+ - u_- = \dfrac{u_O}{A_{uo}} = 0$，即

$$u_+ = u_- \tag{6-1-3}$$

而实际的集成运放两个输入端之间的电压非常接近于零，但又不是真正意义上的短路，故称为“虚短”。

(2)“虚断”。由于理想集成运放的差模输入电阻趋近于无穷大，故$i_+ = i_- = \frac{u_{\mathrm{Id}}}{r_{\mathrm{i}}} = 0$，即流入同相输入端和反相输入端的电流为零，即

$$i_+ = 0 ,\quad i_- = 0 \tag{6-1-4}$$

而流入实际集成运放同相输入端和反相输入端的电流小到近似等于零，但实际上两输入端的电路并没有断开，所以称为“虚断”。

由集成运放电压传输特性的分析可知，开环差模电压放大倍数A_{uo}很大，故集成运放的线性范围非常小。对于理想集成运放，由于$A_{uo} \to \infty$，即使两个输入端之间加上无穷小电压，输出电压也将超出其线性范围。因此，为扩大线性运用范围，必须在电路中引入深度负反馈。对于单级集成运放，通常在输出端和反相输入端之间跨接一由无源元件所构成的反馈通路，形成闭环状态，如图 6.1.4 所示。可通过判断在集成运放中是否引入负反馈来判断集成运放是否工作于线性区(反馈类型的判断方法将在第 7 章中详细介绍)。

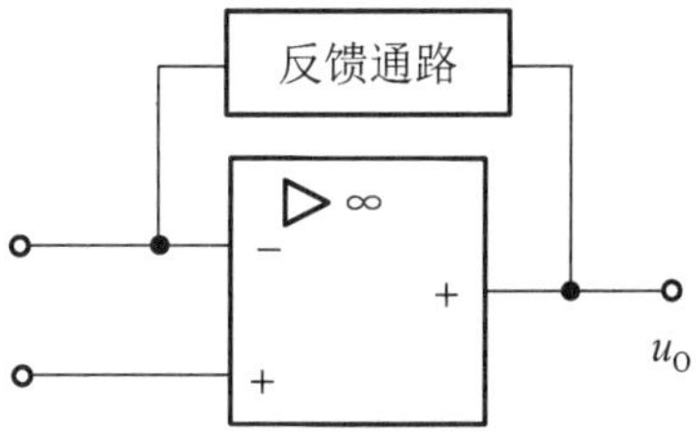

图 6.1.4　在集成运放中引入负反馈

特别提示

- “虚短”“虚断”是集成运放引入深度负反馈的结果，只有在闭环状态下，放大电路处于线性工作区时才存在“虚短”现象，离开上述条件，“虚短”现象不存在。
- 分析和计算理想集成运放输出和输入之间运算关系的一般方法是：利用“虚短”和“虚断”的特点，根据 KCL 列出输出电压与输入电压之间的关系式(称为节点电流法)。有时还可同时借助于叠加定理进行分析和计算。

6.2　基本运算电路

信号运算是集成运放的基本功能之一。集成运放所能实现的基本的运算电路有比例运算电路、加法电路、减法电路、积分电路和微分电路、指数运算电路和对数运算电路等。本章将重点介绍比例运算电路、加法电路、减法电路、积分电路和微分电路，其余电路读者可查阅有关文献，本书不作介绍。在运算电路中，输入电压和输出电压均对“地”而言。在由集成运放构成的运算电路中，均引入了深度的电压负反馈，所以输出电阻近似为零，具有很强的带负载能力。在本章中所有运放均为理想集成运放。

6.2.1　比例运算电路

将输入信号按比例放大的电路，称为比例运算电路。比例运算电路可分为反相比例运算电路和同相比例运算电路。比例运算电路是最基本的运算电路。

1. 反相比例运算电路

如图 6.2.1 所示为反相比例运算电路。输入信号 u_I 经电阻 R_1 加在反相输入端，而同相输入端经电阻 R_2 接地，反馈电阻 R_F 跨接在输出端与反相输入端之间，所以在集成运放中引入了深度的负反馈，集成运放工作于线性区。

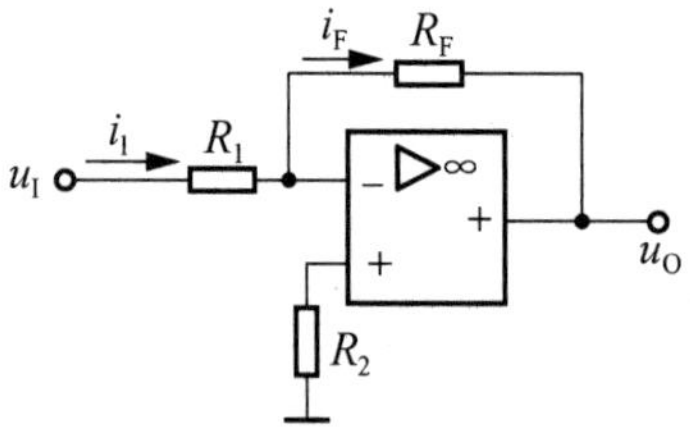

图 6.2.1　反相比例运算电路

当集成运放工作在线性区时，根据“虚断”可得

$$u_+ = -i_+ R_2 = 0\,,\quad i_1 = i_F$$

根据“虚短”可得

$$u_- = u_+ = 0$$

上式表明，集成运放的两个输入端对地的电位均为零，但并未真正地接地，故称为“虚地”。

因为

$$i_1 = \frac{u_I - u_-}{R_1} = \frac{u_I}{R_1}\,,\quad i_F = \frac{u_- - u_O}{R_F} = -\frac{u_O}{R_F}$$

所以

$$\frac{u_I}{R_1} = -\frac{u_O}{R_F}$$

即

$$u_O = -\frac{R_F}{R_1} u_I \tag{6-2-1}$$

闭环电压放大倍数为

$$A_{uf} = \frac{u_O}{u_I} = -\frac{R_F}{R_1} \tag{6-2-2}$$

由式(6-2-2)可以看出，输出电压 u_O 与输入电压 u_I 之间呈反相比例关系，式中的“—”号即表示 u_O 与 u_I 反相。只要集成运放的开环电压放大倍数 A_{uo} 足够大，整个电路的闭环电压放大倍数 A_{uf} 便仅仅与 R_1 和 R_F 有关，而与集成运放本身的开环电压放大倍数 A_{uo} 无关。调整 R_1 和 R_F 的比值即可调整输出电压 u_O 与输入电压 u_I 之间的比例系数。当 $R_1 = R_F$ 时，$u_O = -u_I$，该电路就构成了反相器。

图 6.2.1 中的电阻 R_2 为静态平衡电阻，又称为补偿电阻。在集成运放实际应用中，为了保证输入级(差分放大电路)的两个输入端在外接电路后，保持静态时差分放大电路的对称性，同相端不直接“接地”，而是通过静态平衡电阻“接地”，从而实现输入为零时输出为零。

在求静态平衡电阻时，可以令输入电压和输出电压均为零，再令同相输入端和反相输入端对“地”的等效电阻相等。图 6.2.1 中 $R_2 = R_1 // R_F$。

由图 6.2.1 不难求得反相比例运算电路的输入电阻为

$$R_i = R_1$$

由于电路中引入了深度的电压负反馈，故输出电阻约等于零，具有很强的带负载能力。

反相比例运算电路的优点是输出电阻低，且不存在共模输入，故对集成运放的共模抑制比无过高要求；其缺点是输入电阻较低。

若要求放大电路具有很高的输入电阻，必须增大 R_1，但当 R_1 过大时，一方面，由于制作工艺的原因，使得电阻的稳定性变差，且噪声大；另一方面，当 R_1 增大到与集成运放的差模输入电阻等数量级时，会带来比例系数不仅与反馈网络有关，而且还与集成运放的参数有关。

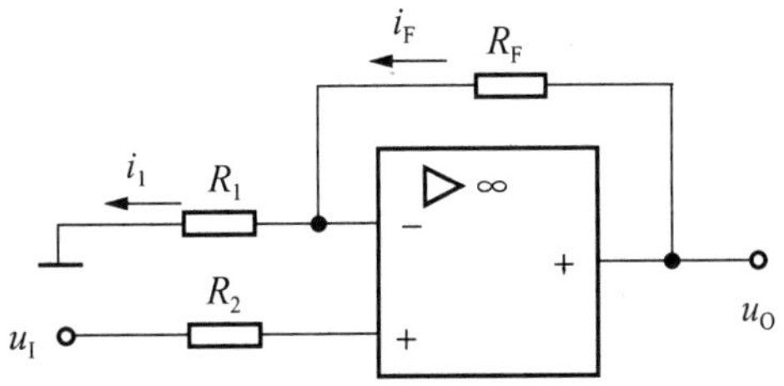

图 6.2.2 同相比例运算电路

2. 同相比例运算电路

同相比例运算电路的输入信号加在同相输入端，电路如图 6.2.2 所示。

根据“虚断”可得 $i_+ = i_- = 0$，反相输入端对地电压为

$$u_- = \frac{R_1}{R_1 + R_F} u_O$$

即

$$u_O = \left(1 + \frac{R_F}{R_1}\right) u_-$$

根据“虚短”，令 $u_+ = u_-$，于是有

$$u_O = \left(1 + \frac{R_F}{R_1}\right) u_+ \tag{6-2-3}$$

又因 $u_I = u_+$，故

$$u_O = \left(1 + \frac{R_F}{R_1}\right) u_I \tag{6-2-4}$$

闭环电压放大倍数为

$$A_{uf} = \frac{u_O}{u_I} = 1 + \frac{R_F}{R_1} \tag{6-2-5}$$

可见，输出电压 u_O 与输入电压 u_I 之间呈比例关系，而且也与集成运放本身的参数无关。式中 A_{uf} 为正，说明 u_O 与 u_I 同相。由式(6-2-5)还可看出，同相比例电路的闭环电压放大倍数恒大于或等于 1。

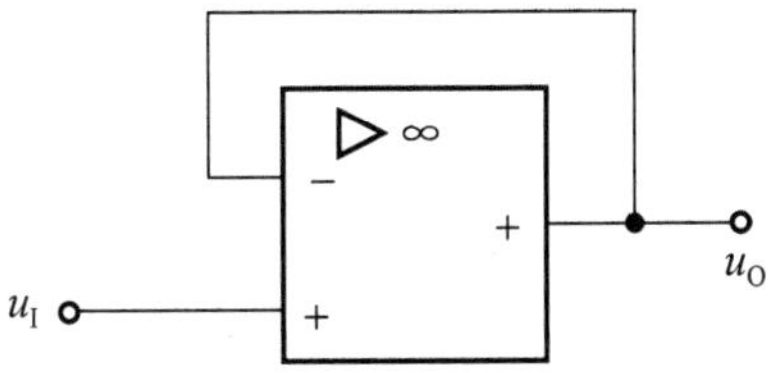

图 6.2.3 电压跟随器

静态平衡电阻 $R_2 = R_1 // R_F$。

当 $R_1 \to \infty$（开路），或 $R_F = 0$ 时，则 $A_{uf} = 1$，这就构成了电压跟随器，如图 6.2.3 所示。电压跟随器能将输入电压全部输送到输出端。又由于电压跟随器的输入电阻很高，故电压跟随器还可以在电路中起到隔离作用，如图 6.2.4 所示电路。

图 6.2.4(a)中，要求 $u_O = \dfrac{R_2}{R_1 + R_2} \cdot u_I$，并保持恒定，但当接入负载电阻 R_L 时，输出电压 $u_O = \dfrac{R_2 // R_L}{R_1 + R_2 // R_L} \cdot u_I$ 将变小，即输出电压会受负载电阻的影响，输出电压不稳定。若通过电

压跟随器把负载 R_L 接入时，如图 6.2.4(b)所示，输出电压 $u_O=\dfrac{R_2}{R_1+R_2}u_I$，不受负载电阻的影响，输出电压恒定，即负载电阻的作用被隔离了。

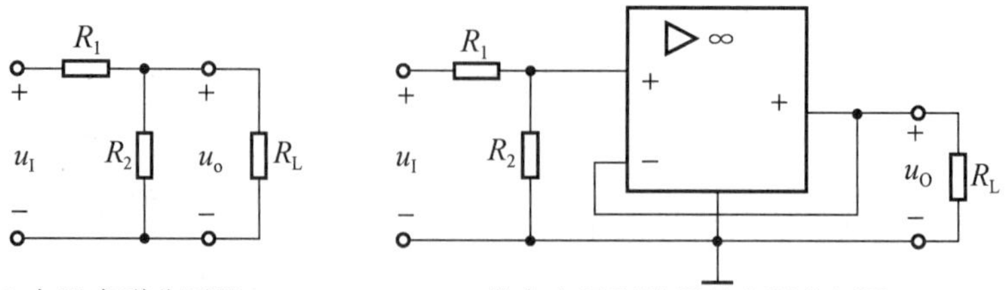

(a) 电阻串联分压器　　(b) 带有电压跟随器的电阻分压器

图 6.2.4　电压跟随器的隔离作用

必须指出，同相比例运算电路的优点是输入电阻高，输出电阻低；缺点是存在共模输入。为提高运算的精度，应选用高共模抑制比的集成运放。

6.2.2　加法运算电路

根据多个输入信号是作用于反相输入端还是同相输入端，加法运算电路可分为反相加法运算电路和同相加法运算电路两种。

1. 反相加法运算电路

将多个输入信号通过电阻接在反相输入端，则可以实现反相加法运算。电路如图 6.2.5 所示。

根据“虚断”，$i_+=i_-=0$，利用 KCL 得

$i_F=i_1+i_2$

根据“虚短”，$u_+=u_-$，所以 $u_+=u_-=0$ (虚地)

将 $i_F=\dfrac{u_- - u_O}{R_F}=-\dfrac{u_O}{R_F}$，$i_1=\dfrac{u_{I1}-u_-}{R_1}=\dfrac{u_{I1}}{R_1}$，$i_2=\dfrac{u_{I2}-u_-}{R_2}=\dfrac{u_{I2}}{R_2}$ 代入 $i_F=i_1+i_2$，得

$$-\frac{u_O}{R_F}=\frac{u_{I1}}{R_1}+\frac{u_{I2}}{R_2}$$

即

$$u_O=-\frac{R_F}{R_1}u_{I1}-\frac{R_F}{R_2}u_{I2} \tag{6-2-6}$$

若取 $R_1=R_2=R$，则

$$u_O=-\frac{R_F}{R}(u_{I1}+u_{I2}) \tag{6-2-7}$$

式(6-2-6)、式(6-2-7)还可以推广到更多输入信号相加。

静态平衡电阻 $R_3=R_1//R_2//R_F$。

对于多输入的电路，除了用上述的节点电流法分析外，也可用叠加定理进行分析，请读者自行分析，在此不作推导。

2. 同相加法运算电路

将多个输入信号通过电阻接在同相输入端，则可以实现同相加法运算。电路如图 6.2.6 所示。

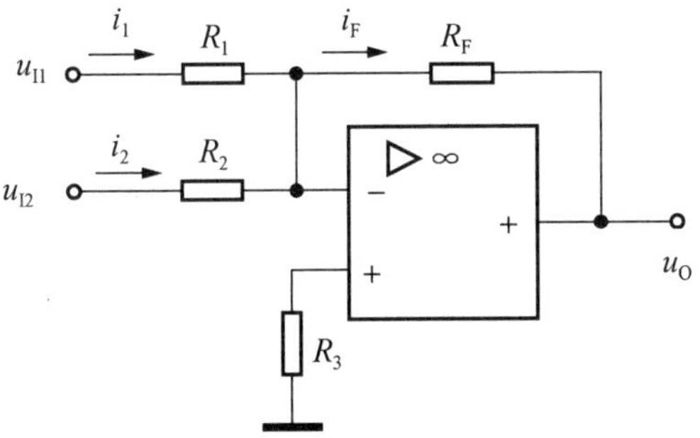

图 6.2.5　反相加法运算电路

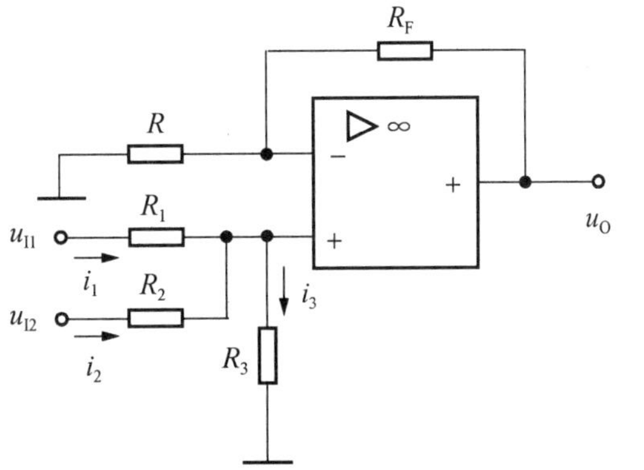

图 6.2.6　同相加法运算电路

由“虚短” $u_+ = u_-$ 和“虚断” $i_- = 0$ 得

$$u_+ = u_- = \frac{R}{R+R_F} u_O$$

根据“虚断”，$i_+ = i_- = 0$，利用 KCL 得

$$i_3 = i_1 + i_2$$

其中

$$i_3 = \frac{u_+}{R_3} = \frac{R}{(R+R_F)R_3} u_O$$

$$i_1 = \frac{u_{I1} - u_+}{R_1} = \frac{u_{I1}}{R_1} - \frac{R}{(R+R_F)R_1} u_O$$

$$i_2 = \frac{u_{I2} - u_+}{R_2} = \frac{u_{I2}}{R_2} - \frac{R}{(R+R_F)R_2} u_O$$

代入 $i_3 = i_1 + i_2$，整理得

$$u_O = R_P\left(1+\frac{R_F}{R}\right)\left(\frac{u_{I1}}{R_1}+\frac{u_{I2}}{R_2}\right) = R_P\frac{R+R_F}{RR_F}\left(\frac{R_F}{R_1}u_{I1}+\frac{R_F}{R_2}u_{I2}\right) = \frac{R_P}{R_N}\left(\frac{R_F}{R_1}u_{I1}+\frac{R_F}{R_2}u_{I2}\right) \quad (6\text{-}2\text{-}8)$$

其中 $R_P = R_1//R_2//R_3$，$R_N = R//R_F$，R_P 和 R_N 分别为同相输入端和反相输入端对“地”的等效电阻。若满足静态平衡的条件，即 $R_P = R_N$，则有

$$u_O = \frac{R_F}{R_1}u_{I1} + \frac{R_F}{R_2}u_{I2}$$

若取 $R_1 = R_2 = R$，则有

$$u_O = \frac{R_F}{R}(u_{I1} + u_{I2}) \quad (6\text{-}2\text{-}9)$$

式(6-2-9)说明输出与输入的关系为同相加法，还可以推广到更多输入信号相加。另外，若 $R//R_F = R_1//R_2$，则应将 R_3 去掉。R_3 在电路中起调节作用，以使电路满足静态平衡的条件。

式(6-2-8)也可先根据 KCL 求出同相输入端的电位u_+，然后根据式(6-2-3)求得，请读者自行推导。

【例 6-2-1】 如图 6.2.7 所示电路，已知$R_{F2}=2R_4=2R_3$，$R_{F1}=2R_1$，试求输出电压u_O与输入电压u_{I1}和u_{I2}的关系表达式。

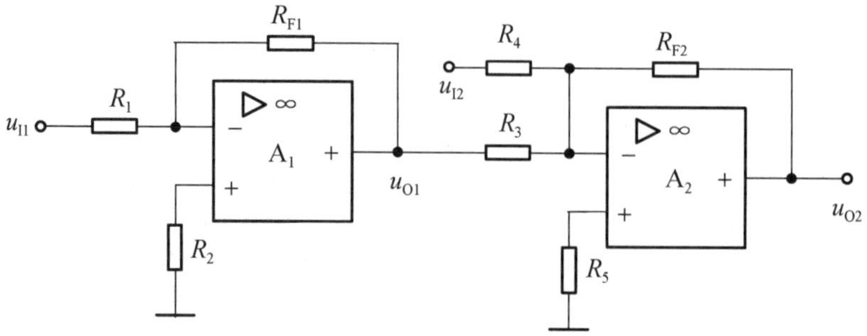

图 6.2.7　例 6-2-1 图

【解】 此电路是由两级集成运放连接而成，根据理想集成运放的分析依据，将每级运放单独分析。

第一级放大电路为反相比例运算

$$u_{O1}=-\frac{R_{F1}}{R_1}u_{I1}$$

第二级放大电路为反相加法运算

$$u_O=-\frac{R_{F2}}{R_3}u_{O1}-\frac{R_{F2}}{R_4}u_{I2}$$

$$u_O=\frac{R_{F2}}{R_3}\times\frac{R_{F1}}{R_1}u_{I1}-\frac{R_{F2}}{R_4}u_{I2}$$

因$R_{F2}=2R_4=2R_3$，$R_{F1}=2R_1$，则

$$u_O=4u_{I1}-2u_{I2}$$

特别提示

- 由于理想集成运放的输出电阻为零，故其输出可视为只受输入电压控制的理想电压源。因此带负载后其运算关系将保持不变。

6.2.3　加减法运算电路

从比例运算电路和加法运算电路的分析中可以看出，若信号从反相输入端输入，则输出电压与输入电压反相；若信号从同相输入端输入，则输出电压与输入电压同相。若将多个输入信号通过电阻同时接在同相输入端和反相输入端，则可以实现加减法运算，电路如图 6.2.8 所示。从反相端输入的信号和从同相输入端输入的信号单独作用时的电路分别如图 6.2.9(a)和图 6.2.9(b)所示。

图 6.2.9(a)所示电路为反相输入加法运算电路，其输出电压为

$$u_{O1}=-\frac{R_F}{R_1}u_{I1}-\frac{R_F}{R_2}u_{I2}$$

图 6.2.9(b)所示电路为同相输入加法运算电路，若电路满足静态平衡的条件，即

$$R_3//R_4//R_5=R_1//R_2//R_F$$

则输出电压为

$$u_{O2}=\frac{R_F}{R_3}u_{I3}+\frac{R_F}{R_4}u_{I4}$$

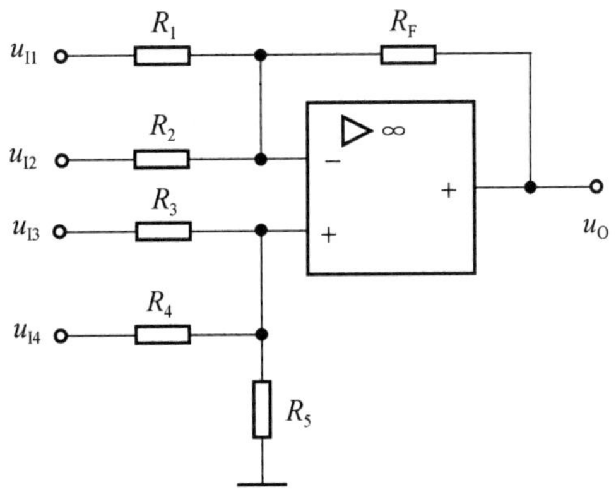

图 6.2.8 加减法运算电路

若反相输入信号和同相输入信号共同作用时，则根据叠加定理可得总的输出电压为

$$u_O=\frac{R_F}{R_3}u_{I3}+\frac{R_F}{R_4}u_{I4}-\frac{R_F}{R_1}u_{I1}-\frac{R_F}{R_2}u_{I2} \tag{6-2-10}$$

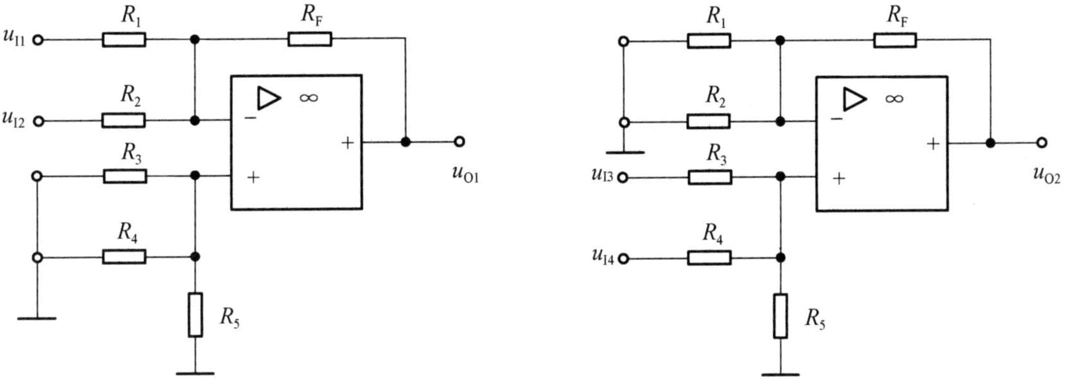

(a) 从反相端单独输入时的等效电路　　(b) 从同相端单独输入时的等效电路

图 6.2.9 利用叠加定理求解加减法运算电路

图 6.2.8 还可以推广到更多输入信号相加减。另外，若满足 $R_1//R_2//R_F=R_3//R_4$ 的关系，则应将 R_5 去掉。

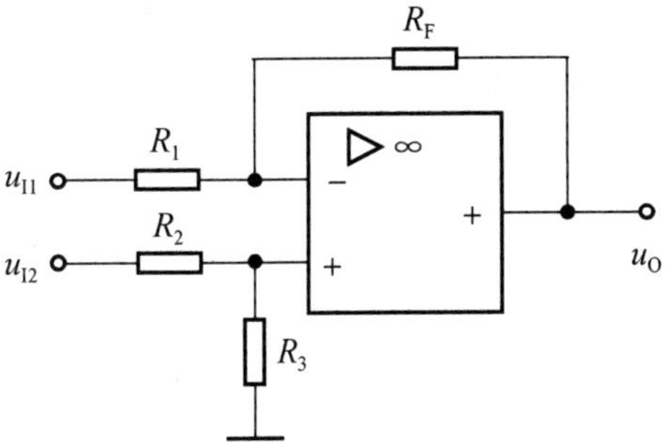

图 6.2.10 减法运算电路

若同相输入端和反相输入端各只有一个输入信号，如图 6.2.10 所示，则分别由式(6-2-3)和式(6-2-2)，并根据叠加定理得

$$u_O=\left(1+\frac{R_F}{R_1}\right)\frac{R_3}{R_2+R_3}u_{I2}-\frac{R_F}{R_1}u_{I1}=\frac{R_P}{R_N}\cdot\frac{R_F}{R_2}u_{I2}-\frac{R_F}{R_1}u_{I1}$$

上式中，$R_P=R_2//R_3$，$R_N=R_1//R_F$。若电路满足静态平衡的条件，即 $R_P=R_N$，则上式可变为

$$u_O=\frac{R_F}{R_2}u_{I2}-\frac{R_F}{R_1}u_{I1}$$

若电路参数对称，即 $R_1=R_2=R$，$R_3=R_F$，则满足静态平衡的条件，于是有

$$u_O=\frac{R_F}{R}(u_{I2}-u_{I1}) \tag{6-2-11}$$

式(6-2-11)表明，输出电压正比于输入电压之差，电路实现了对输入差模信号的比例运算。利用该电路可实现将双端输入的方式变换为单端输入的方式。

当 $R=R_F$ 时

$$u_O=u_{I1}-u_{I2}$$

【例 6-2-2】 试设计一个运算电路，要求输出电压与输入电压之间的运算关系表达式为 $u_O=4u_{I1}+u_{I2}-4u_{I3}$。

【解】可以采用加减法运算电路实现给定的运算关系。其中，u_{I1} 和 u_{I2} 从同相输入端输入，u_{I3} 从反相输入端输入，如图 6.2.11 所示。

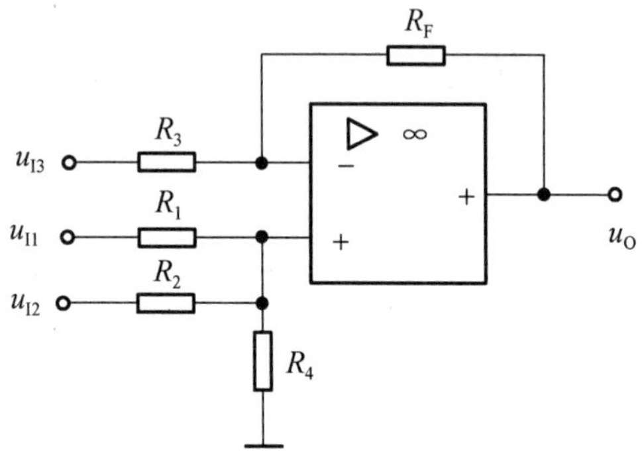

图 6.2.11　例 6-2-2 图(一)

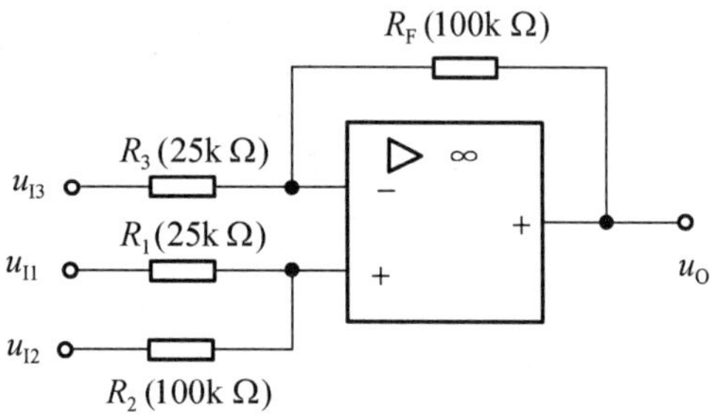

图 6.2.12　例 6-2-2 图(二)

选取 $R_F=100\text{k}\Omega$，若电路满足静态平衡条件，即 $R_1//R_2//R_4=R_3//R_F$，则

$$u_O=\frac{R_F}{R_1}u_{I1}+\frac{R_F}{R_2}u_{I2}-\frac{R_F}{R_3}u_{I3}$$

令 $R_F/R_1=4$，则 $R_1=25\text{k}\Omega$；令 $R_F/R_2=1$，则 $R_2=100\text{k}\Omega$；令 $R_F/R_3=4$，则 $R_3=25\text{k}\Omega$。

$$\frac{1}{R_4}=\frac{1}{R_3}+\frac{1}{R_F}-\frac{1}{R_1}-\frac{1}{R_2}=\left(\frac{1}{25}+\frac{1}{100}-\frac{1}{25}-\frac{1}{100}\right)\text{k}\Omega^{-1}=0\text{k}\Omega^{-1}$$

故可将 R_4 去掉。所设计的电路如图 6.2.12 所示。

6.2.4　积分运算电路

将反相比例电路中的反馈元件 R_F 用电容 C_F 替代，就可以得到积分运算电路，如图 6.2.13 所示。

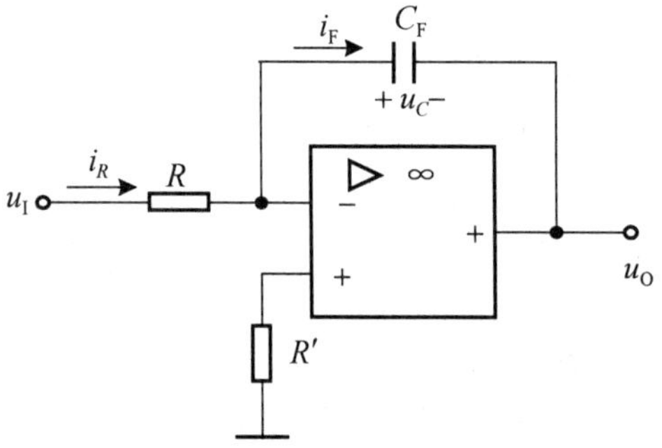

图 6.2.13　积分运算电路

由于 $u_-=0$ (虚地)，故

$$u_O=-u_C=-\frac{1}{C_F}\int i_F\text{d}t$$

$$u_I=Ri_R$$

又由于

$$i_R = i_F = \frac{u_I}{R}$$

故

$$u_O = -\frac{1}{RC_F}\int u_I dt \tag{6-2-12}$$

由式(6-2-12)看出，输出电压u_O实现了对输入电压u_I的积分，RC_F称为积分常数，负号表示输出与输入相位相反。静态平衡电阻$R' = R$。

设在t_1时刻电容电压的初始值为$u_C(t_1)$，则在t_1到t_2时间段的u_O可用定积分表示为

$$u_O = -u_C(t_1) - \frac{1}{RC_F}\int_{t_1}^{t_2} u_I d\xi \tag{6-2-13}$$

当$u_I = U_I$(常数)时，则

$$u_O = -u_C(t_1) - \frac{1}{RC_F}\int_{t_1}^{t_2} u_I d\xi = [-u_C(t_1) - \frac{U_I}{RC_F}(t_2 - t_1)]\ (t_1 \leqslant \xi \leqslant t_2) \tag{6-2-14}$$

若电容在$t=0$时未有储能，即$u_C(0)=0$，则当输入电压u_I为阶跃电压时，则u_O为

$$u_O = -u_C(0) - \frac{1}{RC_F}\int_0^t U_I d\xi = -\frac{U_I}{RC_F}t \tag{6-2-15}$$

由式(6-2-15)可知，当输入为阶跃信号时，u_O随时间呈线性负向增加，直到达到负饱合值($-U_{OM}$)为止，如图 6.2.14(a)所示。

在自动控制系统中，通常用积分电路作为调节环节。另外，积分电路经常用于波形的产生和变换之中。例如，可将方波变成三角波，如图 6.2.14(b)所示。将正弦波变成余弦波，从而实现 90° 的移相功能，如图 6.2.14(c)所示。

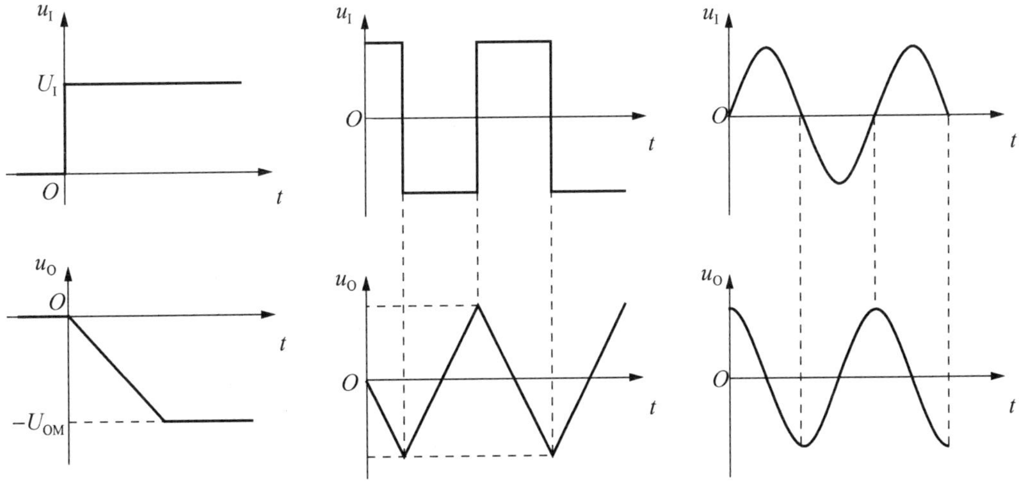

(a) 阶跃输入　　(b) 方波输入　　(c) 正弦波输入

图 6.2.14　积分运算电路波形变换

由于电容对不同频率的正弦信号具有不同的阻抗，故积分运算电路对于不同频率的正

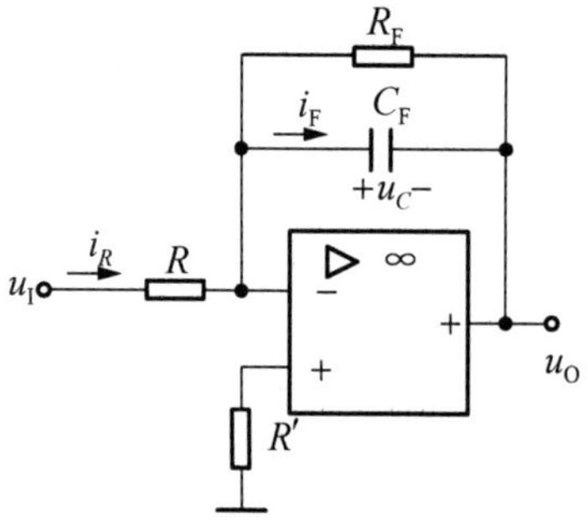

图 6.2.15　实用的积分运算电路

弦信号具有不同的电压放大倍数。所以，在实用的积分电路中，为防止低频时电压放大倍数过大，通常应在电容两端并联一阻值较大的电阻，如图 6.2.15 所示。

6.2.5　微分运算电路

微分运算是积分运算的逆运算，只需将反相输入端的电阻和反馈电容调换位置，就可以得到微分运算电路，如图 6.2.16 所示。静态平衡电阻 $R' = R_F$。

由于 $u_- = u_+ = 0$，故

$$u_O = -R_F i_F$$

$$u_I = u_C$$

又由于

$$i_C = i_F = C\frac{du_C}{dt}$$

故

$$u_O = -R_F C\frac{du_I}{dt} \qquad (6\text{-}2\text{-}16)$$

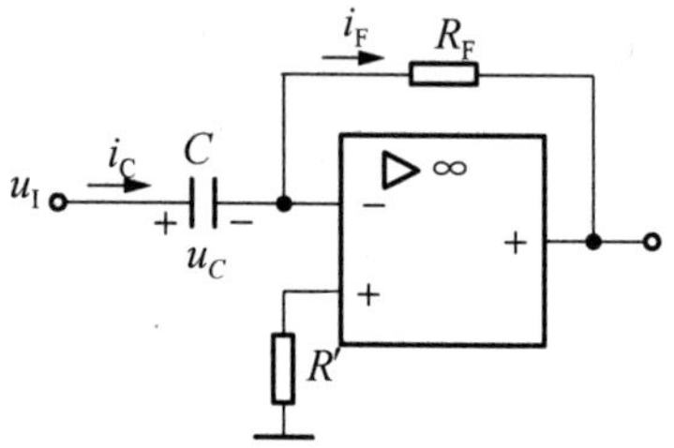

图 6.2.16　微分运算电路

由式(6-2-16)看出，输出电压 u_O 实现了对输入电压 u_I 的微分，$R_F C$ 是微分时间常数，负号表示输出与输入相位相反。当输入电压 u_I 为阶跃电压时，如图 6.2.17(a)所示，u_O 为尖脉冲电压。当微分时间常数 $R_F C \ll \frac{T}{2}$ (T 为方波的周期)时，则微分运算电路可以将方波变成正负尖脉冲，如图 6.2.17(b)所示。

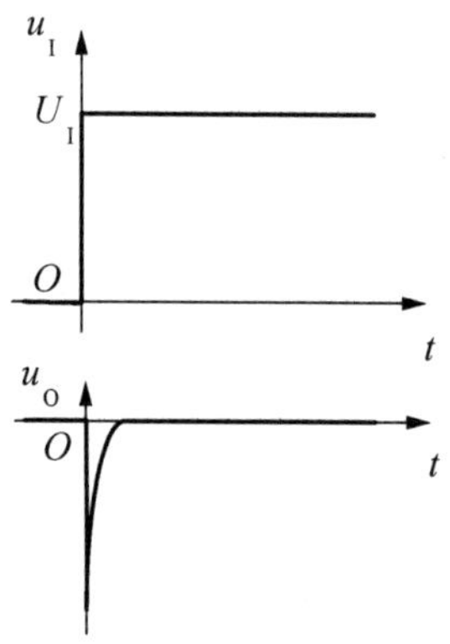

(a) 输入为阶跃信号

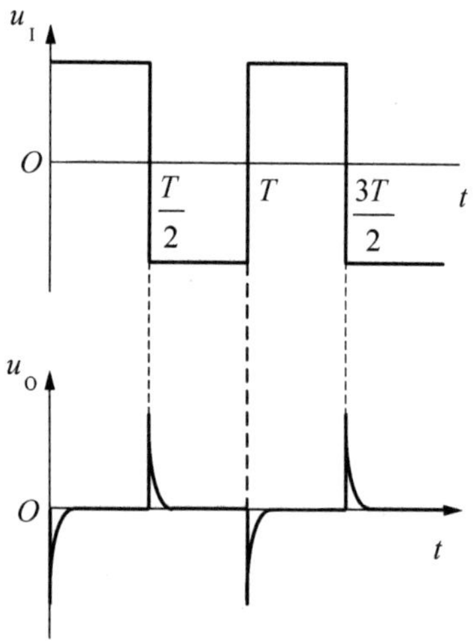

(b) 输入为方波

图 6.2.17　微分电路的波形变换

在如图 6.2.16 所示的电路中，当输入为阶跃变化的电压或有脉冲式大幅度变化的干扰

信号时，由于电容的电压不能跃变，故均会使集成运放内部的晶体管进入饱和区或截止区，以至于造成即使信号消失，管子也不能立即脱离原状态而进入放大区，出现了所谓的阻塞现象。所以，在实用电路中，通常在电容支路上串联一个阻值较小的电阻，以限制输入电流，也限制了反馈电阻 R_F 上的电流；在反馈支路上并联稳压二极管，以限制输出电压的幅值，从而保证晶体管始终工作于放大区，防止了阻塞现象的发生，如图 6.2.18 所示。

【例 6-2-3】试分析如图 6.2.19 所示电路中输出电压与输入电压的关系。

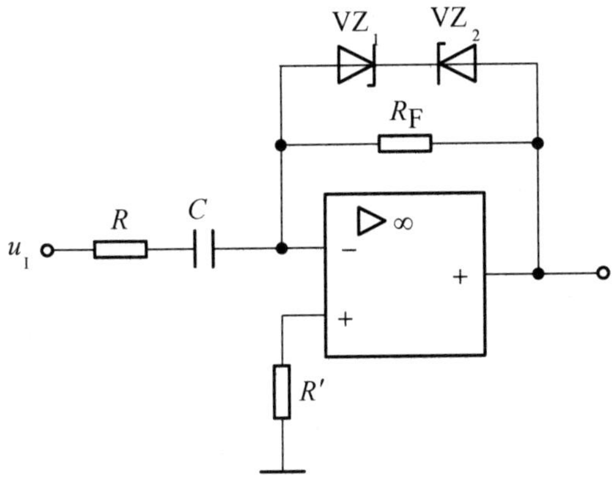

图 6.2.18 实用微分运算电路

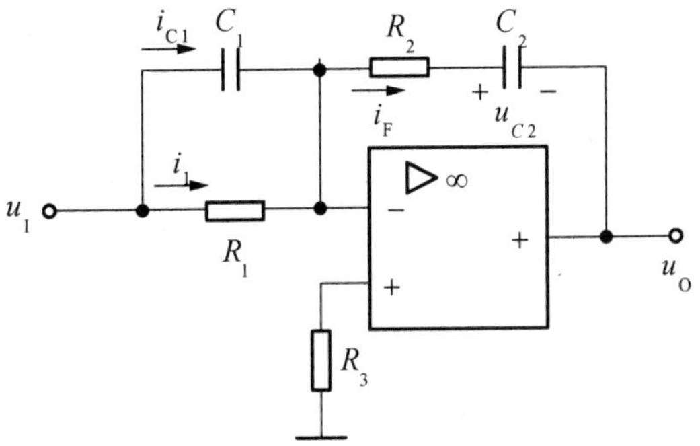

图 6.2.19 例 6-2-3 图

【解】根据“虚断”和“虚短”的分析依据，有

$$u_- = u_+ = 0$$

根据“虚断”，对反相输入端应用 KCL 方程有

$$i_1 + i_{C1} = i_F$$

根据“虚短”有

$$i_1 = \frac{u_I}{R_1}，\quad i_{C1} = C_1\frac{du_I}{dt}$$

输出电压为

$$u_O = -R_2 i_F - u_{C2} = -\left[R_2(i_1 + i_{C1}) + \frac{1}{C_2}\int(i_1 + i_{C1})dt\right]$$

$$= -\left(\frac{R_2}{R_1}u_I + R_2C_1\frac{du_I}{dt} + \frac{1}{C_2R_1}\int u_I dt + \frac{C_1}{C_2}u_I\right) \tag{6-2-17}$$

$$= -\left[\left(\frac{R_2}{R_1} + \frac{C_1}{C_2}\right)u_I + R_2C_1\frac{du_I}{dt} + \frac{1}{R_1C_2}\int u_I dt\right]$$

由式(6-2-17)可知，输出 u_O 和输入 u_I 之间相位相反，且同时存在着比例、积分和微分的运算关系，故该电路也称为 PID(比例-积分-微分)调节器。若 $R_2 = 0$，则只有比例运算和积分运算，电路称为 PI 调节器；若 $C_2 = 0$，则只有比例运算和微分运算，电路称为 PD 调节器。在自动控制系统中，可根据不同的需要选择不同的调节器。

6.3　模拟乘法器及其应用

模拟乘法器是对两个模拟信号实现相乘功能的有源非线性器件，利用它可以实现乘、除、乘方、开方、调幅等功能。模拟乘法器也是一种广泛应用的模拟集成电路，广泛应用于模拟运算、通信、测控系统、电气测量和医疗仪器等许多领域。集成模拟乘法器多采用变跨导型电路，利用输入电压控制差分放大电路差分管的发射极电流，使其跨导产生相应的变化，从而实现输入信号相乘的运算功能。

【图文：集成模拟乘法器】

6.3.1　模拟乘法器简介

模拟乘法器有两个输入端，即 X 和 Y 输入端；一个输出端；输入及输出电压均对“地”而言，其电路模型和图形符号分别如图 6.3.1(a)和图 6.3.1(b)所示。其中 r_{i1} 和 r_{i2} 分别为两输入端的输入电阻，r_o 为输出电阻。

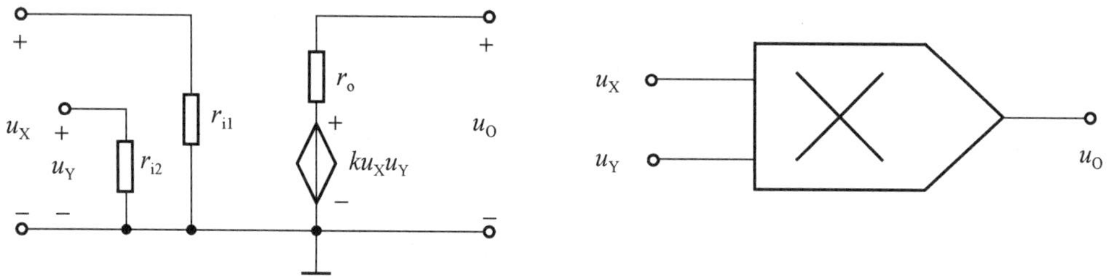

(a) 电路模型　　(b) 图形符号

图 6.3.1　模拟乘法器的电路模型和图形符号

模拟乘法器主要功能是实现两个互不相关信号相乘，即输出信号与两输入信号的乘积成正比，即

$$u_O = ku_Xu_Y \tag{6-3-1}$$

式中，k 为比例系数，其值可正可负，多为 $+0.1V^{-1}$ 或 $-0.1V^{-1}$。当 k 为正值时，称为同相乘法器；当 k 为负值时，称为反相乘法器。

在电路分析时，常将模拟乘法器作为理想器件。理想模拟乘法器应具备如下主要条件：

(1) 输入电阻 r_{i1} 和 r_{i2} 均趋近于无穷大；

(2) 输出电阻 r_o 趋近于零；

(3) k 为常数，且与输入信号的幅值和频率无关；

(4) 电路无失调电压、失调电流和噪声。

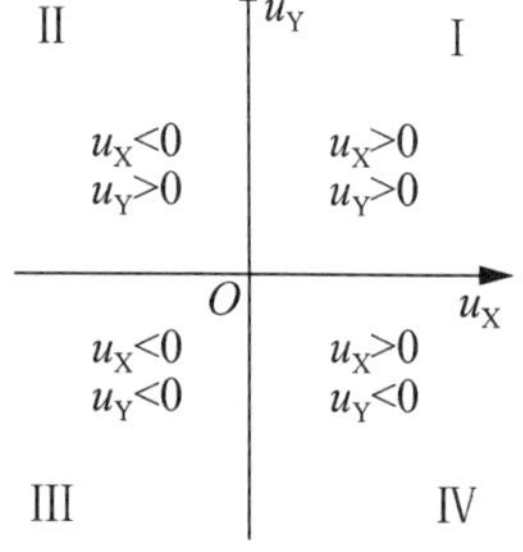

图 6.3.2　模拟乘法器的 4 个工作象限

模拟乘法器两个输入信号的极性不同，其输出信号的极性也不同。如果用 u_X 和 u_Y 坐标平面表示，则乘法器有 4 个可能的工作区，即 4 个工作象限，如图 6.3.2 所示。

若两个输入信号 u_X 、 u_Y 均限定为某一极性的电压时才能正常工作，该乘法器称为单象限乘法器；若两个输入信号u_X、u_Y中一个能适应正、负两种极性电压，而另一个只能适应单极性电压，则为二象限乘法器；若两个输入信号能适应 4 种极性组合，称为四象限乘法器。

6.3.2 模拟乘法器的应用

模拟乘法器的应用十分广泛，在信号处理方面，可以实现对输入信号的倍频、混频和鉴相等功能，同时还可以实现对信号的调频和解调等功能。在信号运算方面，除了自身能够实现乘法和平方运算功能外，还可与其他电路相结合从而构成除法、开方等运算电路。在本节中重点介绍模拟乘法器在运算电路中的应用。

1. 乘方运算电路

将模拟乘法器的两个输入端连在一起或输入相同的两个信号就能实现平方运算电路，如图 6.3.3 所示。

$$u_O = ku_I^2 \tag{6-3-2}$$

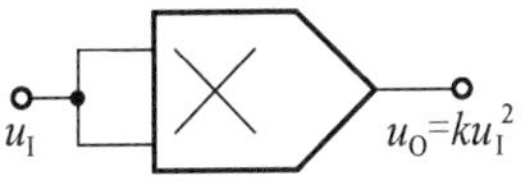

图 6.3.3 平方运算电路

从理论上讲，可以用多个模拟乘法器组成输入信号的任意次幂的乘方运算电路，如图 6.3.4 所示电路为 3 次方和 4 次方运算电路。

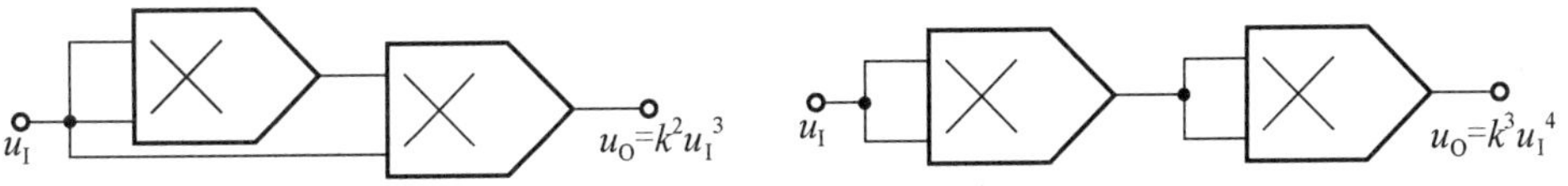

(a) 3次方运算电路 (b) 4次方运算电路

图 6.3.4 乘方运算电路

但实际上，当串联的模拟乘法器超过 3 个时，运算误差将会变大，使得运算电路的精度变得很差，在精度要求较高时就不能采用这种方法了。

2. 除法运算电路

将模拟乘法器放在集成运放的反馈通路中，如图 6.3.5 所示，就可构成除法运算电路。

如图 6.3.5 所示的运算电路中，必须引入负反馈才能正常工作。当$u_{I1}>0$时，$u_{O1}<0$；$u_{I1}<0$时，$u_{O1}>0$，而u_O与u_{I1}反相，因此要求u_{O1}与u_O同符号，此时电路才引入的是负反馈。

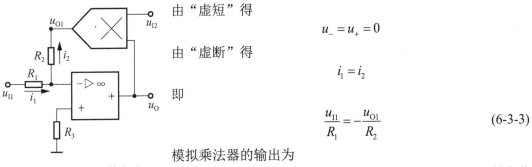

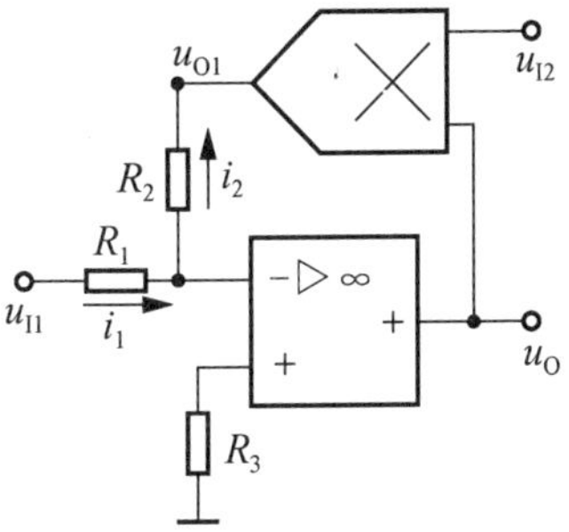

图 6.3.5 除法运算电路

由“虚短”得

$$u_- = u_+ = 0$$

由“虚断”得

$$i_1 = i_2$$

即

$$\frac{u_{I1}}{R_1} = -\frac{u_{O1}}{R_2} \tag{6-3-3}$$

模拟乘法器的输出为

$$u_{O1} = ku_Ou_{I2} \tag{6-3-4}$$

整理式(6-3-3)和式(6-3-4)得

$$u_O = -\frac{R_2}{kR_1}\frac{u_{I1}}{u_{I2}} \tag{6-3-5}$$

必须指出，为确保集成运放引入负反馈，根据瞬时极性法不难得出，u_{I2} 必须与 k 同号。

3. 开方运算电路

将乘方运算电路放在集成运放的反馈通路中，即可构成开方运算电路。若乘方运算为平方运算，就构成平方根运算电路如图 6.3.6 所示。

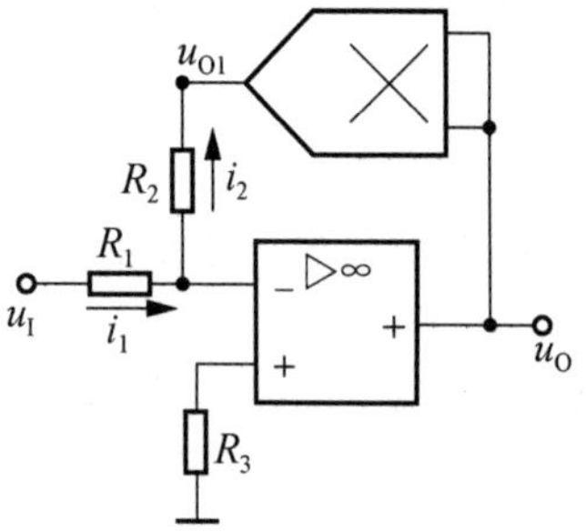

图 6.3.6　平方根运算电路

由“虚短”得

$$u_- = u_+ = 0$$

由“虚断”得

$$i_1 = i_2$$

即

$$\frac{u_I}{R_1} = -\frac{u_{O1}}{R_2} \tag{6-3-6}$$

模拟乘法器的输出为

$$u_{O1} = ku_O^2 \tag{6-3-7}$$

整理式(6-3-6)和式(6-3-7)得

$$u_O = \pm\sqrt{-\frac{R_2 u_I}{kR_1}} \tag{6-3-8}$$

式(6-3-8)表明，由于根号下的数应大于或者等于零，所以模拟乘法器的比例系数 k 应与输入信号 u_I 异号。

由于 u_O 与 u_I 反相，故当 $u_I > 0$ 时，式(6-3-8)中应取负号，当 $u_I < 0$ 时取正号。

特别提示

- 模拟乘法器在构成运算电路时，必须保证电路中引入的是负反馈，才能正常工作。
- 若将一种运算电路作为集成运放的反馈通路，则可实现其逆函数运算关系。如将乘法运算电路作为反馈通路可实现除法运算；将乘方运算电路作为反馈通路可实现开方运算。

【例 6-3-1】 试分析如图 6.3.7 所示电路所能实现的功能，并且说明电路正常工作时 u_{I2} 需要满足的条件。

【解】该电路是由理想集成运放 A_1 组成的反相放大电路，乘法器和理想集成运放 A_2 组成的反相比例放大电路作为反馈元件，具有除法功能。

对于节点 N_1 有：

$$\frac{u_{I1}}{R_1} + \frac{u_{O2}}{R_2} = 0$$

$$u_{O2} = -\frac{R_2}{R_1}u_{I1}$$

考虑到模拟乘法器和反相器的功能，存在 $u_{O2} = -ku_{I2}u_O$，故有

$$u_O = \frac{R_2}{kR_1}\cdot\frac{u_{I1}}{u_{I2}}$$

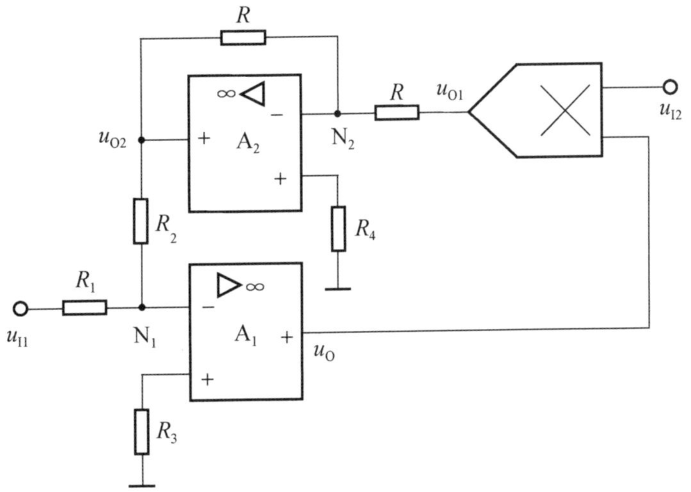

图 6.3.7 例题 6-3-1 图

上式说明，该电路具有除法运算功能。但需要指出的是，只有保证理想集成运放 A_1 工作在负反馈状态，该电路才能正常工作。若要实现负反馈，u_{O2} 应与 u_{I1} 异号，而 u_O 与 u_{I1} 异号，故 u_O 应与 u_{O2} 同号。比较 u_O 和 u_{O2} 的表达式可知，u_{I2} 与 k 要异号，而 u_{I1} 可正可负，故该电路组成的是一个二象限除法器。

6.4 电压比较器

电压比较器是对输入信号进行鉴幅与比较的电路，根据两个输入端电压大小来决定输出结果。电压比较器常用作模拟电路和数字电路的接口电路，在测量、通信和波形变换等方面应用广泛。

6.4.1 电压比较器概述

在电压比较器中，集成运放工作在开环状态或者是正反馈状态(在输出端和同相输入端之间跨接一反馈通路)，如图 6.4.1 所示。对于理想集成运放，由于开环差模放大倍数无穷大，只要同相输入端与反相输入端之间有无穷小的电压，输出电压就将达到正向饱和或者负向饱和电压值，即输出电压 u_O 与输入电压 u_{Id} 不再是线性关系，故集成运放工作在非线性区，“虚短”不再成立。

电压比较器的输出电压 u_O 与输入电压 u_I 的关系曲线称为电压传输特性。输入电压 u_I 是模拟信号，而输出电压 u_O 表示的是比较结果，只有两种可能的状态，即不是高电平 U_{OH} 就

是低电平 U_{OL}。使电压比较器的输出在高低电平之间跃变的输入电压称为阈值电压，也称为转折电压或门限电压 U_T。要正确画出电压比较器的电压传输特性，必须确定 3 个要素：

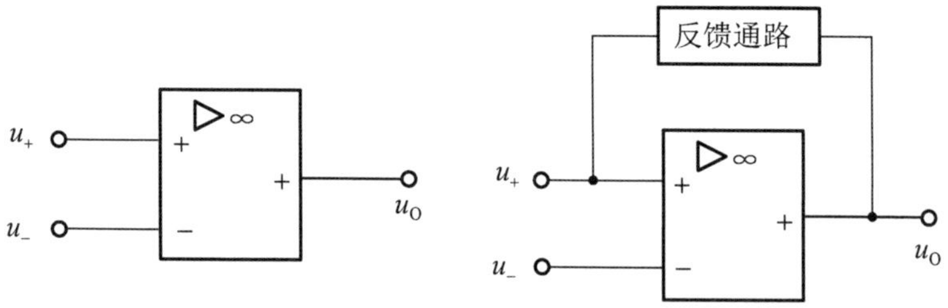

(a) 开环状态　　(b) 引入正反馈

图 6.4.1　电压比较器

(1) 输出电压的高低电平 U_{OH} 和 U_{OL}；

(2) 阈值电压 U_T；

(3) 输入电压变化且经过 U_T 时，输出电压 u_O 的跃变方向，即从高电平跃变为低电平还是由低电平跃变为高电平。

6.4.2　电压比较器的种类及其特性

根据电压比较器的电压传输特性，可以将其分为单限比较器、滞回比较器和双限比较器。

1. 单限比较器

将集成运放两个输入端子中的一端加输入信号，另一端加定值的参考电压，就构成了最简单的单限电压比较器。根据参考电压的不同又可分为过零比较器和非零比较器。

如图 6.4.2(a)所示，参考电压端接地，即阈值电压为零，称为过零比较器。此时集成运放工作在开环状态，当输入电压 $u_I < 0$ 时，输出电压 $u_O = +U_{OM}$；当输入电压 $u_I > 0$ 时，输出电压 $u_O = -U_{OM}$。电压传输特性如图 6.4.2(b)所示。由于输入电压由负向正过零时，输出电压由高电平跃变为低电平，故该过零比较器也称为反相比较器。若将图 6.4.2(a)中反相输入端接地，同相输入端接输入电压，输入电压由负向正过零时，输出电压就会由低电平跃变为高电平，即同相变化，称为同相比较器。

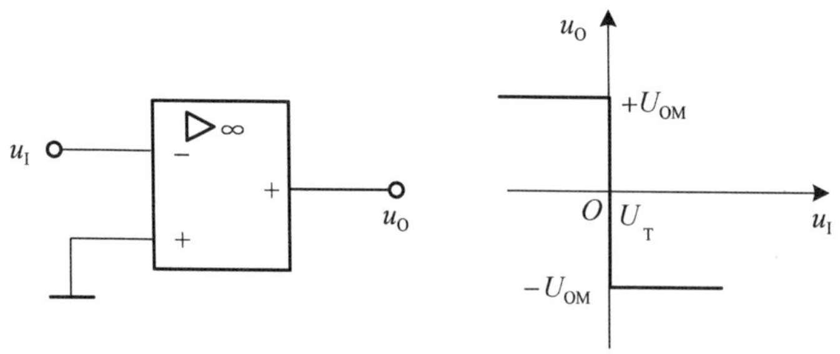

(a) 过零电压比较器　　(b) 电压传输特性曲线

图 6.4.2　过零电压比较器及其电压传输特性曲线

如图 6.4.3(a)所示电路为非零比较器，即一般单限比较器，U_{REF} 为外接参考电压，u_I 为输入电压。在实际电路中，为了获得合适的输出高低电平，通常在输出端加上双向稳压管限幅电路，如图 6.4.3(a)所示。其中 R 为限流电阻，两只稳压管特性相同，其稳定电压 U_Z 小于集成运放的最大输出电压 U_{OM}。当集成运放的输出电压 $u_{O1}=+U_{OM}$ 时，电压比较器的输出电压 $u_O=+U_Z$；当集成运放的输出电压 $u_{O1}=-U_{OM}$ 时，电压比较器的输出电压 $u_O=-U_Z$。

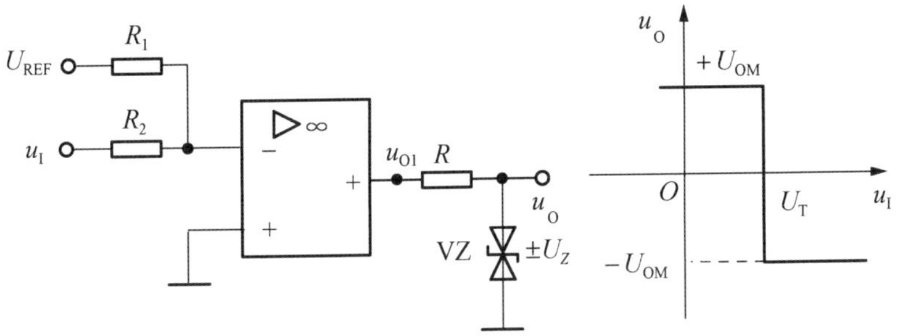

(a) 电路　　(b) 电压传输特性曲线

图 6.4.3　非零电压比较器及其电压传输特性曲线

确定比较器阈值电压的方法是：先分别写出电压比较器同相输入端和反相输入端的电位 u_+ 和 u_- 的表达式，然后令 $u_+=u_-$，所解得的输入电压即为阈值电压 U_T。

图 6.4.3(a)中，利用叠加原理分析反相输入端电压

$$u_-=\frac{R_1}{R_1+R_2}u_I+\frac{R_2}{R_1+R_2}U_{REF} \tag{6-4-1}$$

而同相输入端接地，即 $u_+=0$，令 $u_+=u_-$，可求出阈值电压

$$U_T=-\frac{R_2}{R_1}U_{REF} \tag{6-4-2}$$

当 $u_I<U_T$ 时，$u_{O1}=+U_{OM}$，$u_O=U_{OH}=+U_Z$；当 $u_I>U_T$ 时，$u_{O1}=-U_{OM}$，$u_O=U_{OL}=-U_Z$。其电压传输特性如图 6.4.2(b)所示，此时 $U_{REF}<0$。

由式(6-4-2)可知，只要改变参考电压的大小和极性以及电阻 R_1 和 R_2 的阻值，就可改变阈值电压的大小和极性。与过零比较器一样，图 6.4.3(a)所示电路为反相比较器，若将图 6.4.3(a)中集成运放的同相输入端和反相输入端的外接电路互换，则可以改变 u_I 经过 U_T 时输出电压的跃变方向，即改为同相比较器。

单限电压比较器主要用于波形变换、整形及电平检测等电路。如图 6.4.4 所示，若单限比较器的输入电压 u_I 为正弦波，经过一般的反相单限比较器输出的电压 u_O 为矩形波；经过反相过零比较器

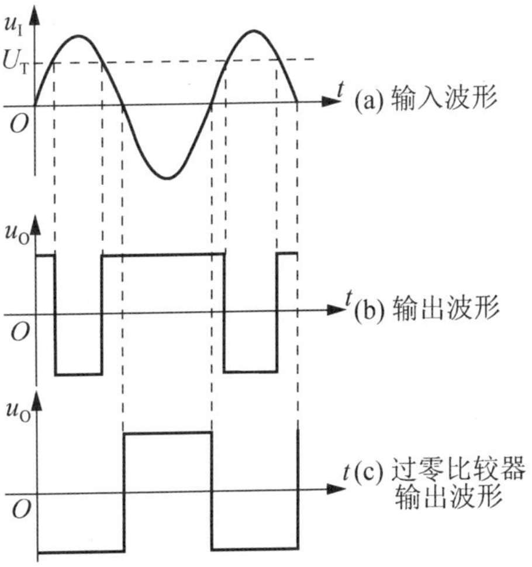

图 6.4.4　单限电压比较器波形变换图

时，输出的电压 u_O 为方波。故单限电压比较器可实现波形变换。

2. 滞回比较器

单限电压比较器电路简单、灵敏度高，但抗干扰能力差。若输入电压 u_I 与阈值电压 U_T 相差不大，输出电压 u_O 可能误跃变，甚至引起 u_O 在 $+U_{OM}$ 和 $-U_{OM}$ 之间来回跃变。要提高电压比较器的抗干扰能力，可以采用滞回电压比较器(也称施密特触发器)。

滞回电压比较器电路如图 6.4.5(a)所示，通过 R_F 引入了电压正反馈，比较器在输入为 $u_I=u_-=u_+$ 时发生跃变。由于输出有两种状态 $+U_Z$ 和 $-U_Z$，所以，滞回电压比较器有两个阈值电压，分别称为上阈值电压 U_{TH} 和下阈值电压 U_{TL}，且 $U_{TH}>U_{TL}$。

根据叠加定理求得电压比较器同相输入端的电位表达式为

$$u_+=\frac{R_F}{R_1+R_F}U_{REF}+\frac{R_1}{R_1+R_F}u_O$$

将 $u_O=\pm U_Z$ 代入上式得

$$u_+=\frac{R_F}{R_1+R_F}U_{REF}\pm\frac{R_1}{R_1+R_F}U_Z$$

反相输入端的电位表达式为

$$u_-=u_I$$

令 $u_+=u_-$，则可求出阈值电压，其中上阈值电压为

$$U_{TH}=\frac{R_F}{R_1+R_F}U_{REF}+\frac{R_1}{R_1+R_F}U_Z \tag{6-4-3}$$

下阈值电压为

$$U_{TL}=\frac{R_F}{R_1+R_F}U_{REF}-\frac{R_1}{R_1+R_F}U_Z \tag{6-4-4}$$

而同相输入端的电位只有两种可能的取值，即不是 U_{TL} 就是 U_{TH}。所以，若 $u_I<u_{TL}$，则 u_- 必定小于 u_+，$u_O=+U_Z$，$u_+=U_{TH}$，则只有当 u_I 由小到大变化过 U_{TH} 时，u_O 才能由 $+U_Z$ 跃变到 $-U_Z$。同理，若 $u_I>U_{TH}$，则 u_- 必定大于 u_+，$u_O=-U_Z$，$u_+=U_{TL}$，则只有当 u_I 由大到小变化过 U_{TL} 时，u_O 才能由 $-U_Z$ 跃变到 $+U_Z$。

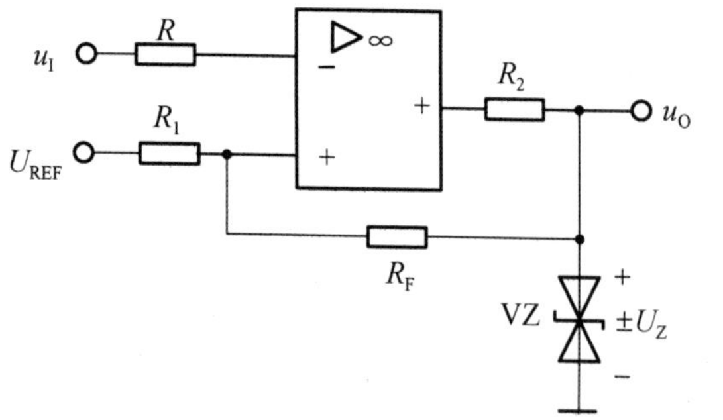

(a) 电路

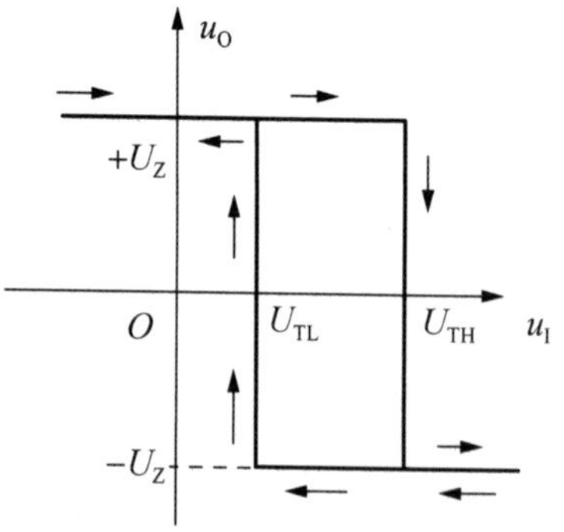

(b) 电压传输特性

图 6.4.5　滞回电压比较器及其传输特性

可见，电压传输特性应如图 6.4.5(b)所示。当输入电压 u_I 由小到大变化过上阈值电压 U_{TH} 时，输出电压发生跃变；当 u_I 由大到小变化过下阈值电压 U_{TL} 时，输出电压发生跃变，输出具有“滞回”特点。U_{TH} 与 U_{TL} 之差称为滞回宽度。只要干扰信号不超过滞回宽度，输出电压值就是稳定的，因而抗干扰能力强。

需要指出，若输入电压 u_I 从同相输入端输入，则当 u_I 由小到大变化过上阈值电压 U_{TH} 时，输出电压将由 $-U_Z$ 跃变到 $+U_Z$；当 u_I 由大到小变化过下阈值电压 U_{TL} 时，输出电压将由 $+U_Z$ 跃变到 $-U_Z$。

【例 6-4-1】如图 6.4.5 所示滞回比较器中，$R_1 = 10\text{k}\Omega$，$R_F = 5\text{k}\Omega$，假设稳压管的稳定电压 $U_Z = 6\text{V}$，$U_{REF} = 15\text{V}$。试求：

(1) 两个阈值电压 U_{TH} 和 U_{TL} 及滞回宽度；

(2) 画出该电路的电压传输特性，若输入电压波形如图 6.4.6(a)所示，试画出它的输出电压波形。

【解】(1) 上阈值电压：

$$U_{TH} = \frac{R_F}{R_1 + R_F}U_{REF} + \frac{R_1}{R_1 + R_F}U_Z$$
$$= \frac{5}{10+5}\times 15 + \frac{10}{10+5}\times 6 = 9\text{V}$$

下阈值电压：

$$U_{TL} = \frac{R_F}{R_1 + R_F}U_{REF} - \frac{R_1}{R_1 + R_F}U_Z$$
$$= \frac{5}{5+10}\times 15 - \frac{10}{5+10}\times 6 = 1\text{V}$$

滞回宽度：

$$\Delta U_T = U_{TH} - U_{TL} = 8\text{V}$$

(2) 电压传输特性如图 6.4.6(c)所示。

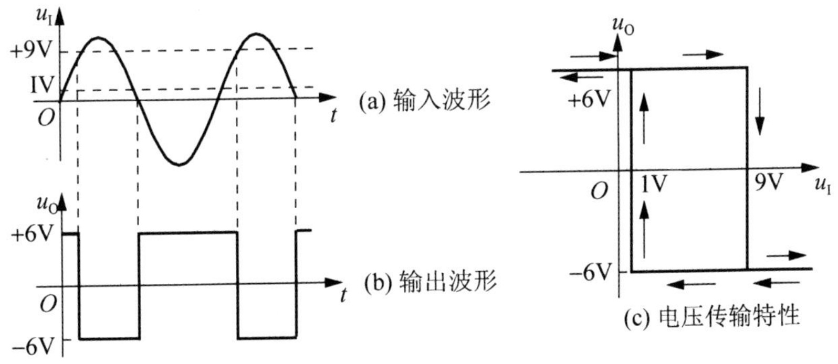

图 6.4.6 例 6-4-1 图

当 u_I 由小到大变化过上阈值电压 U_{TH} 时，输出电压将由 $+U_Z$ 跃变到 $-U_Z$；当 u_I 由大到小变化过下阈值电压 U_{TL} 时，输出电压将由 $-U_Z$ 跃变到 $+U_Z$。故该滞回比较器的输出电压波形如图 6.4.6(b)所示。

3. 双限比较器

单限比较器只能检测输入信号是否达到某一给定的阈值电压，不能检测输入信号是否在两个给定的电压之间，而双限电压比较器就可以实现这一功能。

双限电压比较器(又称为窗口比较器)如图6.4.7(a)所示。它由两个集成运放组成，有两个阈值电压，即上阈值电压U_{TH}和下阈值电压U_{TL}，且$U_{TH}>U_{TL}$。当$u_I<U_{TL}$时，$u_{O2}=+U_{OM}$、$u_{O1}=-U_{OM}$，VD_1截止、VD_2导通，输出$u_O=U_{OH}=U_Z$。当$u_I>U_{TH}$时，$u_{O2}=-U_{OM}$、$u_{O1}=+U_{OM}$，VD_1导通、VD_2截止，输出$u_O=U_{OH}=U_Z$。当$U_{TL}<u_I<U_{TH}$时，$u_{O2}=-U_{OM}$、$u_{O1}=-U_{OM}$，VD_1、VD_2均截止，输出$u_O=U_{OL}=0$。双限电压比较器的电压传输特性如图6.4.7(b)所示。

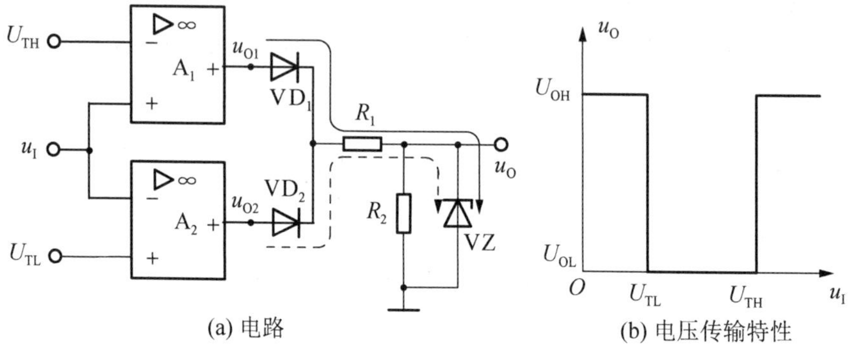

图6.4.7　双限电压比较器及其传输特性

特别提示

- 在输入电压由小到大或由大到小变化时，单限电压比较器和滞回电压比较器的输出电压均只跃变一次，而双限电压比较器要跃变两次。
- 单限电压比较器和滞回电压比较器输出电压的跃变方向与输入电压在电压比较器中所接的输入端有关。

6.5　有源滤波电路

6.5.1　滤波电路简介

滤波电路是一种能够使特定频率的有用信号通过，同时滤除信号中无用信号频率的电路。由滤波电路的定义来看，滤波电路的特点就是对信号的频率具有选择性，即选频。

按照滤波电路的工作频带可以将滤波电路分为低通滤波器(LPF)、高通滤波器(HPF)、带通滤波器(BPF)、带阻滤波器(BEF)和全通滤波器(APF)①。

① LPF、HPF、BPF、BEF和APF分别为Low Pass Filter、High Pass Filter、Band Pass Filter、Band Elimonation Filter和All Pass Filter的缩写。

设滤波电路的截止频率为 f_p，频率低于 f_p 的信号可以通过，高于 f_p 的信号被抑制的滤波电路称为低通滤波器；反之，频率高于 f_p 的信号可以通过，低于 f_p 的信号被抑制的滤波电路称为高通滤波器。低通滤波器通常用于直流稳压电源整流后的滤波电路，以去除脉动的直流电压；而高通滤波器通常作为交流放大电路的耦合电路，起到隔直通交的作用，只放大高频信号。

设滤波电路有两个频率 f_{p1} 和 f_{p2} 分别为低频段和高频段的截止频率，则能够使频率在 f_{p1} 和 f_{p2} 之间的信号通过，低于 f_{p1} 和高于 f_{p2} 的信号被抑制的滤波电路称为带通滤波器；反之，频率低于 f_{p1} 和高于 f_{p2} 的信号能够通过，而在 f_{p1} 和 f_{p2} 之间的信号被抑制的电路称为带阻滤波器。

全通滤波器顾名思义是指所有频率的信号都可以通过的电路，即对所有频率信号有相同的放大能力，不同的是对于不同频率的信号产生的相移不同。

按照构成滤波电路的电路元件不同，又可将滤波电路分为无源滤波电路和有源滤波电路。

若滤波电路仅由无源元件，即电阻、电容和电感组成，则称为无源滤波电路。无源滤波电路的结构简单，易于设计，但它的通带放大倍数及其截止频率都随负载而变化，因而不适用于信号处理要求高的场合。无源滤波电路通常用在功率电路中，如直流电源整流后的滤波或者大电流负载时采用的 *LC* 滤波电路。

若滤波电路不仅由无源元件，还由有源元件(双极性管、单极性管、集成运放)组成，则称为有源滤波电路。有源滤波电路的负载不影响滤波特性，适用于信号处理要求高的场合，但不适用于高电压大电流的场合。有源滤波电路一般由 *RC* 网络和集成运放组成，在合适的直流电源供电情况下才能使用，同时可以进行放大。

滤波电路的选频特性分为幅频特性和相频特性，本节重点分析幅频特性。幅频特性中允许通过的频段称为通带，抑制信号的频段称为阻带，理想滤波电路的频率特性如图 6.5.1 所示。

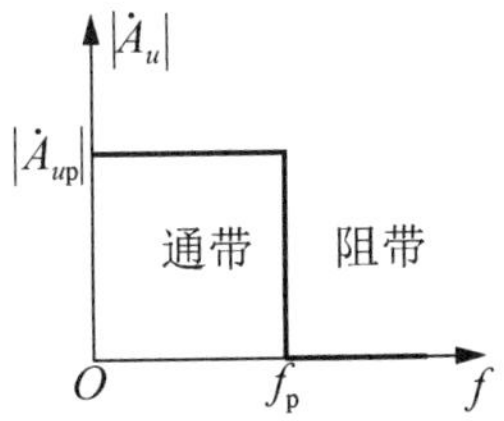

(a) LPF的频率特性

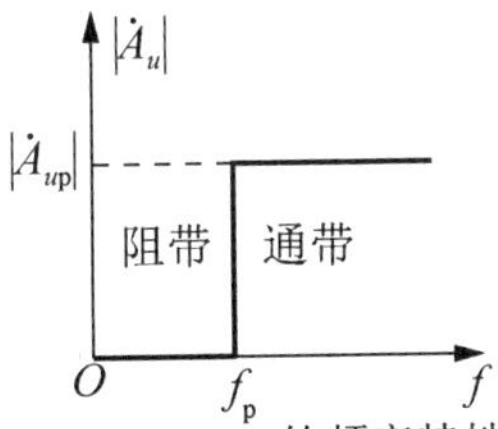

(b) HPF的频率特性

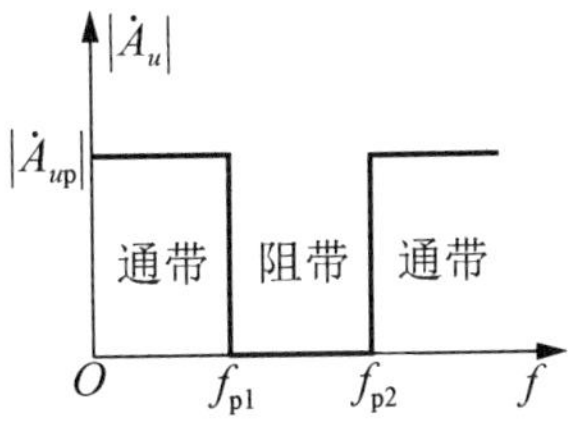

(c) BEF的频率特性

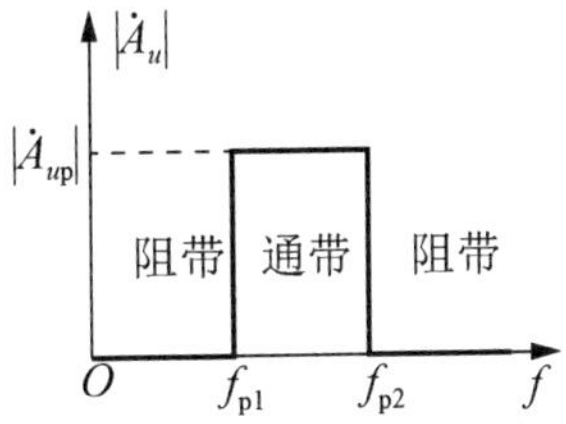

(d) BPF的频率特性

图 6.5.1 理想滤波电路的频率特性

但是任何实际滤波电路的频率特性不可能如图 6.5.1 所示，在通带和阻带之间会存在过渡带。本节就是以有源滤波电路为例进行滤波电路频率特性的分析。

6.5.2　低通滤波电路

在分析有源滤波电路时，一般采用拉氏变换将时域函数转换为复频域函数进行分析。经过拉氏变换后，电压电流用象函数 $U(s)$ 和 $I(s)$ 表示，电阻 $R(s)=R$，电容用运算阻抗 $Z_C(s)=1/(sC)$ 表示，电感用运算阻抗 $Z_L(s)=sL$ 表示，输出电压 $U_\mathrm{o}(s)$ 与输入电压 $U_\mathrm{i}(s)$ 的比值称为传递函数，即

$$A_u(s)=\frac{U_\mathrm{o}(s)}{U_\mathrm{i}(s)}$$

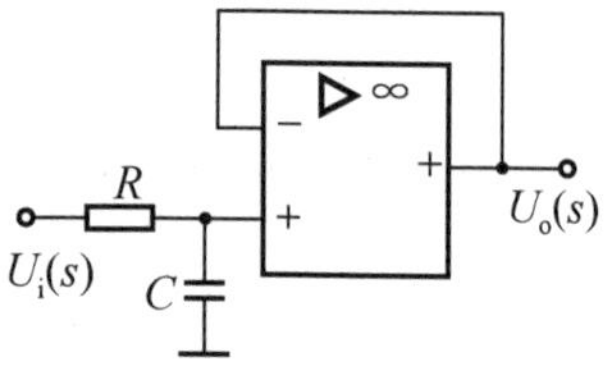

图 6.5.2　有源滤波电路

图 6.5.2 所示有源滤波器的传递函数为

$$A_u(s)=\frac{U_\mathrm{o}(s)}{U_\mathrm{i}(s)}=\frac{\dfrac{1}{sC}}{R+\dfrac{1}{sC}}=\frac{1}{1+sRC} \tag{6-5-1}$$

传递函数分母中 s 的最高指数称为滤波器的阶数。将 $s=\mathrm{j}\omega$ 代入公式(6-5-1)即可得到电路的放大倍数。

1. 一阶低通滤波器

一阶低通滤波器根据输入端的不同接法分为同相输入低通滤波器和反相输入低通滤波器，其电路分别如图 6.5.3(a)和图 6.5.3(b)所示。下面以图 6.5.3(a)所示的同相低通滤波器为例分析低通滤波器的特点以及幅频特性。

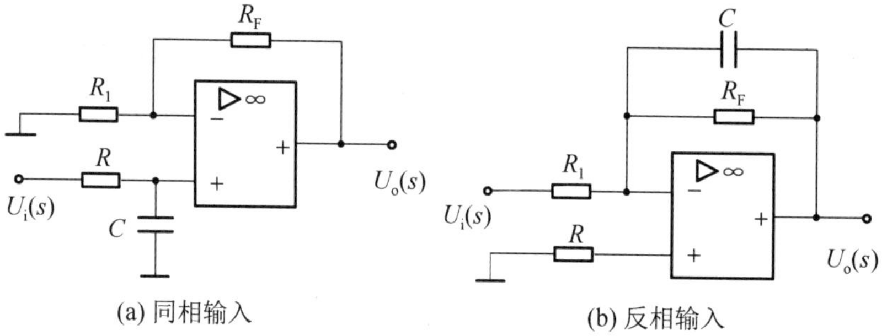

图 6.5.3　一阶低通滤波电路

图 6.5.3(a)所示的同相低通滤波器的传递函数为

$$A_u(s)=\frac{U_\mathrm{o}(s)}{U_\mathrm{i}(s)}=\frac{U_\mathrm{o}(s)}{U_\mathrm{p}(s)}\cdot\frac{U_\mathrm{p}(s)}{U_\mathrm{i}(s)}=\left(1+\frac{R_\mathrm{F}}{R_1}\right)\frac{1}{1+sRC}$$

令 $s=\mathrm{j}\omega$，$\omega_0=\dfrac{1}{RC}$，则 $f_0=\dfrac{1}{2\pi RC}$ 可得电压放大倍数

$$\dot{A}_u=\frac{\dot{U}_\mathrm{o}}{\dot{U}_\mathrm{i}}=\left(1+\frac{R_\mathrm{F}}{R_1}\right)\frac{1}{1+\mathrm{j}\dfrac{f}{f_0}} \tag{6-5-2}$$

公式(6-5-2)中，f_0为特征频率。当$f=0$时，可得通带电压放大倍数

$$\dot{A}_{u\mathrm{P}}=1+\frac{R_{\mathrm{F}}}{R_1} \tag{6-5-3}$$

当$f=f_0$时，$|\dot{A}_u|=\dfrac{|\dot{A}_{u\mathrm{p}}|}{\sqrt{2}}$，故通频带的截止频率$f_{\mathrm{p}}=f_0$。当$f\gg f_{\mathrm{p}}$时，滤波电路的幅频特性曲线将按−20dB每十倍频的斜率下降，其特性曲线如图6.5.4所示。

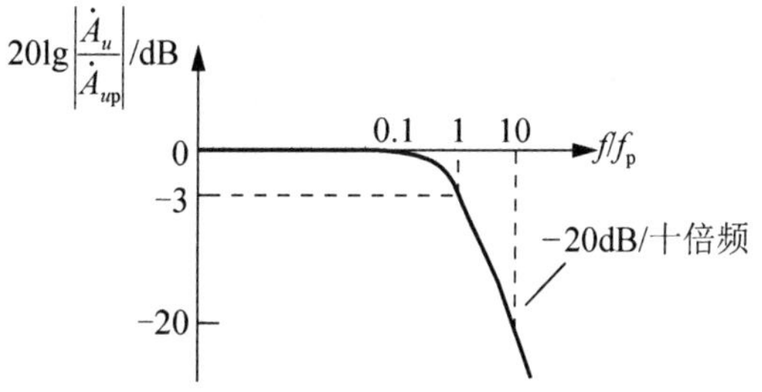

图6.5.4 一阶低通滤波电路的幅频特性

特别提示

- $\dot{A}_{up}$是有源滤波电路频率等于零时输出电压与输入电压之比，称为通带放大倍数。
- 使$|\dot{A}_u|=\dfrac{|\dot{A}_{up}|}{\sqrt{2}}\approx0.707|\dot{A}_{up}|$的频率称为通带截止频率$f_{\mathrm{p}}$。从$f_{\mathrm{p}}$到$|\dot{A}_u|$接近零的频段称为过渡带；使$|\dot{A}_u|$趋近于零的频段称为阻带。过渡带越窄，滤波特性越理想。

2. 二阶低通滤波器简介

一阶低通滤波器结构简单，但是当$f>f_{\mathrm{p}}$时，幅频特性以−20dB每十倍频的速率衰减，与理想幅频特性相差太远。如果在一阶滤波电路基础上再增加一级RC电路，即可组成二阶滤波电路，如图6.5.5(a)所示。其幅频特性在$f>f_{\mathrm{p}}$时，以−40dB每十倍频的速率衰减，该特性更接近理想特性。(请读者自行分析)

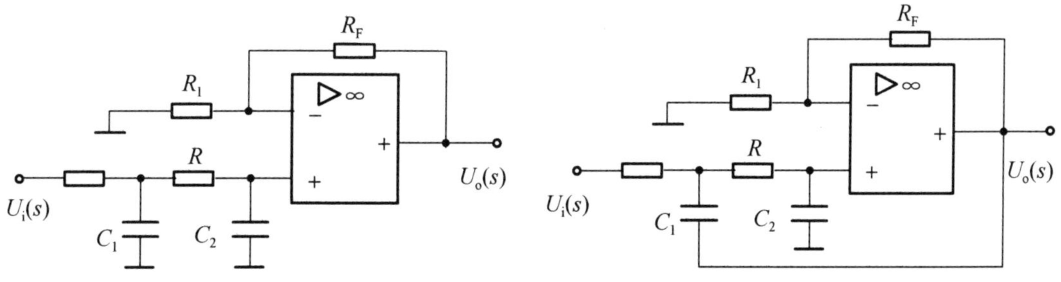

(a) 二阶低通滤波电路　　(b) 压控电压源二阶低通滤波电路

图6.5.5 二阶低通滤波电路

将图6.5.5(a)中的C_1接地端改接到集成运放的输出端，便可得到压控电压源二阶低通滤波电路，如图6.5.5(b)所示。该电路中既引入了负反馈也引入了正反馈，只要正反馈引入得当，就可在$f=f_0$时使电压放大倍数数值增大，又不会因正反馈过强产生自激振荡。因该电路中集成运放同相输入端电位由运放和R_1、R_{F}组成的电压源控制，故称为压控电压源滤波电路。

6.5.3　高通滤波电路

高通滤波电路与低通滤波电路具有对偶关系，主要表现在电路结构和频率特性上。在电路结构上，若将图 6.5.3(a)同相输入一阶低通滤波电路中同相输入端的电阻和电容位置互换，即可得到同相输入的一阶高通滤波器，如图 6.5.6 所示。

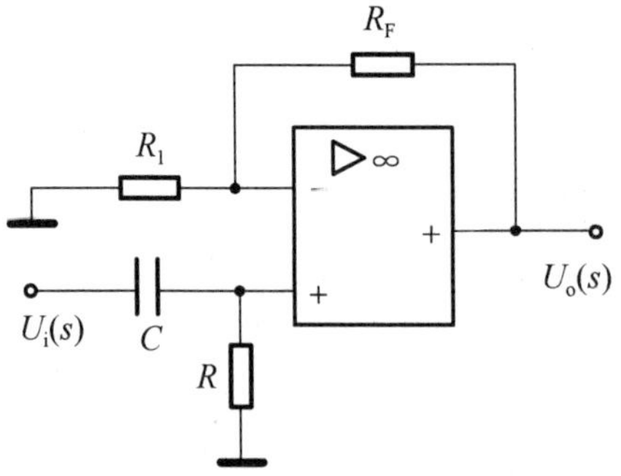

6.5.6　同相输入一阶高通滤波电路

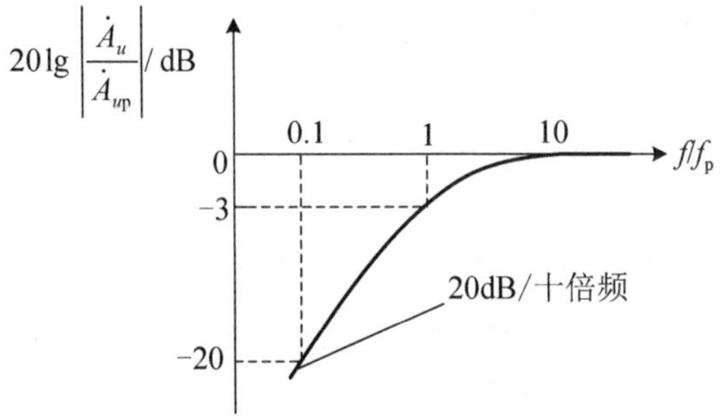

图 6.5.7　一阶高通滤波电路的幅频特性曲线

在频率特性上，若高通滤波电路与低通滤波电路以 $f = f_p$ 对称，则二者的频率特性相反。只要将低通滤波器的频率特性中的 s 换成$1/s$，并将系数进行相应调整，即可得到高通滤波器的频率特性。图 6.5.3(a)所示的同相低通滤波器的传递函数为

$$A_u(s)=\frac{U_o(s)}{U_i(s)}=\frac{U_o(s)}{U_p(s)}\cdot\frac{U_p(s)}{U_i(s)}=\left(1+\frac{R_F}{R_1}\right)\frac{1}{1+sRC} \tag{6-5-4}$$

通过对偶关系，只要将公式(6-5-4)中的 sRC 换成$1/(sRC)$，就可以得到图 6.5.6 所示的高通滤波器的传递函数为

$$A_u(s)=\frac{U_o(s)}{U_i(s)}=\left(1+\frac{R_F}{R_1}\right)\frac{sRC}{1+sRC}$$

其幅频特性曲线如图 6.5.7 所示。

与低通滤波器相似，一阶电路在低频处衰减太慢，若再增加一级 RC 电路，构成二阶高通滤波电路，使其幅频特性趋向于理想化，电路如图 6.5.8 所示。

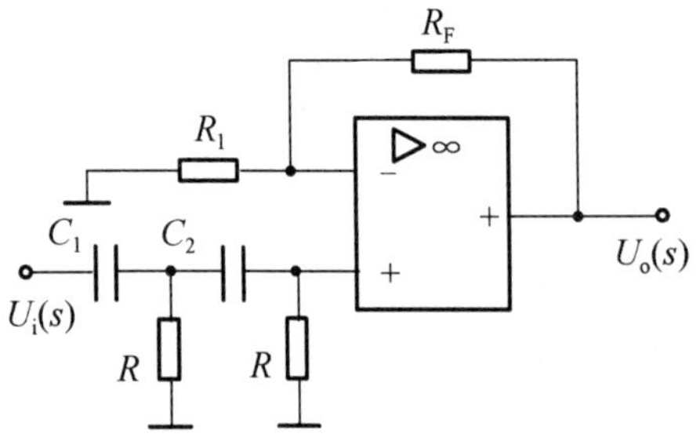

(a) 二阶高通滤波电路

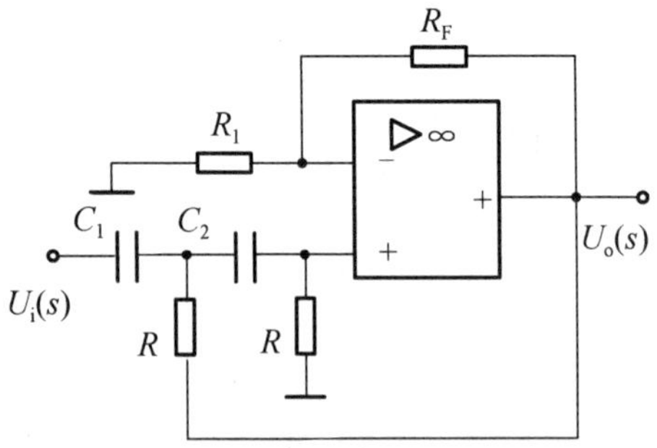

(b) 压控电压源二阶高通滤波电路

图 6.5.8　二阶高通滤波电路

6.5.4 其他滤波电路

1. 带通滤波电路

将截止频率为 f_{p1} 的低通滤波器和截止频率为 f_{p2} 的高通滤波器“串联”即可得到带通滤波电路，其组成原理如图 6.5.9 所示。频率高于 f_{p1} 的信号被低通滤波电路滤掉，低于 f_{p2} 的信号被高通滤波电路滤掉，只有频率在 f_{p2} 和 f_{p1} 之间的信号才能通过，其通带为($f_{p1}-f_{p2}$)。典型的带通滤波电路如图 6.5.10 所示。

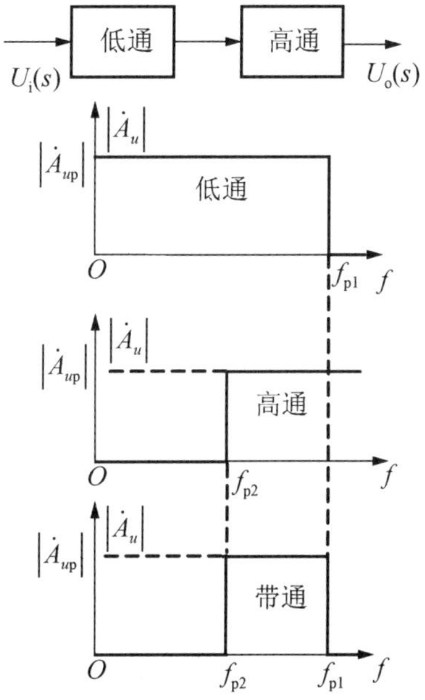

图 6.5.9 带通滤波电路组成原理

2. 带阻滤波电路

将截止频率为 f_{p1} 的低通滤波器和截止频率 f_{p2} 为的高通滤波器“并联”即可得到带阻滤波电路，其组成原理如图 6.5.11 所示。频率低于 f_{p1} 的信号由低通滤波电路通过，高于 f_{p2} 的信号由高通滤波电路通过，只有频率在 f_{p2} 和 f_{p1} 之间的信号无法通过，其阻带为 $(f_{p2}-f_{p1})$。典型的带阻滤波电路如图 6.5.12 所示。

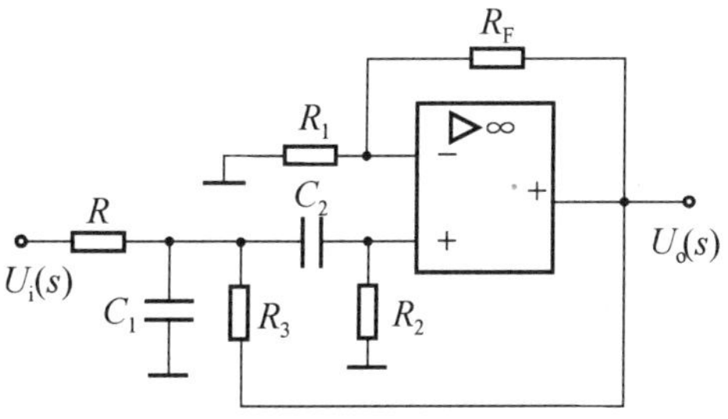

图 6.5.10 带通滤波典型电路

3. 全通滤波电路

如图 6.5.13 所示电路为两个一阶全通滤波电路。在图 6.5.13(a)中输入信号同时作用于同相和反相输入端，根据叠加原理可得输出信号为

$$\dot{U}_o=-\frac{R}{R}\dot{U}_i+\left(1+\frac{R}{R}\right)\frac{j\omega RC}{1+j\omega RC}\dot{U}_i$$

电压放大倍数为

$$\dot{A}_u=\frac{\dot{U}_o}{\dot{U}_i}=-\frac{1-j\omega RC}{1+j\omega RC}$$

从而得到幅频特性为

$$|\dot{A}_u|=1 \tag{6-5-5}$$

相频特性为

$$\phi=180°-2\arctan\frac{f}{f_0} \tag{6-5-6}$$

公式(6-5-5)表明，信号频率从零到无穷大，输出电压和输入电压都相等。公式(6-5-6)表明，信号频率从零到无穷大变化时，相位从180°趋于零，当 $f=f_0=\dfrac{1}{2\pi RC}$ 时，$\phi=90°$。相频特性如图 6.5.14 所示。

图 6.5.13(b)所示电路分析方法与图 6.5.13(a)相同，请读者自行分析。

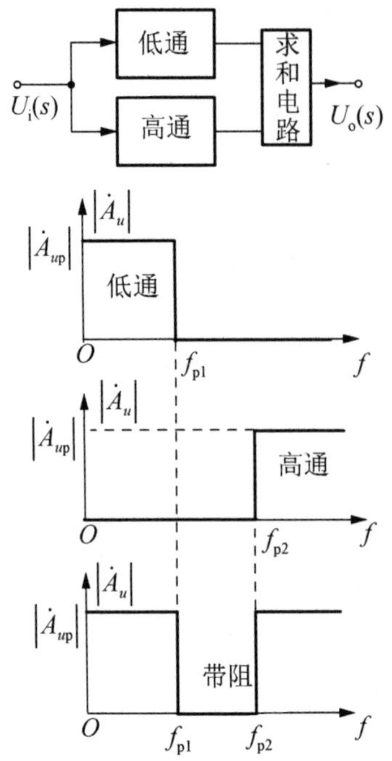

图 6.5.11 带阻滤波电路组成原理

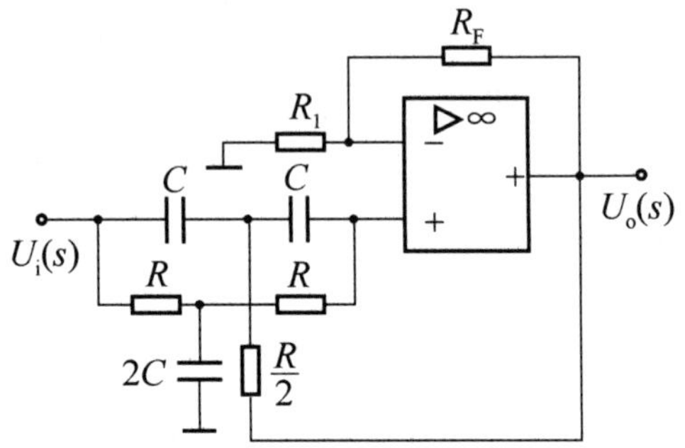

图 6.5.12 带阻滤波典型电路

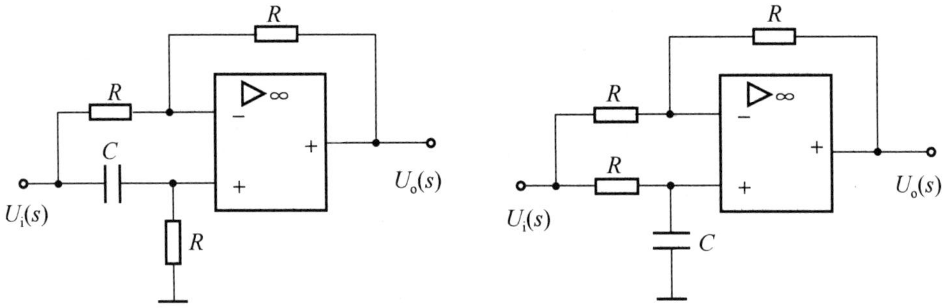

(a) (b)

图 6.5.13 全通滤波电路

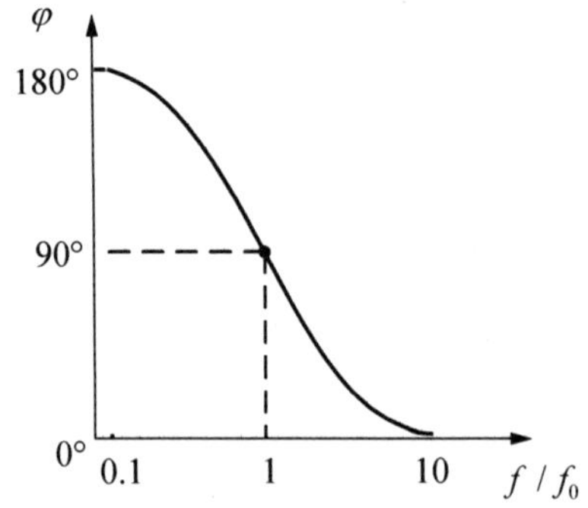

图 6.5.14 全通滤波电路的相频特性

6.6 集成运放的使用常识

集成运放的应用十分广泛，在集成电路的输入与输出之间接入不同的反馈网络，可非常方便地完成信号放大、信号运算、信号处理以及波形的产生和变换。集成运放的种类非常多，可适用于不同的场合。

6.6.1 集成运放的分类及选用

集成运放按其技术指标可分为如下几类。

1. 通用型

在不要求具有特殊的特性参数的情况下所采用的集成运放为通用型。这类器件的主要特点是价格低廉、产品量大面广，其性能指标能适合于一般性使用。如 F007、μA741(单运放)、LM358(双运放)、LM324(四运放)等，它们是目前应用最为广泛的几类集成运放。

2. 高阻型

这类集成运放的特点是差模输入电阻非常高，输入偏置电流非常小，而且具有高速、宽带和低噪声等优点。其主要利用场效应管高输入电阻的特点，用场效应管组成集成运放的差分输入级，其偏置电流一般为 0.1～50pA，输入电阻不低于 10MΩ。常见的集成器件有μA740、5G28 和 F3103 等。

3. 高精度型

高精度集成运放是指那些失调电压小，温度漂移非常小，以及增益、共模抑制比非常高的集成运放，这类集成运放的噪声也比较小，主要用于精密测量、精密模拟计算、自控仪表和人体信息检测等方面。目前常用的有 OP07、OP27、AD508 等。

4. 高速型

高速型集成运放具有快速跟踪输入信号电压能力，在快速 A/D 和 D/A 转换器、高速采样、视频放大器中，要求集成运放具有高的转换速率的场合得到应用。常见的集成运放有 F715、F122、4E321、F318、μA207 等。

5. 低功耗型

一般集成运放的静态功耗在 50mW 以上，而低功耗型集成运放的静态功耗在 5mW 以下，在 1mW 以下者称为微功耗型。一般用于遥感、遥测、生物医学和空间技术研究等要求能源消耗有限的场所。

6. 高压大功率型

集成运放的输出电压主要受供电电源的限制。在普通的集成运放中，输出电压的最大值一般仅几十伏，输出电流仅几十毫安。若要提高输出电压或增大输出电流，集成运放外部必须要加辅助电路。高压大电流集成运放外部无须附加任何电路，即可输出高电压和大电流。例如 D41 集成运放的电源电压可达±150V，μA791 集成运放的输出电流可达 1A。

集成运放种类繁多，不同的应用场合应选用相应性能的集成电路。在没有特殊要求的场合，尽量选用通用型集成运放，这样既可降低成本，又容易保证货源。当一个系统中使用多个运放时，尽可能选用多运放集成电路，例如 LM324、LF347 等都是将 4 个运放封装在一起的集成电路。对于小电流测量电路、积分器、光电探测器等电路，选用具有很低的偏置电流和高输入电阻的集成运放。对于放大音频、视频等交流信号的电路，选转换速率大的集成运放比较合适；对于处理微弱的直流信号的电路，选用精度比较高的集成运放比较合适。实际选择集成运放时，还应考虑其他因素。例如，信号源和负载的性质、环境条件等因素是否满足要求。

6.6.2　集成运放的使用要点

1. 调零

由于集成运放的内部参数不可能完全对称，所以当由集成运放组成的线性电路输入信号为零时，输出往往不等于零。为了提高电路的运算精度，要求对失调电压和失调电流造成的误差进行补偿，这就是集成运放的调零。图 6.6.1 给出了常用调零电路之一。常用的调零方法是无输入时调零，将电路接成闭环，将两个输入端接“地”，调节电位器，使输出电压为零。

2. 消振

由于集成运放内部晶体管的极间电容和其他寄生参数的影响，很容易产生自激振荡。为使放大器能稳定的工作，就需外加一定的频率补偿网络，以消除自激振荡。图 6.6.2 是相位补偿的实用电路之一，图中由 R_2 和 C 构成了频率补偿网络，以破坏产生自激振荡的相位条件。电路中在集成运放的正、负供电电源的输入端与地之间分别加入了一个电解电容，称为去耦电容。所谓去耦即为去掉联系之意，是为防止通过电源内阻造成的自激振荡，同时兼有滤波的作用。随着集成工艺水平的提高，目前的集成运放内部已接有消振元件，无须外部消振。

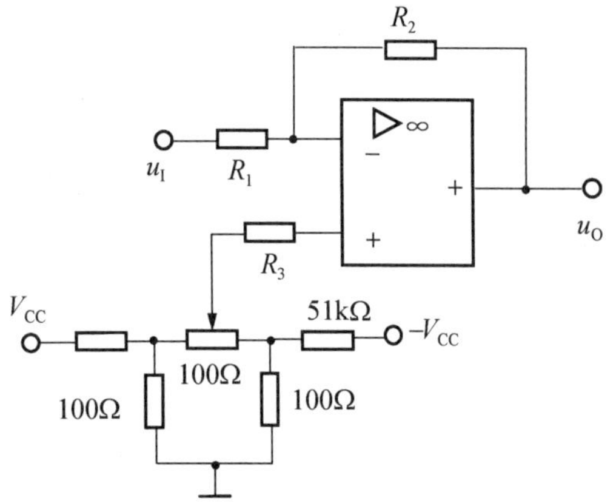

图 6.6.1　运算放大器的常用调零电路

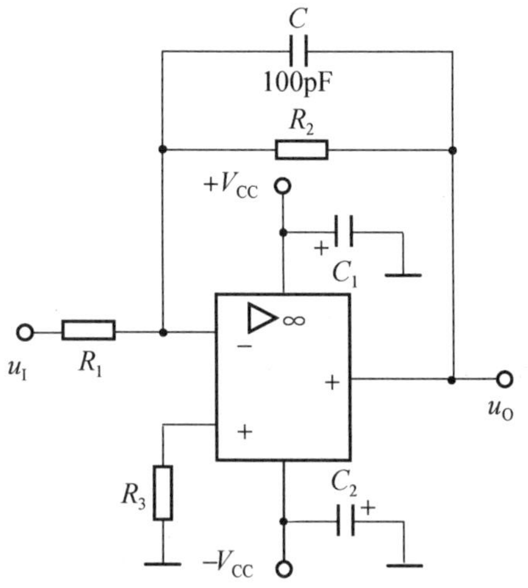

图 6.6.2　运算放大器的消振电路

3. 保护

集成运放的安全保护主要有 3 个方面：电源保护、输入保护和输出保护。

(1) 电源保护。

为了防止电源极性接反，可用二极管来保护，如图 6.6.3(a)所示。

(2) 输入保护。

集成运放的输入差模电压过高或者输入共模电压过高，超出其极限参数范围时，会损坏集成运放输入级的晶体管。图 6.6.3(b)所示是典型的输入保护电路。

(3) 输出保护。

当集成运放过载或输出端短路时，若没有保护电路，该集成运放就会损坏，可以采用图 6.6.3(c)作为输出保护电路，其中的 VZ 为两个反向串联的稳压管(称为双向稳压管)。但有些集成运放内部设置了限流保护或短路保护，使用这些器件时就无须再加输出保护。

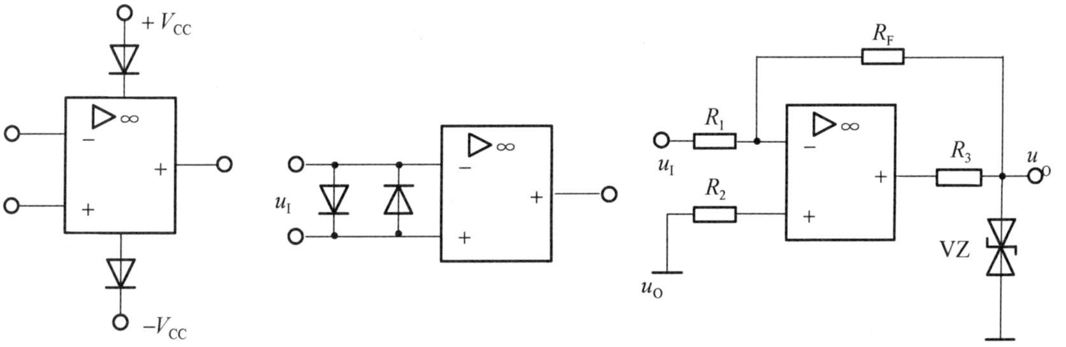

(a) 电源保护 (b) 输入保护 (c) 输出保护

图 6.6.3 运算放大器的保护电路

6.7 集成运放应用实例

6.7.1 温度－电压变换电路

工业生产中常需要将温度信号转变成电压信号，常用的测温元件有热敏电阻、热电偶等，如图 6.7.1 所示的电路就是利用热敏电阻 Pt100 实现的测温电路。其中 MC1403 为基准电压源，经过分压电路和电压跟随器，使 a 点的电压 U_a 与基准电压呈正比。取 $R_4 = R_5$，对集成运放 A_2，根据“虚短”和“虚断”可得

$$\frac{U_a - U_b}{R_3} = \frac{U_b - u_{o1}}{R_t}$$

$$U_c = U_b = \frac{R_5}{R_4 + R_5} U_a = \frac{1}{2} U_a$$

假定 Pt100 的电阻值与温度呈线性关系，即令 $R_t = R_0 + K \cdot \Delta t$。解上式可得

$$u_{O1} = \frac{U_a}{2R_0} K \cdot \Delta t$$

$$u_O = -\frac{R_8}{R_6}\frac{U_a}{2R_0}K \cdot \Delta t \tag{6-7-1}$$

可见输出电压与温度变化呈正比，实现了温度-电压转换电路。

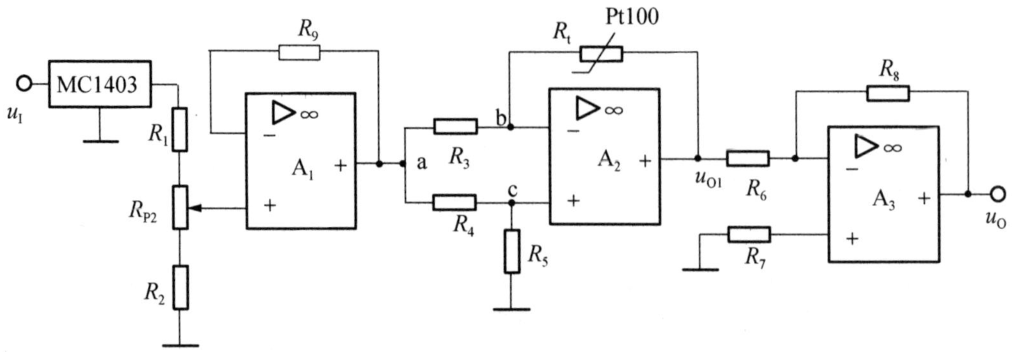

图 6.7.1　温度-电压转换电路

6.7.2　峰值检波电路

峰值检波电路如图 6.7.2 所示，由二极管电路和电压跟随器组成。其工作原理：当输入电压正半周通过时，检波管 VD_1 导通，对电容 C_1、C_2 充电，直到达到峰值。晶体管的基极由 FPGA 控制，产生 10μs 的高电平使电容放电，以减少前一频率测量对后一频率测量的影响，提高幅值测量精度。其中 VD_2 为常导通，以补偿 VD_1 上造成的压降。适当选择电容值，使得电容放电速度大于充电速度，这样电容两端的电压可保持在最大电压处，从而实现峰值检波。

该电路能够检测宽范围信号频率，较低的被测信号频率，检波纹波较大，但通过增加小电容和大电容并联构成的电容也可滤除纹波。而后级隔离，则增加由 OPA277 构成的电压跟随器。

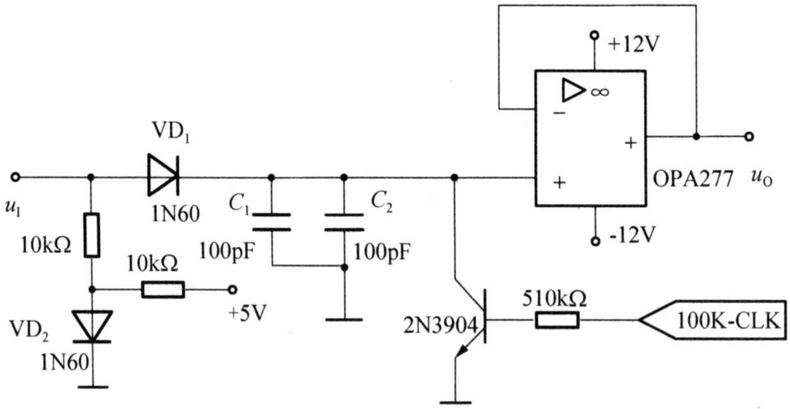

图 6.7.2　峰值检波电路

6.8 Multisim 应用——集成运算放大器的测试

用集成运放μA741 构成同相比例运算电路，仿真电路如图 6.8.1 所示。根据“虚短”和“虚断”的概念得其电压放大倍数应为

$$\dot{A}_u = 1 + \frac{R_F}{R_1} = 3$$

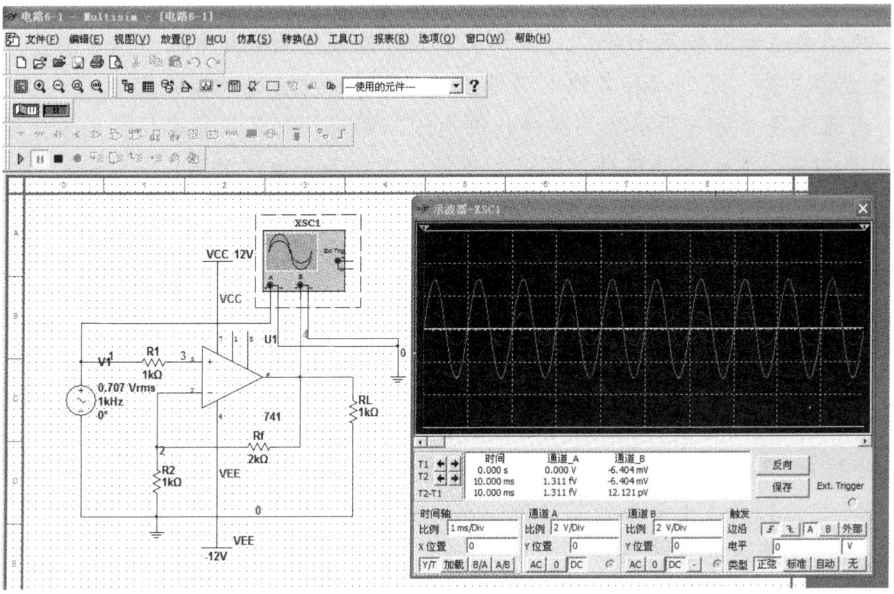

图 6.8.1　集成运放μA741 构成同相比例运算电路及波形

由运算放大器构成的同相比例放大电路的电路结构简单，设计容易，性能稳定。从仿真结果的波形上看，输入、输出同相位，用测试标尺测量幅值，可发现输出与输入的比例为 3，在一定范围内输出波形基本不变，说明该电路带负载能力强。

小　结

本章主要介绍了集成运放的组成、基本运算电路、乘法器、电压比较器和滤波电路的工作原理及其分析方法等。重点讨论了基本运算电路、乘法器、电压比较器和滤波电路的分析方法，并介绍了集成运放的实际应用。

(1) 集成运放的线性区和非线性区。引入深度负反馈后，若输出电压 u_O 与输入电压 u_I 成比例，则放大器工作在线性区。此时两个输入端之间的电压非常接近于零，但又不是短路，故称为“虚短”，即

$$u_+ \approx u_-$$

流入同相输入端和反相输入端的电流小到近似等于零，但实际上两输入端的电路并没有断开，所以称为“虚断”，即

$$i_+ \approx 0，\ i_- \approx 0$$

集成运放工作在非线性区时输出电压 u_O 只有两种可能取值，即正饱和值($+U_{OM}$)和负饱和值($-U_{OM}$)。

(2) 常见的运算电路有比例、加减、积分、微分等运算电路。分析问题的关键是正确应用“虚短”“虚断”的概念。

(3) 在电压比较器中，集成运放为开环应用或正反馈应用，不能用“虚短”的概念进行分析。重点掌握单限比较器和滞回比较器的工作原理和分析方法。

(4) 模拟乘法器的应用十分广泛，本章重点讨论在信号运算方面，除了自身能够实现乘法和平方运算外，还可以和其他电路结合构成除法、平方等运算电路。

(5) 有源滤波器是一种使有用频率信号通过而同时抑制无用频率信号的电子装置，根据幅频特性不同，可以分为低通、高通、带通、带阻和全通滤波器。

知识链接

集成电路产业发展现状与趋势

1958 年美国德克萨斯仪器公司发明了全球第一块集成电路后，随着硅平面技术的发展，20 世纪 60 年代先后发明了双极型和 MOS 型两种重要电路，创造了一个前所未有的具有极强渗透力和旺盛生命力的新兴产业——集成电路产业。

一、什么是集成电路产业

1. 集成电路

集成电路是采用半导体制作工艺，在一块较小的单晶硅片上制作许多晶体管及电阻器、电容器等元器件，并按照多层布线或隧道布线的方法将元器件组合成完整的电子电路，通常用“IC”(Integrated Circuit)来表示。

与集成电路相关的几个概念如下。

晶圆：多指单晶硅圆片，由普通硅沙拉制提炼而成，是最常用的半导体材料，按其直径分为 4 英寸、5 英寸、6 英寸、8 英寸等规格，近来发展出 12 英寸甚至更大规格。晶圆越大，同一圆片上可生产的 IC 就越多，可降低成本，但要求材料技术和生产技术更高。

光刻：IC 生产的主要工艺手段，指用光技术在晶圆上刻蚀电路。

前、后工序：IC 制造过程中，晶圆光刻的工艺(即所谓流片)，被称为前工序，这是 IC 制造的最要害技术；晶圆流片后，其切割、封装等工序被称为后工序。

线宽：4 微米/1 微米/0.6 微米/0.35 微米/90 纳米等，是指 IC 生产工艺可达到的最小导线宽度，是 IC 工艺先进水平的主要指标。线宽越小，集成度就越高，在同一面积上集成的电路单元就越多。

封装：指把硅片上的电路管脚，用导线接引到外部接头处，以便与其他器件连接。

2. 集成电路产品分类

集成电路产品一般是以内含晶体管等电子组件的数量即集成度来分类，即分成：①小型集成电路(SSI)，晶体管数 10～100；②中型集成电路(MSI)，晶体管数 100～1000；③大规模集成电路(LSI)，晶体管数 1000～100000；④超大规模集成电路(VLSI)，晶体管数 100000至几十亿。

3. 集成电路产业链

一条完整的集成电路产业链除了包括设计、芯片制造和封装测试 3 个分支产业外，还包括集成电路设备制造、关键材料生产等相关支撑产业。如果按照集成电路产业链上下游产业划分，可简单的划分为集成电路设计业和制造业，其中制造业又衍生出代工业。目前美国仍是集成电路产品设计和创新的发源地，全球前 20 家集成电路设计公司大都在美国。集成电路代工业主要分布在亚洲，其中我国台湾地区和韩国是目前世界集成电路代工企业最重要的聚集地之一。

二、集成电路产业发展现状与展望

(一) 全球集成电路产业发展情况

1. 世界集成电路产业发展现状

美国、日本、韩国是当今世界集成电路产业的佼佼者，尤其美、日和欧洲等国家和地区占据产业链的上游，掌握着设计、生产、装备等核心技术。随着信息产品市场需求的增长，尤其通过通信、计算机与互联网、电子商务、数字视听等电子产品的需求增长，世界集成电路市场在其带动下高速增长。

多年来，世界集成电路产业一直以 3～4 倍于国民经济增长速度迅猛发展，新技术、新产品不断涌现。目前，世界集成电路大生产已经进入纳米时代，全球多条 90 纳米/12 英寸的生产线用于规模化生产，基于 70～65 纳米水平线宽的生产技术已基本成形，Intel 公司的 CPU 芯片已经采用 45 纳米的生产工艺。目前，世界最高水平的单片集成电路芯片上所容纳的元器件数量已经达到 80 多亿个。

2. 集成电路技术发展趋势

(1) 集成电路设计。目前，世界集成电路技术已经进入纳米时代，国际高端集成电路主流技术的线宽是 0.13～0.25 微米，国际高端集成电路领先技术的线宽是 0.065～0.13 微米。我国已经能够自行设计 0.18 微米、1000 万门级的集成电路，有的企业甚至已经达到设计 0.13 微米的技术水平。未来 5～10 年面向系统级芯片(SOC)的设计方法将成为技术热点，设计线宽将达到 0.045 微米，芯片集成度将达到 10 的 8～9 次方，电子设计自动化(EDA)技术广泛应用，IP 复用技术将得到极大完善。

(2) 芯片制造。目前国际高端集成电路晶片直径是 12 英寸，近年内 16 英寸晶片将面世，纳米级光刻工艺将广泛使用，新型器件结构的产生将带动新工艺产生。

(3) 封装。现有占主流的阵列式封装方式将让位给芯片级、晶片级封装，更先进的系统级等封装方式将进入实用化。芯片实现表面贴装，封装与组装界限将消失。

(二) 国内集成电路产业主要情况及发展展望

1. 基本情况

自 1965 年，我国研制出第一块双极型集成电路以来，经过 40 多年的发展，我国集成电路产业目前已初步形成了设计业、芯片制造业及封装测试业三业并举、比较协调的发展格局，出现长江三角洲、京津地区和珠江三角洲 3 个相对集中的产业区，建立了多个国家集成电路产业化基地。制造业的技术工艺已进入国际主流领域，设计和封装技术接近国际水平，但我国的整体水平与国际水平相差 2～3 代。

中国集成电路产业规模从 20 世纪 90 年初的 10 亿元发展到 2000 年突破百亿元，用了近 10 年的时间，而从百亿元扩大到千亿元，则用了仅仅 6 年时间。据信息产业部赛迪顾问预计，2007 年到 2011 年这 5 年间，中国集成电路产业销售收入的年均复合增长率将达到 27.7%。到 2011 年，中国集成电路产业销售收入将突破 3000 亿元，达到 3415.44 亿元。届时中国将成为世界重要的集成电路制造基地之一。

2. 主要特点

(1) 技术创新取得新的突破。集成电路设计业领域自主创新的产品种类增多，技术水平大大提高。我国已有“方舟”“龙芯”、北大众志等为代表的国产 CPU。北京海尔集成电路设计公司的“爱国者 3 号”数字电视解码芯片；中星微电子的“星光”系列音视频解码芯片等大量国内具有自主知识产权的产品研制成功并投向市场，标志着我国集成电路自主创新设计水平已经开始步入世界先进行列。由复旦大学、清华大学、凌讯科技联合研制的我国具有自主知识产权的数字高清晰度地面传输移动接收系统专用芯片——“中视一号”通过技术鉴定，技术水平达到国际先进水平。由清华同方、中国华大等设计单位研制开发的具有自主知识产权的第二代 IC 卡身份证芯片也在全国大规模使用。

(2) 产业结构不断优化。2005 年我国封装测试业收入同比增长约 20.3%，设计业和制造业的收入分别同比增长约 60.8%和 54.5%。封装测试在产业链总值中占 45.3%，较之 2004 年的 51.8%有下降；设计业和制造业的产值分别占到 17.5%和 37.2%。尽管封装测试业仍是集成电路产业链中的“老大”，但三者结构已逐步向国外先进标准靠拢，产业结构趋于合理。

(3) 企业规模不断扩大，技术水平迅速提高。我国集成电路制造技术水平经历了 2000 年的 0.35 微米 8 英寸制造线的建设，到 2004 年中芯国际北京 12 英寸线建成投产，少数先进生产线的制造技术已提升到 0.18 微米乃至 0.13 微米。国内封装企业，在先进封装形式的开发和应用方面也取得了显著成果。设计企业的业务活动已经从芯片设计扩展到系统解决方案、知识产权(IP)的交换交易、IC 设计服务、测试，直到产品营销。一批企业已具备 0.13～0.25 微米的设计开发能力，可自主设计开发几百万和上千万门水平的集成电路。

3. 发展展望

我国集成电路的发展将面临更好的产业发展环境，政府支持力度将进一步加大，新的扶植政策有望尽快出台，支持研发的专项基金将会增多，国内市场空间广阔，我国集成电路产业仍将保持一个较快的发展速度，占全球市场份额比重将进一步增大。

发展集成电路产业包括多个环节，其中集成电路设计是关键环节之一，是连接市场需求和芯片加工的重要桥梁，且集成电路设计所需资金相对较少、成本低、利润高、与市场距离近，因而是集成电路发展的突破口。从我省目前基础和优势看，应把集成电路设计作为发展重点，通过大力发展集成电路设计和原材料生产加工带动集成电路芯片制造业、封装测试业的发展。

随堂测验题

【测试系统：第 6 章随堂测验题】

说明：本试题为单项选择题，答题完毕并提交后，系统将自动给出本次测试成绩以及标准答案。

习 题

【图文：第 6 章习题解答】

6-1 单项选择题

1．利用集成运放组建的下列电路，一般情况下集成运放工作于饱和区的是(　　)。

A．同相比例运算电路　　B．电压比较器

C．电压跟随器　　D．比例、积分、微分运算电路

2．(　　)比例运算电路的比例系数大于 1，而(　　)比例运算电路的比例系数小于零。

A．反相　　B．同相　　C．A 和 B 都可以

3．集成运放应用于信号运算时工作在(　　)区域。

A．非线性区　　B．线性区　　C．饱和区　　D．截止区

4．(　　)运算电路可以实现函数 $Y = aX_1 + bX_2 + cX_3$，a、b 和 c 均大于零。

A．同相比例　　B．反相比例　　C．同相求和　　D．反相求和

5．电压比较器中的运放与运算电路中的运放的主要区别是前者中的运放工作于(　　)。

A．开环或正反馈状态　　B．深度负反馈状态

C．放大状态　　D．线性工作状态

6．为了避免 50Hz 电网电压的干扰进入放大器，应选用(　　)滤波器；已知输入信号的频率为(10～12)kHz，为了防止干扰信号的混入，应选用(　　)滤波器；为了获得输入电压中的低频信号，应选用(　　)滤波器；为了使滤波电路的输出电阻足够小，保证负载电阻变化时滤波特性不变，应选用(　　)滤波器。

A．低通滤波器　　B．无源滤波器　　C．带阻滤波器

D．带通滤波器　　E．有源滤波器

7．能够检测输入信号是否处在两个电平之间的是(　　)。

A．一般单限比较器　　B．过零比较器

C．窗口比较器　　D．滞回比较器

6-2 判断题(正确的请在每小题后的圆括号内打“√”，错误的打“×”)

1．理想的集成运放电路输入阻抗为无穷大，输出阻抗为零。　　(　　)

2．理想集成运放电路只能放大差模信号，不能放大共模信号。　　(　　)

3．不论工作在线性放大状态还是非线性状态，理想集成运放电路的反相输入端与同相输入端之间的电位差都为零。　　(　　)

4．实际集成运放电路在开环时，输出很难调整至零电位，只有在引入负反馈时才能调整至零电位。　　(　　)

5．由于集成运放是直接耦合电路，因此只能放大直流信号，不能放大交流信号。（　　）

6．积分电路可将方波变换成三角波，而微分电路可将三角波变换为方波。（　　）

7．有源滤波电路通常由集成运放、电阻和电容组成。（　　）

8．低通滤波器的通带上限截止频率一定低于高通滤波器的通带下限截止频率。（　　）

9．电压比较器中的运放通常工作在开环状态，一般有两个稳定的输出状态。（　　）

10．若希望滤波电路的输出电阻很小，则应采用有源滤波电路。（　　）

6-3 简答题

1．在如图 T6-1 所示的电路中，集成运放的同相输入端与反相输入端具有“虚地”的是哪几个电路？具有“虚短”的是哪几个电路？

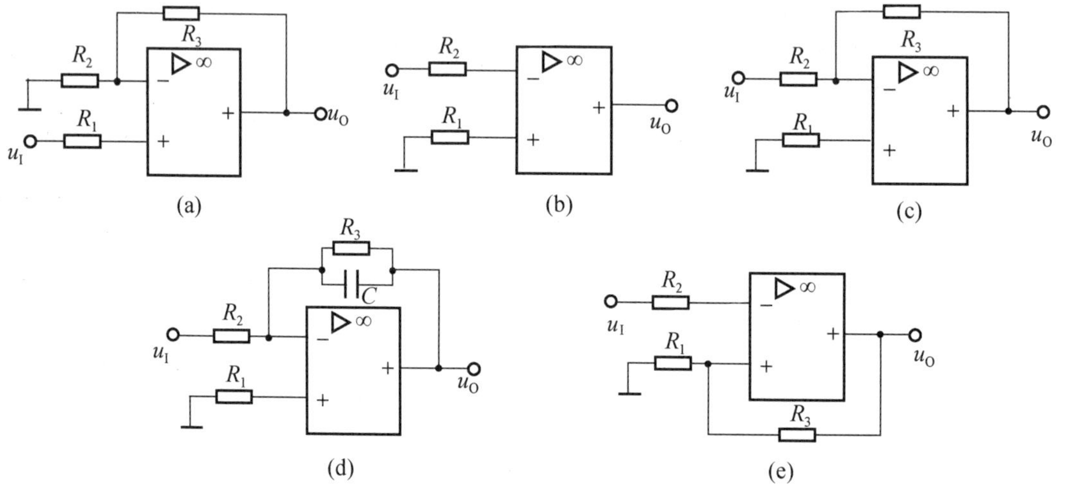

图 T6-1　习题 6-3-1 图

2．理想集成运放工作在什么情况下，两个输入端存在“虚短”？在什么情况下存在“虚断”？在什么情况下存在“虚地”？

3．由理想集成运放组成的电路如图 T6-2 所示，有 3 个开关 S_1、S_2 和 S_3，若使 $u_O = u_I$，则 3 个开关应处于何种状态(接通或断开)？若使 $u_O = -u_I$，则 3 个开关又应处于何种状态？

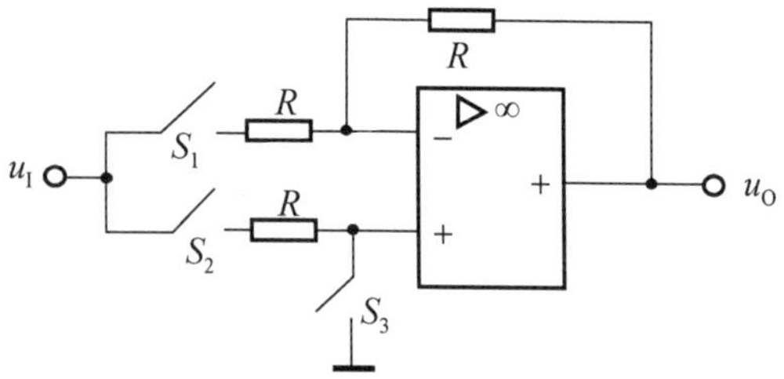

图 T6-2　题 6-3-3 图

6-4 如图 T6-3 所示电路中的集成运放均是理想器件，试写出各电路输出与输入的关系式。

6-5 用理想集成运放组成的电路如图 T6-4 所示，试求：(1)$\dfrac{u_{O1}}{u_I}$；(2)$\dfrac{u_{O2}}{u_I}$。

6-6 由理想集成运放组成的电路如图 T6-5 所示，试写出 u_O 的表达式。

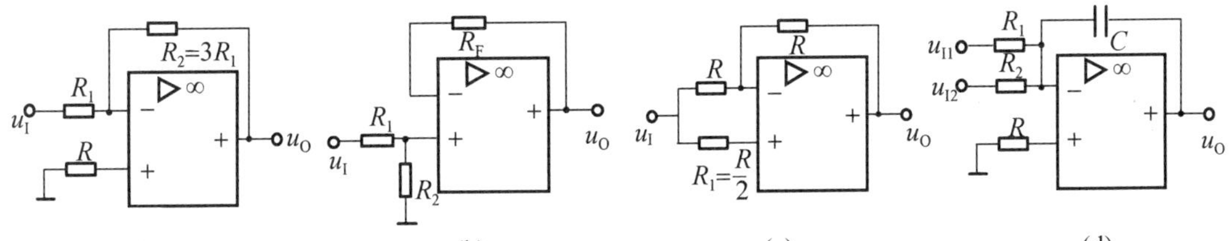

(a)　　(b)　　(c)　　(d)

图 T6-3　题 6-4 图

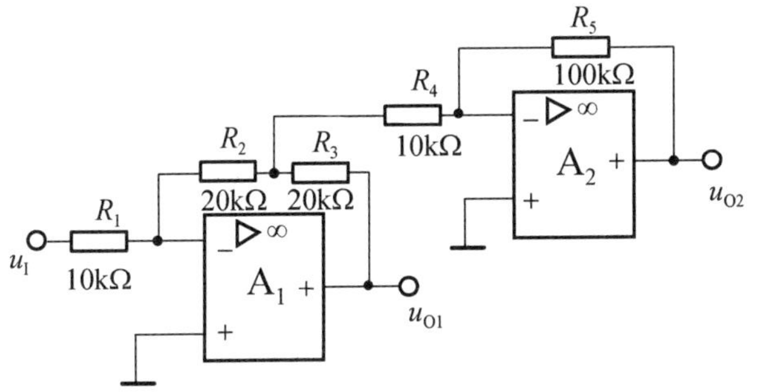

图 T6-4　题 6-5 图

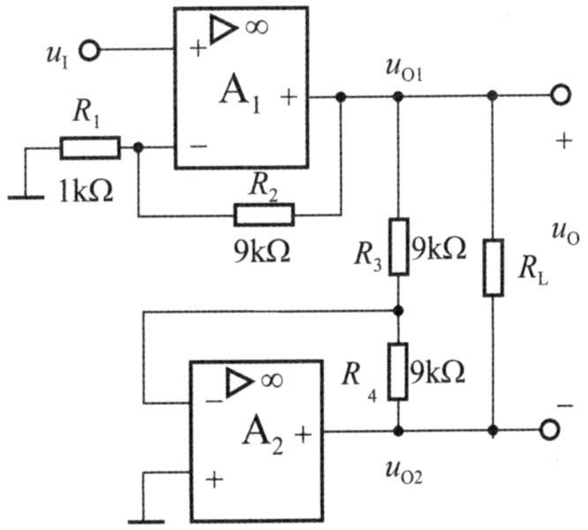

图 T6-5　题 6-6 图

6-7 由理想集成运放组成的电路如图 T6-6 所示，已知输出电压和两个输入信号的运算关系为$u_O=\alpha u_{I1}+5u_{I2}$。试求系数$\alpha$和$R_F$的阻值。

6-8 理想集成运放组成如图 T6-7(a)所示电路，其输入电压波形如图 T6-7(b)所示，当$t=0$时，$u_O=0$。试画出输出电压u_O的波形。

6-9 写出由理想集成运放组成的如图 T6-8 所示各电路中输出电压与输入电压的关系表达式。

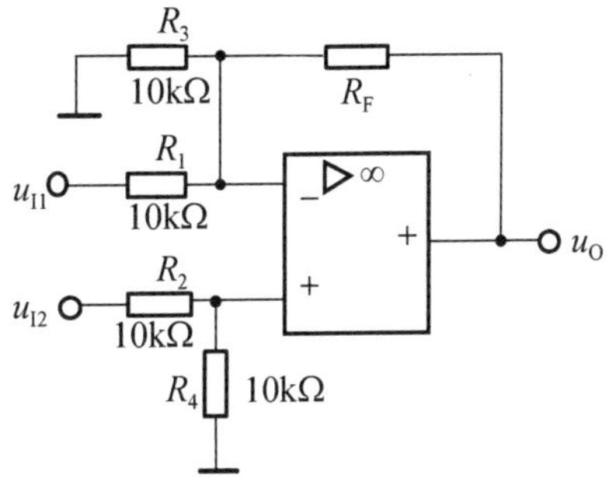

图 T6-6　题 6-7 图

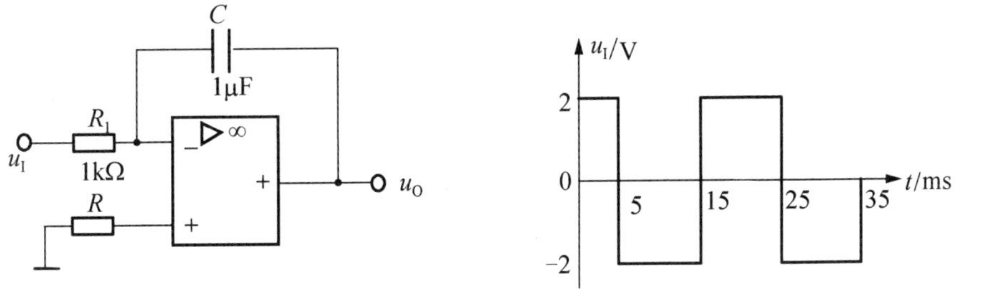

(a)　　(b)

图 T6-7　习题 6-8 的图

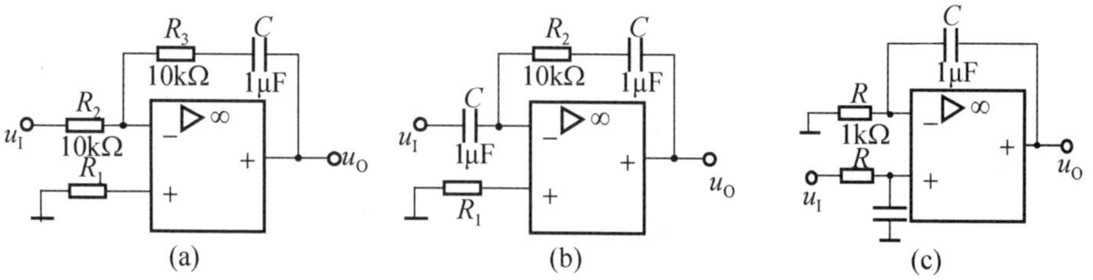

图 T6-8　题 6-9 图

6-10 理想集成运放构成如图 T6-9 所示电路，试写出 u_O 与 u_{I1} 和 u_{I2} 之间的关系式。

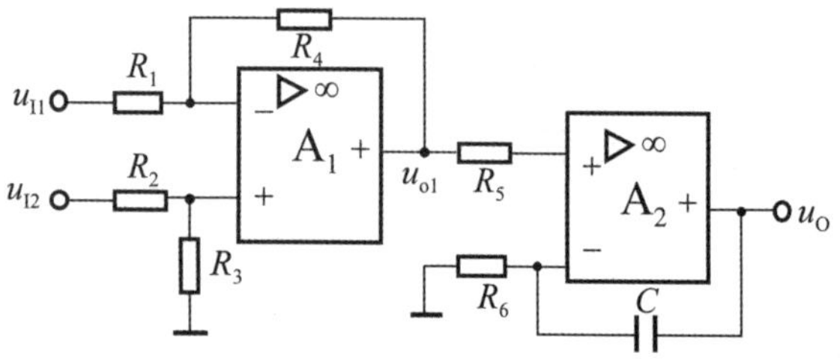

图 T6-9　题 6-10 图

6-11 试分析如图 T6-10 所示各电路 u_O 与 u_{I1} 和 u_{I2} 的关系，其中各集成运放均为理想器件。

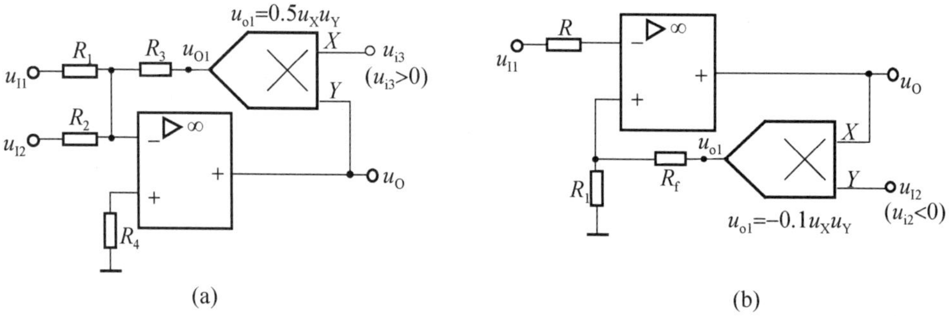

图 T6-10　题 6-11 图

6-12 如图 T6-11 所示电路中应用乘法器实现电平自动控制，试说明其工作原理。

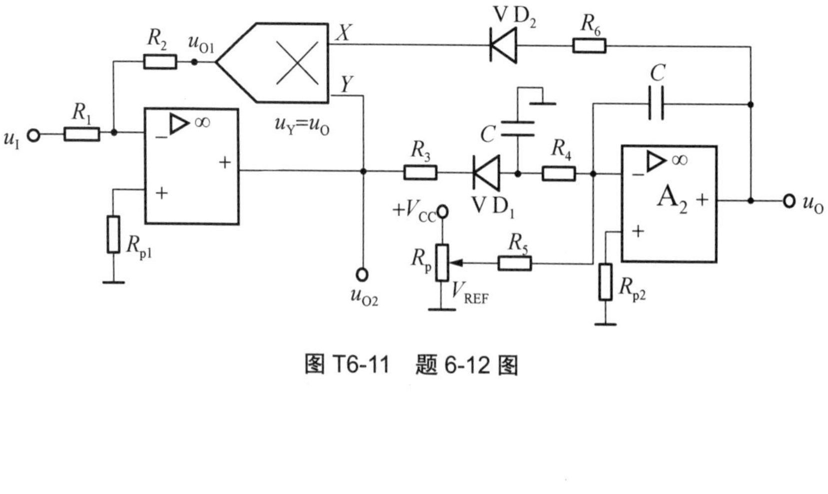

图 T6-11　题 6-12 图

6-13 试分析由理想集成运放构成的图 T6-12 所示各电路的电压传输特性[要求画出电压传输特性曲线，设图(b)中的二极管 VD 具有理想特性]。

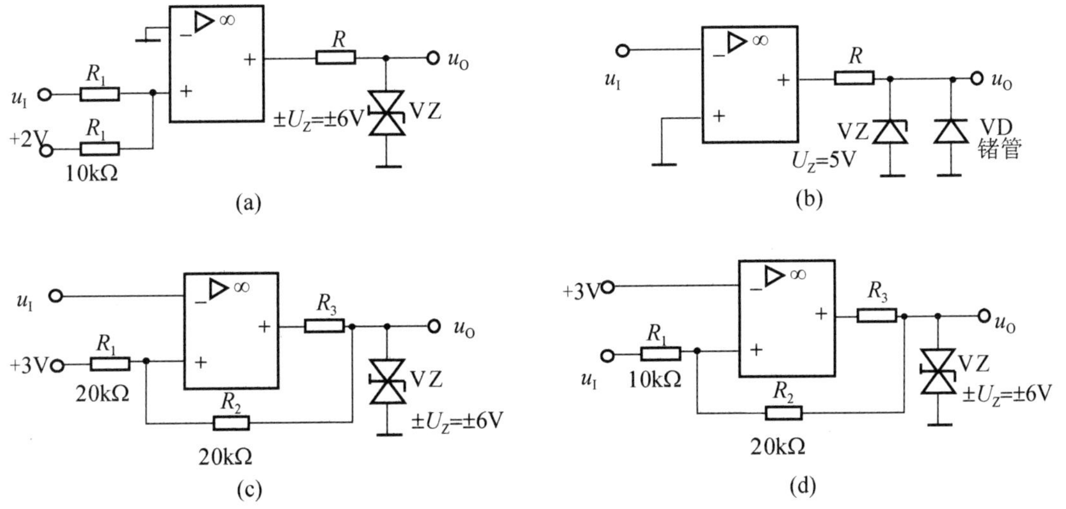

图 T6-12　题 6-13 图

6-14 由理想集成运放构成的电压比较器如图 T6-13(a)所示。

(1) 试画出电压比较器的传输特性；

(2) 若输入信号波形如图 T6-13(b)所示，试画出输出波形。

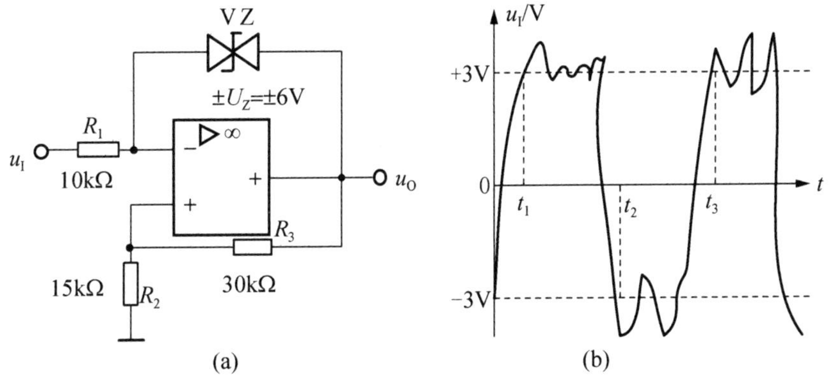

图 T6-13　题 6-14 图

6-15 由理想集成运放构成的电压比较器如图 T6-14 所示，试求其阈值电压并画出其传输特性。

6-16 由理想集成运放构成的电路如图 T6-15 所示，u_{I1} 和 u_{I2} 均为直流电压信号。在 t=0 时接通电源，接通电源前电容未有储能。

(1) 求 u_{O1}；

(2) 试写出接通电源后($t \geqslant 0$)的 u_{O2} 与时间 t 之间的关系表达式；

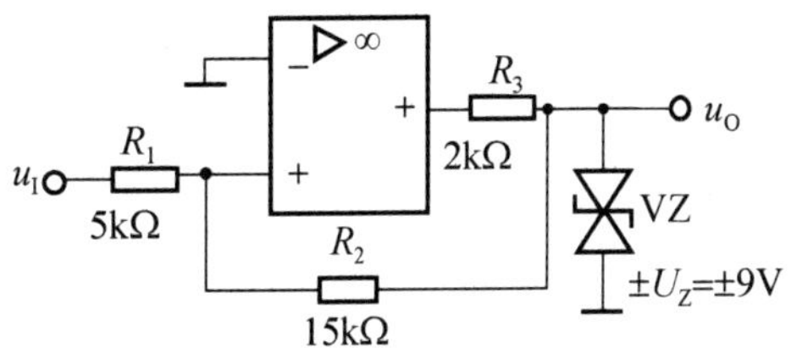

图 T6-14　题 6-15 图

(3) 若当 t=0 时，u_O=+12V，则接通电源后将需经历多长时间 u_O 变为 −12V？

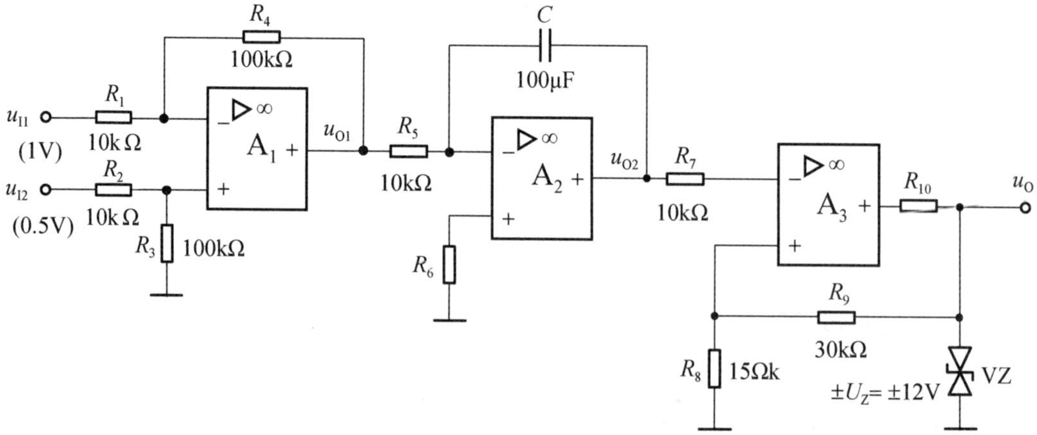

图 T6-15　题 6-16 图

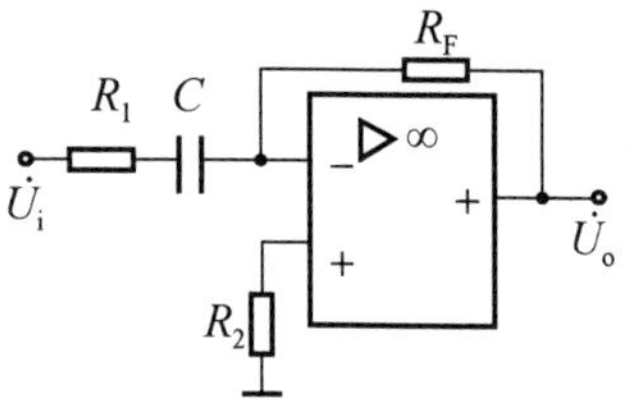

图 T6-16　题 6-17 图

6-17 由理想集成运放构成的电路如图 T6-16 所示，写出该电路的传递函数，并说明是什么类型的滤波电路。

6-18 电路中的集成运放为理想器件，试分析如图 T6-17 所示各电路具有何种滤波特性。

6-19 如图 T6-18 所示电路中，集成运放为理想器件，u_Y 为可变直流电压，试求该电路的传递函数，并说明电路功能。

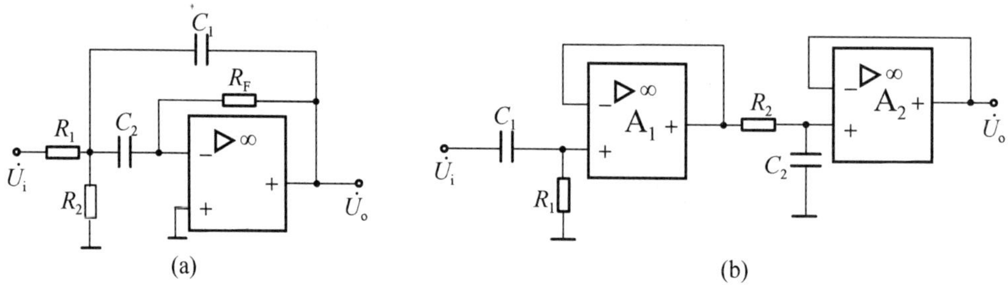

图 T6-17　题 6-18 图

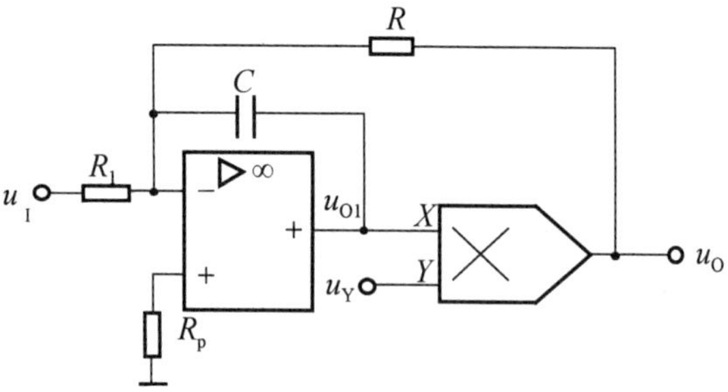

图 T6-18　题 6-19 图

第 7 章

负反馈放大电路

本章将首先引入反馈的基本概念，然后介绍反馈的极性及其判断方法、直流反馈与交流反馈的区别、负反馈的类型及其判断方法，说明负反馈在集成运放中的应用。重点讨论负反馈对放大电路性能的影响以及引入负反馈的一般原则。最后分析深度负反馈条件下放大倍数的估算。

本章教学目标与要求

- 理解反馈的概念，熟练掌握反馈极性以及反馈类型的判断方法。
- 掌握负反馈对放大电路性能的影响，并能根据需要在放大电路中引入合适的交流负反馈。
- 掌握引入深度负反馈时放大倍数的估算方法。

【引例】

在课堂上，教师在使用扩音器时，有时会出现啸叫声。在日常生活中，使用收音机调台时，也会产生啸叫声。在实验室做实验时，明明电路接得没错，但用示波器观察输出波形时，有时总是不稳定。通过本章的学习，我们将对上述现象的成因有所了解。

7.1　反馈的概念

前面几章讨论的放大电路，性能还不够完善，例如电压放大倍数会随着环境温度、元器件参数、电源电压和负载的变化而变化，这在精确的测量中是不允许的。另外，放大电路的输入电阻和输出电阻主要取决于电路参数，不可能达到比较理想的效果。而且当有信号输入时，由于放大元件的非线性，会使输出波形产生非线性失真等。因此这种放大电路不能作为实际放大电路使用。如果要解决这些问题，通常是在电路中引入反馈。实际上，在一个实用的放大电路中，总是引入这样或那样的反馈，以改善放大电路的某些性能。因此，除了掌握放大电路的基本分析方法外，还应该掌握有关反馈的知识。

【视频：反馈的基本概念】

7.1.1　反馈的基本概念

所谓反馈，就是将放大电路输出量(电压或电流)的一部分或者全部，通过一定的电路(反馈网络)回送到输入回路以影响输入量(电压或电流)的措施，反馈放大电路的组成如图 7.1.1 所示。

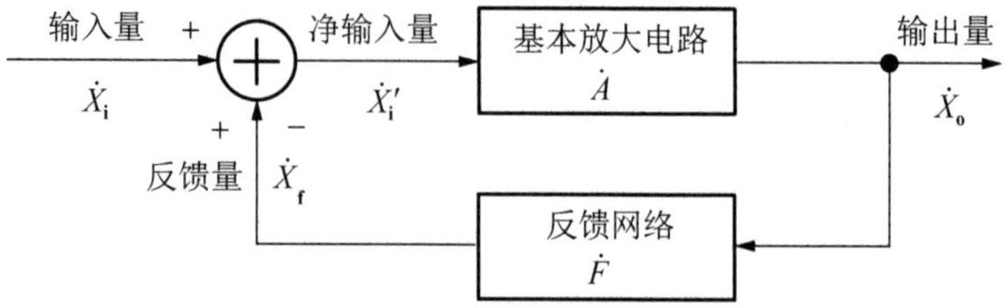

图 7.1.1　反馈放大电路的组成方框图

在如图 7.1.1 所示反馈放大电路的组成方框图中，$\dot{X}_i$ 表示输入信号(输入量)、$\dot{X}_o$ 表示输出信号(输出量)，$\dot{X}_f$ 表示反馈信号(反馈量)，$\dot{X}_i'$ 是经输入信号与反馈信号叠加后的信号，作为基本放大电路的输入信号，称为净输入信号(净输入量)。$\dot{X}_i$、$\dot{X}_o$、$\dot{X}_f$ 和 $\dot{X}_i'$ 可分别是电压或电流。上框表示基本放大电路，就是在前面几章中所介绍的放大电路，即无反馈时的放大电路，放大倍数为 $\dot{A}$，称为开环放大倍数，$\dot{A}$ 的表达式为

$$\dot{A}=\frac{\dot{X}_o}{\dot{X}_i'} \tag{7-1-1}$$

引入反馈后，放大电路的放大倍数称为闭环放大倍数，用 $\dot{A}_f$ 表示，$\dot{A}_f$ 的表达式为

$$\dot{A}_f=\frac{\dot{X}_o}{\dot{X}_i} \tag{7-1-2}$$

下框为反馈网络，一般由电阻和电容等无源元件构成。反馈系数用 $\dot{F}$ 表示，$\dot{F}$ 的表达式为

$$\dot{F}=\frac{\dot{X}_f}{\dot{X}_o} \tag{7-1-3}$$

引入反馈后，基本放大电路与反馈网络构成一个闭合环路，所以有时把引入了反馈的放大电路称为闭环放大电路，而未引入反馈的放大电路称为开环放大电路。另外，应注意反馈量 $\dot{X}_f$ 只取决于输出量，而与输入量无关。

需要指出，在如图 7.1.1 所示反馈放大电路的组成方框图中，信号的传输是单向的。对于基本的放大电路，信号只能正向传输，即只能由输入到输出地单向传输；对于反馈网络，信号只能反向传输，即只能由输出到输入地单向地传输。

实际上，反馈网络也存在由输入到输出的正向传输信号，但由于反馈网络无放大作用，故这种正向传输的信号比基本放大电路正向传输的信号小得多，可以忽略不计；基本放大电路也存在由输出到输入反向传输的信号，但这种反向传输的信号比反馈网络反向传输的信号小得多，可以忽略不计。这种对信号的单向化处理能够完全满足工程需要。本书对反馈放大电路的分析与设计均是在此基础上进行的，从而大大地简化了分析过程。

7.1.2 反馈的类型

1. 直流反馈和交流反馈

直流反馈是指仅在直流通路中存在的反馈。交流反馈是指仅在交流通路中存在的反馈。如果反馈既存在于直流通路中，又存在于交流通路中，为交、直流反馈。

2. 电压反馈和电流反馈

按照反馈量在放大电路输出回路中取样方式的不同，可将反馈分为电压反馈和电流反馈。若反馈量取自输出电压，即与输出电压成正比，则称为电压反馈。若反馈信号取自输出电流，即与输出电流成正比，则称为电流反馈。

3. 串联反馈和并联反馈

按照反馈量与输入量在放大电路输入回路中叠加方式的不同，可将反馈分为串联反馈和并联反馈。串联反馈是指反馈量与输入量串联，并以电压的形式叠加。而并联反馈是指反馈量与输入量并联，并以电流的形式叠加。

4. 正反馈和负反馈

按照反馈极性的不同，可将反馈分为正反馈和负反馈两种。所谓正反馈，是指反馈量增强原输入量，使净输入量增大，输出量增大，放大倍数增大。而负反馈是指反馈量削弱原输入量，使净输入量减小，输出量减小，放大倍数减小。直流负反馈的作用主要是稳定静态工作点，而引入交流负反馈是为了改善放大电路的动态性能。

本章主要介绍交流负反馈，即讨论的电路主要为负反馈放大电路的交流通路。

以上是对反馈较为常见的分类方法，反馈还可按其他方面分类。如在多级放大电路中有局部反馈和级间反馈之分；在差分放大电路中有共模反馈和差模反馈之分等。在此，不再详述。

由以上分类方法不难看出，对于交流负反馈，共有 4 种，分别是电压串联负反馈、电压并联负反馈、电流串联负反馈、电流并联负反馈。

7.2 反馈类型的判断方法

为了解不同类型的反馈在放大电路中所起的作用，以及根据需要在放大电路中引入正确的反馈，必须学会正确判断反馈的类型。因直流负反馈主要是稳定静态工作点，稳定原理在前面的分压式直流负反馈偏置电路中已经进行了分析，所以重点介绍交流反馈的判断方法。

1. 有无反馈的判断——找联系

所谓“找联系”就是要在电路中找有无联系输入回路和输出回路的反馈通路(或称反馈支路)，且该支路是否会影响净输入量的大小，即净输入电压或电流与输出电压或电流有无关系。若“有联系”，即有反馈支路，且该支路影响了净输入量的大小，则存在反馈，否则不存在反馈。

如图7.2.1(a)所示电路中，无联系输出回路与输入回路的反馈支路，即输出回路与输入回路之间无联系，故该电路无反馈。如图7.2.1(b)和(c)所示电路中，R_F 和 R_S 是联系输出与输入回路的反馈支路，且均影响净的输入量，即输出回路与输入回路之间有联系，故这两个电路中均有反馈。

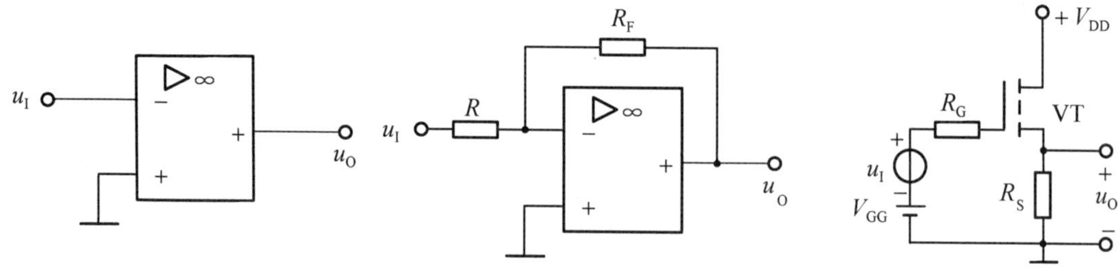

(a) 无反馈　　(b) 由R_F引入反馈　　(c) 由R_S引入反馈

图7.2.1　有无反馈的判断

2. 交、直流反馈的判断——看通路

所谓“看通路”就是要看是在直流通路中存在的反馈还是在交流通路中存在的反馈。

在如图7.2.2所示的射极输出器的放大电路中，因为不管是在直流通路中还是在交流通路中 R_E 均为联系输入回路和输出回路的反馈元件，所以 R_E 引入的既有直流反馈也有交流反馈，为交、直流反馈。

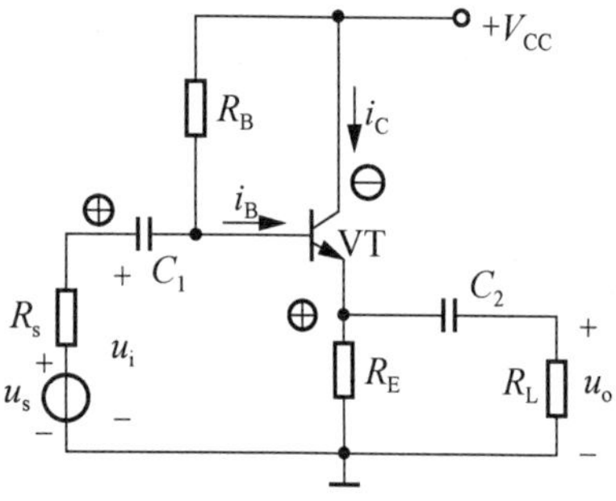

图7.2.2　交流反馈和直流的判断

在多数情况下，电路中既有直流反馈也有交流反馈。

3. 电压、电流反馈的判断——看输出

所谓“看输出”就是要从输出回路看反馈量是取自输出电压，还是取自输出电流，即反馈量与输出电压成正比(即 $\dot{X}_f \propto \dot{U}_o$)，还是与输出电流成正比(即 $\dot{X}_f \propto \dot{I}_o$)。显然，当将输出电压置零，即 $\dot{U}_o = 0$ 时，若 $\dot{X}_f = 0$ (反馈量消失)，即输入回路与输出回路之间无联系，则所引入的反馈为电压反馈；若 $\dot{X}_f \neq 0$ (反馈量未消失)，即输入回路与输出回路之间仍有联系，则为电流反馈。当将输出电流置零，即 $\dot{I}_o = 0$ 时，若 $\dot{X}_f = 0$ (反馈量消失)，即输入回路与输出回路之间无联系，则所引入的反馈为电流反馈；若 $\dot{X}_f \neq 0$ (反馈量未消失)，即输入回路与输出回路之间仍有联系，则为电压反馈。

判断电压反馈还是电流反馈，通常有两种方法。

1) 输出端短路法

令放大电路的输出电压为零，即将输出端短路，若反馈量消失，即输入回路和输出回路无联系，净输入量与输出量无关，则为电压反馈；若反馈量未消失，即输入回路和输出回路之间有联系，净输入量与输出量有关，则为电流反馈。

当然，也可采用输出回路开路法。即令放大电路的输出电流为零，也就是将输出回路开路，如果反馈量消失，则为电流反馈，否则为电压反馈。

2) 观察法

从放大电路的输出回路看，如果反馈支路与对地的输出电压从同一点引出(即反馈量直接取自输出电压)，则为电压反馈，否则应根据输出端短路法判断。

在如图 7.2.3(a)所示电路中，若将输出端短路，则放大电路的输出回路和输入回路之间无联系，即反馈量消失，故为电压反馈。值得注意的是，将输出端短路后，尽管 R_1 上也有电流和电压，但该电流和电压与输出量无关，故反馈量为零，反馈量消失。在如图 7.2.3(b)所示电路中，若将输出端短路，则输出电流将通过 R_1，从而产生反馈量，即放大电路的输出回路和输入回路之间仍有联系，反馈量未消失，故为电流反馈。在如图 7.2.3(c)所示电路中，若将输出端短路，则输出电流将通过 R_S，从而产生反馈量，即放大电路的输出回路和输入回路之间仍有联系，反馈量未消失，故为电流反馈。另外，在图(a)中，因 u_O 为对地的输出电压，且 R_1 反馈支路与 u_O 引自同一点，故为电压反馈。

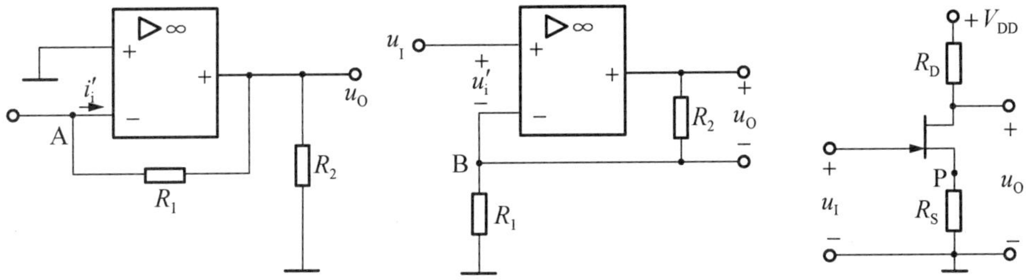

(a) 电压反馈　　(b) 电流反馈　　(c) 电流反馈

图 7.2.3　电压反馈和电流反馈的判断

4. 串联、并联反馈的判断——看输入

所谓“看输入”就是要从放大电路的输入回路看输入量和反馈量的叠加方式。也就是看信号输入端与反馈节点(反馈支路与放大电路输入回路相连接的节点称为反馈节点，图 7.2.3 中节点 A、B 和 P 均为反馈节点)是否为同一端子(对于晶体管，指基极或发射极；对场效应管，指栅极或源极；对集成运放，指同相输入端或反相输入端)。若反馈节点与信号输入端是放大电路的同一端子，则输入电流和反馈电流相叠加，两个电流相并联，为并联反馈；若反馈节点与信号输入端不是同一端子，则输入电压和反馈电压相叠加，两个电压相串联，为串联反馈。

也可采用反馈节点对地短路法来判断是串联反馈还是并联反馈。若短路后使净输入量消失则为并联反馈；若使净输入量未消失则为串联反馈。

在图 7.2.3(a)中，信号输入端与反馈节点为同一端子，即均为集成运放的反相输入端，故为并联反馈。在图 7.2.3(b)中，信号输入端与反馈节点为不同的输入端，即一个是同相输入端，一个是反相输入端，故为串联反馈。若用反馈节点对地短路法判断，则对图(a)而言，反馈节点 A 对地短路后，净输入量 $i_i'=0$(消失)，故为并联反馈。对图(b)而言，反馈节点 B 对地短路后，净输入量 $u_i'=u_I\neq 0$(未消失)，故为串联反馈。

5. 正、负反馈的判断——看效果

所谓“看效果”就是要看反馈量使净输入量增加了还是减小了。

判断正、负反馈，一般用瞬时极性法，具体方法如下：

(1) 首先假设输入信号某一瞬时对地电位的极性为正。由于“地”点的电位为零，故电路中某点的瞬时电位高于零电位者，则该点的瞬时极性为正(用⊕表示)，反之为负(用⊖表示)。

(2) 由输入信号的瞬时极性，根据电路中各相关节点电位与输入信号之间的相位关系按照信号的传输方向从输入到输出，然后再从输出到输入依次判断各相关节点电位对地的瞬时极性，并最终确定出输出量和反馈量的瞬时极性。

(3) 写出净输入量的表达式，若反馈量使净输入量增加则为正反馈，反之则为负反馈。

应当注意，不同放大电路的净输入量是不同的。例如，在由晶体管组成基本放大电路中，净输入量是指基—射极之间的电压 u_{be} 或基极电流 i_b 或发射极电流 i_e；在由场效应管组成的基本放大电路中，净输入量是指栅—源极之间的电压 u_{gs}；在由集成运算组成的基本放大电路中，净输入量是指差模输入电压 u_{Id} 或反相输入端或同相输入端的输入电流。

也可用观察法判断反馈的极性。具体做法是，首先要明确所引入的反馈是串联反馈还是并联反馈，然后用瞬时极性法判断出信号反馈至反馈节点的瞬时极性。对于串联反馈，若反馈节点的瞬时极性与信号输入端的瞬时极性相同，则为负反馈；若相反，则为正反馈。对于并联反馈，若反馈节点的瞬时极性与信号输入端的瞬时极性相反，则为负反馈；若相同，则为正反馈。

特别提示

- 写净输入信号表达式时，与反馈形式有关。串联反馈应写净输入电压表达式，并联反馈应写净输入电流的表达式。
- 电路中各点的瞬时极性是指对地的瞬时极性。
- 根据晶体管三种组态放大电路输出电压和输入电压的相位关系不难得出，若晶体管为共射组态，则集电极与基极的瞬时极性相反；若为共集组态，则发射极与基极的瞬时极性相同；若为共基组态，则集电极与发射极的瞬时极性相同。在集成运放电路中，输出端与反相输入端瞬时极性相反，与同相输入端瞬时极性相同。

【视频：例 7-2-1】

【例 7-2-1】 如图 7.2.2 所示的电路中，判断 R_E 引入的是正反馈还是负反馈。

【解】该电路由共集放大电路构成基本放大电路。设交流信号 u_i 的瞬时极性为正，对交流信号 C_1 视为短路，基极电位也为正，发射极电位与基极电位极性相同，为正极性。由此写出净输入电压表达式 $u_{be}=u_i-u_{R_E}$，无反馈时，净输入电压 $u_{be}=u_i$。即引入反馈后使净输入电压减小，所以 R_E 引入的是交流负反馈。

综上所述，对于交流反馈而言，反馈的类型有电压反馈和电流反馈、串联反馈和并联反馈以及正负反馈之分。通常在判断反馈的类型时，应该将这些反馈类型加以综合考虑，即所谓反馈的组态。

【例 7-2-2】如图 7.2.4 所示电路，试判断由 R_F 引入的反馈组态。

【视频：例 7-2-2】

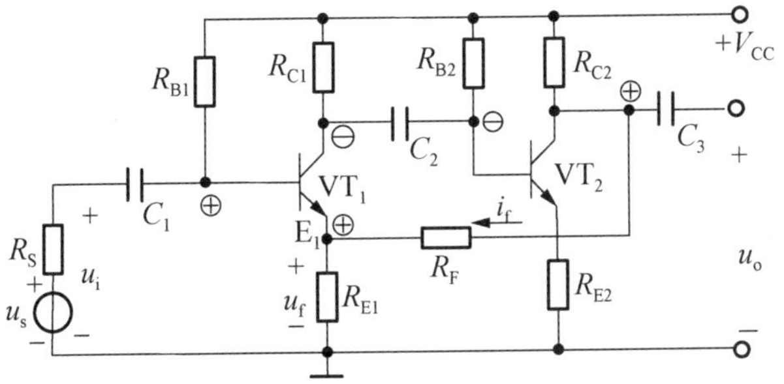

图 7.2.4 例 7-2-2 图

【解】该电路由两级共射放大电路组成基本放大电路。先判断是电压反馈还是电流反馈。对于交流信号，电容 C_3 视为短路，反馈支路与对地输出电压引自同一点，故为电压反馈①。

再判断是串联反馈还是并联反馈。输入信号由基极输入，而反馈节点在发射极上，不是同一输入端，故为串联反馈②。

最后判断是正反馈还是负反馈。设输入信号瞬时极性为正，其他点的极性如图所示。因反馈节点的瞬时极性为正，从而在 R_{E1} 两端产生上正下负的反馈电压 u_f，使放大电路的净输入电压为 $u_{be}=u_i-u_f$ 减小，故为负反馈。也可这样理解：因输出端的瞬时极性为正，电流 i_f 方向如图所示，电流 i_f 流经 R_{E1} 时，产生一个上正下负的反馈电压 u_f，会引起 VT_1 管发射极电位的升高，放大电路的净输入电压为 $u_{be}=u_i-u_f$，因而反馈使净输入电压减小，故为负反馈。也可用观察法直接判断反馈的极性：因所引入的是串联反馈，且反馈节点的瞬时极性与输入信号的瞬时极性相同，放大电路的净输入电压减小，故为负反馈。

综上所述，R_F 引入的反馈组态为电压串联负反馈。

【例 7-2-3】如图 7.2.5 所示电路，试判断由 R_F 引入的反馈组态。

【视频：例 7-2-3】

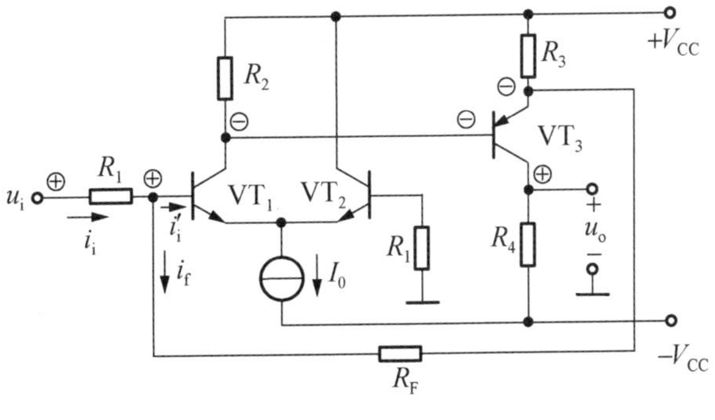

图 7.2.5 例 7-2-3 的图

【解】该电路由 2 级放大电路组成基本放大电路，其中第 1 级是由 VT_1 和 VT_2 所构成的差分放大电路，第 2 级由 VT_3 构成的共射放大电路，由 R_F 构成级间反馈支路。输入信号由 VT_1 基极输入，反馈节点为 VT_1 的基极。

① 对于共射电路，若反馈支路引自集电极，则为电压反馈，引自发射极则为电流反馈。

② 对于共射或共集电路，若反馈节点为基极，则为并联反馈，为发射极则为串联反馈。

先判断是电压反馈还是电流反馈。用输出端短路法，将输出端短路，此时由输出引起的反馈信号 $i_f \neq 0$，故为电流反馈。

再判断是串联反馈还是并联反馈。输入信号由 VT_1 基极输入，而反馈节点为 VT_1 的基极，同一输入端，故为并联反馈。

最后判断是正反馈还是负反馈。设输入信号瞬时极性为正，其他点的极性及各电流的方向如图所示，使差分放大电路的净输入电流 $i_i' = i_{b1} = i_i - i_f$ 减小，故为负反馈。也可用观察法直接判断反馈的极性：因所引入的是并联反馈，且反馈至反馈节点的瞬时极性与输入信号的瞬时极性相反，故为负反馈。

综上所述，R_F 引入的反馈组态为电流并联负反馈。

7.3 集成运算放大电路中的 4 种负反馈组态

在实际应用中，集成运算放大电路较分立元件的放大电路用得更为广泛，所以本节主要介绍在集成运算放大电路中的 4 种负反馈组态。在由集成运放构成的负反馈放大电路中，集成运放为基本放大电路。

7.3.1 电压串联负反馈

电压串联负反馈电路如图 7.3.1 所示，反馈网络由 R_F 与 R_1 构成。

从输出回路看，反馈支路与对地的输出电压从同一点引出，所以为电压反馈。

从输入回路看，反馈节点 A 在反相输入端，而输入信号接在同相输入端，即信号输入端与反馈节点不是同一端子，所以为串联反馈。输入量、反馈量和净输入量均为电压，输入电压与反馈电压相叠加。

根据瞬时极性法，设输入电压 $\dot{U}_i$ 的瞬时极性为正，由于是从同相端输入，则输出电压 $\dot{U}_o$ 极性也为正，R_F 中电流方向如图所示，电流流经 R_1 时产生的反馈电压 $\dot{U}_f$ 的方向如图所示。所以净输入电压 $\dot{U}_i' = \dot{U}_i - \dot{U}_f$，由此知，引入反馈后，使净输入电压减小，为负反馈。

可见，如图 7.3.1 所示电路引入的是电压串联负反馈。电压串联负反馈可以用如图 7.3.2 所示的方块图表示。

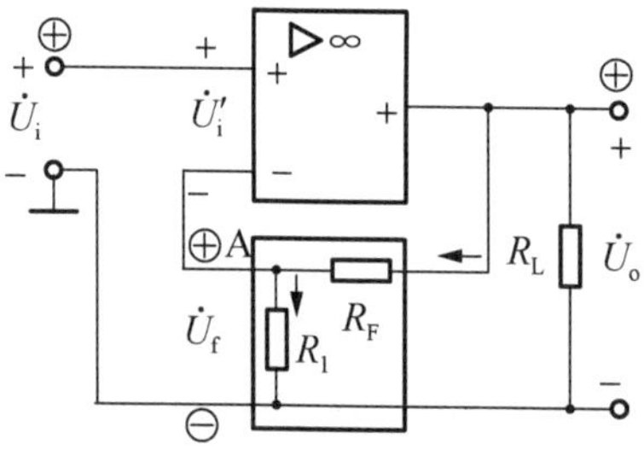

图 7.3.1 电压串联负反馈

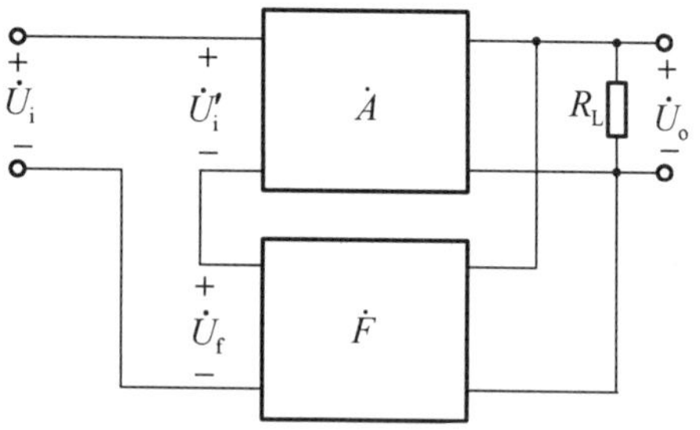

图 7.3.2 电压串联负反馈方块图

7.3.2 电压并联负反馈

电压并联负反馈电路如图 7.3.3 所示，反馈网络由 R_F 构成。

从输出回路看，反馈支路与对地的输出电压从同一点引出，所以为电压反馈。

从输入回路看，反馈节点 A 与信号输入端均在反相输入端，即为同一端子，所以为并联反馈。输入量、反馈量和净输入量均为电流，输入电流与反馈电流相叠加。

根据瞬时极性法，设输入电压瞬时极性为正，则输入电流 $\dot{I}_{\mathrm{i}}$ 的方向如图中标注。因为从反相端输入，所以输出电压瞬时极性为负，反馈电流方向如图所示，净输入电流 $\dot{I}_{\mathrm{i}}' = \dot{I}_{\mathrm{i}} - \dot{I}_{\mathrm{f}}$。由此知，引入反馈后使净输入电流减小，所以为负反馈。

可见，如图 7.3.3 所示的电路引入的是电压并联负反馈。电压并联负反馈电路的方块图如图 7.3.4 所示。

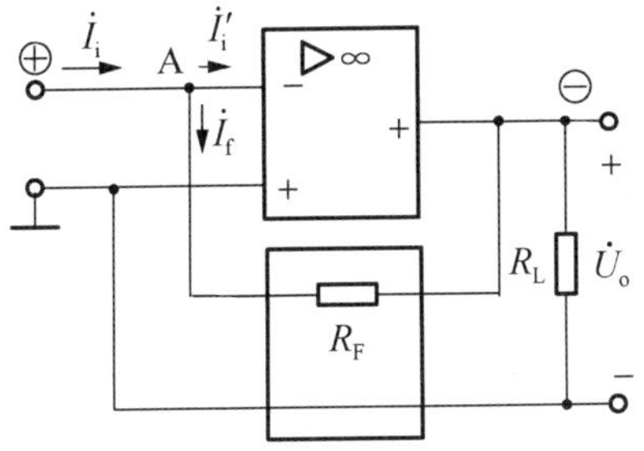

图 7.3.3 电压并联负反馈

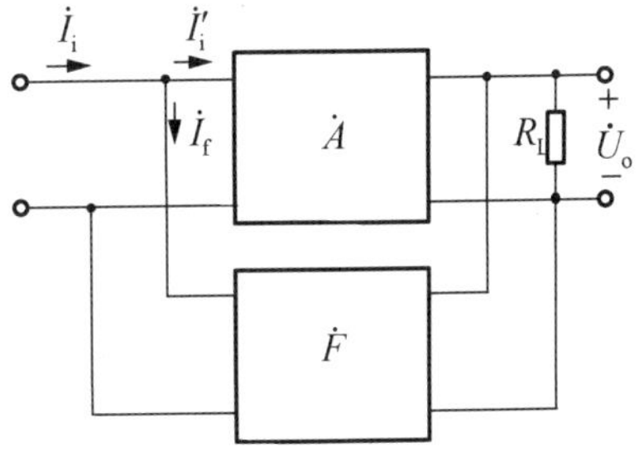

图 7.3.4 电压并联负反馈方块图

7.3.3 电流串联负反馈

电流串联负反馈电路如图 7.3.5 所示，反馈网络由 R_1 构成。

从输出回路看，若将输出电压 $\dot{U}_{\mathrm{o}}$ 两端短路，输出回路与输入回路之间仍有联系，即反馈信号依然存在，所以为电流反馈。

从输入回路看，反馈信号加在反相输入端，而输入信号则加在同相输入端，反馈节点 A 与信号输入端不在同一输入端，所以为串联反馈。输入量、反馈量和净输入量均为电压，输入电压与反馈电压相叠加。

根据瞬时极性法，设输入端瞬时极性为正，因为从同相端输入，所以输出电压瞬时极性也为正，则由输出电流 $\dot{I}_{\mathrm{o}}$ 在 R_1 上将产生一个上正下负反馈电压 $\dot{U}_{\mathrm{f}}$，方向如图所示，净输入电压 $\dot{U}_{\mathrm{i}}' = \dot{U}_{\mathrm{i}} - \dot{U}_{\mathrm{f}}$。由此知，引入反馈后使净输入电压减小，所以为负反馈。

可见，如图 7.3.5 所示的电路引入的是电流串联负反馈。电流串联负反馈电路的方块图如图 7.3.6 所示。

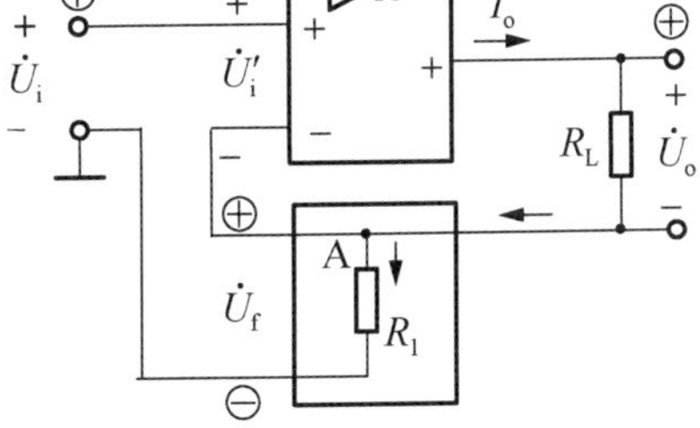

图 7.3.5 电流串联负反馈

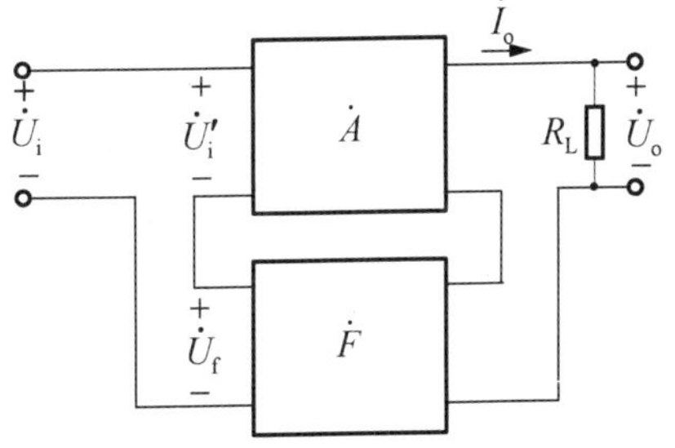

图 7.3.6 电流串联负反馈方块图

7.3.4　电流并联负反馈

电流并联负反馈电路如图 7.3.7 所示，反馈网络由 R_1 与 R_2 构成。

从输出回路看，若将输出电压 $\dot{U}_o$ 两端短路，输出回路与输入回路之间仍有联系，即反馈信号依然存在，所以为电流反馈。

从输入回路看，反馈节点 A 与信号输入端均在反相输入端，即为同一端子，所以为并联反馈。输入量、反馈量和净输入量均为电流，输入电流与反馈电流相叠加。

根据瞬时极性法，设输入端的瞬时极性为正，因为从反相端输入，所以输出电压瞬时极性为负，反馈电流方向如图所示，净输入电流 $\dot{I}_i' = \dot{I}_i - \dot{I}_f$，由此知，引入反馈后使净输入电流减小，所以为负反馈。

可见，如图 7.3.7 所示的电路引入的是电流并联负反馈。电流并联负反馈电路的方块图如图 7.3.8 所示。

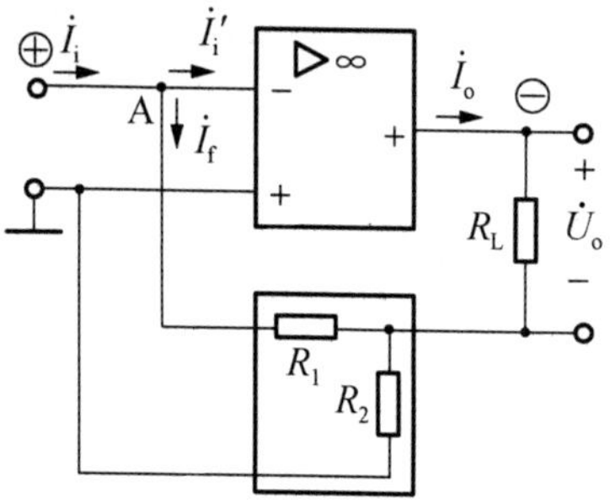

图 7.3.7　电流并联负反馈

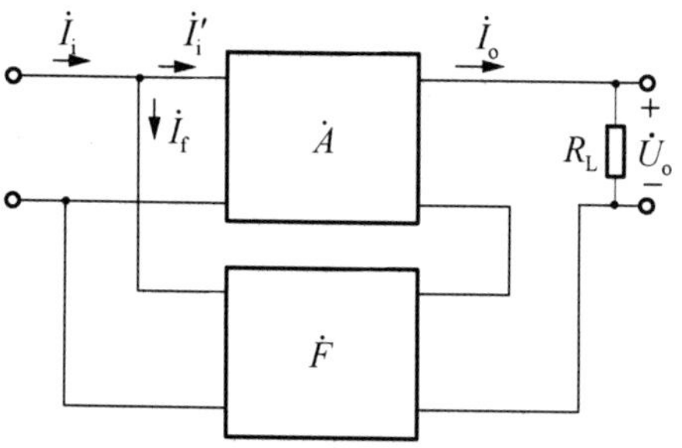

图 7.3.8　电流并联负反馈方块图

【例 7-3-1】电路如图 7.3.9 所示。试判断电路中有几条反馈支路，在电路中各引入了哪种组态的反馈。

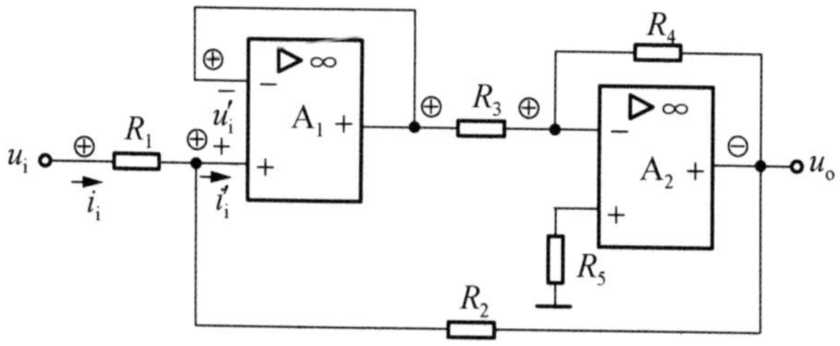

图 7.3.9　例 7-3-1 的图

【解】该电路为由集成运放所构成的两级放大电路，共有 3 条反馈支路。

由 R_2 引入的是由末级输出至输入级输入之间的级间反馈，由两级集成运放构成基本放大电路。由输入端的连接方式判断出该反馈为并联反馈。反馈支路与对地输出电压接于同一点，故为电压反馈。根据瞬时极性法判断出所引入的反馈为负反馈。所以由 R_2 引入了级间电压并联负反馈。

由 A_1 输出端至其反相输入端的导线引入的是本级反馈，由 A_1 构成基本放大电路。由输入端的连接方式可知该反馈为串联反馈。反馈支路与对地输出电压接于同一点，故为电压反馈。根据瞬时极性法判断出所引入的反馈为负反馈。所以该反馈支路引入了电压串联负反馈。

第 3 条反馈支路是 R_4，由 R_4 引入的是 A_2 的本级反馈，由 A_2 构成基本放大电路，不难判断出反馈的组态为电压并联负反馈。

7.4 负反馈对放大电路性能的影响

在放大电路中引入交流负反馈以后，能够改善放大电路多方面的性能，本节将会就此问题进行讨论。

7.4.1 负反馈降低放大倍数

由图 7.1.1 看出

$$\dot{X}_o = \dot{A}\dot{X}'_i \tag{7-4-1}$$

$$\dot{X}'_i = \dot{X}_i - \dot{X}_f \tag{7-4-2}$$

由式 7-1-3 知

$$\dot{X}_f = \dot{F}\dot{X}_o \tag{7-4-3}$$

将式(7-4-2)和式(7-4-3)代入式(7-4-1)可得

$$\dot{X}_o = \frac{\dot{A}}{1+\dot{A}\dot{F}}\dot{X}_i \tag{7-4-4}$$

所以

$$\dot{A}_f = \frac{\dot{X}_o}{\dot{X}_i} = \frac{\dot{A}}{1+\dot{A}\dot{F}} \tag{7-4-5}$$

式(7-4-5)为引入负反馈时放大倍数的一般表达式。

$$\dot{A}\dot{F} = \frac{\dot{X}_o}{\dot{X}'_i}\cdot\frac{\dot{X}_f}{\dot{X}_o} = \frac{\dot{X}_f}{\dot{X}'_i} \tag{7-4-6}$$

式(7-4-6)中的 $\dot{A}\dot{F}$ 称为环路放大倍数，表示反馈量 $\dot{X}_f$ 与净输入量 $\dot{X}'_i$ 之比。

若基本放大电路和反馈网络无附加的相位移，则由于在中频段内，$\dot{A}$、$\dot{A}_f$ 和 $\dot{F}$ 均为实数，且正负号相同，故式(7-4-5)可简单地表示为

$$A_f = \frac{A}{1+AF} \tag{7-4-7}$$

由式(7-4-7)可以看出，引入负反馈后，放大电路的闭环放大倍数下降到原来放大倍数 A (开环放大倍数)的 $1/(1+AF)$倍。不难理解，因为引入负反馈后，放大电路的净输入信号减小了，所以使输出信号减小，放大倍数自然也就减小了。

式(7-4-7)中的$(1+AF)$称为反馈深度，用 D 表示，用于表征负反馈的深浅程度。显然$(1+AF)$越大，反馈的程度就越深。

7.4.2 负反馈可以提高放大倍数的稳定性

在放大电路中，由于电源电压的波动，元器件参数的变化，特别是环境温度的变化，都会引起输出电压的变化，从而造成放大倍数不稳定。在放大电路中引入负反馈，可以大

大减小这些因素对放大倍数的影响，从而使放大倍数得到稳定。

对式(7-4-7)求微分得

$$dA_f=\frac{(1+AF)dA-AFdA}{(1+AF)^2}=\frac{dA}{(1+AF)^2} \tag{7-4-8}$$

将式(7-4-8)两边除以式(7-4-7)两边可得

$$\frac{dA_f}{A_f}=\frac{1}{1+AF}\cdot\frac{dA}{A} \tag{7-4-9}$$

式(7-4-9)表明，闭环放大倍数的相对变化量 dA_f/A_f 仅为开环放大倍数相对变化量 dA/A 的 $1/(1+AF)$，也就是说，引入负反馈后的放大倍数 A_f 的稳定性是不加反馈时放大倍数的(1+AF)倍。因此，在放大电路中引入负反馈后可使放大倍数的稳定性大大提高。

例如，当 A 变化 10%时，若(1+AF)=100，则 A_f 仅变化 0.1%。

由此可见，反馈越深，即(1+AF)越大，放大倍数越稳定。但须注意，提高放大倍数的稳定性是以降低放大倍数为代价而换来的，反馈的程度越深，放大倍数降低得就越多。

7.4.3 负反馈稳定输出电压和输出电流

负反馈是稳定输出电压还是输出电流，与引入的是电压反馈还是电流反馈有关。

1. 电压负反馈稳定输出电压

在放大电路中引入电压负反馈，可以稳定输出电压。稳定原理可以简述如下：

由于某种原因使输出电压增大时，因为反馈量取自输出电压，即与输出电压成正比地增大，而放大电路的净输入量等于输入量减去反馈量，所以净输入量将减小，当放大电路的放大倍数一定时，使输出电压减小，从而保持输出电压的稳定。例如，在图 7.3.1 中，稳定电压的过程可以简单表示为

$$U_o\uparrow\rightarrow U_f\uparrow\rightarrow U_i'\downarrow\rightarrow U_o\downarrow$$

2. 电流负反馈稳定输出电流

在放大电路中引入电流负反馈，可以稳定输出电流。稳定原理可以简述如下：

由于某种原因使输出电流增大时，因为反馈量取自输出电流，即与输出电流成正比地增大，而净输入量等于输入量减去反馈量，所以净输入量将减小，当放大电路的放大倍数一定时，使输出电流减小，从而保持输出电流的稳定。例如，在图 7.3.7 中，稳定电流的过程可以简单表示为

$$I_o\uparrow\rightarrow I_f\uparrow\rightarrow I_i'\downarrow\rightarrow I_o\downarrow$$

7.4.4 负反馈对输入电阻和输出电阻的影响

负反馈对输入电阻的影响，与是串联反馈还是并联反馈有关。

1. 串联负反馈增大输入电阻

引入串联负反馈时的方块图如图 7.4.1 所示。根据输入电阻的定义，无反馈时，放大电路的输入电阻为

$$R_i = \frac{\dot{U}'_i}{\dot{I}_i} \tag{7-4-10}$$

引入反馈时，放大电路的输入电阻为

$$R_{if} = \frac{\dot{U}_i}{\dot{I}_i} = \frac{\dot{U}'_i + \dot{U}_f}{\dot{I}_i} = \frac{\dot{U}'_i + \dot{A}\dot{F}\dot{U}'_i}{\dot{I}_i} = (1+\dot{A}\dot{F})\frac{\dot{U}'_i}{\dot{I}_i} = (1+\dot{A}\dot{F})R_i \tag{7-4-11}$$

由式(7-4-11)看出，引入串联负反馈后，输入电阻 R_{if} 增大到无反馈时输入电阻 R_i 的 $(1+AF)$倍。显然，若 $D=(1+AF)\to\infty$，则 $R_{if}\to\infty$。

2. 并联负反馈减小输入电阻

引入并联负反馈时的方块图如图 7.4.2 所示。无反馈时，放大电路的输入电阻为

$$R_i = \frac{\dot{U}_i}{\dot{I}'_i} \tag{7-4-12}$$

引入反馈后，放大电路的输入电阻为

$$R_{if} = \frac{\dot{U}_i}{\dot{I}_i} = \frac{\dot{U}_i}{\dot{I}'_i + \dot{I}_f} = \frac{\dot{U}_i}{\dot{I}'_i + \dot{A}\dot{F}\dot{I}'_i} = \frac{1}{1+\dot{A}\dot{F}}\cdot\frac{\dot{U}_i}{\dot{I}'_i} = \frac{1}{1+\dot{A}\dot{F}}\cdot R_i \tag{7-4-13}$$

由式(7-4-13)看出，引入并联负反馈后，输入电阻 R_{if} 减小到无反馈时输入电阻 R_i 的 $1/(1+AF)$倍。显然，若 $D=(1+AF)\to\infty$，则 $R_{if}\to 0$。

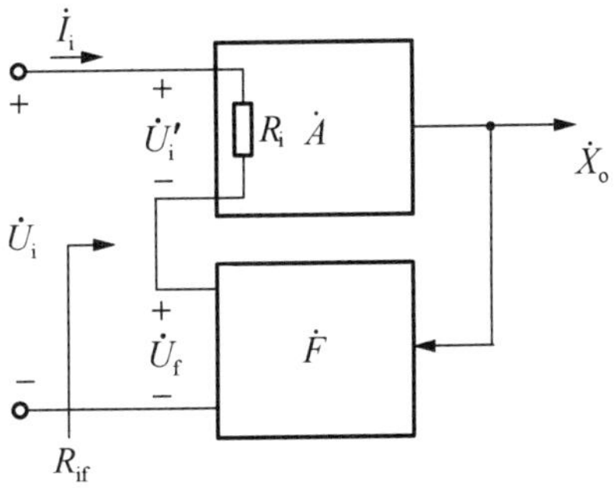

图 7.4.1　串联负反馈方块图

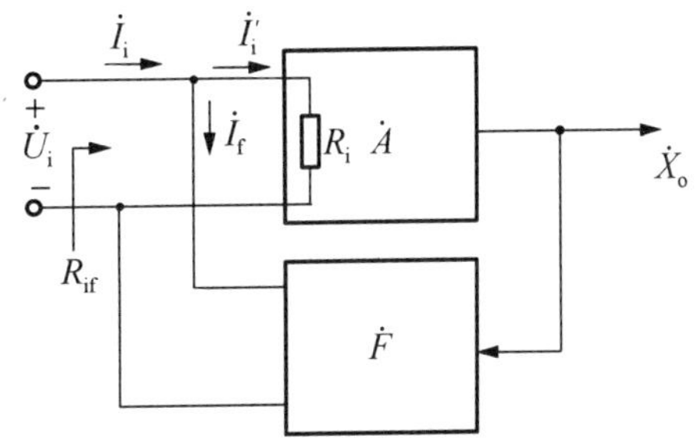

图 7.4.2　并联负反馈方块图

综上所述，放大电路引入串联负反馈可以增大输入电阻，引入并联负反馈可以减小输入电阻。

必须指出，为增强负反馈的效果，反馈量应尽可能地影响净输入量。因此，对于串联负反馈电路，要求信号源的内阻越小越好。若信号源为电流源，其内阻为无穷大，则由图 7.4.1 可见，净的输入电压 $\dot{U}'_i$ 就仅取决于电流源的输出电流，而与反馈电压无关，即无反馈效果。对于并联负反馈电路，要求信号源的内阻越大越好。若信号源为电压源，其内阻为零，则由图 7.4.2 可见，净的输入电流 $\dot{I}'_i$ 仅取决于电压源的端电压，而与反馈电流无关，即无反馈效果。

特别提示

- 串联负反馈适用于信号源内阻较小的场合；并联负反馈适用于信号源内阻较大的场合。

3. 负反馈对输出电阻的影响

负反馈对输出电阻的影响，与是电压反馈还是电流反馈有关。

如前所述，当电路引入电压负反馈时，可以稳定输出电压，使输出电阻减小。可以证明，引入电压负反馈时的输出电阻等于无反馈时输出电阻的 $1/(1+AF)$ 倍。若 $D=(1+AF)\to\infty$，则输出电阻趋于零，输出电压与负载电阻无关。此时，可以将输出等效为只受输入量控制的受控电压源。当电路引入电流负反馈时，可以稳定输出电流，使输出电阻增大。若 $D=(1+AF)\to\infty$，则输出电阻趋于无穷大，输出电流与负载电阻无关。此时，可以将输出等效为只受输入量控制的受控电流源。

必须强调指出，负反馈只能改变反馈环之内的输入电阻和输出电阻，不能改变反馈环之外的电阻。例如，从如图 7.2.4 所示电路的交流通路可见，R_{B1} 和 R_{C2} 均在反馈环之外，引入负反馈后 R_{B1} 和 R_{C2} 的阻值并不发生变化。如图 7.4.3 所示的 R_B 为不在反馈环内的串联负反馈电路的方块图。其中

$$R'_{if}=(1+\dot{A}\dot{F})R_i$$

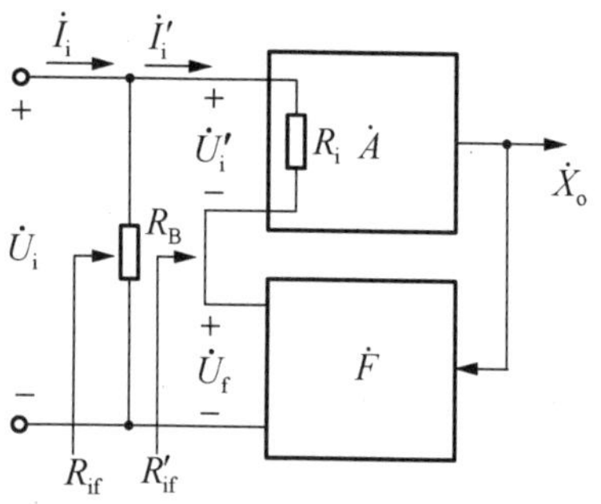

图 7.4.3 R_B 在反馈环之外时的串联负反馈方块图

整个电路的输入电阻

$$R_{if}=R_B//R'_{if}$$

可见，引入串联负反馈后，反馈环之内的输入电阻 R'_{if} 增大到未引入负反馈时输入电阻 R_i 的 $(1+AF)$ 倍，而总的输入电阻 R_{if} 也相应地增大了。因此，不管是哪种情况，只要是串联负反馈就能提高输入电阻；只要是并联负反馈就能降低输入电阻；只要是电压负反馈就能降低输出电阻；只要是电流负反馈就能提高输出电阻。

7.4.5 负反馈减小非线性失真

【视频：负反馈减小非线性失真】

在放大电路中，由于放大管(晶体管或场效应管)的特性曲线都是非线性的，当输入信号较大时有可能使工作点进入非线性区，使输出波形产生非线性失真。在放大电路中引入负反馈后可以有效地减小放大电路的非线性失真。

如图 7.4.4(a)所示，放大电路中未引入反馈，当输入信号为正、负半周完全对称的正弦波时，由于进入放大器件的非线性区域，使放大电路产生了失真，输出信号的波形正、负半周不再对称，而是正半周大、负半周小的失真波形。此时，可以理解为放大电路对正半周信号的放大能力大，对负半周信号的放大能力小(进入非线性区后，放大能力减小)。但是，当引入负反馈时，如图 7.4.4(b)所示。当放大电路的输出信号产生失真时，由于反馈信号取自输出信号，与输出信号呈一定比例，所以反馈信号也呈正半周大、负半周小的波形，而放大电路的净输入信号 $\dot{X}'_i=\dot{X}_i-\dot{X}_f$，所以净输入信号呈正半周小、负半周大的波形，出现了预失真波形。由于放大电路对正半周信号的放大能力大，对负半周

信号的放大能力小。因此，经过放大电路的非线性校正，使输出波形正、负半周趋于对称，近似为正弦波，即引入负反馈后减小了波形失真。

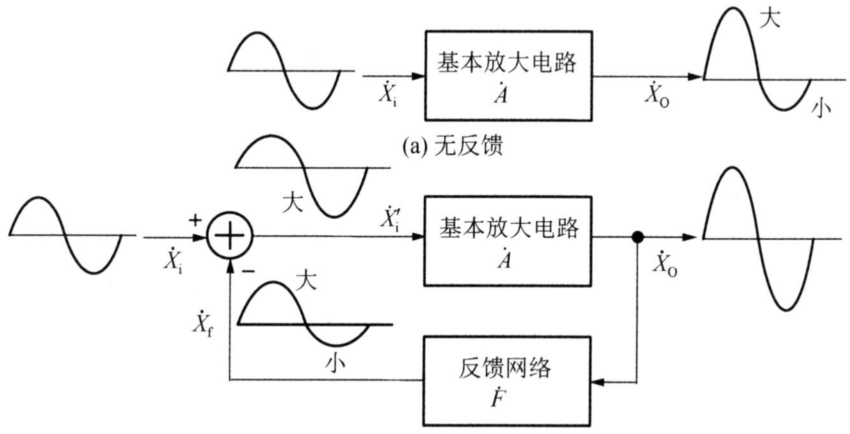

(b) 有反馈

图 7.4.4　引入负反馈减小非线性失真

特别提示

- 负反馈只能抑制负反馈环内部由非线性器件所产生的非线性失真。同理，负反馈只能抑制负反馈环内部的干扰或噪声，而对负反馈环外部的非线性失真、干扰或噪声则无法抑制。

7.4.6　负反馈展宽通频带

在前面几章讨论放大电路的电压放大倍数时，都是设输入信号处在中频段范围内进行求解的，即将电容视为短路进行讨论的。实际上，当输入信号的频率升高和降低时，放大电路的放大倍数都要下降。频率升高时，放大管结电容的影响不可忽略不计。而当频率降低时，对于容量较大的电容，如耦合电容、旁路电容等，都要产生一部分电压降，从而使输出电压减小，导致放大倍数减小。当输入信号的频率升高或降低时，使放大电路的放大倍数下降到中频放大倍数的$1/\sqrt{2}$(即 0.707 倍)时所对应的频率范围称为放大电路的通频带，即$BW=f_H-f_L$，如图 7.4.5 所示。

由于引入负反馈时，电压放大倍数的变化率减小到原来的(1+*AF*)倍，所以当输入信号的频率变化使得放大倍数下降时，引入负反馈后的放大倍数下降得较无反馈时缓慢，也即下降同样的幅度所对应的频率范围增大，即通频带展宽，如图 7.4.5 所示，$(f'_H-f'_L)>(f_H-f_L)$。

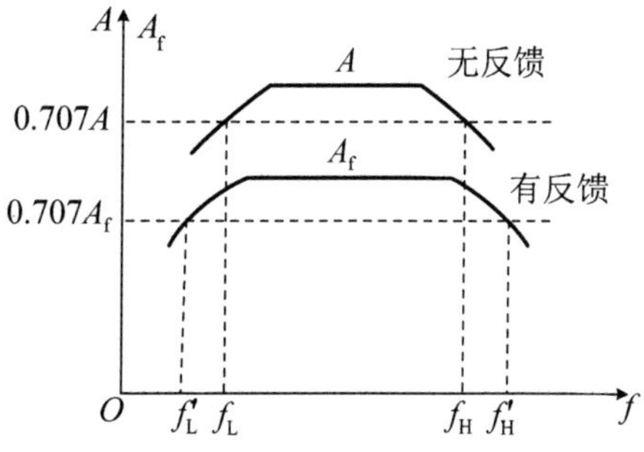

图 7.4.5　负反馈展宽通频带

通过以上分析看出，负反馈对放大电路可产生多方面的影响。在实际应用中可以根据不同的需求，正确引入合适的反馈。如要稳定静态工作点应引入直流负反馈，而要改善放大电路的动态性能，应引入交流负反馈；要稳定输出电压应引入电压负反馈；而要稳定输出电流，则应引入电流负反馈等。

7.5　负反馈放大电路放大倍数的估算

在实际工程中，放大电路中多引入深度的负反馈。本节首先讨论深度负反馈时放大电路的特点，重点研究深度负反馈条件下，放大电路放大倍数的估算方法。由于放大倍数属动态参数，故要注意用交流通路对放大倍数进行分析。

7.5.1　深度负反馈条件下放大电路的特点

前面已提及，在具有负反馈的放大电路中，闭环放大倍数的一般表达式为

$$\dot{A}_{\mathrm{f}}=\frac{\dot{X}_{\mathrm{o}}}{\dot{X}_{\mathrm{i}}}=\frac{\dot{A}}{1+\dot{A}\dot{F}}$$

由负反馈放大倍数的一般表达式知，在深度负反馈条件下，因为$\left|\dot{A}\dot{F}\right|\gg 1$，于是，闭环放大倍数变为

$$\dot{A}_{\mathrm{f}}=\frac{\dot{X}_{\mathrm{o}}}{\dot{X}_{\mathrm{i}}}\approx\frac{1}{\dot{F}} \tag{7-5-1}$$

式(7-5-1)表明，深度负反馈条件下的放大倍数仅与反馈系数有关，或者说仅与反馈网络的参数有关，而与基本放大电路的参数无关。

需要指出，放大倍数的类型与负反馈的组态有关，不同负反馈组态的放大电路具有不同的放大倍数，共有 4 种。电压串联负反馈放大电路的放大倍数为闭环电压放大倍数 $\dot{A}_{uf}$；电压并联负反馈放大电路放大倍数为闭环互阻放大倍数 $\dot{A}_{rf}$；电流串联负反馈放大电路的放大倍数为闭环互导放大倍数 $\dot{A}_{gf}$；电流并联负反馈放大电路的放大倍数为闭环电流放大倍数 $\dot{A}_{if}$。相应地，开环放大倍数也有 4 种，分别为开环电压放大倍数 $\dot{A}_{u}$、开环互阻放大倍数 $\dot{A}_{r}$，开环互导放大倍数 $\dot{A}_{g}$ 和开环电流放大倍数 $\dot{A}_{i}$。

由式(7-5-1)知，只要求出放大电路的反馈系数，即可求得闭环放大倍数。

因为 $\dot{A}_{\mathrm{f}}=\dot{X}_{\mathrm{o}}/\dot{X}_{\mathrm{i}}$，而 $1/\dot{F}=\dot{X}_{\mathrm{o}}/\dot{X}_{\mathrm{f}}$，所以 $\dot{X}_{\mathrm{i}}\approx\dot{X}_{\mathrm{f}}$。由如图 7.1.1 所示负反馈放大电路的方块图可知，$\dot{X}_{\mathrm{i}}'=\dot{X}_{\mathrm{i}}-\dot{X}_{\mathrm{f}}\approx 0$。由此可见，深度负反馈的实质就是忽略净输入量。

由如图 7.4.1 所示串联负反馈的方块图可知，深度串联负反馈时 $\dot{U}_{\mathrm{i}}\approx\dot{U}_{\mathrm{f}}$，净输入电压 $\dot{U}_{\mathrm{i}}'\approx 0$，所以，基本放大电路的两个输入端之间可视为短路，简称“虚短”。又因为具体的基本放大电路输入电阻 R_{i} 为有限值，当 $\dot{U}_{\mathrm{i}}'\approx 0$ 时，必有输入电流 $\dot{I}_{\mathrm{i}}\approx 0$，所以，基本放大电路的两个输入端之间也可视为开路，简称“虚断”。同理，由如图 7.4.2 并联负反馈方块图可知，深度负反馈时 $\dot{I}_{\mathrm{i}}\approx\dot{I}_{\mathrm{f}}$，净输入电流 $\dot{I}_{i}'\approx 0$，所以，基本放大电路的两个输入端之间可视为开路(“虚断”)。又因为具体的基本放大电路输入电阻 R_{i} 为有限值，当 $\dot{I}_{\mathrm{i}}'\approx 0$ 时，必有

输入电压$\dot{U}_{\mathrm{i}} \approx 0$，所以，基本放大电路的两个输入端之间也可视为短路(“虚短”)。

由以上分析可知，深度负反馈条件下，基本放大电路的两个输入端之间既可视为短路也可视为开路(既具有“虚短”也具有“虚断”的特点)。

在引入深度的串联负反馈电路中，由于基本放大电路的两个输入端为信号输入端(指非地端)和反馈节点，故信号输入端与反馈节点之间既具有“虚短”也具有“虚断”的特点；在引入深度的并联负反馈电路中，基本放大电路的另外一个输入端通常“接地”，因此基本放大电路的两个输入端为信号输入端(指非地端)和地，所以，信号输入端(即反馈节点)与地之间既具有“虚短”也具有“虚断”的特点。

由于在集成运放中所引入的负反馈均为深度的负反馈，故“虚短”和“虚断”在引入负反馈的集成运放中总是同时成立的。

7.5.2 反馈系数的估算

放大倍数是负反馈放大电路的一个非常重要的性能指标，放大倍数与反馈系数密切相关，故估算反馈系数便显得十分重要。需要注意，求反馈系数时，若反馈组态不同，则反馈系数的类型和求解方法也不同。这是因为，反馈系数

$$\dot{F} = \frac{\text{反馈量}}{\text{输出量}} = \frac{\dot{X}_{\mathrm{f}}}{\dot{X}_{\mathrm{o}}}$$

反馈组态不同，反馈量和输出量都不同。若是串联反馈，因反馈量与输入量是以电压形式串联叠加的，反馈量应是电压$\dot{U}_{\mathrm{f}}$；若是并联反馈，因反馈量与输入量是以电流形式并联叠加的，反馈量应是电流$\dot{I}_{\mathrm{f}}$。若是电压反馈，因反馈量正比于输出电压，则输出量应是输出电压$\dot{U}_{\mathrm{o}}$；若是电流反馈，因反馈量正比于输出电流，则输出量应是输出电流$\dot{I}_{\mathrm{o}}$。

据此，若电路中引入的是电压串联负反馈，则反馈系数为电压反馈系数，即

$$\dot{F}_u = \frac{\dot{U}_{\mathrm{f}}}{\dot{U}_{\mathrm{o}}}$$

若电路中引入的是电压并联负反馈，则反馈系数为互导反馈系数，即

$$\dot{F}_g = \frac{\dot{I}_{\mathrm{f}}}{\dot{U}_{\mathrm{o}}}$$

若电路中引入的是电流串联负反馈，则反馈系数为互阻反馈系数，即

$$\dot{F}_r = \frac{\dot{U}_{\mathrm{f}}}{I_{\mathrm{o}}}$$

若电路中引入的是电流并联负反馈，则反馈系数为电流反馈系数，即

$$\dot{F}_i = \frac{\dot{I}_{\mathrm{f}}}{\dot{I}_{\mathrm{o}}}$$

另外，还需注意，因反馈量仅与输出量有关，而与输入量无关，所以求反馈量的表达式时，应将放大电路的输入信号置零。即若是串联反馈，求反馈电压的表达式时，应断开(“虚断”)反馈网络(反馈节点)与放大电路之间的通路，这样，反馈电压就只与输出量有关而与输入电压无关；若是并联反馈，求反馈电流的表达式时，应将反馈节点对地短路(“虚

短”)，这样，反馈电流就只与输出量有关与输入电流无关。此外，对于电压反馈，求反馈量时，应用输出电压来表示反馈量；对于电流反馈，求反馈量时，应用输出电流来表示反馈量。

需要强调的是，求反馈系数的关键是要准确地把反馈网络从放大电路中分离出来。反馈网络是由反馈系数表达式中的参数所对应元件构成的。在对一个实用负反馈放大电路进行分析时，有时要把反馈网络和基本放大电路严格地区分出来对于初学者来讲并不是一件太容易的事情，但是只要能把反馈节点找出来，求反馈系数的问题就变得简单多了。

综上所述，求反馈系数时，应分以下几步来进行。

(1) 找出反馈网络(或反馈节点)，判断出反馈组态，并根据反馈组态确定输入量、输出量和反馈量的类型。

若是电压反馈；则输出量为电压；若是电流反馈，则输出量为电流。若是串联反馈，则输入量和反馈量均为电压；若是并联反馈，则输入量和反馈量均为电流。

(2) 标出输入量、输出量和反馈量的参考方向。

(3) 求输出量单独作用时的反馈量与输出量之间的关系。

(4) 求反馈系数：$\dot{F}=\dfrac{\text{反馈量}}{\text{输出量}}=\dfrac{\dot{X}_{\mathrm{f}}}{\dot{X}_{\mathrm{o}}}$

【例7-5-1】 如图7.5.1所示，求反馈系数。

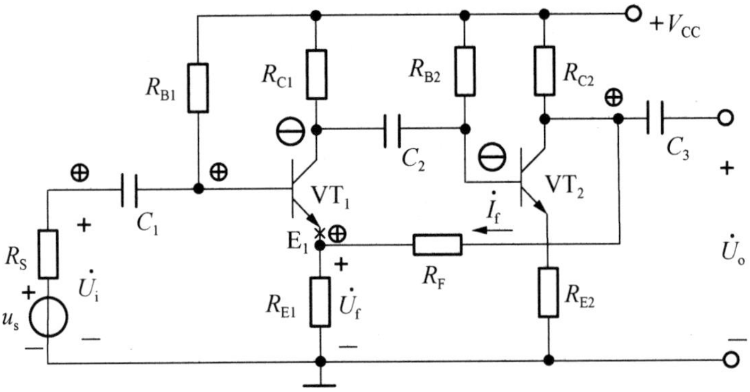

图7.5.1　例7-5-1图

【解】反馈节点为E_1。电路引入的反馈组态为电压串联负反馈。输出量和反馈量均为电压，应求反馈电压$\dot{U}_{\mathrm{f}}$与输出电压$\dot{U}_{\mathrm{o}}$之间的关系。输入电压、输出电压和反馈电压的参考方向分别如图中所标注。根据“虚断”将E_1与放大电路之间通路断开后，反馈电压$\dot{U}_{\mathrm{f}}$与输出电压$\dot{U}_{\mathrm{o}}$之间的关系为

$$\dot{U}_{\mathrm{f}}=\frac{R_{\mathrm{E1}}}{R_{\mathrm{E1}}+R_{\mathrm{F}}}\dot{U}_{\mathrm{o}}$$

反馈系数为

$$\dot{F}_u=\frac{\dot{U}_{\mathrm{f}}}{\dot{U}_{\mathrm{o}}}=\frac{R_{\mathrm{E1}}}{R_{\mathrm{E1}}+R_{\mathrm{F}}}$$

【例7-5-2】 如图7.5.2所示，求反馈系数。

【解】 反馈节点为 A。电路的反馈组态为电压并联负反馈。输出量为电压，反馈量为电流，应求反馈电流 $\dot{I}_f$ 与输出电压 $\dot{U}_o$ 之间的关系。输入电流、输出电压和反馈电流的参考方向分别如图中所标注。根据“虚短”将反馈节点 A 接地后，反馈电流 $\dot{I}_f$ 与输出电压 $\dot{U}_o$ 之间的关系为

$$\dot{I}_{\mathrm{f}} = -\frac{\dot{U}_{\mathrm{o}}}{R_{\mathrm{f}}}$$

反馈系数为

$$\dot{F}_g = \frac{\dot{I}_{\mathrm{f}}}{\dot{U}_{\mathrm{o}}} = -\frac{1}{R_{\mathrm{F}}}$$

【例 7-5-3】 如图 7.5.3 所示，求反馈系数 $\dot{F}$ 。

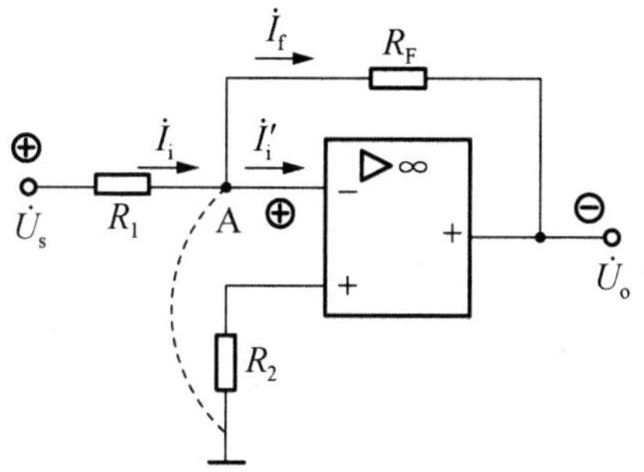

图 7.5.2 例 7-5-2 图

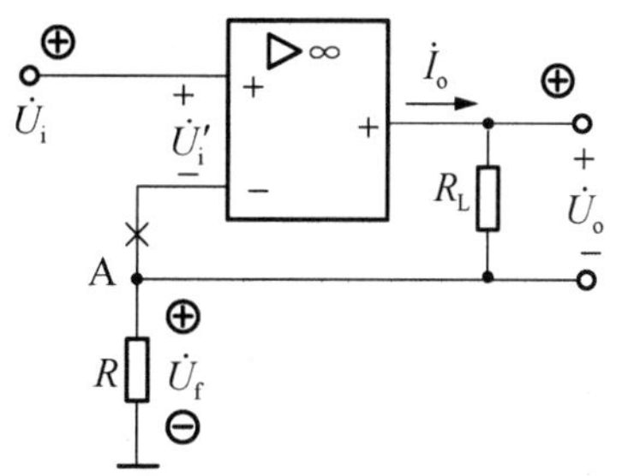

图 7.5.3 例 7-5-3 图

【解】 反馈节点为 A。电路的反馈组态为，电流串联负反馈。输出量为电流，反馈量为电压，应求反馈电压 $\dot{U}_f$ 与输出电流 $\dot{I}_o$ 之间的关系。输入电压、输出电流和反馈电压的参考方向分别如图中所标注。根据“虚断”将反馈节点 A 与放大电路之间的通路断开后，反馈电压 $\dot{U}_f$ 与输出电流 $\dot{I}_o$ 之间的关系为

$$\dot{U}_{\mathrm{f}} = \dot{I}_{\mathrm{o}} R$$

反馈系数为

$$\dot{F}_r = \frac{\dot{U}_{\mathrm{f}}}{\dot{I}_{\mathrm{o}}} = R_{\mathrm{F}}$$

对于电流并联负反馈反馈系数的求法，读者可自行分析。

7.5.3 电压放大倍数的估算

在工程中，对于不同组态的负反馈放大电路，通常均要关注电压放大倍数。由于不同组态负反馈放大电路的电压放大倍数均与反馈系数有关，故求出反馈系数后，即可利用反馈系数求得电压放大倍数。如前所述，在深度负反馈条件下，放大电路的闭环放大倍数

$$\dot{A}_{\mathrm{f}} = \frac{\dot{X}_{\mathrm{o}}}{\dot{X}_{\mathrm{i}}} \approx \frac{1}{\dot{F}}$$

根据电压放大倍数的表达式

$$\dot{A}_{u\mathrm{f}} = \frac{\dot{U}_{\mathrm{o}}}{\dot{U}_{\mathrm{i}}}$$

或

$$\dot{A}_{usf}=\frac{\dot{U}_o}{\dot{U}_s}$$

其中，$\dot{A}_{usf}$ 称为对源的电压放大倍数。只要求出输出电压 $\dot{U}_o$ 与输入电压 $\dot{U}_i$ 或 $\dot{U}_s$，两者之比即为电压放大倍数。

对于深度的串联负反馈，如图 7.5.4(a)所示，根据“虚短”的特点，有

$$\dot{U}_i \approx \dot{U}_f \tag{7-5-2}$$

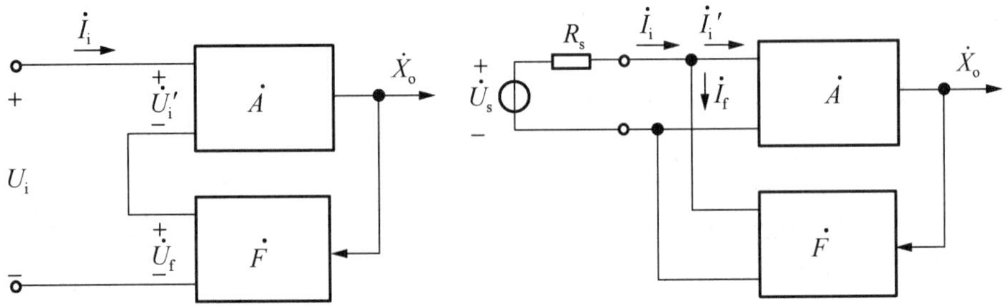

(a) 串联负反馈　　(b) 并联负反馈

图 7.5.4　串联和并联负反馈电路方块图

对于深度的并联负反馈，如图 7.5.4(b)所示，根据“虚短”和“虚断”的特点，有

$$\dot{U}_s \approx \dot{I}_i R_s \approx \dot{I}_f R_s \tag{7-5-3}$$

式(7-5-3)中的 R_s 为信号源的内阻。

对于电流负反馈，需要用输出电流表示出输出电压。若负载 R_L' 端电压 $\dot{U}_o$ 与通过其电流 $\dot{I}_o$ 取关联参考方向，如图 7.5.5 所示，则有

$$\dot{U}_o=\dot{I}_o R_L' \tag{7-5-4}$$

式(7-5-4)中的 R_L' 为放大电路的交流等效负载电阻，视具体电路而定。若负载 R_L' 端电压 $\dot{U}_o$ 与通过其电流 $\dot{I}_o$ 取非关联参考方向，则应有 $\dot{U}_o=-\dot{I}_o R_L'$。

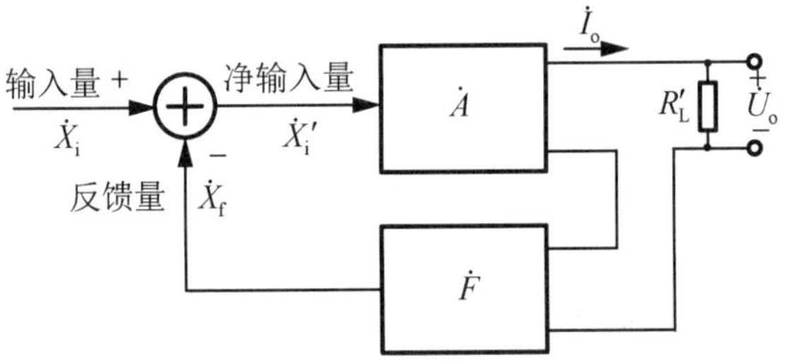

图 7.5.5　电流负反馈方块图

求解深度负反馈条件下的闭环电压放大倍数的一般步骤为：

(1) 判断反馈的组态，并根据反馈组态在电路中标出输入量、输出量和反馈量的参考方向。这是对深度负反馈条件下放大电路进行分析和估算的关键。

(2) 求反馈系数或反馈量与输出量之间的关系表达式。

(3) 求闭环电压放大倍数 $\dot{A}_{uf}$ 或 $\dot{A}_{usf}$。

下面结合具体例子，说明深度负反馈条件下闭环放大倍数的求法。

【例 7-5-4】电路如图 7.5.6 所示，若 $R_1=10\text{k}\Omega$，$R_2=20\text{k}\Omega$。

(1) 试判断级间负反馈的组态；

(2) 设满足深度负反馈条件，试求反馈系数，并估算电路的闭环电压放大倍数。

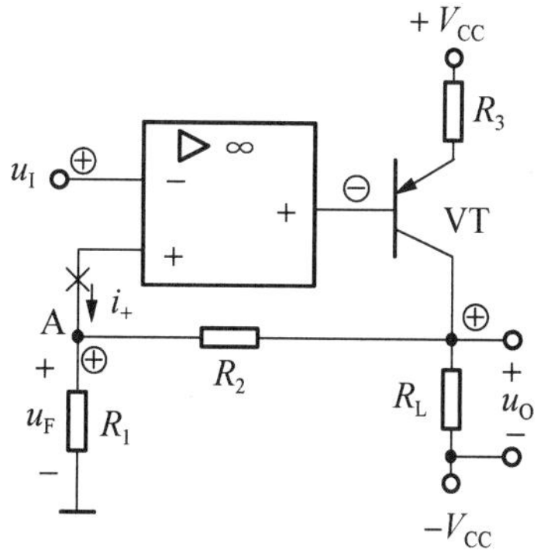

图 7.5.6 例 7-5-4 图

【解】(1) 该电路由集成运放和共射放大电路两级放大电路组成基本放大电路。根据反馈组态的判断方法不难判断出该电路中所引入的级间反馈组态为：电压串联负反馈。

(2) 输入电压、输出电压和反馈电压的参考方向如图所示。根据“虚断”(即 $i_+\approx0$)的特点可知，R_1 和 R_2 相串联，由串联分压公式得

$$\dot{U}_f=\frac{R_1}{R_1+R_2}\dot{U}_o$$

反馈系数

$$\dot{F}_u=\frac{\dot{U}_f}{\dot{U}_o}=\frac{R_1}{R_1+R_2}=\frac{10}{30}\approx0.33$$

根据“虚短”，有

$$\dot{U}_i'\approx0,\dot{U}_i\approx\dot{U}_f$$

电压放大倍数

$$\dot{A}_{uf}=\frac{\dot{U}_o}{\dot{U}_i}\approx\frac{\dot{U}_o}{\dot{U}_f}=1+\frac{R_2}{R_1}=1+2=3$$

【例 7-5-5】电路如图 7.5.7 所示，各级放大电路静态工作点合适，各元件参数已知，各电容的容量足够大，对交流信号可视为短路。

(1) 试判断级间负反馈的组态；(2) 若满足深度负反馈条件，试估算电路的闭环电压放大倍数。

【视频：例 7-5-5】

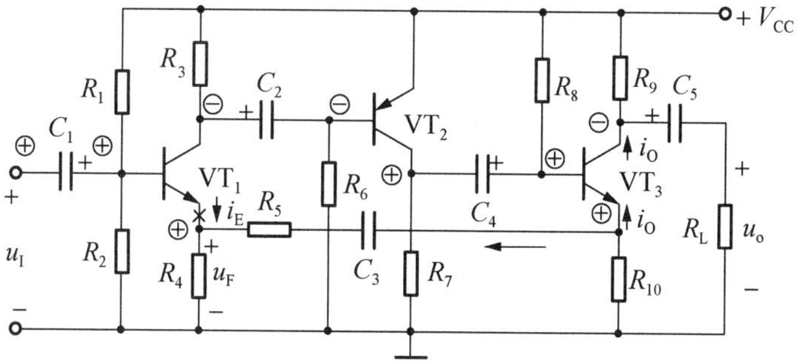

图 7.5.7 例 7-5-5 图

【解】(1) 该电路由三级共射放大电路组成基本放大电路。电路级间反馈的组态为电流

串联负反馈。

(2) 输入电压、输出电流、输出电压和反馈电压的参考方向如图所示。因为电路引入的是串联负反馈，所以根据“虚断”(即 $i_e \approx 0$)的特点，断开反馈节点 A 与放大电路之间的通路，R_4 和 R_5 相串联后再与 R_{10} 并联，可得

$$\dot{U}_f = -\frac{R_4 R_{10}}{R_4 + R_5 + R_{10}} \dot{I}_o$$

由“虚短”，可得

$$\dot{U}_{be} = \dot{U}_i' \approx 0, \dot{U}_i \approx \dot{U}_f$$

电压放大倍数为

$$\dot{A}_{uf} = \frac{\dot{U}_o}{\dot{U}_i} \approx \frac{\dot{U}_o}{\dot{U}_f} = \frac{\dot{I}_o R_L'}{\dot{U}_f} = \frac{\dot{I}_o (R_9 // R_L)}{\dot{U}_f} = -\frac{R_4 + R_5 + R_{10}}{R_4 R_{10}} \cdot (R_9 // R_L)$$

在本例中，若输出电流 $\dot{I}_o$ 的参考方向与图 7.5.7 中所取的参考方向相反，则反馈电压 $\dot{U}_f$ 与输出电流 $\dot{I}_o$ 之间的关系为

$$\dot{U}_f = \frac{R_4 R_{10}}{R_4 + R_5 + R_{10}} \dot{I}_o \text{(与本例中的符号相反)}$$

而电压放大倍数

$$\dot{A}_{uf} = \frac{\dot{U}_o}{\dot{U}_i} \approx \frac{\dot{U}_o}{\dot{U}_f} = \frac{-\dot{I}_o R_L'}{\dot{U}_f} = \frac{-\dot{I}_o (R_9 // R_L)}{\dot{U}_f} = -\frac{R_4 + R_5 + R_{10}}{R_4 R_{10}} \cdot (R_9 // R_L) \text{(结果不变)}$$

【例 7-5-6】电路如图 7.5.8 所示，设满足深度负反馈条件。试估算其闭环放大倍数和闭环电压放大倍数。

【视频：例 7-5-6】

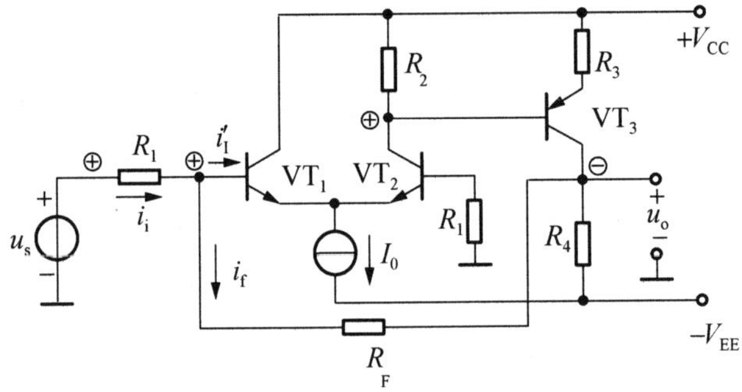

图 7.5.8　例 7-5-6 的图

【解】该电路由差分放大电路和共射放大电路两级放大电路组成基本放大电路。根据反馈组态的判断方法不难判断出该电路中所引入的级间反馈组态为：电压并联负反馈。

输入电流、输出电压和反馈电流的参考方向如图所示。

根据“虚断”，有

$$\dot{I}_b = \dot{I}_i' \approx 0, \ \dot{I}_i \approx \dot{I}_f$$

根据“虚短”，VT_1 的基极对地短路，反馈电流与输出电压之间的关系为

$$\dot{I}_f \approx -\frac{\dot{U}_o}{R_F}$$

反馈系数，即互导反馈系数为

$$\dot{F}_g=\frac{\dot{I}_f}{\dot{U}_o}=-\frac{1}{R_F}$$

闭环放大倍数，即互阻放大倍数为

$$\dot{A}_{rf}=\frac{\dot{U}_o}{\dot{I}_i}\approx\frac{\dot{U}_o}{\dot{I}_f}=\frac{1}{\dot{F}_g}=-R_F$$

闭环电压放大倍数为

$$\dot{A}_{usf}=\frac{\dot{U}_o}{\dot{U}_s}\approx\frac{\dot{U}_o}{\dot{I}_iR_1}\approx\frac{\dot{U}_o}{\dot{I}_fR_1}=\dot{A}_{rf}\cdot\frac{1}{R_1}=-\frac{R_F}{R_1}$$

7.6　负反馈放大电路的应用

在实用放大电路中，为了改善放大电路的各种性能，常常需要引入深度负反馈。根据前面所讨论的负反馈对放大电路工作性能的影响，在放大电路中引入负反馈时，应根据不同的用途引入不同的反馈。

7.6.1　放大电路中引入负反馈的原则

在放大电路中需要引入负反馈时，应遵循以下原则：

(1) 欲稳定静态工作点，应引入直流负反馈；欲改善放大电路的动态性能，应引入交流负反馈。

(2) 欲稳定输出电压或增强电路带负载的能力，应引入电压负反馈；欲稳定输出电流，应引入电流负反馈。

(3) 若要增大输入电阻，减小放大电路从信号源索取的电流，应引入串联负反馈；若要减小输入电阻，增大输入电流，则应引入并联负反馈。

引入串联负反馈和并联负反馈的效果还与信号源有关。当信号源的内阻较小时，即近似恒压源时，引入串联负反馈效果较好；反之，当信号源的内阻较大，即近似恒流源时，引入并联负反馈效果较好。

(4) 根据 4 种负反馈电路的功能，需要进行信号变换时，选择合适的组态。例如，要将电流信号转换成与之成正比的电压信号，应引入电压并联负反馈；要将电压信号转换成与之成正比的电流信号，应引入电流串联负反馈；等等。

【例 7-6-1】 电路如图 7.6.1 所示，设集成运放为理想运放。

(1) 欲将输入电压转换成与之成稳定关系的电流信号，应在电路中引入哪种组态的交流负反馈？将反馈元件 R_F 接入电路中；

(2) 若 R_1=5kΩ，R_2=10kΩ，R_F=25kΩ，当输入电压为 0～10V 时，则输出电流的变化范围是多少？

【解】 (1) 为了将输入电压转换成输出电流，应引入电流串联负反馈。接入 R_F 后的电路如图 7.6.2 所示。

(2) 由于集成运放中引入了深度的负反馈，故根据“虚短”和“虚断”的特点，有

$$u_f \approx u_i$$

$$u_f = i_o \frac{R_1 R_2}{R_1 + R_F + R_2}$$

$$i_o = u_f \frac{R_1 + R_F + R_2}{R_1 R_2} = \frac{(5+25+10)\times 10^3}{5\times 10\times 10^6} u_f \approx 0.8\times 10^{-3} u_i$$

当输入电压为 0～10V 时，则输出电流的变化范围是 0～8mA。

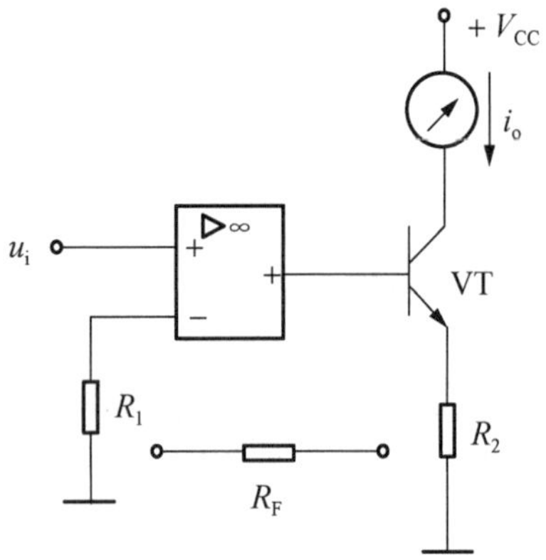

图 7.6.1　例 7-6-1 图

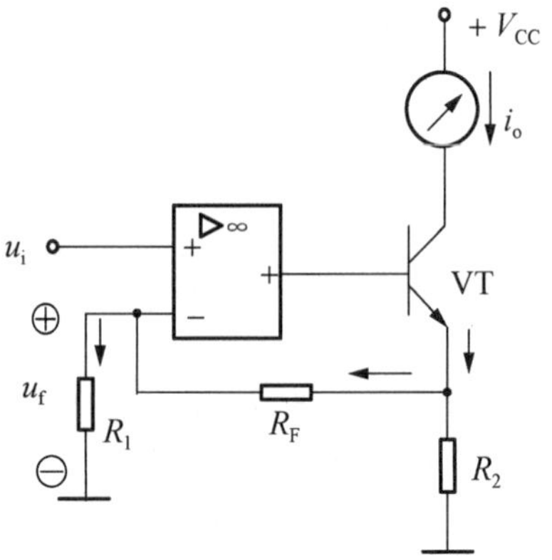

图 7.6.2　例 7-6-1 求解图

7.6.2　负反馈放大电路中的自激振荡

前面在分析负反馈放大电路时，是假设输入信号的频率在中频段进行讨论的。但实际上，当输入信号的频率升高或降低时，由于电路中耦合电容、旁路电容以及晶体管结电容的存在，会在电路中产生附加相移，使本来的负反馈变成为正反馈，引起放大电路的自激振荡，从而影响放大电路的正常工作。

1. 自激振荡的产生

若一个放大电路没有输入信号，却有一定频率、一定幅值的输出信号，则称为自激振荡。产生自激振荡的原理如图 7.6.3 所示。当在放大电路的输入端输入正弦信号 $\dot{X}_i$ 时，放大电路就会产生正弦输出信号 $\dot{X}_o$，通过反馈网络引回反馈信号 $\dot{X}_f$，在中频范围内，$\dot{X}_i$ 与 $\dot{X}_f$ 同相位，$\varphi_A + \varphi_F = 2n\pi$，$n = 0$、1、2⋯($\varphi_A$、$\varphi_F$ 为 $\dot{A}$、$\dot{F}$ 的辐角)，此时，$\dot{X}_i' = \dot{X}_i - \dot{X}_f$，所以，引入反馈后，必使净输入信号 $\dot{X}_i'$ 减小，电路引入的是负反馈。

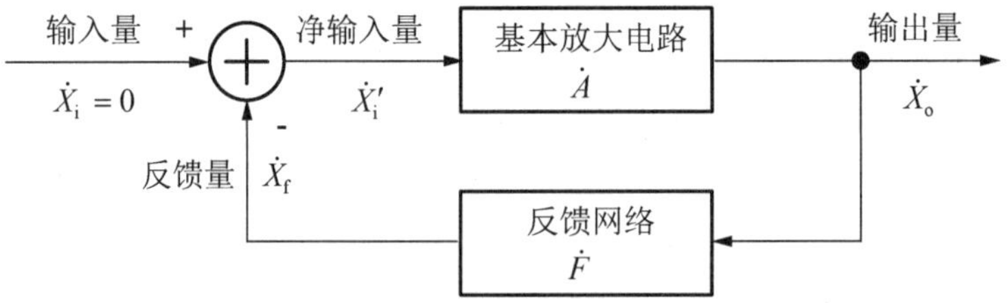

图 7.6.3　负反馈放大电路中的自激振荡示意图

但是在低频或高频情况下，由于电路中耦合电容、旁路电容以及晶体管结电容的存在，

$\dot{A}\dot{F}$ 将产生附加相移，如果在某一频率下，$\dot{A}\dot{F}$ 的附加相位角达到 180°，即 $\varphi_A+\varphi_F=(2n+1)\pi$，$n=0、1、2\cdots$，则 $\dot{X}_i$ 与 $\dot{X}_f$ 必然会由中频时的同相位变为反相位，净输入信号 $\dot{X}_i'=\dot{X}_i+\dot{X}_f$，电路将由负反馈变为正反馈。这时即使放大电路没有输入信号，即 $\dot{X}_i=0$，但是由于电路中的某种瞬态干扰，在输出端就会产生输出信号 $\dot{X}_o$，经过反馈网络和比较电路后，得到净输入信号 $\dot{X}_i'=0-\dot{X}_f=-\dot{F}\dot{X}_o$，经放大电路再次放大后得到一个增强了的信号 $-\dot{A}\dot{F}\dot{X}_o$，经过反馈放大，再反馈再放大，多次循环后，如果这个信号恰好等于放大电路的输出信号 $\dot{X}_o$，即 $-\dot{A}\dot{F}\dot{X}_o=\dot{X}_o$，也即 $\dot{A}\dot{F}=-1$，则放大电路便产生了自激振荡。

2. 产生自激振荡的条件

由以上分析可知，当

$$\dot{A}\dot{F}=-1 \tag{7-6-1}$$

时，负反馈放大器产生自激振荡。式(7-6-1)即是产生自激振荡的条件。对于正弦信号，$\dot{A}\dot{F}=-1$ 可表示为

$$\dot{A}\dot{F}=\left|\dot{A}\dot{F}\right|\underline{/\varphi}=AF\underline{/\varphi_A+\varphi_F}=-1 \tag{7-6-2}$$

由式(7-6-2)知，自激振荡条件可分别用幅值平衡条件和相位平衡条件来表示。

幅值平衡条件

$$\left|\dot{A}\dot{F}\right|=1 \tag{7-6-3}$$

相位平衡条件

$$\varphi_A+\varphi_F=(2n+1)\pi \qquad n=0、1、2\cdots \tag{7-6-4}$$

其中 φ_A 是放大电路输入信号与输出信号的相位差，φ_F 是反馈信号与输出信号的相位差。即放大电路的相位移与反馈网络的相位移之和等于 π 的奇整数倍。

实际上，自激振荡的产生是一个正反馈的过程。当电路接通电源时，将会产生一些干扰信号，根据频谱分析，这种干扰信号是由多种频率的分量所组成的，其中必然包含频率为 f_0 的正弦波。如果这个正弦波刚好满足自激振荡的平衡条件，即可形成增幅振荡，经过反馈→放大→再反馈→再放大的多次循环之后，使得输出电压越来越大，便产生了自激振荡。

3. 自激振荡的消除

设反馈网络为纯电阻网络。在单级负反馈放大电路中，因其产生的最大附加相移为 −90°，故不可能产生自激振荡。在两级负反馈放大电路中，虽然最大附加相移可达到−180°，但 f_0 为无穷大，由前面第五章频率特性的分析知，此时幅值为零，不满足幅值平衡条件；在三级放大电路中引入负反馈则有可能产生自激振荡，因为它存在附加相移为−180° 的 f_0，且在 $f=f_0$ 时有可能使 $\left|\dot{A}\dot{F}\right|=1$。据此推论，放大电路的级数越多，引入负反馈后产生自激振荡的可能性就越大。且反馈越深，电路越容易产生自激振荡。因此，实用放大电路以三级为宜。

要消除多级负反馈放大电路中的自激振荡，只要破坏自激振荡的条件即可。通常，可以采取相位补偿的方法使得电路在附加相移为 ±180° 时，$\left|\dot{A}\dot{F}\right|=AF<1$，或通过一定的补偿方法使电路不存在附加相移为 ±180° 的频率信号，则电路就不会产生自激振荡。关于相位补偿的方法可参看其他书籍。

7.7 应用电路实例

如图 7.7.1 所示为家用多功能淋浴器，图 7.7.2 为家用多功能淋浴器中的温度控制电路图，图中的 R_t 为温度传感器，采用负温度系数的热敏电阻。温度调节器采用电桥电路外接一个滑动电阻 R_P 来调节设定的温度。A 为电压比较器。晶体管 VT_1、VT_2 组成继电器的驱动电路。LED_1 和 LED_2 为发光二极管，LED_1 与 R_7 组成加热显示电路，LED_2 与 R_8 组成加热结束显示电路。

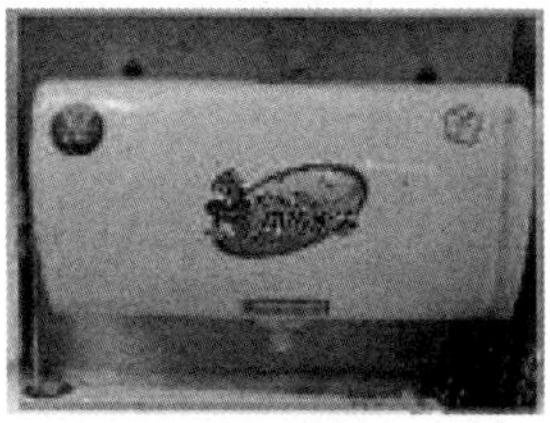

图 7.7.1 家庭淋浴器

工作原理如下：取 $R_1=R_2=R_3$，调节 R_P 使得 $R_t+R_P > R_3$，则 $u_b > u_a$，电压比较器 A 同相端的电位高于反相端的电位，输出高电平，晶体管 VT_1、VT_2 导通，继电器线圈中有电流通过，其动合触点 KA 吸合，加热器通电开始加热。与此同时绿色二极管 LED_1 发光，显示加热状态。随着温度的上升。R_t 阻值减小，使得 $R_t+R_P< R_3$，则 $u_b < u_a$，电压比较器 A 同相端的电位低于反相端的电位，输出低电平，晶体管 VT_1、VT_2 截止，继电器线圈断电，其动合触点 KA 断开，加热器断电停止加热。与此同时，红色二极管 LED_2 发光，表示加热结束。

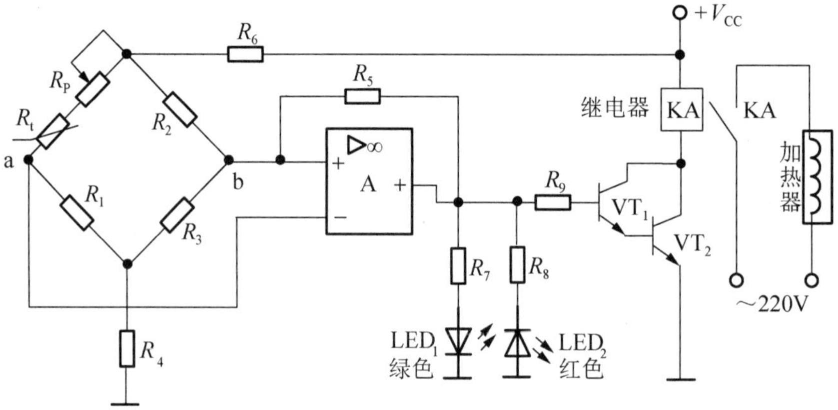

图 7.7.2 家用淋浴器中的温度控制电路

7.8 Multisim 应用——负反馈放大电路的测试

仿真电路为电压串联负反馈的两级阻容耦合放大电路的性能进行仿真分析，测试电路的性能指标参数。测试电路分别如图 7.8.1 和图 7.8.2 所示。

静态工作点的仿真分析：

分别对负反馈接入的放大电路和不带负反馈的开环放大电路进仿真，分析静态工作点 U_{BQ1}、U_{CQ1}、U_{EQ1}、U_{BQ2}、U_{CQ2} 和 U_{EQ2}，得到的输出结果如图 7.8.3 所示。结果表明，开环电路和闭环电路的静态工作点相同。

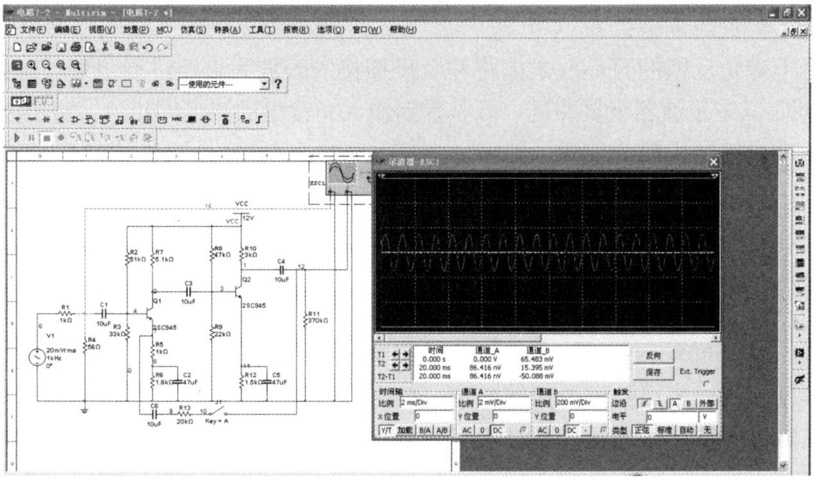

图 7.8.1 不带负反馈的开环放大电路及波形

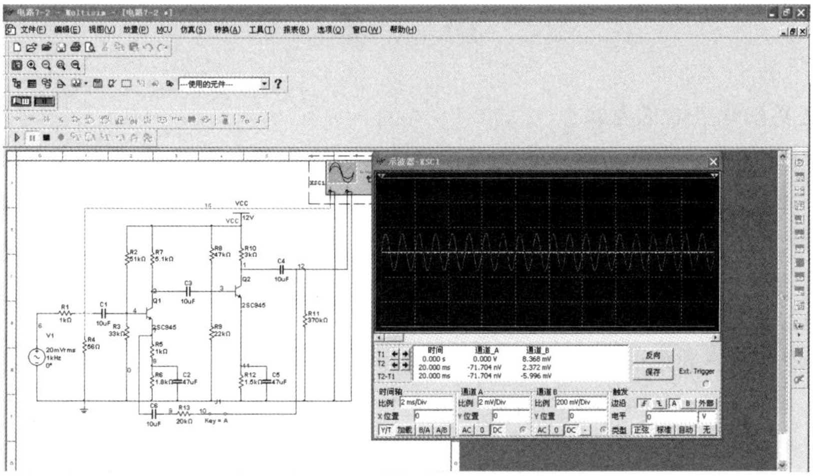

图 7.8.2 负反馈接入的放大电路及波形

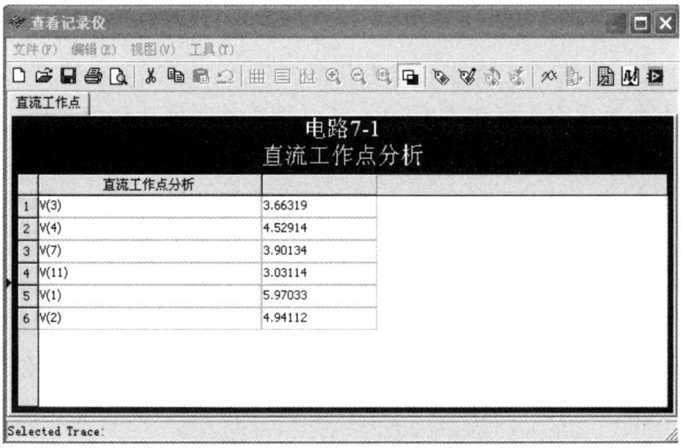

	直流工作点分析	
1	V(3)	3.66319
2	V(4)	4.52914
3	V(7)	3.90134
4	V(11)	3.03114
5	V(1)	5.97033
6	V(2)	4.94112

图 7.8.3 开环和闭环放大电路的静态工作点

电压放大倍数的分析：

分别对不带负反馈的开环放大电路和负反馈接入的放大电路进行仿真，如图 7.8.1 和图 7.8.2 所示。其中示波器设置相同，可以看到输入和输出的波形同相位，输出波形无失真。

不带负反馈的电压放大倍数

$$A_u = \frac{U_o}{U_i} = \frac{327.768\text{mV}}{1.453\text{mV}} \approx 255.6$$

负反馈接入的放大电路的放大倍数

$$A_{uf} = \frac{U_o}{U_i} = \frac{35.743\text{mV}}{1.495\text{mV}} \approx 23.9$$

由仿真结果可以看出，有反馈的时候，放大倍数会降低，却改善了放大电路的工作性能，如稳定放大倍数、改变输入和输出电阻等。由此可见，加入负反馈是以降低放大倍数为代价换来放大电路工作性能的改善。

小　　结

本章主要介绍了以下内容：

1. 反馈的概念。放大电路中的反馈，就是将放大电路的输出量(电压或电流)的一部分或者全部，通过一定的电路(反馈网络)引回到输入端以影响输入量(电压或电流)。

2. 反馈的分类。反馈可以分为正负反馈、交直流反馈、串并联反馈、电压电流反馈。交流负反馈有4种组态，分别是：电压串联负反馈、电压并联负反馈、电流串联负反馈和电流并联负反馈。

3. 反馈类型的判断方法。判断正负反馈用瞬时极性法。若反馈信号使净输入信号增大则为正反馈，否则为负反馈。判断交直流反馈看通路，若反馈信号仅存在于直流通路中，则为直流反馈；若反馈信号仅存在于交流通路中，则为交流反馈。判断串并联反馈看输入，若反馈信号与输入信号加在同一输入端为并联反馈，否则为串联反馈。判断电压电流反馈看输出，若反馈信号与对地输出电压从同一点取出则为电压反馈，否则，可根据输出端短路法进行判断。

4. 反馈的作用。直流负反馈可以稳定静态工作点，交流负反馈可以改善放大电路的动态性能。在放大电路中引入交流负反馈，可以提高放大倍数的稳定性，但会减小放大倍数；引入电压负反馈可以减小输出电阻，并稳定输出电压；引入电流负反馈可以增大输出电阻，并稳定输出电流；引入串联负反馈可以增大输入电阻；引入并联负反馈可以减小输入电阻；引入负反馈可以减小非线性失真；引入负反馈可以展宽通频带等等。

5. 深度负反馈条件下放大电路的特点。深度负反馈条件下，基本放大电路的两个输入端之间同时具有“虚短”和“虚断”的特点。在深度的串联负反馈电路中，信号输入端与反馈节点之间既“虚短”也“虚断”；在深度的并联负反馈电路中，信号输入端(即反馈节点)与地之间既“虚短”也“虚断”。

6. 深度负反馈下放大倍数(包括电压放大倍数)的估算。若电路引入深度负反馈，则在估算放大倍数时，应根据“虚短”和“虚断”先求出反馈量和输出量之间的关系，然后再求解放大倍数。

知识链接

反馈的应用

反馈在科学技术领域中的应用很多。除了负反馈可以改善放大电路的动态性能，正反馈可以产生正弦波信号之外，反馈还被广泛应用于自动控制系统、测量、通信和波形变换等方面。在自动控制系统中，利用反馈进行温度、速度、流量、压力等的自动控制。如在恒速控制系统中，直流电动机带动负载运转，在其输出轴上连接一台测速发电机，当某种原因使电动机转速下降时，测速发电机的输出电压减小。将此电压反馈到输入端，与给定电压进行比较，使差值电压增大，经放大后加到电动机电枢上的电压增大，从而使电动机的转速回升。在通信、电视及测量系统中常用的锁相环电路，其输出信号的频率跟踪输入信号的频率，当输出信号与输入信号频率相等时，输出电压与输入电压保持固定的差值。而锁相环就是一种反馈控制系统。波形变换电路是利用非线性电路将一种形状的波形变换为另一种形状。如电压比较器可将正弦波变为矩形波；积分运算电路可将方波变为三角波；微分运算电路可将三角波变为方波；比例运算电路可将三角波变为锯齿波等。而电压比较器、积分运算电路、微分运算电路及比例运算电路中都要引入反馈。

随堂测验题

【测试系统：第 7 章随堂测验题】

说明：本试题为单项选择题，答题完毕后，系统将自动给出本次测试成绩以及标准答案。

习　　题

【图文：第 7 章习题解答】

7-1 试选择合适的答案填入空内。

(1) 为使振荡电路产生自激振荡，应引入(　　)。

(2) 为稳定静态工作点，应在放大电路中引入(　　)。

(3) 为展宽通频带，应在放大电路中引入(　　)。

(4) 为减小输入电阻，应在放大电路中引入(　　)。

(5) 为增大输入电阻，应在放大电路中引入(　　)。

(6) 为稳定输出电流，应在放大电路中引入(　　)。

(7) 为稳定输出电压，应在放大电路中引入(　　)。

(8) 如果引入反馈后，放大电路的净输入量减小，则引入的是(　　)。

A．正反馈　　B．负反馈　　C．直流负反馈　　D．交流负反馈
E．电压负反馈　　F．电流负反馈　　G．串联负反馈　　H．并联负反馈

7-2 试选择合适的答案填入空内。

在放大电路中，欲减小放大电路从信号源索取的电流并有稳定的输出电压，应引入________负反馈；欲增大放大电路的输入电阻并稳定输出电流，应引入________负反馈；欲减小输入电阻并稳定输出电流，应引入________负反馈；欲减小输入电阻并增强带负载能力，应引入________负反馈。

A．电压并联　　B．电压串联　　C．电流并联　　D．电流串联

7-3 判断题(正确的请在每小题后的圆括号内打“√”，错误的打“×”)

(1) 只要在放大电路中引入负反馈，就一定能够稳定输出电压。　(　　)
(2) 反馈量仅仅取决于输出量，与输入量无关。　(　　)
(3) 交流负反馈是指放大交流信号时才有的反馈。　(　　)
(4) 直流负反馈是指在直接耦合放大电路中引入的负反馈。　(　　)
(5) 若引入反馈后，放大电路的输出量增大，则说明引入的是负反馈。　(　　)
(6) 在放大电路中，若引回的是电压信号，则说明引入的是电压反馈。　(　　)
(7) 在放大电路中，若引回的是电流信号，则说明引入的是电流反馈。　(　　)
(8) 若放大电路的电压放大倍数为负值，则说明引入的一定是负反馈。　(　　)
(9) 在用瞬时极性法判别反馈极性时，净输入信号一般都是指的电压。　(　　)
(10) 负反馈放大电路不可能产生自激振荡。　(　　)

7-4 已知某一负反馈放大电路的开环电压放大倍数 $A_u = 200$，反馈系数 $F_u = 0.01$。试问：(1) 闭环电压放大倍数 $A_{uf} = ?$ (2) 当开环电压放大倍数 A_u 变化±20%时，闭环电压放大倍数 A_u 变化多少？

7-5 在图 T7-1 中，指出有哪些反馈支路；并判断哪些是正反馈，哪些是负反馈；哪些是直流反馈，哪些是交流反馈。若是交流反馈，判断出其反馈组态。

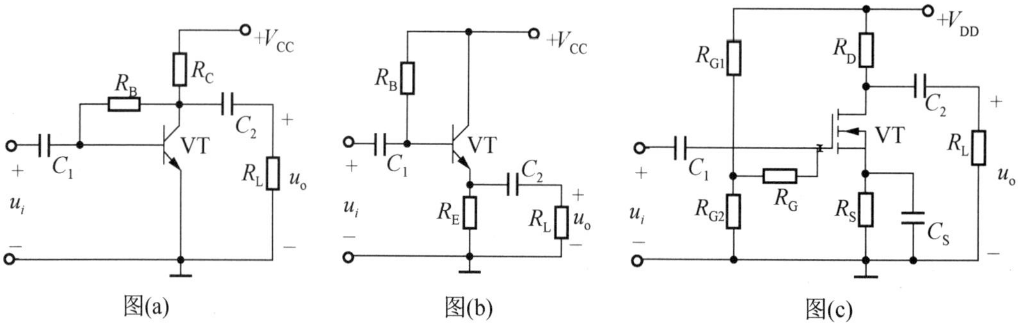

图 T7-1　习题 7-5 的图

7-6 在图 T7-2 中，指出有哪些反馈支路；并判断哪些是正反馈，哪些是负反馈；哪些是直流反馈，哪些是交流反馈。若是交流反馈，判断出其反馈组态。

7-7 在图 T7-3 中，试判断 R_F 引入的反馈极性。若是负反馈，则判断反馈组态。

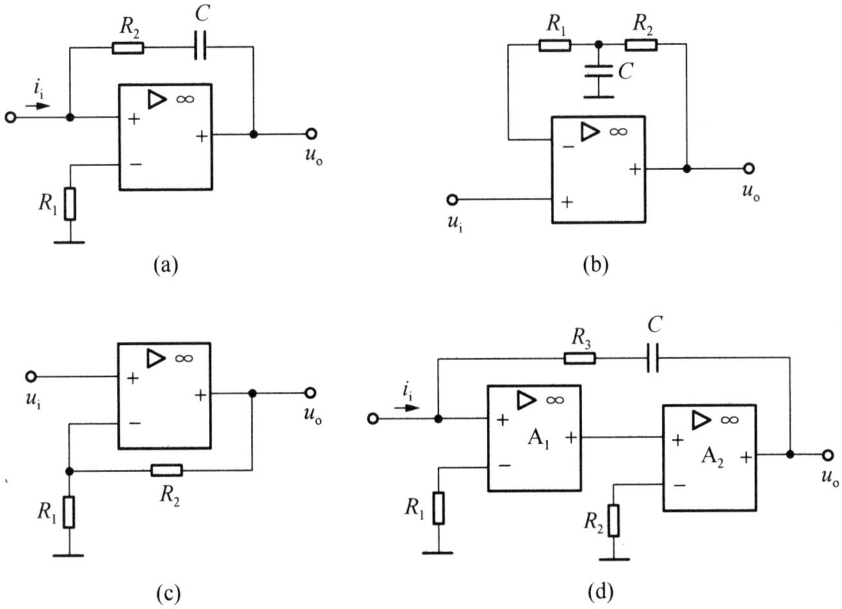

图 T7-2　习题 7-6 的图

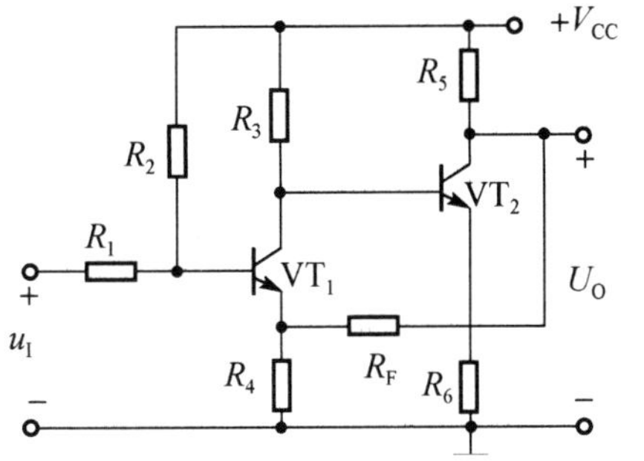

图 T7-3　习题 7-7 的图

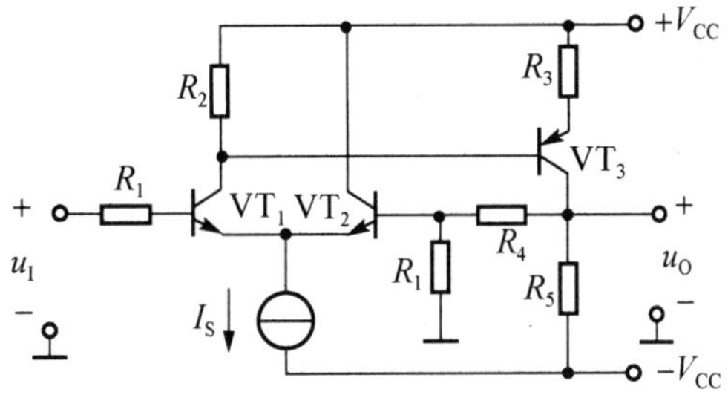

图 T7-4　习题 7-8 的图

7-8 在图 T7-4 中，试判断 R_4 支路引入的是正反馈还是负反馈。若是负反馈，则判断出反馈组态。

7-9 在图 T7-5 中，电路中级间引入的是直流反馈还是交流反馈？若是交流反馈，判断出其反馈组态？设所有电容对交流信号均可视为短路。

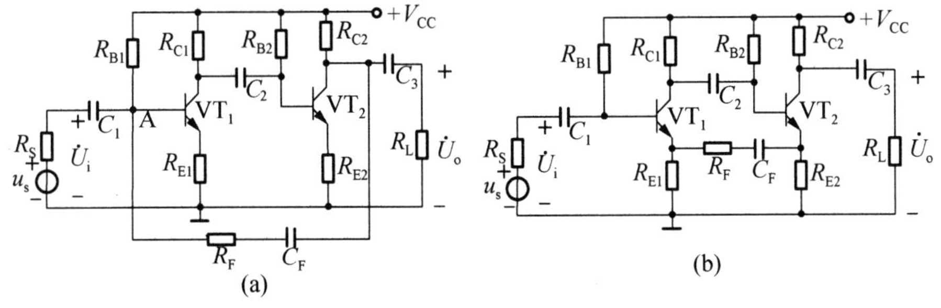

图 T7-5　习题 7-9 图

7-10 图 T7-6 中，若 $R_3=R_8=5\text{k}\Omega$，$R_F=2\text{k}\Omega$，$R_7=R_L=4\text{k}\Omega$。试估算电路在深度负反馈条件下的互导放大倍数 $\dot{A}_{gf}$ 和电压放大倍数 $\dot{A}_{uf}$。设所有电容对交流信号均可视为短路。

7-11 在图 T7-7 中，若 $R_1=10\text{k}\Omega$，$R_3=20\text{k}\Omega$。

(1) 在集成运放 A 中引入了哪种组态的反馈？

(2) 试判断电路中级间所引入负反馈的组态，并估算在深度负反馈条件下的电压放大倍数。

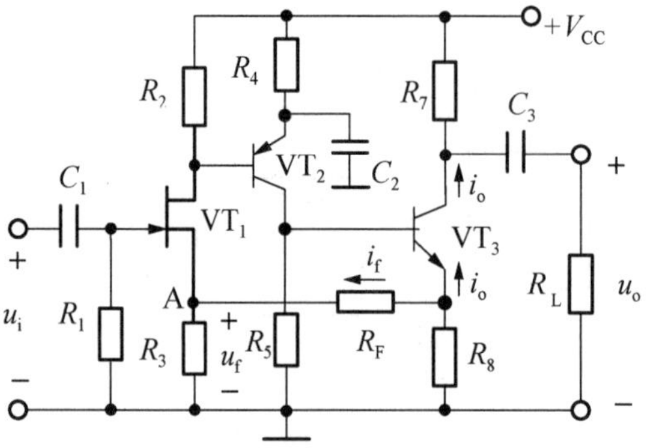

图 T7-6　习题 7-10 的图

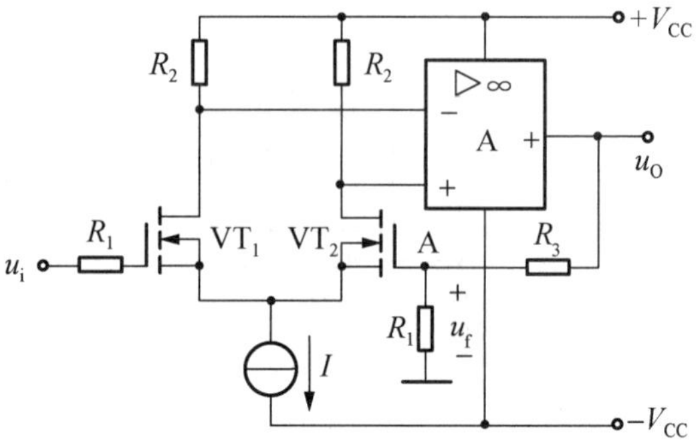

图 T7-7　习题 7-11 的图

7-12 在图 T7-8 中，若 $R_{E1}=R_{E2}=2\text{k}\Omega$，$R_{C1}=R_{C2}=R_L=4\text{k}\Omega$，$R_F=20\text{k}\Omega$，$R_S=1\text{k}\Omega$。试估算电路在深度负反馈条件下的电压放大倍数。

7-13 在图 T7-9 中，若 $R_1=100\Omega$，$R_F=200\Omega$。试估算电路在深度负反馈条件下的电压放大倍数。设电容 C_F 对交流信号视为短路。

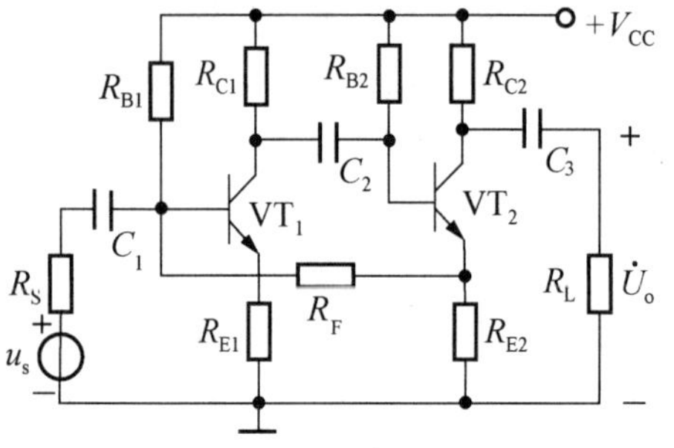

图 T7-8　习题 7-12 的图

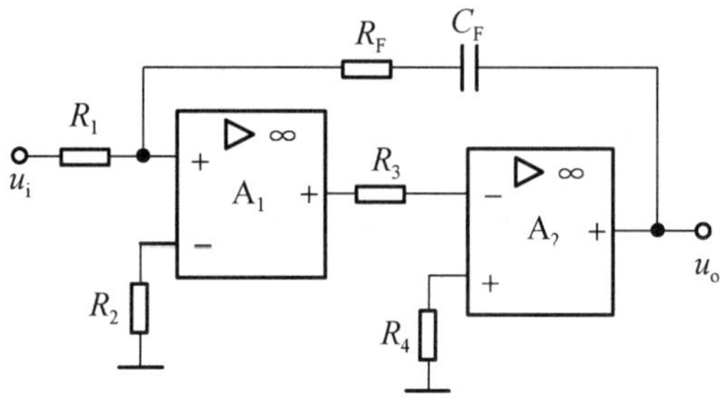

图 T7-9　习题 7-13 的图

7-14 由集成运放 A_1，A_2 等元器件组成的反馈放大电路如图 T7-10 所示。

(1) 试分别判断如图 T7-10(a)和 T7-10(b)所示电路所引入的级间交流反馈的组态；

(2) 如图 T7-10(a)和 T7-10(b)所示电路中的集成运放 A_1 和 A_2 分别工作于线性区还是非线性区？并说明理由。

(3) 若级间引入的有交流负反馈，且满足深度负反馈条件，试估算电路的闭环电压放大倍数 $\dot{A}_{uf}$。

7-15 电路如图 T7-11 所示，试判断极间负反馈的组态，并估算电路的闭环电压放大倍数(设电路参数合适，所引入的级间反馈满足深度负反馈的条件)。

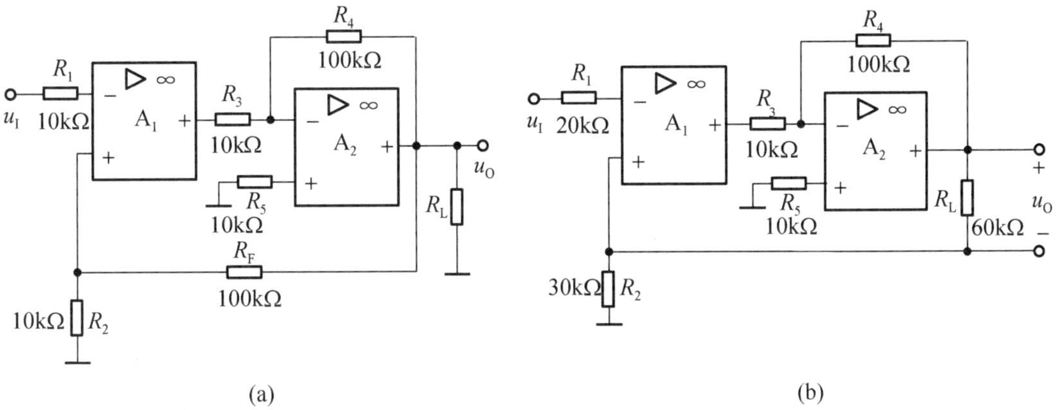

图 T7-10 习题 7-14 的图

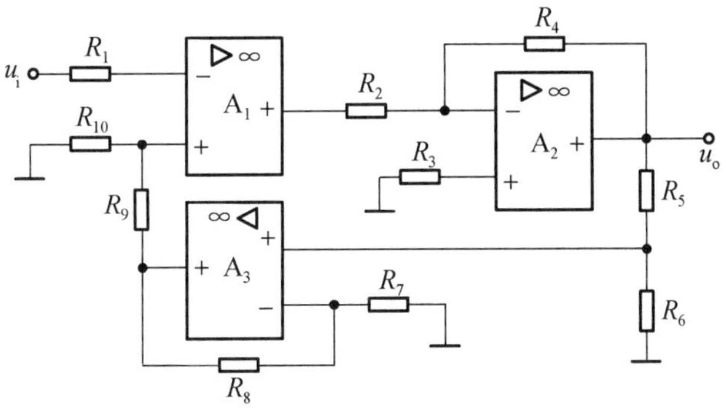

图 T7-11 习题 7-15 的图

7-16 电路如图 T7-12 所示，设各元器件参数和各级电路静态工作点合适。

(1) 若采用 $\dot{U}_{o1}$ 输出，则该电路属于何种类型的反馈放大电路？

(2) 若采用 $\dot{U}_{o2}$ 输出，则该电路属于何种类型的反馈放大电路？

(3) 在(1)和(2)中，若满足深度负反馈的条件，试求闭环电压放大倍数 $\dot{A}_{uf}$。

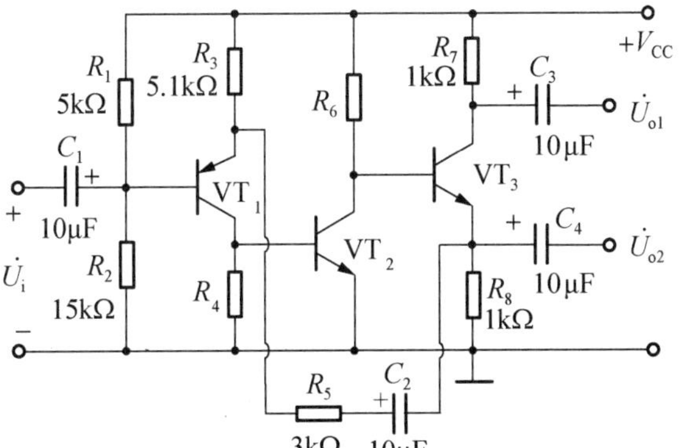

图 T7-12 习题 7-16 的图

7-17 电路如图 T7-13 所示，设各元器件参数和各级电路静态工作点合适。

(1) 试判断极间反馈的组态；

(2) 若所引入的是深度的负反馈，求反馈系数、闭环放大倍数和闭环电压放大倍数；

(3) 试说明该反馈对放大电路输入电阻和输出电阻的影响；

(4) 为确保负载电阻 R_L 变化时，负载端电压基本不变，则反馈应如何改变？画出改动后的反馈支路，并求深度负反馈条件下的闭环电压放大倍数。

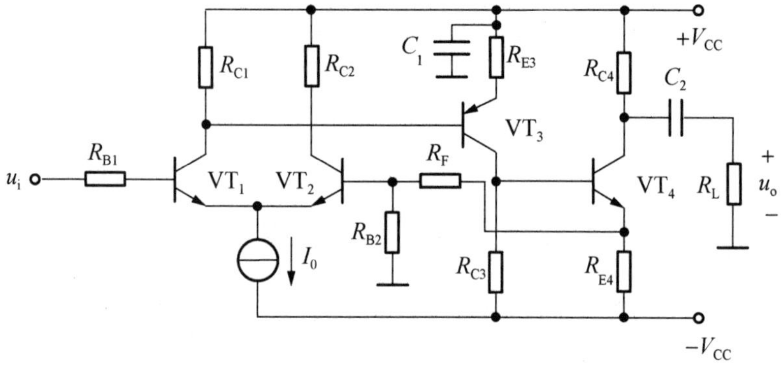

图 T7-13　习题 7-17 的图

第 4—7 章综合测试题

说明：本试题为单项选择题和判断题两部分，答题完毕并提交后，系统将自动给出本次测试成绩以及标准答案。

【测试系统：第 4-7 章测试题】

第8章 波形发生和变换电路

波形发生和变换电路在电子设备中应用比较广泛。本章在分析正反馈和自激振荡原理的基础上，首先介绍3种正弦波振荡电路，即*RC*振荡电路、*LC*振荡电路及石英晶体振荡电路，然后介绍3种非正弦波发生电路，即矩形波、三角波及锯齿波发生电路，最后介绍两种波形变换电路，即三角波变锯齿波以及三角波变正弦波的电路。

本章教学目标与要求

- 掌握*RC*串并联网络振荡电路和*LC*振荡电路的电路组成、工作原理以及分析方法。
- 掌握矩形波、三角波、锯齿波发生电路的电路组成和工作原理。
- 理解正反馈和自激振荡的原理。
- 了解石英晶体谐振器的压电效应及电抗频率特性。
- 了解并联型和串联型石英晶体振荡电路的电路组成和工作原理。

【引例】

在数字设备和计算机系统中，只有存在高稳定度的时钟信号，CPU、内存、总线才能协调有序地工作；在无线广播、电视发射机中，音频和视频信号必须通过调制加载到高频载波上，才能有效地发射，如图8.1所示；在工业生产中，利用高频电源可以为高频加热炉提供能量，如图8.2所示；在电子技术实验中，利用函数信号发生器可以调出各种各样的波形信号。以上系统和设备要完成相应的功能，其核心部分都离不开波形发生电路或变换电路。

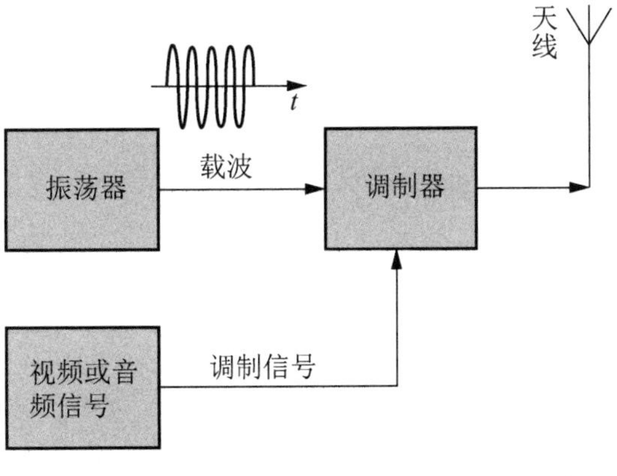

图8.1 无线电发射机框图

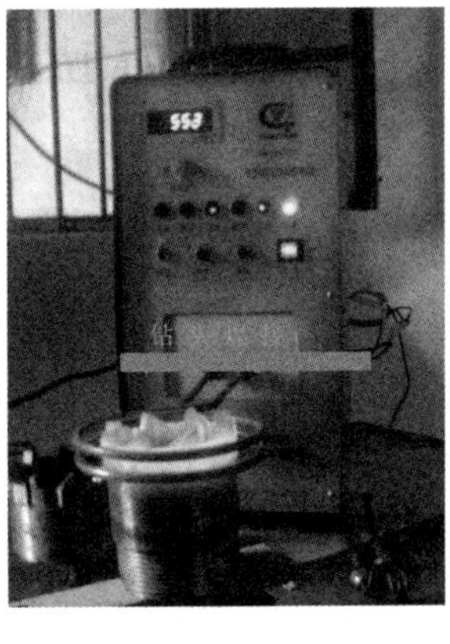

图8.2 高频加热炉

8.1　正弦波振荡电路

波形发生电路也称为振荡器，能够在没有外部激励的情况下产生交流振荡信号。和放大器一样，振荡器也是一种能量转换器，不同的是，它不需要外部激励便能自动地将直流电源供给的功率转换为交流功率输出。

振荡器的种类很多，根据产生的波形不同，可分为正弦波振荡器和非正弦波振荡器。正弦波振荡器是指在没有外部激励的情况下，依靠自激振荡产生正弦波输出电压的电路，其电路形式多种多样，根据选频网络不同可分为 *RC* 振荡器、*LC* 振荡器和石英晶体振荡器这 3 种类型。本节在介绍正反馈与自激振荡原理的基础上，介绍以上 3 种正弦波振荡器的电路组成和工作原理。

8.1.1　正反馈与自激振荡

1. 反馈振荡器的基本原理

在负反馈放大电路的稳定性一节曾介绍，若在低频段或高频段存在频率 f_0 的信号，使得 $|\dot{A}\dot{F}|>1$，$\varphi_A+\varphi_F=\pm(2n+1)\pi$，则电路内部形成正反馈，产生自激振荡。负反馈放大电路中，需要消除自激振荡以提高稳定性，而在正弦波振荡电路中，则需要利用正反馈和自激振荡来产生正弦波信号。

正弦波振荡器主要由放大电路和正反馈网络构成，其原理框图如图 8.1.1 所示。图中，正反馈网络通常是无源的线性网络。此外，为使振荡器能够输出一定频率和一定幅值的振荡信号，电路中还应含有选频网络和稳幅环节。因此，正弦波振荡器必须由放大电路、正反馈网络、选频网络以及稳幅环节共 4 部分构成。

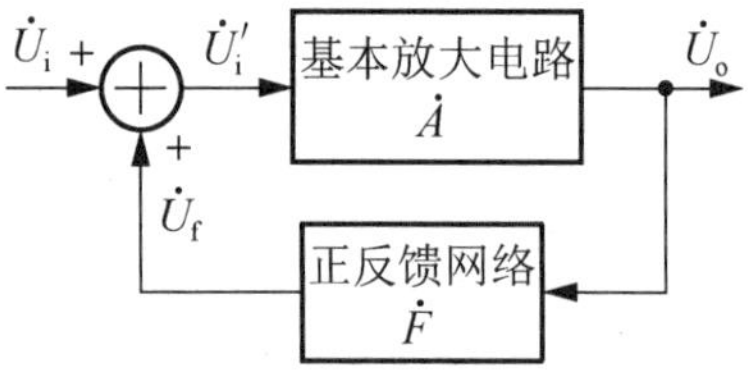

图 8.1.1　正弦波振荡器的原理框图

由图 8.1.1 分析可得闭环电压放大倍数为

$$\dot{A}_{uf}=\frac{\dot{U}_o}{\dot{U}_i}=\frac{\dot{A}}{1-\dot{A}\dot{F}} \tag{8-1-1}$$

【图文：式(8-1-1)的证明】

上式中，若输入为某一频率 f_0 信号，使得 $\dot{A}\dot{F}=1$，则放大倍数 $\dot{A}_{uf}$ 将趋于无穷大，这表明，即使不存在输入信号，也可以维持振荡输出，即产生自激振荡。

特别提示

- 在许多实用的振荡电路中，正反馈网络和选频网络通常是合二为一的。

2. 起振条件和平衡条件

振荡器虽然不需要外部激励，但在通电的瞬间，电路中不可避免存在电冲击，这就是振荡器的初始激励，振荡信号正是在初始激励的基础上建立起来的。初始激励一般较弱，且包含丰富频率分量，振荡器要能输出具有一定频率和幅值的振荡信号，需要经历一个由起振到达平衡的过程，并且必须满足相应的条件。

振荡开始时，初始激励虽然频率分量丰富，但经过放大电路和选频网络后，只有频率等于选频网络谐振频率的分量$\dot{U}_i$才能产生较大的输出电压$\dot{U}_o$，该电压经过反馈网络产生反馈电压$\dot{U}_f$。当初始激励消失后，反馈电压$\dot{U}_f$作为放大电路新的输入电压$\dot{U}'_i$，经放大电路的放大产生新的输出$\dot{U}'_o$，如此经过反馈、放大的不断循环，振荡器将输出一定频率的正弦波振荡信号，在此过程中有

$$\dot{U}'_o = \dot{A}\dot{F}\dot{U}_o \tag{8-1-2}$$

初始激励较弱，产生的初始输出也比较小，为使振荡器输出达到一定的幅值，起振过程中输出电压的幅值必须不断地增大，即进行增幅振荡。由式(8-1-2)可知，电路要进行增幅振荡，必须满足

$$\dot{A}\dot{F} > 1 \tag{8-1-3}$$

上式称为自激振荡的起振条件，将其写成模和相角的形式为

$$\begin{cases} \left|\dot{A}\dot{F}\right| > 1 & (8\text{-}1\text{-}4a) \\ \varphi_A + \varphi_F = 2n\pi\ (n\ 为整数) & (8\text{-}1\text{-}4b) \end{cases}$$

式(8-1-4a)和式(8-1-4b)分别称为起振时的幅值条件和相位条件。

振荡信号的幅值不能无限制地增长，当振荡器输出幅值增大到一定值时，必然达到平衡，进行等幅振荡。由式(8-1-2)可知，电路要进行等幅振荡，必须满足

$$\dot{A}\dot{F} = 1 \tag{8-1-5}$$

上式称为自激振荡的平衡条件，将其写成模和相角的形式为

$$\begin{cases} \left|\dot{A}\dot{F}\right| = 1 & (8\text{-}1\text{-}6a) \\ \varphi_A + \varphi_F = 2n\pi\ (n\ 为整数) & (8\text{-}1\text{-}6b) \end{cases}$$

式(8-1-6a)和式(8-1-6b)分别称为幅值平衡条件和相位平衡条件。

振荡器由增幅振荡过渡到等幅振荡是由放大器件的非线性或振荡器的稳幅环节来完成的，且起振过程非常短暂。因此，只要振荡器满足起振条件，一旦通电就有一定频率和幅值的振荡信号输出。

由于在振荡频率处电路满足相位条件，因此振荡频率也可由相位条件来确定。

3. 判断一个电路能否产生正弦波振荡的一般步骤

(1) 观察电路的组成是否完整。即要观察电路是否包含放大电路、反馈网络、选频网络以及稳幅环节这 4 部分。

(2) 判断电路能否正常放大。即判断电路是否有合适的直流通路和交流通路，静态工作点是否合适，反馈信号能否顺利地传送到放大电路的输入回路，输出信号能否有效地输出，是否有开路和短路的现象等。

(3) 判断是否满足振荡的相位条件，即是否具有正反馈的性质。若相位条件不满足，则振荡器不能产生振荡，此时无须考虑幅值条件。

(4) 判断是否满足起振的幅值条件。在实际应用中，一般通过实验进行调节，以满足起振的幅值条件。

8.1.2 *RC* 正弦波振荡电路

RC 正弦波振荡电路采用 *RC* 元件构成选频网络，其振荡频率一般在 1MHz 以下。实用的 *RC* 正弦波振荡电路主要有 3 种，即 *RC* 串并联网络振荡电路、移相式振荡电路、双 T 型选频网络振荡电路，这里只介绍最具典型性的 *RC* 串并联网络振荡电路。

图 8.1.2 所示是 *RC* 串并联网络振荡电路的原理图。其中，集成运放 A 和电阻 R_F、R' 构成同相比例运算电路；虚线框内是一个由 *RC* 元件组成的串并联网络，同时用作正反馈网络和选频网络。由于正反馈网络中的 R_1、C_1 串联支路和 R_2、C_2 并联支路以及负反馈网络中的 R_F 和 R' 各为一臂正好构成桥路，故该振荡电路又称为 *RC* 桥式正弦波振荡电路或文氏电桥振荡电路。

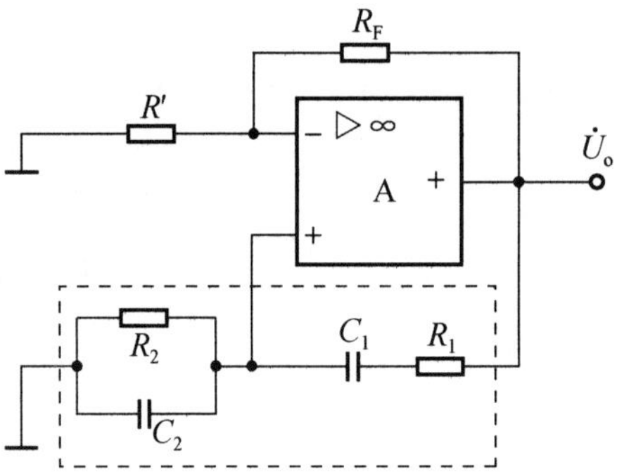

图 8.1.2 *RC* 串并联网络振荡电路

1. *RC* 串并联网络的选频特性

RC 串并联网络如图 8.1.3(a)所示，其输入电压为振荡电路的输出电压 $\dot{U}_o$，输出电压为振荡电路的反馈电压 $\dot{U}_f$。通常情况下，选取 $R_1 = R_2 = R$，$C_1 = C_2 = C$。首先对 *RC* 串并联网络的频率特性进行定性分析。

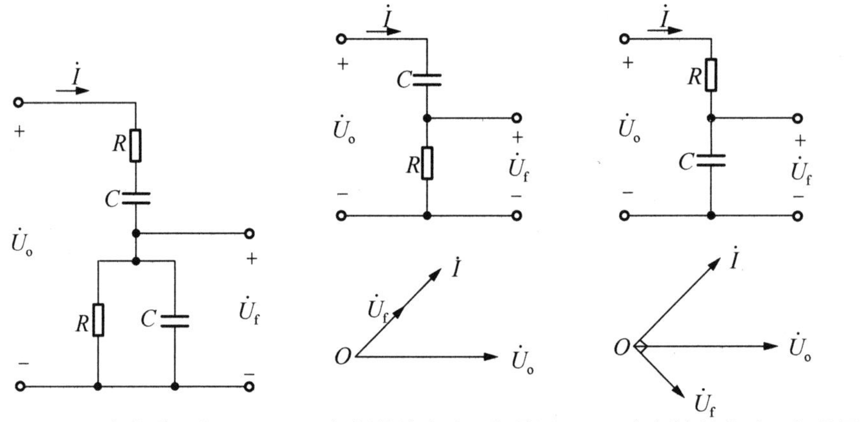

(a) *RC*串并联网络 (b) 低频等效电路及相量图 (c) 高频等效电路及相量图

图 8.1.3 *RC* 串并联网络及其高频、低频等效电路

图 8.1.3(a)中，当信号频率足够低时，$\dfrac{1}{\omega C} \gg R$，则串并联网络可以等效成图 8.1.3(b)所示的电路。由低频等效电路可知，ω 越低，则 $\dfrac{1}{\omega C}$ 越大，$\dot{U}_f$ 的幅度越小，且其相位超前 $\dot{U}_o$ 越多，当 $\omega \to 0$ 时，$|\dot{U}_f| \to 0$，$\varphi_F \to 90^\circ$。

图 8.1.3(a)中，当信号频率足够高时，$\dfrac{1}{\omega C} \ll R$，则串并联网络可以等效成图 8.1.3(c)所示的电路。由高频等效电路可知，ω 越高，则 $\dfrac{1}{\omega C}$ 越小，$\dot{U}_{\mathrm{f}}$ 的幅度越小，且其相位滞后 $\dot{U}_{\mathrm{o}}$ 越多。当 $\omega \to \infty$ 时，$\left|\dot{U}_{\mathrm{f}}\right| \to 0$，$\varphi_{\mathrm{F}} \to -90^{\circ}$。

由以上分析可知，当信号频率从零逐渐变化到无穷大时，φ_{F} 从 $+90^{\circ}$ 变化到 -90°，且必定存在某个频率 f_0，当 $f = f_0$ 时，$\dot{U}_{\mathrm{f}}$ 的幅度较大，$\dot{U}_{\mathrm{f}}$ 与 $\dot{U}_{\mathrm{o}}$ 同相位。

再对 RC 串并联网络的频率特性进行定量分析。由图 8.1.3(a)可写出 RC 串并联网络的频率特性表达式

$$\dot{F} = \frac{\dot{U}_{\mathrm{f}}}{\dot{U}_{\mathrm{o}}} = \frac{R // \dfrac{1}{\mathrm{j}\omega C}}{R + \dfrac{1}{\mathrm{j}\omega C} + R // \dfrac{1}{\mathrm{j}\omega C}}$$

经整理上式可得

$$\dot{F} = \frac{1}{3 + \mathrm{j}\left(\omega RC - \dfrac{1}{\omega RC}\right)}$$

令 $\omega_0 = \dfrac{1}{RC}$，则 $f_0 = \dfrac{1}{2\pi RC}$，代入上式得

$$\dot{F} = \frac{1}{3 + \mathrm{j}\left(\dfrac{f}{f_0} - \dfrac{f_0}{f}\right)} \tag{8-1-7}$$

由上式可得网络幅频特性为

$$\left|\dot{F}\right| = \frac{1}{\sqrt{9 + \left(\dfrac{f}{f_0} - \dfrac{f_0}{f}\right)^2}} \tag{8-1-8}$$

相频特性为

$$\varphi_{\mathrm{F}} = -\arctan \frac{1}{3}\left(\frac{f}{f_0} - \frac{f_0}{f}\right) \tag{8-1-9}$$

由式(8-1-8)和式(8-1-9)可知，当 $f = f_0$ 时，$\dot{F}$ 的幅值最大，且 $\left|\dot{F}\right|_{\max} = \dfrac{1}{3}$，$\varphi_{\mathrm{F}} = 0^{\circ}$。也就是说，当 $f = f_0$ 时，$\dot{U}_{\mathrm{f}}$ 幅值最大，等于 $\dot{U}_{\mathrm{o}}$ 幅值的 $\dfrac{1}{3}$，且 $\dot{U}_{\mathrm{f}}$ 与 $\dot{U}_{\mathrm{o}}$ 同相位，表明 RC 串并联网络具有选频特性。

由式(8-1-8)、式(8-1-9)可画出 $\dot{F}$ 的幅频特性曲线和相频特性曲线分别如图 8.1.4(a)和图 8.1.4(b)所示。

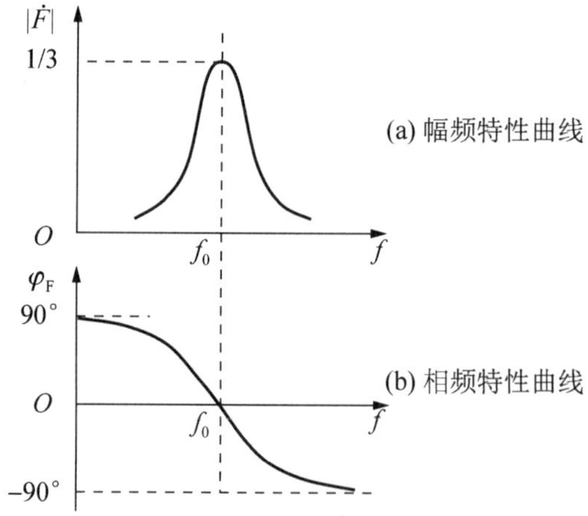

图 8.1.4　*RC* 串并联网络的频率特性

2. 振荡频率与起振条件

1) 振荡频率

根据 *RC* 串并联选频网络的选频特性不难得出振荡频率为

$$f_0 = \frac{1}{2\pi RC} \tag{8-1-10}$$

2) 起振条件

由于对于频率为 f_0 的正弦信号，$\dot{U}_f$ 与 $\dot{U}_o$ 同相位，故电路具有正反馈的性质，满足相位条件。

起振时电路必须满足 $|\dot{A}\dot{F}|>1$，而由如前分析可知，在振荡频率 f_0 上，有 $|\dot{F}|=1/3$，因此可得振荡电路起振时的幅值条件为

$$|\dot{A}|>3 \tag{8-1-11}$$

由式(8-1-11)可知，只要使放大电路的电压放大倍数略大于 3 就可以满足起振时的幅值条件。除 f_0 以外的频率的信号，不满足起振条件，也就不能振荡。又因同相比例运算电路的电压放大倍数为 $A_u = 1+\frac{R_F}{R'}$，所以由式(8-1-11)可知，若要满足起振时的幅值条件，则图 8.1.2 中的负反馈支路的电阻参数应满足

$$R_F > 2R' \tag{8-1-12}$$

由式(8-1-12)可知，为满足起振的条件，应使 R_F 略大于 $2R'$。为稳定输出电压的幅值，应选 R' 为正温度系数的热敏电阻，也可选 R_F 为负温度系数的热敏电阻，还可在 R_F 支路内串联一反向并联的二极管支路，利用二极管的非线性进行稳幅。在通常情况下，也可不另加稳幅环节，利用放大电路内放大管的非线性自动进行稳幅。

3. 频率可调的 *RC* 桥式振荡电路

由式(8-1-10)可知，改变 *R* 和 *C* 的值，可改变 *RC* 桥式正弦波振荡电路的振荡频率。为使 *RC* 桥式正弦波振荡电路的振荡频率在较宽的范围内可调，通常在 *RC* 串并联网络中，

利用同轴波段开关接不同的电容对振荡频率进行粗调，利用同轴电位器对振荡频率进行微调，如图 8.1.5 所示。振荡频率可从几 Hz 到几百 kHz 的范围内连续可调。

在 RC 桥式正弦波振荡电路中，减小 R 和 C 的值可提高振荡频率，但若 R 和 C 值过小，则放大电路的输出电阻、放大器件的极间电容以及电路的分布电容均会影响选频特性。因此当振荡频率调整得过高时，其值不仅取决于选频网络自身的参数，而且还与放大电路的参数有关，这样势必造成频率稳定度降低。所以，RC 桥式正弦波振荡电路只适合于产生低频的正弦波信号，通常用于产生 1 MHz 以下的正弦信号。

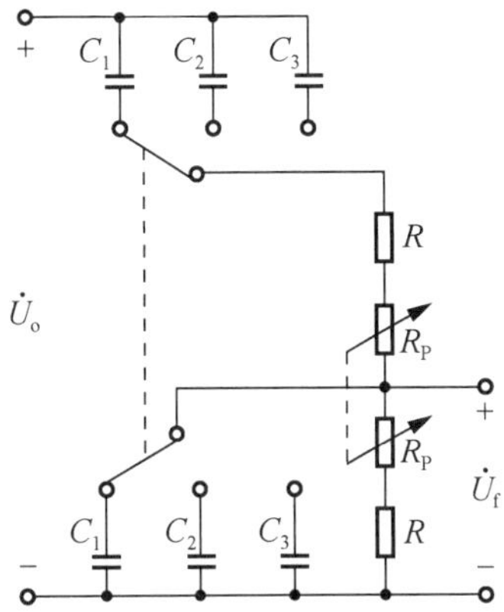

图 8.1.5　振荡频率可调的 RC 串并联网络

需要指出，为减小放大电路对选频网络的影响，要求放大电路要有尽可能高的输入电阻和尽可能低的输出电阻。换言之，只要放大电路具有足够高的输入电阻和足够低的输出电阻均可作为 RC 正弦波振荡电路中的放大电路。在如图 8.1.2 所示的 RC 正弦波振荡电路中引入了两种组态的反馈，即电压并联正反馈和深度的电压串联负反馈。其中所引入深度的电压串联负反馈，一方面提高了放大电路的输入电阻，降低了输出电阻，从而减小了放大电路对选频网络的影响；另一方面也提高了放大电路的带负载能力，并减小了输出波形的非线性失真。

RC 桥式正弦波振荡电路具有振荡频率稳定，带负载能力强，输出电压失真小的优点，应用相当广泛。

【例 8-1-1】一台由文氏电桥振荡电路组成的正弦波信号发生器，采用如图 8.1.5 所示的方法调节输出频率。切换不同的电容作为频率粗调，调节同轴电位器作为细调。已知 C_1、C_2、C_3 分别为 0.25μF、0.025μF、0.0025μF，固定电阻 R=3kΩ，电位器 R_p=30kΩ。试估算该仪器三档频率的调节范围。

【解】在低频档，$C = 0.25\mu F$，当电位器 R_p 调至最大时，$R + R_p = (3+30)k\Omega = 33k\Omega$，此时振荡频率为

$$f = \frac{1}{2\pi \times 33\times 10^3 \times 0.25\times 10^{-6}}\text{Hz=19Hz}$$

当电位器 R_p 调至零时，$R + R_p = (3+0)k\Omega = 3k\Omega$，此时

$$f = \frac{1}{2\pi \times 3\times 10^3 \times 0.25\times 10^{-6}}\text{Hz=212Hz}$$

在中频档，$C = 0.025\mu F$，当 R_p 调至最大时

$$f = \frac{1}{2\pi \times 33\times 10^3 \times 0.025\times 10^{-6}}\text{Hz=190Hz}$$

当 R_p 调至零时

$$f = \frac{1}{2\pi \times 3\times 10^3 \times 0.025\times 10^{-6}}\text{Hz=2.12kHz}$$

在高频档，$C=0.0025\mu F$，当 R_p 调至最大时

$$f=\frac{1}{2\pi\times 33\times 10^3\times 0.0025\times 10^{-6}}\text{Hz=1.9kHz}$$

当 R_p 调至零时

$$f=\frac{1}{2\pi\times 3\times 10^3\times 0.0025\times 10^{-6}}\text{Hz=21.2kHz}$$

综合以上计算结果，可得三档频率的调节范围为：$19\sim 212\text{Hz}$，$190\sim 2.12\text{kHz}$，$1.9\sim 21.2\text{kHz}$。可见三档的频率均在音频范围内，且三档之间互相有一部分重叠，故能在 $19\sim 21.2\text{kHz}$ 的全部频率范围内连续可调，实际上这是一台频率可调的音频信号发生器。

8.1.3 *LC* 正弦波振荡电路

LC 正弦波振荡电路的选频网络通常由 *LC* 并联谐振回路组成，一般可以产生几十 MHz 以上的正弦波信号。根据反馈电压的来源不同，*LC* 振荡电路可分为变压器反馈式、电感反馈式、电容反馈式三种形式。下面分析这 3 种形式振荡电路的组成、工作原理和起振条件。首先回顾一下 *LC* 并联谐振电路的相关知识。

1. *LC* 并联谐振电路的选频特性

图 8.1.6(a)所示为 *LC* 并联谐振电路，*R* 是电感线圈的等效电阻，电路的总导纳为

$$Y=\mathrm{j}\omega C+\frac{1}{R+\mathrm{j}\omega L}=\frac{R}{R^2+(\omega L)^2}+\mathrm{j}\left[\omega C-\frac{\omega L}{R^2+(\omega L)^2}\right] \tag{8-1-13}$$

令上式虚部为零，可求得谐振角频率

$$\omega_0=\frac{1}{\sqrt{1+\left(\frac{R}{\omega_0 L}\right)^2}}\frac{1}{\sqrt{LC}}=\frac{1}{\sqrt{1+\frac{1}{Q^2}}}\frac{1}{\sqrt{LC}} \tag{8-1-14}$$

上式中，$Q=\frac{\omega_0 L}{R}$，称为谐振电路的品质因数。当 $Q\gg 1$ 时，$\omega_0\approx\frac{1}{\sqrt{LC}}$，故谐振频率为

$$f_0\approx\frac{1}{2\pi\sqrt{LC}} \tag{8-1-15}$$

品质因数又可表示为

$$Q=\frac{\omega_0 L}{R}\approx\frac{1}{R}\sqrt{\frac{L}{C}} \tag{8-1-16}$$

当 $f=f_0$ 时，谐振电路的总阻抗为

$$Z_0=\frac{1}{Y_0}=\frac{R^2+(\omega L)^2}{R}=R+Q^2R$$

当 $Q\gg 1$ 时，$Z_0\approx Q^2R$，将式(8-1-16)代入可得

$$Z_0=\frac{L}{RC} \tag{8-1-17}$$

由以上分析可知，当信号频率等于回路的谐振频率时，电路的等效导纳最小，等效阻

抗最大，呈纯阻性，电路两端的电压与流过的总电流 I 同相位，即回路发生谐振。

图 8.1.6(a)中，当损耗电阻 R 很小时，电路总阻抗 Z 的表达式为

$$Z=\frac{-\mathrm{j}\dfrac{1}{\omega C}(R+\mathrm{j}\omega L)}{-\mathrm{j}\dfrac{1}{\omega C}+R+\mathrm{j}\omega L}\approx\frac{\left(-\mathrm{j}\dfrac{1}{\omega C}\right)\mathrm{j}\omega L}{R+\mathrm{j}\left(\omega L-\dfrac{1}{\omega C}\right)}=\frac{Z_0}{1+\mathrm{j}Q\left(1-\dfrac{\omega_0^2}{\omega^2}\right)} \tag{8-1-18}$$

由式(8-1-18)可以画出不同 Q 值时的 LC 并联谐振电路阻抗 Z 的幅频特性和相频特性曲线，分别如图 8.1.6(b)和(c)所示。由图可以看出，品质因数 Q 越大，曲线越陡，选频特性越好。

若品质因数 $Q\gg 1$，则谐振时，电感和电容支路电流大小相等，且等于总电流的 Q 倍，即

$$I_L=I_C=QI$$

若上式中品质因数 $Q\gg 1$，则 $I_L=I_C\gg I$，则总电流 I 可忽略不计，认为电流仅在回路中通过，回路中形成了一个振荡电流 $\dot{I}'$，使电感和电容之间进行能量互换。

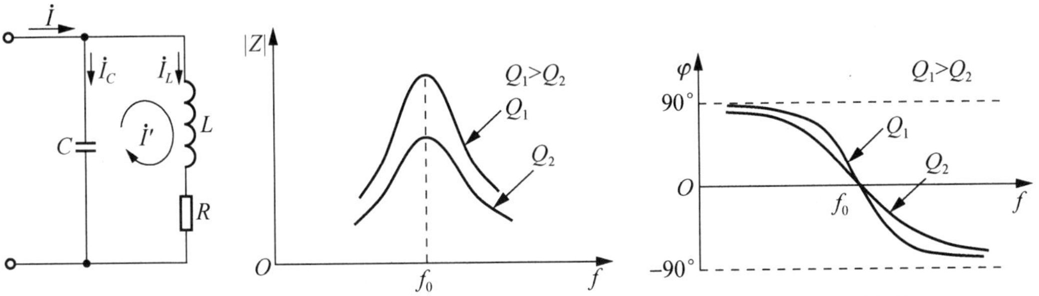

(a) 谐振回路　　(b) 幅频特性　　(c) 相频特性

图 8.1.6　LC 并联谐振回路及其频率特性

2. 变压器反馈式振荡电路

1) 电路组成

变压器反馈式振荡电路通过变压器线圈的互感产生反馈电压。图 8.1.7(a)是典型的变压器反馈式振荡电路，两耦合电感之间的互感为 M。其中，放大电路由晶体管共射电路构成，选频网络由线圈 N_1 和电容 C 组成的并联谐振回路构成，反馈由线圈 N_1 和 N_2 之间的互感实现，u_{f} 为反馈电压，即线圈 N_2 上端对地的电压。R_{B1}、R_{B2}、R_{E} 是直流偏置电阻，C_{B} 为隔直电容，C_{E} 为发射极旁路电容。由图 8.1.7(a)可画出振荡电路的交流通路，如图 8.1.7(b)所示。

2) 起振条件和振荡频率

相位条件可采用瞬时极性法判断。图 8.1.7(a)中，假设断开反馈支路，即放大电路的输入端在 P 点断开，且在晶体管的基极与地之间输入频率为 f_0(回路谐振频率)的电压信号 u_{i}，并设基极极性为正，因选频网络在谐振状态时呈纯阻性，且晶体管为共射接法，故晶体管集电极对地的瞬时极性为负，即选频网络两端电压的瞬时极性为上正下负。再根据变压器线圈的同名端可以判断反馈电压 u_{f} 极性为上正下负，反馈至输入端的极性为正，与输入电压 u_{i} 的极性相同。因此，电路具有正反馈的性质，满足相位条件。图中各点对地电位的瞬时极性用“⊕”或“⊖”表示。

【视频：变压器反馈式振荡电路相位条件的判断】

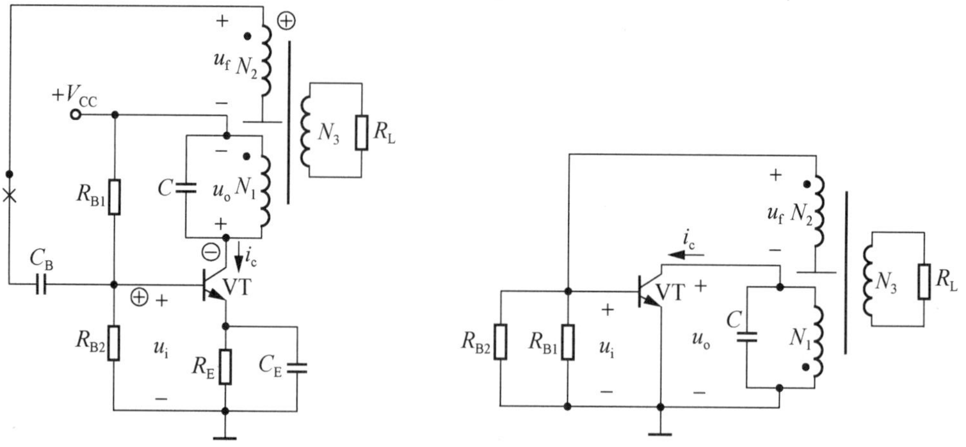

(a) 振荡电路　　　　　　　　　　(b) 交流通路

图 8.1.7　变压器反馈式振荡电路及其交流通路

由图 8.1.1 可知，$\dot{A}\dot{F}=\dfrac{\dot{U}_f}{\dot{U}_i}$，因此，只要$\left|\dfrac{\dot{U}_f}{\dot{U}_i}\right|>1$，电路必定满足振幅起振条件。下面具体分析。

由图 8.1.7(b)可画出变压器反馈式振荡电路的交流微变等效电路，如图 8.1.8(a)所示。图中，R 是包括负载和回路损耗在内的总电阻；L_1 为变压器一次侧总电感(包含 N_3 折合到一次侧的等效电感)，L_2 为二次侧电感；R_i 为放大电路的输入电阻，由图可知 $R_i=R_{B1}//R_{B2}//r_{be}$。

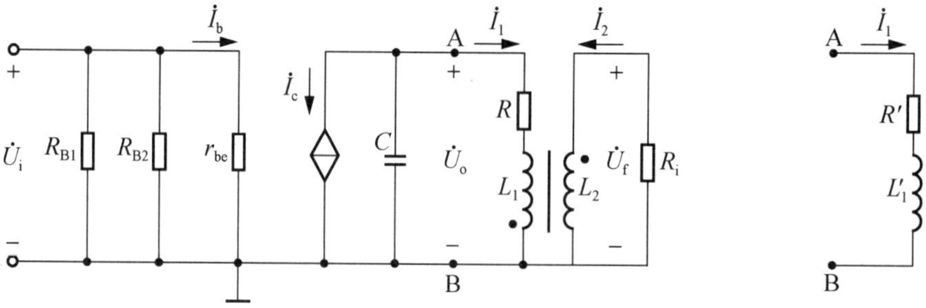

(a) 交流等效电路　　　　　　　　(b) A、B两点右边的等效电路

图 8.1.8　变压器反馈式振荡电路的交流等效电路

在图 8.1.8(a)中，设变压器一次侧与二次侧的互感为 M，则一次侧电压为

$$\dot{U}_o=(R+j\omega L_1)\dot{I}_1-j\omega M\dot{I}_2 \tag{8-1-19}$$

变压器二次侧电流为

$$\dot{I}_2=\frac{j\omega M\dot{I}_1}{R_i+j\omega L_2} \tag{8-1-20}$$

将上式代入式(8-1-19)，整理可得

$$\dot{U}_o=(R'+j\omega L_1')\dot{I}_1 \tag{8-1-21}$$

上式中

$$R' = R + \frac{\omega^2 M^2}{R_i^2 + \omega^2 L_2^2} R_i, \quad L_1' = L_1 - \frac{\omega^2 M^2}{R_i^2 + \omega^2 L_2^2} L_2$$

式(8-1-21)表明，从 A、B 两点向右边看进去的电路可等效成电阻 R' 和电感 L_1' 串联支路，如图 8.1.8(b)所示，该支路和电容 C 组成 LC 并联谐振回路，其品质因数为

$$Q \approx \frac{1}{R'}\sqrt{\frac{L_1'}{C}} \tag{8-1-22}$$

因振荡频率等于 LC 回路的谐振频率，所以，当 $Q \gg 1$ 时，振荡电路的振荡频率等于回路的谐振频率，即

$$f_0 \approx \frac{1}{2\pi\sqrt{L_1'C}} \tag{8-1-23}$$

回路谐振时有 $\dot{I}_1 \approx Q\dot{I}_c$，因此

$$\left|\dot{U}_i\right| = r_{be}\left|\dot{I}_b\right| = \frac{r_{be}}{\beta}\left|\dot{I}_c\right| = \frac{r_{be}}{Q\beta}\left|\dot{I}_1\right| \tag{8-1-24}$$

在图 8.1.8(a)中，通常有 $\omega_0 L_2 << R_i$，所以由式(8-1-20)可得反馈电压为

$$\left|\dot{U}_f\right| = \left|\dot{I}_2\right| R_i = \frac{\omega_0 M\left|\dot{I}_1\right|}{\sqrt{R_i^2 + (\omega_0 L_2)^2}} R_i \approx \omega_0 M\left|\dot{I}_1\right| \tag{8-1-25}$$

由式(8-1-24)和式(8-1-25)可得

$$\left|\frac{\dot{U}_f}{\dot{U}_i}\right| = \frac{\omega_0 MQ\beta}{r_{be}} \tag{8-1-26}$$

由 $\left|\frac{\dot{U}_f}{\dot{U}_i}\right| > 1$ 及式(8-1-22)、式(8-1-23)、式(8-1-26)可得电路的振幅起振条件为

$$\beta > \frac{r_{be}R'C}{M} \tag{8-1-27}$$

需要指出，在由分立元件构成的正弦波振荡电路中，振幅的稳定是利用晶体管的非线性特性来实现的，通常无须另加稳幅环节。因为晶体管的电流放大系数并非常数，只有当晶体管工作于放大区的中间区域才具有较大的电流放大系数，且近似不变。当集电极电流过小或过大时，电流放大系数均将减小。在振荡之初，由于输入、输出信号较小，经过放大→反馈→再放大→再反馈的多次循环，使输出电压的幅值不断增大，当增大到一定程度时，其电流放大系数将明显地逐渐减小，电压放大倍数逐渐减小，当减小到 $AF=1$ 时，满足了幅值平衡条件，振荡电路便进入了稳幅振荡过程。

变压器反馈式振荡电路具有易于起振，波形失真小的优点，所以应用较广，但其频率稳定度不高，而且因输出电压与反馈电压通过磁耦合不紧密，损耗较大。

特别提示

- 变压器反馈式振荡电路的振幅起振条件比较容易满足，关键是要保证变压器的同名端接线正确，以满足相位平衡条件。

- 受变压器分布参数的限制，变压器反馈式振荡电路的振荡频率不能太高，一般从几十 kHz 到几 MHz。

3. 电感反馈式振荡电路

1) 电路组成

电感反馈式振荡电路的反馈电压取自电感。图 8.1.9(a)是典型的电感反馈式振荡电路。其中，放大电路由晶体管共射电路构成；电容 C 和电感 L_1、L_2 构成的谐振回路同时用作选频网络和正反馈网络，反馈电压 u_f 取自 L_2；L_1 和 L_2 通常绕在同一骨架上，它们之间的互感为 M；R_{B1}、R_{B2}、R_E 是直流偏置电阻，C_B 为隔直电容，C_E 为发射极旁路电容。

由图 8.1.9(a)可画出振荡电路的交流通路，如图 8.1.9(b)所示。由图可以看出，LC 回路引出的 3 个端点分别晶体管的 3 个极交流相连，故电感反馈式振荡电路又称为电感三点式振荡电路。

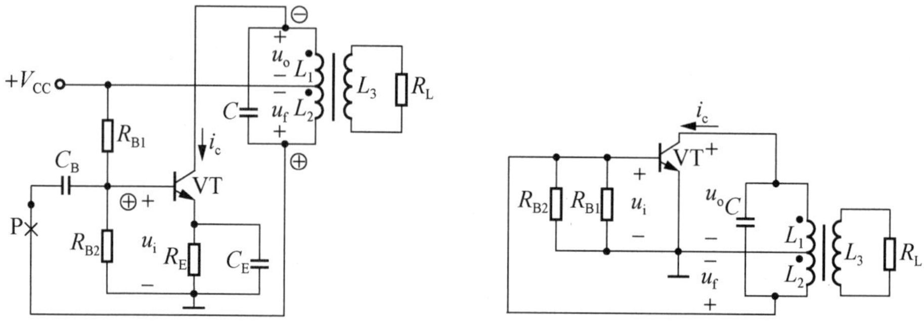

图 8.1.9　电感反馈式振荡电路及其交流通路

2) 起振条件和振荡频率

【视频：电感反馈式振荡电路相位条件的判断】

相位条件可采用瞬时极性法来判断。图 8.1.9(a)中，假设断开反馈支路，即放大电路的输入端在 P 点断开，且在晶体管的基极对地输入频率为 f_0(回路谐振频率)的电压信号 u_i，其基极瞬时极性为正，因选频网络在谐振状态时呈纯阻性，且晶体管为共射接法，故晶体管集电极对地的瞬时极性为负，即 L_1 两端电压的瞬时极性为下正上负。又因为当 $Q \gg 1$ 时，可以认为电流只在谐振回路内通过，认为 L_1 和 L_2 相串联，即 L_1 和 L_2 通过同一电流，所以 L_2 两端电压的 u_f 的极性也为下正上负(与 L_1 两端电压同相位)，反馈至输入端的极性为正，与输入电压 u_i 的极性相同。因此，电路具有正反馈的性质，满足相位条件。图中各点对地电位的瞬时极性用“⊕”或“⊖”表示。

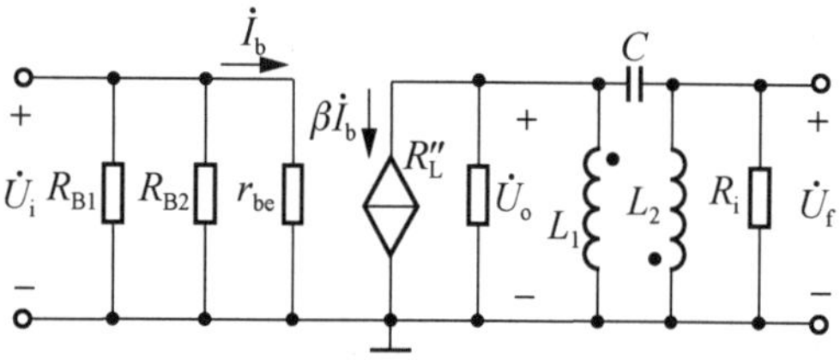

图 8.1.10　电感反馈式振荡电路的交流等效电路

由图 8.1.9(b)可画出电感反馈式振荡电路的交流微变等效电路，如图 8.1.10 所示，其中，R''_L 为 R_L 等效到晶体管集电极的负载，R_i 为放大电路的总输入电阻，由图可知 $R_i = R_{B1} // R_{B2} // r_{be}$。

图 8.1.10 中，当$Q \gg 1$时，反馈系数为

$$\left|\dot{F}\right| = \left|\frac{\dot{U}_{\mathrm{f}}}{\dot{U}_{\mathrm{o}}}\right| \approx \left|\frac{\mathrm{j}\omega L_2 + \mathrm{j}\omega M}{\mathrm{j}\omega L_1 + \mathrm{j}\omega M}\right| = \frac{L_2 + M}{L_1 + M} \tag{8-1-28}$$

利用功率相等原则，可得R_{i}等效到晶体管集电极的等效电阻为

$$R_{\mathrm{i}}' = \frac{R_{\mathrm{i}}}{\left|\dot{F}\right|^2}$$

因此，集电极总的等效负载为

$$R_{\mathrm{L}}' = R_{\mathrm{L}}'' // R_{\mathrm{i}}'$$

因在振荡频率f_0上 LC 回路发生谐振，当$Q \gg 1$时，等效电阻很大，总电流可忽略，故放大电路的电压放大倍数为

$$\dot{A}_u = -\beta \frac{R_{\mathrm{L}}'}{r_{\mathrm{be}}} \tag{8-1-29}$$

由$\left|\dot{A}\dot{F}\right| > 1$及式(8-1-28)、(8-1-29)可得振幅起振条件为

$$\beta > \frac{L_1 + M}{L_2 + M}\frac{r_{\mathrm{be}}}{R_{\mathrm{L}}'} \tag{8-1-30}$$

由式(8-1-28)和式(8-1-29)可知，若增大 L_2 和 L_1 的比值 L_2/L_1，则反馈系数$\left|\dot{F}\right|$增大，有利于起振，但$\left|\dot{A}_u\right|$减小，不利于起振。所以，L_2 和 L_1 的比值 L_2/L_1 既不能太大也不能太小。实用中通常通过实验确定 N_2 和 N_1 的比值，一般在 1/8~1/4 之间。

因振荡频率近似等于 LC 回路的谐振频率，所以，振荡电路的振荡频率等于回路的谐振频率，即

$$f_0 \approx \frac{1}{2\pi\sqrt{(L_1 + L_2 + 2M)C}} \tag{8-1-31}$$

电感反馈式振荡电路具有容易起振、调整方便(可调节电容 C)的优点。由于反馈电压取自电感，对高频信号具有较大的电抗，输出电压中常含有高次谐波，故其输出波形不好，因此通常应用于要求不高的设备中，如高频加热器、接收机本振等。

特别提示

- 电感反馈式振荡电路又称哈特莱振荡电路，其振荡频率一般在几十 MHz 以下。
- 由于输出波形不好，电感反馈式振荡电路常用于要求不高的设备中，如高频加热器、通信接收机本地振荡电路。

4. 电容反馈式振荡电路

电容反馈式振荡电路又称为电容三点式振荡电路，其典型电路如图 8.1.11 所示。其中，放大电路由晶体管共射电路构成；电感L和电容C_1、C_2构成的谐振回路同时用作选频网络和正反馈网络；反馈电压u_{f}取自电容C_2。由图可以看出，LC 回路引出 3 个端点分别与

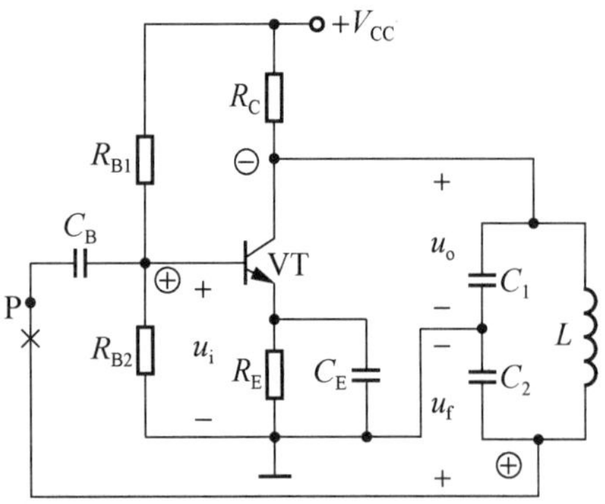

图 8.1.11　电容反馈式振荡电路

晶体管的 3 个极交流相接，故电容反馈式振荡电路又称为电容三点式振荡电路。

按照电感反馈式振荡电路类似的分析方法，也可以分析电容反馈式振荡电路的起振条件、反馈系数和振荡频率。

利用瞬时极性法判断电路是否满足振荡的相位条件。假设电路从 P 点断开，在基极对地输入频率为 f_0 的电压信号 u_i，且对地的瞬时极性为正。因放大电路采用共射组态，且谐振回路对频率为 f_0 的信号工作在谐振状态(呈阻性)，所以集电极对地的瞬时极性为负。换言之，C_1 两端电压的瞬时极性为下正上负。又因为当谐振回路的品质因数 $Q \gg 1$ 时，可以认为谐振时电流均在谐振回路内通过，即认为 C_1 和 C_2 相串联，通过同一电流，电容 C_2 两端的电压的瞬时极性也为下正上负(与 C_1 两端的电压同相位)，即 C_2 下端对地电位的瞬时极性为正，反馈至输入端的瞬时极性为正。故电路具有正反馈的性质，满足相位条件。

【视频：电容反馈式振荡电路相位条件的判断】

当谐振回路的品质因数 $Q \gg 1$ 时，反馈系数为

$$|\dot{F}| = \left|\frac{\dot{U}_f}{\dot{U}_o}\right| \approx \frac{C_1}{C_2} \tag{8-1-32}$$

振幅起振条件为

$$\beta > \frac{C_2}{C_1}\frac{r_{be}}{R'_L} \tag{8-1-33}$$

上式中，R'_L 为集电极总的等效负载。

与电感反馈式振荡电路相类似，C_1 和 C_2 的比值 C_1/C_2 既不能太大也不能太小，实用中可以通过实验加以确定。

当 $Q \gg 1$ 时，振荡电路的振荡频率等于回路的谐振频率，即

$$f_0 \approx \frac{1}{2\pi\sqrt{L\dfrac{C_1C_2}{C_1+C_2}}} \tag{8-1-34}$$

电容反馈式振荡电路又称考毕兹振荡电路。电容反馈式振荡电路的优点是输出波形较好、振荡频率较高，但是通过调节电容来改变振荡频率时，会影响电路的起振条件，所以常常用在振荡频率固定的场合，例如在调幅和调频收音机中，利用同轴电容器来调节振荡频率。为了扩大振荡频率的调节范围，可以对电容反馈式振荡电路进行改进，这里不再介绍，读者可参考相关文献。

特别提示

- *在要求电容反馈式振荡电路的频率达到 100MHz 以上时，应考虑采用共基接法的*

放大电路。

- 3 种 LC 正弦波振荡电路的幅值条件都很容易满足；相位条件都可采用瞬时极性法来判断。
- 对于三点式电路，只要具有“射同基异”特征，就一定满足振荡的相位条件。所谓“射同”是指与发射极交流相连的选频电路中两个电抗元件的性质相同(均为电感或均为电容)；所谓“基异”是指与基极交流相连的选频电路中两个电抗元件的性质不同(一个为电感，一个为电容)。根据这个特征可以直观地判断三点式电路是否满足振荡的相位条件。

【例 8-1-2】图 8.1.12(a)、(b)所示的两个电路中，$L = 0.4\text{mH}$，$C_1 = C_2 = 25\text{pF}$，试从相位条件判断电路能否振荡，若能振荡，估算其振荡频率。

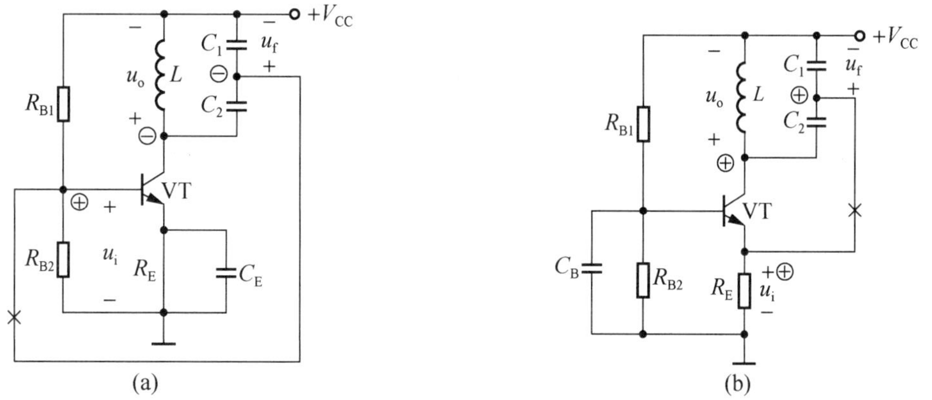

图 8.1.12　例 8-1-2 的图

【解】如图(a)所示电路中，放大电路采用共射组态，反馈电压 u_f 取自电容 C_1。

利用瞬时极性法判断相位条件。假设断开反馈，在放大电路的基极和地之间输入频率为 f_0 的电压 u_i，且基极对地电位的瞬时极性为正。因放大电路采用共射组态，且谐振回路工作在谐振状态(呈阻性)，所以集电极对地电位的瞬时极性为负。换言之，地对集电极的电压的瞬时极性为上正下负。又因为可以认为谐振时电流均在谐振回路内通过，即 C_1 和 C_2 相串联，通过同一电流，电容 C_2 和 C_1 两端的电压的瞬时极性也为上正下负，即 C_1 下端对地电位的瞬时极性为负，反馈至输入端的瞬时极性为负。故电路具有负反馈的性质，不满足相位条件，不可能产生振荡。

如图(b)所示电路中，放大电路采用共基组态，反馈电压 u_f 取自电容 C_1。

利用瞬时极性法判断相位条件。假设断开反馈，在放大电路的发射极和地之间输入频率为 f_0 的电压 u_i，且发射极对地电位的瞬时极性为正。因放大电路采用共基组态，且谐振回路工作在谐振状态(呈阻性)，所以集电极对地电位的瞬时极性为正。换言之，集电极对地的电压的瞬时极性为下正上负。电容 C_2 和 C_1 两端的电压的瞬时极性也为下正上负(与集电极对地的电压同相位)，即 C_1 下端对地电位的瞬时极性为正，反馈至输入端的瞬时极性为正。所以，电路具有正反馈的性质，满足相位条件，可能产生振荡。

电路的振荡频率为

$$f_0=\frac{1}{2\pi\sqrt{L\frac{C_1C_2}{C_1+C_2}}}=\frac{1}{2\times3.14\times\sqrt{0.4\times10^{-3}\times\frac{25\times25}{25+25}\times10^{-12}}}\text{Hz}=2.25\text{MHz}$$

8.1.4　石英晶体振荡电路

如前所述，*LC* 振荡电路的选频网络通常由 *LC* 并联谐振回路组成，其振荡频率主要取决于回路的谐振频率，但由于 *LC* 元件的标准性较差，而且品质因数不可能做得很高，一般不超过 300，因此 *LC* 振荡器的频率稳定度不高，经过改进也只能达到10^{-4}数量级。因此，在许多对频率稳定度要求较高的设备中，*LC* 振荡电路是不适用的。而石英晶体谐振器具有很高的标准性，且品质因数极高，因此，利用石英晶体谐振器作为选频网络构成的石英晶体振荡电路具有较高的频率稳定度，最高可达10^{-9}数量级。

石英晶体振荡电路是利用石英晶体谐振器作为选频网络构成振荡电路的，简称晶振。根据晶体谐振器在电路中作用原理不同，石英晶体振荡电路可分为两类：并联型石英晶体振荡电路和串联型石英晶体振荡电路。

【图文：石英晶体谐振器】

1. 石英晶体谐振器

1) 物理特性

石英晶体谐振器由石英晶体(SiO_2 结晶体)切片制成。将石英晶体按照一定的角度切成薄片(简称晶片)，在晶片的两面涂敷银层作为电极，并与管脚相连，最后进行封装，即可构成石英晶体谐振器，如图 8.1.13(a)所示。图 8.1.13(b)是晶体谐振器的电路符号，图 8.1.13(c)是一实际的石英晶体谐振器，也称无源晶振。

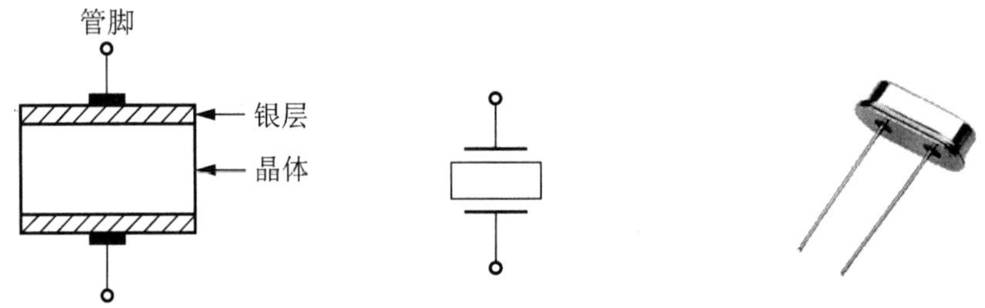

(a) 结构示意图　　(b) 电路符号　　(c) 实际晶振

图 8.1.13　石英晶体谐振器的结构示意图及电路符号

石英晶体之所以能成为谐振器，是因为它具有压电效应。当晶体受外力作用而产生机械形变时，在它的对应表面将产生正负电荷，这是正压电效应；当晶体两面加电压时，晶体又发生机械形变，这是逆压电效应。由于存在压电效应，故在晶体两端加交变电压时，晶体将产生周期性机械振动，而周期性振动反过来又在晶片表面产生交变正负电荷，形成交变电场，从而有交变电流流过晶体。石英晶体存在一个固有的机械谐振频率(也称固有谐振频率)，当外加交变电压频率在此频率附近时，晶片的机械振动振幅和交变电流的振幅达到最大，这种现象和 *LC* 回路的谐振现象十分相似，称为压电谐振。

2) 等效电路与电抗特性

石英晶体谐振器等效电路如图 8.1.14(a)所示。C_0 为静态电容，是支架电容、两敷银层电极和引线电容的总和，约为几皮法到几十皮法；L_d 为动态电感，很大，约为几毫亨到几十毫亨；C_d 为动态电容，很小，约为$10^{-4} \sim 10^{-1}$ pF，$C_d \ll C_0$；R_d 为动态电阻，较小，约几欧到几十欧。

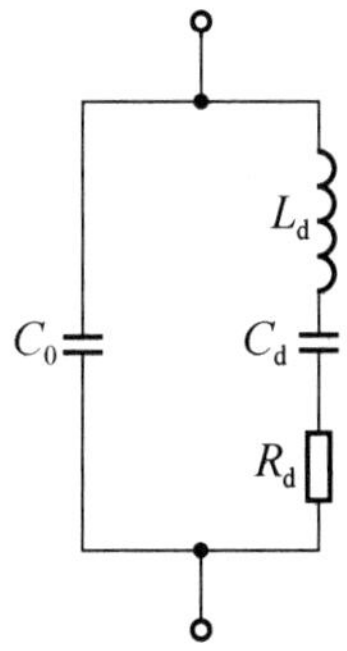

(a) 等效电路

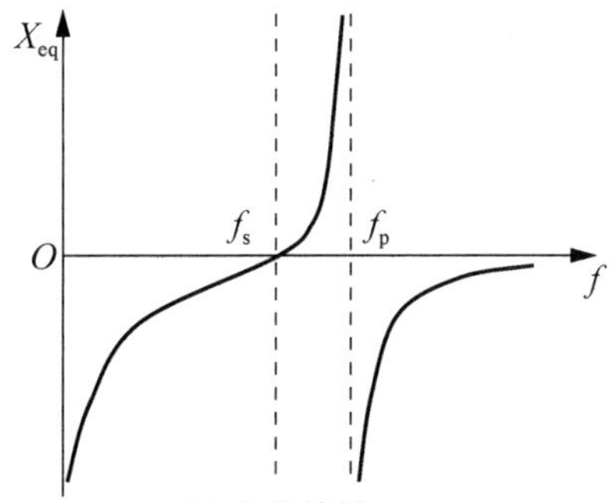

(b) 电抗特性

图 8.1.14　石英晶体谐振器的等效电路及电抗特性

由图 8.1.14(a)可知，石英晶体谐振器的等效电路存在两个谐振频率，一个是由 L_d、C_d 和 R_d 串联支路而产生的串联谐振频率 f_s，一个是由 L_d、C_d 和 R_d 串联支路与 C_0 的并联电路而产生的并联谐振频率 f_p。

串联谐振频率

$$f_s = \frac{1}{2\pi\sqrt{L_d C_d}} \tag{8-1-35}$$

并联谐振频率

$$f_p = \frac{1}{2\pi\sqrt{L_d \dfrac{C_0 C_d}{C_0 + C_d}}} = f_s\sqrt{1 + \frac{C_d}{C_0}} \tag{8-1-36}$$

由于 $C_d \ll C_0$，故 $f_p \approx f_s$。由此可见，并联谐振频率略大于串联谐振频率，与串联谐振频率非常接近。

石英晶体谐振器的电抗特性曲线，如图 8.1.14(b)所示。由图可知：当 $f < f_s$ 或 $f > f_p$ 时，石英晶体谐振器均呈容性；当 $f_s < f < f_p$ 时，石英晶体谐振器呈感性。可见，石英晶体谐振器呈感性的频带非常窄；当 $f = f_s$ 时，整个电路等效为电容 C_0 和 R_d 的并联，因 $R_d \ll \dfrac{1}{\omega_s C_0}$，故可以认为石英晶体近似地呈电阻性，等效电阻为 R_d；当 $f = f_p$ 时，$Z_{eq} \to \infty$，石英晶体谐振器呈电阻性。

石英晶体谐振器的品质因数

$$Q = \frac{\omega_d L_d}{R_d} \tag{8-1-37}$$

因 L_d 很大，R_d 很小，所以 Q 非常大，一般为 $10^4\sim10^6$。由于石英晶体振荡频率几乎仅取决于晶片的尺寸，故其频率的稳定度($\Delta f/f_0$)可达 $10^{-10}\sim10^{-11}$。目前，即使是最好的 LC 选频网络的 Q 也只能达到几百，振荡频率的稳定度也只能达到 10^{-5}。因此，石英晶体的选频特性是其他选频网络所无法比拟的。

2. 并联型晶体振荡电路

将图 8.1.11 所示的电容反馈式振荡电路中 B-C 间的电感 L 用石英晶体谐振器代替，就可得到一种并联型石英晶体振荡电路，称为皮尔斯振荡器，其电路如图 8.1.15(a)所示。

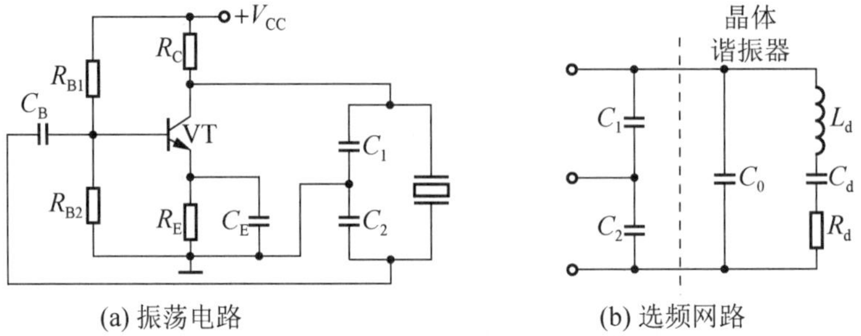

图 8.1.15　并联型晶体振荡电路及其选频网路

振荡电路的选频网络是由电容 C_1、C_2 和石英晶体构成，将其中的石英晶体谐振器用等效电路代替，则选频网络如图 8.1.15(b)所示，图中 C_1、C_2 串联构成了石英晶体谐振器的负载电容 C_L。因振荡电路的振荡频率由选频网络的谐振频率决定，而图 8.1.15(b)所示的网络的谐振频率即石英晶体谐振器接负载电容后的并联谐振频率。因此，根据式(8-1-36)可写出并联型晶体振荡电路的振荡频率

$$f_0=f_s\left(1+\frac{C_d}{C_0+C_L}\right) \tag{8-1-38}$$

式(8-1-38)中，$C_L=\dfrac{C_1C_2}{C_1+C_2}$，$f_s<f_0<f_p$，并联型晶体振荡电路的振荡频率近似等于石英晶体谐振器的并联谐振频率。由于在 $f_s<f_0<f_p$ 频率范围内，即振荡电路的振荡频率在石英晶体谐振器的串联谐振频率和并联谐振频率之间，石英晶体呈感性，故石英晶体在振荡电路中起等效电感作用。

由于石英晶体谐振器的参数具有高度的稳定性，且 $C_0+C_L\gg C_d$，由 C_L 的不稳定而引起 f_0 变化较小，所以并联型晶体振荡电路的频率稳定度较高。需要指出的是，晶体的参数虽然稳定，但仍然受温度影响，所以振荡频率 f_0 难免会发生缓慢变化，偏离晶振标称频率。为此，通常在图 8.1.15(a)中晶体所在支路上串联一微调电容，利用微调电容来调整负载电容 C_L，使振荡频率正好等于晶振的标称频率。

3. 串联型晶体振荡电路

如图 8.1.16 所示为一串联型晶体振荡电路。图中，电感 L 和电容 C_1、C_2 构成并联谐振回路，调谐在振荡频率上。当振荡频率等于石英晶体谐振器的串联谐振频率时，晶体的

阻抗最小，相移为零，此时的串联型晶体振荡电路类似于电容反馈振荡电路，满足相位条件和幅值条件，能够产生振荡。而当振荡频率距石英晶体谐振器的串联谐振频率较远时，晶体的阻抗增大，电路因不能满足起振条件而不能产生振荡。由以上分析可知，串联型晶体振荡电路的振荡频率等于石英晶体谐振器的串联谐振频率。调节 R_p 以使电路满足幅值平衡条件。

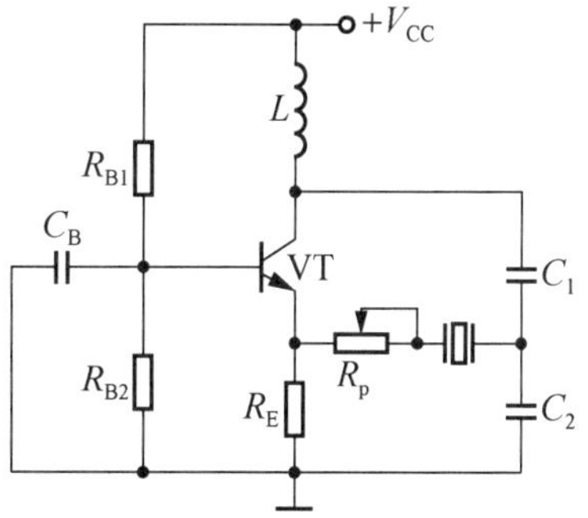

图 8.1.16 串联型晶体振荡电路

因为石英晶体振荡器的振荡频率非常稳定，所以广泛应用于对频率稳定度要求较高的设备中，如数字系统、计算机、精密仪器信号源等。

在实际应用中，通常将晶体振荡器分为有源晶振和无源晶振两种类型。有源晶振是一个完整的振荡器，需要电源供电，其中除了石英晶体外，还有晶体管和阻容元件，体积较大，有 4 只引脚；而无源晶振实际上只是晶体谐振器，需要借助于时钟电路才能产生振荡信号，且精度比有源晶振要低，但它不需要电源供电，一般有两个引脚，价格较低。图 8.1.17 是某数字系统电路板，其上含有有源晶振和无源晶振。

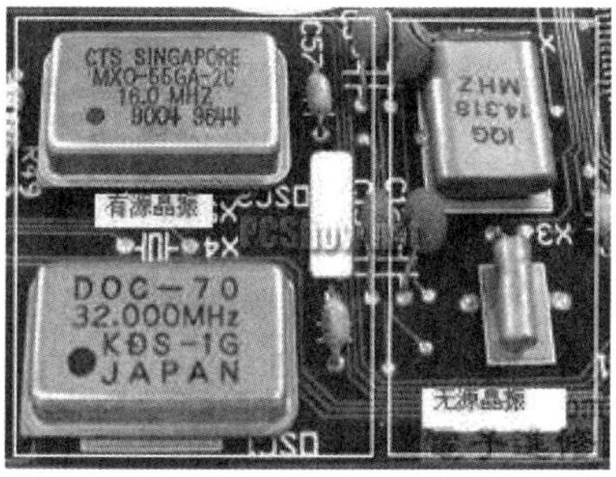

图 8.1.17 某数字系统电路板上的晶振

特别提示

- 晶振标称频率是指在晶体谐振器两端并接某一规定负载电容 C_L 时，晶体振荡器的振荡频率。
- 石英谐振器的频率越高，则晶片越薄，机械强度越差，在电路中易于振碎。
- 为了提高晶振的振荡频率，可使电路工作在晶体机械振动的泛音上。工作在泛音上的晶体叫泛音晶体，是一种特制的晶体。

8.2 非正弦波发生电路

在电子电路中，除了正弦波信号之外，通常还要用到一些非正弦波信号，如矩形波、三角波、锯齿波等。本节主要介绍上述 3 种波形发生电路的组成、工作原理及主要参数。

8.2.1 矩形波发生电路

1. 电路组成

矩形波信号只有高电平和低电平两个状态，而且每一个状态在持续一定的时间后就转换为另外一种状态。矩形波发生电路可产生矩形波信号输出，是其他非正弦波发生电路的基础。

图 8.2.1(a)所示为一种典型的矩形波发生电路，由反相输入的滞回比较器和 RC 回路组成。其中，滞回比较器由集成运放 A、电阻 R_1、R_2、R_4 和稳压管 VZ 构成；RC 回路由电阻 R_3 和电容 C 构成，在电路中既用作反馈网络，又用作延迟环节。

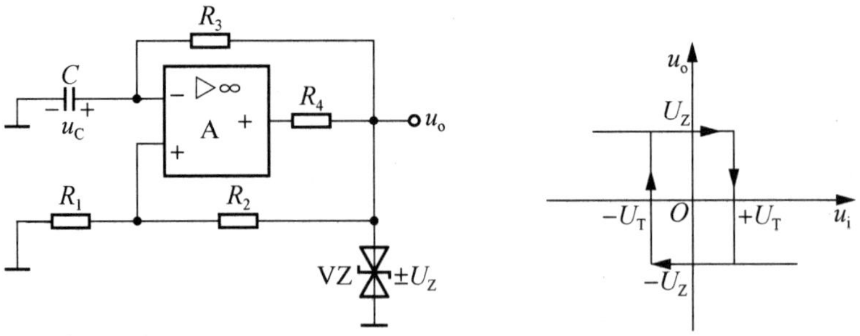

(a) 矩形波发生电路　　(b) 滞回比较器传输特性

图 8.2.1　矩形波发生电路及其滞回比较器传输特性

2. 工作原理

在图 8.2.1(a)中，反相滞回比较器电压传输特性如图 8.2.1(b)所示，其阈值电压为

$$\pm U_T = \pm \frac{R_1}{R_1 + R_2} U_Z \text{。}$$

设某一时刻输出为高电平，即 $u_o = +U_Z$，此时，u_o 通过 R_3 对电容 C 充电，比较器反相输入端电位 u_C 逐渐增大；而当 u_C 增大到 $u_C = +U_T$ 时，输出 u_o 从高电平变为低电平，即 $u_o = -U_Z$，此时，电容 C 通过 R_3 放电，比较器反相输入端电位 u_C 逐渐减小；而当 u_C 减小到 $u_C = -U_T$ 时，输出 u_o 又从低电平变为高电平，此时电容 C 又开始充电，如此不断重复，输出电压 u_o 将按照一定的周期不断在 $+U_Z$ 和 $-U_Z$ 两个状态之间切换。

u_C 和 u_o 的波形如图 8.2.2 所示。由于电容充电和放电的时间常数相等，均为 R_3C，所以一个充放电周期内 $u_o = +U_Z$ 和 $u_o = -U_Z$ 的时间相等，即 u_o 为对称的方波，因而图 8.2.1(a)所示的电路也称为方波发生电路。

3. 振荡频率

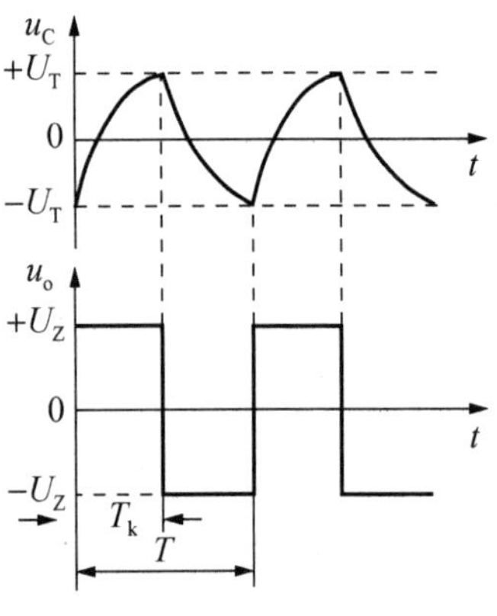

图 8.2.2　矩形波发生电路波形

由图 8.2.2 中电压 u_C 波形可知，在放电的半个周期内，u_C 初始时刻的值为 $+U_T$，半个周期后的值为 $-U_T$，而且，当 $t \to \infty$ 时，$u_C \to -U_Z$。按照一阶 RC 电路的三要素法有

$$-U_T = -U_Z + (U_T + U_Z)\mathrm{e}^{-\frac{T/2}{R_3C}}$$

上式中，T 为波形周期，将 $U_T = \dfrac{R_1}{R_1 + R_2} U_Z$ 代入可得

$$T = 2R_3C\ln\left(1 + \frac{2R_1}{R_2}\right) \qquad (8\text{-}2\text{-}1)$$

电路的振荡频率 $f = 1/T$。因在一个周期内 u_o 为高电平和低电平的时间相等，所以占空比 $q = T_k/T = 1/2$。由式(8-2-1)

可以看出，改变电阻 R_1、R_2、R_3 和电容 C 的值，即可改变方波发生电路输出波形的频率，但输出波形的占空比不能改变。

4. 占空比可调的矩形波发生电路

由方波发生电路的工作原理可以看出，如果电容 C 充电电流和放电电流流过的通路不同，则可通过调节充电和放电时间常数来调节占空比，得到占空比可调的矩形波发生电路。

图 8.2.3(a)所示为一典型的占空比可调的矩形波发生电路。图中，通过二极管 VD_1、VD_2 的单向导电性，将电容的充电回路和放电回路分开。当 $u_o = +U_Z$ 时，u_o 通过 R_{p1}、VD_1、和 R_3 对电容 C 充电，若忽略 VD_1 的正向导通电阻，则充电时间常数为 $\tau_1 \approx (R_{p1} + R_3)C$；当 $u_o = -U_Z$ 时，电容 C 通过 R_3、VD_2 和 R_{p2} 放电，若忽略 VD_2 的正向导通电阻，则放电时间常数为 $\tau_2 \approx (R_{p2} + R_3)C$。

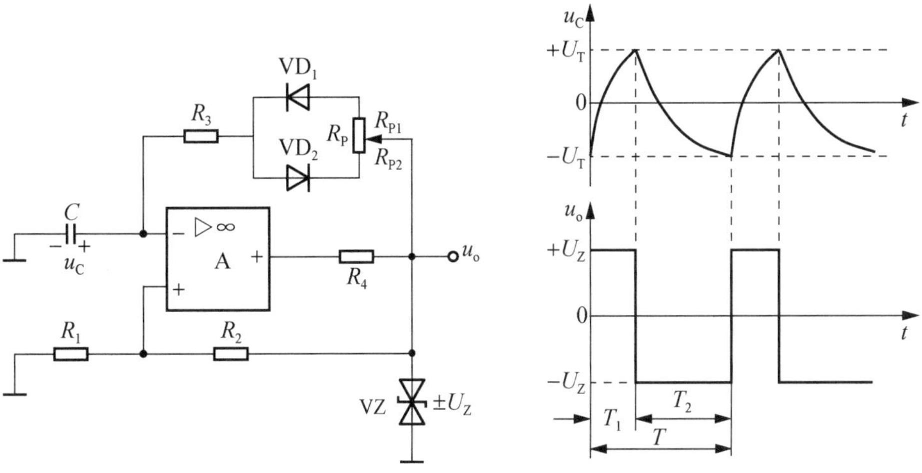

(a) 电路　　　　(b) 波形

图 8.2.3　占空比可调的矩形波发生电路及其波形

电容 C 上的电压 u_C 和输出电压 u_o 的波形如图 8.2.3(b)所示。按照一阶 RC 电路的三要素法，可以得出充电时间和放电时间分别为

$$T_1 = \tau_1 \ln\left(1 + \frac{2R_1}{R_2}\right)$$

$$T_2 = \tau_2 \ln\left(1 + \frac{2R_1}{R_2}\right)$$

波形周期为

$$T = T_1 + T_2 = (R_p + 2R_3)C\ln\left(1 + \frac{2R_1}{R_2}\right) \tag{8-2-2}$$

占空比为

$$q = \frac{T_1}{T} = \frac{R_{p1} + R_3}{R_p + 2R_3} \tag{8-2-3}$$

由式(8-2-2)和式(8-2-3)可以看出，改变电阻 R_1、R_2、R_3、R_p 和电容 C 的值，可改变矩形波的周期；改变电位器 R_p 的滑动端位置可改变波形占空比。

【例 8-2-1】图 8.2.4(a)所示电路中，已知 R_1=10kΩ，R_2=20kΩ，$C=0.01\mu F$，集成运放的最大输出电压幅值为±12V，二极管的动态电阻可忽略不计。

(1) 求电路的振荡周期；

(2) 画出 u_o 和 u_C 的波形。

【解】(1) 由图 8.2.4(a)所示电路可知，这是一个矩形波发生电路。

集成运放 A 同相端电压

$$u_+ = \pm\frac{R}{R+R}\times 12\text{V} = \pm 6\text{V}$$

当输出电压 $u_o=+12\text{V}$ 时，u_o 通过 VD_1、R_1 对电容 C 充电，集成运放 A 反相输入端电压 u_C 逐渐上升；当 u_C 上升到 $u_C=u_+=6\text{V}$ 时，输出电压 u_o 从 +12V 跃变到 −12V，电容 C 通过 R_2、VD_2 放电，u_C 逐渐下降；当 u_C 下降到 $u_C=u_+=-6\text{V}$ 时，输出电压 u_o 从 −12V 跃变到 +12V，u_o 又通过 VD_1、R_1 对电容 C 充电。如此不断循环，输出 u_o 为矩形波。

电容的充电时间常数 $\tau_1=R_1C$，放电时间常数 $\tau_2=R_2C$，利用一阶 RC 电路的三要素法，可以得出一个周期内的充电时间和放电时间分别为

$$T_1=\tau_1\ln\left(1+\frac{2R}{R}\right)$$

$$T_2=\tau_2\ln\left(1+\frac{2R}{R}\right)$$

所以，振荡周期为

$$\begin{aligned}T&=T_1+T_2=(R_1+R_2)C\ln 3\\&=(10+20)\times10^3\times0.01\times10^{-6}\times1.1\text{s}=0.33\text{ms}\end{aligned}$$

(2) u_o 和 u_C 的波形如图 8.2.4(b)所示。

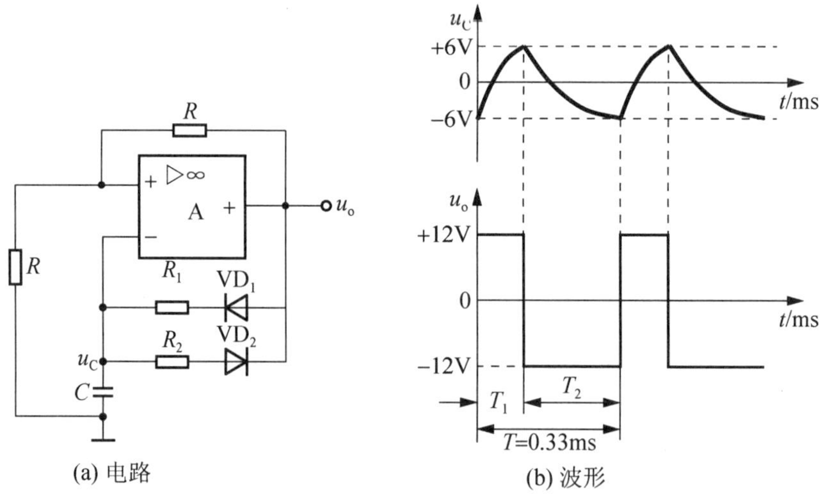

(a) 电路　　(b) 波形

图 8.2.4　例 8-2-1 的电路和波形

8.2.2 三角波发生电路

1. 电路组成

方波信号经过积分运算可得三角波信号，因此利用滞回比较器和积分电路可构成三角波发生电路。图 8.2.5(a)为一典型三角波发生电路，其中，同相输入滞回比较器的输出电压 u_{o1} 接到积分电路的反相输入端进行积分，而积分电路的输出电压 u_o 又接到滞回比较器的同相输入端，控制滞回比较器输出端电压跃变。同相输入滞回比较器的电压传输特性如图 8.2.5(b)所示。

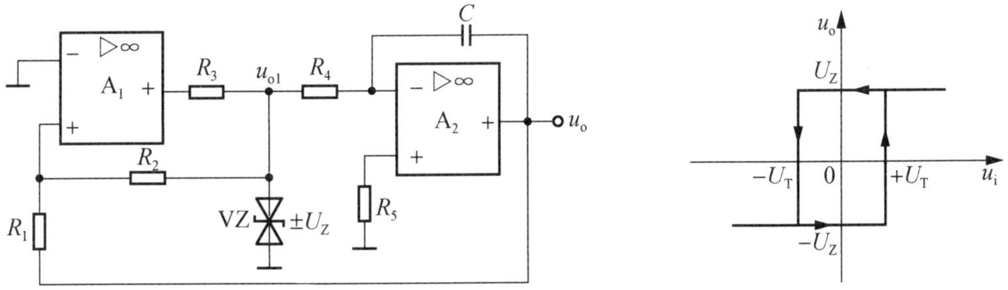

(a) 三角波发生电路　　(b) 滞回比较器传输特性

图 8.2.5 三角波发生电路及其滞回比较器传输特性

2. 工作原理

图 8.2.5(a)中，滞回比较器的输入电压为 u_o，输出电压 $u_{o1}=\pm U_Z$，由叠加原理可得比较器同相输入端电位为

$$u_+ = \frac{R_1}{R_1+R_2}u_{o1}+\frac{R_2}{R_1+R_2}u_o=\pm\frac{R_1}{R_1+R_2}U_Z+\frac{R_2}{R_1+R_2}u_o$$

令 $u_+=0$，可得图 8.2.5(b)中滞回比较器的阈值电压为

$$\pm U_T=\pm\frac{R_1}{R_2}U_Z$$

设某一时刻 t_0 滞回比较器输出 u_{o1} 为高电平，即 $u_{o1}=+U_Z$，则积分电路开始反向积分，其输出电压为

$$u_o=u_o(t_0)-\frac{1}{R_4C}U_Z(t-t_0) \tag{8-2-4}$$

即 u_o 按线性规律减小；而当某一时刻 t_1，u_o 减小到 $u_o=-U_T$ 时，滞回比较器输出 u_{o1} 由高电平变为低电平，即 $u_{o1}=-U_Z$，此时，积分电路开始正向积分，其输出电压为

$$u_o=u_o(t_1)+\frac{1}{R_4C}U_Z(t-t_1) \tag{8-2-5}$$

即 u_o 按线性规律增加；当增加到 $u_o=+U_T$ 时，滞回比较器输出 u_{o1} 又由低电平变为高电平，此时，积分电路又开始反向积分，其输出 u_o 又按线性规律减小，如此不断重复。

u_{o1} 和 u_o 的波形如图 8.2.6 所示。因正向积分和反向积分时间常数相等，所以一个周期内 u_o 的上升时间和下降时间相等，即 u_o 为三角波。

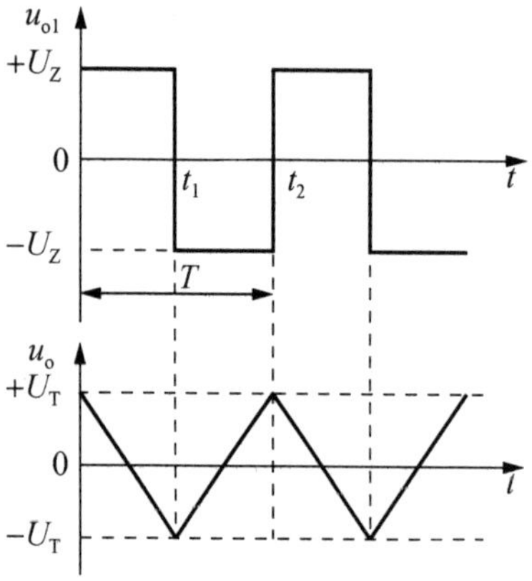

图 8.2.6　三角波发生电路波形

3. 振荡频率

由图 8.2.6 中电压 u_o 波形可知，在正向积分的半个周期内，初始时刻 u_o 的值为 $-U_T$，半个周期后的值为 $+U_T$，所以根据式(8-2-5)有

$$+U_T = -U_T + \frac{1}{R_4C}U_Z\frac{T}{2}$$

将 $U_T = \frac{R_1}{R_2}U_Z$ 代入上式可得波形周期为

$$T = \frac{4R_1R_4C}{R_2} \tag{8-2-6}$$

振荡频率为

$$f = \frac{1}{T} = \frac{R_2}{4R_1R_4C} \tag{8-2-7}$$

由式(8-2-7)可以看出，改变 R_1、R_2 和 R_4 的值，即可改变三角波发生电路的输出波形的频率。

8.2.3　锯齿波发生电路

由三角波发生电路的工作原理可知，若积分电路的正向积分时间常数和反向积分时间常数不同，且相差悬殊，则输出电压波形上升和下降的斜率相差很多，输出将为锯齿波。因此，修改图 8.2.5(a)所示的三角波发生电路，使其正向积分和反向积分的通路不同，即可得到锯齿波发生电路，如图 8.2.7 所示。

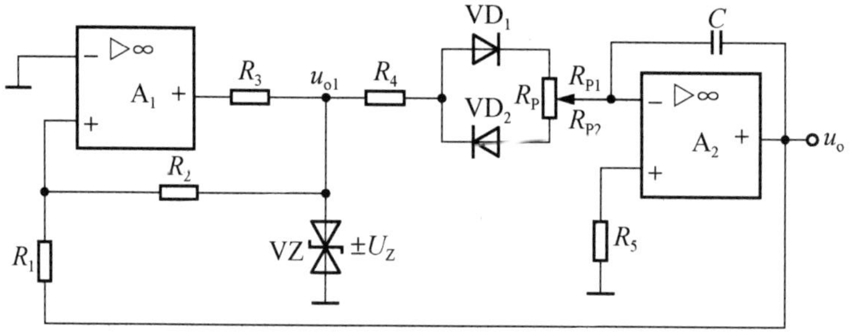

图 8.2.7　锯齿波发生电路

图 8.2.7 中，由于二极管的单向导电性，电路的正向积分时间常数为 $(R_4 + R_{p2})C$，反向积分时间常数为 $(R_4 + R_{p1})C$。若调节电位器滑动端的位置，使得 $R_{p1} << R_{p2}$，则输出 u_o 为锯齿波，波形如图 8.2.8 所示。

设一个周期内 u_o 的下降时间为 T_1，上升时间为 T_2，按照三角波发生电路波形周期的分析方法，可得

$$T_1 = \frac{2R_1(R_4 + R_{p1})C}{R_2}$$

$$T_2 = \frac{2R_1(R_4 + R_{p2})C}{R_2}$$

波形周期为

$$T = T_1 + T_2 = \frac{2R_1(2R_4 + R_p)C}{R_2} \qquad (8\text{-}2\text{-}8)$$

u_{o1} 占空比为

$$q = \frac{T_1}{T} = \frac{R_4 + R_{p1}}{2R_4 + R_p} \qquad (8\text{-}2\text{-}9)$$

由式(8-2-8)、式(8-2-9)可以看出，改变电阻 R_1、R_2、R_4、R_p 和电容 C 的值，可改变锯齿波周期；改变电位器 R_p 滑动端的位置，可改变 u_{o1} 的占空比以及锯齿波的上升、下降时间。

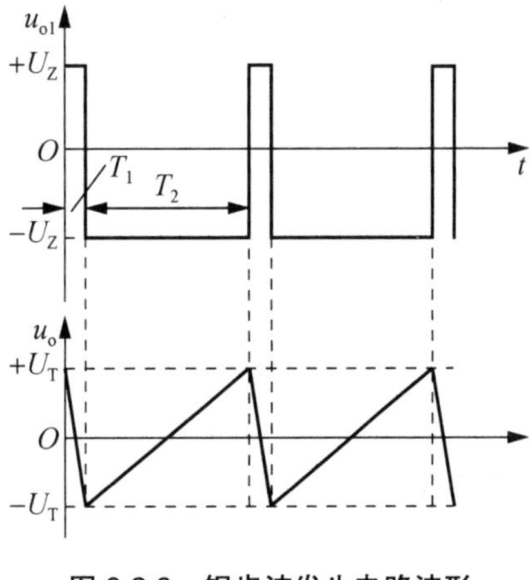

图 8.2.8 锯齿波发生电路波形

【例 8-2-2】图 8.2.9 所示电路中，$\pm U_Z = \pm 6\text{V}$，$U_R = 15\text{V}$，试求：

(1) 说出该电路的名称，并简述其工作原理；

(2) 定性画出输出电压 u_o 的波形，并估算输出电压的幅度；

(3) 估算输出电压的频率。

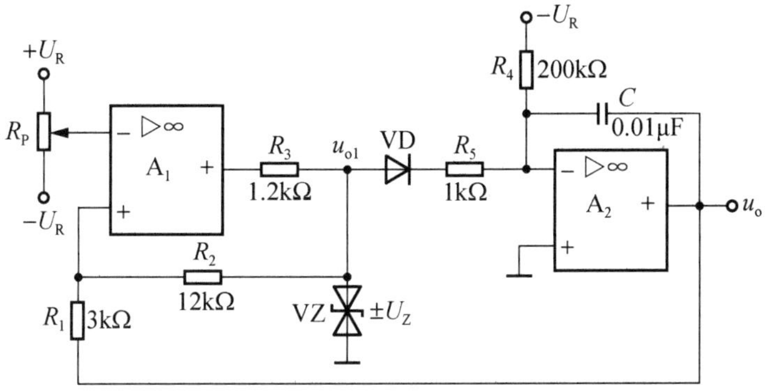

图 8.2.9 例 8-2-2 的电路图

【解】(1) 该电路为锯齿波发生电路。

第一级是由运放 A_1 为主组成的滞回比较器，输出电压为 $\pm U_Z$；第二级是由运放 A_2 为主组成的积分电路，工作在线性范围内。前后两级首尾相连，互为输入、输出。

当第一级输出电压 $u_{o1} = -U_Z = -6\text{V}$ 时，二极管 VD 截止，$-U_R$ 通过电阻 R_4 对电容 C 充电，输出电压 u_o 随时间线性上升；当 u_o 上升到一定程度时，u_{o1} 由 $-U_Z$ 变为 $+U_Z$，二极管 VD 导通，电容 C 通过 R_5、VD 放电，u_o 随时间线性下降；当 u_o 下降到一定程度时，u_{o1} 由 $+U_Z$ 变为 $-U_Z$，VD 截止，$-U_R$ 重新通过电阻 R_4 对电容 C 充电，u_o 又随时间线性上升；如此不断重复，产生振荡。因 $R_5 << R_4$，放电时间比充电时间小得多，所以 u_o 为锯齿波电压。

(2) 输出电压的波形如图 8.2.10 所示。

当 $u_{o1} = -U_Z$ 时，A_1 同相端电压为

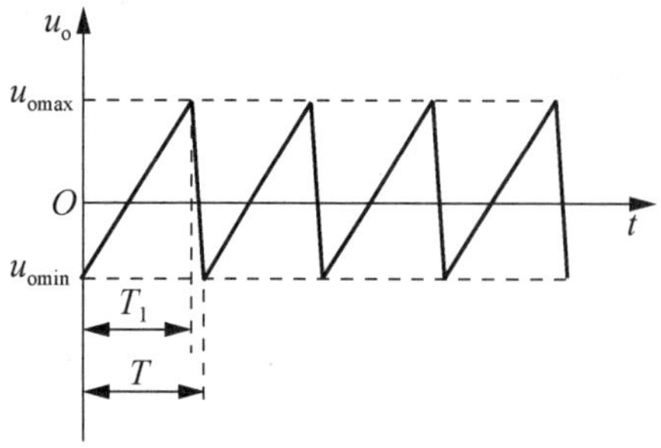

图 8.2.10　例 8-2-2 的波形图

$$u_+ = u_o - \frac{u_o - (-U_Z)}{R_1 + R_2} \times R_1 = \frac{1}{R_1 + R_2}(R_2 u_o - R_1 U_Z)$$

因为 u_o 达到最大值时，A_1 同相端电位 u_+ 和反相端电位 u_- 相等，即

$$\frac{1}{R_1 + R_2}(R_2 u_o - R_1 U_Z) = u_-$$

所以

$$u_{omax} = \frac{1}{R_2}\left[(R_1 + R_2)u_- + R_1 U_Z\right]$$

当 $u_{o1} = +U_Z$ 时，A_1 同相端电压为

$$u_+ = u_o - \frac{u_o - U_Z}{R_1 + R_2} \times R_1 = \frac{1}{R_1 + R_2}(R_2 u_o + R_1 U_Z)$$

因为 u_o 达到最小值时，有 $u_+ = u_-$，即

$$\frac{1}{R_1 + R_2}(R_2 u_o + R_1 U_Z) = u_-$$

所以

$$u_{omin} = \frac{1}{R_2}\left[(R_1 + R_2)u_- - R_1 U_Z\right]$$

由此可得，输出锯齿波电压幅度为

$$u_{omax} - u_{omin} = 2\frac{R_1}{R_2}U_Z = 2 \times \frac{3}{12} \times 6\text{V=3V}$$

A_1 反相端电压 u_- 是电位器 R_P 滑动端的电压。调节 R_P 可使输出电压 u_o 的波形上下平移，但不能改变波形的幅度。

(3) 因为放电时间比充电时间小得多，所以输出电压 u_o 的周期 T 可以近似认为就是当 $u_{o1} = -U_Z$ 时，$-U_R$ 经电阻 R_4 对电容充电的时间 T_1。

电容 C 的充电电流为

$$i_C = i_{R_4} = \frac{0 - (-U_R)}{R_4}$$

$$\frac{1}{C}\int_0^{T_1} i_C \mathrm{d}t = u_{omax} - u_{omin} = 3\text{V}$$

$$\frac{1}{C}\frac{U_R}{R_4}T_1 = 3\text{V}$$

$$T_1 = \frac{3}{15} \times R_4 C = \frac{3}{15} \times 200 \times 10^3 \times 0.01 \times 10^{-6}\text{s=0.4ms}$$

输出锯齿波电压的频率近似为

$$f = \frac{1}{T} \approx \frac{1}{T_1} = \frac{1}{0.4\text{ms}} = 2.5\text{kHz}$$

8.3 波形变换电路

在电子电路中，通常还需要将信号从一种波形变换成另外一种波形，这就需要用到波形变换电路。事实上，利用前面章节介绍过的一些基本电路就可以实现波形变换。例如，利用积分电路可将方波信号变换成三角波信号，利用微分电路可将三角波信号变换成方波信号，利用电压比较器可将正弦波变换成矩形波。本节将介绍利用另外一些电路来实现由三角波到锯齿波的变换以及由三角波到正弦波的变换。

8.3.1 三角波到锯齿波变换电路

设变换电路输入的三角波 u_i 和输出的锯齿波 u_o 如图 8.3.1 所示，将图中的两个波形进行比较可以看出，在三角波上升阶段有

$$u_o = u_i \tag{8-3-1}$$

在三角波下降阶段有

$$u_o = -u_i \tag{8-3-2}$$

由此可见，波形变换电路实际上完成的是比例运算的功能，只是在三角波上升阶段和下降阶段其比例系数不同，分别为+1 和 –1。因此，如果用三角波的上升、下降阶段产生控制信号，再用控制信号去控制比例运算电路的比例系数在 +1 和 –1 之间切换，就可构成三角波变锯齿波电路。

利用微分运算电路将待变换的三角波电压转换成方波电压，该方波电压可用作波形变换电路的控制信号 u_C，其波形如图 8.3.2 所示。由图可以看出，在三角波上升阶段，控制信号为低电平，在三角波下降阶段，控制信号为高电平。

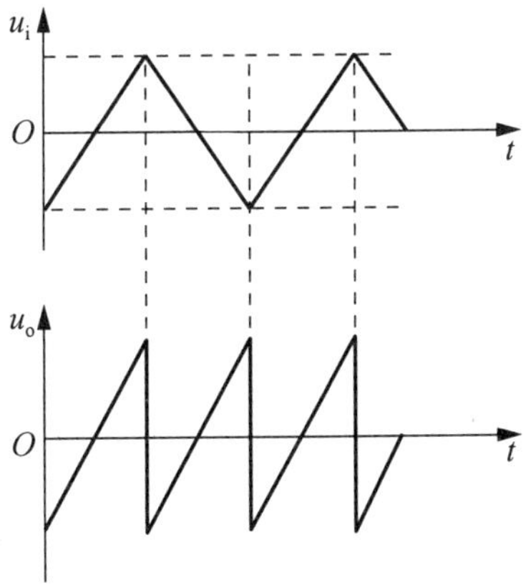

图 8.3.1 三角波变锯齿波电路输入、输出波形

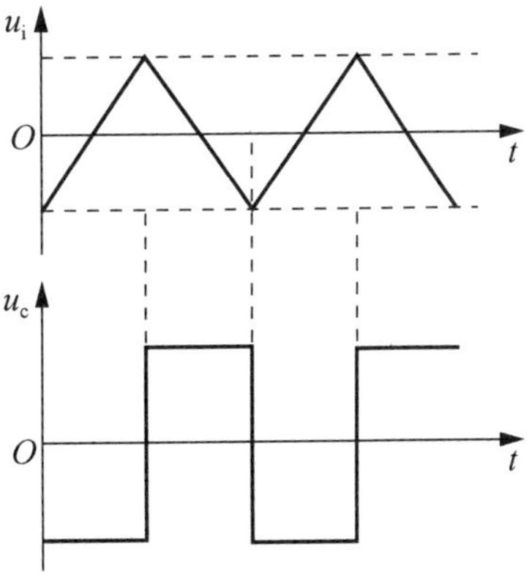

图 8.3.2 三角波变锯齿波电路控制信号

图 8.3.3 为三角波变锯齿波的基本电路。其中，集成运放 A 与电阻 R_1，R_2，…，R_5 和 R_F 构成比例运算电路；虚线框内的电路相当于的电子开关，在 u_c 控制下实现运算电路的比例系数在+1 和 –1 之间切换。图中，各个电阻之间的关系为 $R_1 = R_5 = R_F = R$，$R_2 = R_3 = R_4 = \dfrac{R}{2}$。

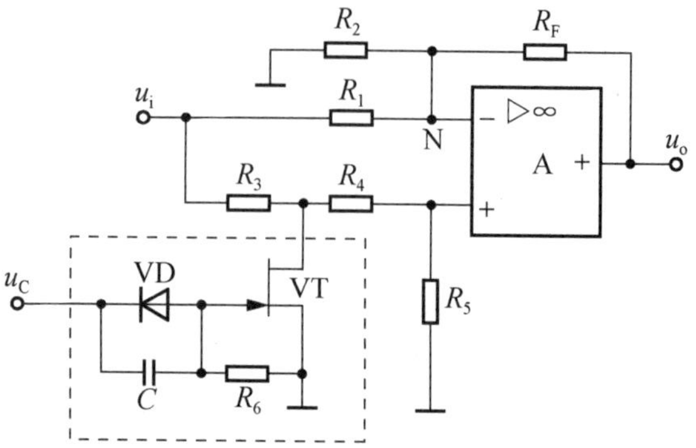

图 8.3.3　三角波变锯齿波基本电路

在三角波输入u_i上升阶段，u_C为低电平，结型场效应管 VT 的u_{GS}小于其夹断电压，相当于电子开关断开，所以有

$$u_- = u_+ = \frac{R_5}{R_3 + R_4 + R_5} u_i \tag{8-3-3}$$

在 N 点列电流方程

$$\frac{u_-}{R_2} + \frac{u_- - u_o}{R_f} = \frac{u_i - u_-}{R_1} \tag{8-3-4}$$

因 $R_2 = R_3 = R_4 = \frac{R}{2}$， $R_1 = R_5 = R_F = R$ ，所以由式(8-3-3)和式(8-3-4)可得

$$u_o = u_i \tag{8-3-5}$$

在三角波输入u_i下降阶段，u_C为高电平，结型场效应管 VT 的$u_{GS} = 0$，处于可变电阻区，相当于电子开关闭合，此时有R_5上电流为零， $u_- = u_+ = 0$ ， R_2上电流为零，所以有

$$\frac{u_i}{R_1} = -\frac{u_o}{R_F}$$

因为

$$R_1 = R_F = R \text{ ,}$$

所以

$$u_o = -u_i \tag{8-3-6}$$

综合以上分析可知，在三角波上升阶段有$u_o = u_i$，在三角波下降阶段有$u_o = -u_i$，所以图 8.3.3 所示电路可以完成三角波到锯齿波的变换。

8.3.2　三角波到正弦波变换电路

1. 滤波法

当三角波的频率固定或者变化范围很小时，可通过低通滤波的方法将三角波变换成正弦波。

将三角波电压(用u_i表示)按傅里叶级数展开有

$$u_i = \frac{8}{\pi^2} U_m \left(\sin\omega t - \frac{1}{9}\sin 3\omega t + \frac{1}{25}\sin 5\omega t - \cdots \right)$$

由上式可以看出，只要低通滤波器上限频率在基波频率和三次谐波频率之间，将三角波输入到低通滤波器，即可输出频率等于基波频率的正弦波。滤波器的输入 u_i 和输出 u_o 的波形如图 8.3.4 所示。

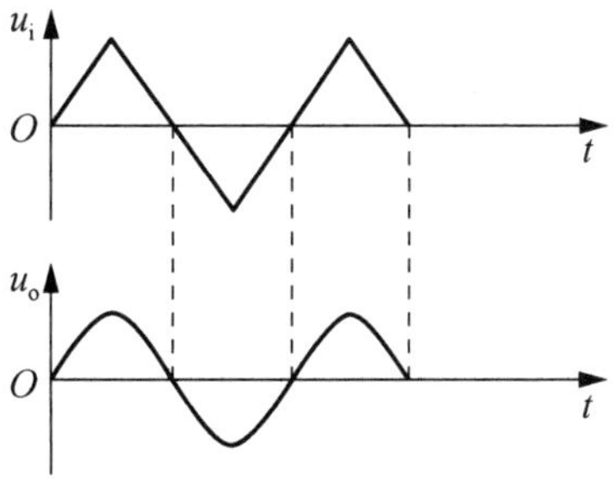

图 8.3.4 滤波法变换电路波形

2. 折线法

如果三角波的频率变化范围较大，其最高频率大于最低频率 3 倍时，可考虑采用折线法实现到正弦波的变换。

将图 8.3.4 中的正弦波和三角波进行比较可知，在正弦波从零逐渐增大到峰值的过程中，三角波与正弦波之间的差别越来越大。因此，如果根据三角波与正弦波之间的差别，将三角波电压分成若干段，每段按不同的比例系数衰减，差别越大，比例系数越大，则衰减后的折线将逼近正弦波。

根据上述思想，可采用比例系数可调的比例运算电路来构成三角波到正弦波的变换电路，如图 8.3.5(a)所示。图中，u_i 为三角波输入，u_o 为变换后的波形输出，各电阻阻值选择应保证 $u_1 > u_2 > u_3$，$u_1' < u_2' < u_3'$。由图可以看出，当 u_i=0 时，$u_o = 0$，所有二极管截止。

当 u_i 从零逐渐降低时，u_o 由零逐渐上升，VD_1、VD_2、VD_3 依次导通，反馈电阻逐渐减小，比例系数的数值也逐渐减小，u_o 上升的斜率逐渐减小；当 u_i 由负的峰值逐渐上升时，u_o 由正的峰值逐渐下降，VD_3、VD_2、VD_1 依次截止，反馈电阻逐渐增大，比例系数的数值也逐渐增大，u_o 下降的斜率逐渐增大，从而完成正弦波正半周的变换。

当 u_i 从零逐渐上升时，u_o 由零开始逐渐下降，VD_4、VD_5、VD_6 依次导通，反馈电阻逐渐减小，比例系数的数值也逐渐减小，u_o 下降的斜率逐渐减小；当 u_i 由正的峰值逐渐降下降时，u_o 由负的峰值逐渐降上升，VD_6、VD_5、VD_4 依次截止，反馈电阻逐渐增大，比例系数的数值也逐渐增大，u_o 上升的斜率逐渐增大，从而完成正弦波负半周的变换。变换电路的波形如图 8.3.5(b)所示。

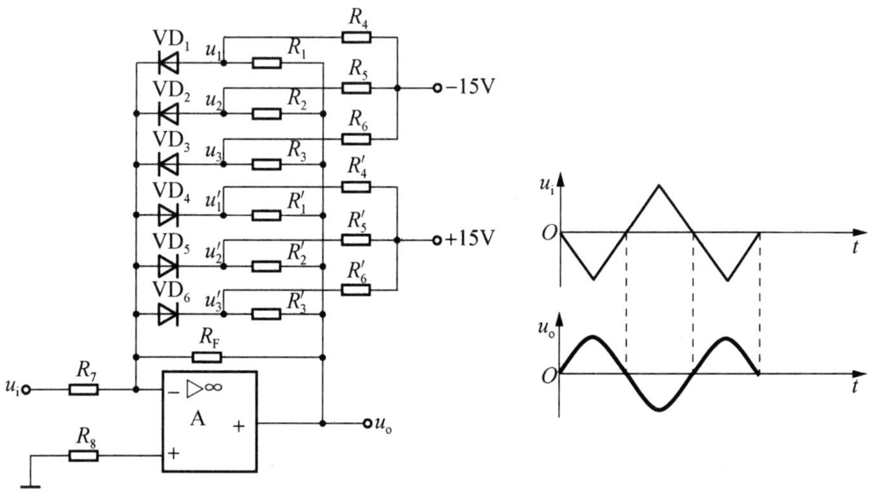

(a) 电路　　　　(b) 波形

图 8.3.5 折线法变换电路和波形

8.4 应用实例

振荡电路在无线通信系统中有着非常重要的应用，是构成无线电发射和接收设备的核心部分。在无线电发射机中，待发射的低频信号必须经过调制才能通过天线发射出去。所谓调制就是利用低频信号控制高频振荡信号的某个参数，使之随低频信号发生变化。调制用的高频振荡信号称为载波，可以是正弦波，也可以是方波、三角波、锯齿波等非正弦波，由高频载波振荡器产生。

图 8.4.1 所示是 100MHz 晶体振荡器的变容二极管直接调频电路，用于无线话筒的发射机中。图中，虚线的左边是由晶体管 VT_1 组成的音频放大器，用于对话筒输出的语音信号进行放大。虚线的右边是载波振荡器，用于产生载波信号。载波振荡器由晶体管 VT_2、石英晶体谐振器、*LC* 回路组成并联型晶体振荡器，也称皮尔斯振荡器。VT_2 集电极上的谐振回路调谐在晶体谐振频率的三次谐波上，完成三倍频的功能。

变容二极管是构成晶体振荡器选频网络的一部分，所以振荡频率和变容二极管的结电容有关。话筒提供的语音信号经音频放大器放大后，经 2.2μH 的高频扼流圈加载到变容二极管上。所以当语音信号随时间变化时，变容二极管的结电容也会随之变化，晶体振荡器的振荡频率会随语音信号发生变化，从而实现调频功能。

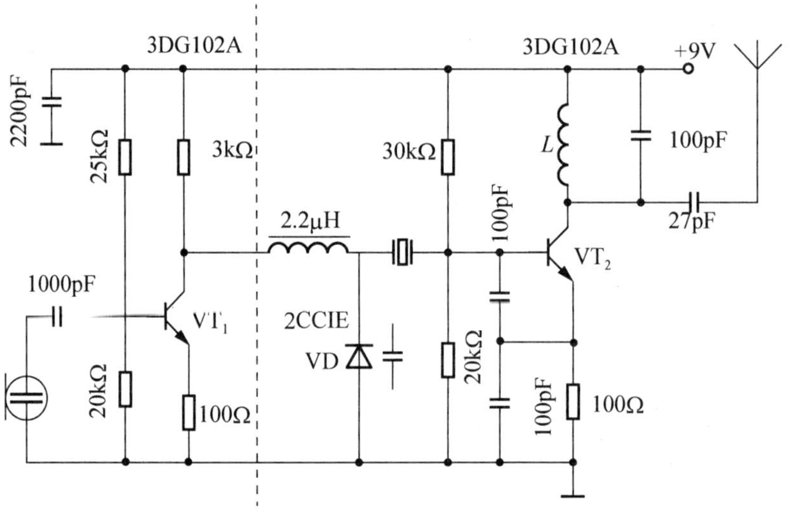

图 8.4.1 晶体振荡器的变容二极管直接调频电路

8.5 Multisim 应用——*RC* 正弦波振荡器输出频率的测定

RC 桥式正弦波振荡电路也称为文氏桥振荡电路，它的主要特点是利用 RC 串并联网络作为选频和反馈网络，如图 8.5.1 所示。该电路满足起振条件，得到仿真电路的振荡波形。

采用频率计对 *RC* 桥式正弦波振荡电路进行频率测量，测量结果如图 8.5.2 所示。

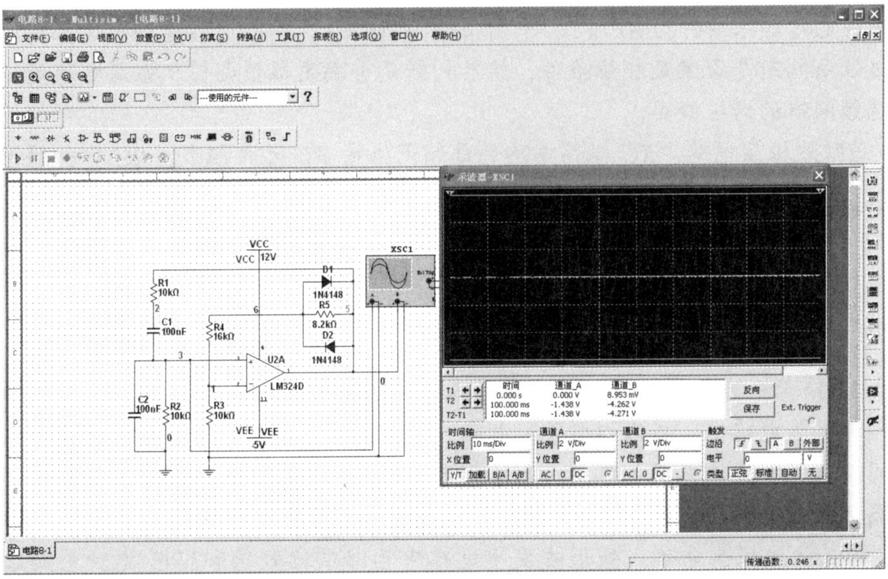

图 8.5.1　*RC* 桥式正弦波振荡电路的振荡波形

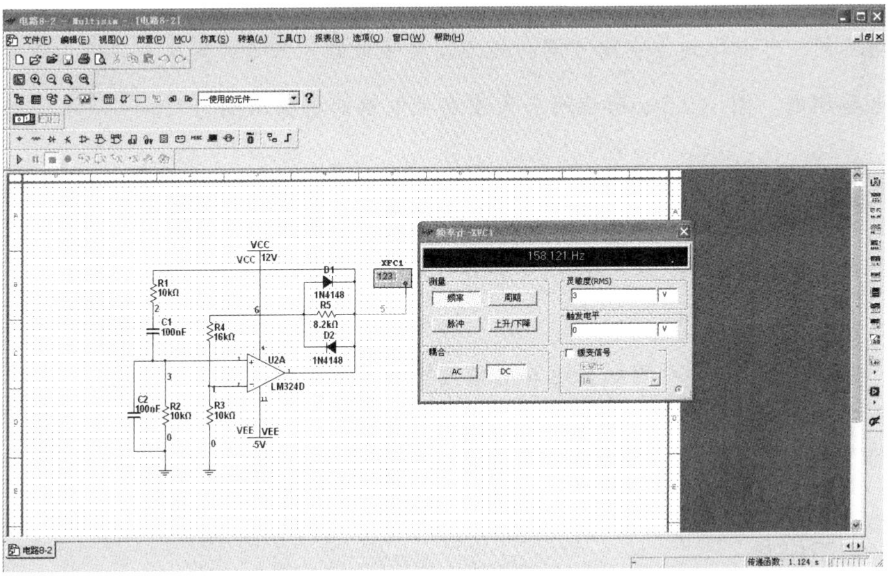

图 8.5.2　*RC* 桥式正弦波振荡电路振荡频率的测量

小　　结

本章在介绍正反馈与自激振荡原理的基础上，讲述了正弦波振荡电路、非正弦波电路和波形变换电路。

(1) 正反馈与自激振荡。振荡电路不需要外部激励，就可以产生一定频率和一定幅度的振荡信号，属自激振荡。振荡电路主要由放大电路、正反馈网络、选频网络和稳幅电路构成。振荡电路起振条件为 $\dot{A}\dot{F}>1$，平衡条件为 $\dot{A}\dot{F}=1$。判断电路能否产生振荡，首先利用瞬时极性法判断是否满足相位条件，然后判断是否满足幅值条件。振荡电路的振荡频率取决于选频网络的谐振频率。

(2) 正弦波振荡电路。*RC* 振荡电路的选频网络由 *RC* 元件组成。*RC* 串并联网络振荡电路的起振条件为 $\left|\dot{A}_u\right|>3$，振荡频率为 $f_0=\dfrac{1}{2\pi RC}$，它可以产生几 Hz 至几百 kHz 的低频信号；*LC* 振荡电路的选频网络由 *LC* 谐振回路组成，主要有变压器反馈式、电感反馈式、电容反馈式三种基本形式。当 $Q>>1$ 时，*LC* 振荡电路的振荡频率为 $f_0\approx\dfrac{1}{2\pi\sqrt{LC}}$，它可以产生几十 MHz 至一百 MHz 的信号；石英晶体振荡电路采用石英晶体谐振器作为选频网络。并联型晶体振荡电路中，晶体相当于大电感，振荡频率在晶体的串联谐振频率和并联谐振频率之间。串联型晶体振荡电路中，晶体相当于选频短路线，振荡频率为晶体的串联谐振频率。晶体振荡电路的频率稳定度很高，可达 $10^{-6}\sim10^{-8}$ 的数量级。

(3) 非正弦波振荡电路。矩形波发生电路可由滞回比较器和 *RC* 充放电回路组成。图 8.2.1(a)所示的矩形波发生电路的振荡周期 $T=2R_3C\ln\left(1+\dfrac{2R_1}{R_2}\right)$；若使电容充电和放电经过的回路不同，可以得到占空比可调的矩形波发生电路；三角波发生电路可由滞回比较器和积分电路组成。图 8.2.5(a)所示的三角波发生电路的振荡周期为 $T=\dfrac{4R_1R_4C}{R_2}$，振荡幅度为 $U_{\text{om}}=\dfrac{R_1}{R_2}U_{\text{Z}}$；若使积分电路的正向积分时间常数和反向积分时间常数不同，且相差悬殊，可以得到锯齿波发生电路。图 8.2.7 所示锯齿波发生电路的振荡周期为 $T=\dfrac{2R_1(2R_4+R_{\text{p}})C}{R_2}$，振荡幅度与三角波相同。

(4) 波形变换电路。利用积分运算电路可将方波变换为三角波；利用微分运算电路可将三角波变换为方波；利用电压比较器可将正弦波变换为方波；利用比例系数可控的比例运算电路可将三角波变换为锯齿波；利用滤波法或折线法可将三角波变换为正弦波。

知识链接

振荡器的频率稳定度

振荡器的频率稳定度是指由于外界条件的变化，引起振荡器的实际工作频率偏离标称频率的程度，它是振荡器的一项非常重要的技术指标。我们知道，振荡器一般是用作某种信号源(高频加热类的应用除外)，振荡频率的不稳定将有可能使设备和系统的性能恶化，如通信中的振荡器如果频率不稳，就会影响通信的可靠性；测量系统的振荡器如果频率不稳，就会引起较大的测量误差；数字设备中的振荡器如果频率不稳，就会造成定时器的定时不稳。特别是空间技术的迅速发展，对振荡器频率稳定度的要求就更高。例如，要实现火星通信，频率的相对误差就不能大于10^{-11}数量级。倘若给距离地球 5600 万公里的金星定位，则要求频率的相对误差不能大于10^{-12}的数量级。因此，提高振荡器的频率稳定度有极其重要的意义。

评价振荡器频率的主要技术指标有两个，即准确度和稳定度。准确度是指振荡器的实际频率和标称频率之间的偏差，通常可分为绝对频率准确度和相对频率准确度两种。设f_1为实际工作频率，f_0为标称频率，则绝对准确度为

$$\Delta f = f - f_0$$

相对准确度为

$$\frac{\Delta f}{f_0} = \frac{f - f_0}{f_0}$$

振荡器的频率稳定度是指在一定的时间间隔内，频率准确度的变化，用$\Delta f / f_1 \big|_{\text{时间间隔}}$表示，这个数值越小，频率稳定度越高。根据制定的时间间隔不同，频率稳定度可分为长期频率稳定度、短期频率稳定度和瞬间频率稳定度三种。

长期频率稳定度，一般指一天以上以至几个月的时间间隔内的频率变化的最大值，通常由元器件老化引起。它主要用来评价天文台或计量单位的高精确度频率标准和计时设备的稳定指标。

短期频率稳定度，一般指一天以内，以小时、分钟或秒计时的时间间隔内频率的相对变化。短期频率不稳定的主要受温度、电源电压和等外界因素的影响。短期频率稳定度通常称为频率漂移，它多用来评价测量仪器和通信设备中主振器的频率稳定指标。

瞬时频率稳定度，指秒或毫秒的时间间隔内随机频率变化，即频率的瞬间无规则变化。这种频率稳定度也称为振荡器的相位抖动或相位噪声。瞬时频率不稳定的主要影响因素是振荡器的内部噪声。

尽管这种所谓长期、短期和瞬时频率稳定度的划分直到现在还没有严格、统一的规定，但是，这种大致的区别还是有一定实际意义的。我们通常所说的频率稳定度是指短期频率稳定度。一般短波、超短波发射机的频率稳定度要求是$10^{-4} \sim 10^{-5}$量级；电视发射台要求5×10^{-7}；一些大型、军用发射机及精密仪器则要求10^{-6}量级或更高。

随堂测验题

【测试系统：第 8 章随堂测验题】

说明：本试题分为单项选择题和判断题两部分，答题完毕并提交后，系统将自动给出本次测试成绩以及标准答案。

习　　题

【图文：第 8 章习题解答】

8-1 选择填空题

1．若振荡电路能够自行起振，必须满足(　　)；振荡电路要能达到稳幅状态，必须满足(　　)。

A．$\dot{A}\dot{F}<1$　　　B．$\dot{A}\dot{F}=1$　　　C．$\dot{A}\dot{F}>1$

2．*LC* 并联回路在谐振时呈(　　)，当信号频率大于谐振频率时呈(　　)，当信号频率小于谐振频率时呈(　　)；石英晶体谐振器在发生串联谐振或并联谐振时呈(　　)，当信号频率在并联谐振频率和串联谐振频率之间时呈(　　)，其他情况下呈(　　)；*RC* 串并联网络在信号频率等于振荡频率时呈(　　)。

A．阻性　　　B．感性　　　C．容性

3．设计频率为 20Hz～20kHz 的音频信号发生电路，应选用(　　)；设计频率为(2～20)MHz 的接收机的本机振荡电路，应选用(　　)；设计频率非常稳定的测试用信号源，应选用(　　)。

A．*RC* 桥式振荡电路　　　B．*LC* 振荡电路

C．石英晶体振荡电路

8-2 试将如图 8-1 所示的电路合理连线，从而构成 *RC* 桥式正弦波振荡电路。

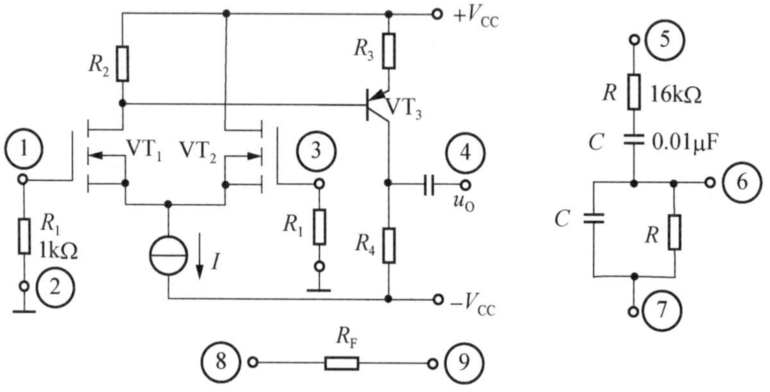

图 T8-1　习题 8-1 的图

8-3 电路如图 T8-2 所示，试求：

(1) R'_p 的下限值；

(2) 振荡频率的调节范围。

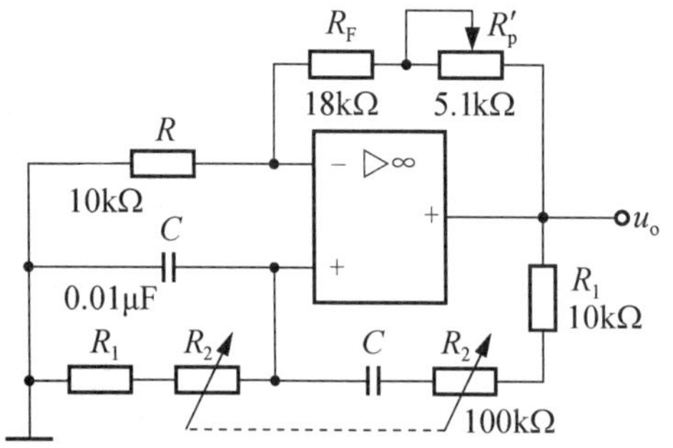

图 T8-2　习题 8-3 的图

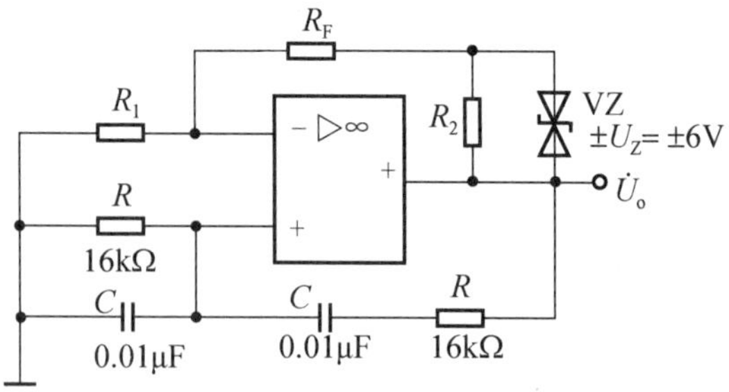

图 T8-3　习题 8-4 的图

8-4 电路如图 T8-3 所示，已知 $R_1=R_2=10\text{k}\Omega$，试求：

(1) 为使电路能够起振，R_F 应大于多少？

(2) 电路的振荡频率 f_0；

(3) 当稳幅振荡时，最大不失真输出电压的有效值。

8-5 试判断图 T8-4(a)、(b)所示的电路能否产生正弦波振荡，若能振荡，写出振荡频率 f_0 的表达式。(设 C_B、C_E 均为交流短路，L_1 和 L_2 之间的互感为 M)；若不能，请改正之。

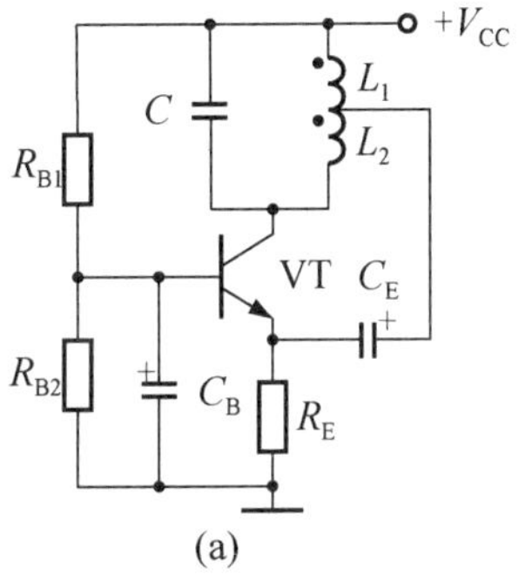

图 T8-4　习题 8-5 的图

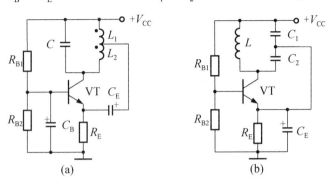

8-6 改错：改正图 T8-5(a)、(b)所示电路中的错误，使电路可能产生正弦波振荡，要求不能改变放大电路原来的基本接法(共射、共基、共集)。

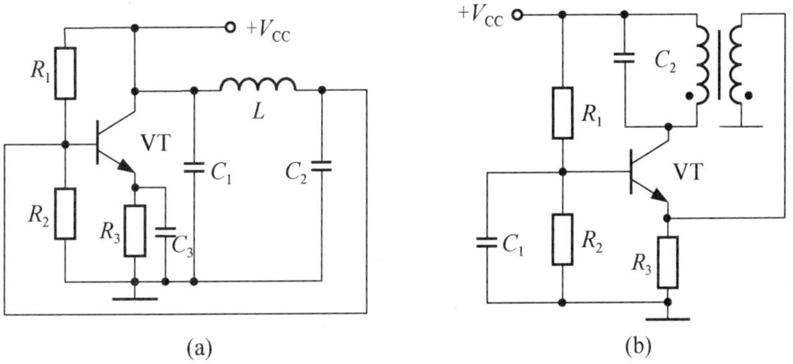

图 T8-5　习题 8-6 的图

8-7 电路如图 T8-6 所示。

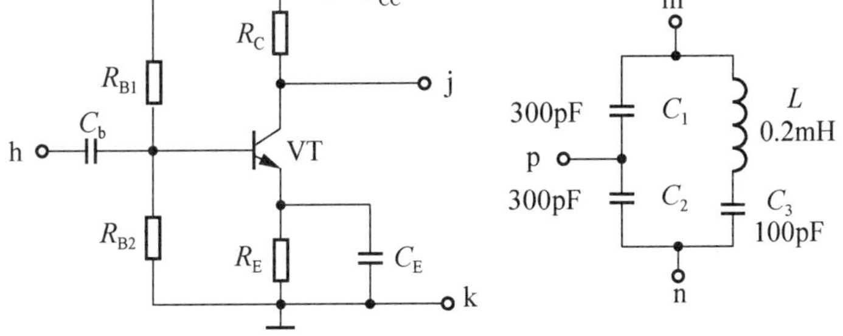

图 T8-6　习题 8-7 的图

(1) 将图中左右两部分正确连接起来，使之能够产生正弦波振荡；

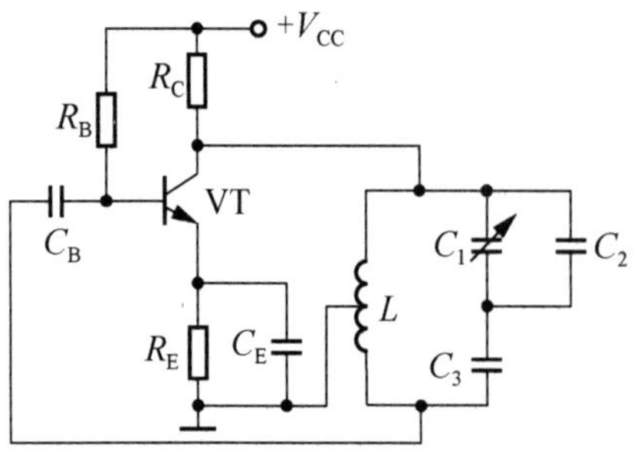

图 T8-7　习题 8-8 的图

(2) 估算振荡频率 f_0；

(3) 如果电容 C_3 短路，此时的 f_0 为多大？

8-8 电感三点式振荡电路如图 T8-7 所示。设 $C_1=12\sim365\text{pF}$，$C_2=6.6\text{pF}$，$C_3=36\text{pF}$，电路的总电感 $L=500\mu\text{H}$，试计算振荡频率的变化范围。

8-9 图 T8-8(a)、(b)所示为石英晶体振荡电路，试判断电路能否产生振荡，并说明晶体在电路中的作用。

8-10 图 T8-9 所示电路为某同学所接的方波发生电路，试找出图中的 3 个错误，并改正。

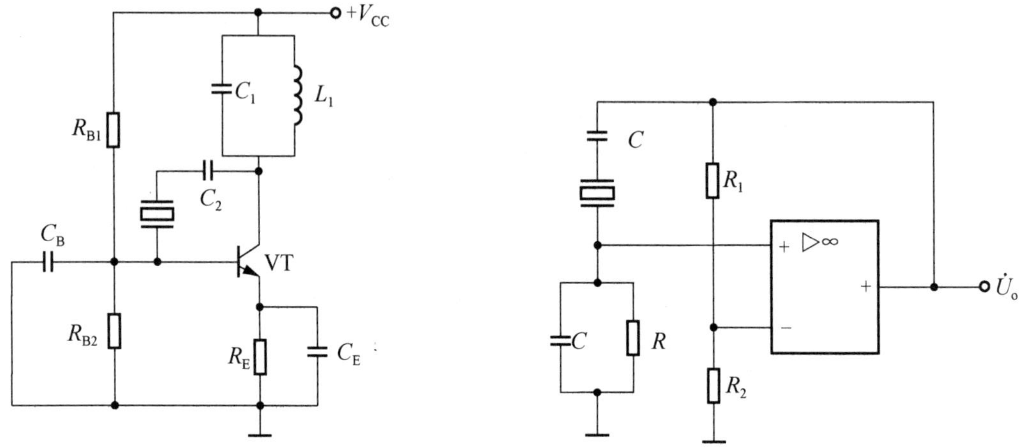

(a)　(b)

图 T8-8　习题 8-9 的图

8-11 方波发生电路如图 T8-10 所示。

(1) 说明电路工作原理；

(2) 画出 u_C 和 u_o 的波形；

(3) 导出振荡频率和占空系数的表达式。

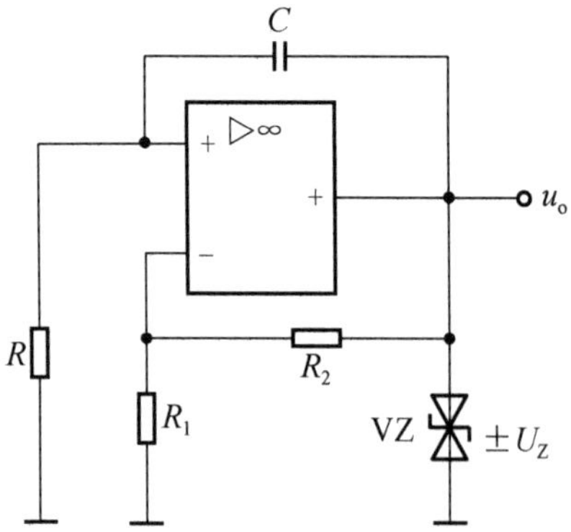

图 T8-9　习题 8-10 的图

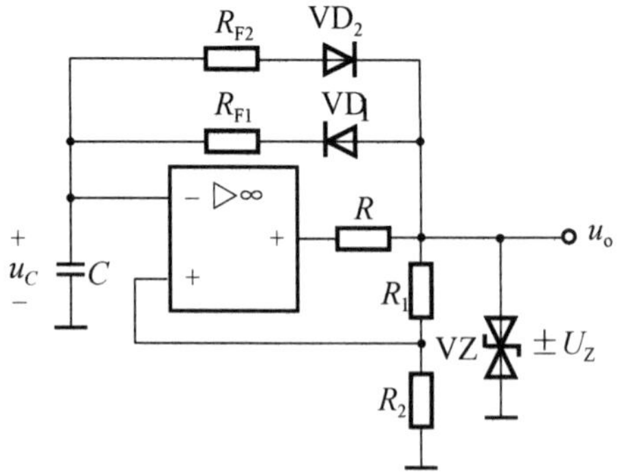

图 T8-10　习题 8-11 的图

8-12 电路如图 T8-11 所示。

(1) 分别说明 A_1 和 A_2 各构成哪种基本电路？

(2) 求出 u_{o1} 和 u_o 的关系曲线 $u_{o1} = f(u_o)$；

(3) 求出 u_o 和 u_{o1} 的运算关系式 $u_o = f(u_{o1})$；

(4) 定性画出 u_{o1} 和 u_o 的波形；

(5) 说明若要提高振荡频率，则可以改变那些电路参数，如何改变？

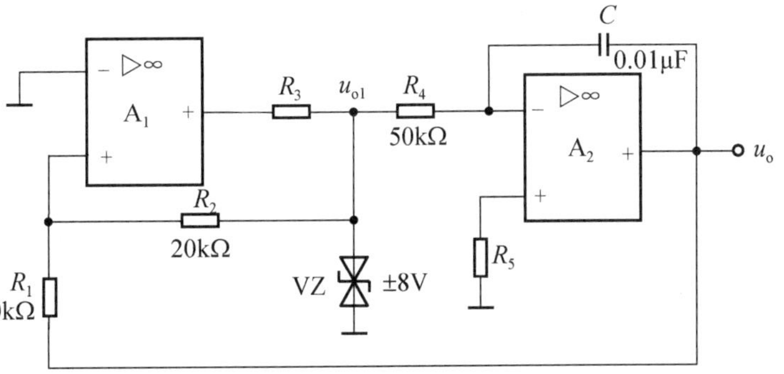

图 T8-11　习题 8-12 的图

8-13 某波形发生电路如图 T8-12 所示。

(1) 电路为何种波形发生电路？

(2) 运放 A_1 的输出状态在何时切换？

(3) 定性地画出 u_{o1}、u_{o2}、u_o 的波形；

(4) 求振荡周期 T；

(5) 怎样实现电路的调频、调幅。

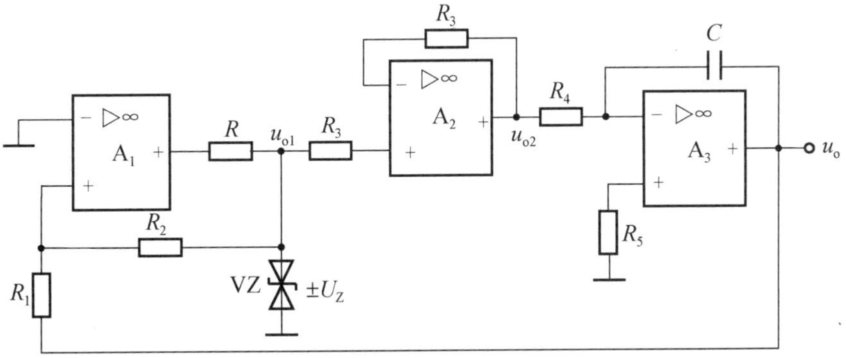

图 T8-12　习题 8-13 的图

8-14 电路如图 T8-13 所示，设二极管为理想器件。

(1) I 和 II 部分各构成什么功能的电路；

(2) 在同一坐标系上，画出 u_{o1} 和 u_o 在稳定情况下的波形，并标出幅值，计算周期。

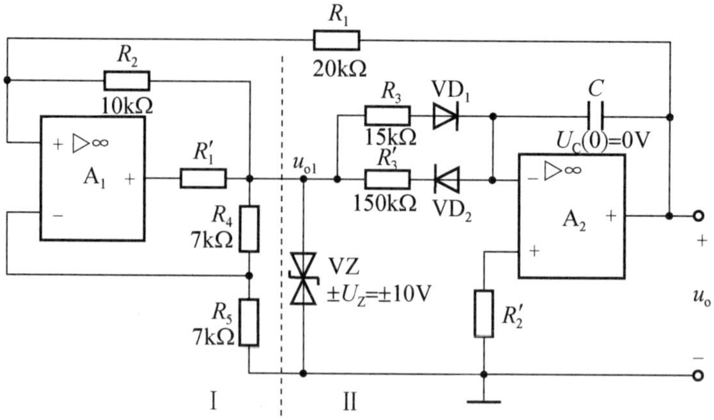

图 T8-13　习题 8-14 的图

8-15 电路如图 T8-14 所示，试问：

(1) u_{o1} 和 u_{o2} 是什么波形？幅值多大？

(2) 若 u_i 在 u_{o2} 的峰峰值之间变化，u_{o3} 输出什么波形？幅值多大？

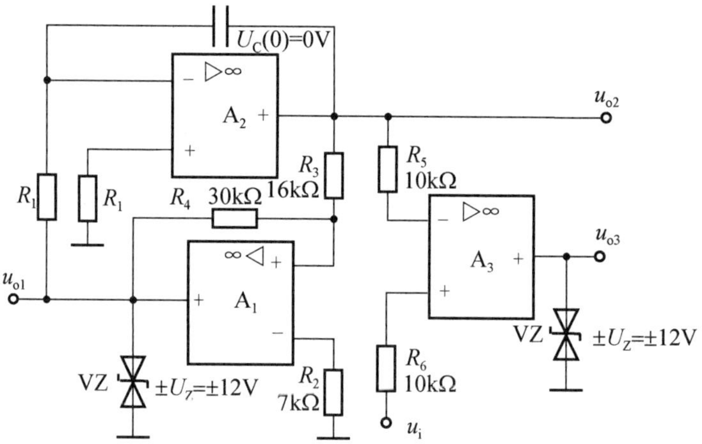

图 T8-14　习题 8-15 的图

8-16 试将正弦波电压转换为二倍频锯齿波电压，要求画出原理框图，并定性画出各部分输出电压的波形。

第9章 功率放大电路

在实际应用中，有很多负载，如扬声器、电动机、继电器、仪表指针等必须要有足够大的功率才能推动它们正常工作。功率放大电路的主要任务就是尽可能地向这些负载提供足够大的输出功率，从而使这些负载能够正常工作。而在对信号进行功率放大之前，通常利用电压放大电路，将微弱的电压信号放大成幅度足够大的电压信号。因此，功率放大电路属于整个放大电路的末级或末前级。

本章首先介绍功率放大电路的特点，其次重点介绍实际中应用最多的OTL和OCL功率放大电路的工作原理；最大输出功率和转换效率是功率放大电路的两个主要技术指标，本章将围绕这两个主要的技术指标对功率放大电路展开讨论。

本章教学目标与要求

- 了解功率放大电路的特点。
- 掌握对功率放大电路的基本要求；了解功率放大电路的甲类、乙类和甲乙类这3种工作状态的特点。
- 掌握OTL和OCL功率放大电路的工作原理。
- 掌握OTL和OCL功率放大电路最大输出功率和效率的计算，并能正确选择功放管。

【引例】

甲和乙两人各拥有一台袖珍式收音机，如图9.1所示，用于收听广播电台的节目，且均采用两节5号电池供电。除功率放大电路部分不同外，其余部分电路均相同。为了省电，甲习惯将收音机的音量调得尽量低。可事与愿违，其收音机却因电池电能的耗尽而无法使用，而尽管乙的收音机用时较长，却仍能继续使用。通过本章的学习，读者可以从中找到导致这种结果的答案。

图9.1 袖珍收音机

9.1 功率放大电路的特点

功率放大电路(简称功放)与电压放大电路在工作原理上并没有本质的区别，均是利用了晶体管的电流放大作用，但由于功率放大电路和电压放大电路所担负的主要任务不同，故功率放大电路也就有着其本身的特点。对电压放大电路的基本要求是失真小、电压放大倍数大；对功率放大电路的基本要求是失真小、输出功率大、效率高。

9.1.1　功率放大电路要有尽可能大的输出功率

功率放大电路的输出功率是指提供给负载的信号功率。若负载一定，则当输入为正弦信号且基本不失真时，功率放大电路的输出功率与输出电压和输出电流有效值的乘积呈正比，即 $P_o \propto U_o I_o$。要使输出功率 P_o 尽可能大，必须使输出电压 U_o 和输出电流 I_o 均尽可能大。而尽管电压放大电路的输出电压大，但由于其输出电流较小，故其输出功率并不大。

最大输出功率是指在电路参数一定时负载上可能获得的最大交流功率，用 P_{om} 表示。

9.1.2　功率放大电路要有尽可能高的效率

功率放大电路的输出功率较大，而其输出功率是通过晶体管的控制作用由直流电源转换而来的，为了提高电源的利用率，就要求功率放大电路要有尽可能高的转换效率。

转换效率 η 是指功率放大电路的最大输出功率 P_{om} 与电源所提供的直流功率 P_V 之比，即

$$\eta = \frac{P_{om}}{P_V} \tag{9-1-1}$$

要使转换效率 η 尽可能高，一方面输出功率 P_{om} 要尽可能大；另一方面电源所提供的直流功率 P_V 要尽可能小。而在电压放大电路中，由于输出功率很小，故一般不考虑转换效率的问题。

9.1.3　功率放大电路的功放管要接近于极限运用状态

要使功率放大电路的输出功率尽可能大，其输出电压和输出电流的动态范围都要尽可能大。即要求功率放大电路的功放管要接近于极限运用状态，但不能超出其如图 2.1.14 所示的安全工作区。由于信号的动态范围较大，就必须要考虑信号失真的问题，在实用电路中，通常采取引入交流负反馈的措施，以减少信号的非线性失真。

9.1.4　不能采用微变等效电路法对功率放大电路进行分析

如前所述，放大电路的分析方法有微变等效电路法和图解法两种。由于功率放大电路的输出电压和输出电流的变化幅度较大，属于大信号。而在大信号工作状态下，放大管的非线性是不可忽视的，因此，在分析功率放大电路时不能采用微变等效电路法，而只能采用图解法。

9.2　变压器耦合功率放大电路

如图 9.2.1 所示为基本的共射放大电路，R_L 为负载电阻。若输入为正弦信号，且信号能够不失真地加以放大，则当 R_L 很小时，负载的端电压很低；当 R_L 很大时，负载的端电压很高，但负载的电流却很小。故当 R_L 很小和很大时，R_L 均不会得到最大功率。可以想

象，一定存在一个合适的负载电阻 R_L 能使其获得最大功率。实际上，像扬声器、继电器等负载电阻都很小(大约为几欧～几十欧)，这些负载不可能获得最大功率。另外，集电极直流负载电阻 R_C 要消耗功率，所以该电路的效率不可能很高。为了提高效率，可用变压器取代 R_C，从而构成了变压器耦合单管功率放大电路，如图 9.2.2 所示，变压器的一次绕组串接在集电极电路中，根据变压器的阻抗变换公式得出的变压器一次侧的交流等效负载电阻 $R_L' = n^2 R_L$ (n 为变压器的变比)可知，通过选择合适的变比 n，即可实现最佳匹配，从而使负载 R_L 获得最大功率，同时也提高了效率。

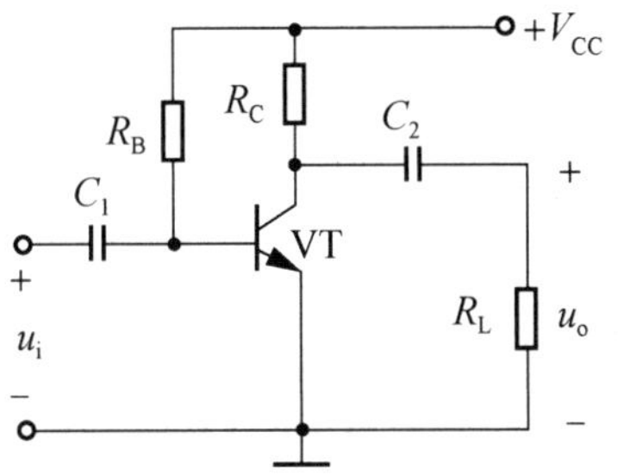

图 9.2.1　基本的共射放大电路

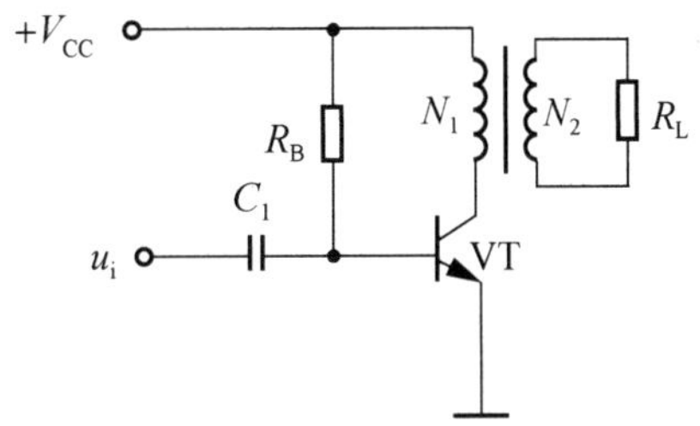

图 9.2.2　变压器耦合单管功放

9.2.1　变压器耦合单管功率放大电路

设输入为正弦信号，功放管的穿透电流 $I_{CEO} \approx 0$。下面用图解法对变压器耦合单管功率放大电路进行分析。

若将变压器一次绕组的电阻忽略不计，则直流负载线是一条过点(V_{CC}，0)且垂直于横轴的直线，如图 9.2.3 所示。直流负载线与 $I_B = I_{BQ}$ 的那条输出特性曲线的交点 Q 即为静态工作点。

若不计基极回路的损耗，则静态时电源所提供的直流功率

$$P_V = V_{CC} I_{CQ} \tag{9-2-1}$$

此时，全被管子(主要是集电结)所损耗。

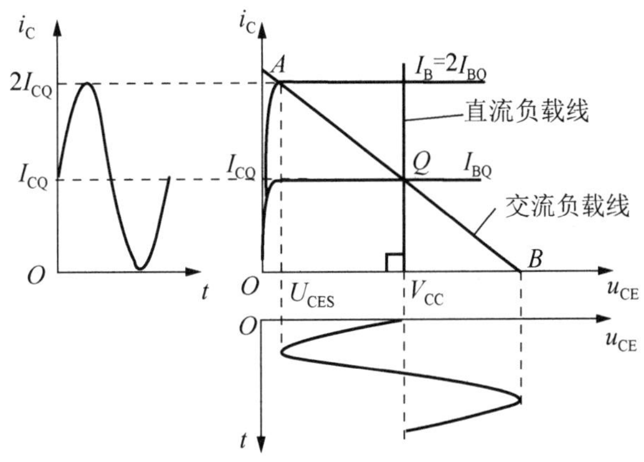

图 9.2.3　单管功放的图解分析

过 Q 点作斜率为 $-1/R_L'$ 的交流负载线 AB。通过适当调节变压器的变比 n 使 Q 点位于交流负载线 AB 的中点附近。若将 U_{CES} 忽略不计，则 Q 点即为交流负载线 AB 的中点。此时，B 点的坐标为($2V_{CC}$，0)，A 点的坐标为(0，$2I_{CQ}$)，R_L' 两端交流电压的最大值为 V_{CC}，所通过交流电流的最大值为 I_{CQ}，最大输出功率

$$P_{om} \approx \frac{V_{CC}}{\sqrt{2}} \cdot \frac{I_{CQ}}{\sqrt{2}} = \frac{1}{2} V_{CC} I_{CQ} \tag{9-2-2}$$

即等于三角形 OAB 面积的 1/4 倍。

电源所提供的直流功率 P_V 等于电源的电压 V_{CC} 和电源所输出电流的平均值 I_{AV} 之积，即

$$P_V = V_{CC} I_{AV} \tag{9-2-3}$$

集电极电流

$$i_C = I_{CQ} + i_c = I_{CQ} + I_{CQ}\sin\omega t$$

集电极电流的平均值

$$I_{AV} \approx I_{C(AV)} = \frac{1}{T}\int_0^T (I_{CQ} + i_c)\mathrm{d}t$$

由于正弦电流i_c在一个周期内的积分为零，故由上式可得，集电极电流的平均值为

$$I_{C(AV)} \approx I_{CQ} \tag{9-2-4}$$

由式(9-2-3)和式(9-2-4)可以得出，动态时电源所提供的直流功率与式(9-2-1)相同。

由式(9-2-1)、式(9-2-2)、式(9-2-3)和式(9-2-4)单管功率放大电路的理想效率为

$$\eta = \frac{P_{om}}{P_V} = 50\%$$

由此可见，变压器耦合单管功率放大电路在理想的情况下，电源所提供的直流功率，只有一半被转换成交流功率输出。

综上所述，对于变压器耦合单管功率放大电路来讲，在输入信号的整个周期内，功放管均处于导通状态(导通角为360°)，称为甲类状态。功放工作于甲类状态时，静态和动态时电源所提供的直流功率均如式(9-2-1)所示而保持不变。无输入信号时，电源所提供的直流功率几乎全部被功放管所损耗，输出功率为零，效率为零；输入信号越大，输出功率越大，功放管的损耗越小，效率越高。

特别提示

- 对单管功放而言，输入信号越小，管子损耗越大，效率越低。

通过上述分析可知，在引例中，由于甲的收音机所采用的功放是工作在甲类状态的单管功放，所以，尽管将音量调低了，但只是做到输出交流功率的降低，而由于电源所提供的直流功率一定，故使功放管的损耗增大，转换效率降低，根本达不到省电的目的。

为了提高效率，一方面要增大输出信号的动态范围，以提高输出功率；另一方面要减少电源提供的直流功率。可以设想，静态工作点越低，集电极的静态电流I_{CQ}就越小，功放管的功耗就越小，电源所提供的直流功率就越小，效率就越高。若把静态工作点设置在横轴上，如图 9.2.4 所示，则集电极的静态电流I_{CQ}为零，即静态时功放管处于截止状态，功放管的功耗为零，静态时电源所提供的直流功率也为零；电源所提供的直流功率将随着输入信号的增大而增大，随着输入信号的减小而减小，这正是人们所期望的结果。在输入信号的整个周期内，功放管只有半个周期导通(导通角为180°)，称为乙类状态。当功放工作于

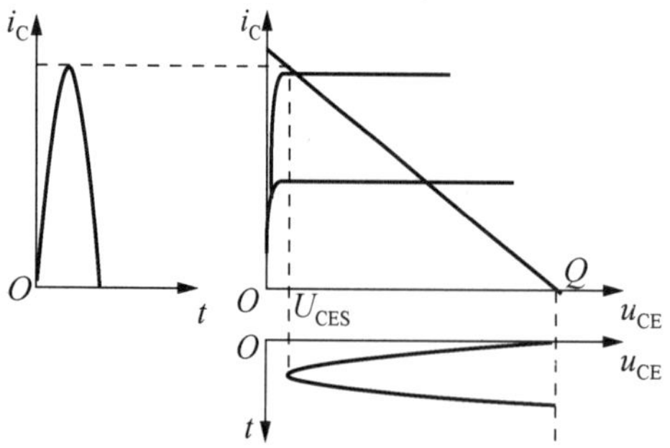

图 9.2.4　功放的乙类工作状态

乙类状态时，虽然效率提高了，但是由于在输入信号的整个周期内功放管只有半个周期导通，在负载上只能得到半个波形的输出信号，而另外半个周期的信号被削掉，输出信号出现了严重的失真。为了能在负载上得到完整的正弦波，可以采用两只参数完全相同的功放管，使功放管在输入信号的正负半周内交替地导通，在负载上即能合成完整的正弦波，从而既提高了效率又避免了严重的失真。可以得出，乙类功放的理想效率为π/4 (即约 78.5%)。

9.2.2 变压器耦合乙类推挽功率放大电路

变压器耦合乙类推挽功率放大电路如图 9.2.5 所示。图中的 T_1 和 T_2 分别是带有中心抽头的输入变压器和输出变压器，VT_1 管和 VT_2 管的类型和参数完全相同。设 VT_1 和 VT_2 的死区电压和穿透电流均忽略不计，输入电压 u_i 为正弦信号。

当 u_i 为零时，VT_1 和 VT_2 均截止，其集-射极电压均为 V_{CC}，电源提供的直流功率为零，输出电压为零；当 $u_i>0$，即 u_i 处于正半周时，VT_1 因正向偏置而导通，VT_2 因反向偏置而截止；当 $u_i<0$，即 u_i 处于负半周时，VT_2 因正向偏置而导通，VT_1 因反向偏置而截止。这样就能在负载 R_L 两端得到完整的电压波形，同时获得交流功率。

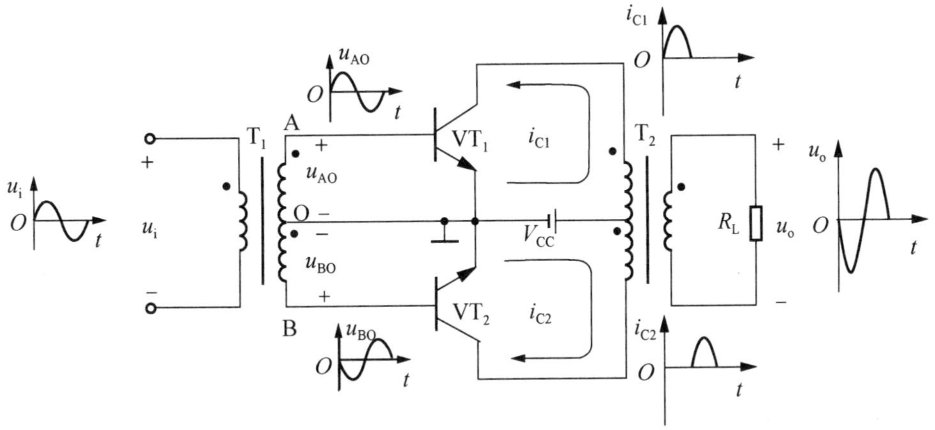

图 9.2.5 变压器耦合乙类推挽功率放大电路

两只类型相同的管子在电路中交替导通的方式称为“推挽”工作方式。两只参数相同的同类型管子称为推挽管。由于上述电路处于乙类工作状态，故称为乙类推挽功率放大电路。

若在输入信号的整个周期内功放管在大于半个周期小于一个周期的时间内导通(即管子的导通角大于180° 小于360°)，则称为甲乙类状态。

另外，为了降低功放管的功耗，以进一步提高功放的效率，可以采用如下两种方法。一种方法是，减少功放管在一个周期内的导通时间，以增大功放管的截止时间，使管子工作于丙类状态(即导通角小于180°)；另一种方法是使管子工作于开关状态，即丁类状态。这样，当功放管截止时，其集电极电流几乎为零，而当功放管饱和时，其集-射极饱和电压降很低，管子的损耗均不大，从而使功放的效率得到了提高。但对工作于丙类和丁类状态的功放而言，由于输出信号产生了严重的失真，故必须要进行滤波等处理。通常，低频功放均采用甲乙类。

由于变压器具有笨重、体积大、效率低、不便于集成化，以及低频和高频特性差等诸多缺点，故目前很少采用，而无变压器的互补对称功率放大电路获得了广泛的应用。

9.3　互补对称功率放大电路

互补对称功率放大电路有无输出变压器的互补对称功率放大电路(简称 OTL①电路)和无输出电容的互补对称功率放大电路(简称 OCL②电路)两种，下面分别加以介绍。

【视频：OTL 电路】

9.3.1　OTL 电路

若用输出电容 C 来取代变压器耦合功放中的输出变压器，则可构成 OTL 电路，如图 9.3.1 所示。其中，VT_1 是 NPN 型管，VT_2 是 PNP 型管，VT_1 和 VT_2 管的参数相同、特性对称。设输入信号是正弦波，两只晶体管的死区电压和穿透电流均忽略不计。

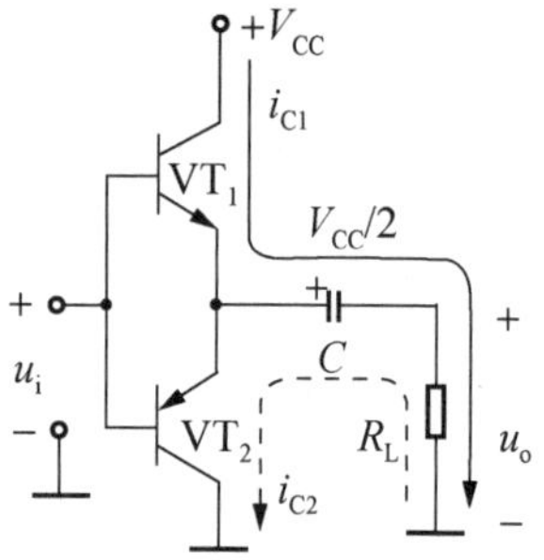

图 9.3.1　OTL 电路

静态时，应使两只晶体管的基极电位为 $V_{CC}/2$。由于电路结构对称，故电容的端电压为 $V_{CC}/2$，发射极的静态电位也为 $V_{CC}/2$。此时，两只晶体管的发射结电压均为零而处于截止状态，输出电压 $u_o=0$。

若输入电压 u_i 处于正半周，则 VT_1 因正向偏置而导通，VT_2 因反向偏置而截止，电源$+V_{CC}$ 给电容充电，充电电流的方向如图 9.3.1 中实线所示；若输入电压 u_i 处于负半周，则 VT_2 因正向偏置而导通，VT_1 因反向偏置而截止，电容放电，放电电流的方向如图 9.3.1 中虚线所示。这样，在负载上就能合成完整的正弦波。由于在输入信号的整个周期内，VT_1 和 VT_2 交替地导通，互相弥补对方的不足，故将这种方式称为“互补”工作方式，而将两只参数相同、特性对称，但类型不同的管子称为互补管。由互补管构成的功率放大电路称为互补对称功率放大电路。

若输出电容选得足够大(一般为几千微法)，则对于交流信号而言，电容可视为短路，电路为射极输出形式，故输出电压 u_o 约等于输入电压 u_i，即 $u_o\approx u_i$。由于电路采用了互补对称结构，且采用射极输出形式，故一方面提高了电路的带负载能力，另一方面也扩大了输出信号的动态范围。

OTL 电路克服了变压器耦合功放的缺点。为了改善功放的低频特性，要求输出电容的容量越大越好，且采用电解电容。但是，一旦输出电容的容量增大到一定程度后，一方面会带来电解电容体积的增大；另一方面也会带来漏阻和电感效应，反而不利于低频特性的进一步改善。

9.3.2　OCL 电路

【视频：OCL 电路】

OCL 电路如图 9.3.2 所示。电路采用双电源供电。与 OTL 电路相同，

① OTL 是英文 Output Transfomerless(无输出变压器)的缩写。
② OCL 是英文 Output Capacitorless(无输出电容)的缩写。

该电路也采用了互补对称结构和射极输出器形式。设输入信号是正弦波，两只互补管的死区电压和穿透电流均忽略不计。

静态时，两只晶体管的发射结电压均为零而处于截止状态，输出电压 u_O=0。若输入电压 u_i 处于正半周，则 VT_1 因正向偏置而导通，VT_2 因反向偏置而截止，正电源+V_{CC} 供电，电流的方向如图 9.3.2 中实线所示；若输入电压 u_i 处于负半周，则 VT_2 因正向偏置而导通，VT_1 因反向偏置而截止，负电源供电，电流的方向如图 9.3.2 中虚线所示。这样，在负载上就能合成完整的正弦波，且 $u_o \approx u_i$。

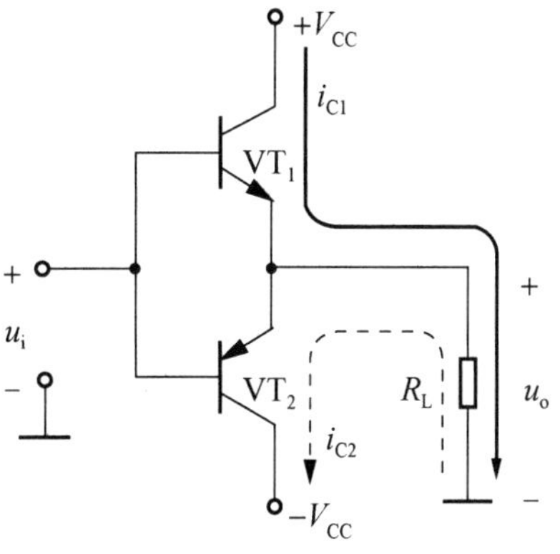

图 9.3.2　OCL 电路

实际上，晶体管有死区电压。只有当输入电压 u_i 大于死区电压时，晶体管才导通；而当输入电压 u_i 小于死区电压时，晶体管是截止的。所以，当输入电压 u_i 过零时，输出电压将产生失真。由于这种失真发生在两晶体管交替导通的时刻，故称为交越失真，如图 9.3.3 所示。

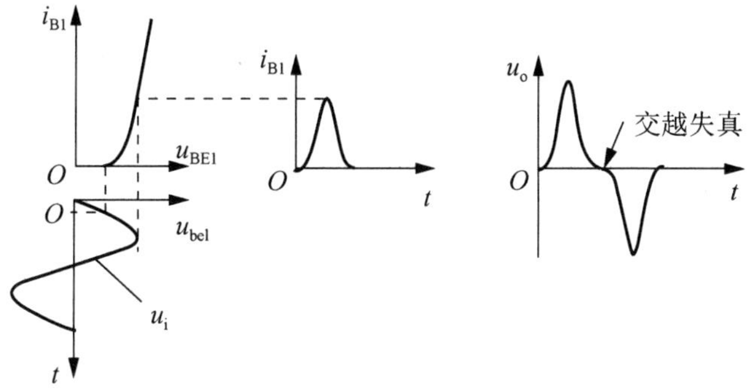

图 9.3.3　交越失真

如前所述的乙类推挽功放和 OTL 电路均存在交越失真，故不能成为实用电路。消除交越失真的方法是建立合适的静态工作点，以使功放管避开死区而处于临界导通状态或微导通状态，即让功放工作于甲乙类状态。消除交越失真的 OCL 电路如图 9.3.4(a)所示。图中的两只二极管 VD_1 和 VD_2 与功放管采用同一种半导体材料。图(b)为 VT_1 管在 u_i 作用下的输入特性图解分析。

静态时，由+V_{CC} 经 R_1、R_2、VD_1、VD_2 和 R_3 到－V_{CC} 构成一个直流通路，并使两功放管的基极之间获得合适的静态电压 $U_{B_1B_2}$，使 $U_{B_1B_2}$ 稍大于两功放管的发射结死区电压之和，从而使两只功放管均处于微导通状态。由于管子参数相同、特性对称，故负载上的静态电流 $I_L=I_{E1}-I_{E2}=0$，输出电压 u_O=0。

由于 VD_1 和 VD_2 的动态电阻很小，而电阻 R_2 的阻值也不大，故对于交流信号而言，两只互补管的基极之间相当于短路。动态时的工作情况不难进行分析。

如图 9.3.4(a)所示的电路为阻容耦合的 OCL 电路，还有直接耦合的 OCL 电路。消除交越失真的直接耦合 OCL 电路如图 9.3.5(a)所示。在集成电路中常采用如图 9.3.5(b)所示的电路来消除交越失真。若 $I_2 >> I_B$，则可以认为 R_2 与 R_3 串联。于是，可得

$$U_{B_1B_2} = U_{CE} \approx \frac{R_2 + R_3}{R_3} \cdot U_{BE} = \left(1 + \frac{R_2}{R_3}\right) U_{BE}$$

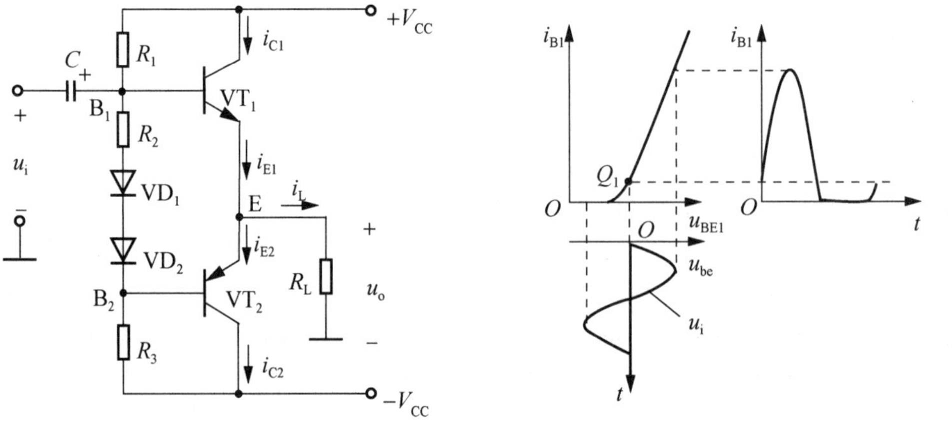

(a) 消除交越失真的OCL电路　　(b) VT_1管在u_i作用下的输入特性图解分析

图 9.3.4　消除交越失真的 OCL 电路及 VT_1 管的输入特性图解分析

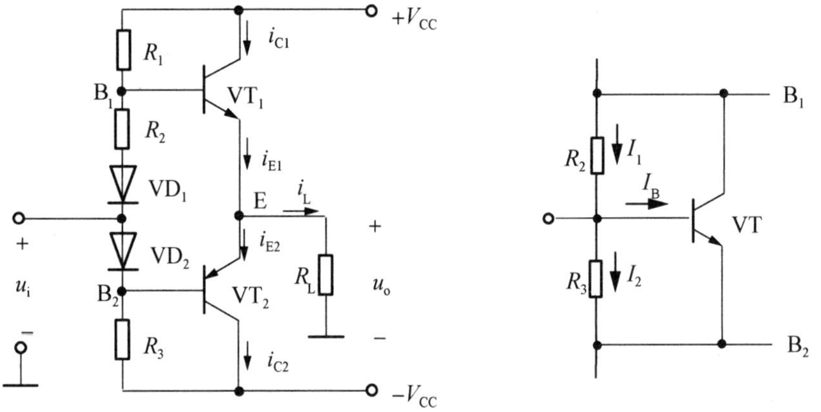

(a) 利用二极管和电阻消除交越失真　　(b) U_{BE}倍增电路

图 9.3.5　消除交越失真的直接耦合 OCL 电路

合理选取 R_2 与 R_3 的比值即可得到任意倍 U_{BE} 的直流电压，故该电路称为 U_{BE} 倍增电路。利用 U_{BE} 倍增电路消除交越失真的直接耦合 OCL 电路如图 9.3.6 所示。该电路常被用作集成运放的输出级。

需要指出，在 OCL 电路中，要防止两只互补管的基极之间出现虚焊或断路现象。因为一旦出现虚焊或断路的情况，就会使两互补管出现较大的基极直流电流，从而导致很大的集电极直流电流，致使功放管因功耗过大而损坏。例如，在如图 9.3.5(a)所示的 OCL 电路中，若 R_2、VD_1 和 VD_2 中有一个元件出现虚焊或断路，则由 $+V_{CC}$ 经过 R_1、VT_1 的发射

结、VT_2的发射结、R_3到$-V_{CC}$的直流通路中将有较大的基极直流电流，从而导致很大的集电极直流电流，以至于功放管因功耗过大而损坏。所以，通常在输出回路中接入熔断器以保护功放管，免遭被烧毁。

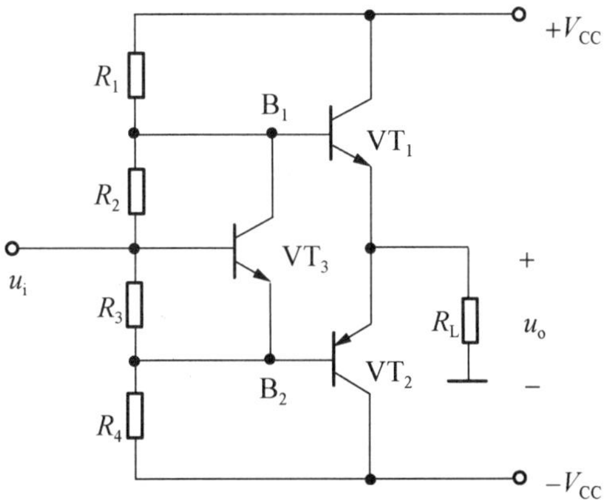

图 9.3.6　利用 U_{BE} 倍增电路消除交越失真的直接耦合 OCL 电路

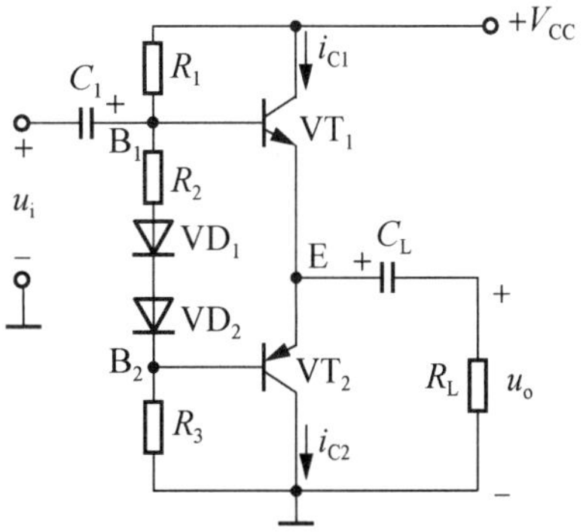

图 9.3.7　消除交越失真的 OTL 电路

如将图 9.3.4(a)接上输出电容，并将电源$-V_{CC}$去掉，即将$-V_{CC}$接地，采用单电源供电，就构成了消除交越失真的 OTL 电路，如图 9.3.7 所示。静态时，使两功放管的发射极 E 对地的电位为$V_{CC}/2$，即电容C_L的端电压为$V_{CC}/2$，并使两功放管的基极之间获得合适的静态电压$U_{B_1B_2}$，使$U_{B_1B_2}$稍大于两功放管的发射结死区电压之和，从而使两功放管处于微导通状态。动态时的工作情况不难进行分析。

特别提示

- OCL 和 OTL 电路均属于互补对称电路，但 OTL 电路有输出电容，而 OCL 电路无输出电容；OCL 电路采用双电源供电，而 OTL 电路采用单电源供电(输出电容相当于电源)。

由于推挽功放、OTL 和 OCL 功放的静态电流很小，功放管的损耗也很小，并且动态工作范围大，输出功率大，故功放的效率得到了提高。

需要指出，互补对称功放需要一对参数相同、特性对称的 PNP 型和 NPN 型的功放管，对于小功率的互补管，尚易配对。但是，对于大功率的互补管要配对就比较困难了，而选配一对参数相同、类型相同的功放管就比较容易。因此，可以采用复合管。

复合管(又称为达林顿管)，它由两只类型相同(NPN 型或 PNP 型)或类型不同(一只为 NPN 型，一只为 PNP 型)的晶体管构成。图 9.3.8 所示为由两只 NPN 型管所构成的复合管，图 9.3.9 所示为由一只 PNP 型和一只 NPN 型管所构成的复合管。

在构成复合管时，必须遵循两条原则，其一是必须保证每只管子都能工作在放大状态，并具有合理的电流通路；其二是要保证推动管(即第一只管子)的集电极电流或发射极电流等于输出管(即第二只管子)的基极电流。

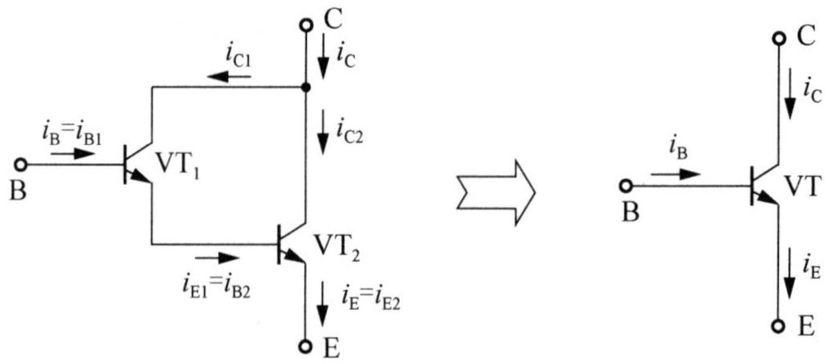

图 9.3.8　两只 NPN 型管构成一只 NPN 型管

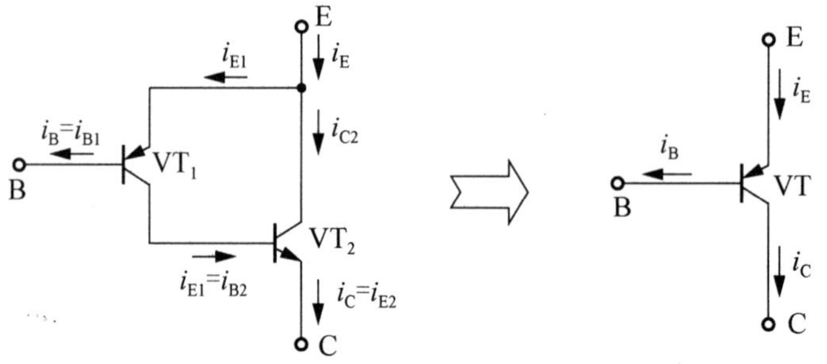

图 9.3.9　由一只 PNP 型和一只 NPN 型管构成一只 PNP 型管

下面以图 9.3.8 为例，讨论复合管的电流放大系数 β 与 VT_1、VT_2 的电流放大系数 β_1、β_2 之间的关系。

由图 9.3.8 不难看出，复合管 VT 的基极电流 i_B 等于推动管 VT_1 的基极电流 i_{B1}，复合管 VT 的集电极电流 i_C 等于 VT_1 和 VT_2 两只管子集电极电流之和，复合管的发射极电流 i_E 等于输出管 VT_2 的发射极电流 i_{E2}，而输出管 VT_2 的基极电流 i_{B2} 等于推动管的发射极电流 i_{E1}，故有

$$
\begin{aligned}
i_C &= i_{C1}+i_{C2}=\beta_1 i_{B1}+\beta_2 i_{B2}=\beta_1 i_{B1}+\beta_2 i_{E1}=\beta_1 i_{B1}+\beta_2(1+\beta_1)\ i_{B1}\\
&=\beta_1 i_B+\beta_2(1+\beta_1)\ i_B=(\beta_1+\beta_2+\beta_1\beta_2)\ i_B
\end{aligned}
$$

因为 $\beta_1\beta_2 \gg (\beta_1+\beta_2)$，所以上式可改写为

$$i_C \approx \beta_1\beta_2\, i_B \tag{9-3-1}$$

式(9-3-1)表明，由两个晶体管所构成复合管的电流放大系数约等于两个晶体管电流放大系数的乘积。可见，采用复合管作功率管，不但提高了电流放大系数，只要用很小的基极电流，就可以控制很大的输出电流，而且解决了大功率管的配对问题。

在图 9.3.8 中，推动管为 NPN 型，复合管也为 NPN 型；在图 9.3.9 中，推动管为 PNP 型，复合管也为 PNP 型。由此可见，复合管的类型是由推动管的类型决定的，而与输出管的类型无关。

若将图 9.3.4(a)和图 9.3.7 中的晶体管 VT_1 和 VT_2 分别用图 9.3.8 和图 9.3.9 中的复合管代替，则从输出端看两个复合管的输出管均为同类型的 NPN 型晶体管。这种具有同一类型输出管的电路称为准互补电路。

9.3.3 互补对称功率放大电路的最大输出功率和效率

最大输出功率和效率是功率放大电路的两个最重要的技术指标。现以如图 9.3.5 所示的 OCL 电路为例介绍互补对称功率放大电路的最大输出功率和效率的求法。

为求得最大输出功率，需首先求出最大不失真输出电压的最大值。若不计两功放管的静态电流，则静态工作点 Q 将位于如图 9.2.4 所示坐标系的横轴上，Q 点的坐标为$(V_{CC}, 0)$。设 U_{CES1} 为 VT_1 管的饱和压降，则输出电压 u_o 不失真时的最大值为$(V_{CC}-U_{CES1})$，最大不失真输出电压的有效值为

$$U_{om}=\frac{V_{CC}-|U_{CES}|}{\sqrt{2}}$$

于是可得最大输出功率为

$$P_{om}=\frac{U_{om}^2}{R_L}=\frac{(V_{CC}-|U_{CES}|)^2}{2R_L} \tag{9-3-2}$$

由于基极回路电流通常很小，故若不计基极回路电流，则电源 V_{CC} 的输出电流即为功放管的集电极电流，即

$$i_C=\frac{V_{CC}-|U_{CES}|}{R_L}\sin\omega t$$

电源提供给功率放大电路的平均功率为

$$P_V=\frac{1}{T/2}\int_0^{\frac{T}{2}}V_{CC}\cdot i_C\mathrm{d}t=\frac{1}{\pi}\int_0^{\pi}V_{CC}\cdot\frac{V_{CC}-|U_{CES}|}{R_L}\sin\omega t\mathrm{d}\omega t$$

将上式整理化简得

$$P_V=\frac{2}{\pi}\cdot\frac{V_{CC}(V_{CC}-|U_{CES}|)}{R_L} \tag{9-3-3}$$

由式(9-3-2)和式(9-3-3)可得出效率为

$$\eta=\frac{P_{om}}{P_V}=\frac{\pi}{4}\cdot\frac{V_{CC}-|U_{CES}|}{V_{CC}} \tag{9-3-4}$$

由于 OTL 电路采用单电源供电，而 OTL 电路中的输出电容相当于一个电源，其端电压近似等于 $V_{CC}/2$，故加到每只功放管所构成电路的电源电压大小约为 $V_{CC}/2$。所以只要将式(9-3-2)和式(9-3-4)中 V_{CC} 用 $V_{CC}/2$ 替代，即可得到 OTL 的最大输出功率和效率。

若不计功放管的饱和管压降 $|U_{CES}|$，则由式(9-3-4)可知，OCL 电路的理想效率为 $\pi/4$ (约为 78.5%)。

特别提示

- 大功率功放管的集-射极饱和管压降$|U_{CES}|$较大(通常为 2～3V)，故一般不能忽略不计。

【例 9-3-1】在如图 9.3.4(a)所示电路中，已知 V_{CC}=12V，R_L=5Ω，功放管的饱和管压降 $|U_{CES}|$=2V。试求：

(1) 负载可能获得的最大输出功率 P_{om} 和转换效率 η；

(2) 若输入正弦电压的有效值约为 6V，则负载实际获得的功率为多少？

【解】(1) 负载可能获得的最大输出功率

$$P_{om}=\frac{(V_{CC}-|U_{CES}|)^2}{2R_L}=\frac{(12-2)^2}{2\times5}W=10W$$

转换效率为

$$\eta=\frac{P_{om}}{P_V}=\frac{\pi}{4}\cdot\frac{V_{CC}-|U_{CES}|}{V_{CC}}=\frac{\pi}{4}\times\frac{12-2}{12}\approx65.4\%$$

(2) 因电路采用射极输出形式，故有

$$U_o\approx U_i=6V$$

所以，负载实际获得的功率

$$P_o=\frac{U_o^2}{R_L}=\frac{36}{5}W=7.2W$$

9.3.4 互补对称功率放大电路中功放管的选择

在功率放大电路中，为保证功放管的工作安全，应根据功放管的最大集电极电流、最大管压降和最大功耗来选择功放管。下面以 OCL 电路为例加以分析。

1. 集电极最大电流 I_{Cm}

根据对 OCL 电路的最大输出功率的分析可知，最大输出电压的最大值为($V_{CC}-|U_{CES}|$)，集电极电流的最大值约等于发射极电流的最大值，即

$$I_{Cm}=I_{Em}=\frac{V_{CC}-|U_{CES}|}{R_L}$$

在选择管子时，应留有余量，故取

$$I_{Cm}\approx\frac{V_{CC}}{R_L} \tag{9-3-5}$$

2. 最大管压降 U_{CEm}

根据 OCL 电路的工作原理可知，在输入信号的整个周期内，两只功放管交替导通，其中处于截止状态的管子将承受较高的电压。设 VT_1 管截止，则当 VT_2 管饱和导通时，发射极的电位将达到最低，此时发射极的最低电位

$$U_{Emin}=U_{EC2min}-V_{CC}=|U_{CES2}|-V_{CC}$$

于是，VT_1 管的最大管压降

$$U_{CE1m}=V_{CC}-U_{Emin}=V_{CC}-(|U_{CES2}|-V_{CC})=2V_{CC}-|U_{CES2}|$$

同理，可得 VT_2 管的最大管压降

$$U_{EC2m}=2V_{CC}-U_{CES1}$$

在选择管子时，应留有余量，故取

$$U_{CEm}\approx2V_{CC} \tag{9-3-6}$$

3. 功放管的最大功耗 P_{Tm}

电源提供的平均功率除一部分转换为交流输出功率外，另一部分则主要消耗在功放管

上。从如图 9.3.4(a)所示的 OCL 电路可以看出，当输入电压较小时，由于集电极电流较小，故功放管的功耗较小；当输入电压较大时，由于功放管的管压降较小，故功放管的功耗也较小。所以，可以想象，存在一定大小的输入电压，使功放管的功耗最大。

两只功放管的总功耗为电源提供的平均功率 P_V 与功放的输出功率 P_o 之差，而每只功放管的功耗则为两只功放管总功耗的一半，即

$$P_T = \frac{1}{2}(P_V - P_o) \tag{9-3-7}$$

由于 OCL 电路采用射极输出形式，故输出电压与输入电压近似相等。设 U_{oM} 为输出电压的最大值，则功放输出的功率即负载获得的功率

$$P_o = \frac{U_o^2}{R_L} = \frac{(U_{oM}/\sqrt{2})^2}{R_L} = \frac{U_{oM}^2}{2R_L} \tag{9-3-8}$$

参照式(9-3-3)可得电源所提供的平均功率

$$P_V = \frac{2}{\pi}\cdot\frac{V_{CC}U_{oM}}{R_L} \tag{9-3-9}$$

将式(9-3-8)和式(9-3-9)代入式(9-3-7)得每只功放管的功耗

$$P_T = \frac{1}{2}(P_V - P_o) = \frac{1}{2}\left(\frac{2}{\pi}\cdot\frac{V_{CC}U_{oM}}{R_L} - \frac{U_{oM}^2}{2R_L}\right) = \frac{1}{\pi}\cdot\frac{V_{CC}U_{oM}}{R_L} - \frac{U_{oM}^2}{4R_L} \tag{9-3-10}$$

由式(9-3-10)可见，功放管的功耗 P_T 存在最大值。为求功放管的最大功耗 P_{Tm}，可对 P_T 求导，并令该导数为零，从而求出极值点。将式(9-3-10)的 P_T 对 U_{oM} 求导得 P_T 的导数为

$$\frac{dP_T}{dU_{oM}} = \frac{1}{\pi}\cdot\frac{V_{CC}}{R_L} - \frac{U_{oM}}{2R_L}$$

令 P_T 的导数 $\frac{dP_T}{dU_{oM}} = 0$，得

$$U_{oM} = \frac{2}{\pi}V_{CC}$$

所以，当 $U_{oM} = \frac{2}{\pi}V_{CC}$ 时，P_T 存在极大值，该极大值即为功放管的最大功耗 P_{Tm}。将 $U_{oM} = \frac{2}{\pi}V_{CC}$ 代入式(9-3-10)得每只功放管的最大功耗 P_{Tm} 为

$$P_{Tm} = \frac{1}{\pi^2}\frac{V_{CC}^2}{R_L} \tag{9-3-11}$$

若不计功放管的饱和管压降，即令$|U_{CES}|=0$ 时，则对比式(9-3-11)和式(9-3-2)得

$$P_{Tm} = \frac{2}{\pi^2}P_{om} \approx 0.2P_{om} \tag{9-3-12}$$

可见，功放管的最大功耗约为最大输出功率的五分之一。

为使功放管工作于安全工作区，根据式(9-3-5)、式(9-3-6)和式(9-3-12)可知，在选择功放管时，应使管子的极限参数满足如下条件：

$$I_{CM} > \frac{V_{CC}}{R_L} \tag{9-3-13}$$

$$U_{(BR)CEO} > 2V_{CC} \tag{9-3-14}$$

$$P_{CM} > 0.2P_{om}\big|_{U_{CES}=0} \tag{9-3-15}$$

需要指出，只要将式(9-3-13)、式(9-3-14)和式(9-3-15)中的 V_{CC} 用 $V_{CC}/2$ 替代，即可得到 OTL 电路中功放管的极限参数应满足的条件。

特别提示

- *在选择功放管时，应特别注意管子的最大耗散功率 P_{CM} 应留有一定的余量，并注意严格按要求安装散热片。*

9.4　集成功率放大电路及其应用实例

OTL 和 OCL 电路是应用得最多的功率放大电路，且其集成电路均有多种型号。本节将以 LM386 为例对集成功放作一简单介绍。

LM386 是一种音频集成功放，具有外接元件少、电源电压工作范围大、静态功耗低、电压放大倍数可调等优点，广泛应用于收音机、录音机和小型放大设备之中。

【图文:LM386 芯片】

LM386 内部电路原理图如图 9.4.1 所示，其组成与通用型的集成运放非常相似，也由输入级、中间级和输出级这 3 个基本部分组成。

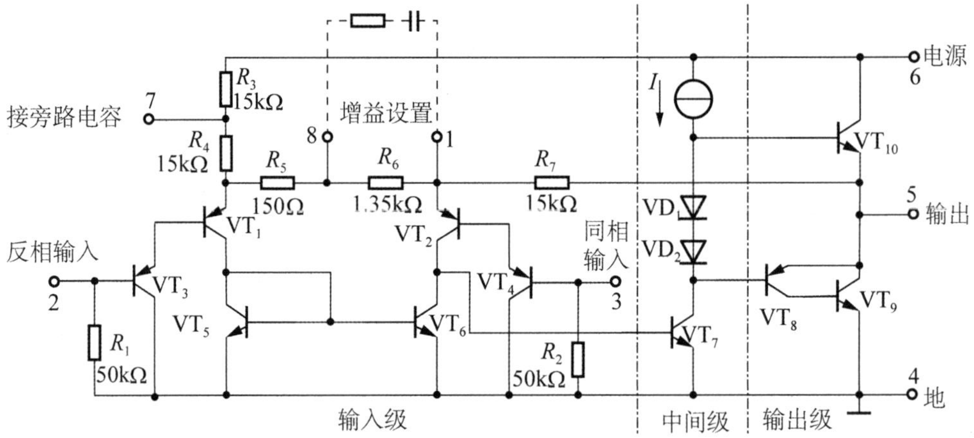

图 9.4.1　LM386 内部电路原理图

输入级是双端输入、单端输出的差分放大电路。由 VT_1 和 VT_3、VT_2 和 VT_4 分别构成复合放大管作为差分放大电路的差分管。信号从 VT_3 和 VT_4 的基极输入，从 VT_2 的集电极输出。由 VT_5 和 VT_6 构成镜像电流源作为 VT_1 和 VT_2 的有源负载，以使单端输出的电压增益近似等于双端输出的电压增益。

中间级是共射放大电路。以 VT_7 管作为放大管，恒流源作为有源负载，以增大电压增益。

输出级是 OTL 互补对称电路。以 VT_8 和 VT_9 复合成 PNP 型管与 NPN 型的 VT_{10} 管构成准互补输出级。二极管 VD_1 和 VD_2 为互补管提供合适的直流偏压，以消除交越失真。

利用瞬时极性法不难判断出 2 端和 3 端分别为反相输入端和同相输入端。5 为输出端。使用时，输出端应外接输出电容后再接负载。由反馈电阻 R_7 引入深度的电压串联负反馈，使电路具有稳定的电压增益。

LM386 的引脚排列如图 9.4.2 所示。在实用电路中，引脚 7 与引脚 4(地)之间接旁路电容(通常取 10μF)，以防止产生自激振荡；引脚 1 和 8 为增益设定端，若在引脚 1 和 8 之间外接不同阻值的电阻(必须串联一个大容量的电容)，则可改变电压放大倍数 A_u 的大小，A_u 的调节范围约为 20～200，因而增益 $20\lg|A_u|$的调节范围约为(26～46)dB。当引脚 1 和 8 之间开路时，电压放大倍数最小($A_u \approx 20$)；当引脚 1 和 8 之间对交流信号相当于短路(只接一个大电容)时，电压放大倍数最大($A_u \approx 200$)。也可以将引脚 8 悬空，通过在引脚 1 和引脚 5 之间连接不同阻值的电阻(必须串联一个大容量的电容)，以改变电压放大倍数；引脚 2 为反相输入端，引脚 3 为同相输入端。

图 9.4.3 为某收音机中由 LM386 构成的一种实用集成功放。图中的 C_1 为隔直电容，起隔断直流传递交流的作用；R_P 为音量调节电位器，调节之，可以改变扬声器音量的大小；由 R_1C_2 构成低通滤波电路，以滤去高频干扰信号；C_3 为去耦电容，用来滤去电源的高频交流成分；C_4 使 LM386 引脚 1 和 8 之间的交流等效电阻为 0，此时，电压放大倍数最大，$A_u \approx 200$；C_5 为旁路电容，其作用是防止产生自激振荡；R_2C_6 起相位补偿作用，以消除自激振荡，并改善高频时的负载特性；C_7 为芯片内部 OTL 电路的外接输出电容。该电路的最大输出功率约为 1W。

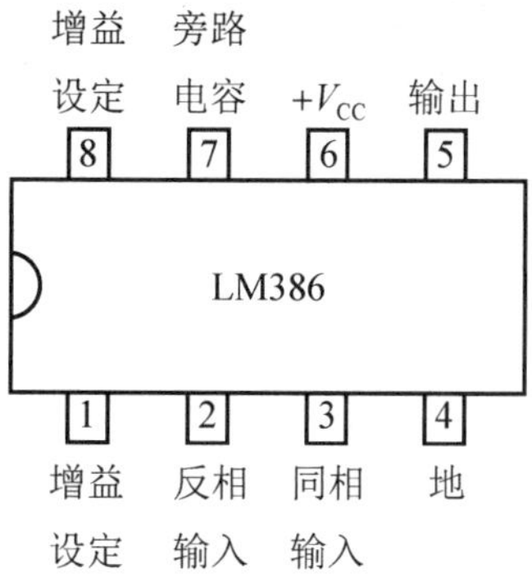

图 9.4.2 LM386 的引脚排列

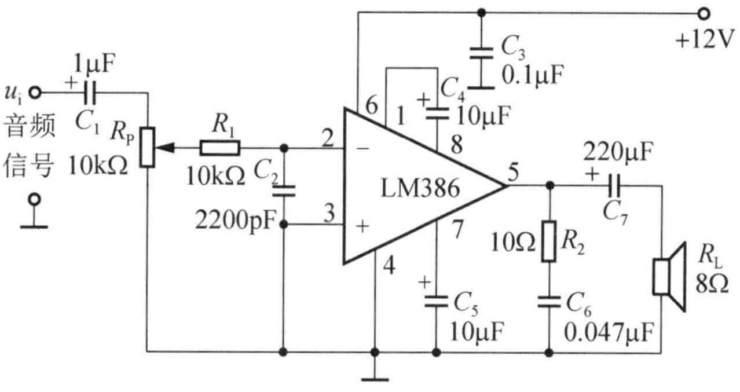

图 9.4.3 LM386 在收音机中的应用

集成功放的参数很多，主要参数有：最大输出功率、电源电压范围、电源静态电流、电压增益、通频带宽度、输入阻抗、输入偏置电流和总谐波失真系数等。这些参数均可在手册中查到，在选用时必须加以注意。另外，还应特别注意电路的类型，若是 OTL 电路，则应采用单电源供电方式，并需外接输出电容；若是 OCL 电路，则应采用双电源供电。

9.5 Multisim 应用——OCL 功率放大电路的研究

针对 OCL(无输出电容)功率放大电路的主要参数进行测量和分析。主要研究 OCL 功率放大电路的输出功率和效率。直接给定与元件实际标称值一致的参数值，设计和搭建 OCL 功放仿真电路，如图 9.5.1 所示。采用 NPN 型低频功率晶体管 2SC2001，其参数为：$I_{CM}=700\text{mA}$，$P_T=600\text{mW}$，$U_{(BR)CEO}=25\text{V}$，$U_{CES}=0.2\text{V}$；PNP 型低频功率晶体管 2SA952，其参数为：$I_{CM}=-700\text{mA}$，$P_T=600\text{mW}$，$U_{(BR)CEO}=-25\text{V}$，$U_{CES}=-0.25\text{V}$。

输出功率 P_o 为交流功率，可采用瓦特表测量。电源消耗的功率 P_V 为平均功率，本仿真电路中采用直流电流表 XMM1 和 XMM2，分别测量电源 V_{CC} 和 V_{EE} 的输出平均电流 I_{C1} 和 I_{C2}，然后计算出电源总功率 P_V，满足：

$$P_V=(I_{C1}+I_{C2})V_{CC}$$

OCL 电路输出信号峰值 U_{omax+} 和 U_{omax-} 可以分别通过仿真电路测量得到，如图 9.5.1 所示。

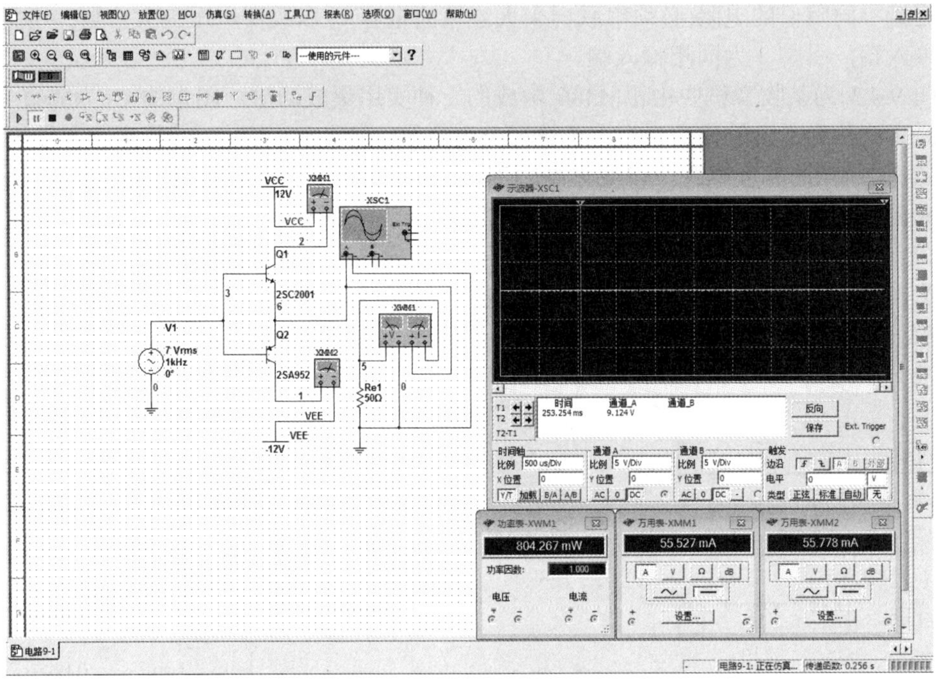

图 9.5.1　OCL 功率放大电路相关参数指标测量

经过电路仿真，得到电源 V_{CC} 和 V_{EE} 的输出平均电流 I_{C1} 和 I_{C2}，输出功率 P_o 以及电源总功率 P_V，如表 9-5-1 所示。利用仿真得到的数据，计算电源总功率、输出功率和效率，如表 9-5-2 所示。

表 9-5-1　仿真数据

输入信号 V1 有效值/V	直流电流表 XMM1 读数 I_{C1}/mA	直流电流表 XMM2 读数 I_{C2}/mA	电源总功率 P_V/W	输出功率 P_o/W
7	55.527	55.778	1.336	0.804

表 9-5-2　功率和效率

各项参数指标	输入信号 V1 有效值/V	电源 V_{CC} 功耗/W	电源 V_{EE} 功耗/W	电源总功耗 P_V /W	输出功率 P_{om} /W	效率/%
计算公式	V1	$I_{C1}V_{CC}$	$I_{C2}V_{EE}$	$I_{C1}V_{CC}+I_{C2}V_{EE}$	$\left(\frac{U_{omax+}+U_{omax-}}{2}\right)^2/(2R_{E1})$	P_{om}/P_V
计算结果	7	0.666	0.669	1.335	0.836	62.6%

小　结

功率放大电路属于整个放大电路的末级或末前级。本章主要介绍了功率放大电路的特点、组成及其工作原理，重点介绍了实际应用最多的 OTL 和 OCL 电路。

1. 功率放大电路的特点

功率放大电路要有尽可能大的输出功率

功率放大电路要有尽可能高的效率

功率放大电路的功放管要接近于极限运用状态

不能采用微变等效电路法对功率放大电路进行分析

2. 功率放大电路功放管的工作状态

在低频功放中，功放管的工作状态有 3 种，即甲类工作状态、乙类工作状态和甲乙类工作状态。

单管功放的功放管工作于甲类状态。尽管输出信号不失真，但最大输出功率小，转换效率低。

乙类功放的功放管工作于乙类工作状态。只能输出半个周期的波形，因而失真大。为避免输出信号失真，可以采用一对参数相同、特性对称的两只互补管，从而构成 OTL 和 OCL 电路，使两只互补管交替导通，从而在负载上合成完整的信号波形。

由于晶体管有死区而存在交越失真，故乙类功放不能作为实用电路。通过建立合适的静态工作点，使两只功放管工作于甲乙类状态，可以消除交越失真，从而构成了实用的 OTL 和 OCL 电路。

3. 互补对称功率放大电路的最大输出功率和效率

甲类功放的理想效率为 50%；乙类功放的理想效率为 78.5%。

OCL 电路的最大输出功率和效率分别为

$$P_{om}=\frac{U_{om}^2}{R_L}=\frac{(V_{CC}-|U_{CES}|)^2}{2R_L},\quad \eta=\frac{P_{om}}{P_V}=\frac{\pi}{4}\cdot\frac{V_{CC}-|U_{CES}|}{V_{CC}}$$

4. 互补对称功率放大电路功放管的选择

OCL 电路中的功放管，应按如下关系进行选择：

$$I_{CM}>\frac{V_{CC}}{R_L},\quad U_{(BR)CEO}>2V_{CC},\quad P_{CM}>0.2P_{om}\big|_{U_{CES}=0}$$

5. OTL 和 OCL 均有多种型号的集成电路，只需外接少量元件即可构成实用电路。

知识链接

数字功放简介

传统的音频功放(如 OTL 和 OCL 电路)均属于模拟功放，由于所处理的信号是模拟信号，故不可避免地存在效率低、非线性失真和瞬态互调失真、过载能力差等缺点。

数字功放是新一代高保真的功放系统，如图 9.2 所示，原理框图如图 9.3 所示。

图 9.2　数字功放

数字功放的基本工作原理为：先将模拟音频信号通过内部将模拟信号转换到数字信号的转换电路(A/D 转换器)得到数字音频信号，再通过专用音频数字信号处理芯片(DSP 芯片)进行码型变换后，便得到所需要的音频数字编码格式[若有 DVD 机、PCM(脉冲编码调制录音机)等现成的数字音源，则可直接将音频数字信号送给 DSP 芯片进行处理]，再经过数字驱动电路送给开关功率放大电路(丁类功放)进行功率放大，最后将功率脉冲信号通过滤波器滤波便得到模拟音频信号。

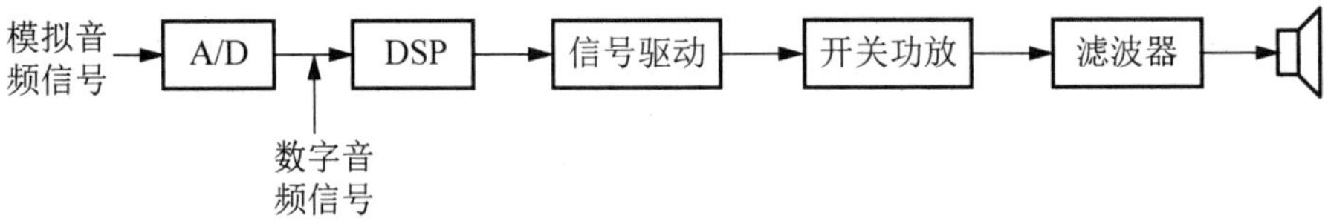

图 9.3　数字功放原理框图

由于数字功放所处理的信号为数字信号，功放管工作于开关状态，无须引入深度的负反馈，也无须进行相位补偿，输出电阻很低(一般不超过 0.2Ω)，故数字功放的效率高(可高达 90%以上)，不存在非线性失真和瞬态互调失真，过载能力和抗干扰能力强，从而达到高保真的音质效果，可广泛地应用于数字设备(如数字电视机)中，具有广阔的发展和应用前景。

【测试系统：第 9 章随堂测验题】

随堂测验题

说明：本试题分为单项选择题和判断题两部分，答题完毕并提交后，系统将自动给出本次测试成绩以及标准答案。

【图文：第 9 章习题解答】

习　　题

9-1 单项选择题

1. 功放的最大输出功率是指在电路参数一定，输入为正弦信号，且输出基本不失真时负载可能获得的最大(　　)。

A．直流功率　　B．交流功率　　C．平均功率

2．功放的效率是指(　　)。

A．输出的最大交流功率与电源所提供的直流功率之比

B．输出的最大交流功率与功放管所损耗功率之比

C．输出的最大直流功率与电源所提供的平均功率之比

3．下列说法中错误的是(　　)。

A．可以用图解法确定静态工作点

B．可以用图解法求电压放大电路的电压放大倍数

C．可以用图解法分析放大电路的失真情况

D．可以用微变等效电路法求功放的电压放大倍数

4．甲类功放的理想效率为(　　)。

A．50%　　B．78.5%　　C．87.5%

5．乙类功放存在的失真为(　　)。

A．饱和失真　　B．截止失真　　C．交越失真

6．可以通过(　　)来提高功放电路的效率。

A．减小电源所提供的直流功率　　B．增大输入信号的幅值

C．缩短功放管的导通时间

7．由两个晶体管所构成复合管的类型由(　　)决定。

A．推动管　　B．输出管　　C．推动管和输出管共同

8．实用 OCL 和 OTL 电路的功放管均工作于(　　)状态。

A．甲类　　B．乙类　　C．甲乙类

9．若互补对称功率放大电路的最大输出功率为 1W，每只功放管所消耗的最大功率约为(　　)W。

A．5　　B．0.2　　C．0.4

10．OTL 电路中的 3 个极限参数应满足的条件为(　　)。

A．$I_{CM} > \frac{V_{CC}}{R_L}$，$U_{(BR)CEO} > 2V_{CC}$，$P_{CM} > 0.2P_{om}\big|_{U_{CES}=0}$

B．$I_{CM} > \frac{V_{CC}}{2R_L}$，$U_{(BR)CEO} > 2V_{CC}$，$P_{CM} > 0.2P_{om}\big|_{U_{CES}=0}$

C．$I_{CM} > \frac{V_{CC}}{2R_L}$，$U_{(BR)CEO} > V_{CC}$，$P_{CM} > 0.2P_{om}\big|_{U_{CES}=0}$

9-2 判断题(正确的请在题后的圆括号内打“√”，错误的打“×”)

1．功放的主要任务是向负载提供尽可能大的功率。　　(　　)

2．任何放大电路均具有功率放大作用。　　(　　)

3．对于甲类功放而言，输出功率越小，电源所提供的直流功率就越小。　　(　　)

4．对于甲类功放而言，输出功率越小，功放管的损耗就越大，效率就越低。　　(　　)

5．对于甲类功放，输入信号的幅值越小，失真越小；而对于乙类功放，输入信号的

幅值越小，失真反而越明显。（　　）

6．乙类功放中功放管的基极静态电流为零。（　　）

7．复合管的共射电流放大系数 β 值约等于两管的 β_1、β_2 之和。（　　）

8．复合管的类型只取决于推动管，而与输出管的类型无关。（　　）

9-3 试分别说明对电压放大电路和功率放大电路的基本要求。在电压放大电路中为什么一般不考虑效率的问题？

9-4 OTL 功率放大电路如图 T9-1 所示，若电源电压 $V_{CC}=24V$，负载电阻 $R_L=8\Omega$，功放管的参数理想对称，不计功放管的死区电压，负载电阻获得的最大功率 $P_{om}=2.5W$。

(1) 试说明功放管的工作状态；

(2) 求功放管的基极静态电位 U_B；

(3) 求功放管的饱和管压降 $|U_{CES}|$。

9-5 功率放大电路如图 T9-2 所示，已知电源电压 $V_{CC}=12V$，负载电阻 $R_L=8\Omega$，若不计功放管的死区电压、饱和管压降和穿透电流。

(1) 试说明电路的名称和功放管的工作状态；

(2) 求负载的最大输出功率 P_{om}、效率 η 和电源所提供的直流功率 P_V。

9-6 在如图 T9-3 所示电路中，已知 V_{CC}=16V，R_L=4Ω，VT_1 和 VT_2 管的饱和管压降 $|U_{CES}|$=2V，输入电压足够大。试问：

(1) 负载的最大不失真输出电压 U_{om}、最大输出功率 P_{om} 和效率 η 分别为多少？

(2) 为了使输出功率达到 P_{om}，输入电压的幅值约为多少？

(3) 试说明 VD_1 和 VD_2 的作用。

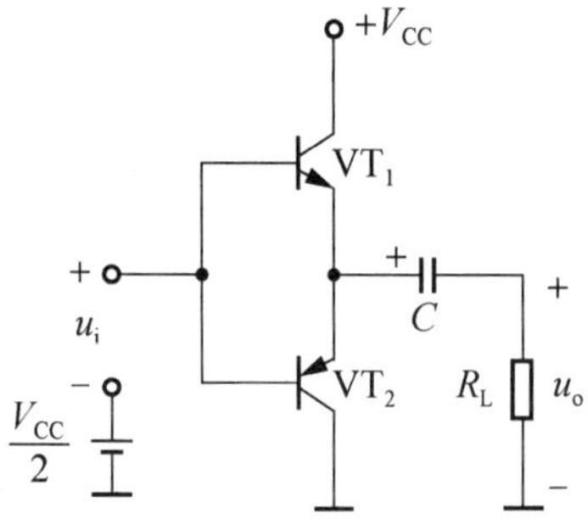

图 T9-1　习题 9-4 的图

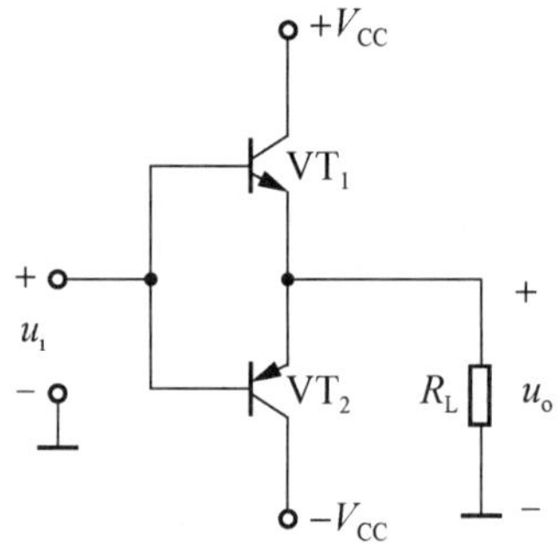

图 T9-2　习题 9-5 的图

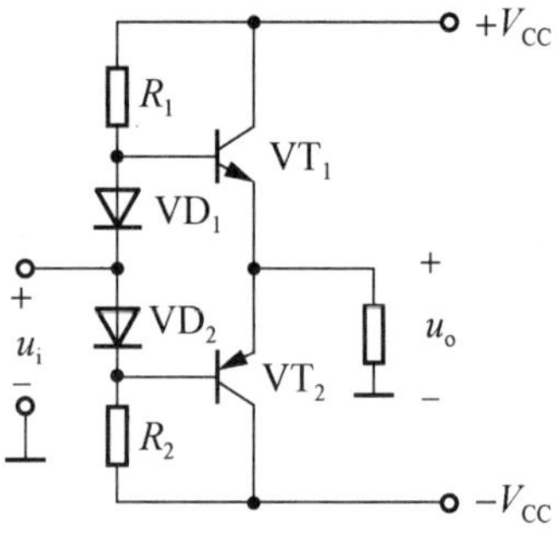

图 T9-3　习题 9-6 的图

9-7 电路如图 T9-4 所示，电源电压 $V_{CC}=12V$，功放管 VT_1 和 VT_2 的参数理想对称，且其饱和管压降 $|U_{CES}|=2V$，直流功耗忽略不计，负载电阻 $R_L=8\Omega$。

(1) 试推导出功放管 VT_1 和 VT_2 基极之间的静态电压 $U_{B_1B_2}$ 与 VT_3 管发射结电压 U_{BEQ3} 间的关系式，并说明由 R_2、R_3 和 VT_3 所构成电路在电路中所起的作用；

(2) 求负载可能获得的最大功率 P_{om} 和效率 η；

(3) 当 $u_i=8\sin\omega t V$ 时，负载实际获得的输出功率 P_o 为多少？

9-8 如何判断集成功放的内部电路是 OTL 电路还是 OCL 电路？

9-9 为什么功放管有时用复合管？试简述复合管的构成原则。

9-10 在如图 T9-5 所示的电路中，若电源的电压 V_{CC}=15V，$R_L=8\Omega$，二极管的静态导通电压降均为 0.7V，VT_1 和 VT_2 管的饱和管压降$|U_{CES}|$=2V。

(1) 试求负载电阻可能获得的最大功率 P_{om} 和效率 η；

(2) 若输入电压 U_i=0.2V，$R_1=1k\Omega$，则当负载取用最大功率时，反馈电阻 R_F 之值应取多大？

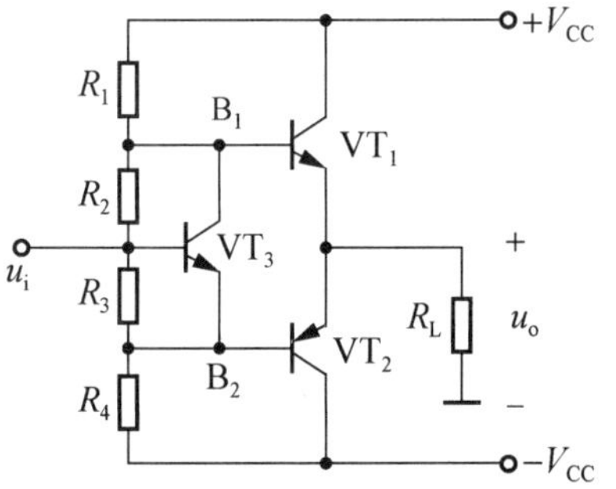

图 T9-4 习题 9-7 的图

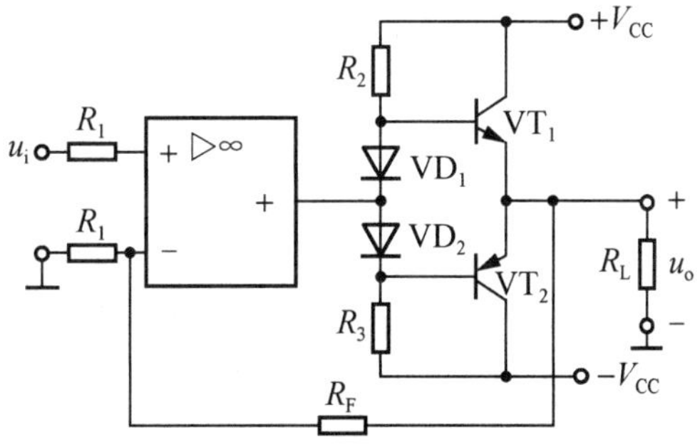

图 T9-5 习题 9-10 的图

9-11 在图 T9-6 所示电路中，已知 V_{CC}=12V，VT_1 和 VT_2 管的饱和管压降 $|U_{CES}|$=2V，输入电压足够大。

(1) 求最大不失真输出电压的有效值；

(2) 求负载电阻 R_L 上电流的最大值；

(3) 求最大输出功率 P_{om} 和效率 η；

(4) 电路中 R_4 和 R_5 起什么作用？

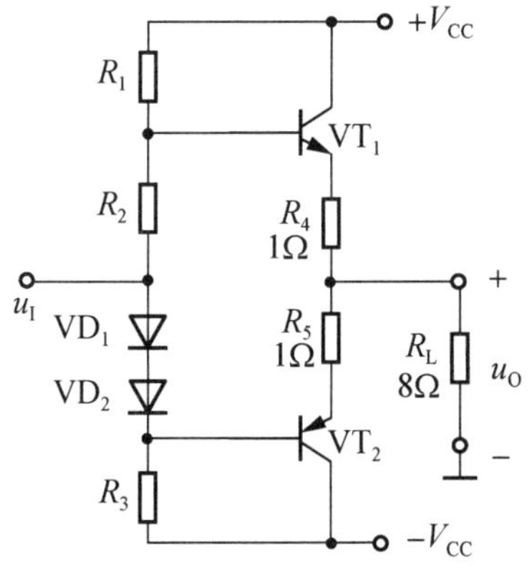

图 T9-6 习题 9-11 图

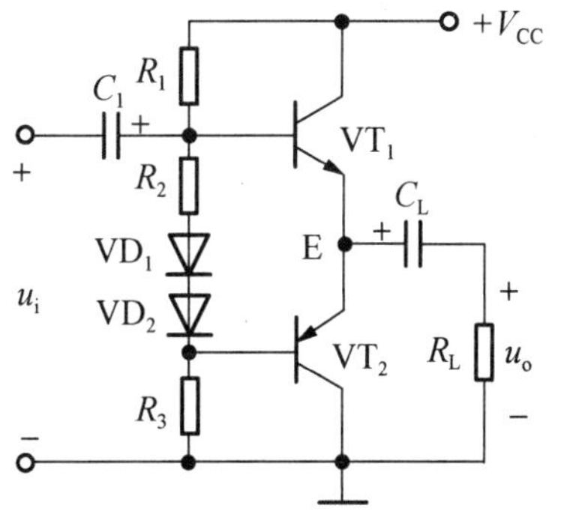

图 T9-7 习题 9-12 图

9-12 OTL 电路如图 T9-7 所示，$V_{CC}=12V$，$R_L=8\Omega$，两只功放管的特性对称，且其饱和管压降忽略不计，C_1 和 C_L 的容量足够大。

(1) 说明 R_2、VD_1 和 VD_2 在电路中所起的作用；

(2) E 点的静态电位 $U_E=$？

(3) 负载可能获得的最大不失真输出电压的有效值 U_{om}、最大输出功率 P_{om} 和效率 η 各为多少？

9-13 如图 T9-8 所示电路为一未画全的准互补对称功率放大电路。已知电源电压 $+V_{CC}=+24V$，负载电阻 $R_L=4\Omega$，要求：

(1) 将晶体管 VT_1～VT_4 的图形符号补画完整，并在图中标出电容 C_1 和 C_2 极板的极性来，使之构成一个完整的准互补功率放大电路。

(2) 若输入电压幅值足够大，则电路的最大输出功率为多少？(设功放管的饱和管压降可忽略不计)

9-14 电路如图 T9-3 所示，电源电压 $V_{CC}=12V$，功放管 VT_1 和 VT_2 的参数理想对称，且其饱和管压降 $|U_{CES}|=2V$，直流功耗忽略不计，负载电阻 $R_L=8\Omega$。

(1) 求功放管的最大功耗 P_{Tm}；

(2) 功放管的最大集电极电流 I_{CM}、集-射极反向击穿电压 $U_{(BR)CEO}$ 和最大耗散功率 P_{CM} 至少应为多少？

9-15 电路如图 T9-9 所示。已知 $V_{CC}=15V$，$R_L=8\Omega$。

(1) 该电路是什么类型的功率放大电路？

(2) 为使最大不失真输出电压幅值最大，静态时 VT_1 和 VT_2 管的发射极电位应为多少？若不合适，则一般应调节哪个元件参数？

(3) 若 VT_1 和 VT_2 管的饱和管压降 $|U_{CES}|=2.5V$，输入电压足够大，则电路的最大输出功率 P_{om} 和效率 η 各为多少？

(4) 若 $|U_{CES}|=0V$，则应如何选择 VT_1 和 VT_2 管的 P_{CM}、I_{CM} 和 $U_{BR(CEO)}$？

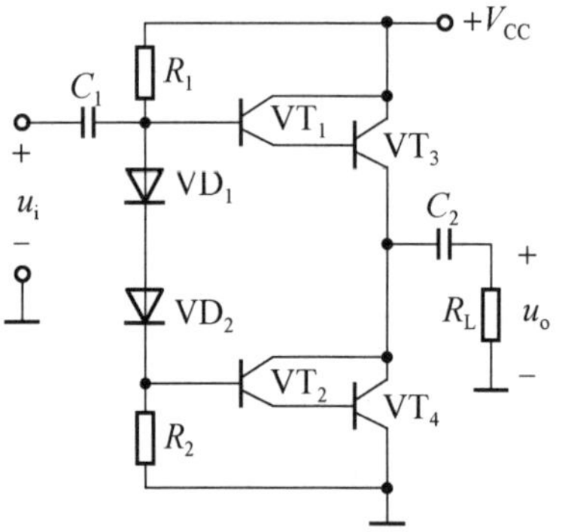

图 T9-8　习题 9-13 的图

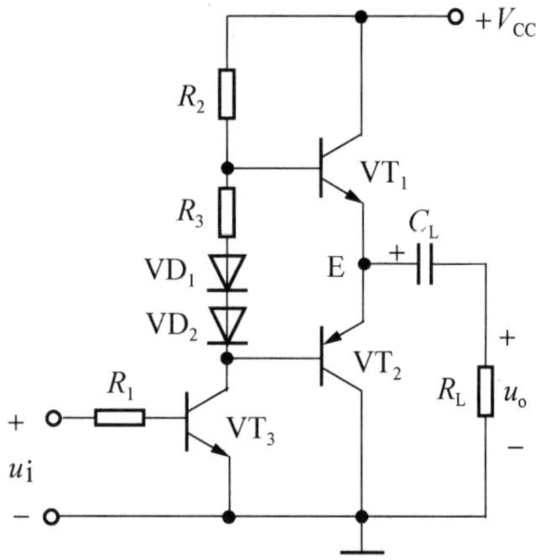

图 T9-9　习题 9-15 图

第 10 章 直流稳压电源

直流稳压电源是现代电子设备的重要组成部分，主要包括变压、整流、滤波及稳压四个部分，基本任务是将电力网交流电压(220V，50Hz)变换成为电子设备所需要的不随电网电压和负载变化的稳定的直流电压。本章重点讨论整流、滤波及稳压部分，介绍各部分的工作原理及相关的参数计算，最后介绍集成稳压电源。

本章教学目标与要求

- 掌握二极管整流电路、滤波电路及稳压电路的工作原理。
- 熟练掌握整流电路和滤波电路的主要参数计算。
- 了解集成稳压电源的组成、特点及其使用方法。

【引例】

一个普通电视接收机的内部电路都需要+12V 和+48V 这样的直流电压，而一般电视接收机的电源是 220V 的交流电压，于是电视接收机中的电源电路就需要完成将 220V 的交流电压转换成较低的大部分内部电路工作所需的直流电压的任务。通过本章的学习，我们将进一步了解其中的转换过程。一种直流稳压电源如图 10.1 所示。

图 10.1 直流稳压电源

10.1 直流稳压电源的组成及其作用

10.1.1 直流稳压电源的组成

直流稳压电源由如下图 10.1.1 所示的几个部分组成。交流电源经过变压器、整流、滤波和稳压四个环节，输出稳定的电压供直流负载应用。

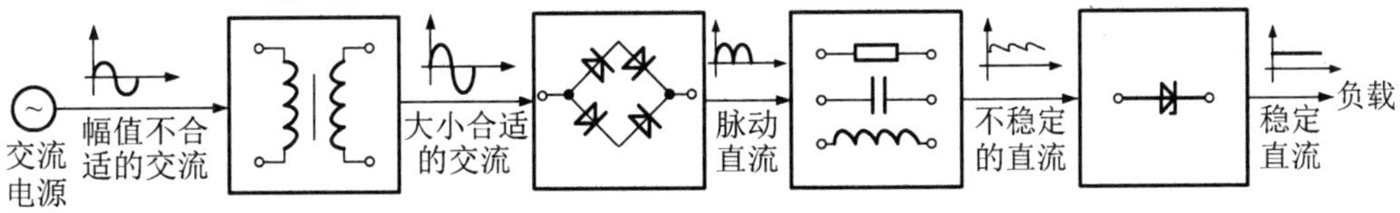

图 10.1.1 直流稳压电源的组成框图

10.1.2　直流稳压电源中各部分的作用

如图 10.1.1 所示，变压器部分的作用是利用电感线圈的电磁性质，将电力网交流电压变换为整流所需的交流电压，同时起到隔离交流电路与直流电路的作用。

如前所述，从信号转换的角度来看，整流电路部分的作用是利用二极管的单向导电性，将在两个方向流动的交流电变换为只在一个方向流动的直流电。但是这里的直流电不是恒定值，它是方向一定，而大小脉动的直流电，即称单向脉动直流电，因此仅用于对波形要求不高的设备中，对于对波形要求比较严格的负载来说，必须经过后续的滤波和稳压环节。

滤波电路的作用是利用电抗性元件的阻抗特性，去掉整流后的单向脉动直流电中的脉动成分，以便获得比较平滑的直流电。但是，当电源或负载变化时，输出的直流电仍会出现波动，必须后接稳压电路，才能得到较稳定的直流电。

稳压电路的作用是利用稳压管或采取负反馈等措施，通过电路的自动调节使输出电压得到稳定。

10.2　整 流 电 路

根据电路结构，可将单相整流电路分为单相半波整流电路和单相桥式整流电路。为讨论方便，本节均设二极管具有理想特性，负载为纯电阻性负载。

【视频：单相半波整流电路】

10.2.1　单相半波整流电路

如图 10.2.1 所示电路为单相半波整流电路原理图。包括电源变压器 T，整流二极管 VD 和负载电阻 R_L 三部分。设变压器二次侧电压为 $u_2=\sqrt{2}U_2\sin\omega t$，其波形如图 10.2.2(a)所示。

根据二极管的单向导电性，当 u_2 在正半周时，其实际极性为上正下负，二极管因承受正向压而导通，若忽略二极管的正向压降，则负载上输出的电压为 $u_O=u_2=\sqrt{2}U_2\sin\omega t$，如图 10.2.2(b)所示，通过负载的电流为 i_O。当 u_2 在负半周时，其实际极性为下正上负，二极管因承受反向压而截止，此时负载上电流基本为零，没有输出电压，即 $u_O=0$，如图 10.2.2(b)所示。二极管端电压的波形如图 10.2.2(c)所示。

综上所述，在输入电压的整个周期内，负载上只有半个周期有输出电压，故为半波整流，其方向是一定的(单方向)，但大小是变化的。这种单向脉动的电压常称为脉动直流电，通常用一个周期内的平均值来表示它的大小。因此，在单相半波整流电路中，输出电压的平均值(即直流电压)为

$$U_O=\frac{1}{T}\int_0^{\frac{T}{2}}\sqrt{2}U_2\sin\omega t\mathrm{d}t=\frac{1}{2\pi}\int_0^{\pi}\sqrt{2}U_2\sin\omega t\mathrm{d}(\omega t)=\frac{\sqrt{2}}{\pi}U_2=0.45U_2 \tag{10-2-1}$$

负载上通过电流的平均值(即直流电流)为

$$I_O=\frac{U_O}{R_L}=\frac{0.45U_2}{R_L} \tag{10-2-2}$$

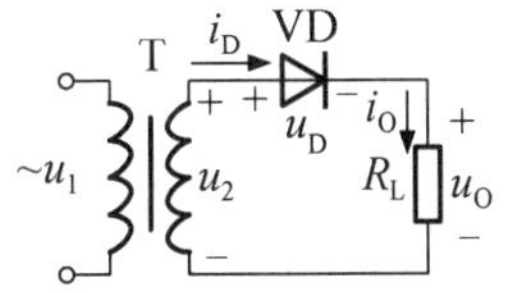

图 10.2.1 单相半波整流电路

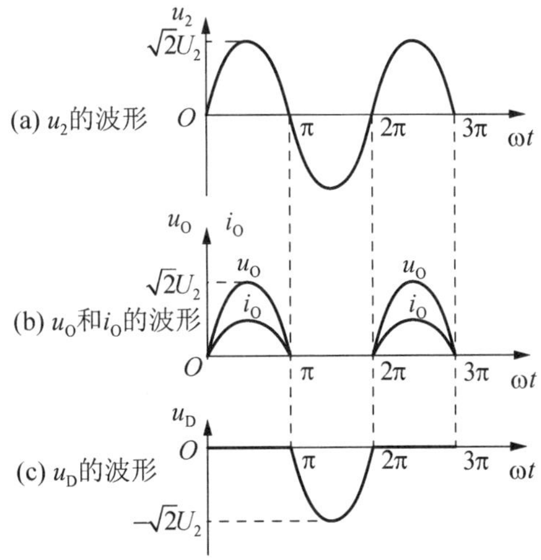

图 10.2.2 单相半波整流电路波形图

式(10-2-1)表示了单相半波整流电压平均值与变压器二次侧电压有效值之间的关系。说明在电压 u_2 一个周期内，负载上电压的平均值只有变压器二次侧电压有效值的 45%，可以看出电源利用率明显较低。

由于二极管 VD 与负载电阻 R_L 串联，故通过二极管整流电流的平均值 I_D 与通过负载的电流平均值 I_O 相等，即

$$I_D = I_O = \frac{U_O}{R_L} = \frac{0.45U_2}{R_L} \tag{10-2-3}$$

整流二极管截止时所承受的反向电压为变压器二次侧电压 u_2。因此，整流二极管所承受的最大反向电压

$$U_{Rm} = \sqrt{2}U_2 \tag{10-2-4}$$

式(10-2-3)和式(10-2-4)是选择整流二极管的主要依据。所选择的二极管必须满足下面两个条件，即

(1) 二极管的最大整流电流 $I_{FM} > I_D$；

(2) 二极管的最高反向工作电压 $U_{RM} > \sqrt{2}U_2$。

通常为了安全起见，选择二极管时还应考虑留有 1.5～2 倍的余量。

半波整流电路的优点是电路结构简单，但整流过程中只利用了电源的半个周期，输出直流电压的脉动较大，实际应用中很少采用。大多采用单相桥式整流电路。

10.2.2 单相桥式整流电路

【视频：单相桥式整流电路】

为了克服上述单相半波整流电路的缺点，在结构上可采用 4 只二极管接成电桥的形式构成桥式整流电路，输出全波波形，VD_1 和 VD_2 接成共阴极，VD_3 和 VD_4 接成共阳极，共阴极端和共阳极端分别接在负载两端，另外两个互异端(VD_1 阳极与 VD_4 阴极相接端，VD_2 阳极与 VD_3 阴极相接端)引出分别接变压器二次侧电源两端，如图 10.2.3(a)所示，图 10.2.3(b)是其简化画法。

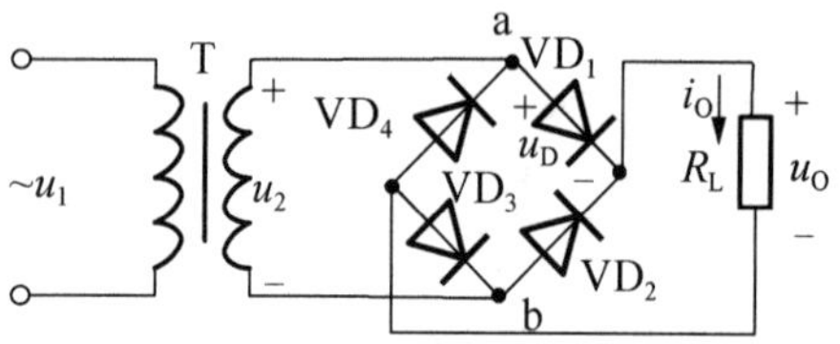

(a) 原电路

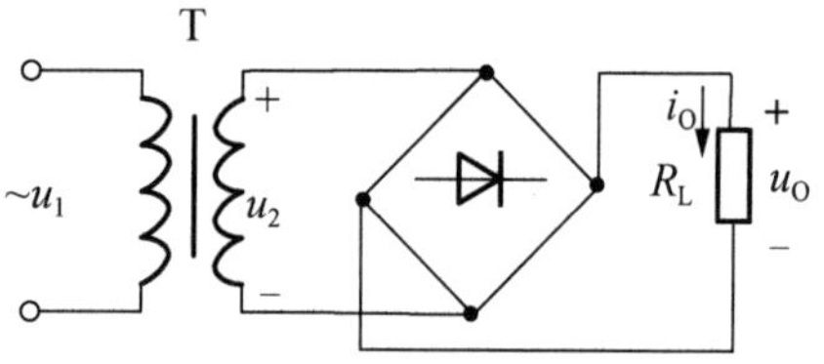

(b) 简化电路

图 10.2.3　单相桥式整流电路

下面来分析其工作原理。当变压器二次侧电压 u_2 在正半周时，其实际极性为上正下负，如图 10.2.4(a)所示，即 a 点电位高于 b 点电位，VD_1 和 VD_3 因承受正向电压而导通，VD_2 和 VD_4 因承受反向电压而截止，此时电流流向如图 10.2.4(a)所示。变压器二次侧电压 u_2 的波形如图 10.2.5(a)所示。当 u_2 在正半周时，负载电阻上得到的电压就是 u_2 的正半周电压，如图 10.2.5(b)所示。

当变压器二次侧电压 u_2 在负半周时，其实际极性为上负下正，如图 10.2.4(b)所示，即 b 点电位高于 a 点电位，VD_2 和 VD_4 因承受正向电压而导通；VD_1 和 VD_3 因承受反向电压而截止，此时电流流向如图 10.2.4(b)所示。因此，在负载电阻上产生的电压波形与 u_2 正半周时相同，如图 10.2.5(b)所示。

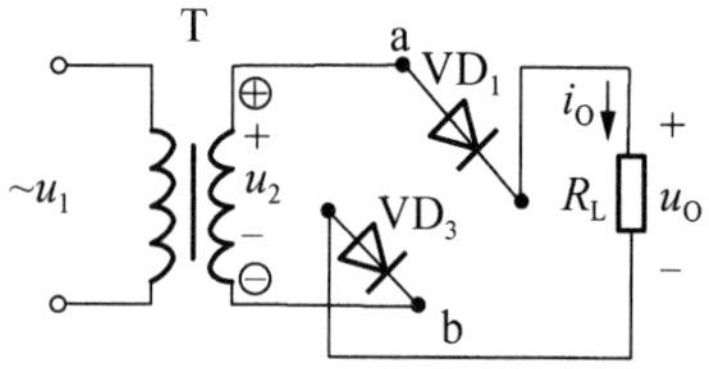

(a) u_2处于正半周时的等效电路

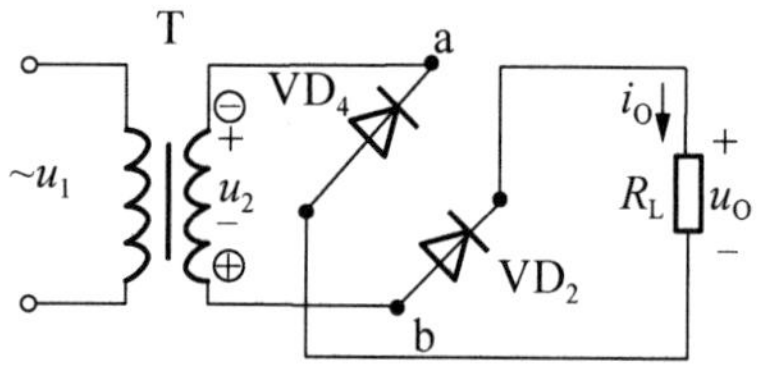

(b) u_2处于负半周时的等效电路

图 10.2.4　u_2 在一个周期内电流流向图

(a) u_2的波形

(b) u_O和i_O的波形

(c) u_D的波形

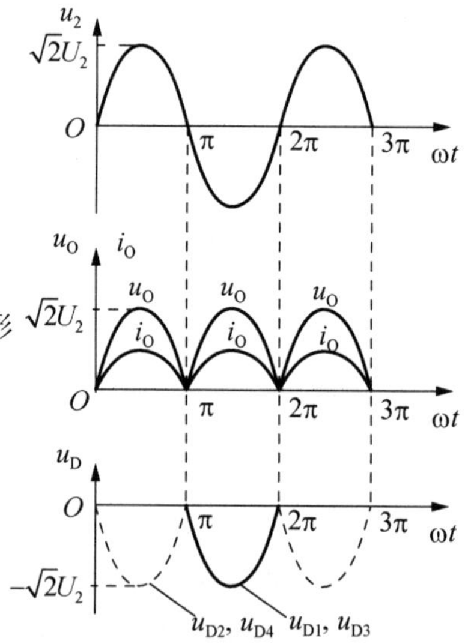

图 10.2.5　单相桥式整流电路波形图

通过对图 10.2.2(b)和图 10.2.5(b)的波形比较可以看出，单相桥式整流电路所输出的电压平均值比单相半波整流电路所输出值增加了一倍，即

$$U_O = 2\times 0.45U_2 = 0.9U_2 \tag{10-2-5}$$

负载电阻上的直流电流为

$$I_O = \frac{U_O}{R_L} = \frac{0.9U_2}{R_L} \tag{10-2-6}$$

由式(10-2-5)可知，经过桥式整流后，负载上电压的平均值是变压器二次侧电压有效值的90%，电源利用率与半波整流电路相比明显有了很大的提高。

在单相桥式整流电路中，每个二极管都是半个周期导通，半个周期截止，因此在一个周期内，每个二极管的平均电流是负载电流的一半。即

$$I_D = \frac{1}{2}I_O = \frac{0.45U_2}{R_L} \tag{10-2-7}$$

二极管端电压的波形 10.2.5(c)所示。每个二极管截止时所承受的反向电压都是变压器二次侧电压 u_2。因此承受的最大反向电压

$$U_{Rm} = \sqrt{2}U_2 \tag{10-2-8}$$

式(10-2-7)和式(10-2-8)是选择整流二极管的主要依据。所选择的二极管必须满足下面两个条件，即

(1) 二极管的最大整流电流 $I_{FM} > I_D$；

(2) 二极管的最高反向工作电压 $U_{RM} > \sqrt{2}U_2$。

目前封装成一整体的多种规格的整流桥块已批量生产，给使用者带来了不少方便。其外形如图 10.2.6 所示。使用时，只需将交流电压接到标有“～”的管脚上，从标有“+”和“−”的引脚上引出的就是整流后的直流电压。

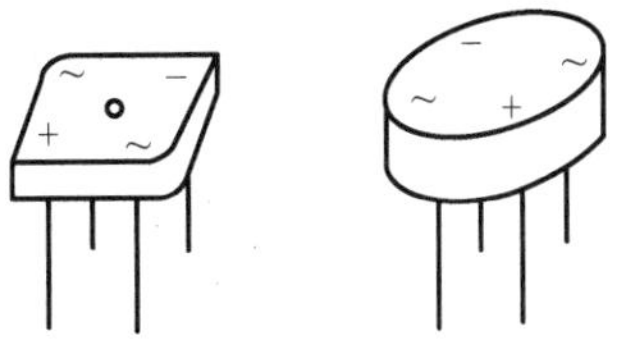

图 10.2.6 整流桥块外形

特别提示

- 上述得到的整流波形图中，若考虑二极管的正向导通压降，截止时反向电阻的影响，则波形还要进行修正。本章中所涉及的二极管均为理想二极管的情况。
- 单相整流电路输出的电压和电流都是脉动的直流电，只能用于对电源要求不高的场合，如电镀、电解以及直流电磁铁等处。

【例 10-2-1】 在单相半波整流电路中，已知 $u_2 = 10\sqrt{2}\sin\omega t$ V，负载电阻 $R_L = 45\Omega$，试求输出电压平均值 U_O，负载电流平均值 I_O，二极管中的平均电流 I_D 及二极管所承受的反向电压的最大值 U_{Rm}。

【解】 已知 $u_2 = 10\sqrt{2}\sin\omega t$，则 $U_2 = 10V$

单相半波整流输出电压平均值为

$$U_O = 0.45U_2 = 4.5V$$

负载电流平均值为

$$I_{\mathrm{O}}=\frac{U_{\mathrm{O}}}{R_{\mathrm{L}}}=0.1\mathrm{A}$$

二极管中的平均电流

$$I_{\mathrm{D}}=I_{\mathrm{O}}=0.1\mathrm{A}$$

二极管所承受的反向电压的最大值

$$U_{\mathrm{Rm}}=U_{\mathrm{2m}}=10\sqrt{2}\mathrm{V}$$

10.3 滤 波 电 路

滤波的目的是防止输出端出现波动分量，它可以将从整流电路中得到的脉动直流电压转换成为合适的平滑直流电压。从能量的角度来看，滤波电路是利用电抗性元件(电容、电感)的储能作用，当整流后的单向脉动电压和电流增大时，将部分能量储存，反之则释放出能量，从而达到使输出电压、电流平滑的目的。从阻抗的角度来看，是利用电感、电容对不同频率所呈现的不同阻抗，将其合理地分配在电路中。例如，将电容与负载并联，以在电容上通过大部分的交流电流；将电感与负载串联，以在电感两端产生大部分的交流电压降，在负载上降低了不需要的交流成分，保留直流成分，从而达到滤波的目的。

10.3.1 电容滤波电路

如图 10.3.1(a)所示的单相半波整流电容滤波电路和如图 10.3.1(b)所示的单相桥式整流电容滤波电路，均是利用电容与负载并联，达到滤除波动分量，输出稳定直流电的目的。

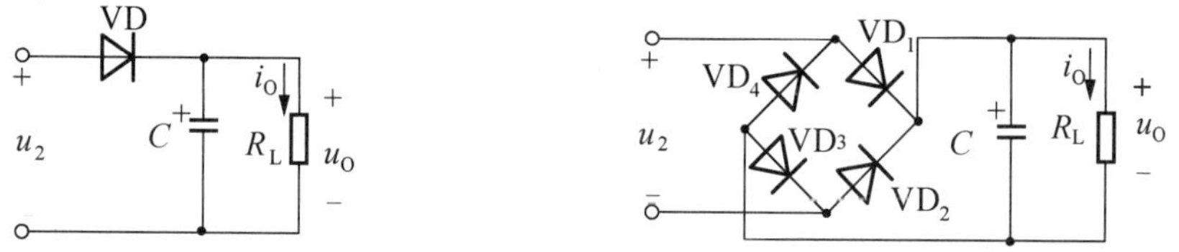

(a) 单相半波整流电容滤波电路　　(b) 单相桥式整流电容滤波电路

图 10.3.1 单相整流电容滤波电路

1. *电路的工作原理*

如图 10.3.1(a)所示，设电容无初始储能，即电容两端初始电压为零。接通电源后，由于变压器二次侧电压 u_2 大于零，二极管 VD 因承受正向电压而导通，一方面给负载供电，另一方面给电容 C 充电。若 VD 是理想二极管，不计导通压降，则由于充电时间常数很小，故电容充电速度很快，电压 u_C 能够跟随输入电压 u_2 的上升而上升，即电容电压 $u_C=u_2$，如图 10.3.2(a)所示。当 u_2 达到最大值时，电容电压也达到最大值。随后 u_2 从最大值开始下降。由于 u_2 在最大值的附近下降的速度很慢，而由电容的放电规律可知，u_C 下降的速度开始时较快，以后越来越慢，故在 t_1 之前，二极管 VD 均承受正向电压而处于导通状态，u_C

随着 u_2 的变化而变化。当达到 t_1 时刻(a 点)后，电容器 C 的放电速度小于 u_2 的下降速度，从而使 $u_C > u_2$，二极管 VD 因承受反向电压而截止，电容通过负载 R_L 放电。若电容器的 C 值足够大，则放电的时间常数 $\tau = R_L C$ 很大，使得电容器两端的电压下降很慢，以至于使放电过程可持续到 u_2 的下个周期的 b 点。此后，u_2 又大于 u_C，二极管 VD 再次承受正向压降而导通，电容又一次被充电，如此反复进行，就得到如图 10.3.2(a)所示用实线表示的波形。与原整流输出电压波形相比，可得到比较平缓的输出电压。这是一种最简单经济的滤波电路，在不影响电子设备正常工作的情况下可以采用。

同理，在单相桥式整流电容滤波电路中，VD_1、VD_3 与 VD_2、VD_4 交替工作，其输出电压波形为图 10.3.2(b)中用实线表示的波形。显然，与单相半波整流电容滤波电路不同，在输入电压的整个周期内，电容要充放电各两次，所以输出电压更加平滑。

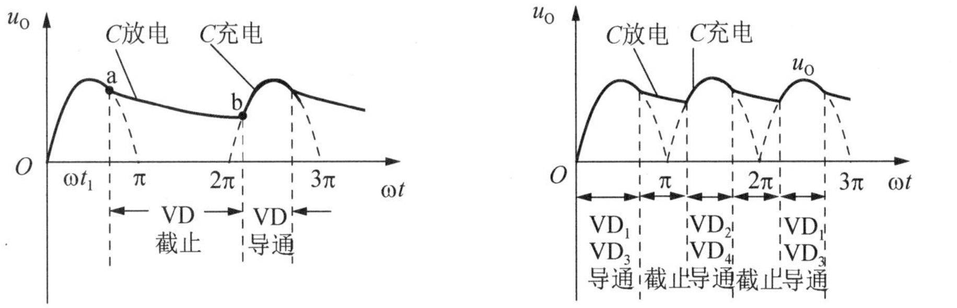

(a) 单相半波整流电容滤波输出电压波形　　(b) 单相桥式整流电容滤波输出电压波形

图 10.3.2　单相整流电容滤波电路输出电压波形图

2. 输出直流电压 U_O 和直流电流 I_O 的计算

如前所述，采用电容滤波后，输出电压的脉动程度与电容放电时间常数有关，时间常数越大，放电过程越缓慢，脉动程度越小，输出电压的平均值也就越大。根据实际工程经验，一般要求 $R_L \geqslant (10 \sim 15)(1/\omega C)$，即时间常数满足

$$\tau = R_L C \geqslant (3 \sim 5)\frac{T}{2} \tag{10-3-1}$$

此时，单相半波整流滤波电路输出的直流电压

$$U_O \approx U_2 \tag{10-3-2}$$

直流电流

$$I_O = \frac{U_O}{R_L} \approx \frac{U_2}{R_L} \tag{10-3-3}$$

单相桥式整流滤波电路输出的直流电压

$$U_O \approx 1.2U_2 \tag{10-3-4}$$

直流电流

$$I_O = \frac{U_O}{R_L} \approx 1.2\frac{U_2}{R_L} \tag{10-3-5}$$

式(10-3-1)～式(10-3-5)中的 T 和 U_2 分别为变压器二次电压的周期和有效值。

3. 带负载能力

电容滤波电路输出电压的平滑程度与负载有很大关系，当空载($R_L \to \infty$)时，相当于放电时间常数趋于无穷大，其直流输出电压约为$\sqrt{2}U_2$，随着负载的增大(R_L减小)，放电时间常数减小，脉动程度增大，直流输出电压减小。也就是说，电容滤波电路的带负载能力较差。电容滤波电路的优点是电路简单，输出电压的平均值较高；缺点是带负载能力差。另外，初始充电时存在较大的冲击电流(也称浪涌电流)，对整流二极管不利。因此，电容滤波电路只适用于负载电流较小(R_L较大)且负载基本不变的场合。

特别提示

- 滤波电容的电容值较大，需要采用电解电容，这种电解电容有规定的正、负极，使用时必须使正极(图中标“+”)的电位高于负极的电位，否则会被击穿。
- 在电容滤波电路中，滤波电容值的选取可根据$R_L C \geqslant (3\sim5)(T/2)$，电容的耐压值$U_{CN}$应大于其实际电压的最大值，即取$U_{CN} > \sqrt{2}U_2$。

【例 10-3-1】 一单相桥式整流电容滤波电路，已知电源频率$f = 60\text{Hz}$，负载电阻$R_L = 120\Omega$，负载直流电压$U_O = 60\text{V}$。试求：(1)整流二极管的平均电流及所承受的最高反向电压；(2)确定滤波电容器的电容值及耐压值；(3)负载电阻断路时的输出电压；(4)电容断路时输出电压；

【解】 (1) 整流二极管的平均电流

$$I_O = \frac{U_O}{R_L} = \frac{60}{120} = 0.5\text{A}$$

$$I_D = \frac{1}{2} I_O = 0.25\text{A}$$

根据式(10-3-4)可得变压器二次侧电压

$$U_2 \approx \frac{U_O}{1.2} = \frac{60}{1.2} = 50\text{V}$$

故整流二极管所承受的最高反向电压

$$U_{Rm} = \sqrt{2}U_2 = 50\sqrt{2} = 70.7\text{V}$$

(2) 滤波电容器的电容值取$R_L C = 5 \times \frac{T}{2}$，即

$$C = 5 \times \frac{1}{2R_L f} = \frac{2.5}{120 \times 60} = 347\mu\text{F}$$

滤波电容器的耐压值

$$U_{CN} > \sqrt{2}U_2 = 70.7\text{V}$$

(3) 负载电阻断路时的输出电压

$$U_O = \sqrt{2}U_2 = 70.7\text{V}$$

(4) 电容断路时的输出电压即为单相桥式整流输出电压

$$U_O = 0.9U_2 = 45\text{V}$$

10.3.2 电感滤波电路

如图 10.3.3 所示是一个单相桥式整流、电感滤波的电路，它是在整流电路之后与负载串联一个电感器。当脉动电流通过电感线圈时，线圈中要产生自感电动势阻碍电流的变化，当电流增加时，产生的自感电动势阻碍电流的增加；当电流减小时，产生的自感电动势阻碍电流减小，从而使负载电流和电压的脉动程度减小。脉动电流的频率越高，滤波电感越大，感抗就越大，阻碍通过电流变化的程度越强，则滤波效果越好。电感滤波适用于负载电流较大(R_L 较小)，并且变化大的场合。

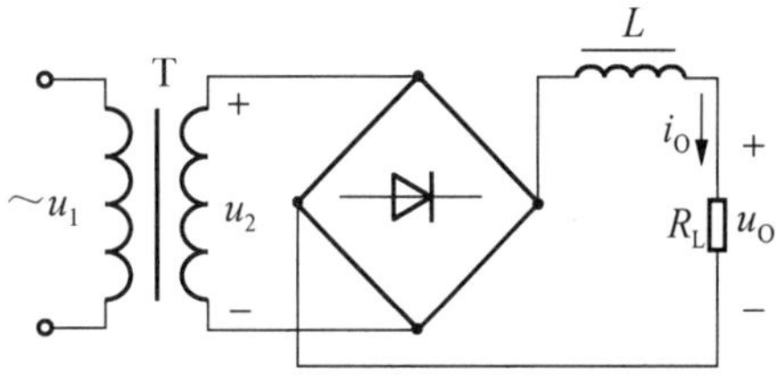

图 10.3.3　单相桥式整流电感滤波电路

10.3.3 复式滤波电路

为获得更好的滤波效果，还可以将电容滤波和电感滤波组合起来构成复式滤波电路。根据电感和电容对直流量和交流量呈现不同电抗的特点，将其正确地接入到电路中。电感与负载串联，电容与负载并联，使电感两端产生较大的交流电压降，电容分走较大的交流电流，从而使负载得到更加平滑的直流电，*LC* 滤波电路如图 10.3.4(a)所示。若在 *LC* 滤波电路的前面再加一个滤波电容即可构成π型 *LC* 滤波电路，如图 10.3.4(b)所示。由于电感器的体积大、笨重，在负载电流较小(R_L 较大)时，可以用电阻代替电感，这样就构成了如图 10.3.4(c)所示的π型 *RC* 滤波电路。在该电路中，因为 C_2 的通交隔直作用，R_L 值又远大于 *R* 的值，直流分量主要降落在 R_L 两端。π型 *RC* 滤波电路的滤波质量和调节能力都不及π型 *LC* 滤波电路，但由于π型 *RC* 滤波电路体积小、成本低，故对于许多要求不高的场合，若采用π型 *RC* 滤波电路，则既经济又适用。

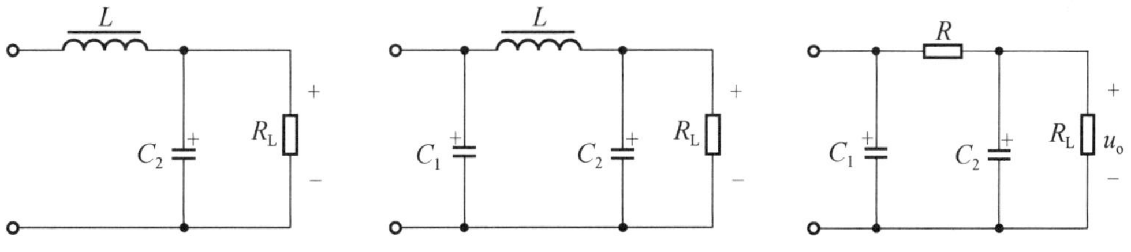

(a) *LC*滤波电路　　(b) π型*LC*滤波电路　　(c) π型*RC*滤波电路

图 10.3.4　复式滤波电路

特别提示

- 如图 10.3.4 所示，其中两个电容与一个电感(或一个电阻)恰好构成希腊字母π的形状，因此称为π型滤波电路。

10.4　稳 压 电 路

经过整流和滤波后，虽然输出电压的脉动程度有了很大改善，但直流电压仍不稳定。造成不稳定的原因有两个：一是电网电压的波动，二是负载变化。这样就必须在整流滤波电路之后，采取稳压措施，通过电路的自动调节作用，以维持输出电压的稳定。

硅稳压管稳压电路是利用硅稳压二极管的反向击穿特性来稳压的，但其带负载能力差，一般只提供基准电压，不作为电源使用。在电子系统中，应用较为广泛的有串联反馈型(线性)稳压电路和串联开关型稳压电路两大类。

10.4.1　稳压管稳压电路

1. 电路组成

将稳压管与适当阻值的限流电阻 R 配合构成的稳压电路就是稳压管稳压电路，是最简单的一种稳压电路。如图 10.4.1 所示。图中 U_I 为桥式整流滤波电路的输出电压，也就是稳压电路的输入电压，U_O 为稳压电路的输出电压，也就是负载电阻 R_L 两端的电压，它等于稳压管的稳定电压 U_Z。由于稳压二极管与负载并联，故该电路又称为并联型稳压电路。

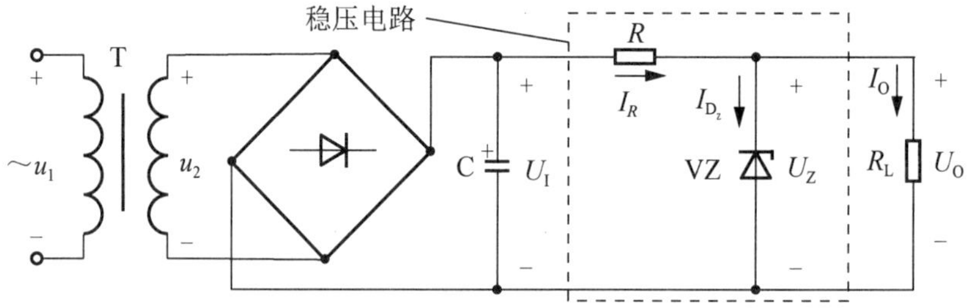

图 10.4.1　稳压管稳压电路

2. 稳压原理

当由电网电压的波动或负载电阻的变化而导致输出电压 U_O 变化时，可以通过限流电阻 R 和稳压管 VZ 的自动调整过程，保持输出电压 U_O 的基本恒定。由图 10.4.1 可知

$$U_O = U_I - I_R R = U_I - (I_{D_Z} + I_O)R$$

若负载电阻一定，而当电网电压升高时，则稳压电路的输入电压 U_I 升高，使 U_O 升高，调节过程如下：

$$U_I\uparrow \to U_O\uparrow \to U_Z\uparrow \to I_{D_Z}\uparrow \to I_R\uparrow \to U_O\downarrow$$

通过上述分析过程，可以看出，由于电网电压的升高导致了输出电压 U_O 的升高，经稳压电路的自动调节作用使输出电压 U_O 降低，从而使 U_O 基本保持不变。

当电网电压降低而使 U_O 降低时，稳压过程与上述自动调整过程恰好相反。

若电网电压一定，即稳压电路的输入电压 U_I 一定，则当负载电阻 R_L 减小时，使 U_O 降低，调节过程如下：

$$R_L \downarrow \to U_O \downarrow \to U_Z \downarrow \to I_{D_Z} \downarrow \to I_R \downarrow \to U_O \uparrow$$

通过上述分析过程，可以看出，由于负载电阻 R_L 减小导致了输出电压 U_O 的降低，经稳压电路的自动调节作用使输出电压 U_O 升高，从而使 U_O 基本保持不变。

当负载电阻 R_L 增大时，稳压过程与上述自动调整过程恰好相反。

这种稳压电路虽然简单，但是受稳压管最大稳定电流的限制，输出电流不能太大，而且输出电压不可调，稳定性也不很理想。在多数情况下，利用这种稳压电路所产生的定值电压作为其他电路的基准电压。

3. 电路参数的选择

要设计一个稳压管稳压电路，就是要合理地选择电路中有关元器件的参数，包括稳压电路输入电压 U_I 的选择、稳压管的选择以及限流电阻 R 的选择。在选择元器件的参数时，首先要明确负载所要求的输出电压 U_O，稳压电路输入电压的波动范围(一般为 $\pm 10\%$)，负载电流的变化范围。

1) 稳压电路输入电压 U_I 的选择

U_I 一般按经验选取

$$U_I = (2 \sim 3)U_O \tag{10-4-1}$$

U_I 确定后，即可根据 U_I 对整流滤波电路元件的参数进行选择。

2) 稳压管的选择

稳压管的选择包括稳压管稳定电压 U_Z 的选择和最大稳定电流 I_{ZM} 的选择。

因负载与稳压管并联，所以选取稳定电压 $U_Z = U_O$。

由于通过限流电阻 R 的电流 I_R 基本不变，故当负载电流变化时，稳压管的电流变化正好与之相反，即 $\Delta I_{D_Z} = -\Delta I_O$。因此，为使稳压管安全地工作于稳压区，要求稳压管的电流变化范围应大于负载电流的变化范围，即 $I_{ZM} - I_Z > I_{Omax} - I_{Omin}$。考虑到空载时通过负载的电流为零，故对 I_{ZM} 的选取应留有余量，即

$$I_{ZM} > I_{Omax} + I_Z \tag{10-4-2}$$

一般取

$$I_{ZM} = (1.5 \sim 3)I_{Omax} \tag{10-4-3}$$

3) 限流电阻 R 的选择

限流电阻 R 的选择必须要满足两个条件，一是通过稳压管的最小电流 $I_{D_Z min}$ 必须大于等于其最小稳定电流 I_Z；二是通过稳压管的最大电流 $I_{D_Z max}$ 必须小于等于其最大稳定电流 I_{ZM}。即稳压管电流 I_{D_Z} 必须满足

$$I_Z \leqslant I_{D_Z} \leqslant I_{ZM} \tag{10-4-4}$$

另外，从图 10.4.1 中不难看出

$$I_R = \frac{U_I - U_Z}{R} \tag{10-4-5}$$

$$I_R = I_{D_Z} + I_O \tag{10-4-6}$$

当电网电压最低(U_{Imin})，负载电流最大(I_{Omax})时，根据式(10-4-5)可知，通过限流电阻的电流将达到最小值$I_{R\min}$；根据式(10-4-6)可知，通过稳压管的电流将达到最小值$I_{D_Z\min}$，即

$$I_{D_Z\min} = I_{R\min} - I_{Omax} = \frac{U_{Imin} - U_Z}{R} - I_{Omax}$$

令$I_{D_Z\min} \geqslant I_Z$，得$R$最大值为

$$R_{max} = \frac{U_{Imin} - U_Z}{I_Z + I_{Omax}} \quad \left(I_{Omax} = \frac{U_Z}{R_{Lmin}} \right) \tag{10-4-7}$$

当电网电压最高(U_{Imax})，负载电流最小(I_{Omin})时，根据式(10-4-5)可知，通过限流电阻的电流将达到最大值$I_{R\max}$；根据式(10-4-6)可知，通过稳压管的电流将达到最大值$I_{D_Z\max}$，即

$$I_{D_Z\max} = I_{R\max} - I_{Omin} = \frac{U_{Imax} - U_Z}{R} - I_{Omin}$$

令$I_{D_Z\max} \leqslant I_{ZM}$，得$R$最小值为

$$R_{min} = \frac{U_{Imax} - U_Z}{I_{ZM} + I_{Omin}} \quad \left(I_{Omin} = \frac{U_Z}{R_{Lmax}} \right) \tag{10-4-8}$$

综上所述，可以在$R_{min} = \dfrac{U_{Imax} - U_Z}{I_{ZM} + I_{Omin}}$和$R_{max} = \dfrac{U_{Imin} - U_Z}{I_Z + I_{Omax}}$之间范围选择限流电阻$R$，从而确保稳压管安全地工作于稳压区。

10.4.2　串联反馈型稳压电路

1. 电路组成

电路如图 10.4.2 所示。U_I来自整流滤波电路的输出，VT 是 NPN 型晶体管，在此也称调整管，它的作用是通过电路自动调整 VT 的集电极-发射极之间的电压U_{CE}，使输出电压U_O稳定。由电阻R_1和R_2构成取样电路，它的作用是将输出电压的变化量通过R_1和R_2分压取出，然后送至由集成运放构成的比较放大电路 A 的反相输入端。电阻R_3和稳压管 VZ 构成基准电压电路，使集成运放的同相输入端电位固定。比较放大电路 A 的作用是把取样电路取出的信号进行放大，以控制调整管I_B的变化，进而调整U_{CE}的值。

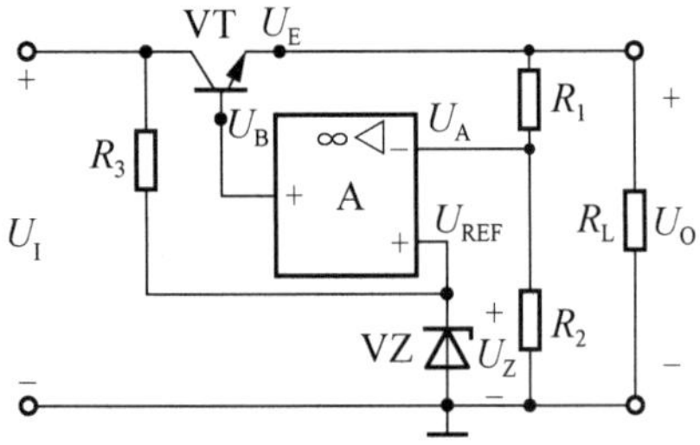

图 10.4.2　串联反馈型稳压电路原理图

由于在由集成运放所构成的比较放大器中引入了深度的电压负反馈，故能使输出电压非常稳定。由于调整管与负载串联，而电路采用深度的电压负反馈方式稳定输出电压，故将这种电路称为串联反馈型稳压电路，简称串联型稳压电路。

串联型稳压电路根据电压稳定程度的不同要求而有简有繁，例如可采用多级放大器来提高稳压性能，但基本环节是相同的。

2. 稳压原理

当电网电压的波动或是负载变化导致U_O变化时，例如，当R_L减小而使U_O降低时，通过由R_1和R_2所构成的取样电路，使集成运放的反相输入端电位U_A下降，从而使集成运放的输出端电位上升，即U_B上升，I_B增大，U_{CE}减小，使U_O增大。

通过上述分析过程，可以看出，由于负载电阻R_L减小导致了输出电压U_O的降低，经稳压电路的自动调节作用使输出电压U_O升高，从而使U_O基本保持不变。

当负载电阻R_L增大时，稳压过程与上述自动调整过程恰好相反。

当电网电压的波动时的稳压过程与负载变化时的稳压原理相似，请读者自行分析。

从上述的稳压过程可知，要想使调整管起到调整作用，必须使其工作于放大状态。由于调整管工作于线性区，故也将这种电路称为线性稳压电路。

3. 输出电压的大小及调节方法

从如图 10.4.2 所示串联型稳压电路中不难看出中，由集成运放所构成的比较放大电路，实质上是一个同相比例运算电路，在同相输入端输入的是一个固定不变的基准电压U_Z。由同相比例运算关系可得

$$U_O=\left(1+\frac{R_1}{R_2}\right)U_A=\left(1+\frac{R_1}{R_2}\right)U_Z \tag{10-4-9}$$

在U_Z固定的情况下，只要改变R_1和R_2的比值的大小，即可改变U_O的大小。因此，为了调节方便，通常在取样电路中串联一个电位器R_P，如图 10.4.3 所示。

设电位器R_P的滑动触点与R_P最上端之间的电阻为R'_P，则根据由同相比例运算关系可得

$$U_O=\left(1+\frac{R_1+R'_P}{R_2+R_P-R'_P}\right)U_Z \tag{10-4-10}$$

由式(10-4-10)可知，当电位器滑动触点滑至最下端，即$R'_P=R_P$时，输出电压U_O最大，即

$$U_{Omax}=\frac{R_2+R_P+R_1}{R_2}U_Z \tag{10-4-11}$$

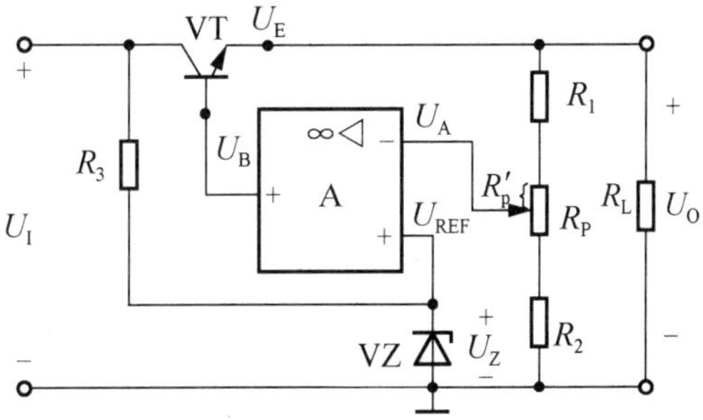

图 10.4.3 输出电压可调的串联反馈型稳压电路原理图

当电位器滑动触点滑至最上端，即$R'_P=0$时，输出电压U_O最小，即

$$U_{Omin}=\frac{R_2+R_P+R_1}{R_2+R_P}U_Z \tag{10-4-12}$$

所以，输出电压U_O的可调范围为

$$\frac{R_2+R_P+R_1}{R_2+R_P}U_Z\leqslant U_O\leqslant\frac{R_2+R_P+R_1}{R_2}U_Z$$

10.4.3 串联开关型稳压电路

前面介绍的串联反馈型稳压电路的调整管工作在线性放大区，其功耗$P_C=U_{CE}I_C$较大，

因而效率较低。如能使调整管交替地工作在饱和状态和截止状态，则因调整管工作于饱和状态时 $U_{CE}\approx 0$，工作于截止状态时 $I_C\approx 0$，在这两种状态下，其功耗 P_C 都很小，故可获得较高的效率。于是，产生了开关型稳压电路，由于调整管与负载的连接方式有串联和并联两种，故开关型稳压电路也有串联开关型和并联开关型两种。下面仅介绍串联开关型稳压电路。

1. 串联开关型稳压电路的电路组成

如图 10.4.4 所示为串联开关型稳压电路。U_I 是经过整流后的输入电压，晶体管 VT 为调整管，电感和电容组成 LC 滤波电路，VD 为续流二极管。另外，还有比较放大电路 A_1，电压比较器 A_2、采样电阻 R_1 和 R_2 以及三角波发生器和基准电压电路。其工作原理分为滤波和稳压两部分。

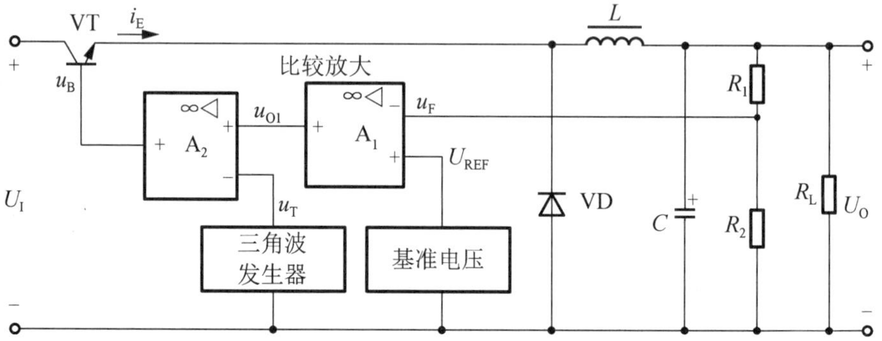

图 10.4.4 串联开关型稳压电路结构图

2. 工作原理

1) 滤波过程

若 u_B 为高电平，则调整管 VT 饱和导通，二极管承受反向电压而截止，直流电压 U_I 经过 LC 滤波电路提供给负载电流，即调整管在饱和导通期间，电感 L 储存能量，电容 C 充电，电压 U_I 向负载提供能量。

若 u_B 为低电平，则调整管 VT 截止，输入电压 U_I 提供的能量被中断，此时，在电感 L 两端产生自感电动势，通过二极管对负载释放能量，同时电容 C 通过负载放电，使负载获得连续而稳定的能量。在此，因二极管 VD 可以使负载电流连续，所以称为续流二极管。

为保证滤波的效果，要求电感 L 和滤波电容 C 应足够大。开关型稳压电路只适合于负载变化不大的场合。

2) 稳压过程

电阻 R_1 和 R_2 为取样电路，它的作用是将输出电压的变化量通过 R_1 和 R_2 分压取出 u_F，然后送至比较放大器 A_1 的反相输入端。若 $u_F<U_{REF}$，则 u_{O1} 为正。u_{O1} 与三角波电压 u_T 通过电压比较器 A_2 比较后，得到 VT 的基极电压 u_B。当 $u_{O1}>u_T$ 时，u_B 为高电平；反之，u_B 为低电平。u_{O1}、u_B 和 u_T 的波形如图 10.4.5 所示。图中，t_{on}/T 称为占空比，用 q 表示。

在稳态时，电感电压在一个周期内的平均值应为零，即电感电压 u_L 的积分应为零，即

$$\int_0^T u_L \mathrm{d}t = \int_0^{t_{on}} u_L \mathrm{d}t + \int_{t_{on}}^T u_L \mathrm{d}t = 0 \tag{10-4-13}$$

如果忽略调整管 VT 的饱和管压降和二极管 VD 的正向电压降，在 t_{on} 期间，调整管 VT 饱和导通，$u_L = U_I - U_O$；在 t_{off} 期间调整管 VT 截止，$u_L = -U_O$。故由式(10-4-13)积分得到

$$U_O = \frac{U_I t_{on}}{T} = qU_I \tag{10-4-14}$$

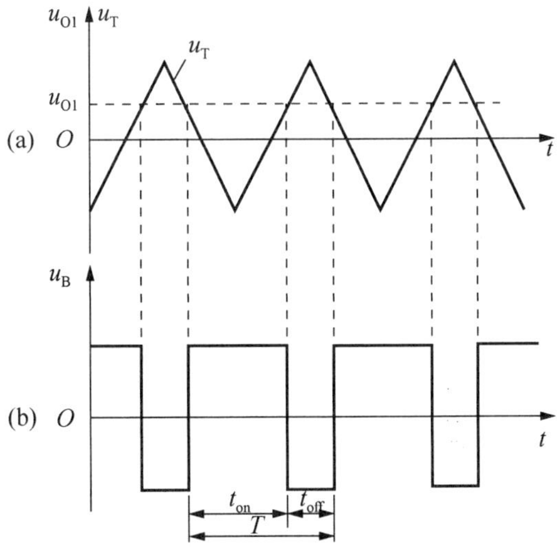

图 10.4.5 u_{O1} 与 u_B 的波形图

由图 10.4.5 可知，u_{O1} 越大，占空比 q 越大，U_O 就越大。u_T 为正负对称的三角波，当 $u_{O1}>0$ 时，$q>50\%$；当 $u_{O1}<0$ 时，$q<50\%$。因此，可以通过改变占空比 q，去调整输出电压 U_O 的大小。

当由于输入电压或负载的变化引起输出电压 U_O 发生波动时，稳压过程可表示如下：

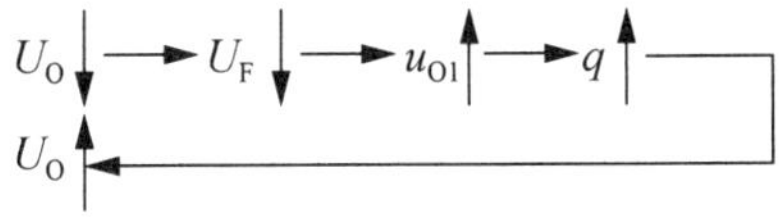

使 U_O 基本保持不变，达到稳压的目的。反之亦然。

由于这种稳压的控制方式是改变占空比，即改变调整管的基极电位 u_B 的脉冲宽度 t_{on}，故称为脉冲宽度调制(PWM)①型稳压电路。

10.5 集成稳压电源

稳压电源的应用场合相当广泛，但分立元件构成的稳压电源，其结构比较复杂，因此，单片集成稳压电源应运而生，并且得到广泛应用。集成稳压器基本可以做到免调试，并且

① PWM 是英文 Pulse Width Modulation(脉冲宽度调制)的缩写。

体积小，可靠性高，使用灵活，价格低廉，是通用型模拟集成电路的一个重要分支。

单片集成稳压器的种类很多，按工作方式分，有串联反馈型和串联开关型；按管脚数分，有多端式和三端式，目前使用最多的是三端式的。下面介绍三端式集成稳压器。

【图文：三端集成稳压器】

1. 三端集成稳压器的型号及主要参数

三端集成稳压器仅有输入、输出和公共地三个引出端子，输入端接不稳定的直流电压，在输出端就可获得某一固定值的输出电压，其内部具有过热、过流和过压保护电路。按其输出电压是否可调，三端集成稳压器可分为固定输出和输出可调两种，其常用的型号及主要参数为：

(1) 固定输出正电压的集成稳压器：W78XX 系列。

(2) 固定输出负电压的集成稳压器：W79XX 系列。

(3) 电压可调，输出正电压的集成稳压器：W317、W117。

(4) 电压可调，输出负电压的集成稳压器。W337、W137。

其中 W78XX 和 W79XX 系列型号中的“XX”是代表输出电压值。每一种系列的稳压器输出电流又有：1.5A(78XX)、0.5A(78MXX)和 0.1A(78LXX)。W78XX 系列外形及电路符号分别如图 10.5.1(a)和(b)所示。

集成稳压器的主要参数有：

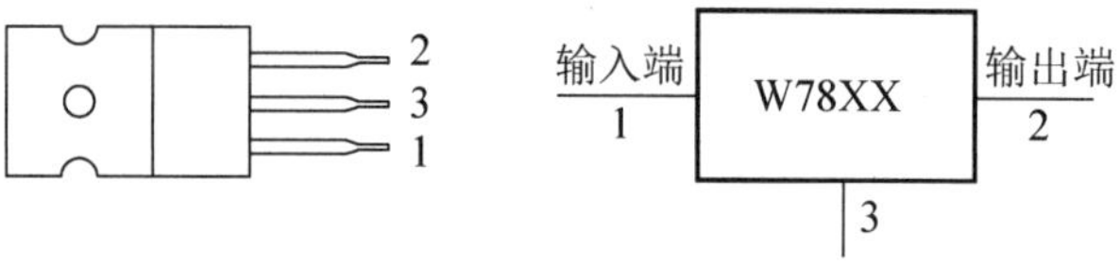

(a) 外形图　(b) 电路符号

图 10.5.1　三端集成稳压器(W78XX 系列)外形及电路符号

(1) 输出电压 U_O。

表示集成稳压器可能输出稳定电压的范围。

(2) 最小电压差 $(U_I - U_O)_{min}$。

为维持稳压所需要的 U_I 与 U_O 之差的最小值。

(3) 容许输入电压的最大值 U_{IM}。

(4) 容许最大输出电流值 I_{OM}。

(5) 容许最大功耗。

(6) 稳压系数 S_r。

稳压系数指当负载一定时，输出电压的相对变化量与输入电压的相对变化量之比。即

$$S_r = \left.\frac{\Delta U_O / U_O}{\Delta U_I / U_I}\right|_{R_L\text{一定}} \tag{10-5-1}$$

S_r 反映了电源电压的波动对稳压性能的影响，要求其值越小越好。式(10-5-1)中的 U_I 为经整流滤波后的直流电压。

(7) 输出电阻 R_o。

R_o 指输入电压一定时，输出电压的变化量与输出电流的变化量之比，即

$$R_o = \left.\frac{\Delta U_O}{\Delta I_o}\right|_{U_I\text{一定}} \tag{10-5-2}$$

R_o 表明负载电阻的变化对稳压性能的影响，反映了稳压电路带负载的能力，要求 R_o 越小越好。

2. 三端集成稳压器的应用电路

三端集成稳压器的使用十分方便。应用时，只要从产品手册中查到有关参数、指标及外形尺寸、引脚排列，再配上适当的散热片，就可以按需要接成稳压电路。

1) 固定输出电压的稳压电路

当所设计的稳压电源输出电压为正值时，可选用正压输出的集成稳压器 W78XX 系列，接线方式如图 10.5.2(a)所示，电容 C_1 用来进一步减小输入电压的纹波，并抵消由于输入引线较长而带来的电感效应，防止产生自激振荡，其容量较小，一般小于 1 μF。电容 C_2 用来减小由于负载电流突变而引起的抖动杂波(高频噪声)，可取小于 1 μF，也可取几微法甚至几十微法，以便旁路掉较大的脉冲电流。但若 C_2 容量较大，则一旦输入端断开，C_2 将从稳压器输出端通过稳压器放电，易使稳压器损坏。因此，可在稳压器的输出端和输入端之间跨接一只二极管，如图 10.5.2(a)中虚线所示，起保护作用，以保护稳压器不被损坏。

当所设计的稳压电源输出电压为负值时，可选用负压输出的集成稳压器 W79XX 系列，接线方式如图 10.5.2(b)所示。

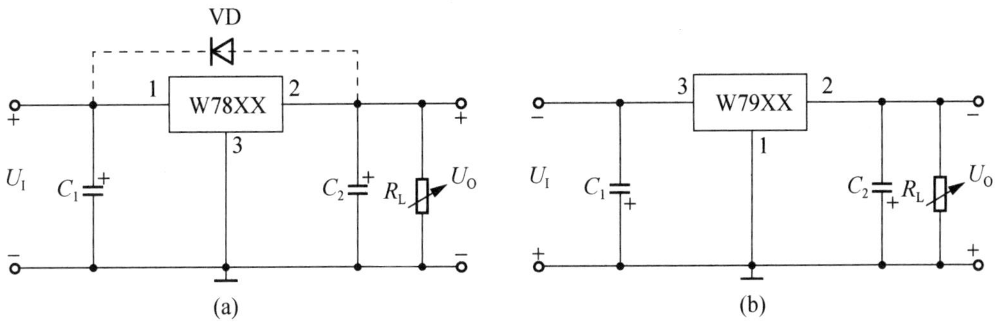

图 10.5.2 固定输出电压的稳压电路

2) 具有正、负两路输出的稳压电路

当所设计的稳压电源需要正、负电压输出时，可同时选择 W78XX 和 W79XX 两个系列的稳压器，如图 10.5.3 所示。

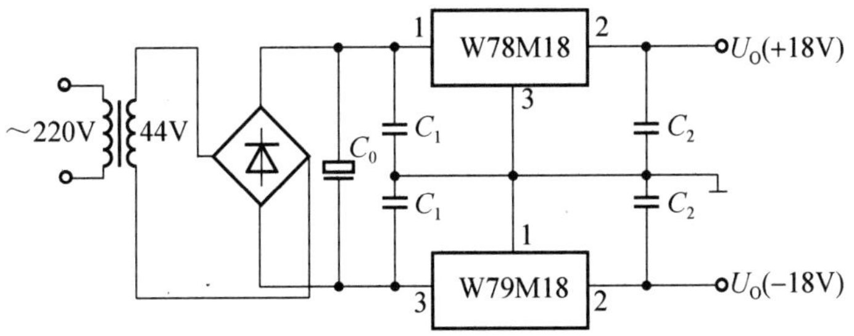

图 10.5.3 具有正负两路输出电压的稳压电路

10.6　直流稳压电源应用实例

10.6.1　三端集成稳压器的扩展用法

1. 提高输出电压的稳压电路

当需要输出电压高于集成稳压器标称的输出电压时，可采用如图 10.6.1 所示的电路来提高输出电压。输出电压的表达式为

$$U_O = U'_O + U_Z$$

其中，U'_O是R_1两端的电压，也是稳压器的标称电压，U_Z是稳压管的电压，根据所需输出电压的大小，选择合适的稳压管来满足要求。

2. 输出电压可调的稳压电路

当希望输出的电压可调时，可以采用如图 10.6.2 所示的电路。由R_1、R_2和R_P构成取样电路，集成运放接成电压跟随器，三端稳压器的输出端 2 与电压跟随器的同相输入端间的电压与稳压器的标称电压相同。电压跟随器的作用是起隔离作用，即将三端稳压器的公共端与取样电阻之间隔离开来，防止三端稳压器公共端上较大变化的电流对输出电压所产生的影响。

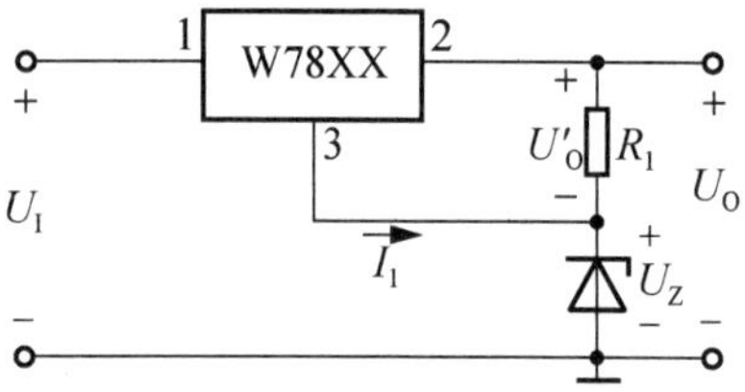

图 10.6.1　提高输出电压的接法

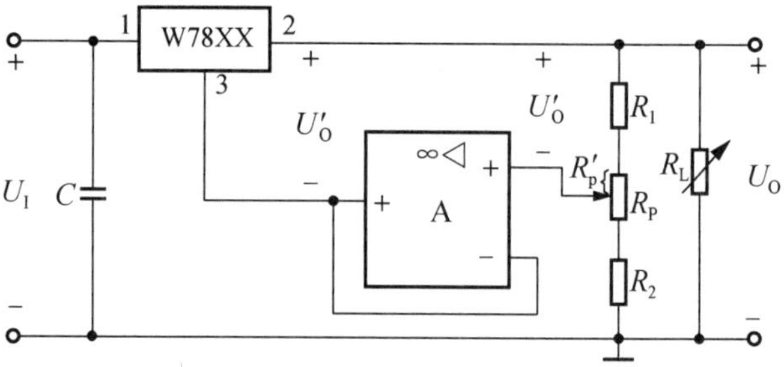

图 10.6.2　输出电压可调的稳压电路

若电位器最上端与滑动触点之间的电阻为R'_p，则根据电阻的串联分压公式得U'_O与输出电压U_O之间的关系为

$$U'_O = \frac{R_1 + R'_p}{R_1 + R_p + R_2} U_O \tag{10-6-1}$$

输出电压U_O与U'_O之间的关系为

$$U_O = \frac{R_1 + R_p + R_2}{R_1 + R'_p} U'_O \tag{10-6-2}$$

在式(10-6-2)中，当将电位器的滑动触点滑至R_P的最上端，即$R'_p = 0$时，输出电压U_O将达到最大值U_{Omax}，即

$$U_{Omax} = \frac{R_2 + R_P + R_1}{R_1} U'_O$$

当将电位器的滑动触点滑至 R_P 的最下端，即 $R'_p = R_p$ 时，输出电压 U_O 将达到最小值 U_{Omin}，即

$$U_{Omim} = \frac{R_2 + R_P + R_1}{R_1 + R_P} U'_O$$

于是，可以得稳压电路的电压调节范围为

$$\frac{R_2 + R_P + R_1}{R_1 + R_P} U'_O \leqslant U_O \leqslant \frac{R_2 + R_P + R_1}{R_1} U'_O$$

3. 输出电流可扩展的稳压电路

当需要输出电流比集成稳压器输出电流大时，可采用外接功率晶体管来扩展电流，如图 10.6.3 所示，I_2 是集成稳压器的输出电流，在晶体管发射结压降与二极管正向压降相等时，有下式成立

$$I_E R_1 = I_D R_2$$

所以 $I_E = \frac{R_2}{R_1} I_D$，而 $I_E \approx I_C$。

若忽略晶体管基极电流 $I_B \approx 0$，则

$$I_1 = I_D$$

若不计流出三端稳压器公共端的电流 I_3，则

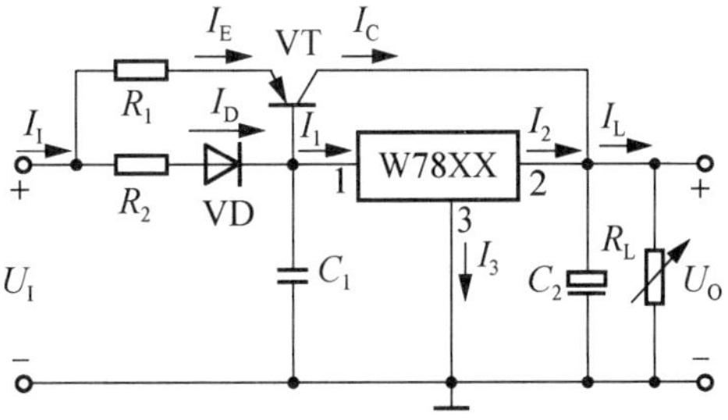

图 10.6.3 扩展输出电流的稳压电路

$$I_2 \approx I_D$$

$$I_L = I_2 + I_C \approx I_2 + I_E = \left(1 + \frac{R_2}{R_1}\right) I_2 \tag{10-6-3}$$

由上式可知，$I_L > I_2$，适当选择 R_1 和 R_2 的阻值，就可以获得所需要的输出电流。

10.6.2 6～30V、500mA 稳压电源电路

图 10.6.4 为 6～30V、500mA 稳压电源电路。包括变压、整流、滤波及稳压电路。

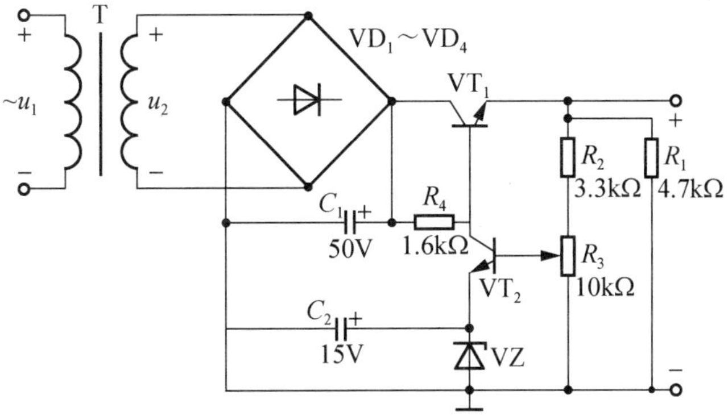

图 10.6.4 6～30V、500mA 稳压电源电路

电源变压器 T 的一次侧电压是电网供电交流电压 220V，二次侧电压为整流所需的交

流电压 24V，电流 500mA，据此选择合适的电源变压器。VD_1～VD_4 为整流二极管，可选用反向峰值电压为 50V，工作电流为 1A 的硅二极管。VT_1 为调整管，可使用任何型号的功耗大于 15W 的 NPN 型功率晶体管。VT_2 作为放大器，可用小功率晶体管，如 2N697 或 3DG6 等。VZ 可选用 5V 稳压二极管，以提供基准电压。R_4 既是 VT_1 管的偏置电阻又是 VT_2 管的负载电阻。电阻 R_2 和电位器 R_3 串联组成取样电路，调节电位器 R_3 可以得到 6～30V 的输出电压。

10.7　Multisim 应用——三端稳压器稳压性能的研究

一、桥式整流电路

建立如图 10.7.1 所示的单相桥式整流电路，图中采用变压器型号为 TS_XFMR1，设置变压器匝数比为 0.1。整流桥型号为 1B4B42。

当开关键 J1 处于打开状态，滤波电容 C1 未接入电路中时，该电路为单相桥式整流电路，整流之后的输出波形最大值为 30V，如图 10.7.1 所示。

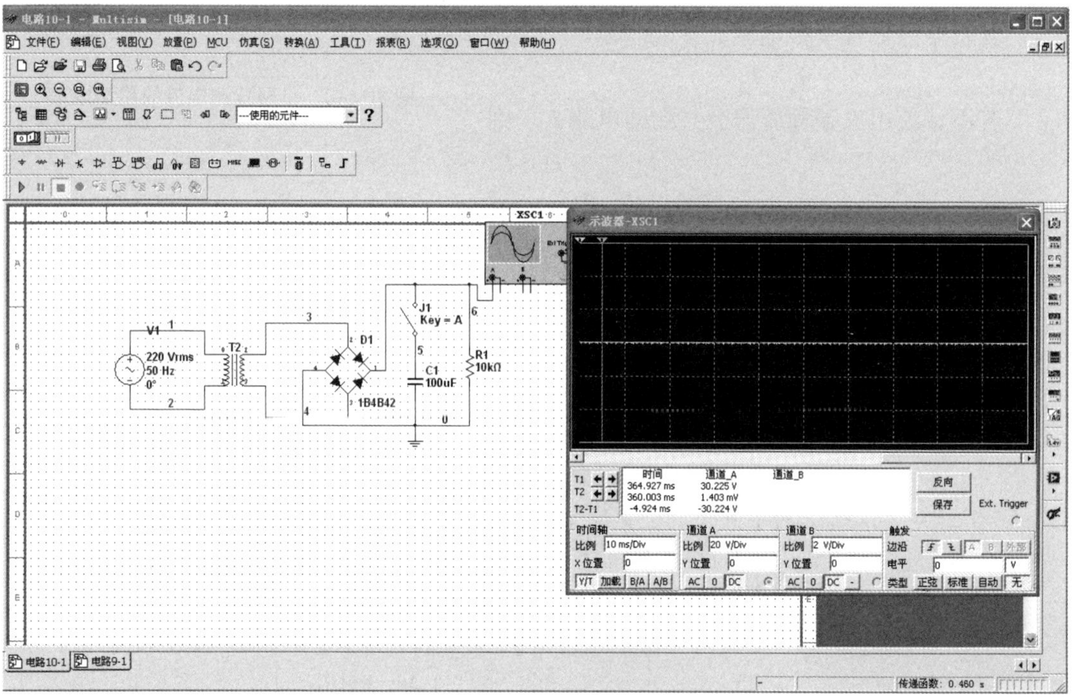

图 10.7.1　单相桥式整流电路的输出波形

二、三端稳压器 LM7805

建立如图 10.7.2 所示的稳压电路，图中采用的三端稳压器型号为 LM7805CT。改变输入直流电压，测量输出电压的值，如图 10.7.2 和图 10.7.3 所示。

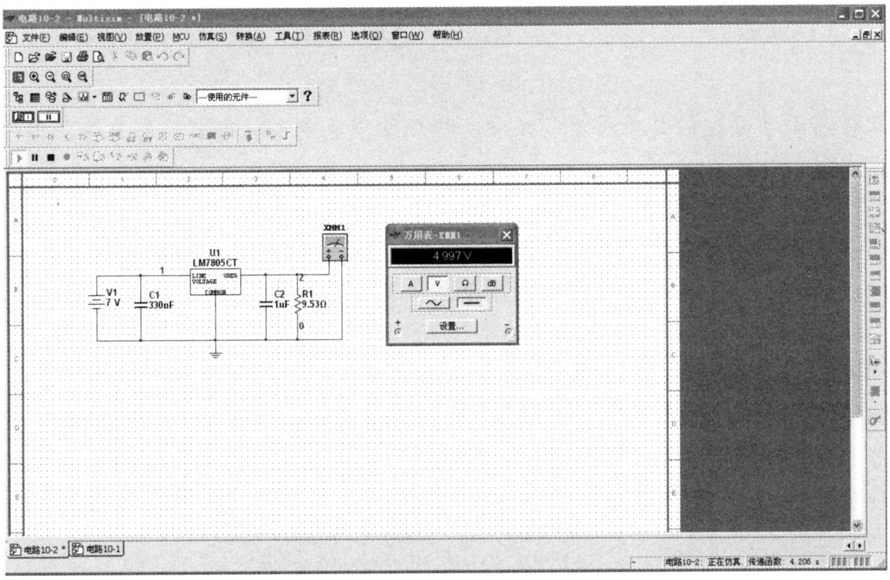

图 10.7.2　$V1 = 7V$ 时的仿真电路

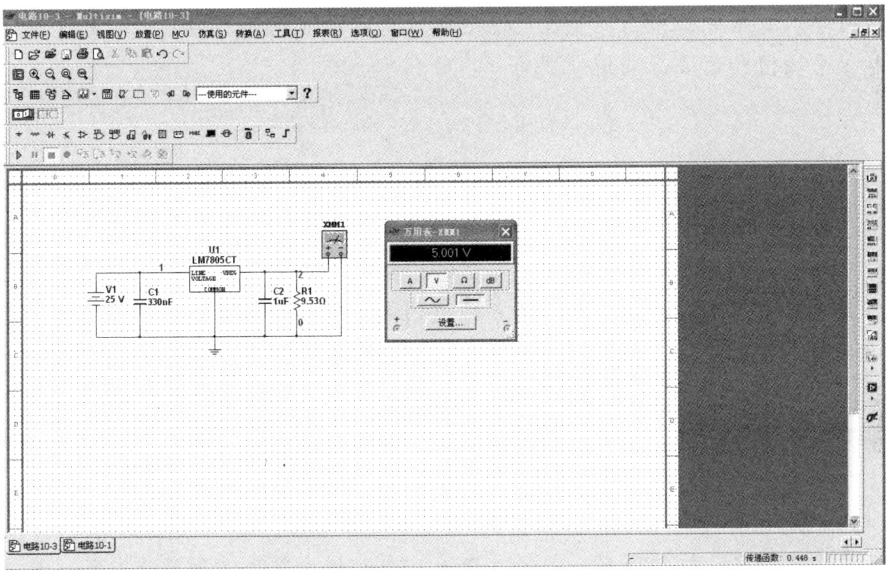

图 10.7.3　$V1 = 25V$ 时的仿真电路

表 10-7-1　仿真数据表

输入直流电压 $V1$/V	负载电阻 R_L / Ω	直流电压表输出 U_O / V
7	9.53	4.997
25	9.53	5.001

通过仿真结果可以看出，在负载电阻 $R_L = 9.53\Omega$， $7V \leqslant U_I \leqslant 25V$ 的条件下，电压调整率 $\Delta U_o = 4mV$。

小　　结

本章将前面学习过的关于整流二极管、稳压管以及电阻、电容、电感等元器件的知识进行应用实践。

1. 直流稳压电源的组成及作用

直流稳压电源是由变压、整流、滤波以及稳压四个部分构成。将电网提供的交流电经过这几部分的调整，使之输出稳定的直流电压，供负载使用。

2. 整流电路——整流二极管的应用

单相整流电路包括单相半波和单相桥式整流电路。

单相半波整流电路只需要一个整流二极管，是最简单的一种整流电路，输出的电压是半波波形。它的缺点是在每个交流输入周期内总有半个周期是不起作用的，电源的利用率较低。负载上输出的电压平均值和电流平均值分别为

$$U_O = 0.45U_2, \quad I_O = \frac{U_O}{R_L} = \frac{0.45U_2}{R_L}$$

单相桥式整流电路需要 4 只整流二极管，两两交替工作，能够全波输出，大大提高了电源的利用率。其低成本和高可靠性已经使得这种电路成为实际应用电路的首选。负载上输出的电压平均值和电流平均值分别为

$$U_O = 0.9U_2, \quad I_O = \frac{U_O}{R_L} = \frac{0.9U_2}{R_L}$$

3. 滤波电路——电容、电感网络的应用

在整流电路的基础上，增加储能元件，构成不同形式的滤波电路，降低输出电压的脉动程度。包括电容滤波、电感滤波以及π型(RC 或 LC)滤波电路。

凡通过电容滤波以后，输出电压的平均值均高于原整流输出值。

单相半波整流 C 型滤波电路，负载上输出电压的平均值约为

$$U_O \approx U_2$$

单相桥式整流 C 型滤波电路，负载上输出电压的平均值约为

$$U_O \approx 1.2U_2$$

4. 稳压电路

二极管稳压电路，结构简单，稳压效果差，多采用串联反馈型稳压电路、串联开关型稳压电路以及集成稳压电路，集成稳压器中，三端集成稳压器应用最为广泛。

知识链接

直流稳压电源

随着微电子技术的发展，现代电子系统正在向节能型分布式电源系统发展。由于各用电设备有独立的直流稳压电源，因此减少了直流输电线路，提高了系统整体可靠性，避免了低

电压、大电流总线引起的电磁兼容问题，从而使系统损耗降低，达到节约能源的目的。实际上，由于电子系统的应用领域越来越宽、电子设备的种类越来越多，要想对一个电子系统实行统一的直流供电不仅不安全、不可靠，而且是完全不可能的。所以分布式供电也是一种必然的趋势。同时，分布式电源正发展成为现代电子系统电源的基本结构，特别是那些需要电源种类多、功率电平灵活的系统(如较复杂的数字系统)。已完全采用分布式电源。

随堂测验题

说明：本试题为单项选择题，答题完毕并提交后，系统将自动给出本次测试成绩以及标准答案。

【测试系统：第10章随堂测验题】

习　题

【图文：第10章习题解答】

10-1 单项选择题

1．在桥式整流电路中，若有一只二极管短路，则(　　)。

A．输出变为半波直流　　B．输出电压约为$2U_D$

C．整流管因电流过大被烧毁　　D．输出电压升高烧坏负载

2．若单相桥式整流电路输出的脉动电压平均值为18V，忽略整流损耗，则整流电路变压器副侧输出的交流电压有效值及整流二极管的最大反向电压分别为(　　)。

A．$20V/20\sqrt{2}$ V　　B．20V/20V　　C．$20\sqrt{2}$ V/20V　　D．$18V/18\sqrt{2}$ V

3．一具有电容滤波器稳压管稳压环节的桥式整流电路发生故障，经示波器观察波形如图T10-1(a)所示，可能的故障原因是(　　)

A．稳压管击穿　　B．稳压管引线断

C．一个整流二极管引线断　　D．滤波电容器引线断

4．在桥式整流电路中，若有一只二极管管脚断开将会出现(　　)。

A．半波整流　　B．全波整流　　C．输出电压为零　D．电源短路

5．如图T10-1(b)所示为含有理想二极管组成的电路，当交流电压u_2的有效值为10V时，负载R_L上输出电压的平均值为(　　)。

A．12V　　B．9V　　C．4.5V　　D．0V

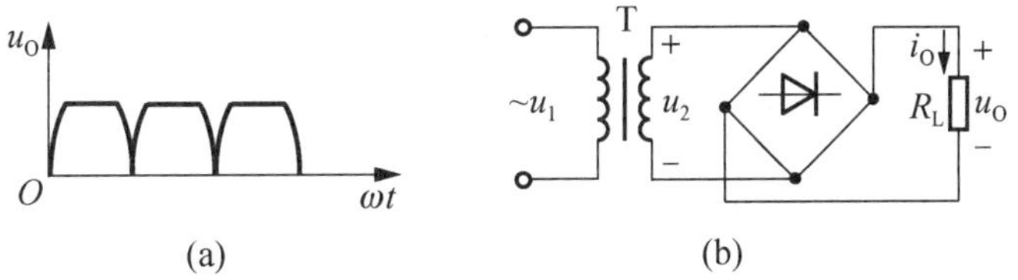

图T10-1　习题10-1的图

10-2 判断题(正确的请在每小题后的圆括号内打“√”，错误的打“×”)

1．电流在两个方向流动的称为交流。　　(　　)

2. 整流可以使电源电压升高。 ( )

3. 在单相桥式整流电路中，4 只整流二极管首尾相接构成桥式接法。 ( )

4. 半波整流器只在半个周期内供给负载电流。 ( )

5. 通过整流电路输出的脉动电压需要用交流表来测量其平均值的大小。 ( )

10-3 用三端集成稳压器构成的电路如图 T10-2 所示，已知 $I_3 = 5\text{mA}$ 。

(1) 写出 U_O 的表达式；当 $R_2 = 5\Omega$ 时，U_O 的数值是多少？

(2) 电位器 R_2 起什么作用？

10-4 说明下图 T10-3 所示电路中Ⅰ、Ⅱ、Ⅲ部分的名称 及计算 U_{O1} 和 U_{O2} 的值。

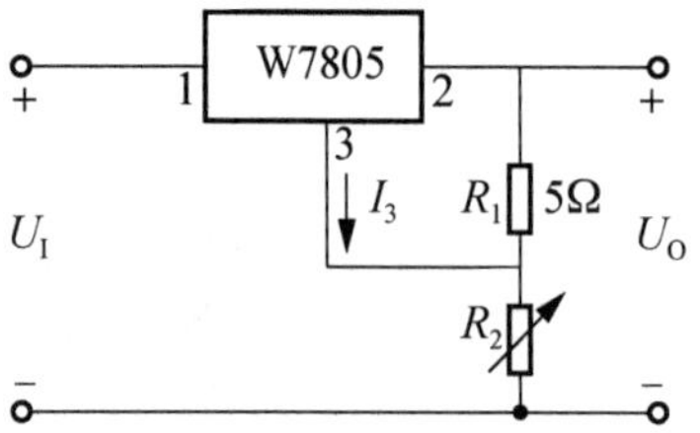

图 T10-2 习题 10-3 的图

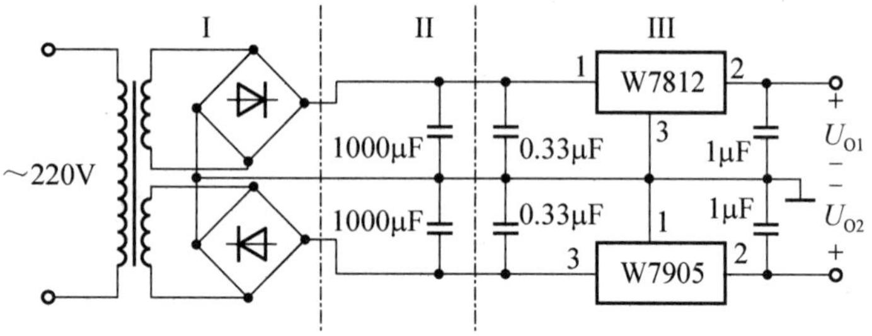

图 T10-3 习题 10-4 的图

10-5 如图 T10-4 所示的单相桥式整流电容滤波电路中，已知：变压器二次侧电压为 $u_2 = 20\sqrt{2}\sin\omega t$ V，负载电阻 $R_L = 100\Omega$，试求：

(1) 输出电压平均值 U_O，输出电流平均值 I_O；

(2) 二极管的电流 I_D，二极管承受的最大反向电压 U_{Rm}；

(3) 若二极管 VD_4 接反，会发生什么现象？

10-6 如图 T10-5 所示的单相桥式整流电路中，已知：变压器二次侧电压为 $u_2 = 10\sqrt{2}\sin\omega t$ V，负载电阻 $R_L = 20\Omega$，试求：

(1) 在图中用箭头画出 u_2 正半周时电流 i_O 的流向，并标出 u_O 极性；

(2) 计算输出电压平均值 U_O，输出电流平均值 I_O；

(3) 若需电容滤波，在图中画出电容 C，并标注其极性。计算此时输出电压平均值 U_O 多大？

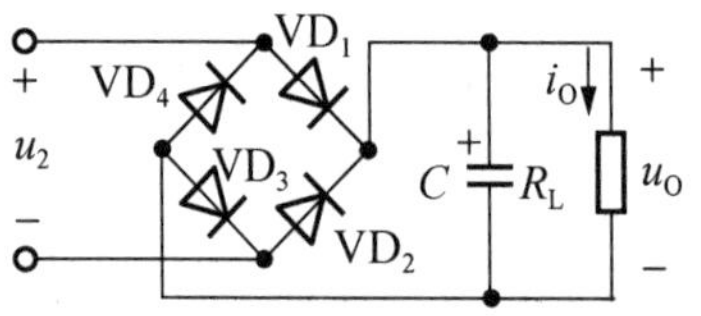

图 T10-4 习题 10-5 的图

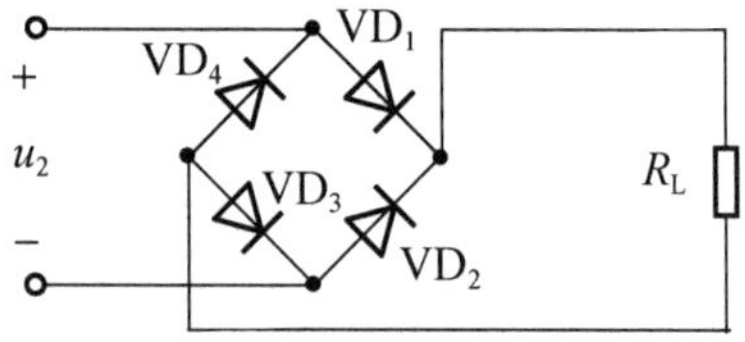

图 T10-5 习题 10-6 的图

10-7 单相桥式整流电容滤波电路如图 T10-6 所示。已知输出电压 $U_O=-15\text{V}$，$R_L=100\Omega$，电源频率 $f=50\text{Hz}$。试求：

(1) 变压器二次侧的电压有效值 U_2 ；

(2) 整流二极管的最高反向电压和正向平均电流。

10-8 单相桥式整流电容滤波电路如图 T10-7 所示，已知输入电压有效值为 U_2，试回答下列问题：

(1) 当滤波电容 C 开路时，电路的输出平均电压 U_O 等于多少？

(2) 当负载电阻 R_L 开路时，电路的输出平均电压 U_O 等于多少？

(3) 当其中一只二极管开路时，电路的输出平均电压 U_O 等于多少？

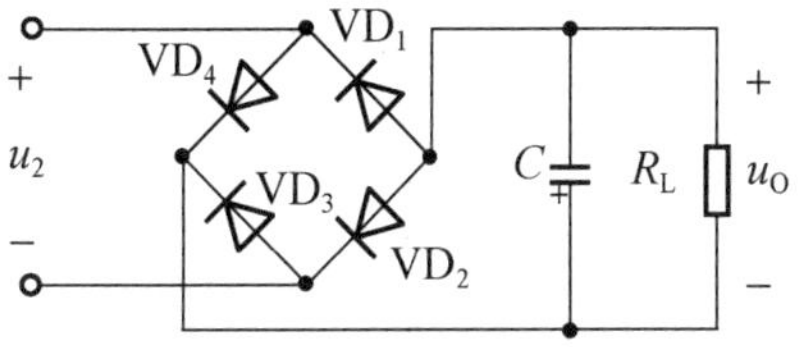

图 T10-6　习题 10-7 的图

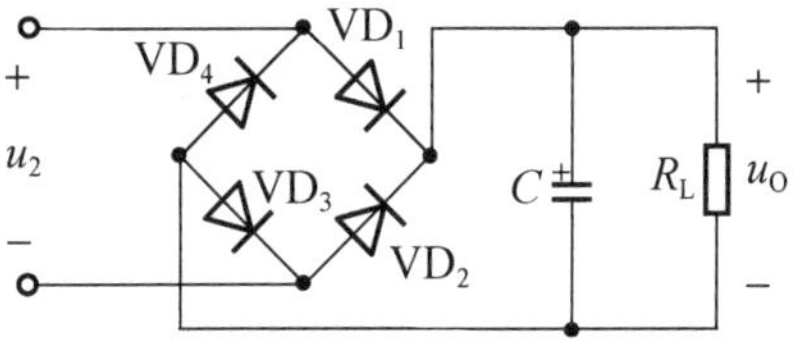

图 T10-7　习题 10-8 的图

10-9 集成运算放大器构成的串联型稳压电路如图 T10-8 所示：

(1) 在该电路中，若测得 U_I=30V，试求变压器二次侧电压 U_2 的有效值；

(2) 在 U_I=30V，U_Z = 6V，R_1 =2kΩ，R_2 =1kΩ，R_3 =1kΩ的条件下，求输出电压 U_O 的调节范围。

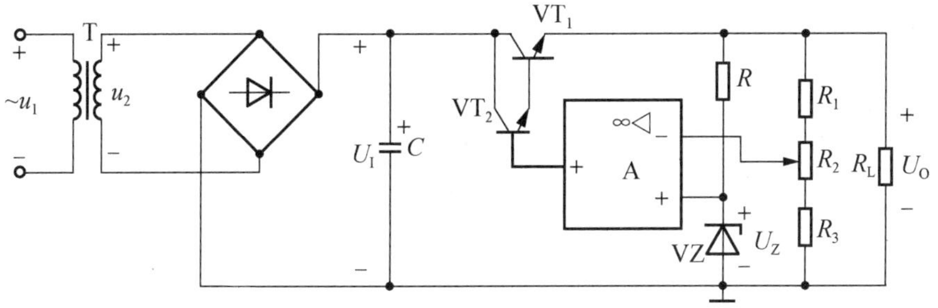

图 T10-8　习题 10-9 的图

10-10 电路如图 T10-9 所示，已知 U_Z = 6V，R_1 =2kΩ，R_2=1kΩ，U_I =30V，试求输出电压 U_O 的调整范围。

10-11 由三端稳压器 W7805 组成的输出电压可调稳压电路如图 T10-10 所示，$R_1 = R_2 = R_4 = 2.5\text{k}\Omega$，$R_3 = 0.5\text{k}\Omega$，$R_p = 1.5\text{k}\Omega$。试求电路输出电压 U_O 的可调范围。

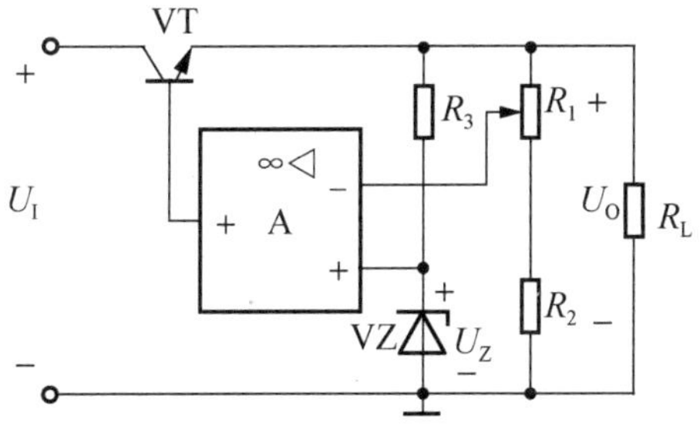

图 T10-9　习题 10-10 的图

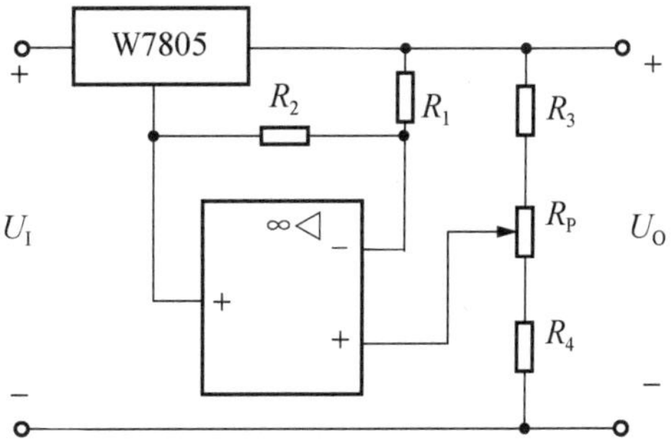

图 T10-10　习题 10-11 的图

10-12 如图 T10-11 所示可调稳压电路，变压器二次侧电压 U_2=20V，R_1 =300Ω，R_2 =300Ω，R_P=300Ω，C=1000μF。

(1) 确定 U_O 的可调范围；

(2) 画出 U_I 的波形，并计算 U_I 的值。

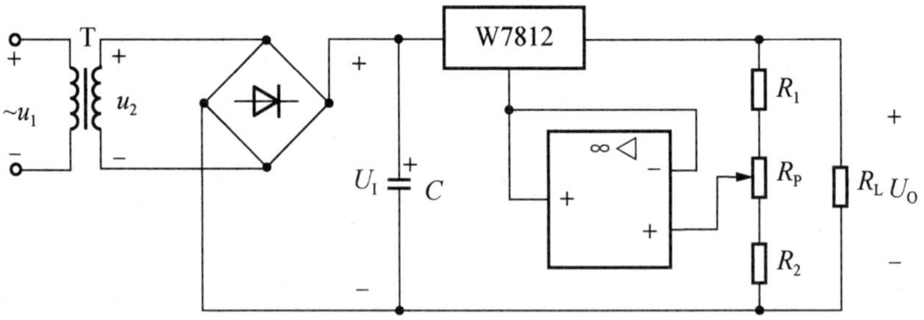

图 T10-11　习题 10-12 的图

第 8—10 章综合测试题

说明：本试题为单项选择题，答题完毕并提交后，系统将自动给出本次测试成绩以及标准答案。

【测试系统：第 8-10 章测试题】

附录 Multisim 电路仿真软件简介

一、Multisim 用户界面

在众多的 EDA 仿真软件中，Multisim 软件界面友好、功能强大、易学易用，受到电类设计开发人员的青睐。Multisim 用软件方法虚拟电子元器件及仪器仪表，将元器件和仪器集合为一体，是原理图设计、电路测试的虚拟仿真软件。

Multisim 来源于加拿大图像交互技术公司(Interactive Image Technologies，简称 IIT 公司)推出的以 Windows 为基础的仿真工具，原名 EWB。

IIT 公司于 1988 年推出一个用于电子电路仿真和设计的 EDA 工具软件 Electronics Work Bench(电子工作台，简称 EWB)，以界面形象直观、操作方便、分析功能强大、易学易用而得到迅速推广使用。

1996 年 IIT 推出了 EWB5.0 版本，在 EWB5.x 版本之后，从 EWB6.0 版本开始，IIT 对 EWB 进行了较大变动，名称改为 Multisim(多功能仿真软件)。

IIT 后被美国国家仪器(NI，National Instruments)公司收购，软件更名为 NI Multisim，Multisim 经历了多个版本的升级，已经有 Multisim2001、Multisim7、Multisim8、Multisim9、Multisim10 等版本，9 版本之后增加了单片机和 LabVIEW 虚拟仪器的仿真和应用。

下面以 Multisim10 为例介绍其基本操作。图附 1.1 是 Multisim10 的用户界面，包括菜单栏、标准工具栏、主工具栏、虚拟仪器工具栏、元器件工具栏、仿真按钮、状态栏、电路图编辑区等组成部分。

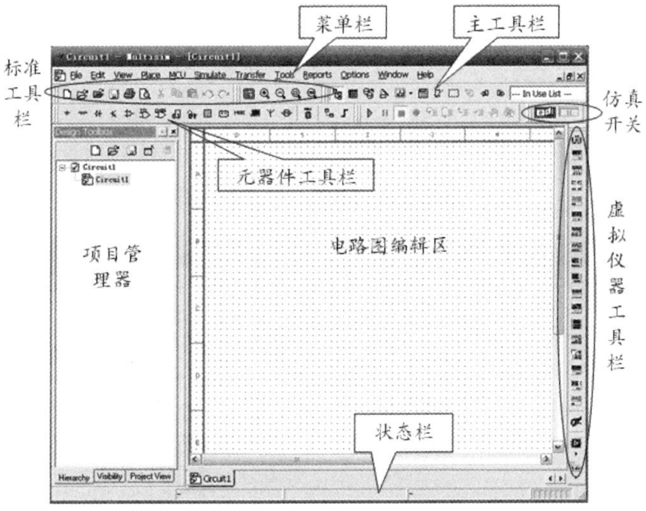

图附 1.1　Multisim10 用户界面

菜单栏与 Windows 应用程序相似，如图附 1.2 所示。

图附 1.2　Multisim 菜单栏

其中，Options 菜单下的 Global Preferences 和 Sheet Properties 可进行个性化界面设置，Multisim10 提供两套电气元器件符号标准：

(1) ANSI：美国国家标准学会，美国标准，默认为该标准，本章采用默认设置；

(2) DIN：德国国家标准学会，欧洲标准，与中国符号标准一致。

工具栏是标准的 Windows 应用程序风格。

标准工具栏：

视图工具栏：

图附 1.3 是主工具栏及按钮名称，图附 1.4 是元器件工具栏及按钮名称，图附 1.5 是虚拟仪器工具栏及仪器名称。

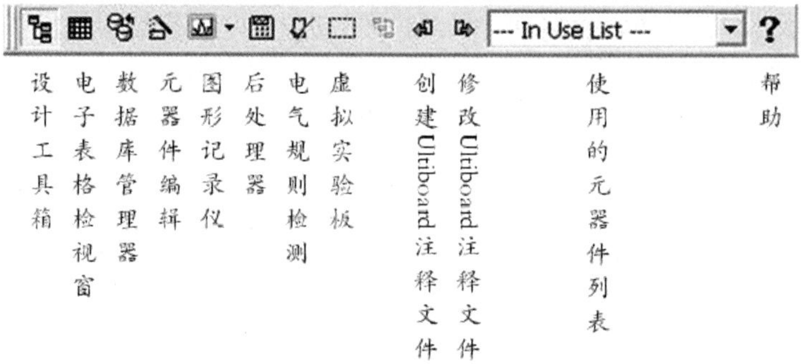

图附 1.3　Multisim 主工具栏

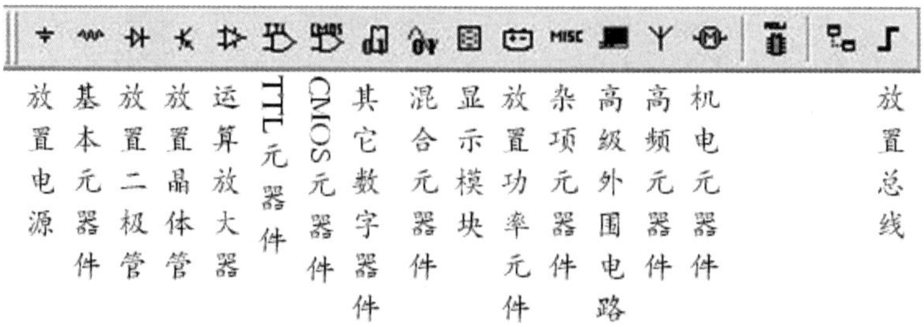

图附 1.4　Multisim 元器件工具栏

图附 1.5　Multisim 虚拟仪器工具栏

项目管理器位于 Multisim10 工作界面的左半部分，电路以分层的形式展示，主要用于层次电路的显示，3 个标签分别如下。

(1) Hierarchy：对不同电路的分层显示，单击“新建”按钮将生成 Circuit2 电路；

(2) Visibility：设置是否显示电路的各种参数标识，如集成电路的引脚名；

(3) Project View：显示同一电路的不同页。

二、Multisim 仿真基本操作

Multisim10 仿真的基本步骤为：

(1) 建立电路文件；

(2) 放置元器件和仪表；

(3) 元器件编辑；

(4) 连线和进一步调整；

(5) 电路仿真；

(6) 输出分析结果。

具体方式如下：

1. 建立电路文件

具体建立电路文件的方法有以下几种。

(1) 打开 Multisim10 时自动打开空白电路文件 Circuit1，保存时可以重新命名；

(2) 菜单 File/New；

(3) 工具栏 New 按钮；

(4) 快捷键 Ctrl+N。

2. 放置元器件和仪表

Multisim10 的元件数据库有：主元件库(Master Database)，用户元件库(User Database)，合作元件库(Corporate Database)，后两个库由用户或合作人创建，新安装的 Multisim10 中这两个数据库是空的。

放置元器件的方法有以下几种。

(1) 菜单 Place Component；

(2) 元件工具栏：Place/Component；

(3) 在绘图区右击，利用弹出菜单放置；

(4) 快捷键 Ctrl+W。

放置仪表可以点击虚拟仪器工具栏相应按钮，或者使用菜单方式。

以晶体管单管共射放大电路放置+12V 电源为例，单击元器件工具栏放置电源按钮(Place Source)，得到如图附 1.6 所示界面。

修改电压值为 12V，如图附 1.7 所示。

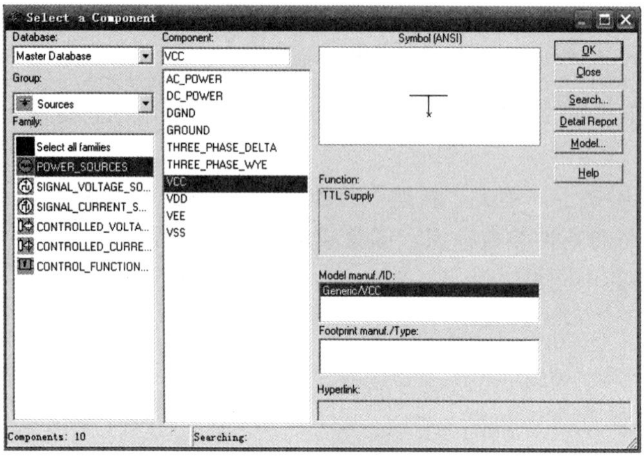

图附 1.6 放置电源

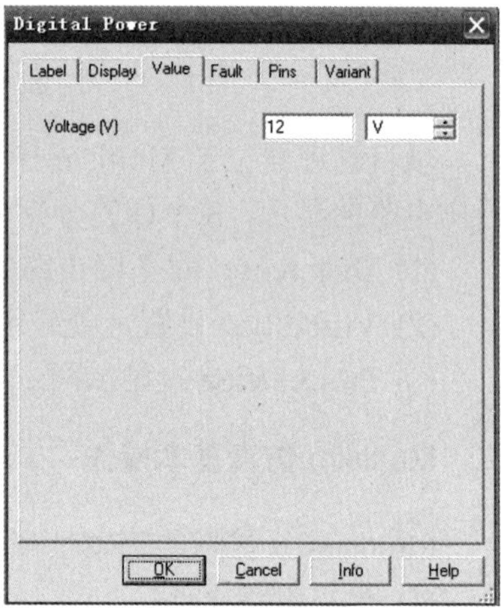

图附 1.7 修改电压源的电压值

同理，放置接地端和电阻，如图附 1.8 所示。

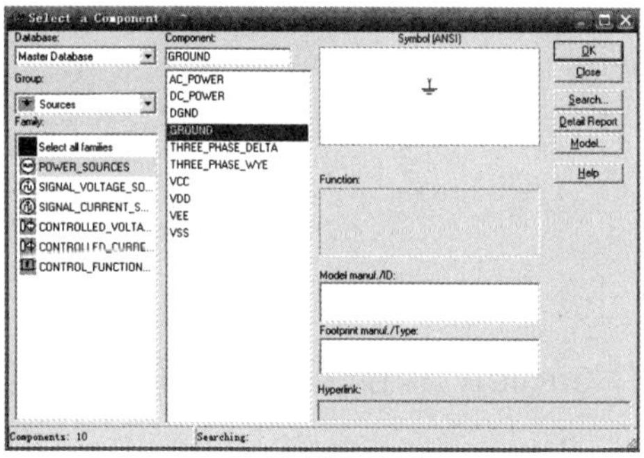

(a) 放置接地端

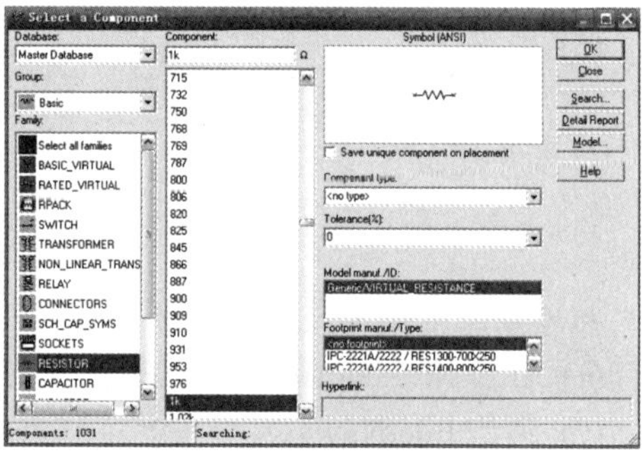

(b) 放置电阻

图附 1.8 放置接地端和电阻

图附 1.9 为放置了元器件和仪器仪表的效果图，其中左下角是函数信号发生器，右上角是双通道示波器。

3. 元器件编辑

1) 元器件参数设置

双击元器件，弹出相关对话框，选项卡包括以下几项。

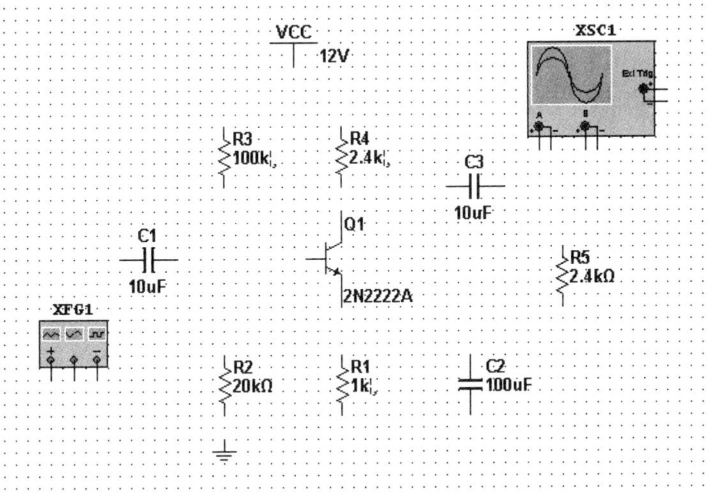

图附 1.9　放置元器件和仪器仪表

(1) Label：标签，Refdes 编号，由系统自动分配，可以修改，但须保证编号唯一性

(2) Display：显示

(3) Value：数值

(4) Fault：故障设置，Leakage 漏电；Short 短路；Open 开路；None 无故障(默认)

(5) Pins：引脚，各引脚编号、类型、电气状态

2) 元器件向导

对特殊要求，可以用元器件向导(Component Wizard)编辑自己的元器件，一般是在已有元器件基础上进行编辑和修改。方法是：菜单 Tools/ Component Wizard，按照规定步骤编辑，用元器件向导编辑生成的元器件放置在 User Database(用户数据库)中。

4. 连线和进一步调整

1) 连线

(1) 自动连线：单击起始引脚，鼠标指针变为“十”字形，移动鼠标至目标引脚或导线，再次单击，则连线完成，当导线连接后呈现丁字交叉时，系统自动在交叉点放节点(Junction)；

(2) 手动连线：单击起始引脚，鼠标指针变为“十”字形后，在需要拐弯处单击，可以固定连线的拐弯点，从而设定连线路径；

(3) 关于交叉点，Multisim10 默认丁字交叉为导通，十字交叉为不导通，对于十字交叉而希望导通的情况，可以分段连线，即先连接起点到交叉点，然后连接交叉点到终点；也可以在已有连线上增加一个节点(Junction)，从该节点引出新的连线，添加节点可以使用菜单 Place/Junction，或者使用快捷键 Ctrl+J。

2) 进一步调整

(1) 调整位置：单击选定元件，移动至合适位置；

(2) 改变标号：双击进入属性对话框更改；

(3) 显示节点编号以方便仿真结果输出：菜单 Options/Sheet Properties/Circuit/Net Names，选择 Show All；

(4) 导线和节点删除：右击/Delete，或者单击选中，按键盘 Delete 键。

图附 1.10 是连线和调整后的电路图，图附 1.11 是显示节点编号后的电路图。

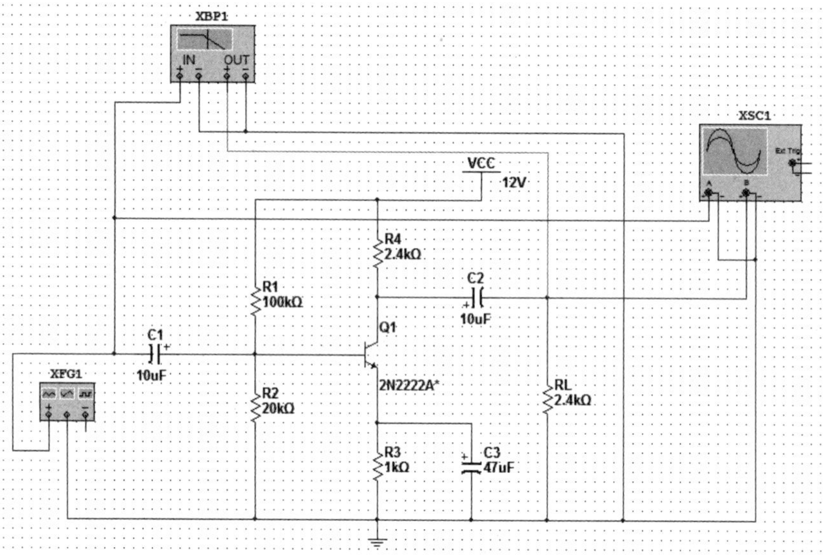

图附 1.10　连线和调整后的电路图

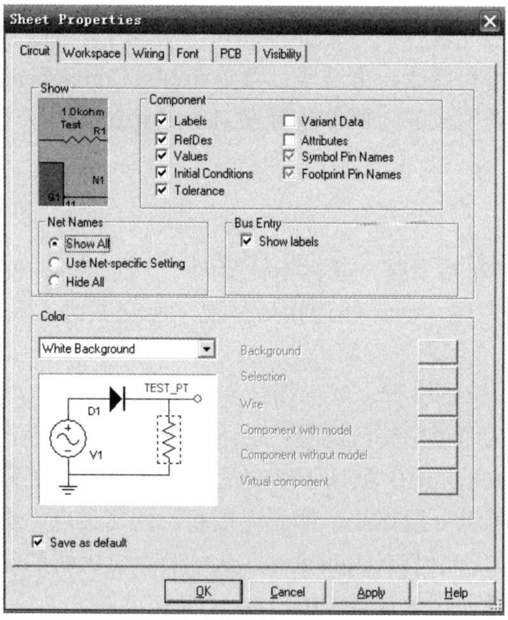

(a) 显示节点编号对话框

图附 1.11　电路图的节点编号显示

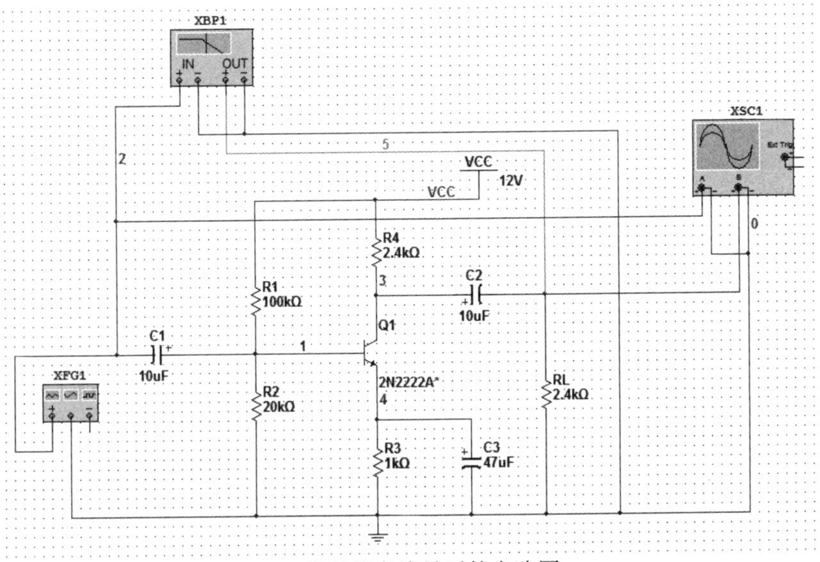

(b) 显示节点编号后的电路图

图附 1.11 电路图的节点编号显示(续)

5. 电路仿真

有以下两种基本方法。

(1) 按下仿真开关，电路开始工作，Multisim 界面的状态栏右端出现仿真状态指示；

(2) 双击虚拟仪器，进行仪器设置，获得仿真结果。

图附 1.12 是示波器界面，双击示波器，进行仪器设置，可以单击 Reverse 按钮将其背景反色，使用两个测量标尺，显示区给出对应时间及该时间的电压波形幅值，也可以用测量标尺测量信号周期。

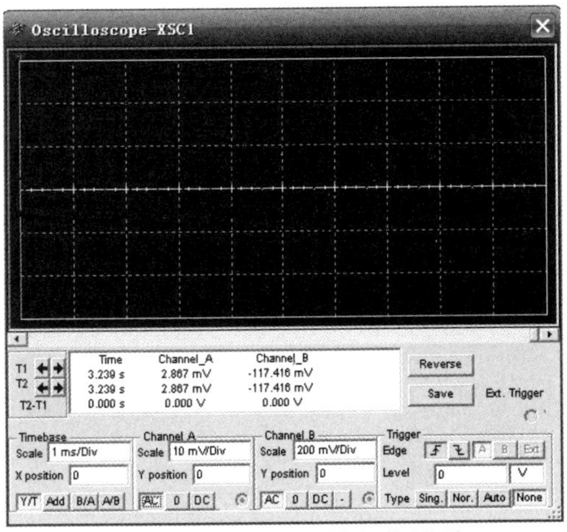

(a) 不点击 Reverse 按钮的界面

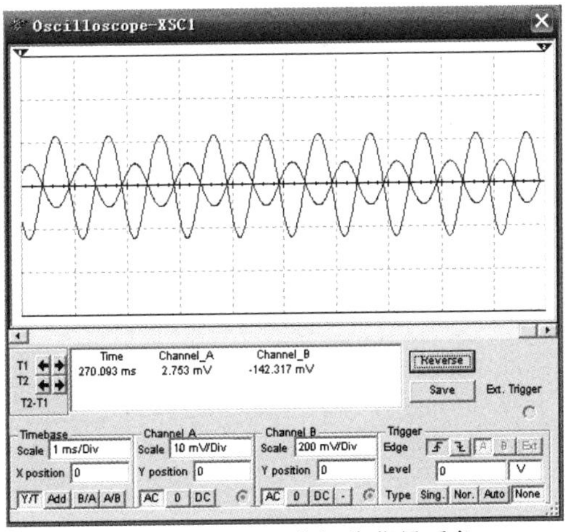

(b) 点击 Reverse 按钮将背景反色

图附 1.12 示波器界面

6. 输出分析结果

使用菜单命令 Simulate/Analyses，以上述单管共射放大电路的静态工作点分析为例，步骤如下：

(1) 菜单 Simulate/Analyses/DC Operating Point；

(2) 选择输出节点 1、4、5，单击 ADD、Simulate 按钮。

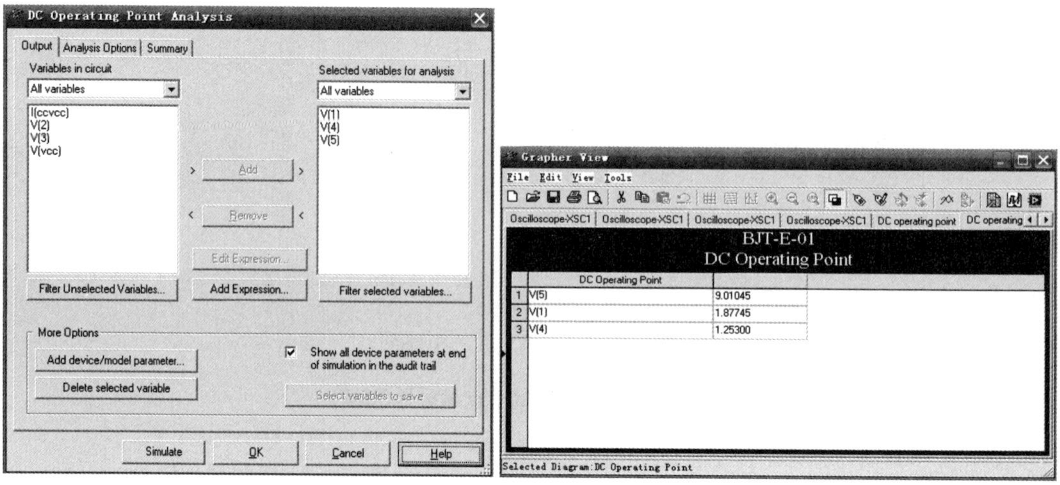

图附 1.13　静态工作点分析

部分习题答案

1-1 (1) C (2) B (3) A (4) B (5) A (6) B (7) B (8) A

1-2 (1) × (2) √ (3) × (4) × (5) ×

1-6 (1) 12V；(2) 12V

1-7 VD_1处于截止状态，VD_2处于导通状态；U_O=8V。

1-8 (1) P_{ZM}＝0.2W；

(2) 当$R_L=1k\Omega$时，I_{D_Z}在最小稳定电流和最大稳定电流之间范围内，故稳压管能正常工作；

(3) 稳压管将因功耗过大而被烧毁。

1-9 $435\Omega \leqslant R_L \leqslant 1.25k\Omega$

1-10 $560\Omega \leqslant R \leqslant 1.4k\Omega$

1-11 (1) 5V，6V；(2) $I_{D_Z}=29mA>I_{ZM}=25mA$，稳压管将因功耗过大而被损坏。

2-1 (1) A (2) B (3) B (4) A (5) C (6) C (7) C (8) A (9) C (10) C

2-2 (1) √ (2) × (3) × (4) × (5) × (6) × (7) √ (8) × (9) × (10) ×

2-3 选择$\beta=60$，$I_{CEO}=10\mu A$的管子。

2-4 当开关合在位置a时，晶体管处于放大状态；当开关合在位置b时，晶体管将因功耗过大而被烧毁；当开关合在位置c时，晶体管处于饱和状态。

2-7 图略。

2-8 (1) V_{CC}=10V，R_C=2.5kΩ，R_B=250kΩ；(2) $|A_u|=50$，$u_o=-\sin 314t$ V

2-9 (1) 静态工作点：$I_{BQ}=50\mu A$，$I_{CQ}=2.5$ mA，$U_{CEQ}=4.5$ V

(2) 当$R_L=3k\Omega$时，$\dot{A}_u\approx-90$；当$R_L=\infty$时，$\dot{A}_u\approx-180$

(3) $R_i\approx r_{be}=830\Omega$，$R_o=R_C=3k\Omega$；(4) $U_s\approx18$ mV

2-10 (1) $I_{CQ}=2$ mA，$I_{BQ}=40\mu A$，$R_B=300$ kΩ；(2) $I_{BQ}=80\mu A$，$R_B=150$ kΩ

2-12 (1) $U_{BQ}=3V$，$I_{CQ}\approx I_{EQ}=1mA$，$I_{BQ}\approx20\mu A$，$U_{CEQ}=4.7$ V

(2) $r_{be}\approx1.5k\Omega$，$\dot{A}_u=-83.3$，$R_i=1.1$ kΩ，$R_o=R_C=5k\Omega$

(3) $\dot{A}_u\approx-1.1$，$R_i\approx3.7$ kΩ，$R_o=R_C=5k\Omega$

2-13 (1) $I_{BQ}=22$ μA，$I_{CQ}\approx I_{EQ}=0.9$ mA，$U_{CEQ}=5.14$ V

(2) $\dot{A}_u=0.99$，$R_i=71.8$ kΩ，$R_o=39\Omega$

2-14 $\dot{A}_{u1}=-727.3$

2-15 (1) $I_{BQ}=20\ \mu A$，$I_{CQ}=1\ mA$，$U_{CEQ}\approx 2\ V$

(3) $\dot{A}_{u1}\approx -0.98\approx -1$，$\dot{A}_{u2}\approx 0.99\approx 1$，$u_{o1}=-u_i=-20\sin 314t\ mV$，$u_{o1}=u_i=20\sin 314t mV$

2-16 (1) $U_{BQ}\approx 3V$，$I_{CQ}\approx I_{EQ}=1.15mA$，$I_{BQ}\approx 11.4\ \mu A$，$U_{CEQ}\approx 7\ V$

(3) $\dot{A}_u\approx -8$，$R_i\approx 3.5\ k\Omega$，$R_o=R_C=5k\Omega$

2-18 (1) 图略；(2) $\dot{A}_u=120$，$R_i\approx 16.7\Omega$，$R_o=4k\Omega$

3-1 (1) C (2) A (3) D (4) B (5) B

3-2 (1) × (2) √ (3) × (4) × (5) ×

3-3 (1) N 沟道耗尽型 (2) 略

3-4 恒流状态

3-5 N 沟道增强型

3-6 (1) 增强型 (2) P 沟道 (3) 开启电压，−4V

3-7 (a)、(c) (d)不能进行放大

3-8 $I_{DQ}=0.31mA$，$U_{GSQ}=-0.22V$，$U_{DSQ}=16.71V$

3-9 (1) $I_{DQ}=0.9mA$，$U_{GSQ}=-2.7V$，$U_{DSQ}\approx 8.1V$

(2) $\dot{A}_u=-3.4$，$R_i=1M\Omega$，$R_o=5.1k\Omega$

3-10 $\dot{A}_u=-6.67$，$R_i=5.04M\Omega$，$R_o=20k\Omega$

4-1 (1) C (2) A (3) A、C (4) C、B (5) B (6) C (7) A

4-2 (1) × (2) √ (3) × (4) √ (5) √ (6) × (7) √ (8) √

4-3 (2) $A_d\approx -27.5$

4-4 (2) $A_d\approx -38.5$

4-5 (1) $I_{CQ1}=I_{CQ2}\approx 0.265mA$，$U_{CQ1}\approx 3.23V$，$U_{CQ2}\approx 9.7V$

(2) $A_c\approx -0.33$，$A_d\approx -32.7$

(3) $K_{CMR}\approx 99.1$

4-6 (2) $A_d\approx -13.3$

4-7 (1) $I_{CQ1}=I_{CQ2}=0.15mA$，$U_{CQ1}=+12V$，$U_{CQ2}=7.02V$

(2) $A_c\approx 0$，$A_d\approx 30$

(3) $A'_c\approx -0.06$

4-9 $\dot{A}_u=\dot{A}_{u1}\cdot\dot{A}_{u2}=4614$，$R_i\approx 2.5k\Omega$，$R_o=7.5k\Omega$

4-10 (1) 由 VT_1 构成了共源放大电路，由 VT_2 构成了共集放大电路。

(2) 略。

(3) $\dot{A}_{u1}\approx -10$，$\dot{A}_{u2}\approx 1$，$\dot{A}_u\approx -10$，$R_i=10M\Omega$，$R_o\approx 30\Omega$

4-11 Q_1：$I_{BQ1}=11\mu A$，$I_{CQ1}=0.44mA$，$U_{CEQ1}=2.7V$；Q_2：$I_{BQ2}=25\mu A$，$I_{CQ2}=1mA$，$U_{CEQ2}=4.85V$；$\dot{A}_{u1}=-50.2$，$\dot{A}_{u2}=-2.45$，$\dot{A}_u=\dot{A}_{u1}\dot{A}_{u1}\approx 123$；$R_i\approx 12.6k\Omega$；$R_o=5.2k\Omega$

4-12 (1) 由 VT_1 构成了共射放大电路，由 VT_2 构成了共基放大电路；

(2) $I_{\text{CQ1}} \approx 1.3\text{mA}$ $U_{\text{CEQ1}} = 4\text{V}$；

(3) $\dot{A}_u \approx -125$。

4-13 (1) 由 VT_1 管构成共射放大电路，由 VT_2 管构成共集放大电路；

(2) 微变等效电路略；

(3) $R_{\text{i}} \approx 6.36\text{k}\Omega$，$R_{\text{o}} \approx 222\Omega$；

(4) $\dot{A}_u \approx -28.7$。

5-2 $\dot{A}_{us} \approx \dfrac{-32}{\left(1-\text{j}\dfrac{10}{f}\right)\left(1+\text{j}\dfrac{f}{10^5}\right)}$

5-3 (1) 直接耦合方式；(2) 三级放大电路；(3) -135°，-270°。

5-4 $f_{\text{H}} \approx 50.25\text{kHz}$

5-5 $\dot{A}_{usm} \approx -32.4$，$f_{\text{L}} \approx 440\text{Hz}$，$f_{\text{H}} \approx 0.64\text{MHz}$，通频带 $BW \approx 0.64\text{MHz}$

5-6 $\dot{A}_{usm} \approx -78.5$，$f_{\text{H}} = 246\text{kHz}$，$f_{\text{L}} = 3.2\text{Hz}$

5-7 (1) 40dB(100倍)，$f_{\text{L}} = 20\text{Hz}$，$f_{\text{H}} = 1\text{MHz}$

5-8 R_{C}=7.4kΩ，$C = 4.3\mu\text{F}$，$f_{\text{H}} = 324\text{kHz}$

5-9 (1) $f_{\text{H}} = 3.4\text{MHz}$；

(2) 如果 R_{C} 或 R_{L} 增加，中频电压增益 $\dot{A}_{usm}$ 增加，f_{H} 下降，带宽变窄；

(3) 仅通过调整电路的静态工作点能够改善电路的高频响应。

5-10 $f_{\text{L}} \approx 16\text{Hz}$，$f_{\text{H}} \approx 1.2\text{MHz}$，$\dot{A}_{us} \approx \dfrac{-12.5}{\left(1-\text{j}\dfrac{16}{f}\right)\left(1+\text{j}\dfrac{f}{1.1\times10^6}\right)}$

5-11 (1) $\dot{A}_u \approx \dfrac{10^4}{\left(1-\text{j}\dfrac{4}{f}\right)\left(1-\text{j}\dfrac{50}{f}\right)\left(1+\text{j}\dfrac{f}{10^5}\right)^2}$

(2) $f_{\text{L}} \approx 50\text{Hz}$，$f_{\text{H}} \approx 64.3\text{kHz}$

5-13 (1) $f_{\text{L}} = 5\text{Hz}$，$f_{\text{H}} = 10^4\text{Hz}$，$\dot{A}_{usm} = 1000$

5-14 (1) 电容 C_{E} 决定电路的下限频率，因为 C_{E} 所在回路的时间常数最小；

(2) 后级(第二级)的上限频率低

6-1 1. B　2. B，A3. C　4. C　5. A　6. C，D，A，E　7. C

6-2 1. √　2. √　3. ×　4. √　5. ×　6. √　7. √　8. ×　9. ×　10. √

6-3 1. c，d 虚地；a，c，d 虚短　2. 略　3. 若使 $u_{\text{o}} = u_{\text{I}}$，则 S_1 和 S_2 接通，S_3 断开或者 S_1 和 S_3 断开，S_2 接通；若使 $u_{\text{O}} = -u_{\text{I}}$，则 S_1、S_2 和 S_3 全部接通或者 S_1 和 S_3 接通，S_2 断开

6-4 (a) $u_{\text{O}} = -3u_{\text{I}}$；(b) $u_{\text{O}} = \dfrac{R_2}{R_1+R_2}u_{\text{I}}$；(c) $u_{\text{O}} = u_{\text{I}}$

(d) $u_{\text{O}} = -\left[\dfrac{1}{R_1C}\int u_{\text{I1}}\text{d}t + \dfrac{1}{R_2C}\int u_{\text{I2}}\text{d}t\right]$

6-5 (1) $\frac{u_{O1}}{u_I} = -8$；(2) $\frac{u_{O2}}{u_I} = 20$

6-6 $u_O = 20u_I$

6-7 $\alpha = -4.5$， $R_F = 45\text{k}\Omega$

6-9 (a) $u_O = -u_I - 100\int u_I \text{d}t$；(b) $u_O = -(10^{-2}\frac{\text{d}u_I}{\text{d}t} + u_I)$；(3) $u_O = 10^3\int u_I \text{d}t$

6-10 $u_O = u_{O1} + \frac{1}{R_6 C}\int u_{O1}\text{d}t$，其中 $u_{O1} = \frac{R_3(R_1 + R_4)}{R_1(R_2 + R_3)}u_{I2} - \frac{R_4}{R_1}u_{I1}$

6-11 (a) $u_O = -\frac{2R_3}{u_{I3}}\left(\frac{u_{I1}}{R_1} + \frac{u_{I2}}{R_2}\right)$；(b) $u_O = -\frac{10(R_1 + R_F)}{R_1}\frac{u_{I1}}{u_{I2}}$

6-13 (a) $U_T = -2\text{V}$， $U_{OH} = U_Z = 6\text{V}$， $U_{OL} = -U_Z = -6\text{V}$；

(b) $U_T = 0\text{V}$， $U_{OL} = 0\text{V}$， $U_{OH} = 5\text{V}$；

(c) $U_{T1} = -1.5\text{V}$，$U_{T2} = 4.5\text{V}$，$U_O = \pm 6\text{V}$；(d) $U_{T1} = 1.5\text{V}, U_{T2} = 7.5\text{V}$，$U_O = \pm 6\text{V}$

6-15 $U_{TH} = 3\text{V}$，$U_{TL} = -3\text{V}$

6-16 (1) $u_{O1} = -5\text{V}$；(2) $u_{O2} = 5t$；(3) $t = 0.8\text{s}$

6-17 $A_u(s) = -\frac{sCR_F}{1 + sCR_F}$，一阶高通滤波电路

6-18 (a) 二阶带通滤波电路 (b) 二阶带通滤波电路

6-19 $A_u(s) = -\frac{R}{R_1}\cdot\frac{1}{1 + \frac{s}{ku_Y/RC}}$

7-1 1. A　2. C　3. B　4. H　5. G　6. F　7. E　8. B

7-2 B，D，C，A

7-3 1. ×　2. √　3. ×　4. ×　5. ×　6. ×　7. ×　8. ×
9. ×　10. ×

7-4 (1) 闭环电压放大倍数为 $A_f = 66.7$；(2) 闭环放大倍数 A_f 变化率为 $\frac{\text{d}A_f}{A_f} = 6.67\%$

7-5 图(a)中的 R_E 引回的是交直流反馈。反馈组态为：电压并联负反馈。
图(b)中的 R_B 引回的是交直流反馈。反馈组态为：电压串联负反馈。
图(c)中的 R_S 引回的是直流反馈。反馈极性为负反馈。

7-6 图(a)中的反馈支路是 R_2 和 C 所在的支路。反馈形式为：电压并联正反馈。
图(b)中 R_1 和 R_2 引入的是直流负反馈。
图(c)中的反馈支路是 R_2，引回的是交直流反馈。反馈组态为：电压串联负反馈。
图(d)中的 R_3 和 C 所在的支路是反馈支路。引回的是交流反馈。反馈形式为：电压并联正反馈。

7-7 由瞬时极性法可判断出，R_F 引入的反馈极性为负反馈。反馈组态为电压串联负反馈。

7-8 由瞬时极性法可判断出，R_4 引入的反馈极性为负反馈。反馈形式为电压串联负反馈。

7-9 电路图(a)中引入的是交流反馈，为电压并联正反馈。

电路图(b)中引入的是交流反馈，为电流串联正反馈。

7-10 $\dot{A}_{gf}=-0.48\text{S}$，$\dot{A}_{uf}=-0.96$

7-11 $\dot{A}_{uf}=3$

7-12 $\dot{A}_{usf}=22$

7-13 $\dot{A}_{usf}=-2$

7-14 (3) 图(a) $\dot{A}_{uf}=11$，图(b) $\dot{A}_{uf}=2$

7-15 极间反馈的组态为电压串联负反馈；闭环电压放大倍数 $\dot{A}_{uf}=\dfrac{(R_5+R_6)R_7(R_9+R_{10})}{R_6(R_7+R_8)R_{10}}$

7-16 (1) 电流串联负反馈；(2) 电压串联负反馈；(3) $\dot{A}_{u1f}\approx-1.78$，$\dot{A}_{u2f}\approx1.6$

7-17 (1) 电流串联负反馈；

(2) $\dot{F}_r=\dfrac{R_{B2}R_{E4}}{R_{B2}+R_F+R_{E4}}$，$\dot{A}_{gf}=\dfrac{R_{B2}+R_F+R_{E4}}{R_{B2}R_{E4}}$，$\dot{A}_{uf}=-\dfrac{R_{B2}+R_F+R_{E4}}{R_{B2}R_{E4}}\cdot(R_{C4}//R_L)$

(3) 输入电阻和输出电阻均增加

8-3 (1) $R'_P\geqslant2\text{k}\Omega$；(2) $f_{min}\approx145\text{Hz}$，$f_{max}\approx1.6\text{kHz}$

8-4 (1) $R_F>10\text{k}\Omega$；(2) $f_0\approx995\text{Hz}$；(3) $U_o\approx12.7\text{V}$

8-5 (a) 可能产生正弦波振荡，$f_0=\dfrac{1}{2\pi\sqrt{(L_1+L_2+2M)C}}$；(b) 不能产生正弦波振荡

8-7 (2) $f_0=1.45\text{MHz}$；(3) $f_0=919.3\text{kHz}$

8-8 (2) $f_{0max}=2031\text{kHz}$，$f_{0min}=1244\text{kHz}$

8-9 (a) 可能产生振荡，晶体作用相当于大电感；

(b) 可能产生振荡，晶体呈电阻特性。

8-10 3 个错误：(1) 集成运放同相输入端和反相输入端接反；(2) 电阻 R 与电容 C 所接位置应换过来；(3) 集成运放的输出端无限流电阻。

8-11 (3) 振荡频率 $f_0=\dfrac{1}{(R_{F1}+R_{F2})C\ln\left(1+\dfrac{2R_2}{R_1}\right)}$，占空系数 $q=\dfrac{R_{F1}}{R_{F1}+R_{F2}}$

8-12 (1) A_1 同相滞回比较器，A_2 反相积分器；

(3) $u_O=-2000u_{O1}(t_1-t_0)+u(t_0)$；

(5) 因 $f=\dfrac{R_2}{4R_1R_4C}$，故提高频率，可以减小 R_1、R_4 和 C，或增大 R_2。

8-13 (1) 方波-三角波发生电路；

(2) 当输出电压 $U_O=\pm\dfrac{R_1}{R_2}U_Z$ 时，集成运放 A_1 切换输出状态；

(4) $T=\dfrac{4R_1R_4C}{R_2}$；

(5) 因输出电压幅值 $U_O=\dfrac{R_1}{R_2}U_Z$，故调整 R_1、R_2 的阻值或改变 U_Z 的值，可实现调幅；

改变R_1、R_2、R_4和C的值，可实现调频。

8-14 (1) 方框 I 为比较器，方框 II 为积分器；
(2) u_{O1}为方波，u_O为锯齿波。

8-15 (1) u_{O1}为矩形波，幅值为12V；u_{O2}为三角波，幅值为6.4V；
(2) u_{O3}为占空比可调的矩形波，幅值为12V。

9-1 (1) B (2) A (3) D (4) A (5) C (6) C (7) A (8) C (9) B (10) C

9-2 (1) √(2) √ (3) × (4) √ (5) √ (6) √ (7) × (8) √

9-4 (1) 乙类工作状态；(2) 12V；(3) 5.7V

9-5 (1) OCL 电路，乙类工作状态；(2) 9W，78.5%，11.5W

9-6 (1) 9.9V，24.5W，68.7%；(2) 14V；(3) 略

9-7 (1) 略；(2) 6.25W，65.4%；(3) 4W

9-10 (1) 10.56，68%；(2) 45kΩ

9-11 (1) 6.28V；(2) 1.11A；(3) 4.93W，58%

9-12 (2) +6V；(3) $U_{om}=4.24V$，$P_{om}=2.25W$；$\eta\approx78.5\%$

9-13 (3) 18W

9-14 (1) 1.8W；(2) 1.25A，22V，1.8W

9-15 (2) $U_E=7.5V$，应调R_2；(3) $P_{om}=1.56W$，$\eta=52.3\%$；
(4) $P_{CM}>0.7W$，$I_{CM}>0.94A$，$U_{(BR)CEO}>15V$

10-1 1. C 2. A 3. D 4. A 5. B

10-2 1. × 2. × 3. × 4. √ 5. ×

10-3 (1) $U_o=\left(\dfrac{5}{R_1}+I_3\right)R_2+5$，$U_o\approx10V$
(2) R_2可调节输出电压的大小

10-4 I：整流电路 II：滤波电路 III：稳压电路
$U_{O1}=12V$，$U_{O2}=-5V$

10-5 (1) $U_O=24V$，$I_O=0.24A$；
(2) $I_D=0.12A$，$U_{Rm}=28.28V$；
(3) 电源短路现象。

10-6 (1) 略；(2) $U_O=9V$，$I_O=0.45A$；(3) $U_O=12V$

10-7 (1) $U_2=12.5V$；(2) $U_{Rm}=17.675V$，$I_D=0.075A$

10-8 (1) $U_O=0.9U_2$；(2) $U_O=\sqrt{2}U_2$；(3) $U_O=U_2$

10-9 (1) $U_2=25V$；(2) $U_{Omin}=12V$，$U_{Omax}=24V$

10-10 $U_{Omin}=6V$，$U_{Omax}=18V$

10-11 $U_{Omin}=5.625V$，$U_{Omax}=22.5V$

10-12 (1) $U_{Omin}=18V$，$U_{Omax}=36V$；(2) $U_I=24V$